Elektrotechnisches Praktikum

Für Laboratorium, Prüffeld und Betrieb

Von

Professor Dr.-Ing. Franz Moeller
Technische Hochschule Braunschweig

Mit 195 Abbildungen

Springer-Verlag
Berlin / Göttingen / Heidelberg
1949

ISBN-13: 978-3-642-92531-3 e-ISBN-13: 978-3-642-92530-6
DOI: 10.1007/978-3-642-92530-6

Softcover reprint of the hardcover 1st edition 1949

(1) Paul Dünnhaupt, Buchdruckerei, Köthen L 115 4193/48 — 5695/48

Vorwort.

Seit der letzten Auflage von ORLICHS „Anleitungen zum Arbeiten im Elektrotechnischen Laboratorium" und zugleich auch seit dem Tode von ERNST ORLICH sind nahezu 15 Jahre vergangen. Es ist mir eine große Freude, daß ich gewissermaßen als Nachfolgewerk der Arbeit meines hochgeschätzten Lehrers dieses „Elektrotechnische Praktikum" vorlegen kann.

Das Buch ist zunächst aus dem Wunsch entstanden, wieder Anleitungen zu elektrotechnischen Versuchen für Studierende zu haben. Alle Beschreibungen sind aber so gehalten, daß sie auch unmittelbar in Laboratorien, Prüffeldern und im Betrieb der Industrie, in Forschungsstätten usw. Verwendung finden können. Im Gegensatz zu ORLICHS „Anleitungen" ist das Buch daher nicht auf bestimmte Geräte abgestellt, da sich jeder Betrieb nach der ihm zur Verfügung stehenden Ausrüstung richten muß. Trotzdem finden sich bei den meisten Versuchen Angaben über bestimmte Gerätezusammenstellungen unter der Spitzmarke „Gerätevorschläge für das Studienpraktikum", um dort, wo es nur auf das Durcharbeiten der Methode ankommt, einen erprobten Anhalt für zweckmäßige Auswahl zu geben.

Bei jedem der in diesem Buch enthaltenen etwa 120 Einzelversuche ist zunächst die Aufgabe, das Meßziel, angegeben. Es folgt dann die Mitteilung der für den Versuch wesentlichen physikalischen und technischen Grundlagen. Ergänzt wird dieser bewußt knapp gehaltene Abschnitt durch die Angabe solcher Literaturstellen, die die Theorie der Meßgeräte, Verfahren oder sonst in Rede stehenden Fragen behandeln, oder die weiterführen und eingehender sind, als es hier möglich ist und dem Zweck dieses Buches entsprechen würde[1]. Nach speziellen Angaben über die Schaltung und den sonstigen Versuchsaufbau schließen sich dann Angaben über die Durchführung der Messungen an. Hier und in dem meist letzten Abschnitt jeder Versuchsbeschreibung über die Auswertung und deren kritische Beurteilung finden sich auch die Angaben über die zu messenden Größen und über die erforderlichen Berechnungen.

Bei der Auswahl der Versuche standen ORLICHS „Anleitungen" nur zum Teil Pate, wie auch nur ganz wenige Texte von ORLICH übernommen sind. Maßgebend für die Aufnahme der einzelnen Versuche war einmal ihr methodischer Wert für die meßtechnischen Übungen im Laboratorium und zum anderen ihre Bedeutung für die technische Praxis. Fast unberücksichtigt gelassen wurden insbesondere zwei große

---

[1] Die Schrifttumsstellen sind im Text mit „Lit." gekennzeichnet. Für die Nummern der Werke vgl. Anhang 4.

Gebiete der Elektrotechnik, nämlich das der Hochspannungstechn und der Fernmeldetechnik einschließlich Hochfrequenztechnik, da f diese eigene „Praktika" vorhanden bzw. in Vorbereitung sind.

Sehr danke ich meinen Assistenten, den Herren Dr.-Ing. HELMCHE Dr.-Ing. DENECKE und Dipl.-Ing. WACHENDORF für ihre wertvol Hilfe, die ich bei der Überprüfung fast aller Versuche und beim Les der Korrektur hatte. Auch dem Verlage habe ich für sein verstän nisvolles Eingehen auf viele Wünsche herzlichst zu danken.

Die Leser und Benutzer dieses Büchleins, dessen Wesen ja die Ve mittlung zahlreicher Einzelerfahrungen ist, bitte ich um Anregung zur weiteren Ausgestaltung. Sicher sind auch manche Schaltbild Gerätevorschläge oder anderes verbesserungsfähig.

Braunschweig, im Januar 1949.

FRANZ MOELLER

Inhaltsverzeichnis[1].

[1] Die Mehrzahl der Abschnitte mit Versuchsbeschreibungen ist weiter unterteilt in a) Aufgabe, b) Grundlagen, c) Schrifttum, d) Schaltung und Versuchsanordnung, e) Versuchsdurchführung, f) Auswertung.

Das Messen.

1. Sieben Grundregeln praktischen Messens.

Die Erfahrung lehrt einige wenige einfache, aber wichtige Grundsätze, die jedes Messen zur Voraussetzung haben muß. Wir stellen sie an den Anfang.

1. Jede Messung enthält Fehler! Kein Meßgerät und keine Messung ist „absolut genau". Wichtig ist nur, die Fehler zu kennen und zu bebeherrschen. Deshalb:

2. Zuverlässig ist nur ein Meßergebnis, dessen Fehler man kennt! Regelmäßiges Nacheichen, gute Behandlung und Pflege aller Meßmittel, ferner Sicherheit über die in der Schaltung oder sonstigen Versuchsanordnung begründeten Fehlerquellen ist unerläßliche Notwendigkeit. Und dann:

3. Ehrlichkeit ist oberstes Gebot bei allem Messen! Und wenn der Fehler 100% beträgt, darf er nicht verschwiegen werden. Bei vielen Betriebsmessungen kommt es nur auf die Größenordnung an. Bei anderen (auch Fein-) Messungen gibt es besonders unter extremen Bedingungen nur wenig genaue Geräte oder Verfahren. Überhaupt:

4. Man passe die Genauigkeit dem Meßzweck an! Genauere Ergebnisse als erforderlich bringen keinen Vorteil, beanspruchen aber empfindlichere und kostspielige Geräte oder umständlichere Verfahren. Das Gebot der Wirtschaftlichkeit verlangt Sparsamkeit an Aufwand und Zeit. — Und einige Regeln zur Durchführung von Messungen:

5. Vor dem Einschalten nochmal alles nachprüfen! Sind Kurzschlüsse und Überlastungen von Geräten vermieden? Sind keine Unterbrechungen vorhanden? Hier hilft sehr ein von vornherein übersichtlicher und planmäßiger Aufbau (Vgl. Abschn. 6). Während der Messungen dann:

6. Beim Ablesen alle unnötigen Fehler vermeiden! Man sorge für ausreichende und blendungsfreie Beleuchtung. Man sehe senkrecht auf die Skalen (Parallaxe!). Man vergewissere sich bei jedem Meßgerät vorher über die vorhandene Teilung, damit man Werte zwischen den Skalenstrichen richtig interpoliert. Und endlich:

7. Man führe ein vollständiges Protokoll! Jeder Versuch sollte nach dem Protokoll jederzeit vollständig reproduziert werden können. Dazu gehören ins Protokoll: das Schaltbild, die eindeutige Identifizierung der Meßgeräte und anderen Teile, die Angabe aller Ablesungen, ferner die Messung und Protokollierung der einschlägigen Umwelteinflüsse (Temperatur, Druck u. and.), endlich die Aufnahme aller besonderen Vorkommnisse (näheres vgl. Abschn. 8).

Das Beachten dieser 7 Grundregeln schafft in hohem Maße die Gewähr, einwandfreie Messungen zu machen und brauchbare Ergebnisse zu erhalten.

2. Grundbegriffe der Meßtechnik[1].

Als Meßgerät bezeichnet man jenen Teil einer Meßanordnung, mit dem die eigentliche Messung vorgenommen wird, an dem „abgelesen" wird. Zum Meßgerät gehört auch das eingebaute, angebaute, lösbar oder unlösbar mit ihm verbundene Zubehör, sofern es eigens für das betr. Gerät bestimmt ist und nur zu diesem paßt. Meßhilfsgeräte (Zusatzgeräte) dienen hauptsächlich der Veränderung des Meßbereiches (z. B. Wandler, Neben- oder Vorwiderstände), der Regelung oder Einstellung der Meßgröße (z. B. Schiebewiderstände, Regeltransformatoren), der Umwandlung der Meßgröße (z. B. Meßwiderstände, auch Gleichrichter) und der Erzeugung bestimmter Spannungen oder Ströme (Meßbatterien, Meßgeneratoren). Die dem jeweiligen Meßzweck entsprechende Kombination von Meßgeräten und Zubehör wird Meßschaltung oder Meßeinrichtung genannt; größere fest zusammengebaute Einrichtungen heißen auch Meßplätze oder Meßtische (z. B. zu Kompensations- oder Pegelmessungen). Die allgemeinste Bezeichnung für ein einem Meßzweck dienendes Gerät ist wohl „Meßmittel". Unter dem Meßgegenstand (Meßobjekt, Meßling, auch Prüfling) versteht man einen Körper, an dem eine bestimmte Eigenschaft gemessen wird.

Meßgeräte. Der die Messung durchführende und die Anzeige bewirkende Teil des Meßgeräts ist das Meßwerk, speziell Drehspul- usw. -Meßwerk. Innerhalb des Meßgerätes bezeichnet man als Strompfad den vom Meßstrom durchflossenen Teil des Meßgeräts; der Spannungspfad ist der mittelbar oder unmittelbar an die Spannung anzuschließende Teil des Meßgeräts.

Skala und Anzeige. Die zu messende Größe (z. B. Stromstärke) ist die Meßgröße, der jeweils gemessene Wert dieser Größe der Meßwert (z. B. 7,3 A). Bei anzeigenden (und schreibenden) Meßgeräten wird durch Verschiebung einer Marke (z. B. Zeiger) auf der Skala gemessen. Der Stand der Marke ist die Anzeige (in Einheiten der Meßgröße oder in Längeneinheiten oder Skalenteilen). Der Anzeigebereich umfaßt die ganze Skala, der Meßbereich nur denjenigen Teil, für den die Bestimmungen über Genauigkeit eingehalten werden (insbesondere Ausschluß von zusammengedrängten Teilen am unteren oder oberen Ende der Skala). Die Umkehrspanne ist die Differenz der gefundenen Anzeigen, wenn dieselbe Meßgröße bei Annäherung

[1] Unter Verwendung von DIN 1319 „Grundbegriffe der Meßtechnik" und VDE 0410 „Regeln für Meßgeräte" (auch für Abschn. 3).

von kleineren Anzeigen zu größeren einen anderen Meßwert als bei Annäherung von größeren zu kleineren ergibt. (Differenz der Mittelwerte aus mehreren gleichsinnigen Anzeigen nehmen! Vgl. auch Versuch 12 F.)

Empfindlichkeit eines Meßgeräts ist an einer bestimmten Skalenstelle das Verhältnis „Weg der Marke auf der Skala" zu der diese verursachenden „Änderung der Meßgröße", also z. B. 5 mm/A Stromempfindlichkeit (vgl. auch Versuch 12 D und 13 A). Den reziproken Wert als Empfindlichkeit zu bezeichnen, was bei Galvanometern oft vorkommt (z. B. 10^{-9} A/mm), ist widersinnig, da die „Empfindlichkeit" um so größer sein muß, je empfindlicher das Gerät ist, je größer also der Ausschlag bei einer bestimmten Meßgröße ist. Auch ist es unzweckmäßig, die kleinste Änderung, die noch einen deutlich erkennbaren Unterschied der Anzeige bewirkt, als Empfindlichkeit zu bezeichnen; die hier maßgebenden Einflüsse (besonders der Reibung) werden besser durch die Umkehrspanne (s. oben) gekennzeichnet. Die Empfindlichkeit kann längs der Skala verschieden sein (bei Geräten mit ungleichmäßig geteilter Skala).

Vor- und Nebenwiderstände sind die zu einem Meßgerät geschalteten Widerstände zur Meßbereicherweiterung (vgl. Versuch 11). Die meist zu Regelzwecken vor der ganzen Schaltung oder Teilen davon liegenden Widerstände nennt man Vorschaltwiderstände.

3. Meßfehler und Genauigkeit.

Entsprechend unseren Grundregeln Nr. 1 und 2 ist die Kenntnis und Beachtung des Fehlers entscheidend für den Wert jeder Messung. Für das Arbeiten mit den Fehlergrößen ist die Beachtung ihres Vorzeichens wesentlich. Man bezeichnet den Fehler F sinngemäß als positiv, wenn der abgelesene (falsche) Wert, die „Anzeige" A, größer als der wahre Wert W ist, also

„Fehler" gleich „Falsch" minus „Richtig"

oder
$$F = A - W. \tag{1}$$

Demgegenüber hat die Korrektur (Berichtigung) das umgekehrte Vorzeichen:

$$K = -F = W - A. \tag{2}$$

Der „relative" Fehler ist

$$\varepsilon = \frac{A - W}{W} = \frac{F}{W} = \frac{-K}{W}, \tag{3}$$

also bezogen auf den wahren Wert. Bei kleinen Fehlern ($\varepsilon < 1$) begeht man einen Fehler kleinerer Größenordnung, wenn man im Nenner W durch A ersetzt, was bei Auswertungen oft angenehmer ist. Als prozentischen Fehler bezeichnet man das 100fache von ε:

$$p = 100\,\varepsilon. \tag{4}$$

In den **„Regeln für Meßgeräte" (VDE 0410)** ist die Einhaltung bestimmter Fehler bezogen auf den Endwert E des Meßbereiches vorgeschrieben („Anzeigefehler"). Dieser prozentische Fehler ist also

$$p_e = 100 \frac{A - W}{E}. \tag{4a}$$

VDE 0410 legt im § 14 fest:

„a) Der Anzeigefehler ist der Unterschied zwischen dem angezeigten und dem wahren Wert der Meßgröße. Er wird in Prozenten des Endwertes des Meßbereiches angegeben.

Bei Skalen, bei denen der Nullpunkt nicht an einem Ende liegt, gilt als Endwert die Summe beider Endwerte zu beiden Seiten des Nullpunkts.

Bei Skalen mit mechanisch unterdrücktem Nullpunkt bezieht sich der Anzeigefehler auf den Endwert des Meßbereiches.

b) Bei Meßgeräten ohne mechanische Richtkraft, z. B. bei Quotientenmessern (Kreuzspulmeßgeräten, Frequenzmessern usw.) ist der Anzeigefehler der Unterschied zwischen der Soll- und der Ist-Stellung des Zeigers. Er wird angegeben in Prozenten der dem Meßbereich entsprechenden Skalenlänge."

Für die Genauigkeitsklassen (besser „Fehlerklassen") bestimmt VDE 0410 in § 3 die folgende Klasseneinteilung:

„Meßgeräte, die diesen Regeln entsprechen, erhalten ein Klassenzeichen. Es darf nur angebracht werden, wenn sämtliche Bestimmungen dieser Regeln für die betreffende Klasse (siehe § 24) erfüllt sind. Die Klassen sind:

0,2 und 0,5 für Feinmeßgeräte,
1,0; 1,5 und 2,5 für Betriebsmeßgeräte."

Die Feinmeßgeräte (Präzisionsmeßgeräte) bezeichnet man oft auch als Laboratoriumsgeräte. Der genannte § 24 von VDE 0410 besagt:

„a) Der Anzeigefehler darf innerhalb des Meßbereichs die folgenden Fehlergrenzen (Anzeigefehler in Prozenten gemäß § 14 bzw. unsere Gl. (4a)) nicht überschreiten:

	± 0,2	± 0,5	± 1,0	± 1,5	± 2,5%
in der Klasse	0,2	0,5	1,0	1,5	2,5.

b) Diese Fehlergrenzen beziehen sich:

1. auf die Bezugstemperatur (s. § 13),

2. bei Wechselstrommeßgeräten auf praktisch sinusförmigen Stromverlauf und auf die Nennfrequenz, den Nennfrequenzbereich oder, wenn beide Angaben fehlen, auf den Frequenzbereich von 15 bis 60 Per/s,

3. bei Leistungsmessern und Quotientenmessern (Leistungsfaktor- und Frequenzmesser usw.) auf die Nennspannung,

4. bei Leistungsmessern außerdem auf den Leistungsfaktor $\cos\varphi = 1$,

5. bei Leistungsfaktormessern außerdem auf eine Strombelastung zwischen 20 und 100% des Nennstromes,

6. bei Spannungs- und Strommessern der Klasse 0,2; 0,5; 1,0 auf kurz- und langdauernde Einschaltung (zwei Stunden). Bei Leistungsmessern der Klassen 0,2; 0,5; 1,0 auf kurz- oder langdauernde Einschaltung (zwei Stunden) des Spannungspfades mit dem Nennwert der Spannung und kurz- oder langdauernde Einschaltung des Strompfades.

c) Dabei sind folgende Bedingungen einzuhalten:

1. Meßgeräte der Klassen 1,5 und 2,5 sollen vor der Prüfung eine Stunde zur Erwärmung vorbelastet werden, und zwar:

Strom- und Spannungsmesser mit 80% des Endwertes des Meßbereichs,

Leistungs- und Leistungsfaktormesser mit 100% der Nennspannung und 80% des Nennstromes. Ist ein Nennspannungsbereich angegeben, so ist das Meßgerät mit der mittleren Spannung zu belasten.

2. Der Einfluß von Fremdfeldern ist auszuschalten. Drehspulmeßgeräte der Klassen 0,2; 0,5; 1,0 sind in der durch einen Nord-Süd-Pfeil gekennzeichneten

Lage zum Erdfeld aufzustellen. Fehlt dieser Pfeil, so muß das Meßgerät in jeder Lage zum Erdfeld die Fehlergrenzen seiner Klasse einhalten.

3. Die Prüflage soll dem Lagezeichen entsprechen."

Die Bezugstemperatur ist in **§ 13** festgelegt:

„Als Bezugstemperatur gilt die Raumtemperatur von 20°, sofern auf dem Meßgerät keine anderen Angaben gemacht sind. Bei der Bestimmung der Raumtemperatur ist eine Genauigkeit von $\pm 1°$ ausreichend."

Das **Meßergebnis** ermittelt man oft aus einer Anzahl von Einzelmessungen. Für die hierbei wichtigen Begriffe gilt das Folgende (unter Verwendung des AEF-Blattes DIN 1319):

Wiederholt ein Beobachter eine Messung derselben Meßgröße an demselben Meßgegenstand mit demselben Meßgerät unter — soweit feststellbar — gleichen Bedingungen (Meßreihe, Beobachtungsreihe), so können die sich ergebenden Meßwerte voneinander abweichen, sie können „streuen". Diese Erscheinung rührt allein von zufälligen Fehlern her.

Aus den gefundenen Einzelwerten bildet man meist den Durchschnitt D (auch arithmetisches oder lineares Mittel genannt). Sind die Einzelbeobachtungen A_1, A_2, $A_3 \ldots A_n$, so ist der Durchschnitt

$$D = \frac{A_1 + A_2 + \cdots\cdots + A_n}{n}. \tag{5}$$

Das wichtigste Maß für die Anordnung der Einzelwerte um den Durchschnitt ist die mittlere Abweichung, kurz Streuung σ genannt; sie ist das quadratische Mittel der Einzelabweichungen vom Durchschnitt

$$\sigma = \sqrt{\frac{1}{n} \sum \delta_i^2}\,. \tag{6a}$$

Dabei bedeuten n die Anzahl der Einzelwerte A_i — sie darf nicht zu klein sein — und $\delta_i = A_i - D$ die Abweichungen der Einzelwerte vom Durchschnitt. Als relative Streuung bezeichnet man $\sigma : D$.

Die Unsicherheit τ des Durchschnitts berechnet sich nach der Formel

$$\tau = \frac{\sigma}{\sqrt{n}} = \frac{1}{n}\sqrt{\sum \delta_i^2}\,. \tag{6b}$$

Diese Unsicherheit gibt an, wie stark bei häufiger Wiederholung der Meßreihe der Durchschnitt im Mittel um den Gesamtdurchschnitt streut. Die Unsicherheit nimmt also mit der Anzahl der Einzelmessungen ab.

Angegeben werden Meßergebnisse, die auf mehreren Einzelmessungen beruhen, meist in der Form $D \pm \tau$, also z. B. 7,3 $\pm$ 0,2 A. Zu beachten ist dabei, daß es bei kleiner Anzahl n von Messungen keinen Sinn hat, die Unsicherheit τ mit mehr Stellen als den Durchschnitt D anzugeben, denn der Durchschnitt ist ja meist in der letzten Stelle bereits unsicher.

Soll die Genauigkeit eines Meßergebnisses zahlenmäßig angegeben werden, so ist hierfür die Angabe des Fehlers ungeeignet. Denn je größer der Fehler ist, desto kleiner ist die Genauigkeit; beide Begriffe haben also entgegengesetzten Sinn. Der Fehler kennzeichnet vielmehr die Ungenauigkeit, denn z. B. 10% Fehler bedeuten, daß das Ergebnis sehr ungenau ist. Man sollte daher bei Zahlenangaben von Fehlern nur von der Ungenauigkeit sprechen und bezüglich der Genauigkeit ganz auf Zahlenangaben verzichten.

4. Fehlerfortpflanzung.

Wird eine bestimmte Größe y (z. B. eine Leistung) aus einer anderen Größe x (z. B. einer Stromstärke) gemessen, so muß zur Auswertung jeweils eine Abhängigkeit

$$y = f(x) \tag{7}$$

bestehen. Ist die Meßgröße x um ξ fehlerhaft, dann wird die ermittelte Größe y einen Fehler η haben:

$$y + \eta = f(x + \xi). \tag{8}$$

Sind nun beide Fehler klein genug, dann wird ihr Quotient im Grenzfall dem Differentialquotienten entsprechen, so daß

$$\eta = \xi \frac{dy}{dx}. \tag{9}$$

Beispiel 1. Die Leistungsaufnahme N eines bekannten Widerstandes R soll aus der Stromaufnahme I gemessen werden. Es ist also Gl. (7): $N = f(I) = I^2R$ und $dy/dx = 2\,IR$. Bezeichnet man den Stromfehler mit δ_I, so wird der Fehler δ_N der Leistung nach Gl. (9)

$$\delta_N = 2 \cdot \delta_I \cdot IR$$

und nach Gl. (8)

$$N + \delta_N = I^2R + 2 \cdot \delta \cdot IR = \left(1 + 2\frac{\partial_I}{I}\right) I^2R. \tag{10}$$

Der relative Fehler ist bei der Leistung also doppelt so groß wie beim Strom.

Man hätte das Ergebnis in diesem Fall auch einfacher erhalten können:

$$N + \delta_N = (I + \delta_I)^2\,R \approx (I^2 + 2\,I\,\delta_I)\,R = \left(1 + 2\frac{\partial_I}{I}\right) I^2\,R.$$

Hierbei ist von einer Näherungsformel für das Rechnen mit Summen aus großen und kleinen Größen Gebrauch gemacht worden. Die wichtigsten, bei Fehlerrechnungen gebrauchten derartigen Formeln sind für $\delta \ll 1$:

$$(1 \pm \delta)^n \approx 1 \pm n\delta \qquad \frac{1}{(1 \pm \delta)^n} \approx 1 \mp n\delta \tag{11a}$$

$$\ln(1 \pm \delta) \approx \delta - \frac{\delta^2}{2} \qquad e^{\pm\delta} \approx 1 \pm \delta \tag{11b}$$

$$\frac{(1 \pm \delta_1)\;(1 \pm \delta_2)\ldots\ldots}{(1 \pm \varepsilon_1)\;(1 \pm \varepsilon_2)\ldots\ldots} \approx 1 \pm \delta_1 \pm \delta_2 \ldots\ldots \mp \varepsilon_1 \mp \varepsilon_2 \ldots\ldots \tag{11c}$$

Bei Benutzung dieser Formeln ist auf das Vorzeichen der Fehler zu achten. Meist handelt es sich ja bei den Meßergebnissen um eine Unsicherheit $\pm\,\tau$ nach Gl. (7). Dann ist die letzte dieser Näherungsformeln mit einem Ergebnis

$$1 \pm (\delta_1 + \delta_2 + \cdots + \varepsilon_1 + \varepsilon_2 + \cdots)$$

zu verwenden, da ja (ungünstigerweise) die Fehler δ und ε gerade entgegengesetzte Vorzeichen haben können.

Hängt die zu bestimmende Größe von **mehreren** gemessenen ab, so ist

$$y = f(x_1, x_2, \ldots) \tag{7'}$$

und man erhält wie vorher

$$y + \eta = f(x_1 + \xi_1, x_2 + \xi_2) \ldots \tag{8'}$$

$$\eta = \xi_1 \frac{\partial y}{\partial x_1} + \xi_2 \frac{\partial y}{\partial x_2} + \cdots \tag{9'}$$

Bildet man, um vom Vorzeichen frei zu werden, die Summe der Quadrate, so ist

$$\eta = \sqrt{\left(\xi_1 \frac{\partial y}{\partial x_1}\right)^2 + \left(\xi_2 \frac{\partial y}{\partial x_2}\right)^2 + \cdots} \tag{12}$$

das „Fehlerfortpflanzungsgesetz". Handelt es sich um einfache mathematische Beziehungen zwischen den Größen, so kann der Fehler am errechneten Ergebnis auch hier oft unmittelbar über die oben genannten Näherungsformeln erhalten werden[1]), wie das folgende Beispiel zeigt.

Beispiel 2. Widerstandsthermometer werden zur Messung von Temperaturdifferenzen benutzt. Erfolgt die Widerstandsmessung aus Stromstärke und Spannung (vgl. Abschn. 31), so basiert die Messung einer Temperaturdifferenz auf 4 einzelnen Meßwerten. Die beiden Widerstände sind $R_1 = U_1 : I_1$ und $R_2 = U_2 : I_2$. Mit R_1' und R_2' als den aus den Meßgerätanzeigen zu errechnenden Widerständen gilt für diese also nach Gl. (11c)

$$R_1 = R_1'(1 \pm 2\tau) \quad \text{und} \quad R_2 = R_2'(1 \pm 2\tau)$$

wo gleiche Unsicherheit τ bei allen Meßgerätablesungen angenommen ist. Da die Temperaturdifferenz

$$\Theta = k \frac{R_2 - R_1}{R_1}$$

ist, hat man Gl. (11c) abermals anzuwenden und erhält

$$\Theta = k \frac{R_2' - R_1'}{R_1'} \left[1 \pm 4\tau \frac{R_2'}{R_2' - R_1}\right].$$

Die Unsicherheit ist bei der Temperaturdifferenz also

$$\Theta_\tau = \pm 4\tau \cdot k \cdot \frac{R_2'}{R_1'}. \tag{13}$$

Da die Konstante k meist etwa 250 ist, erhält man für $R_2' > R_1'$:

$$\Theta_\tau > \pm 1000\,\tau.$$

Selbst mit Meßgeräten der Klasse 0,2 ist die Unsicherheit der Temperatur also $\pm$ 2 grd. Werden also 6 grd gemessen, so kann der wahre Wert zwischen 4 und 8 grd liegen, der Fehler also $\pm$ 33% betragen, wenn alle 4 Meßwerte tatsächlich den Klassenfehler der Geräte haben, was allerdings selten der Fall sein wird.

Differenzmessungen sind stets mit Vorsicht zu benutzen. Sie erfordern in jedem Fall eine sorgfältige Prüfung des in ihnen enthaltenen Fehlers.

---

[1] Vgl. Lit. 6, 11 S. 301. Zur Ausgleichsrechnung mit der Methode der kleinsten Quadrate vgl. beispielsweise F. Kohlrausch: Praktische Physik, Teubner, Leipzig und Berlin 1944, S. 18ff.

5. Einheiten und Maßsysteme.

Aus der großen Zahl der vorgeschlagenen Maßsysteme sind für die technische Praxis besonders die folgenden von Bedeutung:

1. die beiden absoluten cgs-Systeme mit den Grundeinheiten cm, (Massen-) g, s,

2. das praktisch-technische Maßsystem der Mechanik nach GIORGI mit den Grundeinheiten m, (Kraft-) kg = kp (Kilopond), s,

3. das praktisch-technische Maßsystem der Elektrotechnik nach Mie mit den Grundeinheiten cm, s, V, A.

Für die Umrechnung zwischen den Systemen nach 1. und 3. enthält Anhang 1 (S. 296) einen Maßsystemschlüssel. Die bisherigen „internationalen Einheiten" weichen von den dort angegebenen Umrechnungszahlen um Quotienten ab, die bis zu 0,05% betragen. Eine genauere Rückführung der praktischen Einheiten auf die absoluten ist 1935 beschlossen, aber noch nicht in Kraft getreten. Wegen des geringen Wertes der Abweichungen brauchen diese von der praktischen Meßtechnik nur bei genauesten Messungen berücksichtigt zu werden. So hätte ein Normalelement mit bisher 1,01830 V int. dann eine EMK von 1,01865 V abs. Näheres hierzu und zu den Maßsystemen der Elektrotechnik vgl. Lit. 1, Blätter V 30—1 und V 30—2.

Für Teile und Vielfache von Einheiten sind die folgenden Vorsilben festgelegt (DIN 1301):

10^{-12}	Pico-	(p)	10^{-2}	Centi-	(c)	10^{3}	Kilo-	(k)
10^{-9}	Nano-	(n)	10^{-1}	Dezi-	(d)	10^{6}	Mega-	(M)
10^{-6}	Mikro-	(μ)	10^{1}	Deka-	(D)	10^{9}	Giga-	(G)
10^{-3}	Milli-	(m)	10^{2}	Hekto-	(h)	10^{12}	Tera-	(T)

Diese werden vor das sonstige Einheitenzeichen gesetzt. Für die magnetischen Einheiten vgl. Abschn. 40b).

6. Aufbau der Versuchsanordnung.

Wohl erstmals hat ORLICH Regeln für das Arbeiten im Laboratorium veröffentlicht (Lit. 7). Es sind nur wenige Grundsätze, die zu beachten sind, damit man bei praktischen Versuchsaufbauten in der Masse der Fälle schnell und sicher zum Ziel kommt. Wir nennen folgende Grundsätze:

1. Man mache sich die physikalischen und meßtechnischen Voraussetzungen des Versuchs klar und prüfe, ob das gewählte Verfahren oder Meßgerät das geeignetste unter den verfügbaren ist (vgl. hierzu Abschn. 10,30).

Im Studienlaboratorium arbeite man hierzu die meist vorhandenen Versuchsanleitungen gründlich durch und vergegenwärtige sich das Prinzip des anzuwendenden Verfahrens.

2. Schaltungen werden nur an Hand eines vollständigen und übersichtlichen Schaltbildes aufgebaut, das alle Geräte und Leitungen enthält.

Damit bereits das Schaltbild übersichtlich wird, beginne man bei seinem Aufzeichnen mit dem Hauptstromkreis und füge dann die Spannungs- und anderen Nebenpfade hinzu. Man sehe nur soviel Meßgeräte vor, als zum Erreichen des Versuchszweckes unbedingt erforderlich sind.

3. Man beachte Grundregel Nr. 4 von S. 1. Die benutzten Meßgeräte sollen gerade von der erforderlichen, aber keiner höheren Genauigkeitsklasse sein.

Anpassung an die verlangte Genauigkeit des Meßergebnisses. Gegebenenfalls also wegen der Fehlerfortpflanzung (Abschn. 5) höhere Genauigkeitsklasse bei den einzelnen Meßgeräten wählen.

4. Die Meßgeräte sind die Kernstücke der Meßschaltung. Wegen ihrer meist großen Empfindlichkeit vertragen sie rauhe Behandlung weder in elektrischer noch mechanischer Beziehung: also Geräte vorsichtig hinsetzen (Lagerspitzen!), Geräte mit Feststellvorrichtung des beweglichen Systems außerhalb der Messungen stets arretieren.

Ferner prüfe man vor der Messung bei jedem Gerät, ob die Nulleinstellung des Zeigers stimmt, ob das Gerät in der Gebrauchslage aufgestellt ist (gegebenenfalls Nordpfeil beachten) und ob die Fremdfeldeinflüsse hinreichend klein sind; hierzu ist beim Arbeiten mit Strömen über 100 A stets Nachprüfung erforderlich (nächste Stromleitung weiter wegnehmen, in senkrechte Lage bringen oder bifilar legen, Meßgerät um 180° drehen!). Drehspul-Feinmeßgeräte sollen einen lichten Abstand von 20 cm von einander haben (gegenseitiges Fremdfeld ihrer Dauermagnete).

5. Sind die Zubehörteile passend zu den Meßgeräten ausgewählt? (Richtiger Spannungsabfall bei Nebenwiderständen, Widerstand bei Vorwiderständen, Sekundärstrom bzw. -spannung und ausreichende Nennbürde bei Wandlern.)

Für den Anschluß von Meßgeräten an Nebenwiderstände sind oft besondere Leitungen vorgesehen, die ebenfalls den Eichwerten entsprechen müssen.

6. Die Regeleinrichtungen wähle man je nach notwendiger Feinstufigkeit und Größe von Strom und Spannung aus.

Für Stromregelung im allgemeinen Vorschaltwiderstände, für Spannungsregelungen meist Spannungsteiler; Einzelheiten hierzu und zweckmäßige Schaltungen vgl. Abschn. 69A bis C. Dort auch Angaben über Belastungswiderstände.

7. Und nun zum Schalten selbst: Erst Meß- und Regelgeräte übersichtlich hinstellen, daß sie leicht abgelesen bzw. bedient werden können. Gesamtanordnung zweckmäßig ähnlich wie auf dem Schaltbild. Beim Durchschalten empfiehlt es sich, erst die Hauptleitungen zu verlegen, dann die Spannungsanschlüsse und ähnliches anzuhängen. Der Anschluß an die Stromquelle erfolgt zuletzt!

Geräte so aufstellen, daß sie gut beleuchtet sind; dabei Vermeidung von Spiegelungen in den Glasscheiben; Lichteinfall so, daß Parallaxe beim Ablesen gering bleibt. Achtung auf gute Klemmverbindungen (Kontaktwiderstand und Erwärmung). Bei Feinmessungen und Messung mit kleinen Spannungen Achtung auf Thermospannungen. In der Nähe der Meßgeräte spare man auf dem Tisch Platz für das Protokoll aus.

8. Auswahl der Leitungsquerschnitte nach den fließenden Stromstärken, nicht zu klein, aber auch nicht zu groß. Für Spannungs-

leitungen 0,75 bis 1,5 mm² verwenden, für Stromleitungen je nach Stromstärke; für Kupferleiter:

	1,0	1,5	2,5	4	6	10	16	25	35	50	70 mm²
bis	17	21	27	35	48	66	90	110	140	175	215 A.

Bei Aluminiumleitern den nächsthöheren Querschnitt nehmen.

9. Den stets allpoligen Hauptschalter von der Stromquelle befestigt man an Tisch oder Gerätebrett, damit man ihn im Gefahrfalle schnell ausschalten kann. Bei offenen Schaltern Anordnung so, daß die (abstehenden) Messer im ausgeschalteten Zustand spannungsfrei sind. Auch 220 V können lebensgefährlich sein!

Überhaupt achte man darauf, daß sich spannungsführende Klemmen nicht im unmittelbaren Bereich der Hände beim Regeln usw. befinden.

10. Als letztes: Kontrolle der Schaltung nach Grundregel Nr. 5 von S. 1. Man geht alle Stromwege nochmal durch, erst die Haupt-, dann die Nebenstromkreise.

Eine gute weitere Kontrolle ist, daß man vom einen Pol (bei Drehstrom von 2 Polen) ausgehend sich nochmal vergewissert, ob auf allen Wegen und Abzweigungen ein hinreichender Widerstand liegt, der der verwendeten Spannung angemessen ist. Im Studienpraktikum ist die Kontrolle durch den Assistenten erforderlich; vorher darf nicht eingeschaltet werden!

7. Durchführung der Messung.

Auch hier geben wir nur die wichtigsten Grundsätze, deren Einhaltung notwendig ist.

1. Vor dem Einschalten werden alle Regeleinrichtungen in die Stellung gebracht, bei der die Ströme am kleinsten sind (also Vorschaltwiderstände ganz vorschalten).

2. Für das Ablesen gilt Grundregel Nr. 6 von S. 1, also die Teilung beachten und parallaxefrei ablesen. Und nicht ablesen, was gewünscht wird, sondern was das Meßgerät zeigt (Grundregel Nr. 3!). Jeder gemessene Wert wird protokolliert. Entsteht das Meßergebnis aus mehreren Meßwerten verschiedener Meßgeräte, so sollen diese möglichst gleichzeitig abgelesen werden (Spannungsschwankungen!).

3. Ablesungen bis auf die letzte noch geschätzte Ziffer ausführen und diese angeben, auch wenn es eine Null ist. Gegebenenfalls Korrekturtabellen der Meßgeräte beachten.

4. Während des Versuchs ist dringend ständiges Mitrechnen zu empfehlen. Auswertung wenigstens in großen Zügen schon machen, solange der Versuch noch steht. Dabei ist besonders auf etwa auftretende physikalische Unmöglichkeiten zu achten (z. B. sind Wirkungsgrade und Leistungsfaktoren niemals größer als 1!).

5. Vorsicht bei Hochspannung! Ungefährlich sind für den Menschen nur Spannungen unter 42 V, aber auch Schockwirkungen können Gefahren mit sich bringen. Schädlich ist auch Röntgenstrahlung (für ausreichende Abschirmung sorgen!).

6. Vorsicht auch bei Gleichstrommessungen mit kleinen Spannungen wegen der möglicherweise auftretenden Thermospannungen, zu deren Elimination die Schaltung umzupolen ist. Das Ergebnis ist dann der Mittelwert aus beiden Ablesungen.

8. Anfertigung des Protokolls.

Der Zweck des Protokolls ist ein dreifacher: einmal soll es das Meßergebnis aufweisen; dann soll es erkennen lassen, wie man dazu gekommen ist (benutzte Verfahren, Geräte usw.) und unter welchen Bedingungen es entstand (Umwelteinflüsse u. and.); endlich soll das Protokoll alle Angaben enthalten, die ein erneutes Aufbauen des Versuchs etwa zum Zwecke seiner Wiederholung oder zu nachträglichen Ermittlungen über die Herkunft von Fehlern ermöglicht. Grundregel Nr. 7 auf S. 1 gab schon an, was hierzu an Angaben erforderlich ist. Im einzelnen besteht das Protokoll zweckmäßig aus den folgenden Teilen, bzw. Angaben.

1. Aufgabestellung bzw. Zweck des Versuchs soll aus dem Kopf des Protokolls hervorgehen.

2. Soweit es sich nicht um regelmäßig in gleicher Durchführung wiederkehrende Versuche handelt, ist die Angabe der verwendeten Verfahren, gegebenenfalls mit Begründung erforderlich. Besonders im Studienlaboratorium wird eine kurze Mitteilung der physikalischen Tatsachen, die dem Versuch zugrunde liegen, ferner die Angabe der einschlägigen Formeln, Konstanten u. ähnl. Daten gefordert, die für die Auswertung gebraucht werden.

3. Über die Meßgeräte, Prüflinge und alle sonstigen wesentlichen Geräte sind die Daten so vollständig anzugeben, daß das Gerät dadurch eindeutig identifiziert ist. Zur Beurteilung der Ergebnisse und aus anderen Gründen wird in Studienlaboratorien meist auch die Angabe der wichtigsten kennzeichnenden Größen wie Widerstand, Nennspannung, Meßwerk, Klasse u. and. verlangt.

4. Es folgt das Schaltbild und sonstige Mitteilungen über die verwendete Versuchsanordnung. Man zeichne die Schaltbilder übersichtlich mit geraden Linien und verwende die Schaltzeichen des VDE (Auszug im Anhang 2, S. 297).

5. In den meist vereinigten Tabellen der Ablesungen und Auswertung soll über den einzelnen Spalten außer der Meßgröße auch die Einheit angegeben sein. Wird in Skalenteilen abgelesen, die in die Meßgröße umzurechnen sind, so sind jeweils 3 Spalten erforderlich: die Skalenteile (Sk. T.), die Meßgerätkonstante zur Umrechnung (z. B. 5 V/Sk. T.) und der Wert der Meßgröße (z. B. V bei einer Spannungsmessung). Soweit Korrekturen anzubringen sind, sieht man für diese und den korrigierten Wert je weitere Spalten vor. Die bei der Auswertung errechneten Meßergebnisse sollen mit ebensoviel Stellen (meist 2 bis 3) angegeben werden, wie die Ablesungen enthalten. Mehr Stellen zu nennen, würde eine nicht vorhandene Genauigkeit vortäuschen.

6. Oft sind die Ergebnisse in Kurvenform oder Diagrammen darzustellen. Man verwende für Kurven möglichst Millimeter- oder Logarithmenpapier. Bei ersterem sind nur die Maßstäbe 1:1, 1:2, 1:5 oder dekadische Vielfache oder Teile davon zu wählen. Bei anderen Maßstäben (z. B. 1:3) irrt man sich zu leicht beim Eintragen oder Ablesen. Die Achsenbezifferungen sollen mit Null im Koordinatenursprung beginnen; unterdrückte Nullpunkte geben ein falsches Bild

über den Kurvencharakter. Außerdem ist es ohne Sinn, den Kurvendarstellungen eine größere Genauigkeit zu geben, als es den Meßergebnissen zukommt. Selbst bei einer dementsprechenden Darstellung werden die einzelnen Meßpunkte noch streuen. Zum Ausgleich dieser Streuung legt man zwischen den Meßpunkten einen dem physikalischen Zusammenhang entsprechenden schlanken Kurvenzug. Allein bei Fehlerkurven ist es üblich, die Meßpunkte durch gerade Linienstücke miteinander zu verbinden.

7. Den Schluß des Protokolls bildet die Mitteilung von besonderen Vorkommnissen und eine etwaige Kritik an den Meßergebnissen. Hier ist gegebenenfalls besonders zu Zuverlässigkeit bzw. Unsicherheit des Meßergebnisses Stellung zu nehmen. Wertlose oder anzuzweifelnde Ergebnisse sind offen als solche zu kennzeichnen.

8. Datum und Ort des Versuchs und Unterschrift nicht vergessen!

Der hier vorgeschlagenen Reihenfolge innerhalb des Versuchs entsprechend sind auf den folgenden Seiten die Darstellungen der Versuche gegeben. Es folgen in der Regel nacheinander

a) die Aufgabestellung,
b) die Mitteilung der physikalischen Grundlagen,
c) die Angabe von Schrifttum,
d) Schaltbild und Versuchsaufbau,
e) Angaben über die Durchführung der Messungen,
f) Auswertung.

Als Beispiel einer Protokollierung ist auf S. 14 das Protokoll für eine Spannungsmesser-Eichung wiedergegeben.

1. Messung von Stromstärke und Spannung.

10. Auswahl der Geräte und Verfahren.

Für Betriebsmessungen werden überwiegend anzeigende oder schreibende Meßgeräte verwendet, die für Gleich- und Wechselstrom in allen Genauigkeitsklassen des VDE (vgl. Abschn. 3) zur Verfügung stehen. Anhang 3 S. 300 gibt eine Übersicht über handelsübliche Ausführungen. Bei Wechselstrom wird im Bereich der Starkstromfrequenzen das billige und robuste Dreheisenmeßgerät vorgezogen; bei höheren Frequenzen benutzt man Drehspulgeräte mit Gleichrichter oder Thermoumformer, und besonders wo es auf geringen Eigenverbrauch ankommt, für Spannungsmessungen auch das elektrostatische und das Röhrenvoltmeter. Hitzdrahtmeßgeräte haben ihre frühere Bedeutung verloren. Bei Gleichstrom werden zum Teil dieselben Geräte, besonders das Dreheisenmeßwerk, oft aber auch das Drehspulgerät wegen seiner gleichmäßig geteilten Skala und größeren Genauigkeit gebraucht. Höhere Spannungen mißt man mit elektrostatischen Geräten, mit der Kugelfunkenstrecke oder bei Wechselspannung über Wandler.

Besonders bei Strom- und Spannungsmessungen wird oft gegen Grundregel 4 verstoßen; also nur Meßgeräte der erforderlichen Genauigkeitsklasse verwenden (Preisverhältnis Klasse 2,5 zu 0,2 rund 1:10!), dann aber deren Genauigkeit ausnutzen: Grundregel 6! Den Meßbereich suche man stets so zu wählen, daß in den oberen $^2/_3$ der Skala abgelesen werden kann. Bei $^1/_3$ seines Meßbereichs kann das Gerät bereits den 3fachen prozentischen Klassenfehler haben, da dieser auf den Endwert des Meßbereichs bezogen ist.

Genauigkeitsansprüche, die über Klasse 0,2 hinausgehen, können durch das Kompensationsverfahren (vgl. Versuche 14) befriedigt werden.

Eigenverbrauch bei Endausschlag (nach PALM, Lit. 8). Strommesser: Drehspul 50 · · · 150 mV Spannungsabfall, ab 150 mA Meßbereich fallend auf 20 · · · 50 mV bei 10 mA; Drehspul mit Thermoelement etwa 200 mV, unter 1 A steigend bis etwa 1000 mV Spannungsabfall; Drehspul mit Trockengleichrichter 800 · · · 1500 mV; Dreheisen und Dynamometer 1 · · · 5 VA. Spannungsmesser: Drehspul (auch mit Trockengleichrichter) 3 · · · 30 mA; Drehspul mit Thermoelement etwa 10 mA für Spannungen $\gtrsim$ 0,8 V, darunter steigend bis 1 A; Dreheisen und Dynamometer 5 · · · 40 VA.

11. Nacheichung eines Strom- und Spannungsmessers.

a) Aufgabe. Die Anzeigen des zu untersuchenden Betriebs-Strom- bzw. Spannungsmessers sind mit den Anzeigen des in Reihe bzw. parallel liegenden Feinmeßgeräts an einer größeren Anzahl von Skalenpunkten zu vergleichen. Relativer Fehler ε nach Gl. (3) und prozentischer Fehler p_e nach Gl. (4a), also bezogen auf den Skalenendwert, sollen in Kurvenform abhängig vom abgelesenen Wert aufgetragen werden. Die Meßpunkte sollen dabei entgegen dem sonstigen Brauch durch gerade Linienstücke verbunden werden. Ferner sind Innen- (Eigen-) Widerstand des Meßgeräts und sein Eigenverbrauch zu messen.

b) Grundlagen vgl. Protokollbeispiel S. 14 am Beispiel der Nacheichung eines Spannungsmessers.

c) Schrifttum[1]: Prinzip und Theorie der Drehspul- und Dreheisen-Meßwerke in fast allen allgemeinen Werken der elektrischen Meßtechnik; eingehendere Darstellungen in Lit. 1 (Abschn. J 721 und J 731), 3, 4, 8, 9; Fehler und Genauigkeit: besonders Lit. 4, 6, 8, 9, 31.

d) Schaltung, e) Versuchsdurchführung und **f) Auswertung** vgl. Protokollbeispiel S. 14.

Gerätvorschläge für das Studienpraktikum: Gleichstromeichung eines Schalttafel-Dreheisen-Meßgeräts für 250 V oder 5 A; Feinmeßgeräte: Drehspulgeräte 45 mV, 10 Ohm oder ähnlich in Klasse 0,2 mit zugehörigen Neben- bzw. Vorwiderständen; Regler für Spannungsmessung: Schiebewiderstände, und zwar etwa 1000 Ω, 0,3 A als Grobregler und etwa 50 Ω als Feinregler.

---

[1] An Schrifttumsstellen sind nur Bücher und Sammelwerke berücksichtigt. Zusammenstellung der Werke mit den hier verwendeten Ziffern vgl. Anhang 4, S. 301.

Beispiel eines Protokollvordrucks.

Institut: Ort und Datum:
Versuchs-Nr.: Beobachter:

Nacheichung eines Spannungsmessers.

Bei Eichungen durch Vergleich wird als „wahrer Wert“ U_n die Anzeige des (genaueren) Vergleichsgerätes angesehen. Mit U_x als der jeweils zugehörigen Anzeige des zu untersuchenden Meßgerätes ist der relative Fehler

$$\varepsilon = \frac{U_x - U_n}{U_n}.$$

Der nach VDE 0410, Regeln für Meßgeräte, auf den Endwert des Meßbereichs U_e bezogene prozentische Fehler ist

$$p_e = 100\,\frac{U_x - U_n}{U_e}$$

(Anzeigefehler nach VDE).

Benutzte Meßgeräte:

	Untersucht. Spannungsmesser	Fein-Spannungsmesser	Mit — ohne Vorwidstd. z. Fein-Messung	Strommesser z. Wdstd.-Mg.
Meßwerk Klasse Meßbereich	... V	... V	— — ... V	... A
Hersteller Fabrik-Nr. Inventar-Nr.				
Widerstand	Ohm	Ohm	Ohm	Ohm
Gebrauchslage Nullpunktsfehler? Geeignet f. Stromart[1]			Raumtemperatur: °C Bei der Eichung benutzte Stromart:	

[1] — Gleichstrom, ~ Wechselstrom, ≂ Gleich- u. Wechselstrom

Spannungsteiler: ..... Ohm

Schaltbild:

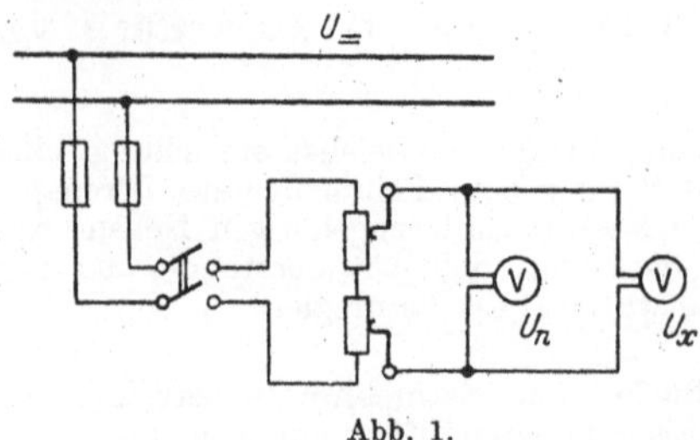

Abb. 1.

zur Widerstandsmessung:

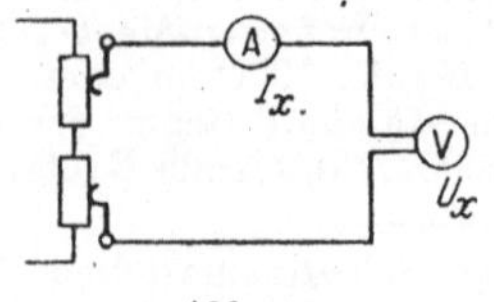

Abb. 2.

Versuchsdurchführung. Die Nacheichung des Betriebs-Spannungsmessers erfolgt mit einem Feinmeßgerät der Klasse 0,2 (Drehspulmeßgerät bei Gleichstrom, Dynamometer bei Wechselstrom). Die beiden Meßgeräte werden parallel geschaltet; die ihnen zugeführte Spannung wird mit Hilfe eines Spannungsteilers mit Grob- und Feinregelung eingestellt. Die Meßpunkte werden am zu prüfenden Meßgerät von ... zu ... V eingestellt; der jeweils zugehörige Wert des Eich-Meßgerätes wird gleichzeitig abgelesen. Bei der Gleichstromeichung von Dreheisen-Meßgeräten wird vor jeder Ablesung kurz aus- und dann wieder eingeschaltet, damit der Eisenkern jedesmal von Null an neu magnetisiert wird (Hysteresis!).

Der Innen- (Eigen-)Widerstand des untersuchten Meßgeräts wird aus seiner Stromaufnahme gemessen.

Versuchsergebnisse:

Nr.	U_x(V)	U_n(V)	F(V)	ε	p_e(%)
1					
2					
3					
usw.					

Auswertung. Sieht man von Einflüssen der Lage, der Frequenz, der Temperatur und fremder Felder ab (ihre Berücksichtigung erfordert besondere Versuche), so ist das untersuchte Meßgerät auf Grund seines größten prozentischen Fehlers p_e

von ... % der Klasse ... zuzuteilen

(vorgesehene Klassen: 0,2 — 0,5 — 1,0 — 1,5 — 2,5 als zulässige „Anzeigefehler in Prozenten", die nicht überschritten werden dürfen, wenn das Meßgerät der betreffenden Klasse angehören soll).

Auf Grund von 5 Einzelmessungen der Stromaufnahme I_x und Spannung U_x ergibt sich ein Eigenwiderstand $R_x = U_x : I_x = \ldots$ Ohm und ein Eigenverbrauch $N_x = U_x \cdot I_x = \ldots$ W des untersuchten Spannungsmessers.

Anliegend: Kurven ε und p_e in Funktion von U_x.

(Ende des Protokollvordrucks.)

Für die Berechnung von Vor- und Nebenwiderständen gilt folgendes. Ist der Eigenwiderstand des Meßgerätes R_M und soll der Meßbereich auf das n-fache heraufgesetzt werden, so müssen Vor- bzw. Nebenwiderstand die Größe

$$R_V = (n-1)\,R_M \qquad \text{bzw.} \qquad R_N = \frac{1}{n-1}\,R_M$$

haben. Der Widerstand der ganzen Meßschaltung ist dann beim Spannungs- bzw. Strommesser

$$R_U = n\,R_M \qquad \text{bzw.} \qquad R_I = \frac{1}{n}\,R_M .$$

12. Untersuchungen an einem Spannungsmesser.

In den folgenden Versuchen werden Fehlereinflüsse und ähnliches behandelt, das praktisch bei allen anzeigenden Meßgeräten zu berücksichtigen ist. Die Versuche sind hier am Beispiel des Spannungsmessers dargestellt und würden bei Anwendung auf einen Strommesser, Leistungsmesser usw. sinngemäß abzuändern sein.

12 A. Lagefehler.

a) Aufgabe. Zu ermitteln ist, ob ein Spannungsmesser bei Gleichstrom den Bestimmungen über den Lagefehler nach VDE genügt. Außerdem soll die Fehlerkurve bei Neigungswinkeln zwischen 0 und 90° gegen die Gebrauchslage aufgenommen werden, wobei das Meßgerät von 10° zu 10° einzustellen ist.

b) Grundlagen. In der Bestimmung VDE 0410/X 38 „Regeln für Meßgeräte“ ist festgelegt:

„§ 30. Lagefehler. a) Die Änderung der Anzeige, die durch eine Neigung des Instrumentes um $\pm 5°$ aus der gekennzeichneten Gebrauchslage entsteht, darf die in der Tabelle 1 angegebene Werte nicht überschreiten.

Tabelle 1.
Änderung Δ der Anzeige in Prozenten der Skalenlänge.

Klasse	Δ
0,2	$\pm$ 0,2
0,5	$\pm$ 0,5
1,0	$\pm$ 1,0
1,5	$\pm$ 1,5
2,5	$\pm$ 2,5

b) Hat das Instrument kein Lagezeichen, so beziehen sich die vorstehend angegebenen Lagefehler auf die Änderungen der Anzeige zwischen der senkrecht und der waagerecht gestellten Skalenebene.“

Für die Sinnbilder der Gebrauchslagen auf Meßgerätskalen vgl. Anhang 5, S. 303.

c) Schrifttum: Lit. 4, 6, 31.

d) Schaltung und Versuchsanordnung. Der Spannungsmesser wird nach Abb. 3 an eine möglichst konstante Stromquelle (z. B. Meßbatterie) angeschlossen. Um ihn in alle erforderlichen Lagen bringen zu können, befestigt man ihn zweckmäßig auf einer Grundplatte, die im erforderlichen Bereich von —5° bis +95° gegen die Senkrechte geschwenkt werden kann. Ablesemöglichkeit an einer Winkelskala von 5° zu 5°. Zweckmäßig wird an der Anordnung ein Lot angebracht, um die senkrechte Lage eindeutig einstellen zu können.

Gerätevorschläge für das Studienpraktikum: Spannungsmesser und Regelwiderstände wie bei Versuch 11.

e) Versuchsdurchführung. Der Ausschlag U des Spannungsmessers wird so gewählt, daß der Zeiger in Gebrauchslage gerade bei einem Skalenstrich in etwa $^2/_3$ des Meßbereichs einspielt (also z. B. 160 oder 170 V bei 250 V Meßbereich). Wenn die Konstanz der Stromquelle nicht hinreichend gewährleistet ist, empfiehlt sich die Parallelschaltung eines zweiten Spannungsmessers, mit dem die angelegte Spannung überwacht werden kann.

Um das Einhalten des zulässigen Klassenfehlers festzustellen, wird der Spannungsmesser dreimal nacheinander in die Lagen $+5°$, $0°$ und $-5°$ gebracht, wobei $0°$ die Gebrauchslage ist.

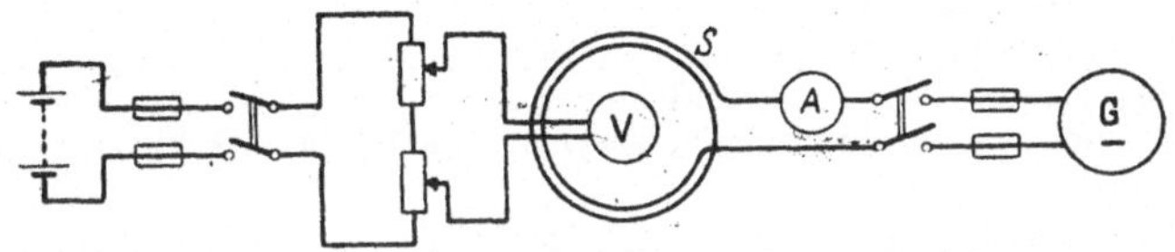

Abb. 3. Anordnung zur Bestimmung von Lagefehler und Fremdfeldeinfluß.

Anschließend wird die Fehlerkurve bei Winkeln zwischen 0 und 90° gegen die Gebrauchslage aufgenommen, wobei das Meßgerät von 10° zu 10° eingestellt wird.

f) Auswertung. Für jede Einzelmessung U bildet man den prozentischen Fehler $p_e = 100\,(U - U_0) : U_e$, bezogen auf den Endwert U_e des Meßbereichs. § 30 von VDE 0410 ist nur erfüllt, wenn der zulässige Fehler bei keiner der Einzelmessungen bei $+5°$, $0°$ und $-5°$ überschritten wird[1].

Die Fehler p_e zwischen 0° und 90° werden abhängig vom Neigungswinkel in einer Kurve aufgetragen.

12 B. Fremdfeldeinfluß.

a) Aufgabe. Es soll ermittelt werden, ob ein elektromagnetischer Spannungsmesser (z. B. Drehspul- oder Dreheisen-Meßwerk) den Bestimmungen des VDE über den Fremdfeldeinfluß genügt.

b) Grundlagen. In der Bestimmung VDE 0410/X. 38 „Regeln für Meßgeräte“ ist festgelegt:

„§ 28. Fremdfeldeinfluß. a) Die Änderung der Anzeige, die durch ein Fremdfeld von 5 Gauß bei gleicher Stromart und Frequenz, bei ungünstigster Phase des Fremdfeldes und bei ungünstigster gegenseitiger Lage der Felder verursacht wird, darf $\pm$ 1,5% der Anzeige bei einem Drehspulmeßgerät und $\pm$ 3% der Anzeige bei allen anderen Arten von Meßgeräten nicht überschreiten.

b) Die Prüfung soll bei einer Einstellung des Zeigers auf zwei Drittel des Skalenendwertes ausgeführt werden. Leistungsmesser werden bei Nennspannung, bei zwei Drittel des Nennstromes und bei dem Leistungsfaktor $\cos\varphi = 1$ geprüft.“

Ein Feld von 5 Gauß herrscht in dem Mittelpunkt einer ebenen, kreisförmigen Spule von 100 cm Durchmesser und 400 AW (z. B. 100 A bei 4 Windungen).

c) Schrifttum: Lit. 1 (Abschn. J 024), 4, 6, 8, 9, 31.

---

[1] VDE 0410 verlangt die Angabe der Abweichung bezogen auf die Skalenlänge. Da diese bei einem fertig zusammengebauten Meßgerät nicht zugänglich ist, wird hier auf die Anzeige (Spannung) bezogen.

d) Schaltung und Versuchsanordnung. Anschluß des Spannungsmessers wie bei Versuch 12 A. Das Meßgerät wird in seiner Gebrauchslage aufgestellt; dann wird bei vollem Spulenstrom durch Drehen der Spulenebene in alle Richtungen festgestellt, welche Spulenlage den größten Fehler verursacht, also die „ungünstigste" ist. In dieser Lage erfolgen die Messungen. Die Fremdfeldspule S von Abb. 3 speist man zweckmäßig aus einer geeigneten Maschine kleiner Spannung und ausreichender Stromstärke.

Gerätevorschläge für das Studienpraktikum: Geräte im Spannungsmesserkreis wie bei Versuch 11. Fremdfelderzeugung aus einer kreisförmigen Spule von 100 cm Durchmesser, 4 Windungen, gespeist mit 100 A aus Niedervoltmaschine von 4 · · · 8 V.

e) Versuchsdurchführung. Einstellung des Spannungsmesserausschlages U_0 wie bei Versuch 12 A. Das Einhalten der 1,5 bzw. 3,0% nach § 28 von VDE 0410 wird durch fünfmaliges Ein- und Ausschalten des Fremdfeldes und jedesmaliges Ablesen des ungestörten und gestörten Ausschlages geprüft. Die Messungen werden einmal mit und einmal ohne Instrumentenkappe durchgeführt, um gleichzeitig deren abschirmenden Einfluß festzustellen.

f) Auswertung. Ermittlung des prozentischen Fehlers wie bei Versuch 12 A. Der § 28 ist nur erfüllt, wenn die 1,5 bzw. 3,0% Fehler bei keiner Einzelmessung überschritten werden.

12 C. Dämpfung.

a) Aufgabe. Die Bestimmungen des VDE über die Dämpfung von Zeigermeßgeräten sollen für einen Spannungsmesser überprüft werden.

b) Grundlagen. In der Bestimmung VDE 0410/X. 38 „Regeln für Meßgeräte" ist festgelegt:

„§ 21. Dämpfung. a) Die erste Überschwingung, die der auf Null oder am Skalenanfang stehende Zeiger beim Einschalten einer zwei Drittel des Meßbereiches entsprechenden Meßgröße ausgeführt, darf 30% seiner endgültigen Einstellung (bezogen auf Skalenteile) nicht überschreiten.

b) Die Beruhigungszeit, d. h. die Zeit, die der Zeiger beim Einschalten der Meßgrößen gemäß a) braucht, bis er sich bei seiner Schwingung von seiner endgültigen Einstellung nicht weiter als 1,5% dieses Wertes in Skalenteilen entfernt, darf 4 s nicht überschreiten.

c) Die Bestimmungen a) und b) gelten nicht für Meßgeräte, deren Skalen- oder Zeigerlänge größer als 150 mm ist. Sie gelten ferner nicht für thermische und Vibrationsmeßgeräte, ebenso nicht für Meßgeräte mit Bandaufhängung."

c) Schrifttum: Theorie und Berechnung der Dämpfung von Zeigermeßgeräten: Lit. 1 (Abschn. J 014), 2, 3, 4, 5, 9 (Bd. I); Ausführung der Dämpfung: Lit. 1 (Abschn. J 014), 4, 8.

d) Schaltung und Versuchsanordnung. Zur Einstellung des vorgeschriebenen Ausschlages wird der Spannungsmesser an eine regelbare Stromquelle angeschlossen. Das Einschalten zum Versuch erfolgt durch einen unmittelbar vor dem Spannungsmesser liegenden Schalter. Das Gerät muß sich in Gebrauchslage befinden.

Gerätevorschläge für das Studienpraktikum: Spannungsmesser und Regelwiderstände wie bei Versuch 11.

e) Versuchsdurchführung. Man schaltet das Meßgerät etwa zehnmal ein und läßt möglichst von verschiedenen Beobachtern den ersten Höchstausschlag ablesen und die Zeit vom Einschalten bis zu der in § 21 von VDE 0410 festgelegten Einstellung mit der Stoppuhr messen.

f) Auswertung. Aus den Meßwerten von Ausschlag und Beruhigungszeit wird je der Mittelwert gebildet und festgestellt, ob dieser dem § 21 entspricht.

12 D. Empfindlichkeit.

a) Aufgabe. Die Empfindlichkeit soll an verschiedenen Skalenstellen bzw. zwischen je 2 Skalenstrichen bestimmt werden.

b) Grundlagen. Im DIN-Blatt 1319 des AEF (Ausschuß für Einheiten und Formelgrößen) ist die folgende Definition der Empfindlichkeit enthalten:

„Die Empfindlichkeit E eines Meßgerätes an einer bestimmten Stelle seiner Skale ist das Verhältnis dl/dM einer an dem Meßgerät beobachteten (oder beobachtbaren) Verschiebung dl der Marke zu der sie verursachenden (unter Umständen nur gedachten) Änderung dM der Meßgröße. Sie hat immer die Dimension Länge/Meßgröße.

Ist die Empfindlichkeit längs der Skale nicht konstant, so muß die Stelle für die sie gelten soll, oder der zugehörige Wert der Meßgröße angegeben werden. Insbesondere kann man Anfangs- und Endempfindlichkeit unterscheiden; dabei werden „Anfang" und „Ende" auf die Skale bezogen."

c) Schrifttum: DIN 1319, ferner Lit. 1 (Abschn. J 022), 4, 6, 8.

d) Graphische Ermittelung. Im vorliegenden Versuch wird die Empfindlichkeit folgendermaßen bestimmt. Ohne Durchführung von Messungen entnimmt man die Empfindlichkeit der Meßgerätskala. Es wird ein maßstäbliches Bild der Meßgerätskala aufgezeichnet. Man bestimmt an etwa 10 über die ganze Skala verteilten Stellen die Abstände a von Teilstrich zu Teilstrich in mm. Dann wird der zu jedem Teilstrich-Abstand gehörende, meist über die ganze Skala konstante „Teilungswert" oder „Skalenwert" s (Meßgröße von Teilstrich zu Teilstrich) ermittelt. Abgesehen vom Fehler des Meßgerätes ist dann die Empfindlichkeit an jeder Skalenstelle

$$E = \frac{a}{s}. \tag{14}$$

Die Empfindlichkeit ist in Abhängigkeit von der Meßgröße kurvenmäßig aufzutragen.

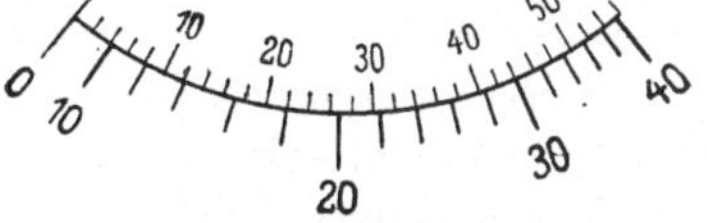

Abb. 4. Ausmessung einer Meßgerätskala.

e) Beispiel. Abb. 4 zeigt die Durchführung einer Empfindlichkeitsbestimmung. Der Teilungswert ist hier $s = 2{,}0$ V, so daß sich die Teilstrichabstände a und Empfindlichkeiten E nach Tabelle 2 (s. S. 20) ergeben.

Tabelle 2
Empfindlichkeitsverlauf eines Dreheisen-Spannungsmessers.

Zwisch. d. Teilstr. und	10 12	12 14	14 16	16 18	18 20	20 22	22 24	26 28	30 32	32 34	36 38	38 40	V V
Abstand a	3,5	4,4	5,0	4,8	4,5	4,0	3,6	3,0	2,6	2,4	2,2	2,0	mm
Skalenwert s	2	2	2	2	2	2	2	2	2	2	2	2	V
Empfindlichkeit E	1,75	2,2	2,5	2,4	2,25	2,0	1,8	1,5	1,3	1,2	1,1	1,0	mm/V

12 E. Streuung und Unsicherheit.

a) Aufgabe. Streuung und Unsicherheit sind für einen Spannungsmesser für 3 Skalenstellen (in etwa $^1/_3$, $^2/_3$ und gegen Ende des Meßbereichs) zu bestimmen.

b) Grundlagen. Vgl. Abschnitt 3, insbesondere die Gl. (6) für Streuung und Unsicherheit.

c) Schrifttum: DIN 1319, ferner Lit. 1 (Abschn. V 05), 6, 9.

d) Schaltung und Versuchsanordnung. Der Spannungsmesser wird wie in Abb. 3 an eine möglichst konstante Spannung angeschlossen, damit bei gleicher Einstellung der Regelwiderstände in jeder Einzelmessung praktisch dieselbe Spannung am Meßgerät liegt.

Gerätevorschläge für das Studienpraktikum: Spannungsmesser und Regelwiderstände wie Versuch 11.

e) Versuchsdurchführung. Streuung σ und Unsicherheit τ werden für jede der 3 Skalenstellen aus je etwa 10 Einzelmessungen bestimmt. Bei jeder Einzelmessung wird neu eingeschaltet (gleiche Versuchsbedingungen!) und dann abgelesen. Um bei guten Meßgeräten die Streuung erkennen zu können, ist auf sorgfältige und möglichst genaue Abschätzung der Zwischenwerte besonders zu achten.

f) Auswertung. Mit U_i als den Einzelwerten und mit $n = 10$ ist der Durchschnitt in jeder Meßreihe

$$D = \frac{1}{10} \Sigma U_i \text{ und je } \delta_i = U_i - D. \tag{15}$$

Hieraus werden σ und τ nach Gl. (6a) und (6b) berechnet. Streuung und Unsicherheit werden nur mit ebensoviel Stellen angegeben, als die δ_i enthalten. Eine größere Stellenzahl würde eine nicht vorhandene höhere Genauigkeit von σ und τ vortäuschen.

12 F. Umkehrspanne.

a) Aufgabe. Es soll die Größe der Umkehrspanne eines Spannungsmessers für eine Stelle der Skala bestimmt werden.

b) Grundlagen. Nach dem DIN-Blatt 1319 wird die Umkehrspanne folgendermaßen erhalten:

„Ergibt dieselbe Meßgröße bei Annäherung von kleineren Anzeigen zu größeren einen anderen Meßwert als bei Annäherung von größeren Anzeigen zu kleineren, so heißt die Differenz der gefundenen Anzeigen und Meßwerte Umkehrspanne.

Um hierbei den Einfluß des Streuens der Meßwerte (vgl. Versuch 12 E) auszuschalten, nimmt man die Differenz der Mittelwerte aus mehreren gleichsinnigen Anzeigen.“

c) Schrifttum: DIN 1319.

d) Schaltung und Versuchsanordnung. Um bei den Einzelmessungen stets wieder denselben Wert der Stromstärke zu erhalten, wird das Meßgerät mit 3 Schiebewiderständen nach Abb. 5 geschaltet. Bei voll eingeschalteten R_2 und R_3 wird zunächst mittels R_1 der gewünschte Ausschlag eingestellt. Regelt man dann R_2 herunter, so steigt, regelt man R_3 herab, so fällt die Anzeige am Spannungsmesser. Mittels R_3 kann man also von unten und mittels R_2 von oben an den gewünschten Wert heranfahren. Die Speisung erfolgt aus einer Batterie, um bei allen Einzelmessungen dieselbe Meßgröße zu erhalten.

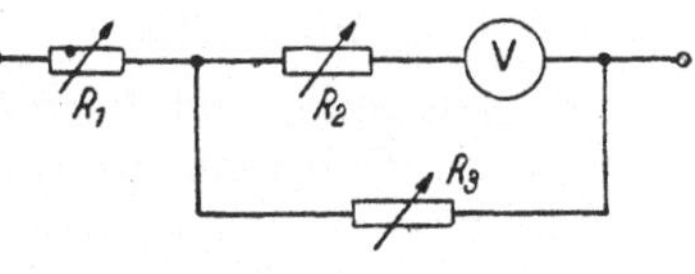

Abb. 5. Bestimmung der Umkehrspannung.

Gerätevorschläge für das Studienpraktikum: Spannungsmesser von etwa 2000 Ohm Eigenwiderstand an geeigneter Spannungsquelle; R_1 Schiebewiderstand in Größe je nach Netzspannung; R_2 und R_3 Kurbelwiderstände mit Dekaden in 1, 10 und 100 Ohm, bei R_3 außerdem eine feste 1000 Ohm-Stufe.

e) Versuchsdurchführung. Beim Versuch wird 5mal abwechselnd eine Annäherung von unten und oben durchgeführt. Der andere Widerstand (R_2 bzw. R_3) ist dabei jedesmal voll eingeschaltet. Die Regelung muß so langsam erfolgen, daß der Meßgerätezeiger nicht überschwingt, sondern sich gewissermaßen schleichend in die betr. Stellung begibt. Wie in Versuch 12 E ist auch hier eine besonders sorgfältige Abschätzung der Zwischenwerte zwischen den Skalenteilen notwendig.

f) Auswertung. Aus den je 5 Anzeigen werden die beiden Mittelwerte gebildet, deren Differenz die Umkehrspanne ist. Man gibt sie meist in Prozenten des Endwertes des Meßbereiches an.

13. Untersuchung eines Galvanometers.

Je empfindlicher ein Meßgerät ist, desto stärker macht sich im allgemeinen die Abhängigkeit seiner Anzeige von Umwelt- und anderen Einflüssen bemerkbar. Besonders die hochempfindlichen Spiegelgalvanometer muß man aus diesen und anderen Gründen jeweils vor der Benutzung oder auch während einer Meßreihe nacheichen. Diese Nacheichung erstreckt sich auf die Bestimmung der Empfindlichkeit oder sonstigen Konstanten des Geräts oder der Schaltung und für ballistische Messungen auf die Ermittlung der ballistischen Konstante.

13 A. Empfindlichkeit.

a) Aufgabe. Die Stromempfindlichkeit E soll in mm/nA (oder bei einem weniger empfindlichen Galvanometer in mm/μA) bestimmt werden. Ist die Skala gleichmäßig geteilt, so kann die Empfindlichkeit auch in Skalenteilen (Sk.-T.) je nA bzw. μA angegeben werden.

b) Grundlagen. Für die Definition der Empfindlichkeit vgl. Abschnitt b) von Versuch 12 D. An Stelle der Empfindlichkeit soll oft die Stromkonstante oder Spannungskonstante bestimmt werden, die gleich dem reziproken Wert der Empfindlichkeit ist, also die Stromstärke je mm Ausschlag angibt. Bei Messungen mit dem Galvanometer ist der Ausschlag dann mit dieser Konstanten zu multiplizieren, um den Meßwert des Stromes oder der Spannung zu erhalten.

c) Schrifttum: Aufbau und Theorie der Galvanometer: Lit. 1 (Abschn. J 014, J 721), 3, 4, 8, 10, 11, 40; Galvanometer-Eichung: Lit. 3, 5, 9, 10, 11, 40.

d) Schaltung und Versuchsanordnung. Der für die Eichung empfindlicher Galvanometer erforderliche kleine Meßstrom wird durch Spannungsteilerschaltungen nach Abb. 6 hergestellt. Der Widerstand R_v dient der Einstellung des Hauptstromes auf einen zweckmäßig runden Strom- oder Spannungswert (z. B. $I = 1$ mA oder $U = 10$ V). Der Widerstand R_n ist ein Widerstand mit meist einigen dekadischen Stufen (z. B. 0,01, 0,1 und 1,0 Ohm). Praktisch ist R_n gegenüber R_v

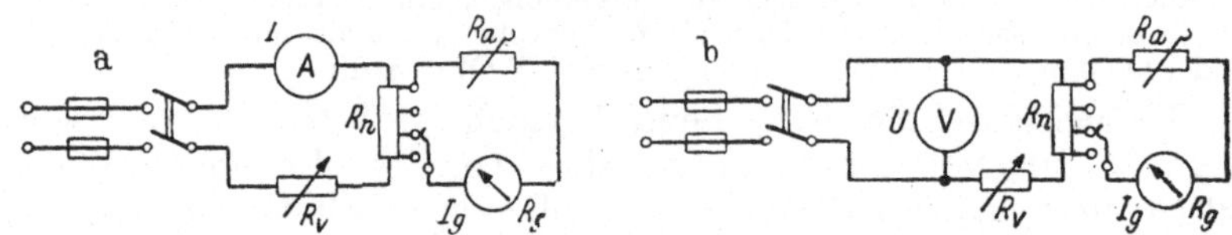

Abb. 6. Schaltungen zur Galvanometereichung.

(von z. B. 10000 Ohm) stets zu vernachlässigen. Der Vorschaltwiderstand R_a zum Galvanometer ist ein Widerstand von bestimmten einstellbaren Stufen, z. B. stufig regelbarer Stöpselwiderstand, dessen Größe der Empfindlichkeit anzupassen ist. Die Genauigkeit der Messung hängt außer von der Genauigkeit des Strom- bzw. Spannungsmessers noch von den Fehlern der verwendeten Widerstände ab, und zwar bei der Schaltung nach Abb. 6a von R_n und R_a, und bei Abb. 6b noch von R_v. Für sehr genaue Messungen benutzt man Schaltung 6a und mißt die Stromstärke über Normalwiderstand mittels des Kompensators (vgl. Versuche 14). Bei geringeren Genauigkeitsansprüchen hat die Schaltung nach Abb. 6b im allgemeinen den Vorteil, daß eine Spannungsmessung bei den in Frage kommenden Größen von I und U bequemer als eine Strommessung ist.

Für die Aufstellung von Spiegel-Galvanometern wähle man einen möglichst erschütterungsfreien, thermisch und magnetisch geschützten Ort. Die Ablesevorrichtung ist in der gewünschten Entfernung ebenfalls fest anzubringen oder aufzustellen. Die Verbindungsleitungen zwischen Spannungsteiler und Galvanometer sollen einen hinreichend großen Isolationswiderstand haben, um Kriechströme zu vermeiden (z. B. Verlegung auf Isolatoren). Vor Freigabe der Arretierung ist das Galvanometer mittels der Libelle lotrecht zu stellen. Wo eine Libelle fehlt, muß die Ausrichtung bei freigegebenem System solange erfolgen, bis das System frei schwingt.

Gerätevorschläge für das Studienpraktikum: s. im vorstehenden Text; Widerstandswerte sind nach den Konstanten des verwendeten Galvanometers zu berechnen.

e) Versuchsdurchführung. Zur Schonung des Galvanometers wird die Messung mit der kleinsten Stufe von R_n und dem Höchstwert von R_a begonnen. Dann stellt man solche Stufen von R_n und R_a ein, daß Ablesungen über die ganze Skala entstehen. Soll die Strom- oder Spannungskonstante für den aperiodischen Grenzfall bestimmt werden, so muß R_a gleich dem äußeren Grenzwiderstand (vgl. die nachfolgende Aufgabe 13 B) gemacht werden. Die Einstellung verschiedener Galvanometerströme erfolgt dann durch Verändern von R_n und R_v. Die Stromstärke I bzw. Spannung U wird während der Versuchsreihe zweckmäßig konstant gehalten, um die Auswertung zu vereinfachen. Zur Ausschaltung etwaiger Thermospannungen führt man jede Messung auch mit gewendetem Strom aus und nimmt die Mittelwerte.

f) Auswertung. Aus der Spannungsgleichheit an den beiden parallelen Zweigen ergibt sich bei der Schaltung nach Abb. 6a:

$$(I - I_g)\, R_n = I_g\,(R_a + R_g) \text{ oder } I_g = I\,\frac{R_n}{R_a + R_g + R_n} \tag{16}$$

und bei der Schaltung nach Abb. 6b, wenn $R_v \gg R_n$ ist:

$$U\,\frac{R_n}{R_v} = I_g\,(R_a + R_g + R_n) \text{ oder } I_g = \frac{U}{R_v} \cdot \frac{R_n}{R_a + R_g + R_n}. \tag{17}$$

Hierin kann R_n oft gegenüber $(R_a + R_g)$ vernachlässigt werden. Bebestimmten Werten von I bzw. U und R_v ist der Galvanometerstrom also oft nur von dem Widerstandsverhältnis $R_n : (R_a + R_g + R_n)$ abhängig. Zusammengehörige Werte des Ausschlages und des Galvanometerstromes I_g ergeben dann die Empfindlichkeit E bzw. die Stromkonstante, während man die Spannungskonstante durch Multiplikation der Stromkonstanten mit $(R_a + R_g)$ erhält. Bei Proportionalität zwischen Ausschlag und Galvanometerstrom wird wegen der Streuung der Einzelwerte die mittlere Empfindlichkeit angegeben. Bei Spiegelgalvanometern ist die genannte Proportionalität nur bei kleinen Ausschlägen vorhanden, solange der Ablenkwinkel $\alpha \approx \operatorname{tg} \alpha$ ist. Ferner ist die Empfindlichkeit vom Abstand zwischen Skala und Meßgerät abhängig; man bezieht die Empfindlichkeit meist auf 1 m Skalenabstand.

13 B. Dämpfung des Galvanometers.

a) Aufgabe. Schwingungsdauer und Dämpfungsgrad des Galvanometers soll bei großem äußeren Widerstand des Galvanometerkreises bestimmt werden. Ferner ist der „äußere Grenzwiderstand" zu ermitteln.

b) Grundlagen. Die Dämpfung des Galvanometers erfolgt durch den Induktionsstrom, der von der Drehspule bei ihrer Bewegung im Galvanometerkreis erzeugt wird. Der Widerstand des Galvanometerkreises hat bei einer Schaltung nach Abb. 6 den Wert $R_a + R_g + R_n$, sofern $R_v \gg R_n$ ist. Bei großen Außenwiderständen $R_a + R_n$ (vgl. Abb. 6) schwingt das System in die Endlage ein, bei sehr geringen $R_a + R_n$ ist die Bewegung kriechend. Der Außenwiderstand $R_a + R_n$, bei dem der aperiodische Grenzfall vorliegt, heißt „ä u ß e r e r G r e n z w i d e r s t a n d";

er ist in der Regel von gleicher Größenordnung oder größer als der Galvanometerwiderstand R_g. Bei schwingender Einstellung bezeichnet man als „Dämpfungsgrad" das Verhältnis von 2 aufeinanderfolgenden gleichsinnigen Amplituden der gedämpften Schwingung. Der Dämpfungsgrad ist also größer als eins und ein direktes Maß für die Stärke der Dämpfung.

c) Schrifttum: Lit. 1 (Abschn. J 014), 2, 3, 4, 9, 10, 11, 40.

d) Schaltung und Versuchsanordnung. Die Meßschaltungen sind die gleichen wie bei der Bestimmung der Empfindlichkeit (Abb. 6). Da bei den jetzt vorzunehmenden Messungen R_a verändert werden muß, ist die Regelung des Stromes durch R_n und R_v durchzuführen. Für die Aufstellung von Spiegelgalvanometern vgl. Versuch 13 A.

e) Versuchsdurchführung. Zunächst werden Schwingungsdauer und Dämpfungsgrad für einen großen Außenwiderstand $R_a + R_n$ bestimmt, bei dem noch eine Schwingung auftritt. Die Schwingungsdauer wird als Zeit zwischen 2 gleichsinnigen Nulldurchgängen abgestoppt (also Dauer einer vollen Periode). Den Dämpfungsgrad erhält man aus den Ablesungen von 2 oder mehr Ausschlagsamplituden. Da die Dämpfungskräfte besonders bei großen Ausschlägen der Geschwindigkeit nicht immer ganz proportional sind, werden die Versuche bei verschieden großen Ausschlägen wiederholt.

Zur Bestimmung des äußeren Grenzwiderstandes wird R_a von großen Werten her so lange verkleinert, bis der Zeiger sich ohne Überschwingungen und ohne zu kriechen auf den Endwert einstellt.

f) Auswertung. Aus den zusammengehörigen Meßwerten bildet man die Mittelwerte von Schwingungsdauer und Dämpfungsgrad.

13 C. Bestimmung der ballistischen Konstanten.

a) Aufgabe. Die ballistische Konstante c eines ballistischen Galvanometers soll für offenen Galvanometerkreis, also geringste Dämpfung durch Kondensatorentladung bestimmt werden.

b) Grundlagen. Ein ballistisches Galvanometer zur Messung kurzer Stromstöße bzw. Elektrizitätsmengen $Q = \int I\,dt$ muß eine so große Schwingungsdauer haben, daß der Stromfluß praktisch beendet ist, bevor sich das System merklich aus der Ruhelage entfernt hat. Die Schwingungsdauer soll möglichst > 25 s sein, so daß sich auch der Ausschlag (1. Umkehrpunkt der Zeigerbewegung) leicht ablesen läßt.

Die ballistische Konstante c ist das Verhältnis der Elektrizitätsmenge des Stromstoßes zu dem davon hervorgerufenen ballistischen Ausschlag b:

$$c = \frac{Q}{b}. \tag{18}$$

Die Elektrizitätsmenge bekannter Größe erhält man bei dem Kondensatorverfahren durch Entladen einer Kapazität C von der Spannung U, also

$$c = \frac{CU}{b}. \tag{19}$$

Die Angabe von c erfolgt in Nanocoulomb (nC) oder Mikrocoulomb (μC) je mm.

c) Schrifttum: Lit. 1 (Abschn. J 727), 2, 3, 5, 8, 9, 10, 11, 40.

d) Schaltung und Versuchsanordnung. Von einem Spannungsteiler S wird die Ladespannung U abgenommen (Abb. 7). Kondensator, Umschalter und Leitungen zum Galvanometer müssen einen genügend großen Isolationswiderstand haben, damit Kriechströme keine Fälschung des Meßergebnisses verursachen. Auch soll der Kondensator frei von Rückstandsbildung sein, so daß man am besten Luft- oder Glimmerkondensatoren verwendet. Die Genauigkeit der Eichung ist dann durch die Genauigkeit des Spannungsmessers und der Kapazität C bestimmt (gegebenenfalls Verwendung von Feinmeßgerät oder Kompensator und von Normalkondensator. — Für die Aufstellung des Galvanometers vgl. Abschn. c) von Versuch 13 A.

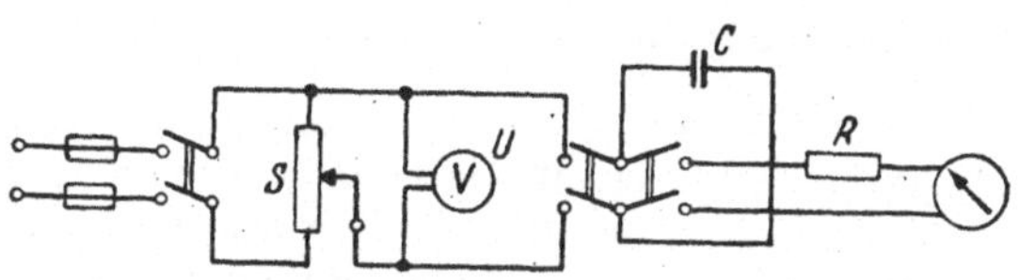

Abb. 7. Bestimmung der ballistischen Konstanten.

Gerätevorschläge für das Studienpraktikum: Angenommen ist ein ballistisches Galvanometer von S & H mit 500 Ω Innenwrderstand und etwa $c = 30$ nC/mm als ballistische Konstante. Bei $C = 1\,\mu$F sind etwa 10 V Meßspannung erforderlich, um Ausschläge bis etwa 30 cm zu erhalten (bei 1 m Skalenabstand). Spannungsteiler etwa 100 Ω, 0,2 A, Schutzwiderstand etwa 10000 Ω, in Stufen abschaltbar.

e) Versuchsdurchführung. Die Entladung des Kondensators ist jeweils unmittelbar nach der Aufladung durch schnelles Umlegen des Umschalters durchzuführen, um zwischenzeitliche Entladungen des Kondensators über Isolationswiderstände und damit eine Abnahme der Spannung möglichst gering zu halten. Bei Vorversuchen wird der Schutzwiderstand R allmählich ausgeschaltet, um die Größe der für das betr. Galvanometer brauchbaren Spannungen zu erfahren. Es wird dann eine Meßreihe bei verschiedenen Spannungen und ausgeschaltetem Widerstand R aufgenommen, um die Konstante für verschieden große Ausschläge zu erhalten.

f) Auswertung. Aus den zusammengehörigen Meßwerten von U und b und der Größe der Kapazität ergeben sich nach Gl. (19) die ballistischen Konstanten. Sind die Ausschläge hinreichend klein, so daß der Ausschlagswinkel $\alpha \approx \operatorname{tg} \alpha$ ist, kann aus den Meßergebnissen die mittlere ballistische Konstante c errechnet und angegeben werden. Durch Ausrechnen der Zeitkonstanten des Entladungskreises (Kapazität C mal Galvanometerwiderstand) ist zu überprüfen, ob der Stromstoß praktisch abgelaufen ist, bevor sich das Meßwerk merklich aus der Ruhelage entfernt hat.

14. Kompensationsverfahren.

Bei der Vielzahl der in Gebrauch befindlichen Kompensationsschaltungen soll hier in den Versuchsbeschreibungen insbesondere das berücksichtigt werden, was allen oder den meisten Kompensatoren gemeinsam ist. Für Einzelheiten der Wirkungsweise und Bedienung sei auch auf das einschlägige Schrifttum verwiesen (vgl. S. 27 oben).

14 A. Einstellen des Hilfsstromes.

a) Aufgabe. Die Kompensationsschaltung soll soweit vorbereitet werden, daß bei Anschluß der zu bestimmenden Spannung U_x alsbald deren Messung durchgeführt werden kann.

b) Grundlagen. Das Kompensationsverfahren besteht darin, daß 2 Spannungen über ein Galvanometer gegeneinandergeschaltet werden, und daß die Spannungsgleichheit am Nullausschlag des Galvanometers erkannt wird. Die Gleichheit der Spannungsabfälle wird mittels Regelwiderständen in Spannungsteilerschaltungen erreicht. Alle gebräuchlichen und leistungsfähigen Kompensationseinrichtungen benutzen dazu eine Hilfsstromquelle U_H, deren Strom über Meßwiderstände R geführt wird. Die hierin durch den Hilfsstrom I_H entstehenden Spannungsabfälle werden dann über das Galvanometer mit den zu messenden Spannungen U_x verglichen (Abb. 8). Die Messung von I_H erfolgt bei geringen Genauigkeitsansprüchen („technischer Kompensator") durch einen Strommesser, bei genaueren Messungen durch Kompensation der Spannung U_N eines Normalelements gegen den Spannungsabfall des Hilfsstroms. Ist R_a der an R abgegriffene Widerstandsteil, so ist bei Nullausschlag, also Stromlosigkeit des Galvanometers die gemessene Spannung

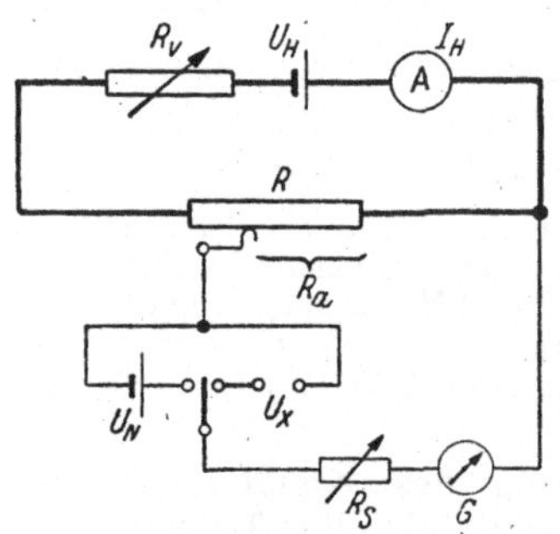

Abb. 8. Prinzipschaltung des Kompensators mit Hilfsstrom.

$$U = I_H R_a \tag{20}$$

mit $U = U_x$ bzw. $U = U_N$ je nach Stellung des einpoligen Umschalters in Abb. 8.

Um die Messungen und Auswertungen einfach zu halten, stellt man I_H auf einen konstanten runden Wert ein, z. B. 1,0 oder 0,1 mA. Dazu muß R ebenfalls bei allen Messungen und Einstellungen gleich bleiben (etwaige Spannungsänderungen an U_H werden durch R_V ausgeglichen). Andererseits muß R_a aber in umso feineren Stufen verändert werden können, je genauere Messungen verlangt werden. Die Vereinigung beider Forderungen einer Konstanz von I_H bzw. R und einer feinstufigen Regelbarkeit von R_a ist mit einfachen Stöpsel- oder Kurbelwiderständen nicht erfüllbar. Man muß für R einen Schleifdraht verwenden, der aber wegen seiner nur ausführbaren geringen Länge und wegen nicht vermeidbarer Ungleichmäßigkeiten im Schleifdraht nur mäßige Genauigkeit gestattet, oder man muß Kunstschaltungen vorsehen, deren bekannteste an folgenden Stellen beschrieben sind.

c) Schrifttum: Schaltung nach FEUSSNER: Lit. 1 (Abschn. J 931), 2, 3, 5, 8, 9, 30; nach RAPS: Lit. 1, 3, 8, 9, 10, 26; nach DIESSELHORST: Lit. 1, 3, 9, 30; nach SCHMIDT: Lit. 1, 8; nach BRUGER: Lit. 1, 26; Kaskadenkompensator (S & H): Lit. 1, 30; Normalelemente: Lit. 1 (Abschnitt Z 41), 3, 4, 6, 9, 30; Normalwiderstände: Lit. 1 (Abschn. Z 111), 2, 3, 6, 8, 9, 30.

d) Schaltung und Versuchsanordnung. Die Abb. 9 bis 12 zeigen oft vorkommende Schaltungen. In Abb. 9 bis 11 ist besondere Hilfsstromkompensation durch Normalelement U_N vorgesehen (Widerstände R_N mittels Stufenkurbel K_0 einstellbar je nach Größe der Spannung eines WESTON-Normalelementes zwischen $U_N = 1{,}0180 \cdots 1{,}0190$ V). Die Hilfsstromstärke ist bei dem Schleifdrahtkompensator zu 1,0 mA, bei denen von RAPS und FEUSSNER zu 0,1 mA (hochohmige Kompensatoren) und bei dem technischen Kompensator nach Abb. 12 zu 10 mA (niederohmiger Kompensator) angenommen. Dieser letztgenannte verzichtet auf das Normalelement; die Einstellung der 10 mA Hilfsstrom erfolgt mit Feinstrommesser, der an dem festen Eichpunkt 10 mA eine besonders große Genauigkeit hat.

Für die Berechnung der an den Kurbeln K_1 bis K_5 abgegriffenen Spannungen bei den Schaltungen nach Abb. 10 und 11 vgl. Versuch 14 C.

Wichtig ist bei allen Präzisionskompensatoren wegen ihrer hohen Empfindlichkeit die Vermeidung von Kriechströmen; man muß daher durch Wahl guter Isolierstoffe, durch Trockenhalten der Anlage und durch große Oberflächenwege zwischen den Kontakten für einen genügend hohen Isolationswiderstand sorgen. Unruhe des Galvanometers oder Wandern des Nullpunktes deuten auf das Vorhandensein von Fehlerströmen hin.

Gerätevorschläge für das Studienpraktikum. Für die Kompensatoren nach RAPS und FEUSSNER und für den technischen Kompensator sind die Angaben in den Abb. 10 bis 12 enthalten. Beim einfachen Schleifdrahtkompensator wähle man einen hochohmigen und im Interesse der Genauigkeit möglichst langen und im Querschnitt sehr gleichmäßigen Schleifdraht. Der Schutzwiderstand R_S soll in allen Fällen so groß sein, daß die größtmögliche Spannung (im allgemeinen also rund 1 V) dem Galvanometer nicht schaden kann; bei empfindlichen Galvanometern sind $10^5\,\Omega$ zu empfehlen, bei weniger empfindlichen genügen $10^4\,\Omega$.

e) Versuchsdurchführung. Ist im Hilfsstromkreis ein Strommesser vorhanden, so wird die Sollstromstärke zunächst nach diesem auf etwa den vorgesehenen Wert von 0,1 oder 1,0 oder 10 mA eingestellt. Dann bringt man R_N auf den der Spannung des Normalelementes entsprechenden Widerstandswert mittels der Kurbel K_0 und schließt zunächst bei voll eingeschaltetem Schutzwiderstand R_S das Galvanometer G an. Zur Schonung des Normalelementes schaltet man jeweils nur zur eigentlichen Messung mittels des Tasters T ein. Unter stetiger Verkleinerung von R_S wird nun R_V solange verändert, bis das Galvanometer auch bei $R_S = 0$ keinen Ausschlag mehr zeigt. Die zur Kompensation von U_X vorgesehenen Widerstandssätze R_X bzw. die Widerstände an den Kurbelschaltern K_1 bis K_5 werden nun vom Sollwert des Hilfsstromes durchflossen.

14 B. Messung der EMK eines Sammlers mit dem Schleifdrahtkompensator.

a) Aufgabe. Der Schleifdrahtkompensator nach Abb. 9 soll zur Messung der EMK einer Sammlerzelle benutzt werden.

b) Grundlagen vgl. Versuch 14 A. Der Hilfsstrom beträgt 1 mA.

c) Schrifttum vgl. Versuch 14 A.

d) Schaltung und Versuchsanordnung nach Abb. 9. Der Sammler wird unmittelbar an die Stelle U_X geschaltet (auf Polarität achten!). Der Schleifdrahtwiderstand muß $R_X > (U_X : I_H)$, also $> 1000\ U_X$ sein. Meist muß dazu vor den Schleifdraht ein zusätzlicher, einstellbarer Stufenwiderstand R_z geschaltet werden, so daß für den Schleifdraht nur der letzte Teil der Spannung regelbar bleibt.

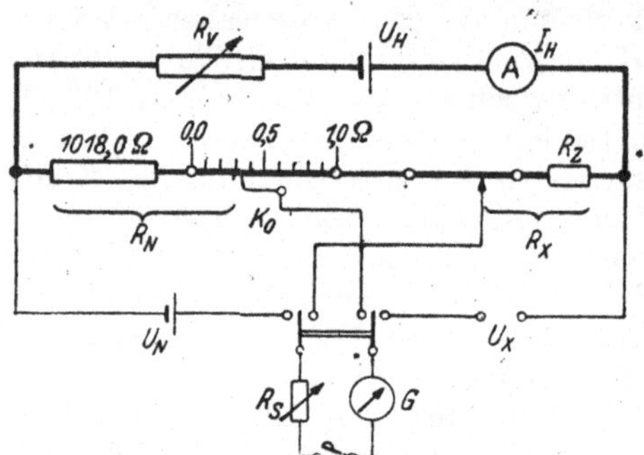

Abb. 9. Schleifdrahtkompensator mit $I_H = 1$ mA Hilfsstrom.

Gerätevorschläge für das Studienpraktikum vgl. bei Versuch 14 A.

e) Versuchsdurchführung. Nach der Einstellung des Hilfsstromes gemäß Versuch 14 A wird der Abgriff am Schleifdraht R_X unter zunächst voll eingeschaltetem Schutzwiderstand R_S auf einen etwa U_X entsprechenden Wert gebracht. Nach erfolgtem ersten Abgleich kompensiert man dann unter ständiger Verkleinerung von R_S. Die Messung wird zweckmäßig einige Male wiederholt, um die Sicherheit des Ergebnisses durch Mittelwertbildung zu steigern.

14 C. Eichung eines Feinmeßgeräts mit dem Kompensator von Raps oder Feussner.

a) Aufgabe. Ein Feinmeßgerät (Strom- oder Spannungsmesser) der Klasse 0,2 soll in der Kompensationsschaltung nach Abb. 10 oder 11 nachgeeicht werden. Die Korrekturen sind von 10 zu 10 Skalenteilen anzugeben.

b) Grundlagen. Vgl. Versuch 14 A. Der Hilfsstrom beträgt 0,1 mA. Für die Größe der bei den beiden Kompensatoren mittels der Kurbeln K_1 bis K_5 abgegriffenen Spannungen gilt das Folgende.

Beim Raps-Kompensator nach Abb. 10 ist der Widerstand $9 \cdot 1000\ \Omega$ mittels der Doppelkurbel K_1 jeweils zu einer $1000\ \Omega$-Stufe des Widerstandes $11 \cdot 1000\ \Omega$ parallel geschaltet. Der Widerstand dieser Parallelschaltung ist also $1000 \cdot 9000 : (1000 + 9000) = 900\ \Omega$. Die Kurbel K_2 stellt also 9 Stufen zu $100\ \Omega$ ein. Die gemeinsame Regelmöglichkeit dieser beiden Widerstandssätze geht also von $0\ \Omega$ (Kurbeln

K_1 und K_2 ganz rechts) bis 10900 Ω (Kurbeln ganz links) in Stufen von 100 Ω. Die in Abb. 10 gezeichnete Stellung der Kurbeln stellt einen Abgriff bei 7000 + 300 = 7300 Ω dar (von rechts her gerechnet). Entsprechend ergibt sich bei den Widerständen an den Kurbeln K_3 und K_4, daß K_4 Abgriffe von 1 zu 1 Ω macht; die beiden Widerstände $10 \cdot 10\,\Omega$ und $9 \cdot 10\,\Omega$ bieten also eine Einstellmöglichkeit von 0 bis 99 Ω in Stufen von 1 Ω. Die gezeichnete Stellung von K_3 und K_4 ergibt (von links her) 60 + 4 = 64 Ω. Zu den beiden Widerständen 7300 und 64 Ω kommt noch der Widerstand $10 \cdot 0{,}1\,\Omega$ hinzu, der auf 0,3 Ω steht, so daß bei einer Kompensation mit den gezeichneten Kurbelstellungen 7364,3 Ω vorliegen, die bei 0,1 mA Hilfsstrom einer Spannung von 0,73643 V entsprechen. Es können im ganzen Spannungen zwischen 0,00 und

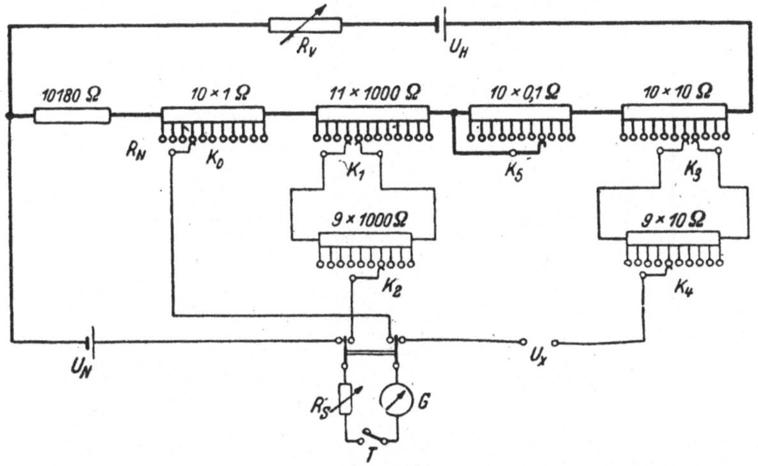

Abb. 10. Nebenschlußschaltung nach RAPS (K_0 bis K_5 sind Kurbelkontakte, hier der Übersichtlichkeit halber geradlinig statt kreisförmig gezeichnet; die Kurbelpaare K_1 und K_3 sind je mechanisch so gekoppelt, daß sie stets auf benachbarten Kontakten stehen).

1100,00 mV in Stufen von 0,01 mV eingestellt werden. Bis auf die geringfügigen Änderungen im Widerstand $10 \cdot 0{,}1\,\Omega$ bleibt dabei der Gesamtwiderstand von 11000 Ω und damit auch der Hilfsstrom mit $i_H = 0{,}1$ mA unverändert.

Der FEUSSNER-**Kompensator** nach Ab. 11 benutzt eine durchgehende Reihenschaltung aller Widerstände, so daß Gesamtwiderstand und Hilfsstrom beim Betätigen der Kurbeln K_1 bis K_5 keinerlei Änderungen erfahren. Die Größe der abgegriffenen Widerstände bzw. der gegen U_X zu kompensierenden Spannung ergibt sich unmittelbar aus den Kurbelstellungen. In Abb. 11 sind die abgegriffenen Widerstandswerte (von Kurbel K_4 an) nacheinander 600 + 30 + 6,0 + 0,2 + 8000 = 8636,2 Ω, also ist bei $I_H = 0{,}1$ mA die Spannung 0,86362 V. Einstellbar ist ein Spannungsbereich von 0,00 ... 1109,99 mV in Stufen von 0,01 mV an dem Gesamtwiderstand von 11099,9 Ω.

c) **Schrifttum** vgl. Versuch 14 A.

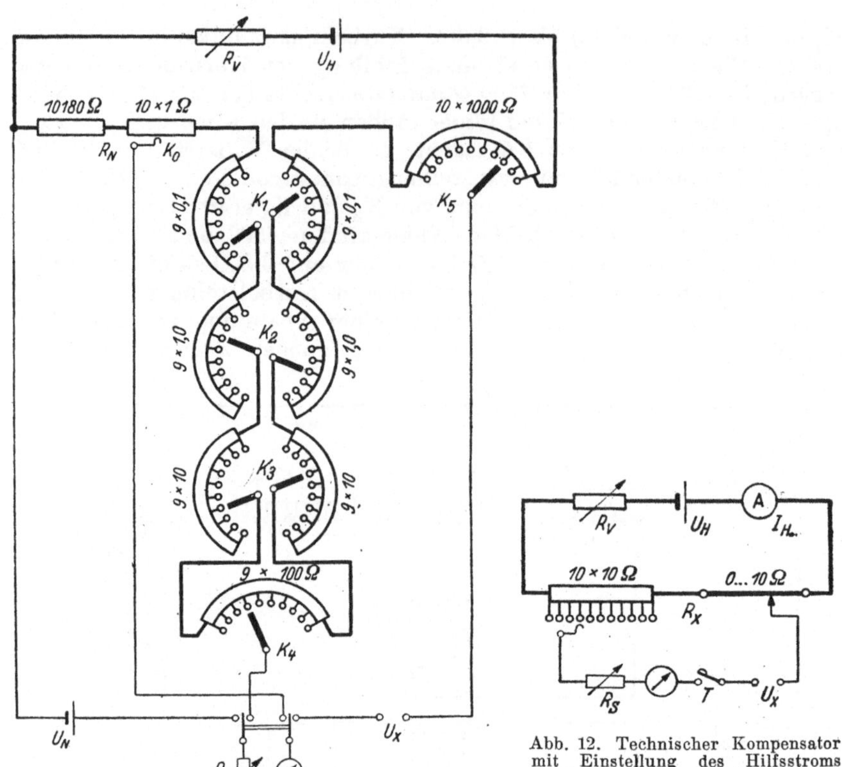

Abb. 11. Reihenschaltung nach FEUSSNER. (Die je 2 Kurbeln K_1 bis K_3 sind mechanisch so gekoppelt, daß sie stets auf gegenüberliegenden Kontakten stehen.)

Abb. 12. Technischer Kompensator mit Einstellung des Hilfsstroms durch Strommesser I_H (Sollwert des Hilfsstroms 10 mA, Meßbereich des Kompensators 0 · · · 1100 mV).

d) Schaltung und Versuchsanordnung des Kompensators nach Abb. 10 bzw. 11, des Anschlusses für Strom- bzw. Spannungsmesser (bzw. für Strom- und Spannungspfad von Leistungsmessern und Zählern) nach Abb. 13. Um merkliche Spannungsabfälle in den Zuleitungen zu vermeiden, sind die Verbindungen zwischen dem zu eichenden Spannungsmesser V in Schaltung nach Abb. 13a und den Widerständen R'_V und R'_N aus kurzen, starken Leitern herzustellen. Der Normalwiderstand R_N (Anschluß U_X zum Kompensator an den Spannungsabgriffen von R'_N!) ist so groß zu wählen, daß daran ein bequem zu kompensierender Spannungsabfall auftritt; meist ist ein Spannungsabfall von etwa 0,1 · · · 0,1 V am zweckmäßigsten.

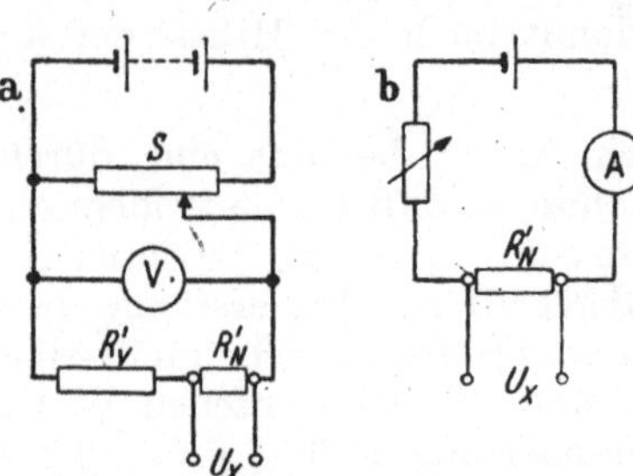

Abb. 13. Anschlußschaltungen für die Eichung von a) Spannungs- und b) Strommessern (auch Leistungsmessern und Zählern) mit dem Kompensator. (U_X sind die Spannungsklemmen am Kompensator.)

Für die Aufstellung des Spiegelgalvanometers vgl. Abschnitt d von Versuch 13 A.

Gerätevorschläge für das Studienpraktikum. Für den eigentlichen Kompensator enthalten die Abb. 10 und 11 die Widerstandsdaten. In den Anschlußschaltungen nach Abb. 13 hängt die Größe der Widerstände von den Meßbereichen der zu eichenden Geräte ab. Normalwiderstände so, daß an ihnen 0,1 · · · 1,0 V Spannungsabfall auftritt, wie vorstehend angegeben; Vorwiderstand in Abb. 13b so groß, daß bis zum niedrigsten gewünschten Skalenstrich geregelt werden kann; für den Spannungsteiler wählt man 5 Ω je Volt, damit der Stromverbrauch bei 0,2 A bleibt; Vorwiderstand R_V' so groß, daß an R_N' die angegebenen 0,1 · · · 1,0 V auftreten.

e) Versuchsdurchführung. Die Spannung am Spannungsmesser V (Abb. 13a) bzw. Strommesser A (Abb. 13b) wird so eingestellt, daß der Zeiger auf dem gewünschten Skalenstrich einspielt. Nach Einregelung des Hilfsstromes im Kompensator gemäß Versuch 14 A erfolgt dann die Kompensation von U_X durch die Widerstandsabgriffe mittels der Kurbeln K_1 bis K_5. Der zunächst voll vorzuschaltende Schutzwiderstand R_S ist bei fortschreitender Kompensation allmählich herauszunehmen. Um die Sicherheit des Meßergebnisses durch Mittelwertbildung zu steigern, empfiehlt sich eine mehrfache Wiederholung der Kompensation.

f) Auswertung. Aus den Zeigerablesungen A und den durch Kompensation gewonnenen Werten W ermittelt man jeweils nach Gl. (2) die Korrekturen, die in einer Korrekturtabelle zusammengestellt werden. Die Ermittlung des prozentischen Fehlers p_e bezogen auf den Endwert des Meßbereichs nach Gl. (4a) dient dazu, festzustellen, ob das untersuchte Meßgerät seine Klassengenauigkeit nach VDE noch hält. (Vgl. den Abschnitt „Auswertung" im „Beispiel eines Protokollvordrucks" S. 15).

14 D. Empfindlichkeit einer Kompensationsschaltung.

a) Aufgabe. Es ist die Schaltungsempfindlichkeit eines Kompensators in Skalenteilen Galvanometerausschlag je mV oder μV Änderung der zu messenden Spannung bei ausgeschaltetem Schutzwiderstand für einige Spannungen U_X zu bestimmen.

b) Grundlagen. Für die Definition der Empfindlichkeit vgl. Abschnitt 2 und Versuch 12 D. Die „Schaltungsempfindlichkeit" ist sinngemäß die Änderung der Meßgerät-Anzeige bezogen auf die diese erzeugende Änderung der Meßgröße. Ruft also eine Änderung ΔU_X (gegenüber dem kompensierten Zustand) am Galvanometer einen Ausschlag α hervor, so ist die Empfindlichkeit

$$E = \frac{\alpha}{\Delta U_X}\,. \tag{21}$$

Unter bestimmten Voraussetzungen kann die Empfindlichkeit näherungsweise auch durch eine Änderung von R_X bestimmt werden, was meßtechnisch einfacher ist. Im kompensierten Zustand ist auf der U_X-Seite des Kompensators nach Gl. (20)

$$U_X = I_H R_X. \tag{22}$$

Wird der Abgriff R_X um ΔR_X verstellt, so fließt im Galvanometerzweig ein von U_X getriebener Strom, der aber zur Empfindlichkeitsmessung nur so groß sein darf, daß am Galvanometer einige Skalenteile Ausschlag entstehen. Bei den hochohmigen Kompensatoren z. B. nach FEUSSNER und RAPS verwendet man empfindliche Spiegelgalvanometer, deren Strom bei $10^{-8} \cdots 10^{-9}$ A je Skalenteil liegt. (Für die Aufstellung vgl. Abschn. d) von Versuch 13 A). Der Hilfsstrom in R_X beträgt aber bei diesen Kompensatoren $I_H = 10^{-4}$ A also das $10^4 \cdots 10^5$-fache. Ähnlich liegt es bei den am wenigsten empfindlichen technischen Kompensatoren mit $I_H = 10^{-2}$ A; selbst unempfindlichste Zeigergalvanometer haben noch etwa 10^{-5} A je Skalenteil, also ist I_H auch noch das 10^3-fache. Im nicht abgeglichenen Zustand kann man daher näherungsweise in der ganzen Widerstandskette des Kompensators mit dem gleichen I_H rechnen. Auch kann der Spannungsabfall im Galvanometer (bei ausgeschaltetem Schutzwiderstand) bei geringen Ausschlägen gegen einigermaßen große U_X vernachlässigt werden, da Galvanometer je Skalenteil etwa 10^{-4} V (bei Zeigergalvanometern) bis etwa 10^{-6} V (bei Spiegelgalvanometern) Spannungsabfall haben. Praktisch ist bei den hier in Frage kommenden Verstellungen also immer noch U_X gleich dem Spannungsabfall in R_X des abgeglichenen Zustandes.

Es ist daher näherungsweise zulässig, für kleine Zeigerausschläge weiter mit Gl. (22) zu rechnen. Dann wird die Empfindlichkeit nach Gl. (21)

$$E = \frac{\alpha}{I_H \cdot \Delta R_X} = \frac{\alpha}{I_H(R'_X - R_X)} \tag{23}$$

wo R_X der abgegriffene Kompensationswiderstand im abgeglichenen und R'_X im verstellten Zustand ist.

Ist bei kleinen U_X die Bedingung hinreichend niedrigen Galvanometerstromes I_g und Spannungsabfalls im Galvanometerzweig nicht erfüllt, so kann man den Strom in R_X und die Spannung U_X korrigieren. Die hierzu erforderliche Größe des Galvanometerstromes ist

$$I_g = \frac{\Delta U_X (R_H + R_X)}{R_g R_H + R_H R_X + R_X R_g} \tag{24}$$

mit R_g als Widerstand im Galvanometerzweig und R_H als nicht abgegriffener Teil des Widerstandes im Hilfsstromkreis. $(R_H + R_X)$ hat beim RAPS-Kompensator nach Abb. 10 die Größe $(R_V + 21190\ \Omega)$, beim FEUSSNER-Kompensator nach Abb. 11 die Größe $(R_V + 21289{,}9\ \Omega)$ und beim technischen Kompensator nach Abb. 12 die Größe $(R_V + 110\ \Omega)$, wobei die inneren Widerstände der Hilfsstrombatterie notwendigenfalls in R_V einzuschließen sind.

c) Schrifttum: Lit. 3, 9; Schaltungsempfindlichkeit: Lit. 30.

d) Schaltung und Versuchsanordnung. Der Kompensator (nach Abb. 9 bis 12 od. and.) erhält bei U_X eine beliebige, gut regelbare Spannung von solcher Größe, wie gewünscht wird.

e) Versuchsdurchführung. Man prüfe zunächst, ob bei den Spannungen U_X, für die die Bestimmung der Empfindlichkeit gewünscht wird, sowohl der Galvanometerstrom als auch der Spannungsabfall im Galvanometer hinreichend klein sind, daß Gl. (23) benutzt werden kann. Gegebenenfalls ist eine Korrektur nach Gl. (24) anzubringen. Nach durchgeführter Kompensation gegen U_X gemäß den Versuchen 14 A bis C wird der abgegriffene Widerstand R_X um soviel verstellt, daß kleine Galvanometerausschläge entstehen. Man macht nach jeder Seite mehrere Versuche zweckmäßig bei ganzen Skalenteilen, um eine möglichst große Ablesegenauigkeit zu erhalten.

f) Auswertung. Die Schaltungsempfindlichkeit E ergibt sich dann mit Gl. (23) in Skalenteilen je mV oder μV. Aus den Einzelmessungen bildet man den Mittelwert. Da man etwa 0,1 Sk. T. noch gerade erkennen kann, ist die kleinste, noch erkennbare Spannungsabweichung 0,1 : E in mV oder μV. Sind die Widerstände und das Spannungsnormal von entsprechender Genauigkeit, so legt dieser Wert gleichzeitig auch die Grenze der Meßgenauigkeit für U_X fest.

15. Arbeiten mit dem Schleifenoszillographen.

Das bei jedem Arbeiten mit einem Schleifenoszillographen zu Beachtende ist zunächst im folgenden Abschnitt 15 A zusammengestellt. Einige bestimmte Versuche sind anschließend in den Abschnitten 15 B bis 15 F beschrieben.

15 A. Allgemeines.

a) Optik. Durch die beiden Linsen D und F in Abb. 14 wird der optische S t r a h l e n g a n g (Lichtzeiger) im Schleifenoszillographen so gesteuert, daß das Strahlenbündel auf dem Spiegel B und auf der Trommel G nur eine Ausdehnung von weniger als 1 mm Durchmesser hat, also praktisch punktförmig ist. Eine Einstellung der Größe des Lichtflecks bzw. der Helligkeit ist durch die Spaltblende E möglich. Bei Mehrfach-Oszillographen (bis zu 6 Meßschleifen) sind zwischen den Spaltblenden und den Schleifenspiegeln noch verstellbare Umlenkprismen vorhanden, die eine Einstellung der von E kommenden Lichtbündel auf die einzelnen Meßschleifen ermöglichen. Mitunter wird (z. B. bei SIEMENS-Oszillographen) vor der Zylinderlinse noch ein Teil des Lichtbündels über besondere Optik und Polygonspiegel zur direkten Beobachtung des Vorganges auf einer Mattscheibe abgezweigt.

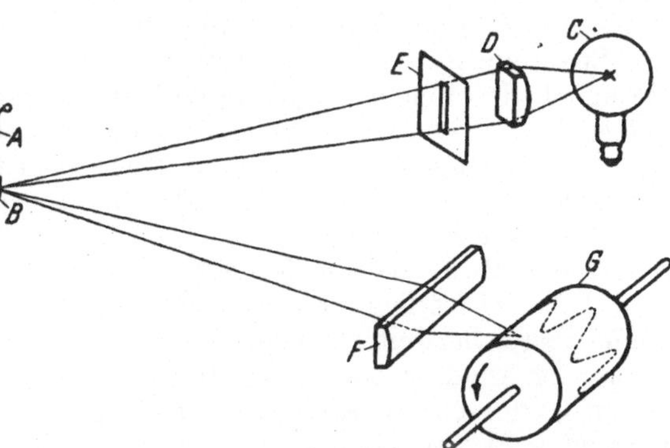

Abb. 14. Schema eines Lichtzeiger (Spiegel)-Oszillographen (nach ATM).
A Meßschleife aus dünnem Metallband, die zwischen den nichtgezeichneten Polen eines Magneten ausgespannt ist. *B* Meßschleifen-Spiegel, *C* Lichtquelle, *D* Kondensator, *E* Spaltblende, *F* Zylinderlinse, *G* Trommel mit lichtempfindlichem Papier bespannt.

b) Schrifttum über Schleifenoszillographen: Lit. 1 (Abschn. J 035, J 742), 2, 3, 4, 5, 8, 10.

c) Auswahl der Meßschleifen. Meist stehen bei handelsüblichen Geräten mehrere Schleifentypen verschiedener Eigenschwingungszahl und Empfindlichkeit zur Verfügung. Tabelle 3 zeigt die Daten der

Tabelle 3.
Daten der Siemens-Meßschleifen mit permanentem Magnet.

Type Nr.	8	5	4	1	2	7	6	3	
Eigenfrequenz ungedämpft etwa	1,2	2	3	5,5	10	20	0,45	2,5	kHz
Eigenwiderstand etwa . . .	6	4	4	1	1	0,8	1	1	Ω
Empfindlichkeit der gedämpten Schleife auf dem Papier	50	13	4	0,8	0,3	0,06	0,7	0,5	$\frac{mm}{mA}$
Höchstlast bei Gleichstrom etwa	1,6	6,1	20	100	270	250	115	160	mA
danach Höchstausschlag ±	80	80	80	80	80	15	80	80	mm

Typen 3 und 6 mit größerem Spiegel für Projektion.

Siemens-Meßschleifen mit permanentem Magnet, also zur Strom- und Spannungsmessung. Wie Tabelle 3 zeigt, schließen große Eigenschwingungszahl und hohe Empfindlichkeit einander aus; abgesehen von den beiden Projektionsschleifen ist die Empfindlichkeit um so niedriger, je größer die Eigenfrequenz ist. Die zugehörige Leistungsschleife der Type W 1 auf dem elektrodynamischen Prinzip beruhend hat 2,5 kHz Eigenschwingungszahl, 5 A Nennstrom (höchste Gleichstrombelastung 7 A) im Strompfad und 50 mA (höchstens 75 mA) bei 3 Ohm im Spannungspfad und gestattet Höchstausschläge von ± 50 mm. Bezüglich der Eigenschwingungszahlen ist zu beachten, daß nur Vorgänge bzw. Oberwellen bis zur etwa halben Eigenschwingungszahl naturgetreu aufgezeichnet werden (Vergrößerung der Masse durch anhaftendes Öl und erforderlicher Abstand von der Eigenfrequenz selbst, um Resonanz zu vermeiden).

Da der Meßbereich der Schleifen durch die zulässige Höchstlast nach Tabelle 3 festliegt, müssen fast stets Vor- und Nebenwiderstände zur Meßbereicherweiterung verwendet werden. Schleifen zur Spannungsmessung erhalten nach Abb. 16 (links) einen Grob- und einen Feinregler, letzteren mit Kurzschlußstellung für die Schleife; die höchste vorkommende Spannnung (bei Wechselstrom oder einmaligen Vorgängen der Höchstwert) darf keinen größeren als den höchstzulässigen Strom erzeugen (vorgeschalteter Gesamtwiderstand bei z. B. 250 V Spitze und Schleifentype 1 in der Größe von 2500 Ohm). Zur Strommessung ist die in Abb. 16 (rechts) angegebene Spannungsteilerschaltung zweckmäßig; sind 5 A zu messen, wählt man z. B. 0,1 Ohm für den Grobregler (Spannungsteiler) und bei Schleife Nr. 1 dann den Feinregler zu 4 Ohm (induktivitäts- und kapazitätsfreie Widerstände verwenden!).

d) Einstellung des Oszillographen. Da die Schleifen auch gegen kurzzeitige Überlastungen sehr empfindlich sind, ist größte Vorsicht bei ihrem Einschalten geboten. Die Vor- oder Nebenwiderstände sind zunächst auf die sicherste Stellung zu bringen; gegebenenfalls sind zusätzliche Vorschaltwiderstände zu verwenden. Ein Regeln der Strom- und Spannungswerte oder der Widerstände an den Schleifen sollte nur unter gleichzeitiger Beobachtung der Oszillogramme erfolgen. Zweckmäßig ist die Verwendung von Grob- und Feinregler vor den Schleifen; die Schaltbilder 16 bis 21 zeigen gebräuchliche Schaltungen für Strom- und Spannungsmessung.

Wenn die Meßschleifen wie bei dem großen SIEMENS-Oszillographen um eine senkrechte und horizontale Achse verstellt werden können, ist dafür zu sorgen, daß das Spaltbild voll auf die Zylinderlinse fällt, um größte Helligkeit zu erreichen. Ferner legt man bei gleichzeitiger Aufnahme mehrerer Größen die Oszillogramme meist nicht auf dieselbe Nullinie, sondern ordnet sie unter Ausnutzung der vollen Breite des Photopapiers so übereinander an, daß möglichst wenig Überschneidungen der Kurven auftreten. Ist die zeitraubende Einstellung beendet, so vermeide man Veränderungen. Bei periodischen Vorgängen wählt man möglichst Aufzeichnung auf einer umlaufenden Trommel, um Papier zu sparen (Trommelkassette), bei nicht periodischen Vorgängen muß mit hinreichend langen Oszillogrammstreifen gearbeitet werden (Ablaufkassette). Mit Rücksicht auf Übersichtlichkeit und Papierersparnis ist die Wahl einer geeigneten Papiergeschwindigkeit hier besonders wichtig (0,02 · · · 10 m/s stufenlos einstellbar bei dem großen SIEMENS-Oszillographen). Um den Zeitmaßstab zu erhalten, wird ein Zeitschreiber (Schwingungsschreiber) von meist 100 oder 500 Hz mit vorgesehen. Wenn eine Netzfrequenz hinreichend sicher bekannt ist, kann diese auch über eine normale Schleife zum Aufschreiben des Zeitmaßstabes benutzt werden. Da jeder Vorgang je nach seinem Verlauf mit der dafür günstigsten Geschwindigkeit geschrieben werden muß, benutzt man den Zeitschreiber auch, um die Papiergeschwindigkeit einzustellen. Am besten beobachtet man jedoch den Vorgang selbst auf der Mattscheibe und stellt danach die Drehzahl bzw. das Wechselrädergetriebe des Papierantriebsmotors ein. Soll die Nulllinie mitgeschrieben werden, so wird bei abgeschalteten Schleifen nochmal belichtet, oder man verwendet eine freie Schleife zum Schreiben der Nullinie.

e) Maßstäbe. Der Zeitmaßstab m_z (in s/mm) ergibt sich unmittelbar aus der Frequenz f_z des Zeitschreibers (in s^{-1}) oder — wenig genau — aus der Ablaufgeschwindigkeit des Photopapiers. Haben n volle Schwingungen des Zeitschreibers eine Abszissenlänge z (in mm), so ist der Zeitmaßstab

$$m_z = \frac{n}{z \cdot f_z} \tag{25a}$$

in s/mm. Die zu einer Abszisse z' gehörende Zeit ist dann aus

$$t = m_z \cdot z' \tag{25b}$$

unmittelbar zu bestimmen. Um den Strom- oder Spannungsmaßstab der oszillographierten Vorgänge (in A/mm oder V/mm) zu erhalten, ist gegebenenfalls eine Eichung notwendig, die am besten mit einem bekannten Gleichstrom durchgeführt wird (nachexponieren, z. B. zusammen mit dem Schreiben der Nullinie). Die Eichlinie erscheint dann als Parallele zur Zeitachse und der Maßstab kann aus dem Abstand beider Geraden und dem Meßgeräteausschlag sofort bestimmt werden.

15 B. Aufnahme und Analyse der Stromkurve einer gesättigten Drosselspule.

a) Aufgabe. Mit dem Schleifenoszillographen sind Stromstärke und Spannung einer Drosselspule aufzunehmen, die an einem Netz mit praktisch sinusförmiger Spannung liegt. Für die Stromkurve ist dann der Oberwellengehalt durch harmonische Analyse und der Scheitelfaktor aus der Berechnung des Effektivwertes zu bestimmen.

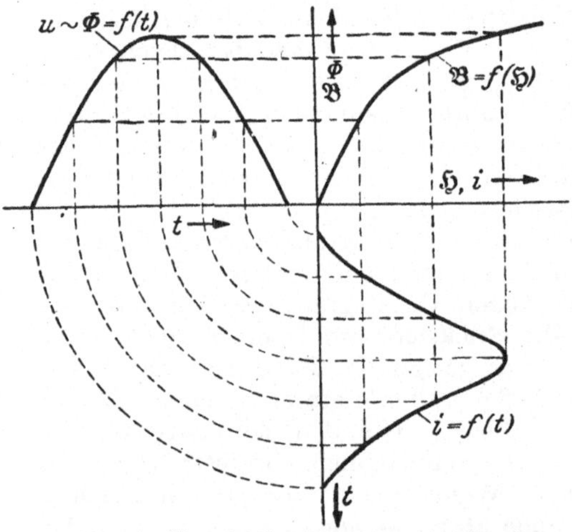

Abb. 14a. Konstruktion der zu einem sinusförmigen Spannungs- und Flußverlauf u und Φ gehörenden (verzerrten) Stromkurve i bei Eisensättigung.

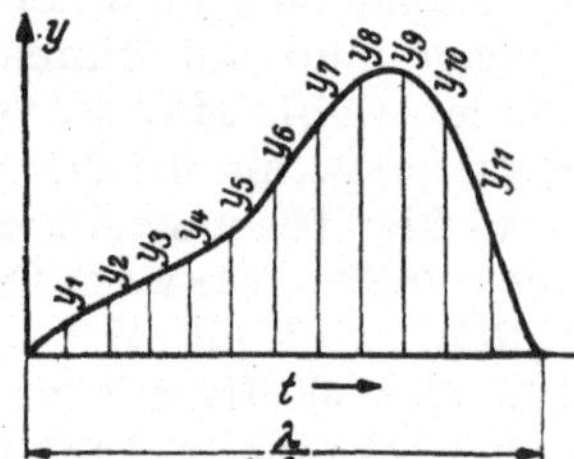

Abb. 15. Zur harmonischen Analyse.

b) Grundlagen. Durch die in der Magnetisierungslinie $\mathfrak{B} = f(\mathfrak{H})$ zum Ausdruck kommende Erscheinung der S ä t t i g u n g sind magnetischer Fluß Φ in der Drosselspule einerseits und magnetisierende Stromstärke i andererseits nicht proportional. Bei Wechselmagnetisierung einer hochgesättigten Eisendrossel wird einem sinusförmigen Spannungs- und Flußverlauf u und Φ nach Abb. 14a eine verzerrte Stromkurve $i = f(t)$ entsprechen müssen, da für die höheren Flußwerte in der Nähe des Sinusmaximums unverhältnismäßig viel mehr magnetisierende Durchflutung gebraucht wird. Die Stromkurve zeigt bei jedem Maximum einen nach oben spitzen Verlauf (Abb. 14a).

Zur Auflösung dieser verzerrten Stromkurve in Grund- und Oberwellen kann der Stromverlauf mit dem Schleifenoszillographen aufgenommen werden. Da der Strom keine Gleichstromkomponente enthält und zur Nullinie symmetrisch verläuft, genügt für die Auswertung e i n e Halbwelle des Stromes.

Die h a r m o n i s c h e A n a l y s e der Stromkurve soll nach dem Verfahren von Runge bis zur 11. Oberwelle aus 11 Ordinaten der Halbwelle erfolgen. Man teilt hierzu die Halbwellenlänge $\lambda/2$ zwischen den beiden Nulldurchgängen in 12 gleiche Abschnitte ein (vgl. Abb. 15).

Die Ordinaten y_1, $y_2 \cdots y_{11}$ stellen die Ausgangswerte für die Analyse dar. Da es bei der Ermittlung nicht auf absolute Stromwerte, sondern nur auf das Verhältnis der Oberwellen zu den Grundwellen ankommt, können die abgegriffenen Längen $y_1 \cdots y_{11}$ in die weitere Rechnung in mm eingesetzt werden.

Die FOURIERsche Reihe der im vorliegenden Falle symmetrischen Kurve mit nur ungeradzahligen Oberwellen heißt nun allgemein

$$y = a_1 \sin x + a_3 \sin 3\,x + a_5 \sin 5\,x + \cdots a_\nu \sin \nu\,x + \cdots \\ + b_1 \cos x + b_3 \cos 3\,x + b_5 \cos 5\,x + \cdots b_\nu \cos \nu\,x + \cdots \tag{26}$$

Der Oberwellengehalt ist also durch die Faktoren a und b bestimmt. Diese sind mit ν als Grad der Oberwelle

$$a_\nu = \frac{1}{6}\,[s_1 \sin 15\,\nu + s_2 \sin 30\,\nu + \cdots + s_5 \sin 75\,\nu + s_6 \sin 90\,\nu] \tag{27a}$$

$$b_\nu = \frac{1}{6}\,[\,d_5 \cos 15\,\nu + d_4 \cos 30\,\nu + \cdots + d_1 \cos 75\,\nu]. \tag{27b}$$

Hierin sind s und d die Summen und Differenzen von je zwei y-Werten nach folgendem Schema

	y_1	y_2	y_3	y_4	y_5	y_6
	y_{11}	y_{10}	y_9	y_8	y_7	
Summen:	s_1	s_2	s_3	s_4	s_5	s_6
Differenzen:	d_5	d_4	d_3	d_2	d_1	

Die Berechnung der a und b führt man zweckmäßig auch in Tabellenform durch, da stets dieselben sin- und cos-Werte auftreten (vgl. Tabelle 4).

Tabelle 4.
Koeffiziententafel zur Berechnung der a_ν und b_ν nach den Gl. (27a) und (27b).

$\nu =$	1	3	5	7	9	11	für
sin 15 ν =	+ 0,259	+ 0,707	+ 0,966	+ 0,966	+ 0,707	+ 0,259	s_1
sin 30 ν =	+ 0,500	+ 1,000	+ 0,500	− 0,500	− 1,000	− 0,500	s_2
sin 45 ν =	+ 0,707	+ 0,707	− 0,707	− 0,707	+ 0,707	+ 0,707	s_3
sin 60 ν =	+ 0,866	0,000	− 0,866	+ 0,866	0,000	− 0,866	s_4
sin 75 ν =	+ 0,966	− 0,707	+ 0,259	+ 0,259	− 0,707	+ 0,966	s_5
sin 90 ν =	+ 1,000	− 1,000	+ 1,000	− 1,000	+ 1,000	− 1,000	s_6
cos 15 ν =	+ 0,966	+ 0,707	+ 0,259	− 0,259	− 0,707	− 0,966	d_5
cos 30 ν =	+ 0,866	0,000	− 0,866	− 0,866	0,000	+ 0,866	d_4
cos 45 ν =	+ 0,707	− 0,707	− 0,707	+ 0,707	+ 0,707	− 0,707	d_3
cos 60 ν =	+ 0,500	− 1,000	+ 0,500	+ 0,500	− 1,000	+ 0,500	d_2
cos 75 ν =	+ 0,259	− 0,707	+ 0,966	− 0,966	+ 0,707	− 0,259	d_1

Der Scheitelfaktor ist das Verhältnis des Scheitelwertes I_m zum Effektivwert I:

$$\psi = \frac{I_m}{I} = \frac{I_m}{\sqrt{I_1^2 + I_3^2 + I_5^2 + \cdots + I_{11}^2}}\,, \tag{28}$$

wobei es genügt, jene Oberwellen zu berücksichtigen, die mindestens $5^0/_0$ der Grundwelle betragen.

c) Schrifttum: Stromverlauf der gesättigten Drosselspule: Lit. 44, 47; harmonische Analyse: Lit. 2, 3, 5, 26, 44.

d) Schaltung und Versuchsanordnung. Spannung und Stromstärke der Drosselspule werden nach Abb. 16 je auf eine Meßschleife S gegeben. Ein Strommesser ist zur Kontrolle des Effektivwertes vorgesehen. Soll die Stromkurve aus dem Bild auf der Mattscheibe durch-

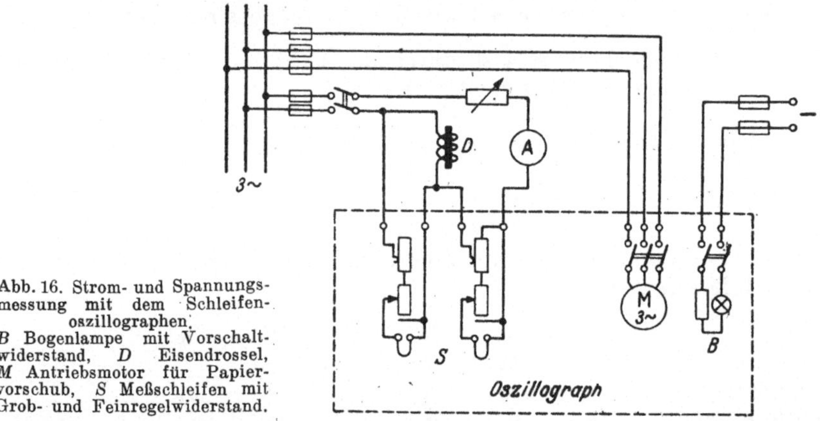

Abb. 16. Strom- und Spannungsmessung mit dem Schleifenoszillographen. *B* Bogenlampe mit Vorschaltwiderstand, *D* Eisendrossel, *M* Antriebsmotor für Papiervorschub, *S* Meßschleifen mit Grob- und Feinregelwiderstand.

gepaust werden, so muß der Synchronmotor, der den Polygonspiegel antreibt, aus derselben Wechselspannungsquelle gespeist werden, um ein stehendes Bild zu erhalten. Die zu untersuchende Drosselspule wird so ausgewählt, daß bei der für eine deutliche Verzerrung notwendigen starken Magnetisierung keine thermisch zu hohen Verluste im Eisen und in der Wicklung auftreten. Auf den Zeitschreiber kann verzichtet werden.

Gerätevorschläge für das Studienpraktikum. Am geeignetsten ist eine Drosselspule, die bei einigen bis etwa 10 A bereits übersättigt ist. Hiernach und nach der Größe der verwendeten Spannung richtet sich die Größe des regelbaren Vorschaltwiderstandes und des Strommessers in Abb. 16. Für die Auswahl der Widerstände vor den Schleifen vgl. Abschnitt 14 A c).

e) Versuchsdurchführung. In einem Vorversuch bestimmt man bei kurzgeschlossenen Schleifen (Regelung an den Vorschaltwiderständen in Abb. 16 ganz nach unten!) die Größe der zu erwartenden Stromstärke und wählt danach den Nebenwiderstand zur Stromschleife aus. Nach Einschalten des Hauptstromkreises regelt man die Vorwiderstände der Meßschleifen vorsichtig herauf, bis der gewünschte (und nach Tabelle 3 zulässige) Ausschlag erreicht ist. Vor dem Abschalten wird der Schleifenstrom wieder heruntergeregelt. Mit Rücksicht auf den gegebenenfalls einseitig verlaufenden Einschaltstoß der Drossel sollen die Schleifen beim Schalten der Drossel nicht eingeschaltet sein.

Um die mit der Stromstärke steigende Verzerrung darzustellen, ist der Versuch bei mehreren verschiedenen Strömen durchzuführen. Da es sich um einen periodischen Vorgang handelt, kann das Oszillogramm statt durch Photographieren auch durch Pausen des Bildes auf der Mattscheibe gewonnen werden. Bei der Aufnahme muß die Nullinie mit aufgezeichnet werden, da von ihrer Lage die Größe der Ordinaten y abhängt (vgl. Abb. 15).

f) Auswertung. Zur Bestimmung des Oberwellengehalts wird eine Halbwelle nach Abb. 15 eingeteilt. Die Berechnung der einzelnen Amplituden erfolgt nach den Gl. (27) mit Hilfe von Tabelle 4. Die Sinus-Oberwellen und alle Cosinuswellen sind in Prozenten der Sinus-Grundwelle anzugeben.

Zur Kontrolle ist dann die Halbwelle aus Grundwelle und allen, 5% oder mehr betragenden Sinus-Ober- und Cosinuswellen rückwärts zu konstruieren. Durch Übereinanderzeichnen der gemessenen und der so konstruierten Halbwelle ist die höchste Abweichung (in % des Scheitelwertes) zu ermitteln, die sich durch die Vernachlässigung der Wellen unter 5% ergibt.

Endlich ist der Scheitelfaktor ψ des aufgenommenen Stromverlaufes nach Gl. (28) zu bestimmen. Da es sich beim Scheitelfaktor um einen Verhältniswert handelt, können alle Stromwerte in Prozenten oder einem anderen beliebigen Maßstab eingesetzt werden.

Bei der Auswertung achte man darauf, daß die Summen in den Gl. (27) durch 6 dividiert werden müssen!

15C. Aufnahme verzerrter Strom- und Spannungskurven.

a) Aufgabe. Für einen Kondensator und eine Drosselspule sind bei Anschluß an eine nicht-sinusförmige Spannung die Kurven der Stromstärken und der Spannung oszillographisch aufzunehmen. Zu bestimmen sind für alle 3 Kurven die Scheitelfaktoren nach Gl. (28) und die größten Abweichungen von der Sinusform. Die Effektivwerte werden mit Strom- und Spannungsmesser gemessen.

b) Grundlagen. Zur Glättung von Stromkurven werden in Reihe geschaltete Drosselspulen oder parallel liegende Kondensatoren verwendet. Die Verkleinerung der Oberwellen-Amplituden beruht darauf, daß ωL mit zunehmender Frequenz steigt, die höheren Harmonischen also einen größeren Widerstand als die Grundwelle finden, bzw. daß $1/\omega C$ mit der Frequenz abnimmt, den Oberwellen hier im Parallelzweig also ein kleinerer Widerstand entgegensteht. In beiden Fällen wird der Stromverlauf der Sinusform näher kommen, als bei der Spannungskurve.

Der umgekehrte Fall liegt bei Paralleldrossel oder Reihenkondensator vor: die Oberwellen sind im Strom stärker als in der Spannung, die Kurve wird verzerrt. Diese Erscheinung ist einer der Gründe, aus denen in Starkstromnetzen möglichst sinusförmige Spannung angestrebt werden muß.

c) Schrifttum: Lit. 44, 47.

d) Schaltung und Versuchsanordnung. Ein Wechselstromerzeuger mit nicht zu stark, aber merkbar verzerrter Spannungskurve speist nach Abb. 17 über Regler, Schleifen und Effektivwertmesser entweder eine Drossel oder einen Kondensator. Auf einen besonderen Verbraucher kann hier beim alleinigen Nachweis der Verzerrung und Glättung verzichtet werden. Um keine zusätzlichen Verzerrungen durch Eisensättigungen zu erhalten, darf die Drosselspule nur mäßig belastet werden. Für die **Eichung** ist ein Gleichstromanschluß (oder auch Wechselstromanschluß mit sinusförmiger Spannung) erforderlich. Stehen keine für Gleich- und Wechselspannung geeichten Strom- und Spannungsmesser zur Verfügung, so sind im Gleichstromanschluß besondere Meßgeräte vorzusehen. Ein Zeitschreiber kann entbehrt werden, da der Zeitmaßstab nicht interessiert.

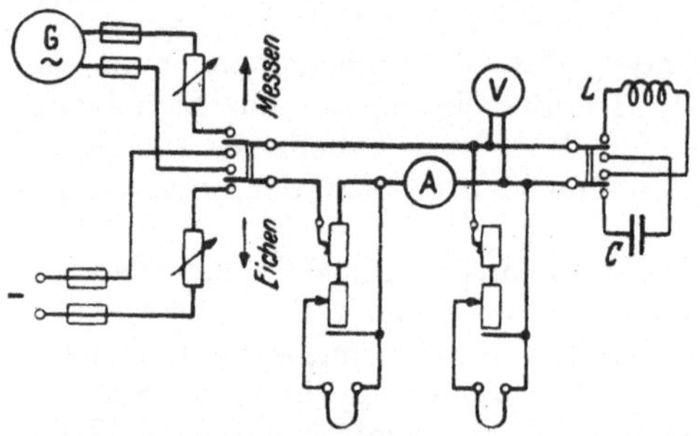

Abb. 17. Aufnahme verzerrter Strom- und Spannungskurven.

Gerätevorschläge für das Studienpraktikum. Steht keine Stromquelle mit merklicher Oberwelligkeit zur Verfügung, so kann man sich eine solche durch Reihenschaltung von Kondensator und Wirkwiderstand schaffen, da jede Maschinen-Spannung etwas oberwellenhaltig ist ($R = 50\,\Omega$, $C = 50\,\mu F$). Die Spannung für die Versuchsschaltung wird dann am Wirkwiderstand abgenommen. Die zweckmäßigen Größen von Widerstand und Kapazität müssen experimentell ermittelt werden. Bei 130 V zugeführter Spannung wählt man eine Drosselspule von etwa 1 H mit veränderlichem Luftspalt zur Vermeidung der Eisensättigung, eine Kapazität von etwa 12 μF, Spannungs- und Strommesser für 140 V und 1 A; geeignete Meßschleifentypen sind Nr. 1, 4 oder 5 nach Tab. 3, S. 34; für die Wahl der Widerstände vor den Schleifen vgl. Abschnitt 15 A c).

e) Versuchsdurchführung. Für die Inbetriebnahme der Schleifen gilt das in Abschnitt e) von Versuch 15 B Gesagte. Zweckmäßig werden die zusammengehörigen Kurven von Spannung und Stromstärke jeweils auf einem Oszillogrammstreifen zusammen aufgenommen. Um den für die Bestimmung des Scheitelfaktors benötigten Strom- und Spannungsmaßstab zu erhalten, wird jeder Oszillogrammstreifen ein zweites Mal bei Gleichstromanschluß der Schleifen belichtet, wobei der rechte Umschalter auf die Induktivität L zu schalten ist.

f) Auswertung. Die Scheitelfaktoren des Strom- und Spannungsverlaufs ergeben sich nach Gl. (28) unmittelbar aus dem Höchstwert I_m bzw. U_m und den mit Strom- bzw. Spannungsmesser gemessenen Effektivwerten I und U. Die größte Abweichung von der Sinusform kann mit meist hinreichender Genauigkeit dadurch bestimmt werden, daß man in jede Kurve die mittlere Sinuslinie (Grundwelle) näherungsweise einträgt. Die (senkrecht gemessene) größte Abweichung wird in Prozenten der Grundwellenamplitude angegeben.

Nach § 14 der REM („Regeln für die Bewertung und Prüfung von elektrischen Maschinen", Bestimmung VDE 0530) gilt eine Spannungswelle als „praktisch sinusförmig, wenn keiner ihrer Augenblickswerte vom Augenblickswert gleicher Phase der Grundwelle um mehr als 5% des Grundwellenscheitelwertes abweicht". Die Einhaltung dieser Bestimmung ist für die Welle der verwendeten Spannung zu überprüfen.

An Stelle des näherungsweisen Eintragens der Grundwelle kann deren genaue Bestimmung nach dem Verfahren der harmonischen Analyse treten (vgl. Versuch 15 A).

15 D. Aufnahme einer gedämpften Schwingung.

a) Aufgabe. Der periodische Entladestrom eines Kondensators über eine Drosselspule ist oszillographisch aufzunehmen. Aus dem Verlauf der gedämpften Schwingung sind die Eigenschwingungszahl ω_0, das logarithmische Dekrement Λ, ferner Induktivität und Widerstand des Schwingungskreises zu bestimmen, wenn die Kapazität bekannt ist.

b) Grundlagen. Die gedämpfte Schwingung eines Kondensatorkreises verläuft beim Einschalten zur Zeit $t = 0$ nach der Gleichung

$$i = \frac{U_0}{\omega L} \cdot e^{-t/T} \sin \omega t \tag{29}$$

mit U_0 als Anfangswert der Kondensatorspannung, t als der Zeit, ferner mit der Zeitkonstanten (gleich dem reziproken Dämpfungsexponenten)

$$T = \frac{2L}{R} \tag{30a}$$

und der Eigenfrequenz

$$\omega = \sqrt{\frac{1}{LC} - \left(\frac{R}{2L}\right)^2} = \sqrt{\frac{1}{LC} - \frac{1}{T^2}}, \tag{30b}$$

wo R, L und C die Konstanten des Stromkreises sind. Das die Dämpfung kennzeichnende logarithmische Dekrement ist

$$\Lambda = \ln \frac{I_m'}{I_m''} = 2{,}3 \lg \frac{I_m'}{I_m''}, \tag{31}$$

wo I_m' und I_m'' die Amplituden von 2 aufeinanderfolgenden, gleichgerichteten Schwingungshalbwellen sind. Rechnerisch ergibt sich Λ aus der Schwingungsgleichung (29) zu

$$\Lambda = \frac{2\pi}{\omega T}, \tag{31'}$$

wenn man den Quotienten bei zwei um $\omega t = 2\pi$ entfernten Zeiten bildet.

c) Schrifttum: Lit. 44, 47, 53.

d) Schaltung und Versuchsanordnung. Der Kondensator wird aus einer geeigneten Gleichstromquelle geladen und dann durch Umlegen des Umschalters in Abb. 18 über eine widerstandsbehaftete Drossel und die Meßschleife entladen. Zu verwenden ist eine mäßig gesättigte Drosselspule, damit die Induktivität praktisch konstant ist. Ein Zeitschreiber muß vorgesehen werden, um die Eigenfrequenz des Schwingungskreises bestimmen zu können. Ein Spannungsmesser ist erforderlich, wenn die Größe der Netzspannung nicht oder nicht genau genug bekannt ist. Die Größe des Vorschaltwiderstandes zur Ladung des Kondensators richtet sich nach den eingebauten Sicherungen.

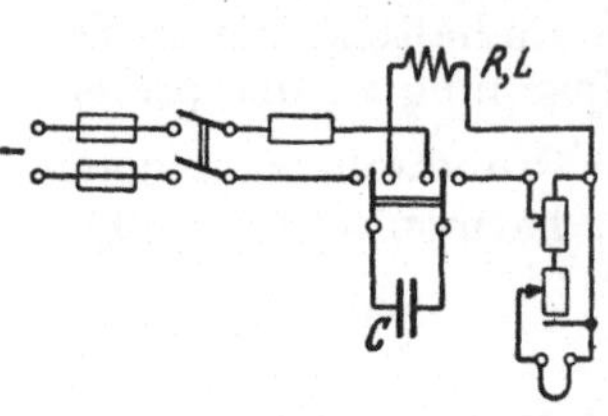

Abb. 18. Aufnahme einer gedämpften Schwingung.

Gerätevorschläge für das Studienpraktikum. Batteriespannung etwa 20 V Gleichstrom. Spule von etwa 1,5 H und 10 Ohm, gegebenenfalls durch Reihenschaltung von Drosselspule und Wirkwiderstand dargestellt, Kapazität etwa 100 μF; da die Frequenz bei etwa 12 Hz liegt, können alle Meßschleifentypen außer Nr. 6 und 8 benutzt werden (nach Tab. 3, S. 34); für die Wahl der Widerstände vor der Schleife vgl. Abschnitt 15 A c).

Um den passenden Nebenwiderstand für die Meßschleife und eine geeignete Ablaufgeschwindigkeit wählen zu können, schätzt man die Induktivität L und berechnet zunächst die Eigenfrequenz näherungsweise aus Gl. (30b) unter Vernachlässigung des meist kleinen Dämpfungsgliedes $R/2\,L$. Dann wird der (theoretische) Anfangswert des Stromes gemäß Gl. (29) zu $U_0/\omega L$ geschätzt und danach der Nebenwiderstand eingebaut.

e) Versuchsdurchführung. Für die Inbetriebnahme der Schleifen vgl. Abschnitt e) von Versuch 15 B. Bei Vorversuchen regelt man unter ständiger visueller Beobachtung des Kurvenbildes den Schleifenstrom herauf (man beachte hierbei Abschnitt d von 15 A und Abschnitt e von 15 B). Auch wird in Vorversuchen visuell oder durch Aufnahme bestimmt, ob die gewählte Ablaufgeschwindigkeit ein hinreichend auswertbares Oszillogramm ergibt. Bei den Vor- und Hauptversuchen werden die Schwingungszüge durch einfaches Umlegen des Umschalters von Ladung auf Entladung erzeugt. Vor Aufnahme der Oszillogramme ist der Zeitschreiber in Betrieb zu setzen. Das Anlaufen des Photopapieres bzw. Öffnen des Verschlusses erfolgt nach der für den Oszillographen maßgebenden Bedienungsanweisung.

f) Auswertung. Aus dem Abstand z von z. B. $n = 10$ oder 50 Zeitschreiberschwingungen und aus deren Frequenz f_z ergibt sich der Zeitmaßstab m_z nach Gl. (25a), aus dem dann die Frequenz der gedämpften Schwingung errechnet werden kann. Einfacher, aber weniger genau ist es, zu gleichen Zeiten gehörige Periodenzahlen abzuzählen. Als Periodendauer wird bei der gedämpften Schwingung die mittlere mehrerer Perioden genommen, wobei zwischen Nulldurchgängen zu messn ist.

Darauf greift man ebenfalls mehrere Amplituden ab und bestimmt nach Gl. (31) das logarithmische Dekrement Λ wieder als Mittelwert zwischen verschiedenen aufeinanderfolgenden, gleichsinnigen Paaren von I_m und I_m''. Es kann dann nach Gl. (31′) die Zeitkonstante T

und aus dieser und ω nach Gl. (30b) die Größe

$$\frac{1}{LC} = \omega^2 + \frac{1}{T^2} \tag{32}$$

ermittelt werden, womit sich die Induktivität L aus der bekannten Kapazität C berechnen läßt. Endlich ergibt sich R aus Gl. (30a). Änderungen von T und ω längs des Schwingungszuges deuten auf eine veränderliche Induktivität, also merkliche Eisensättigung hin, die auch verursacht, daß der Kurvenzug nicht der Gl. (29) entspricht, sondern Oberwellen enthält (vgl. Versuch 15 B).

15 E. Ladung und Entladung von Kondensatoren.

a) Aufgabe. Ein Kondensator soll aus einem Gleichstromnetz über einen rein Ohmschen Widerstand aufgeladen und anschließend über einen anderen Wirkwiderstand entladen werden. Beide Stromverläufe sind oszillographisch aufzuzeichnen. Aus der Netzspannung und dem Kurvenverlauf sind Zeitkonstante, Elektrizitätsmenge, Kapazität und Widerstände zu bestimmen.

b) Grundlagen. Das Ablaufgesetz des Stromstoßes bei Ladung und Entladung ergibt sich aus dem Spannungsgleichgewicht zwischen Netzspannung, Spannungsabfall im Widerstand und Kondensatorspannung. Die Lösung dieser Differentialgleichung (vgl. Schrifttum) führt für Lade- und Entladestrom auf denselben Verlauf nach Abb. 19:

$$i = \frac{U}{R} e^{-t/T}, \tag{33}$$

wo U die Gleichspannung, aus der geladen wird, oder die Kondensator-Anfangsspannung bei Entladung, ferner R der eingeschaltete Widerstand und

$$T = CR \tag{34}$$

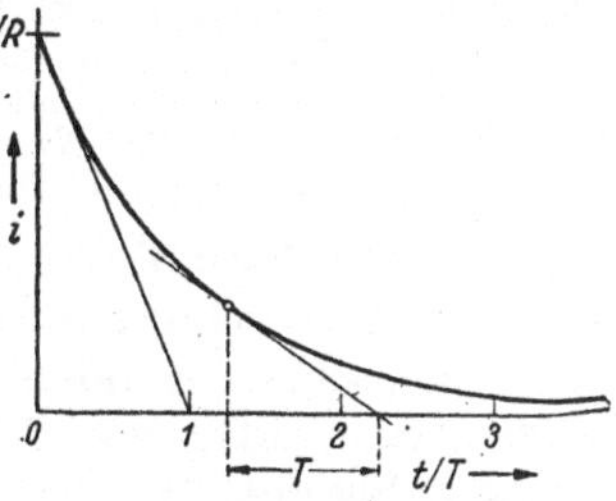

Abb. 19. Stromverlauf bei Ladung oder Entladung mit Konstruktion der Zeitkonstanten T.

die Zeitkonstante des Stromkreises aus C und R ist. Für die vom Kondensator aufgespeicherte Elektrizitätsmenge gilt

$$Q = CU = \int i\,dt. \tag{35}$$

Man kann Q also sowohl aus Kapazität und Spannung errechnen als auch durch Integration der Stromkurve gewinnen.

c) Schrifttum: Lit. 44, 45, 47, 53.

d) Schaltung und Versuchsanordnung. Lade- und Entladekurve können in derselben Schaltung Abb. 20 aufgenommen werden. Dabei ist es möglich, Ladung und Entladung mit verschieden großen Widerständen R_A und R_E zu fahren. Gegebenenfalls muß die Empfindlichkeit

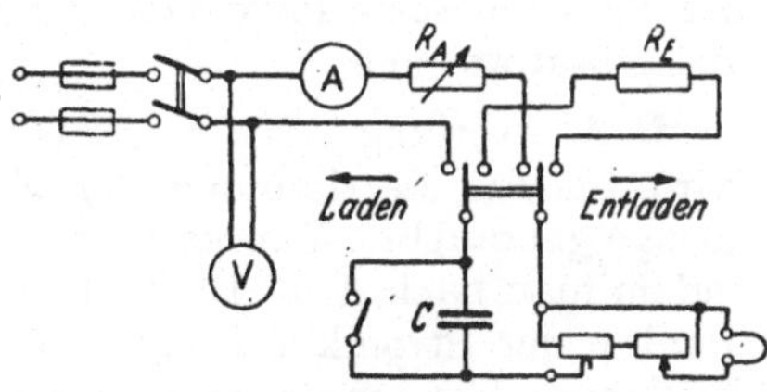

Abb. 20. Ladung und Entladung eines Kondensators.

der Schleife zwischen Ladung und Entladung geändert werden. Soll nur die Ladung oszillographiert werden, so entfällt R_E und der Umschalter. Die Widerstände und die Kapazität müssen groß genug sein, daß der Vorgang noch langsam im Vergleich zur Eigenschwingungszahl der verwendeten Meßschleife verläuft (vgl. Tab. 3, S. 34). Das Oszillogramm wird photographisch aufgenommen, da es sich um einen einmaligen Vorgang handelt. Ein Durchpausen von der Mattscheibe wäre nur möglich, wenn durch besondere Schaltungen eine hinreichend schnelle Folge gleicher Vorgänge erzeugt und diese so gesteuert wird, daß ein quasi stehendes Bild entsteht.

Für die Wahl des Nebenwiderstandes zur Schleife und der Ablaufgeschwindigkeit werden C, R_A und R_E geschätzt bzw. mit ihren Nennwerten angenommen. Man berechnet dann die Stromspitzen U/R_A bzw. U/R_E und sieht danach den Nebenwiderstand vor. Weiter wird die Zeitkonstante nach Gl. (34) geschätzt. Um eine Kurve von der für eine Auswertung bequemen Länge von 10 bis 15 cm zu erhalten, muß die Zeitkonstante etwa $3 \cdots 5$ cm groß werden. Daraus ergibt sich die zweckmäßige Ablaufgeschwindigkeit zu $(3 \cdots 5 \text{ cm}) : T$ in cm/s.

Gerätevorschläge für das Studienpraktikum. Batteriespannung 220 V Gleichstrom, Spannungsmesser entsprechend, Widerstände R_A und R_E je etwa 1000 Ohm, Kondensator etwa 30 μF; dann sind Zeitkonstante $T = 30$ ms, Stromspitze 220 mA, danach Strommesser zur Eichung; als Meßschleifentypen können alle der Tab. 3, S. 34 außer Nr. 6 und 8 benutzt werden; für die Wahl der Widerstände vor der Schleife vgl. Abschnitt 15 A c).

e) Versuchsdurchführung. Für die Inbetriebnahme der Meßschleifen vgl. Abschnitt e) von Versuch 15 B. Man stellt zunächst bei kurzgeschlossenem Kondensator (Eichstellung!) für den Ladefall den Lichtzeigerausschlag der Schleife ein. Dieser Strom stimmt mit der Höhe der Stromspitze des Ladevorganges (Anfangswert) überein und kann alsbald zum Schreiben der Eichlinie verwendet werden. Wenn die beiden Widerstände R_E und R_A nur wenig voneinander abweichen, kann dieselbe Stromstärke auch zur Eichung des Entladeoszillogramms verwendet werden. Um den Zeitmaßstab zu erhalten, muß die Schwingung des Zeitschreibers auf jedem Oszillogramm mitgeschrieben werden. Vor der Aufnahme der Ladekurve ist der Kondensator durch Kurzschließen zu entladen. Bei den Aufnahmen der Entladekurven ist schnell umzuschalten, damit eine merkliche Selbstentladung des Kondensators vermieden wird. Das Anlaufen des Photopapieres bzw. Öffnen des Verschlusses erfolgt nach der für den Oszillographen maßgebenden Betriebsanweisung.

f) Auswertung. Der nach Gl. (25a) zu bestimmende Zeitmaßstab wird für die Bestimmung der Zeitkonstanten und der Elektrizitätsmenge gebraucht. Man kann die Zeitkonstante T graphisch erhalten, indem man nach Abb. 19 die Tangente an einen oder mehrere beliebige Punkte der Stromkurve legt. Befriedigende Genauigkeit ergibt dieses Verfahren nur, wenn man Winkelspiegel, Derivatoren oder ähnliche Hilfsmittel zur Verfügung hat (vgl. Lit. 1, Abschn. J 081). Sonst geht man von Gl. (33) aus und ermittelt zu einigen Bruchteilen von U/R gemäß Tabelle 5 die t/T und hieraus mittels des Zeitmaßstabes dann die Zeitkonstante T unter Verwendung von Gl. (25b).

Tabelle 5. Zur Bestimmung der Zeitkonstanten.

$i =$	1,0	0,8	0,6	0,4	0,3	0,2	0,1	$\times U/R$
$t/T =$	0,0	0,22	0,51	0,91	1,21	1,61	2,30	—

Die Elektrizitätsmenge Q wird durch Integration der Stromfläche am besten mittels eines Planimeters, sonst durch Zerlegung der Fläche in schmale Streifen oder durch Auszählen von Quadraten bestimmt. Dabei sind die beiden Koordinatenmaßstäbe zu beachten. Mit m_z als Zeitmaßstab nach Gl. (25a) und m_I als Strommaßstab in A/mm (gewonnen aus der Lage der Gleichstrom-Eichlinie) ergibt sich die Elektrizitätsmenge Q aus der planimetrierten Fläche F (in mm²) zu

$$Q = m_z \cdot m_I \cdot F. \qquad (36)$$

Aus Q und der mittels des Spannungsmessers gemessenen Lade- bzw. Anfangsspannung U erhält man die Kapazität C nach Gl. (35) und den Widerstand R_A bzw. R_E aus T und C nach Gl. (34).

15 F. Anlaufstrom eines Motors.

a) Aufgabe. Aus der oszillographischen Aufnahme des Anlaufstromes eines Motors soll der Einschalt-Spitzenstrom I_A bei Grobschaltung im Leer-Anlauf bei Nennspannung bestimmt werden.

b) Grundlagen. Wird ein Elektromotor eingeschaltet, so entsteht wegen der zunächst fehlenden Gegen-EMK ein Strom, der beim Anfahren ohne Anlasser größer als der Nennstrom des Motors ist. Das Verhältnis dieses „Anlaß-Spitzenstromes“ I_{An} zum „Nennstrom“ I_n hat dabei im allgemeinen einen um so höheren Wert, je größer der Motor ist.

Die Elektrizitätswerke schreiben in ihren „Anschlußbedingungen“ in der Regel vor, welche Werte $I_{An} : I_n$ mit Rücksicht auf eine ruhige Spannungslage des Netzes nicht überschritten werden dürfen. Genügt der Motor dieser Forderung bereits bei unmittelbarem Einschalten ohne Anlasser (sog. „Grobschaltung“), so kann er im allgemeinen auch im Betriebe ohne Anlasser verwendet werden. Andernfalls ist ein entsprechend bemessener Anlasser, bei Drehstrommotoren gegebenenfalls auch nur ein Stern-Dreieck-Anlaßschalter, erforderlich.

d) Schaltung und Versuchsanordnung. Strommesser und Nebenschluß für die Schleife nach Abb. 21 müssen für die Einschaltspitze ausreichend bemessen sein. Dem muß auch die Stromstärke des Eichstromkreises entsprechen, die außer bei kleinsten Motoren größer als der Motornennstrom sein muß, um genügende Genauigkeit zu erreichen. Die Höhe des Einschaltstoßes kann nur näherungsweise geschätzt werden; sie liegt bei kleinsten Motoren etwa beim 1,5-fachen und geht bei großen Maschinen bis zum 20-fachen und mehr herauf. Man geht für die Auswahl am besten so vor, daß man zunächst einen Strommesser von jedenfalls genügend großem Meßbereich einschaltet und die Stoßhöhe aus dessen Ausschlag schätzt.

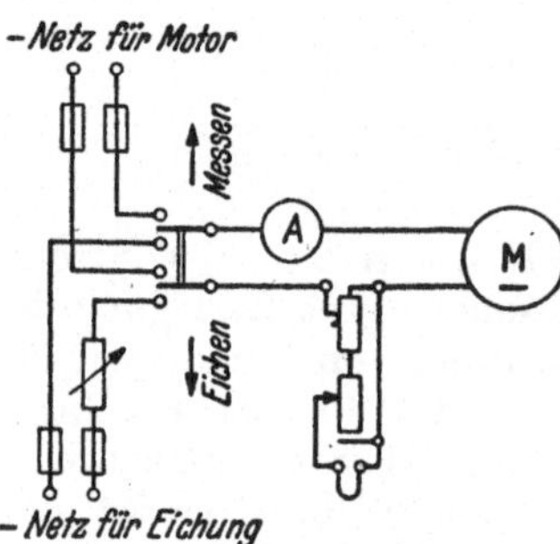

Abb. 21. Aufnahme des Anlaufstromes eines Gleichstrommotors bei Grobschaltung.

Ein Zeitschreiber ist nicht erforderlich, da es nur auf die Höhe der Spitze ankommt. Aus demselben Grunde kann man das Oszillogramm auch bei einer kleinen Papiergeschwindigkeit aufnehmen.

Bei Drehstrommotoren ist das Schaltbild 21 entsprechend abzuändern. Um den wirklich größten vorkommenden Einschaltstoß wenigstens wahrscheinlich zu erhalten, müssen mehrere Oszillogramme aufgenommen werden, da die Höhe der ersten Stromamplitude auch von der Einschaltphase abhängt.

e) Versuchsdurchführung. Wegen der hohen Stromspitze muß das Heraufregeln des Schleifenstromes bei mehrfacher Wiederholung des Versuchs unter ständiger visueller Beobachtung des Bildes auf der Mattscheibe besonders vorsichtig erfolgen. Im übrigen vgl. für die Inbetriebnahme der Meßschleifen Abschnitt e) von Versuch 15 B. Da es sich um einen einmaligen Vorgang handelt, kann die Kurve nicht durchgepaust, sondern muß photographiert werden. Das Anlaufen des Photopapieres bzw. Öffnen des Verschlusses erfolgt nach der für den Oszillographen maßgebenden Bedienungsanweisung. Vor oder nach der Aufnahme der Stromkurve wird die Eichlinie geschrieben, um den Strommaßstab zu erhalten.

f) Auswertung. Mit dem Strommaßstab in A/mm ergibt sich aus der höchsten Spitze des Oszillogrammes (in mm) der Einschalt-Spitzenstrom I_A. Er ist in A und in Prozenten des Motor-Nennstromes (lt. Leistungsschild) anzugeben.

16. Arbeiten mit dem Elektronenstrahl-Oszillographen.

Aufbau, Schaltung und Betrieb von Elektronenstrahl-Oszillographen sind im folgenden Abschnitt 16 A zunächst gemeinsam behandelt. Die Beschreibung einiger damit durchzuführender Versuche folgt im Abschnitt 16 B.

16 A. Allgemeines.

a) Braunsche Röhre. In der evakuierten Röhre (Gasdruck etwa 0,01 mm Hg) treten die Elektronen aus dem glühenden Kathodenfaden G (vgl. Abb. 22) aus und werden durch die an der Anode A liegende Anodenspannung U_A in Richtung auf diese bewegt. Durch elektrische Linsen L, die an einer Spannung U_L liegen, werden die Elektronen zu einem Strahl konzentriert, der auf den Leuchtschirm S fällt. Die Ablenkung erfolgt meist durch die elektrostatischen Kräfte zwischen

Kondensatorplatten P. Es sind 2 zueinander senkrechte Platten-Paare vorgesehen, so daß der Strahl nach den beiden Achsen eines rechtwinkligen Koordinatensystems abgelenkt werden kann. Es lassen sich so Abhängigkeiten zwischen 2 elektrischen Spannungen auf dem Leuchtschirm aufschreiben, da die Ablenkungen A auf dem Leuchtschirm („Anzeigen") der Plattenspannung U_P proportional sind:

$$A = \frac{l \cdot S}{2h \cdot U_A} \cdot U_P, \tag{37}$$

wo l und h Länge und Abstand der Ablenkplatten und S die Strahllänge von Plattenmitte zum Leuchtschirm bedeuten. Die Spannungen werden über die Klemmen ab_1 und ab_2 zugeführt (vgl. die folgenden Versuche 16 B). Bei $U_A = 1000$ V liegt die Empfindlichkeit $E = A : U_P$ meist bei 0,1 · · · 0,2 mm/V.

Die Geschwindigkeit der Elektronenstrahlen ist sehr hoch; mit der Anodenspannung U_A in V beträgt sie (bei einer Anordnung ohne Steuergitter):

$$v = 593 \sqrt{U_A} \tag{38}$$

in km/s (bei $U_A = 1000$ V also $v = 18\,700$ km/s). Man kann daher fast alle technisch vorkommenden Vorgänge praktisch trägheitslos aufzeichnen. Und zwar ist das der Fall, solange der Vorgang während des Durchlaufens der Elektronen durch die Platten (Plattenlänge l) keine merkliche Änderung erfährt. Für 1000 V, $1{,}87 \cdot 10^9$ cm/s ergibt sich bei $l = 2$ cm beispielsweise eine Laufzeit von rund 10^{-9} s, so daß Frequenzen bis etwa 10^8 Hz = 100 MHz herauf noch berücksichtigt werden können.

b) Schaltung der Röhre. Eine grundsätzliche Schaltung von Elektronenstrahl-Oszillographen zeigt Abb. 22. Anoden- und Gitterspannung U_A und U_G bestimmen die Strahl-Stromstärke und damit die Helligkeit des Leuchtflecks, während U_L für die Strahlkonzentration maßgebend ist und somit die Einstellung der Fleckschärfe gestattet. Schutzwiderstände begrenzen den Strom auf den für die Röhre und den Leuchtschirm (Gefahr des Einbrennens!) zulässigen Höchstwert. Durch ebenfalls in Abb. 22 nicht gezeichnete Ableitwiderstände werden Störungen durch statische Aufladungen (unerwünschte und unkontrollierbare Ablenkungen) vermieden. Da auch magnetische Felder den Lauf des Elektronenstrahles beeinflussen, muß bei älteren Geräten auf die Vermeidung bzw. Unschädlichmachung von Fremdfeldern (einschließlich des Erdfeldes) geachtet werden. Moderne Oszillographen sind nur wenig störanfällig, da die Rohre eine Eisenschirmung haben.

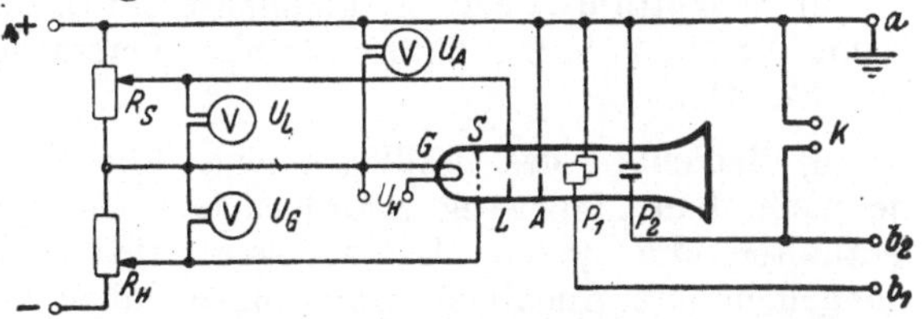

Abb. 22. Prinzipschaltung einer Braunschen Röhre. A Anode, G Glühkathode, K Anschluß für Kippgerät, L Linse (Strahlkonzentration), P Ablenkplatten, R_H Regler für Helligkeitssteuerung, R_S Regler f. Strahlkonzentration Steuergitter, U_A Anodenspannung, U_G Gitterspannung, U_H Heizspannung, U_L Linsenspannung.

Für eine vielseitige Verwendung der Elektronenstrahloszillographen ist noch eine Reihe von Zusatzeinrichtungen erwünscht oder erforderlich. So erhalten heutige Geräte oft einen Netzanschlußteil, der die benötigten Spannungen aus dem Wechselstromnetz zu erzeugen gestattet. Durch Stabilisatoren und andere Hilfsmittel werden die Spannungen so abgeglichen, daß die in Abb. 22 dargestellten Meßgeräte zur Überwachung entfallen können. Es bleiben nur die Regler für U_G und U_L zur Einstellung von Fleckhelligkeit und Fleckschärfe. In allen Fällen, wo Vorgänge abhängig von der Zeit aufzuschreiben sind, wird eine periodisch wiederkehrende, zeitproportionale Ablenkung des einen Plattenpaares durch ein Kippgerät bewirkt, das eine sägezahnförmige Spannung auf die Zeitplatten gibt (Platten P_2 in Abb. 22). Durch Synchronisierung dieser Ablenkspannung mit dem aufzuschreibenden Vorgang ist es dann möglich, stehende Bilder zu erzeugen, die leicht auf durchscheinendes Papier durchgepaust werden können.

Es enthalten die meisten Geräte für das Aufzeichnen kleiner Spannungen und Ströme noch einen Verstärkerteil, da die untere Grenze der Empfindlichkeit der Röhre allein meist nur bei 0,1 . . . 0,2 mm/V liegt, man also nur bei Spannungen von vielen Volt gut auswertbare Oszillogramme erhält. Der Verstärker muß genügende Konstanz haben („Meßverstärker"). Endlich sei die Achsenverschiebung erwähnt, die durch entsprechende Einstellung der Plattenpotentiale erfolgt.

Die genannten Teile, insbesondere Elektronenstrahlröhre, Netzanschlußteil, Kippgerät, Verstärker, Widerstände und andere Schaltglieder werden in modernen Oszillographen meist in ein Gehäuse zu einem abgeschlossenen und dann meist vielseitig verwendbaren Gerät zusammengebaut.

c) Schrifttum über Elektronenstrahl-Oszillographen: Lit. 1 (Abschn. J 834), 2, 8, 20, 22, 32, 41; über Verstärker: Lit. 1 (Abschn. Z 63), 21, 37, 41.

d) Bedienung des Oszillographen. Für die Inbetriebnahme und die je nach dem Meßzweck erforderlichen Handgriffe und Einstellungen enthalten die jedem Industriegerät beigegebenen Bedienungsanweisungen nähere Angaben. Hier folgen daher nur einige allgemeine, bei praktisch allen Geräten gültige Anweisungen. Man beginnt mit dem Einschalten der Heizung und wartet zunächst die Anheizzeit der Röhren ab, um (bei Vorhandensein eines Netzanschlußteiles) erst einmal alle Spannungen verfügbar zu haben. Werden die verschiedenen Spannungen einzelnen Batterien entnommen, so ist die Reihenfolge des Einschaltens: U_H, U_G, U_L, U_A. Dann regelt man Fleckhelligkeit und Fleckschärfe mittels der Regler R_H und R_S, wobei eine zu große Helligkeit des still stehenden Kathodenflecks vermieden werden soll, um die aktive Masse des Leuchtschirms nicht zu verändern. Da beide Einstellungen meist etwas voneinander abhängen, ist bei nachträglicher Verstärkung der Helligkeit bei laufendem Bild Vorsicht geboten. Nun wird der Bildpunkt (Meß-Nullpunkt) an die gewünschte Stelle des Schirmes gebracht. Damit ist der Oszillograph für Messungen vorbereitet, und die Ablenkspannungen können an die Plattenpaare gegeben werden. Meist legt man zunächst die zu messende Spannung direkt oder über Verstärker an die Meßplatten und stellt — sofern Aufnahmen in Abhängigkeit von der Zeit beabsichtigt sind — die Zeitablenkung ein. Handelt es sich um einen periodischen Vorgang, so wird schließlich die Zeitablenkung mit diesem synchronisiert. Das Schirmbild kann dann durchgepaust oder mittels lichtstarker Kamera photographiert werden.

e) Eichung des Oszillographen. An das zu eichende Plattenpaar werden nacheinander zunächst verschiedene Gleichspannungen gelegt, die aus einer einfachen Spannungsteilerschaltung nach Abb. 23 gewonnen werden. Das andere Plattenpaar wird dabei kurzgeschlossen und zweckmäßig geerdet. Dieselbe Eichung wird dann mit sinusförmiger Wechselspannung vorgenommen, wobei die Höchstwerte (oberes Ende des geschriebenen Striches) das $\sqrt{2}$-fache der mit dem Spannungsmesser bestimmten Effektivwerte sind. Aus der Eichung ergibt sich auch sofort die Empfindlichkeit, die meist in mm/V angegeben wird (vgl. Versuch 12 D). Während die Eichung des Rohres bei Benutzung ohne Verstärker weitgehend als konstant angenommen werden kann, sind bei Verstärkung der Spannungen meist häufige Nacheichungen erforderlich.

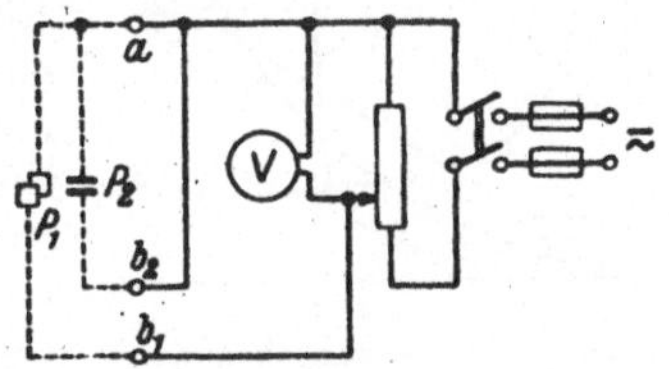

Abb. 23. Anschlußschaltung an Abb. 22 zur Eichung des Plattenpaares P_1.

f) Anwendung des Elektronenstrahl-Oszillographen. Im Rahmen ihrer Spannungs- und Frequenzbereiche können die Geräte zunächst zur Aufnahme aller periodischen und einmaligen zeitabhängigen Vorgänge benutzt werden, so daß man die Versuche 15 B bis 15 F auch mit dem Elektronenstrahl-Oszillographen durchführen kann. Während sich aber der Schleifenoszillograph aus prinzipiellen Gründen nur zur Aufnahme von zeitabhängigen Verläufen eignet, kann man mit dem Elektronenstrahl-Oszillographen wegen der gleichartigen Strahlsteuerung in beiden Koordinatenrichtungen demgegenüber die Abhängigkeit jeder Größe von jeder anderen aufschreiben lassen, sofern sich die beiden Größen nur in elektrische Spannungen umwandeln lassen. Im folgenden sollen für den Elektronenstrahl-Oszillograph daher nur die Aufnahmen solcher Abhängigkeiten, sog. „Charakteristiken“ oder „Kennlinien“ behandelt werden.

16 B. Aufnahme von Strom-Spannungs-Kennlinien.

a) Aufgabe. Mit dem Elektronenstrahl-Oszillographen sollen die folgenden Kennlinien aufgenommen werden:

1. Strom-Spannungs-Kennlinien von temperaturkonstanten und temperaturabhängigen Wirkwiderständen,

2. statische Lichtbogenkennlinien für verschiedene Elektrodenabstände.

Die Kennlinien sind auf durchscheinendes Papier zu pausen.

b) Grundlagen. Da die Ablenkung des Elektronenstrahls nach Gl. (37) durch die Plattenspannung U_P bestimmt ist, wirkt der Oszillograph in beiden Ablenkrichtungen als Spannungsmesser. Es können daher Spannungen direkt bzw. über Verstärker ohne besondere Hilfsmittel gemessen werden. Demgegenüber erfolgt die Messung von Stromstärken mittelbar über Nebenwiderstände, die für einen hinreichend großen Spannungsabfall bemessen und möglichst induktivitäts- und kapazitätsfrei sein müssen.

Zu 1.: Meist sind Wirkwiderstände spannungsunabhängig, d.h. die U-I-Kennlinie ist eine Gerade a nach Abb. 24; der Neigungswinkel α und sein $\operatorname{tg}\alpha = U/I = R$ ist dem konstanten Widerstand proportional. Tritt z. B. merkliche Erwärmung auf wie bei Glühlampen, und handelt es sich um einen Leiterwerkstoff mit nennenswertem Temperaturkoeffizienten, so findet man andere Charakteristiken: bei der Glühlampe nach Kurve b von Abb. 24 steigt der Widerstand gleichmäßig mit Strom und Spannung (vgl. auch Versuch 61), während Eisen-Wasserstoff-Widerstände (zur Stabilisierung von Stromstärken) in dem steilen Teil der Kurve c nahezu unabhängig von der Spannung sind.

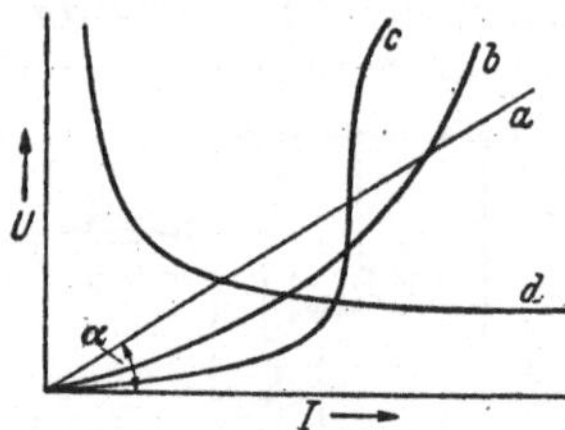

Abb. 24. Widerstandskennlinien (a spannungsunabhängiger Widerstand, b Metalldrahtglühlampe, c Eisen-Wasserstoff-Widerstand, d Lichtbogenkennlinie).

Zu 2.: Wie bei Versuch 64 A im einzelnen ausgeführt wird, kann ein Lichtbogen mit um so kleinerer Spannung brennen, je größer seine Stromstärke ist. Die U-I-Kennlinie nähert sich daher bei zunehmendem Strom nach Kurve d von Abb. 24 einem festem Grenzwert der Spannung. Die Höhe der Spannungen hängt außerdem vom Elektrodenabstand ab, so daß man bei dessen Variation eine Kurvenschar erhält. Den vorliegenden Verlauf bezeichnet man als „fallende Charakteristik"; der Begriff des Widerstandes hat hier seinen ursprünglichen Sinn, den er durch das Ohmsche Gesetz erhält, verloren.

c) Schrifttum: Metalldrahtlampen: Lit. 4 (Bd. II); Eisen-Wasserstoff-Widerstände: Lit. 3, 4 (Bd. II), 41; Lichtbogenkennlinie vgl. Versuch 64 A.

d) Schaltung und Versuchsanordnung. Abb. 25 enthält die Anschlußschaltungen für die Kennlinien zu 1. und 2. Die Aufnahme erfolgt in allen Fällen mit Wechselspannung. Die so erhaltenen, sog. „dynamischen" Kennlinien weichen von denen bei Gleichstrom, die man einfacher durch unmittelbare Meßgerätablesungen erhält, mehr oder weniger ab; der Grund ist, daß die Geschwindigkeit des Ablaufs nicht ohne Einfluß ist (z. B. nicht völlige Abkühlung des Glühfadens der Lampe oder des Eisen-Wasserstoff-Widerstandes beim Durchgang der Stromstärke durch Null). Auch die Eichung von Meßplatten erfolgt an Wechselspannung (vgl. Abschnitt 16 Ae) und kann in den angegebenen Anschlußschaltbildern 25 durch Umschalten auf E für beide Plattenpaare durchgeführt werden.

Der Nebenwiderstand R_N muß so groß vorgesehen werden, daß die Plattenspannung einen meßbaren Wert erhält (Empfindlichkeit vgl. Abschnitt 16 Ab); gegebenenfalls ist ein Verstärker erforderlich. Zur Bemessung von R_N geht man einerseits von dem gewünschten bzw. zulässigen Strombereich des Widerstandes R_x bzw. Lichtbogens LB und andererseits von der angegebenen Empfindlichkeit der Oszillographenröhre aus. Bei den üblichen Empfindlichkeiten der Platten ohne Verstärker um 0,1 mm/V und Ausschlägen von einigen cm kommt man zu am Nebenwiderstand notwendigen Spannungen von einigen 100 V,

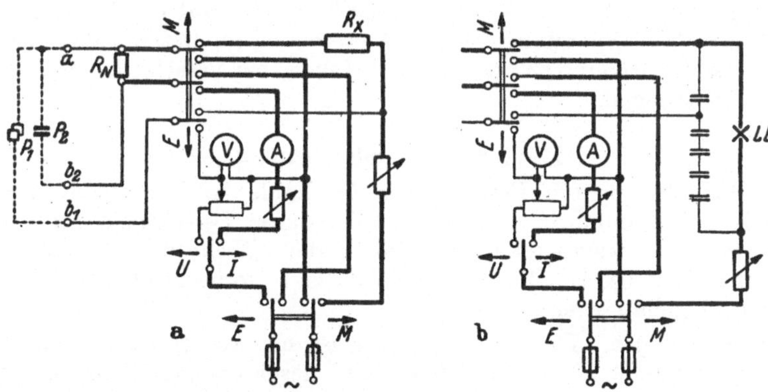

Abb. 25. Anschlußschaltungen mit Eichschaltung zur Aufnahme von *U-I*-Kennlinien a): eines Widerstandes R_x, b): eines Lichtbogens *LB* (Anschluß an Abb. 22. Ergänzung des Bildes b) wie in Bild a) links). R_N Nebenwiderstand für Strommessung. Schalterstellungen: *E* Eichen, *M* Messen, *I*, *U* Eichung der Strom- und Spannungs-Meßplatten.

so daß also meist ein Verstärker vorgesehen werden muß. Die Spannungsmessung am Lichtbogen erfolgt zweckmäßig über den in Abb. 25b angegebenen kapazitiven Spannungsteiler nach ORLICH (Lit. 7), um die oft starken und schnellen Schwankungen auszugleichen und auf dem Schirm ein einigermaßen ruhiges Bild zu erhalten.

Gerätevorschläge für das Studienpraktikum. Oszillograph Philips Type GM 3156 mit Empfindlichkeiten von 0,3 mm/V für die Spannungsmeßplatten und von 100 mm/V für die Strommeßplatten einschließlich Verstärker; zu 1. wird eine Glühlampe 220 V, 60 W, 0,3 A angenommen. Regelbare Vorschaltwiderstände und Spannungsteiler je nach verfügbarer Netzspannung; desgl. bei dem Versuch zu 2.; Lichtbogenstromstärke 5 A, Kondensatorbatterie bestehend aus 5 Kondensatoren je 12 μF.

e) Versuchsdurchführung. Man beginnt bei jedem Versuch mit der Eichung, wobei sich alsbald ein Überblick über den möglichen Meßbereich und die Ablesegenauigkeit ergibt. Dann wird auf die gewünschten Höchstwerte von Stromstärke und Spannung eingestellt und das Kurvenbild durchgepaust oder photograhiert. Um die genaue Lage der Koordinatenachsen zu erhalten, trennt man das eine Plattenpaar bei b_1 bzw. b_2, schließt es kurz und läßt den Vorgang nur mit dem anderen Plattenpaar schreiben; man erhält jeweils die eine Achse, da die Spannung an den kurzgeschlossenen Platten Null ist. Nach Beendigung der Aufnahme empfiehlt sich eine Wiederholung der Eichung.

f) Auswertung. Das Kurvenbild wird mit einem Liniennetz entsprechend der Eichung versehen, damit leicht Ablesungen an der Kurve gemacht werden können. Gegebenenfalls überträgt man das Bild in geeignetem Maßstab auf Millimeterpapier.

17. Meßwandler.

Strom- und Spannungswandler dienen der möglichst betrag- und winkeltreuen Übersetzung von Strömen und Spannungen vom primären Nennwert auf sekundär 5 A bzw. 100 V (früher auch 110 V). Die Untersuchung (Eichung) erstreckt sich daher besonders auf die Bestimmung des Strom- bzw. Spannungsfehlers (Abweichung im Betrag, auch Übersetzungsfehler genannt) und des Fehlwinkels bei verschiedenen sekundären Belastungen.

17 A. Stromwandlereichung.

a) Aufgabe. Durch Bestimmung der Fehler ist für einen Stromwandler bei Nennbürde und einem sekundären Leistungsfaktor $\cos\beta = 0{,}8$ induktiv festzustellen, ob die in der „Eichordnung“ (Lit. 16) bzw. in VDE 0414 „Regeln für Wandler“ vorgechriebenen Fehlergrenzen eingehalten sind.

b) Grundlagen. Der Stromwandler ist ein kurzgeschlossener bzw. über einen kleinen Meßgerät-Widerstand geschlossener Transformator, für den daher das Transformatordiagramm Abb. 26 gilt. Der Sekundärstrom I_2 ist mit der Nenn-Übersetzung *ü* (als Verhältnis des primären zum sekundären Nennstrom) auf den Primärstrom I_1 reduziert. Rechnet man den Strom-

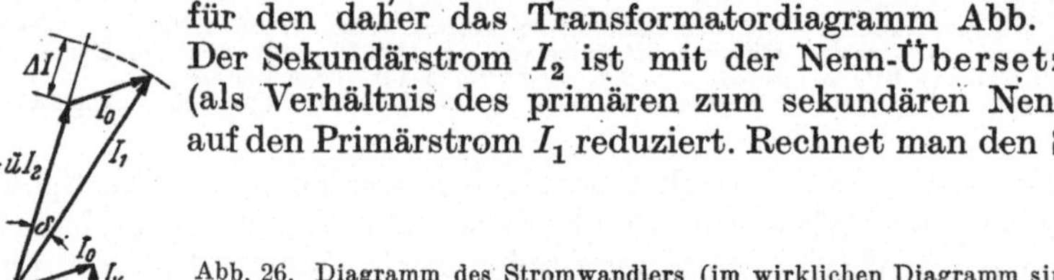

Abb. 26. Diagramm des Stromwandlers (im wirklichen Diagramm sind I_0, I_v, I_μ sehr viel kleiner als I_1 und $üI_2$).
E_1, E_2 primäre und sekundäre EMK, I_1, I_2 primäre und sekundäre Stromstärke, I_0 Leerlaufstrom, I_μ Magnetisierungsstrom, I_v Verluststrom, ΔI Stromfehler, δ Fehlwinkel, *ü* Nenn-Übersetzungsverhältnis.

fehler ΔI positiv, wenn der tatsächliche Wert der sekundären Stromstärke den Sollwert überschreitet, so ist nach dem Diagramm

$$\Delta I = ü\, I_2 - I_1 \quad \text{und} \quad p_I = 100\,\frac{\Delta I}{I_1} = 100\,\frac{ü I_2 - I_1}{I_1}, \qquad (39)$$

wo p_I der prozentische Fehler nach Gl. (4) mit (3) bezogen auf den Primärstrom ist (nach der Eichordnung und VDE 0414). Der Fehlwinkel δ nach Abb. 26 ist positiv, wenn der Sekundärstrom voreilt; die Ausgangsrichtungen sind dabei so vorausgesetzt, daß sich bei Fehlerfreiheit des Wandlers eine Verschiebung von 0° (nicht 180°) ergibt. Der Fehlwinkel wird in (Winkel-)Minuten angegeben.

Die bei den einzelnen Wandlerklassen zulässigen „Fehlergrenzen“ (Eichfehlergrenzen nach der Eichordnung) sind in Tabelle 6 zusammengestellt. Für den Gültigkeitsbereich dieser Fehlergrenzen enthält VDE 0414/X. 40 im § 12 die folgenden ergänzenden Bestimmungen:

„b) Die Fehlerkurven des Wandlers müssen innerhalb der beiden Linienzüge liegen, die durch die geradlinige Verbindung der positiven bzw. negativen Werte obiger Tafeln erhalten werden.

c) Die Fehlergrenzen gelten

bei Wandlern der Klassen 0,1; 0,2; 0,5 und 1 für Bürden zwischen $^1/_4$ und $^1/_1$ Nennbürde bei einem sekundären Leistungsfaktor cos $\beta = 0{,}8$,

bei Wandlern der Klassen 3 und 10 für Bürden zwischen $^1/_2$ und $^1/_1$ Nennbürde bei einem sekundären Leistungsfaktor von cos $\beta = 0{,}8$.

Ist die Bürde, bei der die Messung durchzuführen ist, kleiner als 0,15 Ohm, so tritt an Stelle des Bürdenleistungsfaktors cos $\beta = 0{,}8$ der Leistungsfaktor cos $\beta = 1$.

In Sonderfällen, z. B. bei Laboratoriumswandlern, deren Nennbürde kleiner als 0,6 Ohm ist, kann an Stelle der Nennbürde ein Bürdenbereich auf dem Leistungsschild angegeben werden, wobei der höhere Bürdenwert als Nennbürde gilt. Die Fehlergrenzen müssen dann in diesem Bürdenbereich eingehalten werden.

d) Wenn bei Wandlern der Klassen 0,1; 0,2; 0,5 und 1 der Wert für $^1/_4$ Nennbürde größer als 0,6 Ohm (bei einem sekundären Nennstrom von 1 A größer als 15 Ohm) ist, dann müssen die Fehlergrenzen von 0,6 Ohm bzw. 15 Ohm an eingehalten werden.

e) Die Fehlergrenzen gelten für Stromwandler einschließlich ihres Meß- und Schutzzubehörs.

f) Vor der Prüfung der Genauigkeit ist eine Entmagnetisierung des Stromwandlers mit Wechselstrom vorzunehmen.“

Tabelle 6.

Fehlergrenzen (Eichfehlergrenzen) von Stromwandlern bei Bruchteilen des primären Nennstromes I_n (Zusammenstellung aus der Eichordnung und VDE 0414; die Fehler bei 0,5 I_n sind nur in der Eichordnung, die Klassen 1, 3 und 10 sind nur in VDE 0414 enthalten).

Klasse	Stromfehler $\pm p_I$ in %					Fehlwinkel $\pm \delta$ in Minuten (′)				
	0,1 I_n	0,2 I_n	0,5 I_n	1,0 I_n	1,2 I_n	0,1 I_n	0,2 I_n	0,5 I_n	1,0 I_n	1,2 I_n
0,1	0,25	0,2	0,16	0,1	0,1	10	8	7	5	5
0,2	0,5	0,35	0,29	0,2	0,2	20	15	13	10	10
0,5	1,0	0,75	0,66	0,5	0,5	60	40	36	30	30
1	2,0	1,5	—	1,0	1,0	120	80	—	60	60
3	—	—	3,0	3,0	—	—	—	—	—	—
10	—	—	10,0	10,0	—	—	—	—	—	—

Die Eichordnung enthält in § 969 im wesentlichen gleichlautende Bestimmungen. Die **Nennbürde** wird im § 3 von VDE 0414 folgendermaßen definiert:

„Nennbürde bei Stromwandlern ist die auf dem Leistungsschild in Ohm angegebene unter Berücksichtigung der Bestimmung über die Fehlergrenzen (§ 12) festgesetzte Bürde. Das Produkt aus der Nennbürde und dem Quadrat des sekundären Nennstromes ist die Nennleistung. Sie kann an Stelle der Nennbürde auf dem Leistungsschild in VA angegeben werden.“

c) Schrifttum: Stromwandler: Lit. 1 (Abschn. Z 2), 2, 3, 4 (Bd. I), 6, 8, 10, 12, 13, 14, 38; Stromwandler-Prüfung: Lit. 1 (Abschn. Z 224), 2, 3, 4 (Bd. I), 8, 10, 12, 13, 14, 16, 17; Vibrations-Galvanometer: Lit. 1 (Abschn. J 852), 2, 3, 4 (Bd. I), 8, 9, 36.

d) Schaltung und Versuchsanordnung. Schaltungen zur Wandlereichung sind in großer Zahl entwickelt worden und werden von den einschlägigen Firmen als vollständige Geräte, teilweise mit direkter Anzeige des Fehlers hergestellt (vgl. besonders Lit. 1). Meist beruhen diese

Geräte darauf, daß der zu prüfende Wandler mit einem Normalwandler (Stromfehler $\pm 0{,}01 \cdots 0{,}02\%$, Fehlwinkel $\pm 1 \cdots 2'$) verglichen wird. Mit Rücksicht darauf, daß solche Wandler nicht überall zur Verfügung stehen, soll hier das Verfahren der Kompensation von Spannungsabfällen an Normalwiderständen im Primär- und Sekundärkreis nach SCHERING-ALBERTI benutzt werden, dessen Stromfehler bei $0{,}05 \cdots 0{,}1\%$ und dessen Fehlwinkel bei $1 \cdots 2'$ liegt. Handelsübliche vollständige Wandlerprüfungseinrichtungen haben meist Unsicherheiten bis $0{,}05\%$ und $1'$; mit Präzisionseinrichtungen erreicht man etwa $0{,}005\%$ und $0{,}2'$. Wichtig ist besonders, daß die Widerstände für die verwendete Frequenz genügend induktivitäts- und kapazitätsfrei sind.

Die Anordnung nach Abb. 27 ist eine Wechselstrom-Kompensationsschaltung, bei der die Spannungsabfälle $I_1 R_{N1}$ und $I_2 R_{N2}$ gegeneinander kompensiert werden. An den meist stufenweise regelbaren Widerständen R_c und R_d wird zunächst entsprechend den Widerstandswerten und dem Nenn-Übersetzungsverhältnis grob abgeglichen und dann an dem Schleifdraht R_s fein kompensiert. Der Parallelkondensator C ist erforderlich, um auch Phasengleichheit herzustellen.

Mit Rücksicht auf die Empfindlichkeit der Vibrationsgalvanometer (bis etwa 10 mm/μA) müssen die Spannungsabfälle $I_1 R_{N1}$ und $I_2 R_{N2}$ mindestens etwa 0,5 V betragen; auf der Sekundärseite mit dem Nennstrom $I_2 = 5$ A wird also $R_{N2} \approx 0{,}1\,\Omega$ zu wählen sein, während R_{N1} auf der Primärseite entsprechend dem Übersetzungsverhältnis kleiner sein kann. Unter der Voraussetzung, daß $(R_a + R_s + R_b)$ und $(R_c + R_d)$ entsprechend sehr viel größer als R_{N1} und R_{N2} sind) man wählt sie zu einigen 100 Ohm, so daß sie den rund 10000-fachen Wert haben), gelten bei Gleichheit der Effektivspannungen an R_1 und R_2:

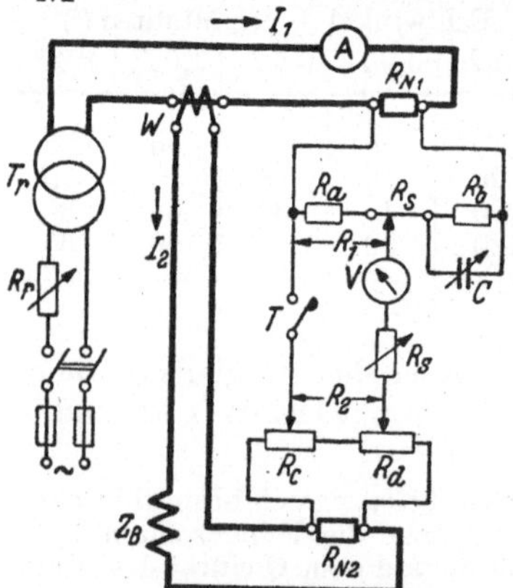

Abb. 27. Stromwandlerprüfschaltung nach SCHERING-ALBERTI. R_r Regelwiderstand, R_N Normalwiderstände, R_s Schleifdraht, R_S Schutzwiderstand, T Taster, Tr Transformator, V Vibrations-Galvanometer, W Wandler, Z_B Bürdenwiderstand.

$$\frac{R_1}{R_a + R_s + R_b} \cdot I_1 R_{N1} = \frac{R_2}{R_c + R_d} \cdot I_2 R_{N2},$$

$$\text{also} \quad I_2 = I_1 \frac{R_{N1}}{R_{N2}} \frac{R_1 (R_c + R_d)}{R_2 (R_a + R_s + R_b)} \tag{40}$$

sofern noch $1 : \omega C > R_b$ ist (bei $C = 0{,}1\,\mu$F und $f = 50$ Hz hat man $1 : \omega C \approx 30000\,\Omega$).

Setzt man dieses in Gl. (39) ein, so erhält man für den prozentualen Stromfehler (41)

$$p_I = 100\, \ddot{u}\, \frac{R_{N1} R_1 (R_c + R_d)}{R_{N2} R_2 (R_a + R_s + R_b)} - 100,$$

wo $\ddot{u}$ wieder das Nenn-Übersetzungsverhältnis ist. Da der Fehler als kleine Differenz erhalten wird, müssen sämtliche verwendeten Meßwiderstände entsprechend genau sein (vgl. Abschnitt 4 über die Fehlerfortpflanzung, insbesondere das dortige Beispiel 2 auf S. 7).

Um den Ausschlag des Vibrationsgalvanometers (vgl. Versuch 91 A) zum Verschwinden zu bringen, muß außer der durch Gl. (40) bestimmten Gleichheit der Beträge noch Phasengleichheit der Spannungen an R_1 und R_2 bestehen. Die dazu erforderliche Phasenverschiebung wird durch die Kapazität C bewirkt. Der komplexe Widerstand des zu R_{N1} parallel liegenden Zweiges ist

$$R_a + R_s + \frac{R_b \cdot \frac{1}{j\omega C}}{R_b + \frac{1}{j\omega C}} = R_a + R_s + \frac{R_b}{1 + j\omega C R_b}$$

und da man bei den oben genannten Größenordnungen von ωC und R_b erhält $j\omega CR_b < 1$, wird mit Näherung (11a) für den Zweig

$$R_a + R_s + R_b(1 - j\omega CR_b) = (R_a + R_s + R_b) - j\omega CR_b^2$$

erhalten. Der Phasenwinkel (bei Nullabgleich der Fehlwinkel δ) wird also

$$\delta \approx \operatorname{tg} \delta = \frac{\omega C R_b^2}{R_a + R_s + R_b}, \tag{42}$$

wenn wegen der Kleinheit des Winkels δ noch dieser statt des tg δ gesetzt wird. Ist das Vibrationsgalvanometer also durch Regelung von R_1 (an R_s) und von C auf Null gebracht, so können Stromfehler und Fehlwinkel aus Gl. (41) und (42) berechnet werden.

Gerätevorschläge für das Studienpraktikum: Transformator Tr Übersetzung von Netzspannung auf 10 · · · 20 V, Nennstrom und Nennleistung je nach primärer Nennstromstärke des Wandlers; Strommesser im Primärkreis und R_{N1} ebenfalls je nach Wandlernennstrom, R_{N1} so, daß $I_1 R_{N1} \geq 1$ V; Festwiderstände R_a und R_b etwa gleich groß je zwischen 300 und 500 Ohm; R_s etwa ebensoviel % von $R_a + R_b$, wie der größte zu erwartende Fehler beträgt (bei Wandlern der Klasse 0,5 also 3 · · · 5 Ohm); Kondensator C dann aus Gl. (42) mit Frequenz und dem zu erwartenden Fehler berechnen (bei Daten wie vor und 50 Hz muß C bis etwa 0,3 μF einstellbar sein); Schutzwiderstand $R_S = 10 \cdots 100$ kOhm; R_c und R_d groß genug, daß $R_{N2} < (R_c + R_d)$, Stufung mindestens in gleichen prozentualen Sprüngen wie Fehler, so daß mit diesen Stufen eine Überdeckung der stetigen Regelstufe R_s gegeben ist, also z. B. $(R_c + R_d) = 200$ Ohm in Stufen von 1 Ohm (R_c 20 Stufen je 10 Ohm, R_d 10 Stufen je 1 Ohm); R_{N2} so groß, daß $I_2 R_{N2} \geq 0{,}2$ V, also $R_{N2} \geq 0{,}04$ Ohm, wenn $I_2 = 5$ A ist; Widerstand Z_B so groß, daß $(Z_B + R_{N2})$ gleich der Nennbürde des Wandlers ist (die in VDE 0414 genormten Nennbürden bei 5 A liegen zwischen 0,2 und 3,6 Ohm entsprechend Nennleistungen von 5 · · · 90 VA); den Widerstand Z_B stellt man am besten durch einen regelbaren induktiven Widerstand dar, dessen Ohmwert und Leistungsfaktor cos $\beta = 0{,}8$ durch besonderen Versuch festzustellen sind (vgl. Versuch 31 B).

e) Versuchsdurchführung. Wichtig ist, daß die Sekundärklemmen des Wandlers im Betrieb nie offen, sondern stets über die Bürde geschlossen sind. Andernfalls würde wegen der fehlenden Gegen-Amperewindungen ein unzulässig hoher Magnetfluß im Wandlereisen entstehen, wodurch große Spannungen an den Sekundärklemmen und starke Erwärmungen entstehen, die den Wandler beschädigen können. Weiter ist bei jedem Abgleich zunächst der Schutzwiderstand R_S ganz einzuschalten und erst bei zunehmender Kompensierung allmählich auf Null zu verkleinern.

Die Nacheichung soll bei den in Tabelle 6 angegebenen Bruchteilen des primären Nennstromes I_n durchgeführt werden. Dazu stellt man diese mittels des Reglers R_r an dem Strommesser I_1 ein und hält sie während der Kompensation möglichst konstant. Der Abgriff R_2 wird bei mittlerer Schieberstellung an R_s nach Gl. (41) für $p_I = 0$ berechnet und muß gegebenenfalls beim Versuch korrigiert werden. Wie bei allen Schaltungen mit Doppelabgleich muß durch abwechselndes Regeln an R_s und C allmählich der Ausschlag am Vibrationsgalvanometer zum Verschwinden gebracht werden.

f) Auswertung. Um nicht ständig die Ausrechnung der ganzen Brüche in Gl. (41) und (42) wiederholen zu müssen, setzt man erst die konstanten Werte ein und rechnet aus, daß nur noch die Veränderlichen R_1, R_2, C stehen bleiben. Die Berechnung des Bruchgliedes im Stromfehler nach Gl. (41) muß im Hinblick auf die kleine Differenz mit allen Stellen erfolgen, bis zu denen die Widerstände genau sind, für Fehlerteile unter 0,1 % (bis zur 2. Stelle hinter dem Komma) also mit 4 Stellen, so daß die Genauigkeit des normalen Rechenschiebers gegebenenfalls nicht ausreicht; es ist dann logarithmisch zu rechnen. Der Fehlwinkel wird aus Gl. (42) im Bogenmaß erhalten (wegen der Gleichsetzung $\delta = \operatorname{tg} \delta$), so daß in Minuten umzurechnen ist; hierzu multipliziert man den Bogen (arcus) mit 3438, da arc 1,0 (= 1 rad) = 3437,7′ ist.

Für die erhaltenen Werte der Stromfehler und Fehlwinkel ist abschließend nach Tabelle 6 festzustellen, ob der Wandler die Fehlergrenzen seiner Klasse hält, oder ob er in eine niedrigere Klasse einzuordnen ist.

17 B. Spannungswandlereichung.

a) Aufgabe. Die Fehler eines Spannungswandlers sind bei Nennleistung und einem sekundären Leistungsfaktor $\cos\beta = 0{,}8$ induktiv zu bestimmen; es ist danach festzustellen, ob die in der „Eichordnung“ (Lit. 16) bzw. in VDE 0414 „Regeln für Wandler“ vorgeschriebenen Fehlergrenzen eingehalten sind.

b) Grundlagen. Der Spannungswandler ist ein praktisch leerlaufender Transformator, für den daher das Transformatordiagramm Abb. 28 gilt. Für die Spannungsabfälle vgl. die Legende zu Abb. 28. Die Sekundärspannung U_2 ist mit der Nenn-Übersetzung $\ddot{u}$ (als Verhältnis der primären zur sekundären Nennspannung) auf die Primärspannung U_1 reduziert. Rechnet man den Spannungsfehler ΔU positiv, wenn der tatsächliche Wert der Sekundärspannung den Sollwert überschreitet, so ist nach dem Diagramm

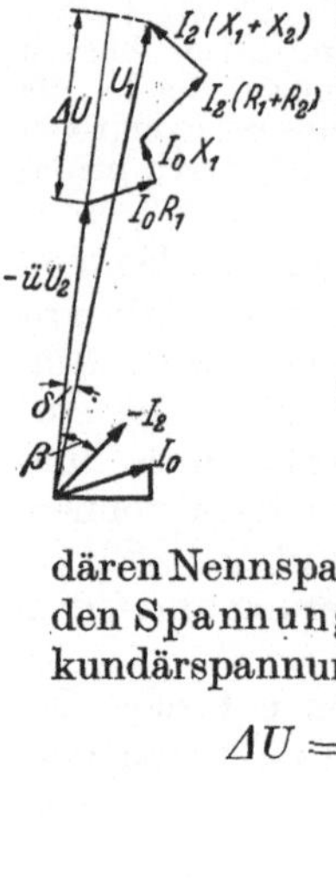

Abb. 28. Diagramm des Spannungswandlers (im wirklichen Diagramm sind U_1 und $\ddot{u}U_2$ sehr viel größer als die Spannungsabfälle). I_2 sekundäre Stromstärke, I_0 Leerlaufstrom, U_1, U_2 primäre und sekundäre Klemmenspannung, I_0R_1, I_0X_1 Ohmscher und Streuspannungsabfall des Leerlaufstromes, $I_2(R_1+R_2)$, $I_2(X_1+X_2)$ Ohmscher und Streuspannungsabfall des sekundären Laststromes für beide Wicklungen (reduziert auf die Primärwicklung), ΔU Spannungsfehler, δ Fehlwinkel, $\ddot{u}$ Nenn-Übersetzungsverhältnis, β sekundärer Phasenwinkel (entsprechend $\cos\beta = 0{,}8$).

$$\Delta U = \ddot{u}\, U_2 - U_1 \quad \text{und} \quad p_U = 100\,\frac{\Delta U}{U_1} = 100\,\frac{\ddot{u}\, U_2 - U_1}{U_1}, \tag{43}$$

wo p_U der prozentische Fehler nach Gl. (4) mit (3) bezogen auf die Primärspannung ist (nach der Eichordnung und VDE 0414). Der Fehlwinkel δ nach Abb. 28 ist positiv, wenn die Sekundärspannung wie gezeichnet voreilt; die Ausgangsrichtungen sind dabei so vorausgesetzt, daß sich bei Fehlerfreiheit des Wandlers eine Verschiebung von 0° (nicht 180°) ergibt. Der Fehlwinkel wird in (Winkel-)Minuten angegeben.

Die bei den einzelnen Wandlerklassen zulässigen „Fehlergrenzen" (Eichfehlergrenzen nach der Eichordnung) sind in Tabelle 7 zusammengestellt.

Tabelle 7.
Fehlergrenzen (Eichfehlergrenzen) von Spannungswandlern gültig für 0,8 ··· 1,2fache (bei Klasse 3 für 1fache) Nennspannung (Zusammenstellung aus der Eichordnung und VDE 0414; die Klassen 1 und 3 sind nur in VDE 0414 enthalten).

Klasse	$\pm p_U$	$\pm \delta$
0,1	0,1%	5′
0,2	0,2%	10′
0,5	0,5%	20′
1	1,0%	40′
3	3,0%	—

Für den Gültigkeitsbereich dieser Fehlergrenzen enthält VDE 0414/X. 40 im § 13 die folgenden ergänzenden Bestimmungen:

„b) Die Fehlergrenzen gelten bei Wandlern der Klassen 0,1; 0,2; 0,5 und 1 für Leistungen zwischen $^1/_4$ und $^1/_1$ Nennleistung bei einem sekundären Leistungsfaktor cos β = 0,8, bei Wandlern der Klasse 3 für Leistungen zwischen $^1/_2$ und $^1/_1$ Nennleistung bei einem sekundären Leistungsfaktor cos β = 0,8.

Ist die Leistung, bei der die Messung durchzuführen ist, kleiner als 3,75 VA, so tritt an Stelle des Leistungsfaktors cos β = 0,8 der Leistungsfaktor cos β = 1.

c) Wenn der Wert von $^1/_4$ Nennleistung größer als 15 VA ist, dann müssen die Fehlergrenzen von 15 VA an eingehalten werden. Bei Spannungsänderung zwischen den vorgeschriebenen Grenzen wird der der Nennleistung entsprechende Scheinwiderstand im Sekundärkreis unverändert gelassen.

d) Die Fehlergrenzen gelten für Spannungswandler einschließlich ihres Meß- und Schutzzubehörs."

Etwas abweichend hiervon legt § 969 der Eichordnung fest:

„2. Die angegebenen Fehlergrenzen gelten für die Nennfrequenz und für sekundäre Leistungen zwischen $^1/_4$ und $^1/_1$ der Nennleistung bei einem Leistungsfaktor cos β = 0,8, im Spannungsbereich nach Abs. 1 jedoch für den Widerstand, der der sekundären Leistung bei Nennspannung entspricht.

3. Ist die Nennleistung größer als 60 VA, so müssen die Fehlergrenzen zwischen 15 VA und der Nennleistung eingehalten sein.

4. Die Fehlergrenzen gelten für beliebige Einschaltdauer.

5. Bei dreiphasigen Spannungswandlern müssen die Fehlergrenzen bei praktisch symmetrischer Erregung aller Phasen auf der Primärseite für alle verketteten Spannungen eingehalten sein; ist der Sternpunkt herausgeführt, so müssen die Fehlergrenzen auch für alle Sternspannungen eingehalten sein."

Die Nennleistung wird in § 3 von VDE 0414 folgendermaßen definiert:

„Nennleistung bei Spannungswandlern ist die auf dem Leistungsschild in VA angegebene, unter Berücksichtigung der Bestimmungen über die Fehlergrenzen (§ 13) festgesetzte, auf Nennspannung bezogene Scheinleistung."

c) Schrifttum: Spannungswandler: Lit. 1 (Abschn. Z 3), 2, 4 (Bd. I), 6, 8, 10, 12, 13, 14, 38; Spannungswandler-Prüfung: Lit. 1 (Abschn. Z 33), 2, 3, 4 (Bd. I), 12, 13, 14, 16, 17; Vibrations-Galvanometer: Lit. 1 (Abschn. J 852), 2, 3, 4 (Bd. I), 8, 9, 36.

d) Schaltung und Versuchsanordnung. Auch für die Spannungswandlereichung gilt das im 1. Absatz von Abschnitt d) des Versuchs 17 A für Stromwandler Gesagte. Die Fehler von Normal-Spannungswandlern sind $\pm$ 0,05%, $\pm$ 3′ und kleiner. Hier soll die Kompensationsschaltung mit Normalwiderständen entsprechend der beim Stromwandler benutzten (Abb. 27) berücksichtigt werden. Auch hier ist die Verwendung hinreichend kapazitäts- und induktivitätsfreier Widerstände für die erreichbare Genauigkeit besonders bei der Messung des Fehlwinkels von großer Wichtigkeit.

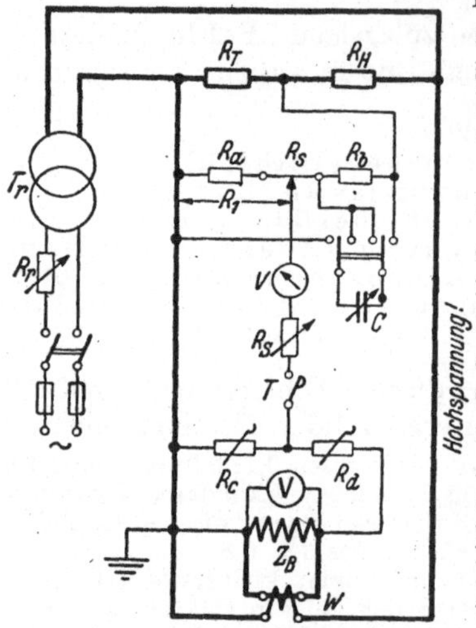

Abb. 29. Kompensationsschaltung zur Spannungswandlerprüfung. R_r Regelwiderstand, R_s Schleifdraht, R_S Schutzwiderstand, R_T+R_H Hochspannungsteiler, T Taster, Tr Transformator, V Vibrations-Galvanometer, W Wandler, Z_B Belastungswiderstand.

In der Wechselstrom-Kompensationsschaltung nach Abb. 29 wird die an $R_T + R_H$ liegende Primärspannung gegen die an $R_c + R_d$ liegende Sekundärspannung kompensiert. Man stellt zunächst R_c und R_d so ein, daß entsprechend den Widerstandswerten und der Nenn-Übersetzung ein grober Abgleich vorliegt und stellt dann am Schleifdraht R_s fein nach. Der Parallelkondensator C ist erforderlich, um auch Phasenabgleich herzustellen (Umschalter nach rechts ergibt positiven, nach links negativen Fehlwinkel).

Betragen die Widerstände R_b bzw. $R_a + R_s$ mindestens etwa 100 Ohm, so kann für die Bestimmung des Spannungsfehlers bei niedrigen Frequenzen C vernachlässigt werden. Für die an R_1 und an R_c liegenden Spannungen, die bei Kompensation gleich sein müssen, gilt dann mit U_1 als Primär- und U_2 als Sekundärspannung des Wandlers:

$$U_1 \frac{R_1 R_T}{R_H R_T + (R_T + R_H)(R_a + R_s + R_b)} = U_2 \frac{R_c}{R_c + R_d}. \tag{44}$$

Löst man dieses nach U_2 auf und setzt in Gl. (43) ein, so kommt der Spannungsfehler

$$p_U = 100\, ü \frac{R_1 R_T (R_c + R_d)}{R_c [R_H R_T + (R_T + R_H)(R_a + R_s + R_b)]} - 100. \tag{45a}$$

Wenn man $R_T = R_a + R_s + R_b$ wählt, was meist geschieht, so vereinfacht sich die Gleichung zu

$$p_U = 100\, ü \frac{R_1 (R_c + R_d)}{R_c (2 R_H + R_T)} - 100. \tag{45b}$$

Hier ist $ü$ wieder das Nenn-Übersetzungsverhältnis. Da der Fehler als kleine Differenz erhalten wird, müssen sämtliche verwendeten Meßwiderstände entsprechend genau sein (vgl. Abschnitt 4 über die Fehlerfortpflanzung, insbesondere das dortige Beispiel 2).

Um den Ausschlag des Galvanometers V zum Verschwinden zu bringen, muß nun außer der durch Gl. (45) bzw. (45a) bestimmten Gleichheit der Beträge noch Phasengleichheit der Spannungen an R_1 und R_c bestehen. Die dazu erforderliche Phasenverschiebung wird durch die Kapazität C bewirkt. Ist wieder $R_a + R_s + R_b = R_T$, so erhält man bei Nullabgleich für den Fall, daß C an R_b liegt (Umschalter in Abb. 29 nach rechts), für den dann positiven Fehlwinkel (Lit. 12):

$$\delta \approx \operatorname{tg} \delta = \frac{\omega C R_b^2}{2\,[R_T + \omega^2\, C^2\, R_b^2\,(R_T - R_b)]} \tag{46a}$$

und für den Fall, daß C an $R_a + R_s$ liegt (Umschalter nach links), für den dann negativen Fehlwinkel

$$\delta \approx \operatorname{tg} \delta = -\,\omega\, C\,(R_a + R_s) \times \times \left\{1 - \frac{R_a + R_s}{2\,[R_T + \omega^2\, C^2\,(R_a + R_s)^2\,(R_T - R_a - R_s)]}\right\}. \tag{46b}$$

Sind die 2. Glieder in den Nennern gegen R_T vernachlässigbar, was bei nicht zu großem Fehlwinkel wegen der dann kleinen C zutrifft, so erhält man in den beiden Fällen

$$\delta \approx \frac{\omega\, C\, R_b^2}{2\, R_T} \text{ bzw. } \delta \approx -\,\omega\, C\,(R_a + R_s)\left\{1 - \frac{R_a + R_s}{2\, R_T}\right\}. \tag{46c}$$

Dabei ist wegen der Kleinheit des Fehlwinkels noch δ statt tg δ gesetzt. Ist das Vibrationsgalvanometer also durch Regelung von R_1 (am Schleifdraht R_s) und von C auf Null gebracht, so können Spannungsfehler und Fehlwinkel nach den Gl. (45) und (46) berechnet werden.

Gerätevorschläge für das Studienpraktikum (unter Verwendung von Angaben und Ausführungen der PTR): Transformator Tr Übersetzung von Netzspannung auf die Primärspannung des zu prüfenden Spannungswandlers, Nennleistung gering, so daß jeder Prüftransformator verwendet werden kann; $R_T = (R_a + R_s + R_b) = 500\,\Omega$, dann ist der Widerstand der Parallelschaltung $250\,\Omega$; R_H nun so groß, daß in R_H bei Nennspannung 20 mA fließen, also bei z. B. 10000 V Gesamtwiderstand $10000 : 0{,}02 = 500000\,\Omega$, mithin $R_H = 500000 - 250 = 499750\,\Omega$; man mache weiter $(R_a + {}^1/_2\, R_s) = 100\,\Omega$, also z. B. $R_s = 4\,\Omega$ und $R_a = 98\,\Omega$, dann $R_b = 398\,\Omega$, wobei R_1 um $\pm 2\%$ am Schleifdraht geregelt werden kann, entsprechend p_U von $\pm 2\%$ nach Gl. (45); an R_1 entsteht dann eine Spannung von etwa 1 V; $(R_c + R_d)$ wird zweckmäßig konstant gehalten, z. B. zu $10000\,\Omega$; um das 1 V an R_1 zu kompensieren, muß wegen $U_2 = 100$ V etwa $R_c = 0{,}01\,(R_c + R_d)$, also R_c etwa $100\,\Omega$, R_d dann $9900\,\Omega$; R_c etwa als Kurbelwiderstand von $10 \times 10 + 10 \times 1\,\Omega$, um Überdeckung des Regelbereichs an R_s zu haben; Schutzwiderstand $R_S = 10 \cdots 100$ kΩ; Widerstand Z_B so groß, daß die Parallelschaltung von Z_B, $(R_c + R_d)$ und Spannungsmesser die Nennleistung ergibt (die in VDE 0414 genormten Nennleistungen für Spannungswandler liegen zwischen 5 und 600 VA); den Widerstand Z_B stellt man am besten durch einen regelbaren induktiven Widerstand dar, wobei die Leistungsaufnahme und der Leistungsfaktor $\cos\varphi = 0{,}8$ der Parallelschaltung durch besonderen Versuch eingestellt wird (vgl. Versuch 31 B).

e) Versuchsdurchführung. Da der Versuch (außer bei Niederspannungswandlern) mit Hochspannung durchgeführt wird, sind die Hochspannungs-Vorschriften zu beachten (vgl. z. B. Lit. 32): Absperrung, Erdung, sichere Leitungsführung u. and.! Zur Schonung des Vibrationsgalvanometers ist bei jedem Abgleich zunächst der Schutzwiderstand R_S ganz einzuschalten und erst bei zunehmender Kompensierung allmählich auf Null zu verkleinern.

Zum Versuch wird dann die Spannung mittels R_r so eingestellt, daß der Spannungsmesser die sekundäre Nennspannung (100 bzw. 110 V) anzeigt. Während der Kompensation ist diese Spannung möglichst konstant zu halten. Die zunächst einzustellende Größe von R_c wird bei mittlerer Größe von R_1 zunächst aus Gl. (45) für $p_U = 0$ berechnet und muß gegebenenfalls beim Versuch korrigiert werden. Wie bei allen Schaltungen mit Doppelabgleich muß dann durch abwechselndes Regeln an R_s und C allmählich der Ausschlag des Vibrationsgalvanometers auf Null gebracht werden.

Soll bei Wandlern der Klassen 0,1 bis 1 geprüft werden, ob die Fehler auch im Spannungsbereich 0,8 · · · 1,2 gehalten werden (vgl. Tabelle 7), so sind je ein weiterer Versuch bei 0,8 U_2 und 1,2 U_2 durchzuführen.

f) Auswertung. Hier gilt sinngemäß das in Abschn. f) von Versuch 17 A Gesagte: Einsetzen der konstanten Widerstände in die Gl. (45) und (46), genaue Berechnung des Bruchgliedes im Spannungsfehler, Fehlwinkel aus Bogenmaß in Minuten umrechnen, Kontrolle der erhaltenen Fehler an den Fehlergrenzen nach Tabelle 7.

2. Messung von Leistung und Arbeit.

20. Allgemeines.

Wegen ihres häufigen Vorkommens in allen Prüffeldern und Laboratorien sollen die gebräuchlichsten Schaltungen hier in knapper Übersicht zusammengestellt werden. Es handelt sich dabei für Leistungsmesser und Arbeitsmesser (Zähler) grundsätzlich um dieselben Schaltungen, die hier zunächst allgemein angegeben werden. Montageschaltbilder von Zählern folgen im Abschnitt 22. Da Leistung und Arbeit durch das Produkt von Stromstärke und Spannung bestimmt sind, handelt es sich bei allen Leistungs- und Arbeitsmessungen um Produktbildungen. Verwendet wird heute überwiegend das dynamometrische Meßwerk.

a) Grundschaltung und Eigenverbrauch. Strom- und Spannungsmesser zur Leistungsmessung (bzw. Strom- und Spannungspfad eines

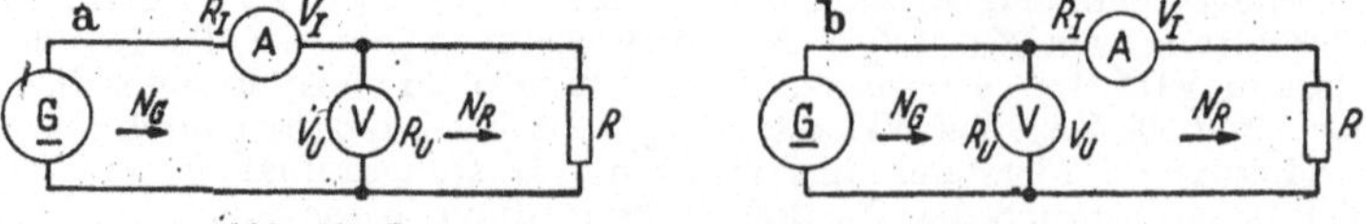

Abb. 30. Leistungsmessung aus Strom und Spannung.

Leistungsmessers) kann man grundsätzlich nach Abb. 30a) oder 30b) schalten. Bei kleinen Leistungen ist der Eigenverbrauch der Meßgeräte nebst Zuleitungen zu berücksichtigen (für Strom- und Spannungsmesser vgl. Abschnitt 10, für Leistungsmesser Stromspulen 1 · · · 5 VA, Spannungsspulen 15 · · · 50 mA bei elektrodynamischen Geräten im

Endausschlag). Mit U bzw. I als Meßgerätanzeigen und R_U und R_I als Innenwiderstand des Spannungs- und Strompfades sind die Eigenverbräuche

$$V_U = \frac{U^2}{R_U} \quad \text{und} \quad V_I = I^2 R_I. \tag{47}$$

Ist bei Wechselstrom-Leistungsmessern der Blindwiderstand X_U im Spannungspfad gegen den Wirkwiderstand R_U nicht zu vernachlässigen, tritt an die Stelle der ersten Gl. (47)

$$V_U = \frac{U^2 R_U}{R_U^2 + X_U^2}. \tag{47'}$$

Über die Größe und eventuelle Berücksichtigung von Fehlwinkeln im Strom- und Spannungspfad und von Fehlern bei der Messung über Wandler vgl. Lit. 1 (Abschn. V 340), 4 (Bd. II), 5, 24, 33.

Bei Berücksichtigung des Eigenverbrauchs der Meßgeräte bzw. des Strom- und Spannungspfades sind dann die tatsächlichen Leistungen

bei Schaltung	Abgabe von G	Aufnahme in R	
Abb. 30a):	$N_G = U\,I + V_I$	$N_R = U\,I - V_U$	(48a)
Abb. 30b):	$N_G = U\,I + V_U$	$N_R = U\,I - V_I$	(48b)

da in jedem Fall $N_G - N_R = V_I + V_U$ sein muß. Je nach der Größe von V_U und V_I kann also die eine oder andere Schaltung zweckmäßiger sein. Meßbereicherweiterung erfolgt wie bei Strom- und Spannungsmessung durch Neben- und Vorwiderstände.

Leistungsmesser sind meist so ausgelegt, daß sie bei Nennstrom, Nennspannung und $\cos\varphi$ zwischen 0,8 und 1,0 Vollausschlag haben. Bei kleinen Leistungsfaktoren dürfen die Meßgeräte daher nicht bis zum Ende der Skala benutzt werden. Man achte darauf, daß die zulässigen Strom- und Spannungswerte nicht überschritten werden (bei Geräten nach VDE 0410 ist dauernde Überlastung bis zum 1,2-fachen Wert des Nennstromes und der Nennspannung zulässig). Für Messungen bei kleinem Leistungsfaktor sind besondere hoch überlastbare Geräte entwickelt worden; näheres vgl. Lit. 1 (Abschn. V 3418), 4 (Bd. II). Ebenso sei für Sonderverfahren wie die Drei-Strommesser-Methode und Drei-Spannungsmesser-Methode auf das Schrifttum verwiesen: Lit. 1 (Abschn. V 3412), 2, 3, 4 (Bd. II), 5, 6, 9, 24. Für die Messung kleiner Wechselstromleistungen vgl. Lit. 1 (Abschn. V 3412, 3418) und 2.

b) Gleichstromleistung. Im allgemeinen mißt man nach Abb. 30 Stromstärke und Spannung getrennt und multipliziert dann beide Angaben. Eine Verwendung eigentlicher Leistungsmesser ist bei Gleichstrom seltener, z. B. wenn es sich um die Leistungsmessung bei schnell veränderlichen Größen handelt.

c) Einphasenleistung. Da die Wirkleistung N_W der Mittelwert der Momentanwertprodukte ist, muß mit einem Leistungsmesser gemessen werden. Auch Blindleistungen N_b mißt man mit direkt anzeigenden Geräten (gebaut wie Wirkleistungsmesser, jedoch mit zusätzlicher 90°-Phasenverschiebung in dem einen Pfad, vgl. z. B. Lit. 1, Abschn. Z 61), während Scheinleistungen N_s aus dem Produkt der Effektivwerte von U und I gebildet werden (direkte Messung selten). Es sind

$$N_W = U\,I \cos\varphi \qquad N_b = U\,I \sin\varphi \qquad N_s = U\,I. \tag{49}$$

Bei der Berücksichtigung des Eigenverbrauchs in Wirkleistungsmessungen ist in den Gl. (48) an Stelle von $U\,I$ die angezeigte Wirkleistung N_w einzusetzen.

Abb. 31 zeigt die Einphasenmessung über Stromwandler und Vorwiderstände zur Meßbereicherweiterung. Man schaltet den Vorwiderstand so, daß zwischen Strom- und Spannungsspule eine möglichst kleine Spannung herrscht (also Spannungsspule an der Leitung, an der der Strom gemessen wird). Ist das Übersetzungsverhältnis des Stromwandlers $ü_I$ und wird der Spannungs-Meßbereich durch den Vorwiderstand auf das $ü_U$-fache heraufgesetzt, ist also $ü_U = (R_V + R_M) : R_M$, so ist die gemessene Leistung N bei einer Anzeige A

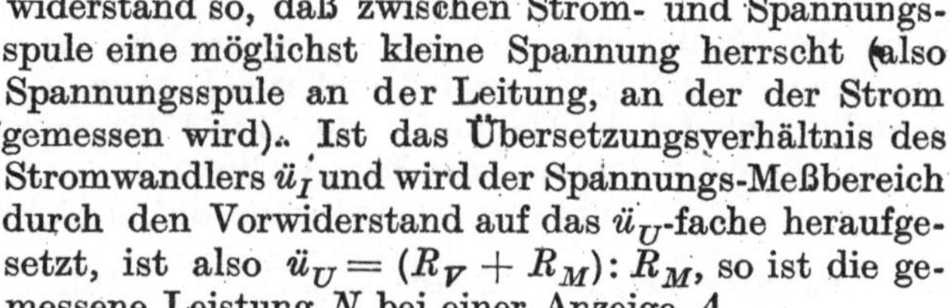

Abb. 31. Einphasen-Leistungsmesser.

$$N = ü_I \cdot ü_U \cdot A, \tag{50}$$

wo $ü_U$ auch das Übersetzungsverhältnis eines Spannungswandlers sein kann.

d) Drehstromleistung bei gleicher Phasenbelastung. Es genügt die Leistungsmessung in einer Phase, also des Produktes Phasenstrom mal zugehöriger Phasenspannung. Ist der Nullpunkt (Sternpunkt) zugänglich, so gilt die Schaltung nach Abb. 31, wo der dort mit R bezeichnete Leiter ein beliebiger Phasenleiter, der mit S bezeichnete der Nulleiter ist. Bei unzugänglichem Nullpunkt verwendet man einen Nullpunktswiderstand (Sternpunktswiderstand) nach Abb. 32, bei

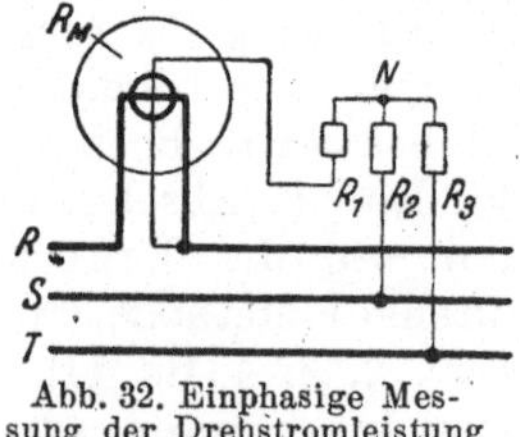

Abb. 32. Einphasige Messung der Drehstromleistung mit Nullpunktswiderstand N.

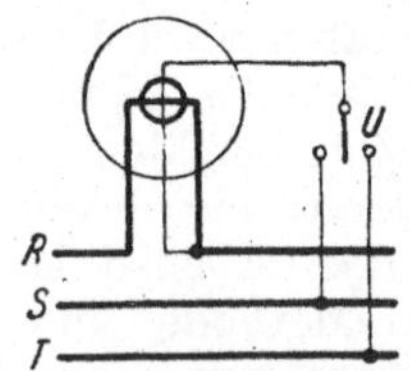

Abb. 33. Einphasige Messung der Drehstromleistung durch Spannungsumschalter.

dem $(R_M + R_1) = R_2 = R_3$ sein muß, damit der Sternpunkt elektrisch im Symmetriepunkt des Drehstromsystems liegt. Die Drehstromleistung ist das 3-fache der vom Leistungsmesser gemessenen Leistung (unter Berücksichtigung von R_1 als Vorschaltwiderstand zum Meßgerät).

Den Nullpunktswiderstand kann man umgehen, wenn man die Spannungsspule nacheinander an zwei verkettete Spannungen legt (Spannungsumschalter-Methode Abb. 33). Da 2 Einzelmessungen erforderlich sind, muß die Leistung während der ganzen Meßzeit konstant bleiben. Die Drehstromleistung ergibt sich wie bei der Zweileistungsmesser-Methode (vgl. den folgenden Abschnitt e) aus dem der beiden Einzelablesungen, und zwar als deren Summe, wenn man bei beiden Stellungen des Spannungsumschalters gleichgerichtete Ausschläge erhält; muß man jedoch die Spannungsspule des Leistungsmessers bei der 2. Messung umpolen, um einen Zeigerausschlag in die Skala hinein zu erhalten, so ist die Differenz beider Ausschläge zu bilden (für die Ableitung vgl. Lit. 33).

e) Drehstromleistung bei ungleicher Phasenbelastung. Bei der Messung mit drei einphasigen Leistungsmessern ergibt sich die Drehstromleistung durch Addition der drei Anzeigen. Bei zugänglichem Nullpunkt werden die Spannungsspulen unmittelbar zwischen Null- und zugehörigen Phasenleiter geschaltet, während man sonst wieder einen künstlichen Nullpunkt schaffen muß. Hierzu können im einfachsten Fall die Spannungsspulen, die mit der einen Seite an den zugehörigen Phasenleitern liegen, an den anderen Seiten untereinander verbunden werden. Voraussetzung für eine richtige Spannungsverteilung ist, daß die Spannungsspulen gleiche Widerstände haben. Dann liegt der Sternpunkt im Nullpunkt des Spannungsdiagramms. Die Summenleistung der drei Leistungsmesser ist dabei auch dann gleich der Drehstromleistung, wenn Diagramm-Mittelpunkt bzw. Schaltungs-Nullpunkt und tatsächlicher Sternpunkt des Drehstromsystems nicht zusammenfallen.

Statt mit 3 gleichen Einphasen-Leistungsmessern zu arbeiten, kann man einen gegen den Nullpunkt umschaltbar vorsehen oder Dreifachsysteme verwenden, bei denen 3 Meßwerke gekuppelt sind (vgl. Lit. 4, 8) und auf eine gemeinsame Zeigerachse arbeiten (Abb. 34).

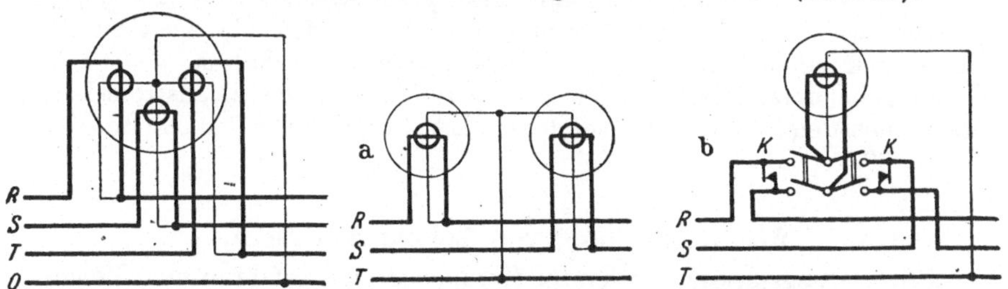

Abb. 34. Drehstrom-Leistungsmesser für ungleiche Phasenbelastung. bei Vierleiterdrehstrom.

Abb. 35. Zwei-Leistungsmesser-Schaltung zur Messung beliebiger Drehstromleistungen. a) mit 2 getrennten Geräten, b) mit 1 Gerät und Umschalter (*K* Kurzschlußkontakt).

In Netzen ohne Nulleiter sind zur Bestimmung der Drehstromleistung zwei Messungen bzw. Meßgeräte ausreichend. Das „Zwei-Leistungsmesser-Verfahren" (Aronschaltung) nach Abb. 35 ist bei Drehstrom beliebiger Belastung am gebräuchlichsten. Auch hier verwendet man entweder zwei getrennte Geräte oder man baut die Meßwerke zusammen und kuppelt sie untereinaner. Endlich wird auch eine Sparschaltung verwendet, bei der die beiden Einzelmessungen mit demselben Gerät nacheinander durchgeführt werden: Abb. 35b). Um Unterbrechungen der Phasenleiter zu verhindern, müssen die Kontakte K des Umschalters in Abb. 35b) schließen, bevor das Meßgerät von der betreffenden Phase abgetrennt wird.

Mit $\mathfrak{I}_1$, $\mathfrak{I}_2$, $\mathfrak{I}_3$ und $\mathfrak{U}_1$, $\mathfrak{U}_2$, $\mathfrak{U}_3$ als Phasen-Strömen und -Spannungen nach Abb. 36 ist die Drehstromleistung

$$N = \mathfrak{I}_1 \mathfrak{U}_1 + \mathfrak{I}_2 \mathfrak{U}_2 + \mathfrak{I}_3 \mathfrak{U}_3. \tag{51}$$

Ersetzt man hierin $\mathfrak{I}_3 = -(\mathfrak{I}_1 + \mathfrak{I}_2)$, so wird

$$N = \mathfrak{I}_1 \mathfrak{U}_1 + \mathfrak{I}_2 \mathfrak{U}_2 - \mathfrak{I}_1 \mathfrak{U}_3 - \mathfrak{I}_2 \mathfrak{U}_3 = \mathfrak{I}_1 (\mathfrak{U}_1 - \mathfrak{U}_3) + \mathfrak{I}_2 (\mathfrak{U}_2 - \mathfrak{U}_3) = N_1 + N_2. \tag{52}$$

Hierin sind $(\mathfrak{U}_1 - \mathfrak{U}_3)$ und $(\mathfrak{U}_2 - \mathfrak{U}_3)$ aber die in Abb. 36 angegebenen verketteten Spannungen (Leiterspannungen). In den Schaltungen nach Abb. 35 werden die beiden Leistungsprodukte der Gl. (52) gemessen. Daher ist die Drehstromleistung N unmittelbar gleich der Summe der beiden Meßgerätanzeigen N_1 und N_2. Wie das Diagramm Abb. 36 zeigt, sind die beiden Produkte N_1 und N_2 der Gl. (52) solange positiv, als die Phasenwinkel φ_1 und φ_2 zwischen $+60°$ und $-60°$ liegen. Ist $\varphi_2 > +60°$ (stark induktive Last), so wird das Produkt $N_2 = \mathfrak{I}_2 (\mathfrak{U}_2 - \mathfrak{U}_3)$ negativ, während bei stark kapazitiver Last $\varphi_1 < -60°$ und daher ein negatives Produkt $N_1 = \mathfrak{I}_1 (\mathfrak{U}_1 - \mathfrak{U}_3)$ erhalten wird. Zur Messung ist dann die Spannungsspule des Leistungsmessers wie oben bei der Spannungsumschalter-Methode zu wenden, um wieder einen Ausschlag in die Skala hinein zu erhalten.

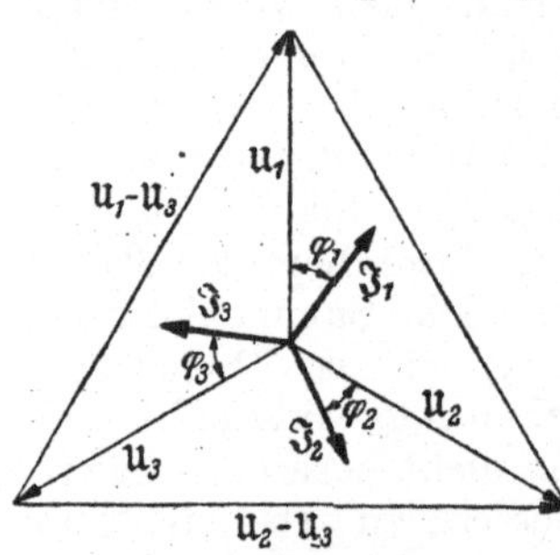

Abb. 36. Diagramm zur Zwei-Leistungsmesser-Schaltung für gleich belastete Phasen.

Eingehendere Darstellungen über die Theorie der Drehstrom-Leistungsmessung finden sich besonders in Lit. 1 (Abschn. V 340), 4 (Bd. II), 5, 24, 33.

21. Nacheichung von Leistungsmessern.

Feinleistungsmesser werden im Kompensationsverfahren mit Gleichstrom geeicht. Betriebsgeräte können bei Gleichstrom mit Strom- und Spannungsmesser der Klasse 0,2 bei Einphasen- oder Drehstrom mit Leistungsmessern der Klasse 0,2 nachgeeicht werden. Bei kleineren Leistungen schickt man aus Gründen der Einfachheit meist die zu messende Leistung direkt durch die Meßanordnung hindurch und vernichtet sie dann in Widerständen der gewünschten Belastungsart. Handelt es sich um Geräte oder Meßsätze für größere Leistungen, so verwendet man Sparschaltungen, bei denen Strom- und Spannungspfade aus getrennten Stromquellen gespeist werden; die Art der Belastung (Wirk- und Blind-) wird dann durch Einstellung der Phase nachgeahmt (vgl. Versuch 21 B). Für die Auswahl der Stromquellen bei der Leistungsmessereichung gilt im wesentlichen dasselbe wie für die Eichung von Zählern (vgl. Abschnitt 22 g).

21 A. Nacheichung im Kompensationsverfahren.

a) Aufgabe. Es ist die Eichkurve eines Fein-Leistungsmessers der Klasse 0,2 oder 0,5 bei Nennspannung von $^1/_5$-Endwert bis Endwert der Skala des Meßgeräts aufzunehmen.

b) Grundlagen. Dieser Versuch entspricht der Eichung eines Strom- oder Spannungsmessers mit dem Kompensator nach Versuch 14 C. Es ist also für jeden Meßpunkt zweimal zu kompensieren, einmal für den Stromkreis und einmal für den Spannungskreis. Beide Kreise werden aus getrennten Stromquellen gespeist (Sparschaltung).

c) Schrifttum: Lit, 2, 9, 10; für Kompensatoren s. Versuch 14 A

d) Schaltung und Versuchsanordnung. Jeder der beiden Meßkreise nach Abb. 37 enthält insbesondere Regelwiderstand R_r bzw. Spannungsteiler S_r zur Einstellung der Meßgröße, ferner Anzeigegerät für diese, Umschalter für die Leistungsmesserspulen und Widerstand R_N bzw. Spannungsteiler S_N zum Abgreifen einer entsprechenden Spannung für den Kompensator (Anschluß bei U_X). R_N und der an S_N abgegriffene Widerstandsteil sind so auszulegen, daß an U_X etwa 0,1 · · · 1,0 V entstehen. Die Verbindungsleitungen und der Umschalter im Spannungskreis sind so groß zu wählen, daß die dadurch bedingten zusätzlichen Spannungsabfälle klein im Vergleich zu den Spannungsfehlern bleiben. Besonders die Strombatterie muß ausreichende Kapazität haben, um höchste Konstanz während der Meßzeit zu gewährleisten.

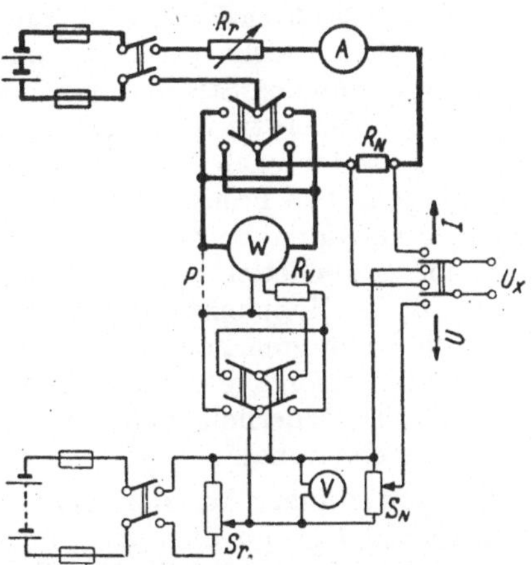

Abb. 37. Nacheichung eines Leistungsmessers mit Kompensator. Oben Stromkreis, unten Spannungskreis, rechts bei U_X Anschluß an den Kompensator (Abb. 8 bis 12). P Potentialausgleich (falls erforderlich, vgl. Text), R Widerstände, S Spannungsteiler, U_X Kompensatorenanschluß.

Der in Abb. 37 gestrichelt angegebene Potentialausgleich P ist erforderlich, wenn bei hohen Spannungen geeicht wird oder wenn die beiden Meßbatterien ohne die Ausgleichsleitung gegeneinander eine größere Potentialdifferenz annehmen könnten. Zu achten ist aber bei Durchführung des Potentialausgleichs darauf, daß die Meßbatterien nicht bereits anderweitig untereinander verbunden sind oder in ihrem Potential festliegen (Gefahr eines Kurzschlusses!). Gegebenenfalls führt man den Potentialausgleich über einen Widerstand durch. Ein Vorwiderstand im Spannungspfad des Leistungsmessers darf nicht auf der Seite des Potentialausgleichs, sondern nur auf der anderen Seite eingeschaltet sein (R_v in Abb. 37). Nach Skirl (Lit. 33) beträgt die zulässige Potentialdifferenz zwischen Strom- und Spannungsspule bei Feinleistungsmessern 100 · · · 120 V, während bei Betriebsgeräten bis 500 V unschädlich sind. Die Begrenzung der Potentialdifferenz ist notwendig, damit einerseits die verhältnismäßig schwache Isolation zwischen den Stromkreisen nicht durchschlägt, und damit andererseits besonders bei Feinleistungsmessern Zeigerablenkungen und dadurch Meßfehler durch Ladungserscheinungen vermieden werden.

Gerätevorschläge für das Studienpraktikum: Vorausgesetzt wird das viel benutzte Laboratoriumsgerät für 5 A, 30 V von S u. H; man wählt im Stromkreis eine 4 V-Batterie, weiter R_r etwa 5 Ω bei 5 A (zur Feinregelung aus 2 Schiebewiderständen, z. B. 5 + 0,5 Ω), Strommesser für 5 A (Drehspul- oder Dreheisen-Betriebsmeßgerät, da nur für Grobeinstellung); $R_N = 0{,}1\ \Omega$ für 5 A (Normalwiderstand); für den Spannungskreis reicht eine 30 V-Batterie, die im geladenen Zustand bei geringer Stromentnahme etwa 33 V hat, man wählt dann S_r etwa 60 Ω, 0,5 A, Spannungsmesser für 50 V (Meßwerk wie vor), S_N Präzisionswiderstand 3000 Ω, abgegriffen 100 Ω oder weniger, so daß $U_x = 1$ V oder weniger wird. Kompensator nach FEUSSNER oder RAPS, bei geringeren Ansprüchen auch technischer Kompensator (vgl. Abb. 10 bis 12 und Versuche 14).

e) Versuchsdurchführung. Zunächst werden Spannung und gewünschte Stromstärke an den anzeigenden Meßgeräten grob eingeregelt. Dann stellt man den Strom so nach, daß der Zeiger des Leistungsmessers auf einem Skalenstrich einspielt. Nach Einstellung des Hilfsstromes im Kompensator nach Versuch 14 A kann nach Versuch 14 C kompensiert werden. Um Fremdfeldeinflüsse auf den meist als eisenloses Dynamometer gebauten Feinleistungsmesser auszuschalten, wird jeder Versuch mit gewendeten Umschaltern wiederholt und der Mittelwert gebildet. Jeder Meßpunkt fordert also 4 Kompensationen. Um während der dafür benötigten Zeit Änderungen bei Strom oder Spannung zu verhindern, ist besonders auf die Konstanz der Batterien zu achten. Gegebenenfalls wiederholt man die erste Kompensation nach Abschluß der vier noch einmal.

f) Auswertung. Aus den bei der Kompensation erhaltenen Spannungswerten U_x sind über R_N und S_N die Ströme und Spannungen im Leistungsmesser zu errechnen. Der so erhaltene „wahre" Leistungswert und die Anzeige $\mathfrak{A}$ ergeben nach Gl. (2) die Korrekturen, durch deren Auftragen man die verlangte Eichkurve erhält. Die weiter noch empfehlenswerte Ermittlung des prozentischen Fehlers p_e nach Gl. (4a) ermöglicht die Feststellung, ob das untersuchte Meßgerät seine Klassengenauigkeit nach VDE noch hält (vgl. den Abschn. 3 und den Abschnitt „Auswertung" im „Beispiel eines Protokollvordrucks" S. 15).

21 B. Nacheichung eines Betriebsleistungsmessers in Sparschaltung.

a) Aufgabe. Ein Betriebsleistungsmesser soll durch Vergleich mit einem Feinleistungsmesser an Wechselstrom in Sparschaltung nachgeeicht werden. Es sind Eichpunkte zwischen $1/_5$ Endwert und Endwert der Skala des Meßgeräts bei Nennspannung, und zwar bei $\cos\varphi = 1{,}0$ und 0,8 induktiv aufzunehmen.

b) Grundlagen. Vgl. Abschnitt 20c). In der Sparschaltung („indirektes" Verfahren) werden ohne Rücksicht auf die Nennleistung des Meßgerätes nur unbedeutende Leistungen zur Eichung benötigt. Im Eichstromkreis werden die Strompfade aus einer Stromquelle kleiner Spannung, im Eichspannungskreis die Spannungspfade aus einer Spannungsquelle kleiner Stromstärke gespeist. Der Energieverbrauch beträgt also nur einen Bruchteil von dem bei direkter Messung

c) Schrifttum: Lit. 5, 9; für Geräte und Schaltungen zur Regelung von Strom, Spannung und Phasenverschiebung Lit. 2, 38. Für die der Leistungsmessereichung ähnliche Zählereichung vgl. Schrifttum bei Versuch 25 A.

d) Schaltung und Versuchsanordnung. Die Schaltung gestattet bezüglich der Regel- und anderen Hilfseinrichtungen verschiedenen Aufbau, so daß man sich in jedem Laboratorium nach den verfügbaren Mitteln richten kann. In der Schaltung nach Abb. 38 ist angenommen, daß beide Eichkreise aus demselben Drehstromnetz gespeist werden, daß die Phasenverschiebung zwischen Strom und Spannung durch einen Phasenregler (z. B. Drehstransformator im Aufbau eines Asynchronmotors) hergestellt wird, und daß Eichstrom und Eichspannung durch Transformatoren geeigneter Daten hergestellt werden. Bei passender Auslegung des Phasenreglers Ph kann der Transformator T 2 und auch der Regler R_2 entfallen. Regler und Transformator können auf jeder Seite durch hinreichend feinstufige Regeltransformatoren (induktive Regler) ersetzt werden. Steht ein Zähler-Eichmaschinensatz mit Strom- und Spannungsgenerator und drehbarem Ständer bei dem einen von beiden zur Verfügung (vgl. Abschn. 22 g und Abb. 43), so sind dadurch G, Ph, R und T von Abb. 38 entbehrlich. Für die Notwendigkeit eines Potentialausgleichs P nach Abb. 38 vgl. Abschnitt d) von Versuch 21 A Mit dem Frequenzmesser Hz wird die Konstanz der Frequenz überwacht.

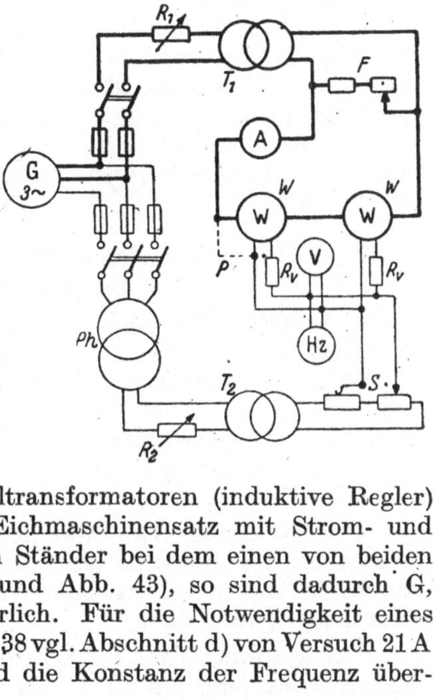

Abb. 38. Nacheichung eines Leistungsmessers mit Wechselstrom in Sparschaltung. Oben Stromkreis, unten Spannungskreis. *F* Feinregler, *G* Drehstromgenerator oder Netz, *P* Potentialausgleich (falls erforderlich), *Ph* Phasenregler, *R* Regelwiderstände, R_v Vorwiderstand für Leistungsmesser (falls erforderlich), *S* Spannungsteiler für Grob- und Feinregelung, *T* Transformatoren, *W* zu untersuchender und Eich-Leistungsmesser.

Der Feinregler F ist zweiteilig ausgeführt, um beim Regeln einen sekundären Kurzschluß des Transformators zu verhindern. Generator bzw. Netz und Transformatoren müssen so beschaffen sein, daß die Leistungsmesser sinusförmigen Strom und Spannung erhalten, um Oberwellenleistungen zu vermeiden, da sich sonst der Cosinus des Phasenwinkels u. d der Leistungsfaktor nicht zu entsprechen brauchen.

Gerätevorschläge für das Studienpraktikum: Transformatoren, Regeleinrichtungen und Meßgeräte richten sich nach den Nennwerten des Prüflings. Bei einem Leistungsmesser für Wandleranschluß (5 A, 100 V) und der in Abb. 38 gegebenen Schaltung wählt man Transformatoren und Phasenregler kleiner

Leistung (einige 100 VA), Sekundärstrom von T 1 bis 5 A, Sekundärspannung 4 ··· 6 V, Sekundärspannung von T 2 zu 110 V; Regler R_1 und R_2 je nach Primärstrom der Transformatoren, Feinregler F aus 5 Ω fest und 1 Ω regelbar, Spannungsteiler S etwa 500 Ω, davon etwa 50 Ω fein regelbar; Spannungs- und Frequenzmesser für 110 V, Strommesser 5 A, alle drei Betriebsmeßgeräte; Feinleistungsmesser der Klasse 0,2 für 5 A und 100 ··· 150 V.

e) Versuchsdurchführung. Nach Einstellung der gewünschten Strom- und Spannungswerte an Strom- und Spannungsmesser und nach Einregelung der Phasenverschiebung am Phasenregler (die zusätzlichen Phasenverschiebungen durch die Transformatoren können vernachlässigt werden) stellt man den zu prüfenden Leistungsmesser durch Nachregelung an F auf einen Skalenstrich und liest am Eichgerät gleichzeitig ab.

f) Auswertung. Aus den beiden Ablesungen erhält man jedesmal die Korrektur nach Gl. (2). Gegebenenfalls ist von den Ablesungen auf die wahren Leistungen umzurechnen, wenn beide Meßgeräte wegen der Verwendung von (in Abb. 38 nicht gezeichneten) Wandlern oder Vorwiderständen nicht übereinstimmen. Zur Beurteilung, ob das Meßgerät noch seiner Genauigkeitsklasse entspricht, bestimmt man außerdem die prozentischen Fehler p_e nach Gl. (4a); vgl. hierzu den Abschnitt 3 und den Abschnitt „Auswertung" im „Beispiel eines Protokollvordrucks" S. 15.

21 C. Nacheichung eines Drehstromleistungsmessers im direkten Verfahren.

a) Aufgabe. Die Eichung des Drehstrom-Leistungsmessers ist bei praktisch gleichen Phasenbelastungen und Nennspannung im direkten Verfahren durchzuführen bei praktisch reiner Wirkbelastung und bei 2 verschiedenen Blindbelastungen. Aufzunehmen ist für jede der drei Meßreihen eine Korrekturkurve für $^1/_5$ Endwert bis Endwert der Skala. Der Vergleich ist mit Feinleistungsmessern in Aronschaltung vorzunehmen.

b) Grundlagen. Vgl. Abschnitte 20a) und 20e). Das direkte Verfahren, bei dem die volle gemessene Leistung durch die Meßgeräte hindurchgeht und in Verbrauchern vernichtet wird, findet nur bei kleinen Leistungen Anwendung.

c) Schrifttum: Vgl. das Schrifttum der der Leistungsmessereichung ähnlichen Zählereichung bei Versuch 25 B.

d) Schaltung und Versuchsanordnung. Der Einstellung der Nennspannung dient in der Schaltung Abb. 39 ein induktiver Drehstromregler S. Zur Überprüfung der Spannungsgleichheit in allen 3 Phasen ist der umschaltbare Spannungsmesser vorgesehen. Der Frequenzmesser Hz dient der Überwachung der Frequenzkonstanz. Die Strommesser ermöglichen die Einstellung der Belastung an den veränderlichen Belastungen WB und BB, die am einfachsten durch Glühlampen, Schiebewiderstände und (schwach gesättigte) Eisendrosseln hergestellt werden. Um bei den verlangten Versuchsreihen jeweils gleichen Phasenwinkel einzuhalten, ist ein Leistungsfaktormesser vorgesehen.

Für die Leistungsmessung mit den Feinmeßgeräten muß die Zwei-Leistungsmesser-Schaltung nach Abschn. 20e) benutzt werden, da trotz Einstellung auf gleiche Belastungen stets kleine Unsymmetrien zwischen den Phasen bestehen bleiben, die hier bei der Eichung berücksichtigt werden müssen. Wenn das Drehstromnetz sehr konstant ist (z. B. eigener Eichgenerator), so kann man einen umschaltbaren Leistungsmesser nach Abb. 35b) verwenden.

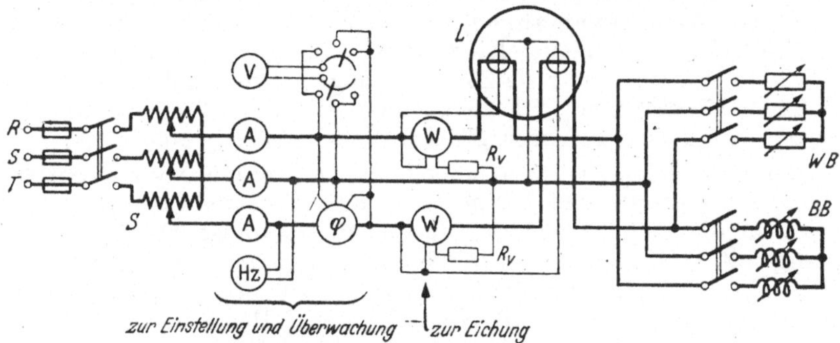

Abb. 39. Nacheichung eines Drehstromleistungsmessers.
L Prüfling, R_v Vorwiderstände (falls erforderlich), *S* induktiver Drehstromregler, *BB* Blindbelastung, *WB* Wirkbelastung.

Gerätevorschläge für das Studienpraktikum. Vorausgesetzt wird ein Leistungsmesser 5 A, 380 V Netzspannung. Dementsprechend Meßbereiche der Meßgeräte; Feinleistungsmesser der Klasse 0,2 mit entsprechenden Vorwiderständen, allenfalls bei hinreichend konstanter Netzspannung ein Leistungsmesser umschaltbar nach Abb. 35b); induktiver Regler S für sekundär 5 A, 380 V; Belastungswiderstände WB je für 220 V, 1100 W, Drosseln BB für etwa ebenfalls je 220 V, 1100 VA.

e) Versuchsdurchführung. Mittels S, WB und BB werden die Spannungs- und Stromwerte bei den in der Aufgabe verlangten Belastungsarten zunächst grob eingestellt (Strom-, Spannungs- und cos φ-Messer). Man regelt dann an S auf einen Skalenstrich des Prüflings L ein. Die Ablesungen an allen 3 Leistungsmessern müssen gleichzeitig erfolgen, wenn die Stromquelle nicht konstant genug ist, was man beim Anschluß an ein allgemeines Versorgungsnetz voraussetzen muß. Zu beachten ist, daß die Leistungsmesser auch bei Blindlast im Strome nicht höher als zulässig belastet werden dürfen (vgl. Abschn. 20a), letzter Absatz). Bei großer Blindlast kann die Eichung also nicht bis zum Skalenendwert vorgenommen werden.

f) Auswertung. Wie Abschn. f) von Versuch 21 B.

22. Nacheichung umlaufender Zähler.

Für die Nacheichung von Elektrizitätszählern (Arbeitsmessern) gilt im Grunde genommen alles, was auch für Leistungsmesser maßgebend ist. So können dieselben Verfahren und Schaltungen verwendet werden. Hinzu kommt beim Zähler die Messung der Zeit als neue Größe. Hieraus und aus dem Vorhandensein besonderer Vorschriften für Zähler ergeben sich verschiedene Besonderheiten auch für die Eichung, von denen die allen Zählertypen gemeinsamen in diesem Abschnitt behandelt werden sollen. Dabei wird hier nur die Nacheichung eines bereits in Benutzung befindlichen Zählers, nicht aber die Neueichung und erstmalige Einstellung eines fabrikneuen Zählers berücksichtigt.

a) Eichverfahren. Am nächstliegendsten ist es wohl, den zu untersuchenden Zähler durch ein Gerät gleicher Art, also wieder einen Zähler, zu eichen (Arbeitsverfahren), der natürlich wesentlich genauer als die Prüflinge sein muß (sog. Eichzähler oder Kontrollzähler, vgl. z. B. Lit. 2, 14, 18, 19). Wo viele Zählereichungen durchzuführen sind (z. B. in Elektr. Prüfämtern), ist die Eichung mittels Eichzähler daher besonders bei Reihenprüfungen gleicher Modelle sehr gebräuchlich.

Die Notwendigkeit eines besonderen Eichzählers wird vermieden, wenn man Leistung und Zeit getrennt mißt (Zeitverfahren). Dabei ist es für die Eichung von Betriebszählern stets ausreichend, die Leistung mit Leistungsmessern der Klasse 0,2 zu messen. Lediglich für deren Überwachung oder für die Eichzähler ist das Kompensationsverfahren erforderlich (vgl. z. B. Versuch 21 A). Die Eichung mittels Zählwerks besteht darin, daß man die Zähleranzeige den Ziffern des Zählwerks entnimmt. Dieses Verfahren ist jedoch zeitraubend und umständlich, da man, um hinreichende Genauigkeit zu erreichen, über lange Versuchszeiten beobachten und dabei die Leistung konstant halten muß. Einzelne Zähler werden daher überwiegend durch Zählung der Scheibenumdrehungen (Ankerumdrehungen) und Messen der Zeit mittels Stoppuhr nachgeeicht. Hierauf bezieht sich auch die auf dem Lesitungsschild aller umlaufenden (und oszillierenden) Zähler enthaltene Angabe der „Ankerumdrehungen für 1 kWh", die der Sollwert k_s der im folgenden benutzten Konstanten k ist[1]).

Bei der Speisung der Strom- und Spannungspfade bzw. bei der Zuführung der elektrischen Leistung unterscheidet man wie bei der Leistungsmesserprüfung (vgl. Einleitung zu Abschnitt 21) das direkte Verfahren, bei dem die ganze Leistung durch die Prüfeinrichtung hindurchgeht, und das indirekte Verfahren der Sparschaltung, wo Strom- und Spannungspfade aus getrennten Stromquellen gespeist werden.

b) Konstante k und Zählerfehler (Lit. 2, 9, 13, 14, 18, 19, 33). Macht der Zähler u ganze Scheibenumdrehungen während der Zeit t, so ist die hindurchgegangene Arbeit

$$N \cdot t = \frac{u}{k}, \tag{53}$$

wenn N die Leistung (je nach Bauart des Zählers Gleichstromleistung $U \cdot I$ oder Wechselstrom-Wirk- oder -Blind-Leistung nach Gl. (49) oder auch die Drehstromleistung) und k die soeben erwähnte Kon-

[1] Wir vermeiden hierfür die Bezeichnung „Zählerkonstante", da die Eichordnung hierunter jene Konstante versteht, mit der die Anzeige am Zählwerk multipliziert werden muß, um den Meßwert in kWh zu erhalten (z. B. bei Zählern für Meßwandleranschluß), während k eine spezifische Umdrehungszahl ist.

stante ist. Man mißt bei Zählern die Arbeit in kWh oder BkWh, während bei der Eichung N in W bzw. BW (BVA) und t in sec abgelesen werden. Für die Konstante ergibt sich dann die Zahlenwertgleichung

$$k = \frac{3600 \cdot 1000 \cdot u}{N \cdot t} \tag{54}$$

in Umläufen je kWh (Uml/kWh). Auf dem Zählerschild ist der Istwert k_s der Konstanten angegeben, der also die „Anzeige" des Zählers bestimmt, während der Sollwert oder „wahre Wert" k sich für jeden Betriebszustand aus der Messung von k aus Leistung, Umdrehungen und Zeit nach Gl. (54) ergibt. In sinngemäßer Anwendung der Definitionen von Fehler F, Korrektur K und prozentischen Fehler p in den Gl. (1) bis (4) werden hier

$$F = u\left(\frac{1}{k_s} - \frac{1}{k}\right); \quad K = u\left(\frac{1}{k} - \frac{1}{k_s}\right); \quad p = 100\left(\frac{k - k_s}{k_s}\right), \tag{55}$$

wobei Fehler F und Korrektur K in kWh, prozentischer Fehler p in % erhalten werden.

c) Die Fehlerbestimmung. Nach dem Einregeln des gewünschten Eichpunktes (vgl. die Versuche 23 bis 25) stoppt man den Anfang der Meßzeit beim Vorbeigehen der Marke der Zählerscheibe an einer markanten Stelle, z. B. Fensterrand oder Bremsmagnet. Die Meßzeit hat sich jedenfalls über eine ganze Zahl von Umdrehungen zu erstrecken, so daß deren Ende beim Vorbeigehen der Marke an derselben Stelle zu stoppen ist. Man mache die Meßzeit keinesfalls kleiner als 1 min, einmal, um die Exzentrizitätsfehler auch bei Stoppuhren mit 60 sec auf 1 Zeigerumlauf klein zu halten (vgl. Lit. 14), besonders aber, um die Zeit selbst mit einem genügend kleinen Fehler zu messen. Wird, wie meist üblich, eine Stoppuhr mit 0,2 sec-Teilung verwendet, so ist die Unsicherheit 0,2 sec, also bei einer Minute $100\,\frac{0{,}2}{60} = 0{,}33\%$. Auf einen Fehler von 0,1% und damit auf eine Genauigkeit des Zählerfehlers auf 0,1% kommt man also erst bei 3 min Meßzeit.

Während jeder Einzelmessung ist sorgfältig darauf zu achten, daß bei Gleichstromeichungen Stromstärke und Spannung, bei Wechselstromeichungen Leistung und Frequenz konstant bleiben. Die Anzeigen der Feinmeßgeräte sind also während der gestoppten Zeit laufend zu beobachten und gegebenenfalls nachzuregeln.

d) Fehlergrenzen (nach § 949 der „Eichordnung", Lit. 16). Die zulässigen Fehler bei Teilbelastungen N werden auf die Nennleistung N_n bezogen, die bei Zählern für Gleichstrom und Einphasenstrom gleich dem Produkt aus Nennspannung und Nennstromstärke (bei Wechselstrom also gleich der Scheinleistung) und bei Zählern für Mehrphasenstrom gleich dem Produkt aus Nennstrom, aus der der Nennspannung entsprechenden Phasenspannung und der Anzahl der Phasen ist (bei Drehstrom also $N_n = I_n \cdot U_n \cdot \sqrt{3}$ mit I_n und U_n als Nennwerten von Netzstrom und Netzspannung).

Die Fehlergrenzen gelten für eine Raumtemperatur von 15 bis 25° C und für die Nennspannung bei beliebiger Einschaltdauer.

Die nachstehend angegebenen Beträge sind prozentische Fehler p nach Gl. (55). Die Fehler müssen bei der Eichung nicht nur diese Fehlergrenzen einhalten, sondern sie dürfen auch nicht sämtlich nach derselben Richtung die Hälfte dieser Beträge überschreiten. Dann könnten nämlich alle Fehler durch einfache Nachstellung am Zähler herabgesetzt werden.

Die Fehler von Gleichstromzählern (einschl. etwa zugehöriger Neben- oder Vorwiderstände) dürfen folgende Eichfehlergrenzen p_0 nicht überschreiten (die „Verkehrsfehlergrenzen" der Zähler sind doppelt so groß)

bei $N =$	$0{,}05\,N_n$	$0{,}1\,N_n$	$0{,}5\,N_n$	$1{,}0\,N_n$	$1{,}25\,N_n$
$\pm p_0 =$	9	6	3	3	4%

Die Fehler bei Belastungen zwischen 0,05 und 1,25 N_n müssen unterhalb einer Fehlergrenzkurve liegen, die aus diesen Punkten und geradlinigen Verbindungen zwischen ihnen besteht.

Bei Wechselstromzählern gelten die Fehlergrenzen für die Nennfrequenz. Der im folgenden vorkommende Winkel φ ist jener, dessen Cosinus gleich dem Leistungsfaktor (Quotient von Wirk- und Scheinleistung) ist. Für Wirkverbrauchszähler für ein- oder mehrphasigen Wechselstrom (Zähler allein oder mit zugehörigen Meßwandlern als Ganzes zu prüfen) gelten folgende Fehlergrenzkurven

$$\pm p_0 = 3 + 0{,}05\,\frac{N_n}{N} + 0{,}5\left(1 + 0{,}1\,\frac{N_n}{N}\right)\operatorname{tg}\varphi, \tag{56}$$

wo tg φ unabhängig vom Sinne der Phasenverschiebung stets positiv einzusetzen ist. Die Fehlergrenzen gelten vom 0,05- bis 1,25-fachen der Nennleistung und für Stromstärken bis zum 1,25-fachen Nennstrom und zwar bei Zählern für Einphasenstrom mit Leistungsfaktoren von 0,5 ··· 1,0 (Mehrphasenstrom 0,2 ··· 1,0). Für Stromstärken oberhalb des Nennstroms gelten die Fehlergrenzen bei Mehrphasen- und Mehrleiterzählern nur für symmetrische Belastung.

Für Blind- und Scheinverbrauchszähler, ferner für Großbereichzähler vgl. die Eichordnung.

e) Anlauf und Leerlauf. Meist wird bei der Nacheichung auch das Einhalten der Anlauf- und Leerlaufforderungen geprüft. Das AEF-Blatt DIN 1319 definiert den Anlaufwert folgendermaßen:

„Beginnt ein zählendes Meßgerät erst bei einer bestimmten Belastung (Windgeschwindigkeit, Fahrtbeschleunigung, Stromstärke, Wärmestromstärke, Leistung usw.) zu zählen, so heißt dieser Wert der Belastung Anlaufwert ohne Rücksicht darauf, wie groß der Fehler des Geräts bei dieser Belastung ist. Unter Belastung wird dabei die Größe verstanden, aus der sich durch Integration über die Zeit die Meßgröße ergibt.

Die Umkehrspanne und besonders der Anlaufwert sind häufig — z. B. wegen der Veränderlichkeit der Reibung — nicht konstant. Man gibt daher im allgemeinen nur an, daß sie unter einer bestimmten Grenze liegen."

Die Eichordnung (Lit. 16) verlangt in § 945, daß elektrodynamische Motor-Wattstundenzähler für Gleich- und Wechselstrom bei 2%, Magnetmotorzähler für Gleichstrom bei 1% und Induktionszähler für Wechselstrom (Ein- und Mehrphasenstrom) bei 0,5% ihrer Nennstromstärke bei Nennspannung und erschütterungsfreier Aufhängung sicher anlaufen (bei Wirkverbrauchszählern bei induktionsfreier Last). Bezüglich des Leerlaufs wird für die vorstehend genannten (m. Ausn. der Magnetmotorzähler) verlangt, daß sie bei angeschlossener Spannung, aber offener Verbrauchsleitung — die zum Anschluß an Stromwandler bestimmten auch bei Schließung ihres Stromkreises über die sekundäre Wicklung eines Stromwandlers — innerhalb eines Spannungsbereichs von 90 bis 110% der Nennspannung auch bei leichten Erschütterungen keinen Leerlauf haben.

Ein „sicherer Anlauf" liegt vor, wenn der Zähleranker bei der genannten Belastung einwandfrei mindestens eine Umdrehung macht.

f) Zählerschaltbilder. Die Schaltung der Zähler ist bei den verschiedenen Stromarten grundsätzlich dieselbe wie die der Leistungsmesser nach den Abb. 31 bis 35 und Abschnitt 20. Drehstrom-Dreileiter-Zähler haben die Zwei-Leistungsmesserschaltung nach Abschnitt 20 e). Eine vollständige Zusammenstellung der Normalschaltungen für Elektrizitätszähler mit Angabe und Lage der Klemmen am Klemmbrett findet sich in VDE 0418 „Regeln für Elektrizitätszähler". Einen Auszug geben unsere Abb. 40a) bis 40i), bei denen aber gegenüber VDE 0418 die in DIN VDE 716 vorgesehenen Meßwerkszeichen (je aus 1 Kreis bestehend) Verwendung fanden. Bei direktem Anschluß (Schaltbilder a bis c) wird der Leiter, in dem keine Strommessung stattfindet (Phasenleiter S bzw. Nulleiter Mp) in der Regel in den Zähler mit eingeführt, um den Spannungsanschluß innerhalb des Zählers, also unter Plombenverschluß, machen zu können. Bei Meßwandleranschluß unterbleibt die Einführung des Hauptleiters naturgemäß, so daß der Zähler bei S bzw. Mp nur eine Spannungsklemme statt der beiden Stromklemmen hat (Schaltbilder d bis f und i). Erfolgt der Anschluß bei den Drehstromschaltbildern an RST nicht wie angegeben, so darf nur unter entsprechender zyklischer Vertauschung angeschlossen werden, also statt RST von oben nach unten nur STR oder TRS. Entsprechend schließt man bei Schaltung d) an ST oder TR an; hier ist die Reihenfolge jedoch beliebig. Bei einphasigem Anschluß an Drehstromnetze mit Nulleiter Mp ist dieser der untere Leiter, also Anschluß von oben an RM_p, SM_p oder TM_p. An Stelle der neueren Bezeichnung M_p („Mittelpunktsleiter"), nach VDE 0570 „Klemmenbezeichnung", verwendete man früher 0 für den Nulleiter.

g) Stromquellen für Zählereichungen. Bei Eichungen mit Gleichstrom kommen fast nur Meßbatterien (Sammlerbatterien) in Frage, um die notwendige Konstanz der Spannungen und Ströme sicherzustellen. Die Batterien müssen hierzu außerdem eine hinreichende Kapazität haben. Strombatterien zur Speisung der Strompfade bei der Sparschaltung (vgl. Abschnitt 22a) haben 4 bis 6 V Spannung; sie dürfen gleichzeitig nur für einen Versuch benutzt werden, da die Meßschaltungen sich sonst beim Ein- und Ausschalten gegenseitig stören.

Für eine zweckmäßige Schaltanordnung in Reihen- und Parallelgruppen zum Erreichen auch hoher Ströme mit kleinen Zellen vgl. Lit. 19. Spannungsbatterien müssen so groß sein, daß 110% der höchsten

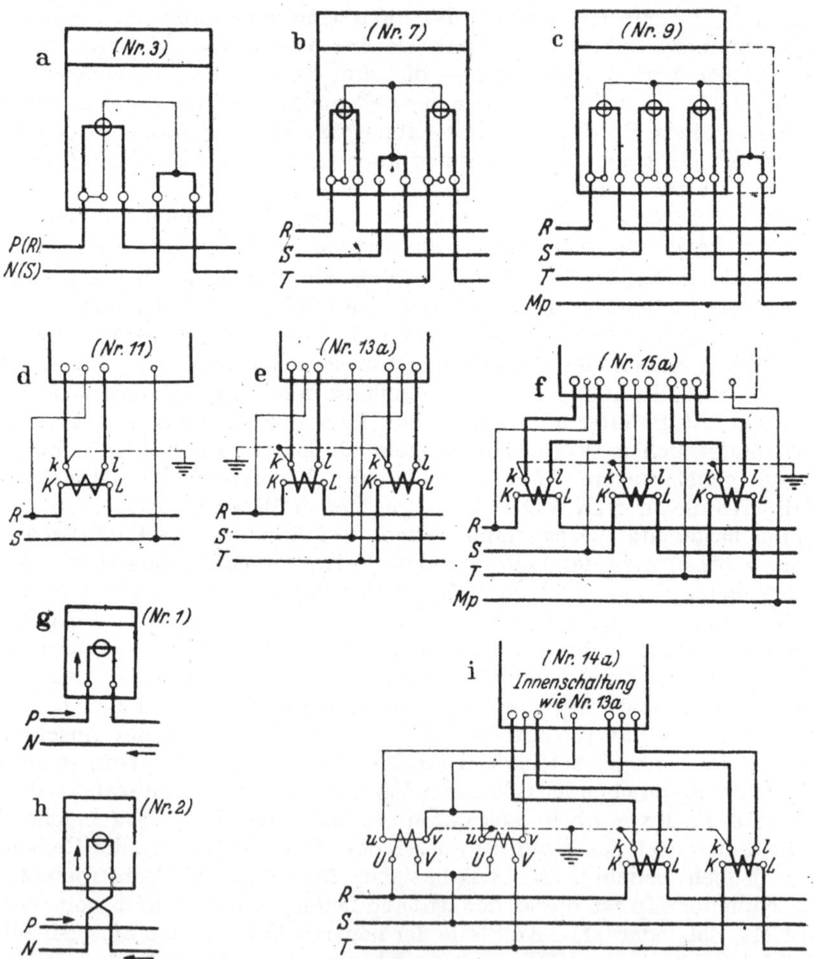

Abb. 40. Normalschaltungen für Elektrizitätszähler mit Numerierung nach VDE 0418. (Stromerzeuger links, Verbraucher rechts).
Gleichstromzähler: Wattstunden-Zweileiter: a); Amperestundenzähler im Plus-Leiter: g), im Minus-Leiter: h).
Wechselstromzähler: Einphasen: ohne Wandler: a); mit Stromwandler: d).
Drehstr.-Dreileiter: ohne Wandler: b); mit Stromwandler: e).
Drehstr.-Vierleiter: ohne Wandler: c); mit Stromwandler f).
Drehstr.-Dreileiter mit Strom- und Spannungswandler: i).

vorkommenden Nennspannung dargestellt werden können (110% wegen der Leerlaufprüfung nach Abschnitt 22e), also bei 220 V Nennspannung etwa 245 V. Die Meßbatterien sind schaltungstechnisch so vorzusehen, daß sie bei erforderlichem Potentialausgleich (vgl. z. B. Versuch 21 A mit Abb. 37) ohne Kurzschlußgefahr entsprechend zusammengeschaltet werden können. Gleichstromgeneratoren verwendet man wegen ihrer stets geringen Konstanz nur in Sonderfällen bei besonders hohen Spannungen oder Strömen. Gleichrichter kommen ihrer Oberwelligkeit wegen in Zählereicheinrichtungen praktisch nur zum Laden der Sammlerbatterien vor.

Bei Wechselstromeichungen kann das Netz benutzt werden, sofern seine Spannung hinreichend konstant ist. Die Speisung des Strompfades in der Sparschaltung erfolgt über einen Niedervolttransformator, die Einstellung der Phase durch einen Phasenregler, z. B. Drehtransformator (vgl. die Schaltung nach Abb. 38). Auch im Spannungskreis ist ein Transformator meist schon mit Rücksicht auf die 110% Nennspannung für die Leerlaufprüfung erforderlich. Ist die Spannungskonstanz des Netzes nicht ausreichend, so können selbstätige Spannungsregler vorgesehen werden (Lit. 18). Wird ein eigener Eichgenerator verwendet, so treibt man ihn aus einem Drehstromnetz über Synchronmotor an, damit die Frequenz wenigstens dieselbe Konstanz wie im Netz hat. Beim Antrieb durch einen Gleichstrommotor ist gegebenenfalls eine selbsttätige Drehzahlregelung anzuwenden. Mäßige Frequenz- oder Spannungsschwankungen können auch während der einzelnen Messung von Hand ausgeregelt werden.

Die bequemste Energieerzeugung bei Sparschaltung hat man durch Verwendung von Doppelgeneratoren, von denen der eine als Spannungs-, der andere als Strommaschine vorgesehen ist. Wird bei einem derartigen Eichmaschinensatz die eine Maschine mit verstellbarem Ständer eingerichtet, so kann man Strom und Spannung bereits in der gewünschten Phase erzeugen, deren Winkel sich unmittelbar an der Ständerverstellung ablesen läßt (vgl. Lit. 14, 19). In Eichstationen sind derartige Eichumformer, die zum Zwecke besserer Regelbarkeit auch von einem Gleichstrommotor angetrieben werden, sehr gebräuchlich. Für die Schaltung des Umformers vgl. Abb. 43.

Die für die eigentliche Eichung im indirekten Verfahren gebrauchten Leistungen sind nur gering. Für den Eigenverbrauch von Strom- und Spannungsmessern vgl. Abschnitt 10, von Leistungsmessern Abschnitt 20a); Zähler brauchen je Pfad im einzelnen Meßwerk 1 bis einige Watt bei Gleichstromzählern und um 1 W bei Wechselstrom-Induktionszählern, jeweils bei Nennlast. Die meiste Energie wird wie bei den meisten Meßschaltungen in den Regeleinrichtungen verbraucht.

23. Nacheichung eines Elektrolytzählers.

a) Aufgabe. Ein Elektrolytzähler ist für Nennlast (Nennstrom) nachzueichen. Der Fehler ist mit seiner Genauigkeit (Unsicherheit des Fehlers!) zu bestimmen.

b) Grundlagen. Die Elektrolytzähler, insbesondere Wasserstoff- und Quecksilberzähler, beruhen auf dem Faradayschen Gesetz, nach dem die aus einem Elektrolyten ausgeschiedene Stoffmenge sehr genau der hindurchgeflossenen Elektrizitätsmenge (Zeitintegral der Stromstärke) proportional ist. Elektrolytzähler sind also stets und nur **Amperestundenzähler.** Ein Maß für die verbrauchte Arbeit ergeben sie nur unter der Annahme einer konstanten Netzspannung. Oft werden Ah-Zähler in Wh, bzw. kWh geeicht, was stets nur bei der Nennspannung richtig ist.

Elektrolytzähler können nur durch direkte Ablesung an der Skala geeicht werden (entsprechend der „Eichung mittels Zählwerk" von Abschnitt 22a bei umlaufenden Zählern). Die Eichung erfordert daher stets **größere Zeiten**, wenn einige Genauigkeit des Fehlers gefordert wird, die von der möglichen Ablesegenauigkeit abhängt. Besteht die Skalenteilung aus Strichen von etwa 1 mm Abstand, so kann man $^1/_5$ Skalenteil noch sicher ablesen. Um unter einer Unsicherheit von 1% zu bleiben, muß der Versuch also über 20 Skalenteile erstreckt werden. Liegt also beispielsweise ein Zähler von 200 h Durchlaufzeit bei 200 Skalenteilen vor, so muß die Meßzeit der Nacheichung 20 h sein.

c) Schrifttum: Elektrolytzähler: Lit 1. (Abschn. J 772), 2, 6, 14, 15, 18; Eichung der Elektrolytzähler: Lit. 14, 15, 18, 19.

d) Schaltung und Versuchsanordnung. Abb. 41 zeigt die Schaltung bei Verwendung eines Feinstrommessers der Klasse 0,2. Steht ein Eichzähler (vgl. Abschnitt 22a) zur Verfügung, so ist dieser vorzuziehen, da sonst die Überwachung der Stromstärke während der langen Versuchsdauer recht umständlich ist.

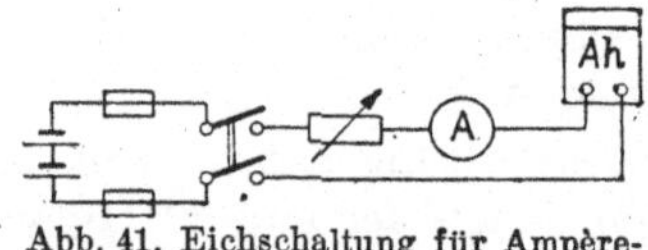

Abb. 41. Eichschaltung für Amperestundenzähler (Zählerschaltung nach Abb. 40g).

e) Versuchsdurchführung. Die Eichung dauert, wenn man einige Genauigkeit verlangt, stets Stunden, Muß nach Schaltbild 41 mit Strommesser geeicht werden, so kann man sich, um nicht stundenlang nachregeln zu müssen, folgendermaßen helfen. Man verwendet eine frisch geladene Batterie so großer Kapazität, daß die für die Eichung benötigte Elektrizitätsmenge nur einen Bruchteil davon ausmacht (z. B. bei 6 A-Zähler und 10 h Meßzeit entsprechned 60 Ah eine Kapazität von 200 Ah). Andere Verbraucher dürfen von der Batterie gleichzeitig nicht gespeist werden. Dann nimmt die Spannung und damit die Stromstärke nur sehr langsam ab, so daß man etwa alle Stunde einmal abliest und aus allen Ablesungen den Mittelwert bildet. Diese Stromstärke ergibt dann mit der Meßzeit multipliziert genügend genau die Ah-Zahl.

f) Auswertung. Ist die gemessene („wahre") Elektrizitätsmenge $Q = I\,t$, die vom Zähler angezeigte Q_s (Sollwert), so erhält man für den prozentischen Fehler nach Gl. (4) mit (3)

$$p = 100 \frac{Q_s - Q}{Q} . \tag{57}$$

Dieser muß den Fehlergrenzen nach Abschnitt 22d) genügen (also bei der Eichfehlergrenze für $N = N_n$ nicht mehr als 3%, bei der Verkehrsfehlergrenze nicht mehr als 6% betragen). Erfolgen die Zählerablesungen in kWh, so ist Q_s die Zählerablesung in kWh, während man für

Q das Produkt der gemessenen Elektrizitätsmenge und der auf dem Zähler angegebenen Nennspannung einsetzt.

Die Unsicherheit des Fehlers wird entsprechend den Angaben oben unter b) abgeschätzt. Ist n der kleinste noch ablesbare Teilstrich-Bruchteil und sind l Teilstriche abgelesen, so ist

$$p_f = 100 \frac{n}{l} \tag{58}$$

der mögliche Fehler des Fehlers (Beispiel: $n = 0,2$ Teilstriche noch ablesbar, $l = 50$ Teilstriche während der Meßzeit, dann $p_f = 0,4\%$, d. h. der nach Gl. (57) ermittelte Fehler ist wegen der Ableseungenauigkeit um 0,4% unsicher).

24. Nacheichung eines Gleichstrom-Wattstundenzählers.

a) Aufgabe. Für einen Motorzähler ist festzustellen, wie groß die Fehler bei den in der Eichordnung genannten 5 Belastungsfällen und Nennspannung sind (vgl. Abschnitt 22d) und ob die Anlauf- und Leerlaufvorschriften eingehalten werden (vgl. Abschnitt 22e).

b) Grundlagen. Die Eichung wird durch Zählung der Scheibenumdrehungen und Messung der Zeit mit der Stoppuhr nach Abschnitt 22a) durchgeführt. Außerdem wird Strom und Spannung bei jedem Versuch mit Feinmeßgeräten ermittelt. Strom- und Spannungspfade werden aus getrennten Stromquellen gespeist (Sparschaltung, vgl. Abschnitt b) von Versuch 21 B), so daß die betriebsmäßige Verbindung zwischen Strom- und Spannungsspule nach Abb. 40a) zur Nacheichung zu lösen ist.

c) Schrifttum: Wattstunden-Motorzähler: Lit. 1 (Abschnitt J 728), 2, 6, 13, 14, 15, 18; Eichung der Zähler: Lit. 5, 9, 10, 13, 14, 15, 18, 19.

d) Schaltung und Versuchsanordnung. Die Stromstärke wird nach Abb. 42 mittels Vorschaltwiderstandes geregelt und die Nennspannung über einen Spannungsteiler eingestellt. Dabei muß der Vorschaltwiderstand groß genug sein, um alle Belastungsfälle zwischen 0,05 und 1,25 Nennlast und außerdem den Strom von 0,02 Nennlast (= 2%) für die Anlaufprüfung einstellen zu können. Gegebenenfalls verwendet man mehrere Widerstände in Reihe oder wechselt den Widerstand aus. Strom- und Spannungsmesser sind Feinmeßgeräte der Klasse 0,2. Die Meßbereiche sind stets so zu wählen, daß die Genauigkeit dieser Meßgeräte ausgenutzt wird, daß also deren Ausschlag immer möglichst groß ist. Bei dem Strommesser ist daher für jeden Belastungsfall der kleinste, noch ausreichende Nebenwiderstand vorzusehen. Bei den üblichen Stufungen der Nebenwiderstände von Fein-Strommessern (z. B. 1, 2, 5, 10, 20 . . .) oder

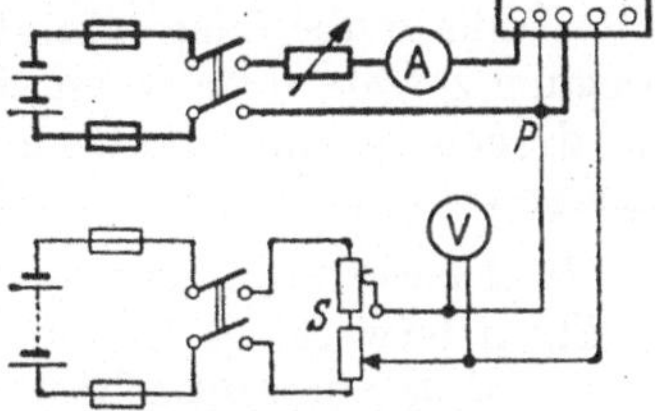

Abb. 42. Eichschaltung für Wattstundenzähler (Zählerschaltung nach Abb. 40a). S Spannungsteiler für Grob- und Feinregelung, P Pontentialausgleich (falls erforderlich).

1,5, 3, 7,5, 15, 30 ...) läßt es sich fast immer erreichen, daß der Zeigerausschlag in der oberen Hälfte der Skala liegt.

Beim Anschluß ist auf die Polarität zu achten; entsprechend der Betriebsschaltung des Zählers nach Abb. 40a) muß die Spannungsklemme zwischen den beiden linken Stromklemmen an Plus liegen, wenn der Strom von links nach rechts durch die Stromspule des Zählers fließt. Andernfalls würde der Zähler rückwärts laufen. Auf gut senkrechte Aufhängung des Zählers ist zu achten.

Gerätevorschläge für das Studienpraktikum. Vorausgesetzt wird ein Zähler für 220 V, 20 A nach Schaltung Abb. 40a). Geräte im Spannungskreis: Spannungsbatterie 245 ··· 250 V, Spannungsteiler aus 2 Schiebewiderständen, und zwar etwa 1000 Ω, 0,3 A als Grobregler und etwa 50 Ω als Feinregler, Feinspannungsmesser für 250 oder 300 V (einschl. Vorwiderstand); Geräte im Stromkreis: Strombatterie 4 V, Schiebewiderstände 0,5 Ω, 20 A für die Belastungen 25, 20 und 10 A, ferner etwa 15 Ω, 2 A für die Belastungen 2, 1 und 0,4 A, letztere als Anlaufstrom; Feinstrommesser mit Nebenwiderständen 30, 15, 3 und 1,5 A bzw. 50, 20, 2 und 1 A oder ähnlich.

e) Versuchsdurchführung. Am Zähler wird die Verbindungslasche zwischen den beiden linken Klemmen (Strom- und Spannungsanschluß) geöffnet. Läuft der Zähler beim Einschalten links herum, so ist falsch gepolt; Strom- oder Spannungsanschluß müssen gewechelt werden. Man beginnt mit voll eingeschaltetem Stromregler und fährt auf den gewünschten Belastungswert herauf. Nach genauer Einstellung von Strom und Spannung kann der Eichversuch vorgenommen werden, wobei man nach Abschnitt 22c) vorgeht.

Zum Anlaufversuch mit 2% des Nennstroms nach Abschnitt 22e) werden Strom- und Spannungswert eingeregelt und dann wieder ausgeschaltet. Bei stillstehender Zählerscheibe schaltet man dann wieder zu und beobachtet, ob ohne Erschütterungen mindestens ein ganzer Umlauf der Zählerscheibe stattfindet. Nur dann ist die Anlaufforderung erfüllt.

Der Leerlaufversuch nach Abschnitt 22e) wird bei ausgeschaltetem Strom und bei 90% und 110% Nennspannung durchgeführt. In beiden Fällen erschüttert man den Zähler durch leichtes Klopfen an die Zählerhaube oder Grundplatte. Die Scheibe darf sich nicht in Bewegung setzen, oder wenn sie sich (etwa als Folge von Unwuchtresten) zu drehen beginnt, muß sie unter eingeschalteter Spannung zum mindesten an einer anderen Stelle zum sicheren Stillstand kommen.

f) Auswertung. Die Eichversuche ergeben aus N, u und t den jeweiligen Istwert der Konstanten k nach Abschnitt 22b), Gl. (54). Hieraus wird der prozentische Fehler p nach Gl. (55) berechnet und mit den Fehlergrenzen nach Abschnitt 22d) verglichen. Für die Erfüllung von Anlauf- und Leerlaufprobe enthält Abschnitt 22e) die notwendigen Angaben. Sind die Fehler zu groß, so kann der Zähler gegebenenfalls durch entsprechende Einstellungen korrigiert werden. Für Einzelheiten hierzu vgl. Lit. 13, 14, 15, 18, 19.

25. Nacheichung von Wechselstrom-Induktionszählern.

25 A. Einphasenzähler.

a) Aufgabe. Für einen Wechselstrom-Wirkverbrauchszähler nach Schaltung Abb. 40a) sind die Fehler je für 0,05, 0,1, 0,5, 1,0 und 1,25-fache Nennleistung bei Nennspannung, Nennfrequenz und $\cos \varphi = 1{,}0$ und 0,5 induktiv aufzunehmen. Es ist festzustellen, ob die durch Gl. (56) festgelegten Fehlergrenzen eingehalten sind (vgl. Abschnitt 22d) und ob den Bestimmungen über Anlauf bei reiner Wirklast und über Leerlauf genügt wird (vgl. Abschnitt 22e).

b) Grundlagen. Die Eichung wird durch Zählung der Scheibenumdrehungen und Messung der Zeit mit der Stoppuhr nach Abschnitt 22a) durchgeführt. Die Leistung mißt man mit Feinleistungsmesser, wobei Strom- und Spannungspfade aus getrennten Stromquellen gespeist werden (Sparschaltung, vgl. Abschnitt b) von Versuch 21 B). Zur Einstellung der Phasenverschiebung dient ein Phasenregler (vgl. die Schaltung zur Eichung von Leistungsmessern Abb. 38), oder man verwendet einen Eichmaschinensatz mit Strom- und Spannungsgenerator (vgl. Abschnitt 22g), der hier vorgesehen werden soll.

c) Schrifttum: Einphasen-Induktionszähler: Lit. 1 (Abschnitt J 752), 2, 6, 13, 14, 15, 18; Eichung der Zähler: Lit. 5, 10, 13, 14, 15, 18, 19, 38.

d) Schaltung und Versuchsanordnung. Von den beiden Generatoren in Abb. 43 hat der eine einen drehbaren Ständer (Eichmaschine

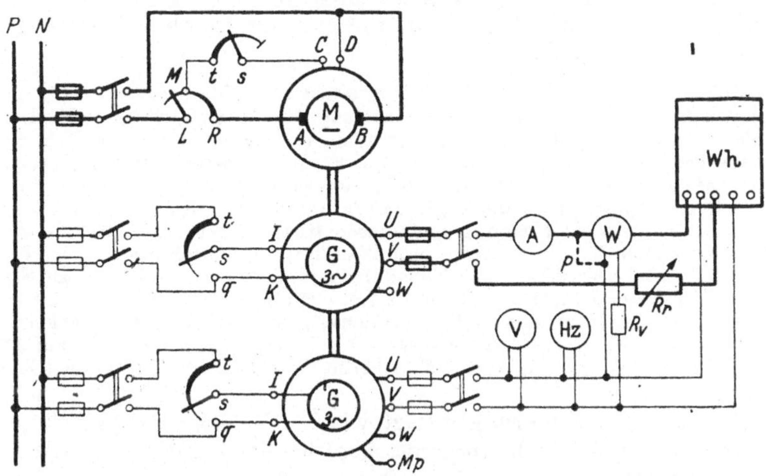

Abb. 43. Eichschaltung für Einphasenzähler (Zählerschaltung nach Abb. 40a). P Potentialausgleich, R_r Regelwiderstand, R_v Vorwiderstand (falls erforderlich).

nach Abschnitt 22g). Durch den Erregerstromregler werden Strom und Spannung der Eichkreise eingestellt. Zur Feinregelung kann man noch einen feinstufigen Regelwiderstand, z. B. Schiebewiderstand vorschalten. Mitunter sieht man hinter den Generatoren noch Stufentransformatoren vor, um in den Generatoren zu niedrige Erregungen zu vermeiden. Aus demselben Grunde erhält der Eichstromkreis einen eigenen Regler R_r, mit dem die kleinen Belastungen und der Anlaufstrom bequem eingestellt werden können. Durch besondere Transformatoren zwischen Generator und Eichschaltung wird man auch beweglicher, wenn Zähler sehr verschiedener Ströme und Spannungen geeicht werden sollen. Zu beachten ist, daß im Spannungskreis mit Rücksicht auf die Leerlaufprüfung mindestens 110% der Zählernennspannung zur Verfügung stehen müssen. Der Regler vor der Feldwicklung des Gleichstrommotors dient der Drehzahlregelung und damit der Einstellung der Frequenz. Steht kein Eichmaschinensatz zur Verfügung, so kann zur Erzeugung von Strom und Spannung die Schaltung von Abb. 38 benutzt werden.

Strom-, Spannungs- und Frequenzmesser sind zur Einstellung und Konstanthaltung der 3 Größen, ferner zur Berechnung des cos φ vorgesehen, es genügen hier Betriebsmeßgeräte. Der Leistungsmesser ist hingegen als Eichgerät in Klasse 0,2 zu wählen. Hat der Leistungsmesser allein keinen passenden Meßbereich, so ist im Spannungspfad der in Abb. 43 angegebene zugehörige Vorwiderstand, im Strompfad ein Stromwandler mindestens der Klasse 0,2 (vgl. Tabelle 6, S. 53) vorzuschalten. Ein Leistungsfaktormesser ist im Gegensatz zur Schaltung in Abb. 39 hier nicht erforderlich, da die Phasenverschiebung am drehbaren Ständer abgelesen werden kann. Maßgebend ist für das Eichergebnis dann der aus Strom, Spannung und Leistung nach Gl. (49) berechnete Wert des cos φ. Für den Potentialausgleich P vgl. Abschnitt d) von Versuch 21 A. Auf eine gut senkrechte Aufhängung des Zählers ist zu achten.

Gerätevorschläge für das Studienpraktikum. Vorausgesetzt wird ein Induktionszähler für 220 V, 50 A nach Schaltung Abb. 40a). Eichung nach Abb. 43 die Strommaschine muß 62,5 A, die Spannungsmaschine 245 ··· 250 V zwischen U und V hergeben können; Spannungs- und Frequenzmesser dementsprechend für 250 V; Strommesser für 70 oder 100 A, auswechselbar gegen solchen für 5 A (für die Belastungsströme 5 und 2,5 A) und für 0,5 A (für den Anlaufstrom 0,25 A), gegebenenfalls verwendet man kleine umschaltbare Tischgeräte der Klasse 1,0 oder 1,5 oder auch 5 A-Strommesser mit Wandler; Leistungsmesser der Klasse 0,2 für 5 A, 250 oder 300 V, gegebenenfalls mit Vorwiderständen; dazu Stromwandler 75/5 A der Klasse 0,2, allenfalls 0,5, eventuell auch 50/5 und 30/5 A, um besonders beim Leistungsfaktor 0,5 möglichst große Ausschläge zu bekommen; Regelwiderstand R_r so, daß von etwa 5 A bei kurzgeschlossenem R_r auf 0,25 A (entsprechend Anlaufstrom von 0,5%) heruntergeregelt werden kann (Größenordnung 5 ··· 10 Ω).

e) Versuchsdurchführung erfolgt wie bei Versuch 24, jedoch sollen Wechselstromzähler nach Abschnitt 22e) bereits bei 0,5% Nennlast anlaufen (statt 2%).

Die Inbetriebnahme des Eichmaschinensatzes geschieht in folgender Reihenfolge: Regler der beiden Generatoren auf kleinste Spannung, Regler am Motor auf vollen Erregerstrom (kleinste Drehzahl), Anlassen, Einregeln der Drehzahl entsprechend der gewünschten Frequenz, Heraufregeln der Spannungen beider Generatoren auf den erforderlichen Strom- und Spannungswert. Endlich stellt man am drehbaren Ständer den gewünschten Phasenwinkel ein (dabei Achtung auf

Vor- und Nacheilung!). Bei falscher Ausschlagrichtung des Leistungsmessers ist ebenso wie beim Zähler die Polarität der Strom- oder Spannungsklemmen zu wechseln.

f) Auswertung erfolgt wie bei Versuch 24. Der Istwert des Leistungsfaktors wird aus $\cos \varphi = N : (U I)$ für jeden Versuch berechnet, da sich der Winkel von der Maschine bis zum Zähler durch die Regelglieder usw. ändern kann.

25 B. Drehstromzähler.

a) Aufgabe. Für einen Drehstrom-Dreileiter-Wirkverbrauchszähler nach Schaltung Abb. 40b) sind die Fehler je für 0,05, 0,1, 0,5 1,0 und 1,25-fache Nennleistung bei Nennspannung, Nennfrequenz, symmetrischer Phasenbelastung und $\cos \varphi = 1{,}0$, 0,7 induktiv, 0,2 induktiv und 0,2 kapazitiv aufzunehmen. Ferner soll für 0,2-fachen Nennstrom in nur 2 Phasen (R und S oder S und T nach Abb. 40b), also bei schiefer Phasenbelastung mit dem Strom null in der 3. Phase, je der Fehler für $\cos \varphi = 1{,}0$, 0,8, 0,5 und 0,2 induktiv bestimmt werden. Es ist festzustellen, ob die durch Gl. (56) festgelegten Fehlergrenzen eingehalten sind (vgl. Abschnitt 22d), und ob den Bestimmungen über Anlauf bei reiner Wirklast und über Leerlauf genügt wird (vgl. Abschnitt 22e).

b) Grundlagen. Wie Abschnitt b) von Versuch 25 A, jedoch Leistungsmessung mit 2 Feinleistungsmessern in Aronschaltung nach Abb. 35a.

c) Schrifttum: Wie Abschnitt c) von Versuch 25 A.

d) Schaltung und Versuchsanordnung. Die Eichschaltung nach Abb. 44 wird an den Eichmaschinensatz von Abb. 43 oder an eine Netzanschlußschaltung ähnlich Abb. 38 mit Transformatoren und Phasenregler angeschlossen. Für die Regelung von Spannung und Frequenz (bzw. Drehzahl) des Maschinensatzes, ferner für Strom-, Spannungs-, Frequenz- und Leistungsmesser und für die Einstellung der Phasenverschiebung vgl. Abschnitt d) von Versuch 25 A. Als Spannungen werden nach der Schaltung Abb. 44 die Phasenspannungen gemessen, die man zur Berechnung des Leistungsfaktors bei schiefer Belastung braucht. Symmetrie des Spannungsdreiecks vorausgesetzt stehen Phasen- und Netzspannungen je in dem Verhältnis $1 : \sqrt{3}$. Man kann daher auch von der Messung der Netzspannungen ausgehen wie in Abb. 39 oder auch alle 6 Spannungen messen.

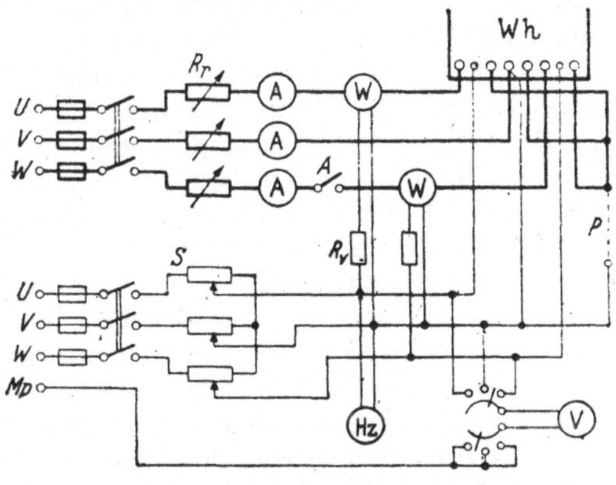

Abb. 44. Eichschaltung für Drehstrom-Dreileiterzähler (Zählerschaltung nach Abb. 40b). P Potentialausgleich, R_r Regelwiderstände, R_v Vorwiderstand (falls erforderlich), S Dreifach-Spannungsteiler oder induktiver Drehstromregler.

Der Potentialausgleich P soll nach Abschnitt d) von Versuch 21 A insbesondere bei den Feinleistungsmessern ein niedriges Potential zwischen Strom- und Spannungsspulen schaffen. Das wird in der Aronschaltung (vgl. Abschnitt 20e) dadurch erreicht, daß man die 3 Stromleiter mit jener Spannungsphase verbindet, an die die beiden Leistungsmesser angeschlossen sind. Um den Potentialausgleich wirksam zu machen, müssen die Vorwiderstände der Leistungsmesser dann in den anderen Phasen liegen, wie Abb. 44 zeigt. Auf eine gut senkrechte Aufhängung des Zählers ist zu achten.

Gerätevorschläge für das Studienpraktikum. Vorausgesetzt wird ein Drehstromzähler für Wandleranschluß (5 A, 100 V Netzspannung) nach Schaltung Abb. 40b. Eichung nach Abb. 44 mit Eichmaschinensatz aus Abb. 43. Die Strommaschine muß 6,25 A, die Spannungsmaschine etwa 115 V Netzspannung hergeben können; Frequenzmesser für 110 V; Spannungsmesser (bei Phasenspannungsmessung wie in Abb. 44) für mindestens 70 V; Strommesser für 7 · · · 10 A, auswechselbar gegen solche von 0,5 A (für die Belastungsströme 0,5 und 0,25 A) und 0,05 A Meßbereich (für den Anlaufstrom von 0,025 A), oder umschaltbare Strommesser der Klasse 1,0 oder 1,5; zwei Leistungsmesser der Klasse 0,2 für 5 A, 110 · · · 150 V, gegebenenfalls mit Vorwiderständen; allenfalls kann bei genügend konstanten Stromquellen auch ein Leistungsmesser umschaltbar nach Abb. 35b genügen; dazu Stromwandler 10/5 A der Klasse 0,2, allenfalls 0,5, für die größte Eichstromstärke von 6,25 A; Regelwiderstände R_r so, daß von etwa 1 A bei kurzgeschlossenem R_r auf 0,025 A (entsprechend Anlaufstrom von 0,5%) heruntergeregelt werden kann (Größenordnung 50 Ω); für Eichungen bei unsymmetrischer Belastung muß der Regelbereich gegebenenfalls größer sein, um die Belastungen einstellen zu können; Spannungsteiler etwa 1000 Ω, 0,1 A, zur Feineinstellung eventuell je aus Grobstufe und kleinerem Regelwiderstand bestehend.

e) **Versuchsdurchführung** erfolgt wie bei Versuch 24 mit den bei Versuch 25 A im Abschnitt d) angegebenen Ergänzungen betr. Bedienung und Einstellung des Eichmaschinensatzes.

Besondere Aufmerksamkeit erfordert bei der Eichung mit Drehstrom die richtige Polarität der Anschlüsse und die Einstellung der drei Spannungen und Ströme. Um diese letztere herbeizuführen (Ablesung an den 3 Strommessern und am Spannungsmesser durch Umlegen des zugehörigen Umschalters), stehen die Regler R_r und S nach Schaltbild 44 zur Verfügung. Um richtigen Ausschlag der beiden Leistungsmesser zu erhalten, stellt man zunächst Wirkbelastung ein (Phasenwinkel Null an der Drehstrommaschine) und ändert gegebenenfalls die Anschlüsse an den Leistungsmessern so, daß beide im positiven Sinn ausschlagen. Tritt dann nachher bei starker Blindbelastung ein negativer Ausschlag des einen Leistungsmessers auf (vgl. Abschnitt 20e), so ist ein Anschluß dieses Geräts zu wechseln. Manche Feinleistungsmesser enthalten hierzu einen Umschalter für den Spannungskreis, so daß ein Lösen von Klemmen dann nicht erforderlich ist. Außer den Ausschlägen der Leistungsmesser ist auch der richtige Lauf des Zählers zu überprüfen. Man stellt wieder auf reine Wirklast; läuft der Zähler dann bei einiger Lasthöhe schnell rückwärts, so muß die Stromrichtung in beiden Stromspulen des Zählers umgedreht werden; steht der Zähler annähernd still, so ist eine Stromumkehr nur in einer Stromspule erforderlich. Der Zähleranschluß ist dann richtig, wenn er mit einer seiner

Konstanten k (in Umdrehungen je kWh) etwa entsprechenden Drehzahl vorwärts läuft (die richtige Drehrichtung ist auf der Zählerkappe angegeben).

Zur Einstellung der in der Aufgabe verlangten schiefen Belastung wird der in Abb. 44 angegebene Schalter A ausgeschaltet und die Phasenbelastung und Stromstärke wie sonst eingeregelt. Der Zähler läuft dann nur mit einem Triebsystem.

f) Auswertung erfolgt wie bei Versuch 24. Der Istwert des Leistungsfaktors wird als Quotient Wirkleistung durch Scheinleistung des Drehstroms, also aus $(N_1 + N_2) : (U_R I_R + U_S I_S + U_T I_T)$ für jeden Versuch berechnet, da sich die Winkel von der Maschine bis zum Zähler durch die Regelglieder usw. ändern können. Hierbei sind N_1 und N_2 die Ablesungen der beiden Leistungsmesser (einer gegebenenfalls negativ, vgl. Abschnitt 20e) und U und I die Phasenspannungen und Phasenströme nach Messung an den Spannungs- und Strommessern in Abb. 44.

26. Messung der dielektrischen Verluste mit der Scheringbrücke.

a) Aufgabe. Die dielektrischen Verluste einer Kabelstrecke (oder anderen Anordnung) sind abhängig von der angelegten Spannung (zwischen Betriebsspannung und etwa $^1/_{10}$ davon) bei 50 Hz mittels der SCHERING-Brücke zu ermitteln.

b) Grundlagen. Durch das Umelektrisieren von festen oder flüssigen Isolierstoffen entstehen in diesen Verluste, die sich in Wärme umsetzen. An Wechselspannung wirkt die Isolierung also wie eine Parallelschaltung von Kondensator und Wirkwiderstand. Die Wirkkomponente I_w des Stromes bestimmt (nach

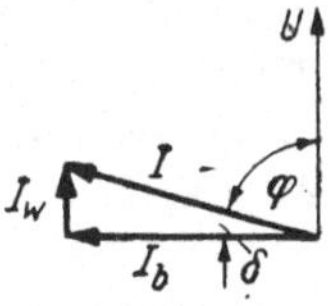

Abb. 45. Diagramm eines verlustbehafteten Kondensators. I_W und I_b Wirk- und Blindkomponente des Stromes, δ Verlustwinkel, φ Phasenwinkel.

Abb. 45) den Verlustwinkel δ, dessen tg δ als „Verlustfaktor" bezeichnet wird. Die entstehende Wirkleistung („dielektrische Verluste") ist

$$V = U\,I \cos\varphi = U\,I \sin\delta. \tag{59}$$

Wegen der stets kleinen Verlustwinkel (tg $\delta < 0{,}1$) kann $\sin\delta \approx \operatorname{tg}\delta$ gesetzt werden, so daß mit $I \approx I_b \approx U \cdot \omega C$ wird:

$$V = U^2 \cdot \omega C \cdot \operatorname{tg}\delta. \tag{59a}$$

Die SCHERING-Brücke gestattet gleichzeitig die Messung der Kapazität und des Verlustfaktors tg δ, da ja in allen Wechselstrombrücken für den Abgleich die Erfüllung von 2 Bedingungen (Gleichheit von Betrag und Phase) erforderlich ist (vgl. Abschnitt b) von Versuch 32 C). Mit den in Abb. 46 angegebenen Bezeichnungen der Brückenglieder ist

$$C_x = C_n \frac{R_a}{R_b} \text{ und } \operatorname{tg}\delta_x = \omega\, C_a \cdot R_a. \tag{60}$$

Die Verlustmessung wird mit der SCHERING-Brücke besonders bei Hochspannung durchgeführt, wobei nur die linke Ecke der Schaltung nach

Abb. 46, also die beiden Kondensatoren C_x und C_n unter Hochspannung stehen, die zu bedienenden Teile R_b und C_a aber praktisch Erdpotential haben. Die SCHERING-Brücke nach Abb. 46 eignet sich für die Messung von Kapazitäten C_x, die höchstens bis zu 100mal größer als C_n sind.

Genauigkeit und Fehlergrenzen hängen wie bei allen Brückenschaltungen sehr vom Fehler der Vergleichsglieder und von der Empfindlichkeit des Indikators, hier des Vibrationsgalvanometers ab (vgl. Abschnitt 91 A). Bei den üblicherweise gebrauchten Geräten erreicht man etwa 0,3% Fehlergrenze für die C-Messung und etwa bis herunter zu 0,0001 Unsicherheit für die tg δ-Messung. Leicht berücksichtigen lassen sich Fehler durch einen merkbaren tg δ des Normalkondensators und durch die Zusatzkapazitäten der abgeschirmten Leitungen zwischen den Kondensatoren C_n und C_x und der übrigen Brücke. Bei Luft- oder Preßgaskondensatoren ist tg $\delta_n = 0$; wird ein Glimmerkondensator verwendet, so ist dessen tg $\delta_n \approx 0{,}0004$, während Minosglaskondensatoren tg $\delta_n \approx 0{,}001$ und Papierkondensatoren tg $\delta_n \approx 0{,}005$ haben (bei etwa $50 \cdots 1000$ Hz). Die Zusatzkapazitäten in den Anschlußleitungen sind besonders bei langen Verbindungen zu berücksichtigen; beispielsweise haben die in der Hochfrequenztechnik üblichen Antennenanschlußkabel etwa 30 pF/m Kapazität. Bezeichnet man diese Zusatzkapazitäten mit C'_n und C'_x, so lautet die korrigierte Formel an Stelle der 2. Gleichung (60):

$$\text{tg}\,\delta_x = \omega\, C'_a \cdot R_a + \omega C'_n \cdot R_a - \omega\, C_x \cdot R_b + \text{tg}\,\delta_n. \qquad (60a)$$

Die Einflüsse von C'_n und C'_x heben sich also teilweise auf. Der Einfluß von C'_n, C_x und tg δ_n auf die Messung der Kapazität C_x ist vernachlässigbar.

c) Schrifttum: Scheringbrücke: Lit. 1 (Abschn. J 921, J 924), 2, 4, 6, 8, 9, 23, 32, 36; Vibrationsgalvanometer: Lit. 1 (Abschn. J 852), 2, 3, 4 (Bd. I), 8, 9, 36; Messung der dielektrischen Verluste allgemein: insbesondere Lit. 1 (Abschn. V 339, V 344, V 942), 23, 36.

d) Schaltung und Versuchsanordnung. Als Normalkondensator C_n verwendet man bei kleineren Kapazitäten und Hochspannung mit Vorliebe Preßgaskondensatoren wegen ihres tg $\delta_n \approx 0$ (vgl. z. B. Lit. 1, Abschn. Z 133, ferner Lit. 2, 8, 36), bei größeren Kapazitäten Minosglaskondensatoren (vgl. Lit. 2, 36). Während der Hochspannungsteil der Anordnung (links in Abb. 46) vom Niederspannungsteil (rechts in Abb. 46) hinreichend abzuschirmen ist (Hochspannungsvorschriften!), führt man die beiden verbindenden Leitungen von C_x und C_n zur übrigen Brückenschaltung in geerdeten Metallschläuchen (Schirm-

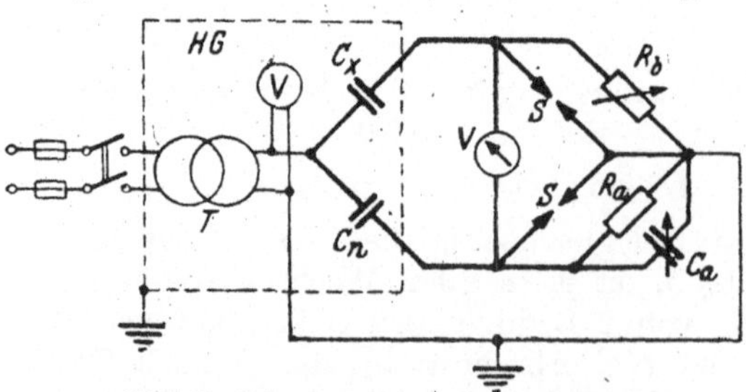

Abb. 46. Scheringbrücke zur C-tgδ-Messung. C_x Prüfling, C_n Vergleichskondensator, HG Hochspannungs-Schutzgitter, S Sicherheits-Funkenstrecke, T Transformator, V Vibrations-Galvanometer.

hüllen), wie oben im letzten Absatz von Abschnitt b) bereits ausgeführt wurde.

Die Widerstände R_a und R_b müssen winkelfehlerfrei sein, da sonst zusätzliche Fehler bei der tg δ-Messung auftreten. Geeignet sind Widerstände mit Wicklung nach WAGNER und WERTHEIMER. Parallel zu den Widerständen sind Sicherheitsfunkenstrecken S vorgesehen, um den Bedienenden gegen Durchschläge an C_x oder C_n zu schützen. Den meist als Vierdekadenwiderstand ausgeführten Kurbelwiderstand R_b stellt man so auf, daß die niedrigen Dekaden auf der Erdseite liegen, damit kleinste Überspannung auftritt. Die Zuleitungen zum Vibrationsgalvanometer verlegt man verdrillt, um das Einstreuen von Störfeldern in den Brückenzweig unwirksam zu machen.

Die Spannungsmessung erfolgt auf der Hochspannungsseite direkt (wie im Schaltbild 46 angegeben) oder über Spannungswandler oder mittels Meßfunkenstrecke.

Der Prüfling, z. B. Kabellänge, ist so vorzubereiten, daß ein Auftreten von Glimmverlusten vermieden wird, da diese in den Verlustwinkel eingehen würden. Ebenso müssen Kriechströme hinreichend klein bleiben. Bei platten- oder zylinderförmigen Prüflingen sieht man Schutzringelektroden vor (vgl. Versuche 35).

Gerätevorschläge für das Studienpraktikum. Übliche Instrumentarien benutzen Preßgaskondensatoren von $C_n = 100$ pF, ferner dekadische Kurbelkondensatoren bzw. -widerstände $C_a = 10\,(0{,}001 + 0{,}01 + 0{,}1)\,\mu$F und $R_b = 10\,(0{,}1 + 1 + 10 + 100)\,\Omega$ (Schaltung nach Abschn. 69, Abb. 124); R_a wird (bei 50 Hz) meist zu $1000 : \pi = 318{,}3\,\Omega$ gewählt, so daß Gl. (60) dann für tg δ die Zahlenwertgleichung tg $\delta_x = 0{,}1\,C_a$ mit C_a in μF liefert; die Sicherheitsfunkenstrecken S werden für 300 ··· 500 V vorgesehen.

e) Versuchsdurchführung. Aus der geschätzten Größe von C_x und den gegebenen C_n und R_a stellt man R_b zunächst auf den nach Gl. (60) berechneten Wert. Bei unempfindlichster Einstellung des Nullinstrumentes (gegebenenfalls Schutzwiderstand vorsehen!) wird dann eingeschaltet und zunächst durch Verändern von R_b auf Ausschlagsminimum eingestellt. Zur weiteren Verringerung des Ausschlages wird dann C_a und R_b abwechselnd geregelt, bis der Ausschlag am Galvanometer auch bei dessen höchster Empfindlichkeit verschwindet.

Da die Messungen meist bei Hochspannung erfolgen, sind die hierfür geltenden Vorschriften zu beachten. Eine eingehende Anweisung für das Arbeiten bei hohen Spannungen (Absperrung, Erdung, Trennstellen, Leitungsführung, Anordnung der Geräte usw.) enthält beispielsweise Lit. 27a.

f) Auswertung. Aus Gl. (60), gegebenenfalls (60a), erhält man die Kapazität und den Verlustfaktor des Prüflings für die im Brückenabgleich vorgefundenen Werte von R_b und C_a unmittelbar. Um die Unsicherheit der einzelnen Meßergebnisse zu verringern, kann jede Messung mehrfach ausgeführt werden.

3. Messung von Widerstandsgrößen des Gleich- und Wechselstromkreises.

30. Auswahl der Geräte und Verfahren.

Für die Messung von Widerständen, Kapazitäten und Induktivitäten werden hauptsächlich verwendet: die Bestimmung aus Stromstärke und Spannung, die Brückenverfahren und anzeigende Meßgeräte (sog. Ohmmeter). Alle Verfahren und Geräte arbeiten indirekt dadurch, daß man durch den Widerstand usw. einen Strom schickt und den hervorgerufenen Spannungsabfall beobachtet oder umgekehrt.

a) Gleichstromwiderstände. Für die Fehlergrenzen und Meßbereiche der Verfahren und Einrichtungen vgl. Tabelle 8. Hierdurch ist auch die Verwendung in der Hauptsache bestimmt:

Ohmmeter, z. B. mit Kreuzspulmeßwerk, finden besonders dort Verwendung, wo häufig wiederkehrende Messungen schnell erledigt werden müssen, also in der Fertigungsüberwachung und zu ähnlichen Zwecken. Der Widerstand wird entweder unmittelbar oder nach einmal vorgenommener Einstellung an der Skala abgelesen.

Die Messung aus Stromstärke und Spannung (vgl. Versuch 31 A) wird neben den einfachen Schleifdrahtmeßbrücken (vgl. Versuch 32 A) in der Praxis des Betriebes und Prüffelds am meisten verwendet, da sie die erforderlichen Ansprüche an Genauigkeit und Meßbereich erfüllt und mit ganz normalen und überall vorhandenen Meßgeräten möglich ist.

Vergleichsmethoden kommen seltener vor. Sie beruhen darauf, daß Stromstärke oder Spannungsabfall in dem zu messenden mit einem bekannten Widerstand verglichen werden. Führt man den Spannungsvergleich mit dem Kompensator (vgl. Versuche 14) durch, so hat man das genaueste Verfahren, das für den Abgleich oder die Eichung von Präzisionswiderständen benutzt wird.

Feinmeßbrücken mit Kurbel- oder Stöpselwiderständen (vgl. Versuche 32 B und 33) werden besonders im Laboratorium und Prüffeld verwendet, wo höhere Genauigkeiten verlangt werden müssen.

Weitere Verfahren findet man noch bei der Messung von Isolationswiderständen (vgl. Versuche 34 und 35). Sind die zu messenden Widerstände spannungs- oder stromabhängig, so kommt nur die Messung aus Strom und Spannung in Frage (vgl. die Versuche 16 B und 61).

Tabelle 8. Ungefähre Fehlergrenzen und Meßbereiche von Einrichtungen zur Messung von Gleichstromwiderständen.

Einrichtung	Fehlergrenzen ± Werte in %	Meßbereich Ω
Ohmmeter	2,5	$10^{8} \cdots 10^{-3}$
Messung von Strom und Spannung	$2 \cdots 0{,}5$[1]	$10^{6} \cdots 10^{-5}$
Schleifdrahtbrücken		
a) nach WHEATSTONE. . . .	$2 \cdots 1$	$10^{6} \cdots 10^{-1}$
b) nach THOMSON	0,5	$1 \cdots 10^{-6}$
Stromvergleich	$2 \cdots 0{,}5$[1]	$10^{6} \cdots 10^{3}$
Spannungsvergleich	$2 \cdots 0{,}2 \cdots 0{,}01$[1]	$10^{6} \cdots 10^{-4}$
Feinmeßbrücken		
a) nach WHEATSTONE . . .	$0{,}1 \cdots 0{,}02$	$10^{6} \cdots 10^{-1}$
b) nach THOMSON	0,2	$1 \cdots 10^{-6}$

[1] Je nach den verwendeten Meßgeräten zur Strom- und Spannungsmessung und zwar etwa ± 2% bei Betriebsmeßgeräten, etwa ± 0,5% bei Feinmeßgeräten oder Galvanometern und bis etwa ± 0,01% herunter beim Spannungsvergleich mit dem Kompensator.

b) Ohmsche Widerstände, gemessen mit Wechselstrom. Es kommen die meisten der unter a) genannten Verfahren vor, besonders die Messung aus Stromstärke und Spannung und die Brückenverfahren (vgl. z. B. Versuch 37). Widerstände von Elektrolyten, auch Erdwiderstände müssen wegen der elektrochemischen Polarisationserscheinung mit Wechselstrom gemessen werden (vgl. Versuche 32 E und 32 F).

c) Induktivitäten. Wie bei der Widerstandsmessung sind auch hier die Bestimmung aus Stromstärke, Spannung und Frequenz (vgl. Versuch 31 B) und mit Hilfe von Meßbrücken (vgl. Versuch 32 D) am gebräuchlichsten, wobei sich mit Brücken genauere Werte erzielen lassen. Bei höheren Frequenzen verwendet man oft das Resonanzverfahren, bei dem L aus der Resonanz mit einem Normalkondensator bestimmt wird.

d) Kapazitäten. Es kommen vorwiegend dieselben Verfahren wie bei der L-Messung in Frage (vgl. Versuche 31 B und 32 C). Ferner wird die Kapazität oft aus der Spannung und Elektrizitätsmenge, diese etwa ballistisch gemessen, bestimmt. Auch sind direkt zeigende Kapazitätsmesser vorhanden, die auf dem Resonanzprinzip beruhen oder die Lade- bzw. Entladestöße benutzen. Diese Geräte finden besonders in der Fertigungsüberwachung Verwendung. Für Feinmessungen zieht man die Brückenschaltungen vor, während die übrigen Verfahren sich für Betriebsmessungen mit geringeren Genauigkeitsansprüchen eignen.

31. Widerstandsmessung aus Stromstärke und Spannung.

31 A. Gleichstromwiderstand.

a) Aufgabe. Widerstände verschiedener Größe sollen mit den beiden möglichen Schaltungen mit Gleichstrom gemessen werden. Aus je 10 Einzelmessungen bei verschiedenen Stromstärken sind Mittelwert (Durchschnitt) und Unsicherheit des Meßergebnisses zu berechnen. Bei jedem Ergebnis ist ferner der durch die Schaltung bedingte Fehler, hervorgerufen durch den Meßgeräteigenverbrauch, zu berücksichtigen.

b) Grundlagen. Nach dem Ohmschen Gesetz ist der zu messende Widerstand

$$R_X = \frac{U_R}{I_R}, \tag{61}$$

wo U_R die am Widerstand liegende Spannung und I_R der durch den Widerstand fließende Strom ist. Bei den beiden möglichen Schaltungen der Meßgeräte mißt eines nicht diesen Wert. Ist der Spannungsmesser nach Abb. 30a) hinter dem Strommesser angeschlossen, so mißt dieser den Strom I_U im Spannungsmesser mit, bei Anschluß vor dem Strommesser nach Abb. 30b) mißt der Spannungsmesser den Spannungsabfall U_I im Strommesser mit. Mit I_M und U_M als den Meßgeräteanzeigen ist bei der Schaltung Abb. 30a) der Strom im Widerstand

$$I_R = I_M - I_U = I_M - \frac{U_M}{R_U} \tag{62a}$$

und bei der Schaltung nach Abb. 30b) der Spannungsabfall am Widerstand

$$U_R = U_M - U_I = U_M - I_M R_I. \tag{62b}$$

Man erhält also bei den beiden Schaltungen den Widerstand aus

$$R_X = \frac{U_M}{I_R} \quad \text{bzw.} \quad R_X = \frac{U_R}{I_M}. \tag{63}$$

Bei der Bildung der Differenzen in der Gl. (62) ist zu beachten, daß bei den Korrekturen I_U und U_I nur ebensoviel Stellen Sinn haben, als in I_M und U_M noch sicher sind.

Bei kleinen Widerständen ist meist $I_U \ll I_R$, so daß die Korrektur bei Verwendung der Schaltung Abb. 30a) vernachlässigt werden kann. Entsprechendes gilt für große Widerstände bei der Schaltung nach Abb. 30b), wo dann $U_I \ll U_R$, also vernachlässigbar ist. Wählt man danach für jeden Widerstand die geeignetste Schaltung, so kann die Korrektur nach den Gl. (62) meist unterbleiben. Die Bedingung dafür, daß der dem Verfahren anhaftende Fehler bei Schaltung Abb. 30a) unter 1 bzw. 0,1% bleibt, ist $R_U > 0{,}01\ R_X$ bzw. $0{,}001\ R_X$ und bei Schaltung Abb. 30b): $R_I < 0{,}01\ R_X$ bzw. $0{,}001\ R_X$.

c) Schrifttum: Lit. 1 (Abschn. V 351), 2, 4 (Bd. II), 5, 6, 9, 11, 26.

d) Schaltung und Versuchsanordnung. Um die Messung nach beiden Schaltungen durchführen zu können, sieht man den Spannungsmesser nach Abb. 47 umschaltbar vor. Soll der „kalte“ Widerstand R_X gemessen werden, so ist der Meßstrom so klein zu wählen, daß sich R_X nicht merklich erwärmt. Meist genügt hierzu, daß der Meßstrom $^1/_5$ des Nennstromes ist (Erwärmung $^1/_{25}$). Da verschieden große R_X zu messen sind, muß zur Anpassung von Strom und Spannung der Regelwiderstand R_V jeweils ausgewechselt werden (jedesmal vorher abschalten!).

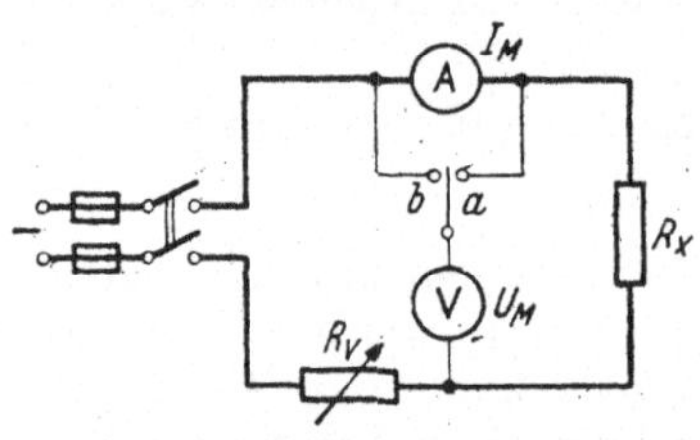

Abb. 47. Widerstandsmessung aus Strom und Spannung nach beiden Schaltmöglichkeiten.

Gerätevorschläge für das Studienpraktikum. Man wähle einen Nebenwiderstand nicht zu kleinen Spannungsabfalls, einige Schiebewiderstände und einen Hochohmwiderstand von einigen 1000 bis 10000 Ω; Voraussetzung ist bei kleinen Widerständen, daß ein hinreichend empfindlicher Spannungsmesser, bei großen Widerständen ein hinreichend empfindlicher Strommesser zur Verfügung steht. Bei Feinmeßgeräten ist der Eigenwiderstand meist bekannt (z. B. Ausführung von Siemens & Halske: 10 Ω bei 45 mV und 4,5 mA, dazu für die Messung größerer Spannungen 3 V-Klemme mit 1000 Ω zum Anschluß von Vorwiderständen, ferner getrennte Nebenwiderstände bei größeren Strömen; für die Berechnung der Vor- und Nebenwiderstände vgl. Versuch 11); sind die Meßgerätwiderstände nicht bekannt, so müssen sie gemessen werden, wenn man sich nicht auf Grund des Eigenverbrauchs (vgl. Abschnitt 10) mit einer Schätzung begnügen kann, um die Vernachlässigbarkeit von I_U bzw. U_I nachzuweisen.

e) Versuchsdurchführung. Bei voll vorgeschaltetem Vorschaltwiderstand R_V wird der Schalter eingelegt. Man stellt gut ablesbare Stromstärken und Spannungen ein (in den oberen zwei Drittel der Meßgerätskala). Für jeden Widerstand werden bei verschiedenen Stromstärken zunächst 5 Einzelmessungen in Stellung a, dann ebenfalls 5 Einzelmessungen in Stellung *b* des Umschalters gemacht.

f) Auswertung. Jede Einzelmessung wird zunächst nach Gl. (63) mit (62) ausgewertet. Aus den erhaltenen Widerständen R_X bildet man für jede Meßreihe Durchschnitt und Unsicherheit nach Gl. (5) und (6b). Abschließend empfiehlt es sich zu prüfen, wie groß bei jedem Widerstand und jeder Schaltung der durch den Eigenverbrauch bedingte Verfahrensfehler ist.

31 B. Blindwiderstände.

a) Aufgabe. An einem Kondensator und einer Drosselspule soll die Größe des Blindwiderstandes X und die Kapazität C und Induktivität L mit anzeigenden Meßgeräten bestimmt werden.

b) Grundlagen. Aus Stromstärke und Spannung mißt man bei Wechselstrom den Scheinwiderstand

$$Z = \frac{U}{I} \tag{64}$$

Ist der zu messende Blindwiderstand ein Kondensator, so kann der Wirkwiderstand (bedingt durch Isolationsstrom und dielektrische Verluste, vgl. Versuch 26) bei Betriebsmessungen in der Regel vernachlässigt werden. Dann ist also der Scheinwiderstand

$$Z = \frac{1}{\omega C} \quad \text{und} \quad X = \frac{1}{\omega C} = \frac{U}{I} \quad \text{und} \quad C = \frac{I}{\omega U}, \tag{65}$$

so daß außer Strom I und Spannung U nur die Frequenz zu messen ist.

Bei induktiven Blindwiderständen kann der Wirkwiderstand R meist nicht vernachlässigt werden. Dieser wird getrennt gemessen aus Wirkleistung N und Stromstärke I:

$$R = \frac{N}{I^2}. \tag{66}$$

Dann kann man X erhalten aus

$$X = \omega L = \sqrt{Z^2 - R^2} = \frac{1}{I^2}\sqrt{U^2 I^2 - N^2} \quad \text{und} \quad L = \frac{X}{\omega}. \tag{67}$$

Außer I, U und ω $(= 2\pi f)$ muß also auch die Wirkleistung N gemessen werden.

Sind die Wirkverluste im Kondensator von merklicher Größe, so ist auch hier eine Messung der aufgenommenen Wirkleistung N erforderlich. Man erhält analog

$$X = \frac{1}{\omega C} = \frac{1}{I^2}\sqrt{U^2 I^2 - N^2} \quad \text{und} \quad C = \frac{I^2}{\omega\sqrt{U^2 I^2 - N^2}}. \tag{68}$$

c) Schrifttum: Lit. 26.

d) Schaltung und Versuchsanordnung. In der Schaltung nach Abb. 48 ist vorausgesetzt, daß Z ein großer Widerstand ist, so daß die Spannungsabfälle in den Strompfaden von Strom- und Leistungsmesser vernachlässigbar sind. Im entgegengesetzten Fall müssen die Spannungsabgriffe unmittelbar vor dem Verbraucher angeschlossen werden. Will man beide Fälle durchmessen, so sieht man wie in Abb. 47 einen Umschalter für die Spannungspfade vor.

Für die C-Messung ist eine gut **sinusförmige** Spannung erforderlich, da sonst der verstärkte Oberwellengehalt des Stromes (vgl. Versuch 15 C) nennenswerte zusätzliche Fehler bringen kann. Steht keine geeignete Spannung zur Verfügung, so kann eine Siebkette vorgeschaltet werden, oder man stimmt den Meßkreis mit einer regelbaren Selbstinduktion ab (Näheres vgl. Lit. 2).

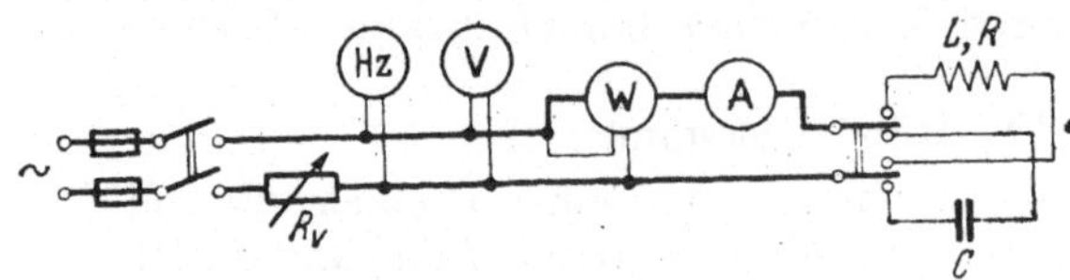

Abb. 48. Messung von Blindwiderständen bzw. von Induktivität und Kapazität aus den Betriebsgrößen (bei der Messung von C und ω C kann der Leistungsmesser in der Regel entbehrt werden).

Elektrolytkondensatoren erfordern besondere Schaltungen, da sie einer reinen Wechselspannung nicht länger ausgesetzt werden dürfen. Man fügt eine Gleichstrom-Vorspannung ein (Näheres vgl. Lit. 9).

Gerätevorschläge für das Studienpraktikum. Als **Kondensator** eignet sich bei 50 Hz am besten ein solcher zwischen 20 und 100 μF entsprechend einem Blindwiderstand von etwa 150 ··· 30 Ω; bei 220 V liegt der Strom dann bei einigen Ampere, ist also mit üblichen Geräten gut meßbar; die Eigenverbrauchsfehler der Schaltung nach Abb. 48 sind vernachlässigbar; den Regelwiderstand R_V mache man von etwa 0,2 ··· 0,3 vom Blindwiderstand, um einige verschiedene Werte einstellen zu können.

Wird als **Induktivität** eine Eisendrossel verwendet, so darf man diese nur schwach sättigen, damit einerseits keine Verzerrung der Stromkurve eintritt (vgl. Versuch 15 B), andererseits L und ωL wenigstens annähernd konstant sind; am besten wählt man im Hinblick auf die üblichen Meßbereiche besonders der Leistungsmesser (5 A) auch hier einen Blindwiderstand bzw. Scheinwiderstand von 50 ··· 100 Ω, also bei 50 Hz etwa $L = 0{,}1 \ldots 0{,}3$ H, wenn der Wirkwiderstand $R < \omega L$ ist; auch hier beträgt der Vorschaltwiderstand R_V zweckmäßig wieder $1/5$ bis $1/3$ vom Blindwiderstand.

Die **Induktivität** einer vorhandenen Spule kann man unter Annahme eines homogenen Feldes (Kreisringspule oder lange gerade Spule oder geschlossener Eisenring) schätzen aus

$$L = w^2 \frac{\mu\mu_0 F}{l} = w^2 \frac{F}{l} \cdot \frac{\mathfrak{B}}{\mathfrak{H}} \tag{69}$$

mit F als Flußquerschnitt, l (mittlerer) Flußlänge und w Windungszahl. Bei Luftspulen ist $\mu = 1$ und $\mu_0 = 1{,}256 \cdot 10^{-8}$ H/cm, so daß sich die Zahlenwertgleichung

$$L = 1{,}256 \cdot 10^{-8}\, w^2 \frac{F}{l} \tag{69a}$$

ergibt mit L in H, F in cm² und l in cm ($L = 0{,}2$ H erhält man näherungsweise bei einer gestreckten Luftspule von $l = 100$ cm, $F = 300$ cm², $w \approx 2500$ Windungen). Für dieselben Einheiten erhält man mit $\mathfrak{B} : \mathfrak{H} \approx 40 \cdot 10^{-6}$ H/cm (für übliche Eisensorten zwischen etwa 4000 und 9000 Gauß) bei Drosseln mit gut geschlossenem Eisenkern die Zahlenwertgleichung

$$L = 40 \cdot 10^{-6} w^2 \frac{F}{l}\,. \tag{69b}$$

Durch Luftspalte im Eisenring können kleine Bruchteile hiervon erreicht werden.

e) Versuchsdurchführung. Bei der Kondensatormessung überzeugt man sich durch einen Vorversuch davon, ob die Wirkverluste berücksichtigt werden müssen. Nur wenn $N^2 \ll U^2 I^2$ gemäß Gl. (68) ist, kann man von der Leistungsmessung absehen. Dasselbe gilt nach Gl. (67) für Drosselspulen, wo bei großen Induktivitäten (Eisendrosseln) ebenfalls eine Vernachlässigung der Wirkkomponente zulässig sein kann. Durch Wiederholung der Messung bei mehreren Stromstärken kann die Unsicherheit durch Mittelwertsbildung herabgesetzt werden, jedoch hängt die Induktivität von Eisendrosseln wegen der veränderlichen Permeabilität μ von der Stromstärke ab.

f) Auswertung. Blindwiderstände, Kapazität und Induktivität werden nach den Gl. (65) bzw. (68) und (67) berechnet. Gegebenenfalls hat man die Korrekturen des Meßgeräteigenverbrauchs analog Versuch 31 A anzubringen.

32. Messungen mit der Wheatstoneschen Brücke.

Für die Messung von Widerstandsgrößen im Brückenverfahren wird weit überwiegend der Wheatstone-Typ mit 4 einfachen Zweigen benutzt, und zwar bei Gleichstrom fast ausschließlich (Ausnahme z. B. Thomsonbrücke nach Versuch 33), während bei Wechselstrom häufiger andere Schaltungen vorkommen (z. B. Scheringbrücke zur C-Messung nach Versuch 26). Eingehende Darstellungen besonders auch der anderen Brücken finden sich z. B. in Lit. 1 (Abschn. J 921, Übersicht in den Blättern J 90—1, J 90—2), 2, 3, 8, 9 (Bd. II), 23, 30 vgl. ferner Versuch 91 A. In diesem Abschnitt sollen die wichtigtsen Brücken vom Wheatstonetyp berücksichtigt werden.

Beim Arbeiten mit Gleichstrom ist auf das Vermeiden bzw. Berücksichtigen von Thermospannungen zu achten, da die verwendeten Spannungen nur klein sind. Man stellt ihr Vorhandensein daraus fest, ob beim Umpolen der Stromquelle der Nullabgleich oder der gerade vorhandene Galvanometerausschlag bestehen bleibt. Bei ungleichen Ausschlägen sind störende Thermospannungen vorhanden, die eliminiert werden sollten.

Vorsicht ist weiter bei der Gleichstrommessung größerer Induktivitäten geboten. Damit deren selbstinduktive Einschaltspannung das Galvanometer nicht gefährdet, wird im Galvanometerzweig ein Taster vorgesehen, den man erst bei eingeschalteter Brücke schließt und vor dem Abschalten der Brücke wieder öffnet.

Bei Wechselstrombrücken müssen, um Winkelfehler zu vermeiden, induktivitäts- und kapazitätsarme Widerstände verwendet werden (Wicklungen nach Chaperon oder Wagner und Wertheimer). Induktivitätsnormale müssen so aufgestellt werden, daß sich in der Nachbarschaft keine Metallteile befinden, in denen Wirbelströme entstehen können. Die Zuleitungen in der Nähe der Spulen soll man bifilar führen. Die Einwirkung fremder Felder ist bei Spulen und Kondensatoren durch genügende Abstände klein zu halten. Auch sind kapazitive Wirkungen gegen Erde zu verhindern. Kapazitätsnormale sollen möglichst verlustwinkelfrei sein (Luft- oder Glimmerkondensatoren, vgl. Schrifttum bei Versuch 32 C).

32 A. Schleifdraht-Meßbrücke für Gleichstrom.

a) Aufgabe. Verschiedene metallische Widerstände sind aus je 6 Einzelmessungen durch Mittelwertsbildung zu bestimmen. Die Stromquelle ist von Messung zu Messung umzupolen.

b) Grundlagen. Bei der einfachen Viereckbrücke nach WHEATSTONE verhalten sich je zwei benachbarte Widerstände wie die beiden anderen Widerstände, wenn der Brückenzweig stromlos ist (Abb. 49):

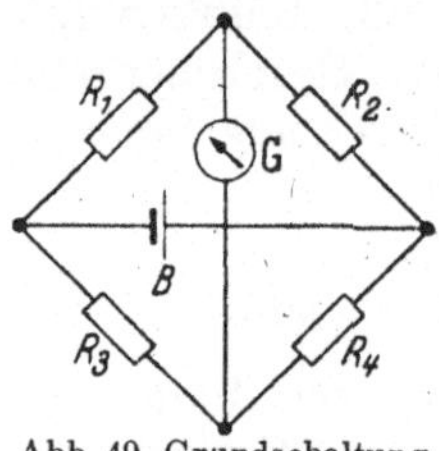

Abb. 49. Grundschaltung der Wheatstonebrücke *B* Batterie, *G* Galvanometer.

$$R_1 : R_2 = R_3 : R_4 \text{ oder } R_1 : R_3 = R_2 : R_4. \quad (70)$$

Zwei dieser Widerstände (z. B. R_3 und R_4) werden durch einen Schleifdraht dargestellt, so daß bei guter Kalibrierung des Drahtes an die Stelle des Widerstandsverhältnisses $R_3 : R_4$ das der Schleifdrahtabschnitte $a : b$ treten kann. Soll $R_1 = R_X$ gemessen werden, und ist $R_2 = R_N$ bekannt, so gilt für die Schleifdrahtbrücke

$$R_X = R_N \frac{a}{b}. \quad (71)$$

Die Genauigkeit und Empfindlichkeit der Brücke ist unter anderem durch die Schleifdrahtlänge und deren Teilung bestimmt. Bei etwa 30 cm Schleifdrahtlänge kann man in dessen Mitte Widerstände auf etwa 1% genau messen. Zur Erhöhung von Empfindlichkeit und Genauigkeit bei gleicher Schleifdrahtlänge kann auf beiden Seiten des Schleifdrahtes je ein fester Widerstand vorgeschaltet werden. Eine Vergrößerung der Unsicherheit kann im Gebrauch durch ungleichmäßige Abnutzung des Schleifdrahtes auftreten (für die Fehler einer Brücke vgl. Versuch 32 G).

c) Schrifttum: Lit. 1 (Abschn. J 911), 2, 3, 4 (Bd. II), 5, 6, 8, 9 (Bd. I), 11, 26, 30. Meßwiderstände vgl. Abschn. 69.

d) Schaltung und Versuchsaufbau. Bei ausgeführten Brücken wird an dem Schleifdraht meist nach Abb. 50 eine Skala angebracht, die unmittelbar das Verhältnis $a : b$ abzulesen gestattet. Wenn dann außerdem R_N als ganze Zehnerpotenz ausgeführt wird, kann das Ergebnis ohne Rechnung sofort abgelesen werden. Besonders bei kleinen Widerständen R_X und R_N sind die Verbindungsleitungen zu den Eckpunkten der Schaltung aus kurzen, starken Drähten herzustellen, oder es ist deren Widerstand zu berücksichtigen.

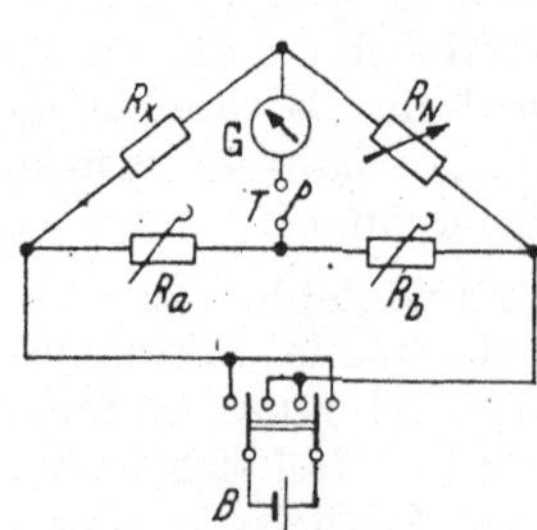

Abb. 50. Schleifdraht-Meßbrücke. *B* Batterie, *G* Galvanometer, *T* Taster.

Die Auswahl des Galvanometers erfolgt nach seinem Widerstand R_g, dessen günstigster Wert bei

$$R_g = \frac{(R_X + R_a)(R_N + R_b)}{R_X + R_N + R_a + R_b} \quad (72a)$$

für konstanten Speisestrom der Brücke, und bei

$$R_g = \frac{R_X R_N R_a + R_N R_a R_b + R_a R_b R_X + R_b R_X R_N}{(R_X + R_N)(R_a + R_b)} \quad (72b)$$

für konstante Speisespannung der Brücke liegt, wenn der innere Widerstand der Stromquelle vernachlässigt wird (vgl. Lit. 1, Abschn. J 910, ferner Lit. 3, 9, 26, 30). R_a und R_b sind hierin die Widerstände der Schleifdrahtabschnitte a und b. Da der günstigste Galvanometerwiderstand also ganz von der Größe der anderen Widerstände abhängt, wird man die Auswahl nach dem Widerstand stets nur angenähert treffen können. Für den Fall $R_X = R_N = R_a = R_b$ ist das günstigste R_g ebenso groß, so daß man also den Galvanometerwiderstand von gleicher Größenordnung wie die anderen Widerstände wählt. Da das Empfindlichkeitsmaximum nur flach ist, brauchen die Bedingungen der Gl. (72) nur angenähert erfüllt zu sein.

Gerätevorschläge für das Studienpraktikum. Die viel benutzte Schleifdrahtbrücke nach KOHLRAUSCH enthält als R_N 5 in Reihe liegende Stöpselwiderstände von 0,1, 1, 10, 100 und 1000 Ω; der Meßbereich umfaßt dann etwa 0,03 bis 3000 Ω, bei Ausnutzung des Schleifdrahtes bis nahe an seine Enden (bei verminderter Genauigkeit) auch 0,01 ··· 10000 Ω, jedoch ist bei Widerständen unter 0,1 Ω der Einfluß der Zuleitungen meist schon beträchtlich; Galvanometerwiderstand 10 ··· 100 Ω; Stromquelle 2 oder 4 V.

e) Versuchsdurchführung. Man stellt R_N und den Schieber am Schleifdraht entsprechend dem etwa erwarteten Wert von R_X ein. Das Einregeln erfolgt bei zunächst immer nur kurzem Tastendruck, um länger dauernde Überlastungen des Galvanometers zu vermeiden. Wie in der Aufgabestellung angegeben, werden dann die Einzelmessungen mit abwechselnder Polarität der Batterie gemacht. Vor jeder nächsten Messung wird die Brücke etwas verstimmt, damit man jedesmal wirklich eine neue Einstellung bekommt.

f) Auswertung. Der Widerstand ist zu jeder Einzelmessung nach Gl. (71) zu berechnen bzw. bei dekadischem R_N unter Berücksichtigung der Kommastellung abzulesen. Aus den jeweils 6 Einzelmessungen bildet man Mittelwert (Durchschnitt) und Unsicherheit nach Gl. (5) und (6b).

32 B. Stöpselbrücke.

a) Aufgabe. Wie bei Versuch 32 A.

b) Grundlagen. Die Einstellung des Abgleichs wird durch Verändern eines als Stöpselwiderstand ausgeführten Vergleichswiderstandes R_N vorgenommen, während die restlichen beiden Widerstände $R_3 = R_a$ und $R_4 = R_b$ in einigen großen Stufen eingestellt werden. Es gilt dann nach Gl. (70):

$$R_X = R_N \frac{R_a}{R_b}. \qquad (73)$$

Je nach der Genauigkeit der verwendeten Widerstände, der Feinheit ihrer Stufung und der Empfindlichkeit des verwendeten Galvanometers läßt sich der Fehler der Widerstandsmessung klein halten. Man erreicht mit Stöpselmeßbrücken Fehlergrenzen von 0,1% und weniger.

c) Schrifttum: WHEATSTONE-Brücke allgemein s. Versuch 32 A; Stöpselbrücke speziell: Lit. 4, 10, 30, 33. Meßwiderstände vgl. Abschnitt 69.

d) Schaltung und Versuchsanordnung. In der Schaltung nach Abb. 51 ist R_N der Stöpselwiderstand in Reihenschaltung oder Dekadenschaltung (Ausführung vgl. Abschnitt 69, Abb. 122 bzw. 123). R_a und R_b bestehen meist aus je 3 Einzelwiderständen von je 1 Zehnerpotenz, die durch Stöpsel einzeln eingeschaltet werden können. Zur Bestimmung des gesuchten Widerstandes R_X hat man dann R_N nach Gl. (73) lediglich mit der betreffenden Zehnerpotenz zu multiplizieren, so daß R_X ohne besondere Rechnung erhalten wird.

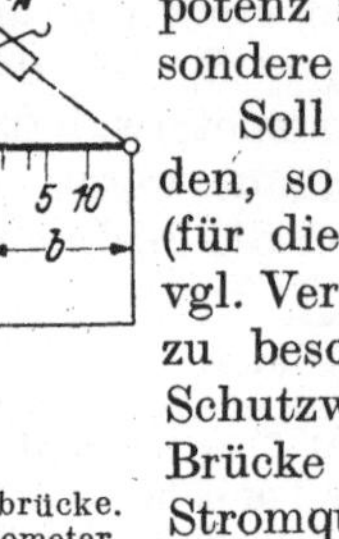

Abb. 51. Stöpsel-Meßbrücke. *B* Batterie, *G* Galvanometer, *T* Taster.

Soll eine hohe Genauigkeit erreicht werden, so ist ein Spiegelgalvanometer vorzusehen (für die Auswahl bezüglich seines Widerstandes vgl. Versuch 32 A). Um das Galvanometer nicht zu beschädigen, baut man vor diesem einen Schutzwiderstand ein. Stattdessen kann man die Brücke auch über einen Spannungsteiler an die Stromquelle anschließen und den Brückenabgleich mit kleiner Spannung beginnen.

Gerätevorschläge für das Studienpraktikum. Die sehr bequeme Stöpselmeßbrücke von S. & H. mit Widerständen in Reihenschaltung enthält als R_a und R_b je Widerstände von 10, 100 und 1000 Ω, mit denen also die Verhältnisse $R_a : R_b$ von 0,01, 0,1, 1, 10 und 100 dargestellt werden können; der Vergleichswiderstand R_N enthält 11111 Ω in Reihenschaltung, einstellbar von 1 zu 1 Ω (Schaltung vgl. Abschn. 69, Abb. 122); hinreichende Empfindlichkeit des Galvanometers und (bei den kleinen Widerständen) vernachlässigbare Verbindungsleitungen vorausgesetzt, kann man also Widerstände zwischen 0,01 Ω und etwa 1 MΩ bestimmen; allerdings ist die Stufung bei kleinen Widerständen sehr grob; das Hauptanwendungsgebiet liegt daher zwischen etwa 1 und $10^5\,\Omega$; nach Möglichkeit wählt man alle Widerstände so, daß sie gleiche Größenordnung haben; empfindliches Zeigergalvanometer oder Spiegelgalvanometer mit 100 ··· 1000 Ω Widerstand; Stromquelle 2 oder 4 V.

e) Versuchsdurchführung. Je nach der erwarteten Größe von R_X wählt man R_N, R_a und R_b so, daß einerseits alle 4 Widerstände sich in ihrer Größe nicht zu sehr voneinander unterscheiden, und daß andererseits R_N noch genügend fein eingestellt werden kann. Ist ΔR die Stufung von R_N, so soll R_N nicht kleiner als 100 ··· 1000 ΔR sein, um die Empfindlichkeit und damit Genauigkeit auszunutzen (im vorstehenden Gerätevorschlag wäre R_N also nicht kleiner als 100 ··· 1000 Ω zu wählen und R_a uud R_b danach anzupassen). Weitere Versuchsdurchführung wie Versuch 32 A.

Um den Widerstand der Verbindungsleitungen unwirksam zu machen, schaltet man in Reihe mit R_N einen kleinen Regelwiderstand, klemmt den Widerstand R_X ab und verbindet die Zuleitungen zu ihm miteinander kurz. Dann stellt man R_N, R_a und R_b auf Null (alle Stöpsel gesteckt) und gleicht die Brücke mit dem kleinen Regelwiderstand ab. Wenn man dann R_X wieder hineinnimmt und den kleinen Zusatzwiderstand in der ermittelten Größe unverändert läßt, kann man R_X nun allein durch üblichen Abgleich von R_a, R_b, R_N erhalten.

Je empfindlicher die Schaltung ist, desto wichtiger ist ein hoher Isolationswiderstand, um im Galvanometer Kriechströme zu vermeiden, die das Ergebnis fälschen würden (vgl. Abschnitt d, Versuch 14 A). Insbesondere vermeide man während der Messungen jede Berührung von Klemmen oder anderen Metallteilen, da man sonst Erdschlüsse herstellt.

f) Auswertung: wie in Versuch 32 A; Berechnung nach Gl. (73) statt (71).

32 C. Kapazitätsbrücke.

a) Aufgabe. Die Kapazität von Kondensatoren ist in der Wechselstrombrücke zu messen.

b) Grundlagen. Für die einfache WHEATSTONE-Brücke nach Abb. 49, S. 92 gilt bei Speisung mit Wechselstrom im Abgleich

$$\mathfrak{Z}_1 : \mathfrak{Z}_2 = \mathfrak{Z}_3 : \mathfrak{Z}_4 \text{ oder } \mathfrak{Z}_1 : \mathfrak{Z}_3 = \mathfrak{Z}_2 : \mathfrak{Z}_4, \tag{74}$$

wo $\mathfrak{Z}$ die (komplexen) Scheinwiderstäde der 4 Zweige sind. Durch Auflösen dieser Gleichung ergibt sich, daß für die Beträge

$$Z_1 : Z_2 = Z_3 : Z_4 \tag{74a}$$

und für die Phasenwinkel der 4 Scheinwiderstände

$$\varphi_1 + \varphi_4 = \varphi_2 + \varphi_3 \tag{74b}$$

gelten muß, damit im Brückenzweig kein Strom fließt. Es sind daher bei Wechselstrombrücken im allgemeinen 2 Abgleiche, nämlich nach Betrag und Phase erforderlich.

Sieht man in den Zweigen 3 und 4 rein Ohmsche Widerstände R_3 und R_4 vor, so ist $\varphi_3 = \varphi_4 = 0$, und es bleibt als Phasenbedingung $\varphi_1 = \varphi_2$. Bei Kapazitätsbrücken liegen in den Zweigen 1 und 2 die zu messende Kapazität C_X und eine Vergleichskapazität C_N. Wählt man C_N praktisch verlustfrei (mit Luft oder Glimmer als Dielektrikum), so ermöglicht ein in Reihe mit ihr liegender, meist kleiner Verlustwiderstand R_N nach WIEN die Einstellung der gleichen Phase, wie im verlustbehafteten, zu messenden Kondensator. Beim Strom Null im Brückenzweig ist die gesuchte Kapazität dann nach Gl. (74a)

$$C_X = C_N \frac{R_4}{R_3}. \tag{75}$$

Die Benutzung der 2. Abgleichbedingung Gl. (74b) kann zur Berechnung des Verlustfaktors des Kondensators C_X benutzt werden. Jedoch zieht die Praxis bei gewünschten Messungen der Kapazität und des Verlustfaktors die Brücke nach SCHERING vor, vgl. Versuch 26.

Die Meßgenauigkeit kann mit normalen Mitteln bis $\pm$ 0,1% gebracht werden (vgl. Lit. 9).

c) Schrifttum: Kapazitäts-Meßbrücke: Lit. 1 (Abschn. V 353, J 921), 2, 3, 4 (Bd. II), 8, 9 (Bd. II), 10, 11, 23, 30; Normal-Kondensatoren: Lit. 1 (Abschn. Z 131), 2, 3, 4 (Bd. I), 8, 9 (Bd. II), 23, 30.

d) Schaltung und Versuchsanordnung. Die 3 Meßwiderstände R_3, R_4 und R_N müssen induktivitäts- und kapazitätsarm sein, damit $\varphi_3 = \varphi_4 = 0$ ist und damit C_N in diesem Zweig den ganzen Blindwiderstand darstellt. R_3 und C_N sind zur Wahl des Meßbereichs in einigen Stufen einstellbar; wählt man sie als volle Zehnerpotenzen, so kann C_X aus der Angabe des feinstufig regelbaren Widerstandes R_4 unter Berücksichtigung der Stellenzahl sofort zahlenmäßig abgelesen werden. Der Transformator ist vorgesehen, um die Empfindlichkeit der Brücke durch Anwendung einer höheren Spannung zu steigern. An Stelle des für Tonfrequenzen üblichen Telephons wird bei technischer Frequenz ein Vibrationsgalvanometer oder ein anderer Nullindikator für Wechselstrom verwendet. Die in Abb. 52 vorgesehene Abschirmung ist erforderlich, um eine Beeinflussung des Nullindikators durch Kapazitäten von Brückengliedern gegeneinander oder durch Erdkapazitäten auszuschalten. Sie ist um so wichtiger, je kleiner die zu messende Kapazität ist.

Elektrolytkondensatoren muß man entweder mit einer Wechselspannung messen, die etwa 5% der normalen Betriebsgleichspannung nicht überschreiten darf, oder man sieht eine Gleich-Vorspannung vor (näheres vgl. Lit. 9, Bd. II).

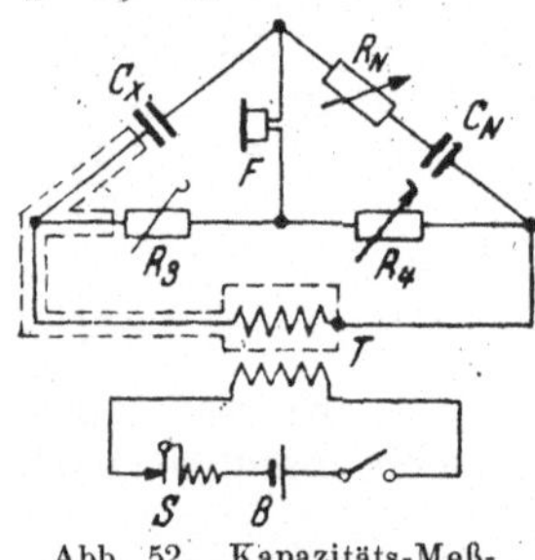

Abb. 52. Kapazitäts-Meßbrücke.
B Batterie, F Fernhörer, S Summer, T Transformator, Abschirmung.

Gerätevorschläge für das Studienpraktikum. Die Wahl der Schaltglieder hängt von der Größe der zu messenden Kapazität ab. Nach SCHWERDTFEGER (Lit. 9) kann man bei 200 V Betriebsspannung, bei einem Widerstand des Nullindikators gleich $R_3 = 0{,}1 : (\omega\, C_X)$ und $C_N = C_X$ mit einem Galvanometer von 100 mm/μA Empfindlichkeit eine untere Meßbereichgrenze von etwa 1000 pF bei 50 Hz, von 80 pF bei 800 Hz und von 1 pF bei 100 kHz erreichen. Die obere Grenze ist durch den verfügbaren größten Kondensator C_N gegeben. Sollen etwa 0,001 bis 1 μF bei 800 Hz (Summerbetrieb nach Abb. 52) gemessen werden, so ergeben sich als zweckmäßig R_3 in den Stufen 100, 1000 und 10000 Ω, C_N in den Stufen 0,01 und 0,1 μF und R_4 bis 10000 Ω, z. B. als Stöpselwiderstand in Reihenschaltung mit 1 Ω-Stufen. Unter Voraussetzung eines größten tg δ des Kondensatordielektrikum von 0,05 braucht man für R_N einen Widerstand von etwa 1000 Ω.

d) Versuchsdurchführung. Zunächst stelle man C_N und R_3 entsprechend der erwarteten Größe von C_X ein. Dann regelt man R_4 und R_N so lange, bis der Ton im Fernhörer verschwunden ist. Stört der unmittelbar vom Summer kommende Ton die Feststellung des Abgleichs, so muß der Summer entfernt von der Schaltung aufgestellt oder aber abgedeckt werden.

e) Auswertung. Die Kapazität wird nach Gl. (75) berechnet. Ist der zu messende Kondensator veränderlich oder regelbar (z. B. Drehkondensator), so trägt man die bei verschiedenen Stellungen (Winkelgraden) erhaltenen C_X in Kurvenform auf. Bei der Nacheichung eines Kondensators gibt man den Fehler oder die Korrektur nach Gl. (1) bis (3) an.

32 D. Induktivitätsbrücke.

a) Aufgabe. Die Induktivität von Luftspulen ist mit Tonfrequenz in der Induktivitätsbrücke zu messen.

b) Grundlagen. Auch hier ist wie bei jeder Wechselstrombrücke Doppelabgleich nach den Gl. (74a) und (74b) erforderlich. In 2 Zweigen (vgl. Abb. 49 und 53) werden rein Ohmsche Widerstände R_2 und R_4 vorgesehen, während man in den beiden anderen Zweigen zur zu messenden Induktivität L_X (mit einem Ohmschen Widerstand R_X) und zur Normalinduktivität L_N (mit dem Widerstand R_N) je noch nach MAXWELL einen veränderlichen Wirkwiderstand R'_X und R'_N hinzuschaltet. Dann ist nach Abb. 53a

$$L_X = L_N \frac{a}{b} \quad \text{und} \quad R_X = (R_N + R'_N) \frac{a}{b} - R'_X, \tag{76}$$

wenn a und b Schleifdrahtabschnitte sind, die R_2 und R_4 darstellen. Man kann also außer der Induktivität auch den Wirkwiderstand der zu messenden Spule bestimmen (vgl. jedoch unten unter f. Auswertung).

Die Genauigkeit der Schaltung liegt bei mittleren Induktivitäten (etwa 1 mH ··· 1 H) bei etwa $\pm 1\%$ Fehlergrenze und weniger, sofern in Schleifdrahtmitte abgeglichen werden kann (vgl. auch Abschnitt b von Versuch 32 A). Es ist also anzustreben, daß L_X und L_N von gleicher Größenordnung sind.

c) Schrifttum: Induktivitäts-Meßbrücke: Lit. 1 (Abschn. J 921), 2, 3, 5, 9 (Bd. II), 10, 11, 30; Induktivitäts-Normale: Lit. 1 (Abschn. Z 121, Z 123), 2, 3, 4 (Bd. I), 8, 9 (Bd. I u. II), 30.

d) Schaltung und Versuchsanordnung. Vom Normal der Selbstinduktion muß außer L_N auch der Widerstand R_N bekannt sein, wenn R_X ebenfalls gemessen werden soll. Der Schleifdraht S wird zweckmäßig mit einer Proportionalskala wie in Abb. 50 versehen, um unmittelbar $a : b$ ablesen zu können. Wird weiter als L_N eine der handelsüblichen Induktionsrollen mit Werten von vollen Zehnerpotenzen verwendet, so kann L_X aus der Schleifdrahtstellung sofort unter Berücksichtigung der durch L_N gegebenen Zehnerpotenz abgelesen werden. Als Tonfrequenz-Stromquelle kann eine Summerschaltung wie in Abb. 52 benutzt werden. Es kommen auch umlaufende oder Röhren-Generatoren für Tonfrequenz vor. Arbeitet man mit technischer Niederfrequenz, so empfiehlt es sich, den Fernhörer durch ein Vibrationsgalvanometer oder ähnlichen, bei Niederfrequenz genügend empfindlichen Indikator zu ersetzen.

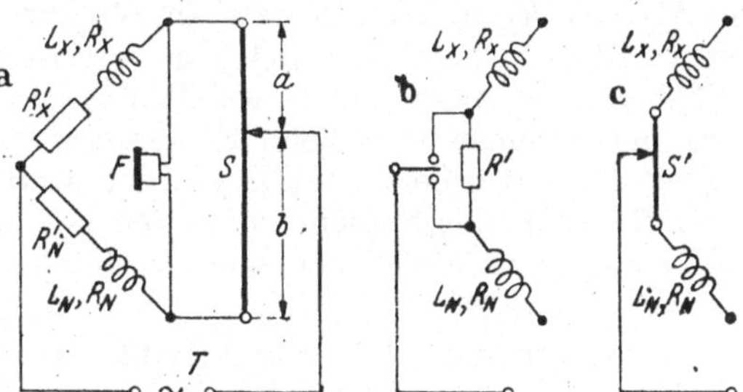

Abb. 53. Induktivitäts-Meßbrücke. F Fernhörer, S Schleifdraht, T Tonfrequenz-Stromquelle.

Da ein Zusatzwiderstand für jede Messung nur auf der X- oder N-Seite gebraucht wird, kann man ihn auch als R' nach Abb. 53b schalten, so daß dadurch ein Widerstand gespart wird. Endlich kommen auch Ausführungen mit einem Schleifdraht S' nach Abb. 53c vor; jedoch muß der Schleifdrahtwiderstand zur Auswertung nach Gl. (76) seinem Ohmwert nach bekannt sein, so daß R'_X und R'_N eingesetzt werden können.

Beide Spulen L_X und L_N sind in ausreichender Entfernung voneinander und von Metallteilen aufzustellen, um Rückwirkungen durch Wirbelströme und Veränderungen der Induktivitäten zu vermeiden (für die Berücksichtigung von Wirbelstrom- und Hystereseverlusten vgl. z. B. Lit. 10, 30). Gegen die Wirkung der Erdkapazität kann eine Brückenecke geerdet werden, was um so wichtiger ist, je größer die Induktivitäten sind. Auch können die Spulen elektrostatisch abgeschirmt werden (aber Vorsicht, daß die Schirme keine Wirbelstrombildung begünstigen). Die Leitungen zu den Schaltelementen verlegt man bifilar und vermeidet überhaupt größere Schleifen, um Einflüsse durch magnetische Streufelder der Spulen zu unterdrücken.

Falls der Schleifdraht durch andere Widerstände ersetzt werden soll, müssen diese besonders winkelfehlerfrei sein; für eine Berücksichtigung ihrer Induktivität vgl. Lit. 3 und 9, Bd. II.

Gerätevorschläge für das Studienpraktikum. Ausgehend von der geschätzten Größe von L_X wählt man L_N von gleicher Größenordnung (gegebenenfalls Vorversuch mit Abgleich nur von L_X und L_N auf Tonminimum). Weiter schätzt man R_X; wenn $R_X > R_N$, ist nur R'_N, im umgekehrten Fall nur R'_X erforderlich; der Widerstand R'_X oder R'_N bei Abb. 53a, bzw. R' bei Abb. 53b bzw. des Schleifdrahtes S' bei Abb. 53c ist nach der 2. Gleichung (76) aus R_X und der erwarteten Einstellung $a : b$ zu schätzen.

e) Versuchsdurchführung. Nach der Wahl von L_N gleicht man zunächst am Schleifdraht auf Tonminimum ab. Dann verbessert man an R'_X oder R'_N bzw. an R' bzw. an S' (Abb. 53), bis nach gegebenenfalls mehrmaligem Nachstellen der Ton verschwunden ist. Stört der unmittelbar vom Summer kommende Ton die Feststellung des Abgleichs, so muß der Summer in größerer Entfernung von der Schaltung aufgestellt, abgedeckt und gegebenenfalls geerdet werden. Daß keine gegenseitige Beeinflussung der Spulen vorhanden ist, wird dadurch nachgewiesen, daß nach dem Abgleichen eine Drehung oder Verschiebung einer der Spulen ohne Einfluß bleibt.

f) Auswertung. Die Induktivität wird nach Gl. (76) berechnet. R_X kann oft nur wenig genau erhalten werden, wenn nämlich die rechts stehende Differenz klein ist (vgl. die Ausführung über die Fehlerfortpflanzung in Abschnitt 4). Ist die zu untersuchende Induktivität veränderlich (sog. „Variator“), so nimmt man die L_X bei verschiedenen Stellungen auf und stellt das Ergebnis in Kurvenform dar.

32 E. Messung von Elektrolytwiderständen.

a) Aufgabe. Mit der Schleifdrahtbrücke ist der Widerstand (oder die Leitfähigkeit) eines Elektrolyten zu bestimmen.

b) Grundlagen. Versucht man den Widerstand mit Gleichstrom zu messen, so bewirkt die entstehende Polarisationsspannung eine scheinbare Widerstandserhöhung. Man mißt daher fast immer mit Wechselspannung. Da auch 50 Hz noch Polarisationswirkungen ergeben, wählt man meist einige 100 Hz und kann dann den einfachen Fernhörer als Nullindikator benutzen. Je höher die Frequenz ist, desto merklicher wird jedoch die Kapazitätswirkung der Elektroden des Elektrolytgefäßes, so daß kein Schweigen des Fernhörers, sondern nur ein Tonminimum zu erreichen ist; es ist daher wie bei anderen Wechselstrombrücken (vgl. Versuch 32 C und 32 D) außer dem Abgleich auf den Betrag nach Gl. (74a) auch ein Phasenabgleich nach Gl. (74b) erforderlich, den man meist durch einen kleinen Parallelkondensator zum Vergleichswiderstand bewirkt. Dann braucht der Abgleich nur bezüglich der Wirkwiderstände zu erfolgen, und es ist der gesuchte Elektrolyt-Widerstand

$$R_X = R_N \frac{a}{b} \tag{77}$$

wie in Gl. (71) von Versuch 32 A.

Zur Bestimmung der Leitfähigkeit benutzt man Meßgefäße meist von U-Form mit Elektrode an jedem Schenkel. Ist q der Querschnitt und l die Länge der Flüssigkeitssäule zwischen den Elektroden, so ist die „Widerstandskapazität" des Gefäßes

$$k = \frac{l}{q} \tag{78}$$

in cm^{-1}. Die Leitfähigkeit $\varkappa$ ist dann

$$\varkappa = \frac{k}{R_X}. \tag{79}$$

Da Widerstände und Leitfähigkeiten von Elektrolyten stark von der Temperatur abhängen (meist mehrere Prozent je Grad), ist bei jeder Bestimmung auch die Temperatur zu messen. Eine Widerstandskapazität haben nicht nur U-Rohre, sondern man kann jedem beliebig gestalteten Flüssigkeitsraum einen eindeutigen Wert k zuordnen.

Die Elektroden müssen aus einem für den betreffenden Elektrolyten chemisch nicht aktiven Werkstoff bestehen. Meist wird Platin, auch Kohle verwendet. Die Elektroden sollen weiter möglichst großflächig sein. Bei Platin erreicht man eine Oberflächenvergrößerung durch einen Überzug von schwammartigem Platinmoor (Herstellung vgl. Lit. 3).

c) Schrifttum: Lit. 1 (Abschn. V 3514, J 921—9), 2, 3, 4 (Bd. II), 5, 8, 10, 11, 30.

d) Schaltung und Versuchsanordnung. Die Schleifdrahtbrücke nach Abb. 54 wird aus einer Wechselstromquelle T, z. B. einem Summer nach Abb. 52 gespeist (Frequenz etwa 400 oder 800 Hz). Der Vergleichswiderstand R_N muß wie bei allen Wechselstrombrücken induktivitäts- und kapazitätsarm sein. Als Parallelkondensator C zum Schärfen des Tonminimums eignet sich ein kleiner veränderlicher Kondensator (z. B. Drehkondensator). Der Schleifdraht erhält zweckmäßigerweise die in Abb. 50 angedeutete Verhältnisskala, an der direkt $a:b$ abgelesen wird. Wählt man R_N dann in ganzen Zehnerpotenzen, so kann R_X unter Berücksichtigung der Stellenzahl ohne besondere Rechnung sofort abgelesen werden.

Zur Bestimmung von Leitfähigkeiten muß das Elektrolytgefäß vorher geeicht, d. h. seine Widerstandskapazität k experimentell bestimmt werden. Eine geometrische Ausmessung ist wegen des stets inhomogenen Strömungsverlaufs und eventueller Ungleichmäßigkeiten im Rohrquerschnitt nicht ausreichend. Zur Eichung füllt man das Gefäß mit einem Vergleichselektrolyten bekannter Leitfähigkeit, mißt den Widerstand und bestimmt k aus Gl. (79). Geeignete Flüssigkeiten sind:

NaCl (gesätt. Kochsalzlösg.) $\varkappa = 0{,}206/0{,}216/0{,}226$ S/cm bei 16/18/20° C,
H_2SO_4 30% (Schwefelsäure) $\varkappa = 0{,}715/0{,}740/0{,}765$ S/cm bei 16/18/ 20° C,
Gesättigte Gipslösung $\varkappa = 0{,}00179/0{,}00199$ bei 16/20° C.

Weitere Angaben finden sich in Lit. 1 (Blatt V 3514—1) und Lit. 3 und 4 für H_2SO_4, NaCl, $MgSO_4$, KCl und gesättigte Gipslösung, in Lit. 5 für NaCl, $C_2H_4O_2$ und $MgSO_4$. Zu beachten ist, daß das Gefäß mit der Vergleichsflüssigkeit ebenso hoch gefüllt sein muß, wie nachher mit dem zu messenden Elektrolyten.

Gerätevorschläge für das Studienpraktikum. Liegt die Widerstandskapazität beispielsweise bei $k = 1{,}0\ \text{cm}^{-1}$ (z. B. $l = 20$ cm, $q = 20\ \text{cm}^2$), so ergeben vorkommende Leitfähigkeiten (s. oben, ferner normales Trinkwasser $\varkappa \approx 0{,}0004$ S/cm, Regenwasser $\varkappa \approx 0{,}0001$ S/cm) Widerstände in etwa dem Bereich von $1 \cdots 10^4\ \Omega$; danach wählt man R_N in möglichst gleicher Größenordnung dekadisch.

e) Versuchsdurchführung. Man stellt R_N und den Schieber am Schleifdraht entsprechend dem etwa erwarteten Wert von R_X ein. Nach dem Einschalten der Stromquelle (des Summers) gleicht man ab, wobei im Interesse der Genauigkeit nur der mittlere Teil des Schleifdrahtes benutzt werden sollte. Wegen der großen Temperaturabhängigkeit des Widerstandes von Elektrolyten ist die Temperatur der Flüssigkeit jedenfalls zu messen. Die Größe des Parallelkondensators zu R_N erhält man am einfachsten durch Probieren. Soll die Temperaturabhängigkeit der Leitfähigkeit bestimmt werden, so wiederholt man die Messung entsprechend oft in kleinen Temperaturintervallen. Darauf zu achten ist, daß die Flüssigkeit zu jedem neuen Versuch gleichmäßig durchwärmt ist.

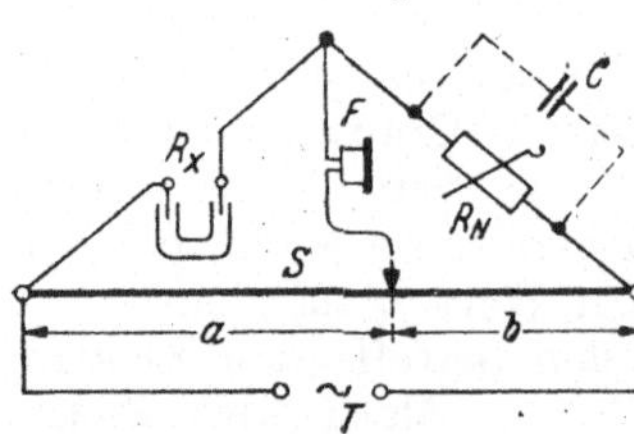

Abb. 54. Schleifdrahtbrücke für Elektrolytwiderstände. F Fernhörer, S Schleifdraht, T Tonfrequenz-Stromquelle.

f) Auswertung. Der Widerstand R_X ergibt sich aus Gl. (77), die Leitfähigkeit aus Gl. (79) mit der Widerstandskapazität k des Elektrolytgefäßes. Die Flüssigkeitstemperatur ist anzugeben. Bei mehreren Versuchen mit verschiedenen Temperaturen ermittelt man die Größe des Temperaturkoeffizienten gegebenenfalls als Mittelwert über den untersuchten Bereich.

32 F. Messung von Erdungswiderständen.

a) Aufgabe. Mit der Brückenschaltung nach Stössel (Wiechert-Zipp) soll der Widerstand einer Erdung gemessen werden.

b) Grundlagen. Sind 2 völlig gleiche Erdungen vorhanden, so kann deren Gesamtwiderstand leicht mit einer Wechselstrombrücke üblicher Ausführung gemessen werden. Der Widerstand einer Erde ist dann die Hälfte des gemessenen Wertes. Soll nur eine Erdung gemessen werden, so müssen Spezialschaltungen benutzt werden.

Für die Definition des Widerstandes einer Erdung geht man von der Spannungsverteilung im Erdreich bzw. an der Erdoberfläche aus. Da der Durchtrittsquerschnitt des Stromes im Erdreich mit der Entfernung von der Erdstelle etwa quadratisch zunimmt, ergibt sich für 2 genügend weit entfernte Erden auf der Verbindungsgraden zwischen ihnen die in Abb. 55 dargestellte Spannungsverteilung (vgl. Versuch 87). Wegen der in der Mitte nahezu konstanten Spannung kann also als „Erdungswiderstand" definiert werden: Der Spannungsabfall U_0 vom Erder E oder H bis zur konstanten Zone dividiert durch den Strom im Erder. Dieser Quotient ist zu messen. Dabei ist Wechselstrom zu verwenden, um Polarisationserscheinungen in dem sich stets etwas elektrolytisch verhaltenden Erdreich zu verhindern (vgl. Versuch 32 E). Zu hohe Frequenzen würden allerdings den Stromverlauf in der Erde wegen der Hautwirkung beeinflussen, so daß man mit der Meßfrequenz möglichst im Bereich der Betriebsfrequenz bleiben soll, für die die Erde bestimmt ist.

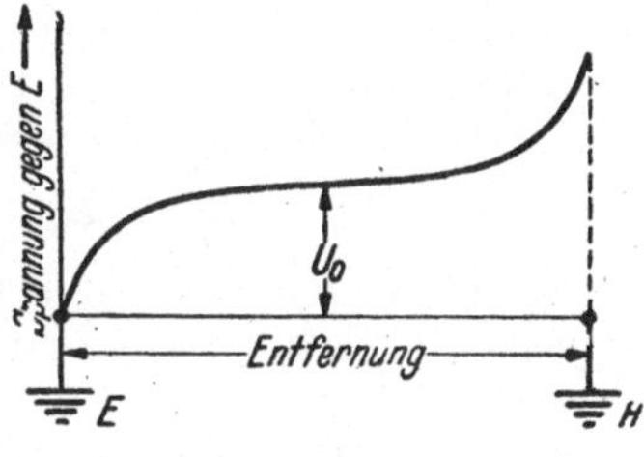

Abb. 55. Spannungsverlauf zwischen zwei Erdungen E und H.

Sofern es sich um einen „Rohrerder" (senkrecht in der Erde steckendes Rohr von der Länge l und dem Radius r) handelt, kann die Leitfähigkeit $\varkappa$ des umgebenden Erdreichs nach der Gleichung

$$\varkappa = \frac{\ln(2\,l/r)}{2\pi\,l\cdot R_E} \tag{80}$$

aus dem Widerstand R_E der Erde errechnet werden.

Große Genauigkeitsansprüche brauchen bei Erdungsmessungen nicht gestellt zu werden, zumal es meist nur darauf ankommt, festzustellen, ob ein bestimmter Erdungswiderstand eingehalten wird. So verlangt man bei Betriebserden von Selbstanschlußämtern, daß $R_E = 1\,\Omega$ nicht überschritten wird. Für Erden in Hochspannungsanlagen besteht die Vorschrift, daß der über die Erde fließende Erdschlußstrom I_E keinen größeren Spannungsabfall als 125 V verursacht (VDE 0101, § 4); es muß also $R_E \lesseqgtr 125 : I_E$ sein. In Anlagen mit Betriebsspannungen unter 1000 V, insbesondere also für Niederspannungsanlagen, soll der Erdungswiderstand a) in Netzen mit geerdetem Nullpunkt nicht größer als „halbe Spannung gegen Erde durch Abschaltstrom" und b) in Netzen ohne geerdeten Nullpunkt nicht größer als „65 V durch Abschaltstrom" sein. Je größer also der möglicherweise auf die Erdungsstelle entfallende Strom sein kann, desto kleiner soll der Erdungswiderstand sein.

c) Schrifttum: Lit. 1 (Abschn. V 35192), 2, 4 (Bd. II), 8, 10, 24.

d) Schaltung und Versuchsanordnung. Bei den einfachen Brückenschaltungen sind 2 Ablesungen oder mindestens 2 Einstellungen erforderlich, da der Widerstand einer Hilfserde mit in die Messung eingeht. In der Stösselbrücke nach Abb. 56 durchfließt der Meßstrom das Erdreich von der (zu messenden) Betriebserde E zur Hilfserde H, während S eine im abgeglichenen Zustand stromlose Sonde ist. Steht der

Umschalter in Stellung 1, so ist mit den Bezeichnungen von Abb. 56

$$R_1 : R_2 = R'_E : (R_E + R_H), \tag{81a}$$

wenn durch Verschieben von K_2 der Brückenzweig mit dem Fernhörer stromlos ist. In der Stellung 2 des Umschalters erhält man durch Einstellen von K_1, wobei K_2 die Stellung der ersten Messung behält, das Schweigen des Fernhörers für

$$(R_1 + R'_1) : (R_2 - R'_1) = (R'_E + R_E) : R_H. \tag{81b}$$

Eliminiert man aus diesen beiden Gleichungen R_H, so ergibt sich der gesuchte Erdungswiderstand

$$R_E = R'_1 \frac{R'_E}{R_1}. \tag{82}$$

Man wählt R'_E und R_1 so, daß der Quotient eine ganze Zehnerpotenz ergibt, und sieht am Schleifdraht eine entsprechende Teilung vor, so daß R_E hier bei der 2. Einstellung unmittelbar an der Stellung von K_1 abgelesen werden kann.

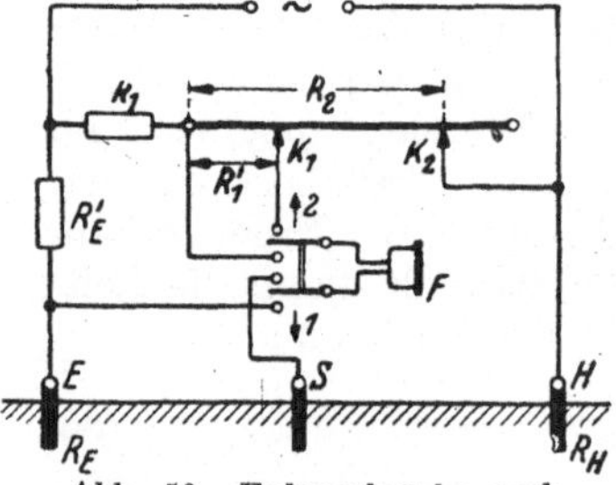

Abb. 56. Erdungsbrücke nach Stössel.
E zu messende Erde, F Fernhörer, H Hilfserde, S Sonde.

Als Stromquelle wird meist ein Summer verwendet, wobei die oben angegebene Frequenzbedingung möglichst einzuhalten ist. Eine entsprechende vollständige Brückenschaltung mit anzeigendem Nullindikator mit Gleichrichter stellt Hartmann & Braun her.

Die Hilfserde soll in ihrem Widerstandswert etwa der zu messenden Erde entsprechen, jedenfalls nicht viel größer sein. Demgegenüber kann der Widerstand der Sonde einen höheren Wert haben, so daß hier ein einfacher, in die Erde geschlagener Eisenstab oder ein Gasrohr genügt. Das umgebende Erdreich feuchtet man an. Um den ganzen Erdungswiderstand bis zum Bereich praktisch konstanter Spannung nach Abb. 55 zu erfassen, wählt man den Abstand E bis H meist zu 30 · · · 40 m und steckt die Sonde in die Mitte dazwischen.

Gerätevorschläge für das Studienpraktikum. Für die Ausführung der Erden H und S vgl. oben. Da die Schleifdrahtwiderstände meist niedrig sind (Größenordnung von 1 Ω), muß je nach der zu messenden Erde der Widerstand R'_E hinreichend groß sein, z. B. 10 oder 100 Ω.

e) Versuchsdurchführung. Die Bedienung der Einstellungen ergibt sich aus den oben angegebenen Bedingungen der Gl. (81). Man gleicht in Stellung 1 des Umschalters erst K_2, dann in Stellung 2 auch K_1 ab und liest den Wert von R_E gegebenenfalls unter Berücksichtigung der Zehnerpotenz $R'_E : R_1$ an der Schleifdrahtskala ab oder berechnet R_E aus Gl. (82). Zur Steigerung der Genauigkeit kann die Messung mehrmals wiederholt werden.

Bei der Messung von Erdungen, die sich im Betrieb befinden, ist Vorsicht geboten, damit die Schaltung oder auch der Messende durch vorhandene Spannungen nicht gefährdet werden. In Starkstromerden können nach den oben angegebenen Zahlen auch bei guten Erden Spannungen von mehr als 100 V, bei den Vorschriften nicht entsprechenden Erden das Vielfache davon auftreten. Gegebenenfalls soll man also vorher eine Spannungsmessung mit einem genügend hochohmigen Meßgerät machen. Zur Anzeige, ob überhaupt Spannungen vorhanden sind, kann man auch die Meßbrücke bei abgeschalteter Stromquelle benutzen (aber Vorsicht, keine Berührung blanker Teile).

32 G. Empfindlichkeit und Genauigkeit einer Meßbrücke.

a) Aufgabe. Es soll eine Gleichstrombrücke nach WHEATSTONE und zwar eine Ausführung mit Schleifdraht und Vergleichswiderstand R_N, also wie in Versuch 32 A benutzt, untersucht werden.

b) Grundlagen. Als „Empfindlichkeit" bezeichnet man nach Abschnitt 2 und 12 D das Verhältnis von Meßgerätausschlag bzw. Ausschlagsänderung zu der Meßgröße, die diese Änderung verursacht. Die „Schaltungsempfindlichkeit" einer Brückenanordnung wird daher definiert als

Änderung des Galvanometer-Ausschlages α in Skalenteilen (Sk. T.), dividiert durch

die zugehörige Veränderung ΔR_X in Ohm am zu messenden Widerstand R_X.

Sie wird in Sk. T./Ohm angegeben.

Die Unsicherheit der mit einer Brückenschaltung durchgeführten Messungen rührt her:

1. von der verbleibenden, nicht mehr erkennbaren Abweichung des Galvanometerzeigers vom Nullpunkt (Galvanometerfehler δ_G),
2. von der Ableseunsicherheit am Meßdraht, bedingt durch die Ungenauigkeiten beim Interpolieren und durch Parallaxe (Ablesefehler δ_A),
3. von dem Fehler δ_N des Vergleichswiderstandes R_N (wird vernachlässigt, wenn er kleiner als 0,02% ist),
4. von Ungleichmäßigkeiten in der Dicke des Meßdrahtes und in der Teilung seiner Skala (Meßdrahtfehler δ_M),
5. von dem Fehler durch die Anschlußleitungen von den Schleifdrahtenden zu R_N und R_X und zwischen diesen beiden (Schaltungsfehler δ_S),
6. von etwaigen Thermokräften (Thermofehler δ_T).

Im ungünstigsten Falle können sich alle Fehler addieren.

c) Schrifttum: Berechnung der Brückenempfindlichkeit und Anpassung der Widerstände: Lit. 1 (Abschn. J 022, J 910, J 921), 3, 9, 30. Für den gunstigsten Galvanometerwiderstand vgl. Gl. (72) in Versuch 32 A.

d) Schaltung und Versuchsanordnung. Benutzt wird die Schleifdrahtbrücke, die nach Abb. 50 geschaltet ist. Zur Bestimmung der Schaltungsempfindlichkeit E fügt man vor R_X einen kleinen, hinreichend fein unterteilten Widerstand R_Z (geeichten Schleifdraht oder

Stöpselwiderstand) ein. Bei der Bestimmung der Unsicherheit wird dieser Zusatzwiderstand ausgeschaltet bzw. weggelassen.

Gerätevorschläge für das Studienpraktikum. Wie bei Versuch 32 A. Zusatzwiderstand R_z je nach Empfindlichkeit des Galvanometers durch Probieren bestimmen.

e) Versuchsdurchführung. Um die Schaltungsempfindlichkeit für einen bestimmten Schaltungszustand zu ermitteln, stimmt man die Brücke zunächst bei $R_Z = 0$ auf R_X ab (Einstellung des Längenverhältnisses $a : b$), und schaltet dann soviel Widerstand R_Z zu, daß der Galvanometerausschlag gerade 1 Skalenteil ist. Dieser Versuch wird fünfmal wiederholt und daraus der Mittelwert gebildet und der mittlere Fehler (die Unsicherheit) bestimmt. Um kleine Fehler zu erhalten, soll R_N von gleicher Größenordnung wie R_X sein (möglichst auf dem mittleren Drittel des Schleifdrahtes arbeiten!).

Die für die Unsicherheit maßgebenden Einzelfehler werden (ohne Zusatzwiderstand R_Z) folgendermaßen ermittelt.

Galvanometerfehler δ_G und Ablesefehler δ_A werden gemeinsam dadurch bestimmt, daß der Schleifdrahtschieber einmal von links und dann von rechts an den Abgleichpunkt herangeschoben wird. Ein Hin- und Herfahren zum Abgleichen ist hierbei also nicht zulässig. Der Versuch wird fünfmal ausgeführt, so daß 5 Werte R_{Xl} (bei Annäherung von links) und 5 Werte R_{Xr} (bei Annäherung von rechts) erhalten werden.

Der Meßdrahtfehler δ_M wird dadurch ermittelt, daß man dieselbe Messung mit umgedrehtem Schleifdraht, also unter Vertauschung der Anschlüsse an den Enden des Meßdrahts wiederholt (dann tritt auch Schleifdrahtabschnitt a an die Stelle von b und umgekehrt). Nennt man die jetzt erhaltenen 10 Meßwerte R'_X, so sind nun $R'_{Xm} = {}^1/_{10} \sum R'_X$ und (aus der vorhergehenden Messung) $R_{Xm} = {}^1/_{10} \sum R_X$ zu bilden. Dann ist der Meßdrahtfehler $\delta_M = {}^1/_2 (R_{Xm} - R'_{Xm})$.

Der Schaltungsfehler δ_S wird rechnerisch bestimmt, indem man die Widerstände der Verbindungsleitungen von den Schleifdrahtenden zu R_X und R_N und zwischen diesen berechnet. Man kann zur Ermittlung des Schaltungsfehlers auch nach Abschnitt e) von Versuch 32 B vorgehen.

Das Vorhandensein eines Thermofehlers δ_T wird dadurch festgestellt, daß man die Messung von $\delta_G + \delta_A$ bei umgepolter Stromquelle abermals wiederholt (hierzu Anschluß der Schleifdrahtenden wieder in den ursprünglichen Zustand bringen) und dann wie vorher bei δ_M vorgeht: Thermofehler $\delta_T = {}^1/_2 (R_{Xm} - R''_{Xm})$, wo R''_{Xm} der jetzt erhaltene Mittelwert ist.

f) Auswertung. Aus jedem Wertepaar R_{Xl} und R_{Xr} wird der zugehörige Fehler $\delta_G + \delta_A = {}^1/_2 (R_{Xr} - R_{Xl})$ ermittelt. Aus den 5 Werten $(\delta_G + \delta_A)$ bestimmt man dann den quadratischen Mittelwert nach Gl. (6b). Überlagern sich die Fehler ungünstig, so kann insgesamt deren Summe auftreten, so daß $\delta_G + \delta_A + \delta_N + \delta_M + \delta_S + \delta_T$ als möglicher größter Fehler anzunehmen ist.

33. Widerstandsmessung mit der Thomsonbrücke.

a) Aufgabe. Kleine Widerstände von weniger als 0,1 Ω Größe (z. B. Meßgerät-Nebenwiderstände oder Drahtproben) sollen mit der Thomsonbrücke gemessen werden. Für die Drahtprobe soll die elektrische Leitfähigkeit $\varkappa$ bestimmt werden. An jedem Prüfling sind 6 Einzelmessungen zu machen, davon 3 bei der einen und 3 bei der anderen Polung der Batterie.

b) Grundlagen. Je kleiner der zu messende Widerstand R_X ist, desto größer würde der Fehler durch die Zuleitungen zu R_X und die Kontaktstellen werden. Eine Berücksichtigung der Zuleitungswiderstände durch besondere Messung etwa nach Abschnitt e) von Versuch 32 B ist bei kleinem R_X nicht mehr möglich, da dieses dann als kleine Differenz erhalten würde (vgl. Fehlerfortpflanzung in Abschnitt 4). Eine Brückenschaltung bei der Kontakt- und Zuleitungswiderstände nicht mitgemessen werden, ist die Doppelbrücke nach Abb. 57.

Bei der Thomsonbrücke ist die Rücksichtnahme auf Thermospannungen (vgl. die Einleitung zu Abschnitt 32, S. 91) noch wichtiger als bei der Wheatstoneschaltung, da man hier mit größeren Strömen arbeitet, so daß die Gefahr ungleicher Erwärmungen mehr gegeben ist.

c) Schrifttum: Schaltung und Ausführungen: Lit. 1 (Abschn. J 911), 2, 3, 4 (Bd. II), 5, 6, 8, 9 (Bd. I), 10, 26, 30; Bedingungen des Abgleichs, wenn $R_1 : R_2 \neq R_3 : R_4$ oder wenn die Zuleitungs- oder Kontaktwiderstände zu berücksichtigen sind: Lit. 1 (Abschn. J 911), 3, 26.

d) Schaltung und Versuchsanordnung. Um die Widerstände von Zuleitungen und Kontakten am zu messenden Widerstand R_X auszuschalten, vergleicht man den Spannungsabfall an diesem mit einem anderen, vom gleichen Strom durchflossenen Widerstand R_S nach Abb. 57a. Sind die 4 stufenweise regelbaren Widerstände so eingestellt, daß

$$\frac{R_1}{R_2} = \frac{R_3}{R_4} = \frac{R_X}{R_S} = \varrho, \tag{83}$$

dann erhält man bei Nullstrom im Galvanometer einfach

$$R_X = \varrho\, R_S. \tag{84}$$

Der Schleifwiderstand muß hierbei also bekannt sein. Ist das nicht der Fall, so kann man ihn bestimmen, indem man in einer 2. Messung den Schleifdraht durch einen bekannten Widerstand ersetzt (vgl. z. B. Lit. 30), oder indem man den Schleifdraht sonst getrennt mißt und sich dann an ihm eine entsprechende Skala anbringt. Einer einfachen Auswertung zuliebe wählt man R_1 bis R_4 dann so, daß ϱ eine ganze Zehnerpotenz ergibt. R_1 bis R_4 sollen so groß sein, daß die Zuleitungen zu den Verzweigungspunkten im Rahmen der Schaltungsgenauigkeit jedenfalls vernachlässigt werden können. R_0 ist meist nur durch die Verbindungsleitung von R_X zu R_S dargestellt.

Für Messungen der Leitfähigkeit verwendet man Stäbe oder Drähte aus dem betreffenden Metall und baut sie mittels einer Einspannvorrichtung nach Abb. 57b ein, damit die durch schneidenförmige

Spannungsabgriffe begrenzte Länge l genau definiert ist. Entsprechend richtet man andere kleine Widerstände nach Abb. 57c her, um von zusätzlichen Kontaktwiderständen und dem Spannungsabfall des Stromes an diesen frei zu werden. Nebenwiderstände sind stets nach Abb. 57c gebaut; das Meßgerät wird an die Klemmen U angeschlossen, so daß hier auch die Verzweigungspunkte nach R_1 und R_3 vorzusehen sind.

Die erreichbare Genauigkeit entspricht bei Schleifdrahtbrücken etwa einer Fehlergrenze von $\pm 0{,}2\%$. Hartmann & Braun gibt für seine etwa nach Abb. 57a geschaltete Brückenausführung $\pm 0{,}1\%$ für den Meßbereich $10^{-5} \cdots 1\,\Omega$ an.

Gerätevorschläge für das Studienpraktikum. Kurze Metallstäbe von einigen dm Länge und mm Durchmesser haben Widerstände zwischen etwa 10^{-4} und $10^{-2}\,\Omega$; bei Nebenwiderständen kommen etwa 10^{-5} bis mehr als $10^{-1}\,\Omega$ vor; soll dieser Bereich erfaßt werden und hat der Schleifdraht $R_s \approx 0{,}001 \cdots 0{,}01\,\Omega$, so müssen nach Gl. (84) darstellbar sein $\varrho = 10^{-2} \cdots 10$; man kann hierfür vor-

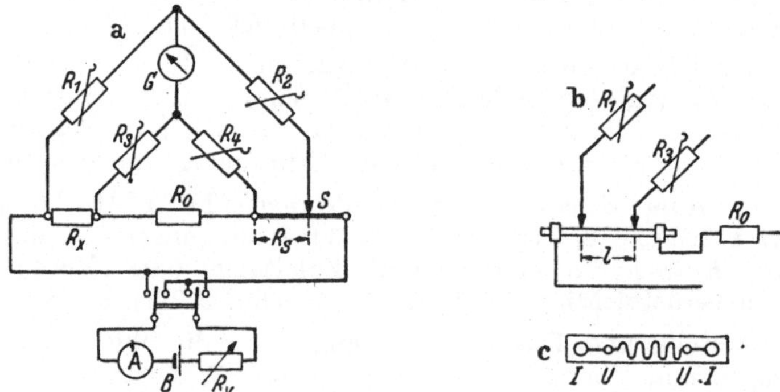

Abb. 57. Doppelbrücke nach THOMSON (a), ferner (b) Anschlußschaltung zur Bestimmung der Leitfähigkeit von Drähten oder Stäben und (c) Widerstand mit Strom-Anschlußklemmen I und eigenen Spannungsklemmen U.
B Batterie, G Galvanometer, R_v Strom-Regelwiderstand, S Schleifdraht.

sehen $R_1 = R_3 = 10$ und $100\,\Omega$, $R_2 = R_4 = 10$, 100 und $1000\,\Omega$, dann ergibt sich $\varrho = 10 : 1000 = 0{,}01$ bis $\varrho = 100 : 10 = 10$. Die Stromstärke in R_x und R_s sollte im Interesse der Empfindlichkeit so groß sein, daß je etwa 0,1 V Spannungsabfall entstehen, sofern R_x und R_s diese Belastung ohne merkliche Erwärmung vertragen; im allgemeinen wird man 100 A nicht überschreiten können, so daß 0,1 V nur bis zu $10^{-3}\,\Omega$ herunter zu erreichen sind. Batterie für 2 V bei genügender Entladestromstärke; Strommesser und Regelwiderstand R_v nach der vorzusehenden Stromstärke; Galvanometer mit Masse- oder Lichtzeiger je nach gewünschter Empfindlichkeit. Bei der Messung der Leitfähigkeit soll die Länge l nicht kleiner als etwa 20 cm sein, damit die Genauigkeit der Längenmessung nicht geringer als die Brückengenauigkeit wird.

e) Versuchsdurchführung. Man stellt nach der erwarteten Widerstandsgröße und nach dem Schleifdrahtwiderstand zunächst ϱ ein. Sind die Fehler von R_1 bis R_4 bekannt, so baut man die 4 Widerstände so ein, daß möglichst genau $R_1 : R_2 = R_3 : R_4$ wird. Am linken Schleifdrahtende ist auf einen besonders guten Kontakt zu achten; gegebenenfalls sieht man auch hier eine besondere Spannungsklemme nach Abb. 57c vor. Zur Schonung des Galvanometers beginnt man mit kleinem Strom (R_v ganz vorgeschaltet) und gleicht dann an R_S ab; nach dem Heraufregeln des Stromes auf den zulässigen Wert stellt man nach und berechnet dann R_X aus Gl. (84). Jeder Versuch wird 6 mal mit abwechselnd umgepolter Batterie durchgeführt (um Thermospannungen auszuschalten).

Bei der Messung von **Leitfähigkeiten** bestimmt man die Draht- bzw. Stababmessungen möglichst genau: die Schneidenentfernung l mit einem guten Längenmaßstab und den Querschnitt q aus dem mit Mikrometerschraube gemessenen Durchmesser. Dann ist die Leitfähigkeit

$$\varkappa = \frac{l}{R_X \cdot q} \tag{85}$$

in $S \frac{\mathrm{m}}{\mathrm{mm}^2}$, wenn R_X in Ω, l in m und q in mm^2 eingesetzt werden.

f) Auswertung. Aus den je 6 Einzelmessungen ergibt sich für jeden Versuch der Mittelwert (Durchschnitt) aus Gl. (5) und die Unsicherheit aus Gl. (6b). Bei Leitfähigkeitsmessungen ist stets die Temperatur mit anzugeben. Messung der Temperatur durch Thermometer, das in möglichster Nähe des Prüflings R_X anzubringen ist.

34. Messung großer Widerstände durch Kondensatorentladung.

a) Aufgabe. Durch Beobachtung des zeitlichen Verlaufs der Entladung eines Kondensators über einen (zu messenden) Widerstand R_X ist die Zeitkonstante der Schaltung und daraus R_X zu bestimmen.

b) Grundlagen. Bei großen Widerständen von mehr als etwa 1 MΩ werden Brückenverfahren wegen der hohen Galvanometerempfindlichkeiten und der geringen Genauigkeit von Hochohmwiderständen als Vergleichs-„Normale" ungeeignet. Bis etwa $10^{11} \cdots 10^{12}\,\Omega$ kann man den Widerstand noch aus Strom und Spannung messen (vgl. Versuche 35). Darüber hinaus macht die erforderliche Empfindlichkeit des Strommessers Schwierigkeiten, wenn noch einige Genauigkeit gefordert wird. Man kann dann die Größe von Widerständen dadurch messen, daß man sie einer Kondensatorentladung aussetzt und den zeitlichen Ablauf beobachtet.

Wird die Kapazität C über einen Widerstand R_X entladen, so verlaufen — Konstanz von C und R_X vorausgesetzt — Kondensatorspannung u und Entladestrom i nach den Gesetzen

$$u = U_0\, e^{-t/T} \text{ und } i = \frac{U_0}{R_X}\, e^{-t/T} \text{ mit } T = R_X\, C \tag{86}$$

als Zeitkonstante, wo noch U_0 die Anfangsspannung des Kondensators zur Zeit $t = 0$ ist. Zur Bestimmung von T und R_X beobachtet man entweder i an einem Galvanometer oder u an einem elektrostatischen Spannungsmesser und stellt die Zeit fest, während der u bzw. i vom Anfangswert U_0 bzw. $U_0 : R_X$ auf einen Bruchteil $\frac{U_0}{n}$ bzw. $\frac{1}{n}\frac{U_0}{R_X}$ abfällt. Dann sind

$$T = \frac{t}{\ln n} \text{ und } R_X = \frac{t}{C \ln n}, \tag{87}$$

mit R_X in MΩ, C in μF, T und t in sec (Zahlenwerte von $\ln n$ vgl. Tabelle 9).

Tabelle 9. Natürliche Logarithmen.

$n =$	1,2	1,4	1,6	1,8	2,0	3,0	4,0	5,0	10,0
$\ln n =$	0,182	0,337	0,470	0,588	0,693	1,099	1,386	1,609	2,303
$1 : \ln n =$	5,50	2,97	2,127	1,702	1,442	0,910	0,722	0,621	0,434

Die obere Grenze des Meßbereichs ist zunächst durch die parallel liegenden Isolationswiderstände von Kondensator und elektrostatischem Meßgerät bestimmt (sofern die Leitungen entsprechend verlegt sind). Man erreicht in trockenen Räumen etwa $10^{13} \cdots 10^{14}\,\Omega$. Allerdings wird hierbei die Zeitkonstante bei nur 20 pF $= 20 \cdot 10^{-6}$ μF Kapazität des Meßgeräts allein schon recht groß (Größenordnung 1000 s), so daß die Messungen recht lange dauern, wenn man sich nicht auf Kosten der Genauigkeit mit sehr kleinen n begnügt.

Das Verfahren der Kondensatorentladung gibt nur brauchbare Werte, wenn der Widerstand unabhängig von der Spannung ist.

Die Genauigkeit ist durch jene der Kapazitäten und des Meßgeräts bestimmt, so daß die Unsicherheit meist einige Prozent beträgt, was für derartige Messungen im allgemeinen ausreicht.

c) Schrifttum: Lit. 2, 3, 4 (Bd. II), 8.

d) Schaltung und Versuchsanordnung. Beim Versuch soll die Abnahme der Spannung vom Anfangswert U_0 auf $(U_0 : n)$ beobachtet werden. Dann sind in der praktischen Anordnung parallel geschaltet C_K des Kondensators, C_V des Meßgeräts und C_L der Leitungen (Abb. 58). Bei großen Widerständen R_X verzichtet man im Interesse einer kurzen Meßzeit auf einen besonderen Kondensator, muß dann aber in Kauf nehmen, daß die Kapazi-

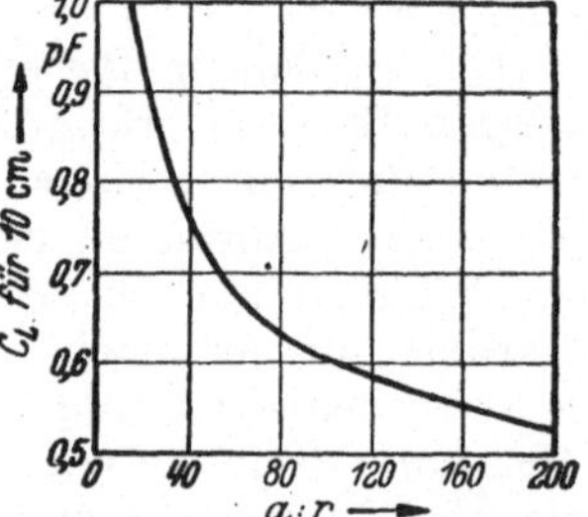

Abb. 59. Kapazität C_L paralleler Leiter bei 10 cm Länge (a Leiterabstand, r Leiterradius). Endeffekte vernachlässigt.

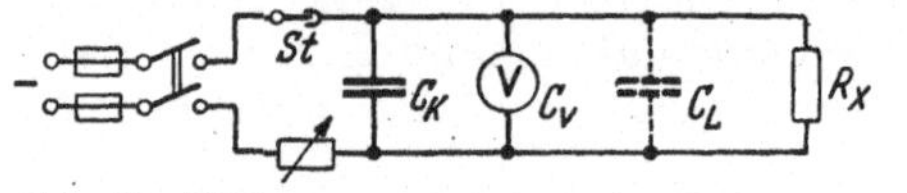

Abb. 58. Widerstandsmessung durch Kondensatorentladung. St Steckkontakt.

tät des elektrostatischen Meßgeräts vom Ausschlag abhängt, also während der Meßzeit veränderlich ist. Man setzt den Mittelwert ein, wodurch ein zusätzlicher Fehler entsteht. C_L hält man durch großen Abstand beider Leitungen klein. Näherungsweise kann man C_L aus der Zahlenwertgleichung

$$C_L = 0{,}278 \frac{1}{\ln a/r} \tag{88}$$

in pF berechnen, wenn (die einfache) Leiterlänge l, der Leiterradius r und der (mittlere) Leiterabstand a in cm eingesetzt werden. Abb. 59 gibt C_L für 10 cm Leiterlänge an.

Besonders bei der Messung großer Widerstände ist der Aufstellung der Geräte und der Leitungsführung besondere Aufmerksamkeit zu widmen. Die Geräte stellt man gut isoliert auf (z. B. auf Glasplatten) und die Leitungen führt man freihängend in der Luft, daß sie nicht an festen Körpern anliegen (z. B. als Massivdrähte). Das Abtrennen der Stromquelle vom Netz bewirkt man durch Ziehen des Steckers St in Abb. 58 (Buchse an der Kondensatorleitung!), da die üblichen Schalter meist einen zu geringen Isolationswiderstand haben. Bei einigen 100 V aber Vorsicht beim Anfassen des Steckers!

Gerätevorschläge für das Studienpraktikum. Gleichspannung von 100 ··· 500 V je nach Meßbereich des verfügbaren elektrostatischen Meßgeräts, gegebenenfalls Anschluß über Spannungsteiler; als C_K verwendet man geeichte Glimmer- oder Luftkondensatoren hohen Isolationswiderstandes (z. B. 100 oder 1000 pF), sofern neben C_V und C_L noch erforderlich; kleine elektrostatische Geräte haben meist etwa 10 ··· 20 pF; Vorschalt-(Lade-)Widerstand etwa 100 ··· 1000 Ω.

e) Versuchsdurchführung. Aus dem zu erwartenden Widerstand R_X berechnet man zunächst unter Annahme einer Zeitkonstanten von etwa $T = 60$ s die notwendige Gesamtkapazität

$$C_g = C_K + C_V + C_L. \tag{89}$$

Mit C_V und C_L ergibt sich hieraus der notwendige Zusatzkondensator C_K. Dann prüft man zunächst die Meßschaltung allein und trennt hierzu R_X ab, um den Isolationswiderstand R_J ohne den Prüfling zu erhalten. Daran schließt sich die Messung mit angeschlossenem R_X.

Zu jedem Versuch wird nach erfolgter Aufladung der Stecker St gezogen und gleichzeitig der Anfang der Meßzeit gestoppt und die Anfangsspannung U_0 abgelesen. Man beobachtet dann am Meßgerät, bis der gewünschte Bruchteil $1 : n$ der Anfangsspannung erreicht ist und stoppt die Zeit t ab.

f) Auswertung. Aus der Gesamtkapazität C_g nach Gl. (89) und der beim Vorversuch ohne R_X gestoppten Zeit ergibt sich nach Gl. (87) zunächst der Isolationswiderstand R_J der Meßschaltung allein. Beim anschließenden Hauptversuch mit R_X erhält man aus Gl. (87) dann den Parallelschaltungswiderstand

$$R_p = \frac{R_J\,R_X}{R_J + R_X},$$

so daß sich der gesuchte Widerstand des Prüflings zu

$$R_X = \frac{R_p \cdot R_J}{R_J - R_p} \tag{90}$$

ergibt. Die Gleichung zeigt, daß die Messung um so ungenauer ist, je kleiner die Differenz $R_J - R_p$, je größer also R_X im Vergleich zu R_J ist (vgl. Fehlerfortpflanzung nach Abschnitt 4). Widerstände R_X, die um eine Größenordnung über R_J liegen, lassen sich also nur mehr sehr roh messen.

35. Messung von Isolationswiderständen.

Alle Isolierstoffe haben einen Widerstand, der kleiner als unendlich ist, so daß sein Wert besonders wegen der Ableitungsströme (Isolationsströme, Kriechströme) bestimmt werden muß. Da die Widerstände im allgemeinen recht hoch sind, muß oft das vorstehend beschriebene Verfahren Versuch 34 angewandt werden. Lassen sich die Ströme noch mit

Galvanometern hinreichend genau messen, so arbeitet man mit der weniger zeitraubenden Widerstandsmessung aus Stromstärke und Spannung, die bis etwa $10^{11} \cdot\cdot 10^{12}\,\Omega$ herauf brauchbar ist.

Da die Qualität elektrischer Isolierstoffe mit durch den Isolationswiderstand bestimmt ist, hat der VDE eingehende Prüfbestimmungen erlassen. Darin sind unterschieden (VDE 0303 „Leitsätze für elektrische Prüfung von Isolierstoffen" § 16 und 17):

Isolationswiderstand im engeren Sinne, und zwar zwischen aufgesetzten Elektroden (Oberflächenwiderstand R_0) zwischen eingesetzten Elektroden (Widerstand im Innern R_i)

Durchgangswiderstand R_d als Isolationswiderstand des Isolierstoffinneren unter Ausschluß des Anteils der Oberfläche.

Nach den Sonderbestimmungen für die einzelnen Isolierstoffe VDE 0312ff. sollen der Oberflächenwiderstand besonders bei Elektrolackpappe, Hartpapier und Hartgewebe, Isolierpreßstoffen, Hartgummi und keramischen Isolierstoffen, der Widerstand im Innern besonders bei Preßspan, Hartpapier und Hartgewebe, Hartgummi, Isolierpreßstoffen und Gesteinen (besonders Marmor und Schiefer), der Durchgangswiderstand besonders bei keramischen Isolierstoffen und Isolierlacken geprüft werden. Alle Widerstände sind aus der Messung von Strom und Spannung zu ermitteln.

Außer den elektrischen Prüfungen sind meist auch mechanische und thermische vorgesehen. Ferner ist darauf hinzuweisen, daß vielfach Vorbehandlungen der Prüflinge gefordert werden. Für Einzelheiten vgl. die Bestimmungen VDE 0302 bis 0370.

35 A. Oberflächenwiderstand nach VDE.

a) Aufgabe. An einem plattenförmigen Prüfling ist der Oberflächenwiderstand nach VDE 0303, § 16a) zu bestimmen.

b) Grundlagen. Die genannte VDE-Bestimmung besagt im wesentlichen folgendes: Der Oberflächenwiderstand wird gemessen bei 1000 V Gleichspannung zwischen schneidenförmigen Elektroden (vgl. unten) mittels Galvanometer 1 min nach Anlegen der Spannung. Der Prüfling darf bei der Messung nicht auf eine geerdete Metallfläche gelegt werden, da sich hierdurch die elektrische Feldverteilung ändert. Bei der Messung des Oberflächenwiderstandes wird, da nicht alle elektrischen Feldlinien in der Oberfläche des Isolierstoffes verlaufen, gleichzeitig auch der Widerstand im Innern mit erfaßt. Aus dem gemessenen Strom und der Spannung ist der Widerstand in Megohm zu ermitteln.

Für die Angabe des Oberflächen-Widerstandes gelten als Vergleichszahlen die Zehnerpotenzzahlen (Exponenten) des Isolationswiderstandes, also

6 für Oberflächen-Widerstände R_0 von $10^6 \cdots < 10^7\,\Omega$
7 für Oberflächen-Widerstände R_0 von $10^7 \cdots < 10^8\,\Omega$ usw.

Für eine Versuchsreihe sind 5 Messungen an verschiedenen Stellen bzw. an verschiedenen Prüfkörpern vorzunehmen. Als Ergebnis für die Höhe des Oberflächenwiderstandes sind die ermittelten Vergleichszahlen anzugeben.

c) Schrifttum: Lit. 1 (Abschn. V 3517), 2, 4 (Bd. II), 5, 8.

d) Schaltung und Versuchsanordnung. Steht keine Hochspannungsbatterie von 1000 V zur Verfügung, so erzeugt man die erforderliche Gleichspannung am einfachsten aus einem Hochspannungstransformator T (gegebenenfalls Wandler) über ein Ventilrohr V und glättet durch einen Kondensator C nach Abb. 60. Um die dem Heiztransformator HT entnommene Heizspannung zu stabilisieren, ist ein Eisenwiderstand E vorgeschaltet. Der Schutzwiderstand R_S beträgt 10000 Ohm. Als Spannungsmesser ist ein elektrostatisches Meßgerät zu verwenden, da anderntalls wegen des Stromverbrauchs nach dem Einschalten des Hochspannungsschalters HS nachgeregelt werden müßte.

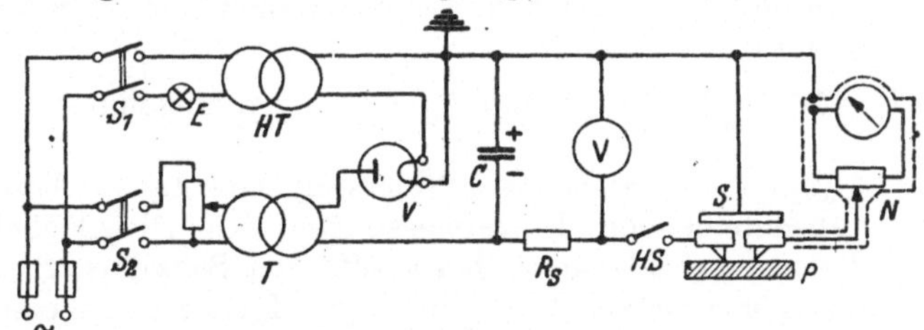

Abb. 60. Messung von Oberflächenwiderständen aus Stromstärke und Spannung nach VDE. *C* Kondensator, *E* Eisenwiderstand, *G* Galvanometer, *H* Hochspannungsschalter, *HT* Heiztransformator, *N* Nebenwiderstand, *P* Prüfling, R_S Schutzwiderstand, *S* Schneidengerät, S_1,S_2 Niederspannungsschalter, *T* Transformator, *V* Ventilrohr.

Das Schneidengerät besteht aus 2 geraden, 100 mm langen, mit Blattmetall (z. B. Stanniol) umkleideten Gummischneiden, die in einer Entfernung von 10 mm auf den Prüfling aufgesetzt werden (Ausführung des Schneidengeräts am besten nach VDE 0303, § 12).

Um Kriechströme von der Messung auszuschließen, ist die Hochspannung führende Leitung vom Schneidengerät S zum Galvanometer-Nebenwiderstand N und von hier zum Galvanometer G mit einer geerdeten Umhüllung versehen (Leitungen als Panzerader ausgeführt). Die obere Halteplatte der Elektroden in S ist geerdet, das Galvanometer und sein Nebenwiderstand stehen auf geerdeten Unterlagen. Der Prüfling darf hingegen bei der Messung nicht auf einer geerdeten Metallfläche liegen, da sich sonst die elektrische Feldverteilung ändert. Für die Aufstellung des Spiegelgalvanometers vgl. Abschnitt d) von Versuch 13 A.

Gerätevorschläge für das Studienpraktikum. Als Prüfling wählt man eine Platte aus Hartpapier oder ähnlichem; die Daten von Spannungsteiler und Eisenwiderstand richten sich nach den verfügbaren Transformatoren und Ventilrohren, Kondensator $C = 8\ \mu$F für 1000 V Gleichspannung, $R_s = 10000\ \Omega$, Spannungsmesser für mindestens 1000 V, Spiegel-Galvanometer mit 10^{-9} A je mm Skalenausschlag bei 1 m Skalenabstand, so daß bei $R_s = 10^{12}\ \Omega$ und der Empfindlichkeitseinstellung 1 : 1 an N ein Ausschlag von 1 mm entsteht; an Stelle des Spiegelgalvanometers ist oft auch ein Lichtmarkengalvanometer mit 10^{-8} A je Skalenteil ausreichend.

e) Versuchsdurchführung. Zunächst ist das als Strommesser benutzte Galvanometer G zu eichen. Hierzu wird an Stelle von S ein

Widerstand von 10^6 Ohm eingeschaltet. Man stellt bei geöffnetem Hochspannungsschalter HS auf 1000 V ein, bringt N auf geringste Empfindlichkeit, schließt dann HS und regelt auf 1000 V nach. Nun wird N so eingestellt, daß das Galvanometer einen möglichst großen Ausschlag α_1 zeigt. Bei dieser Empfindlichkeit $1 : n_1$ ist dann der gemessene Strom bei 1000 V:

$$I = \frac{1000\,\text{V}}{10^6\,\Omega} = 10^{-3}\,\text{A}. \tag{91}$$

Erhält man bei derselben Empfindlichkeit dann den Ausschlag α statt α_1, so ist der zu messende Oberflächenwiderstand

$$R_0 = 10^6 \frac{\alpha_1}{\alpha} \text{ in Ohm oder } R_0 = \frac{\alpha_1}{\alpha} \text{ in Megohm}. \tag{92}$$

Wird die Empfindlichkeit bei den Versuchsreihen von $1 : n_1$ auf $1 : n$ verändert, so sind

$$I = 10^{-3} \cdot \frac{n}{n_1} \cdot \frac{\alpha}{\alpha_1} \text{ in A und } R_0 = \frac{n_1}{n} \cdot \frac{\alpha_1}{\alpha} \text{ in Megohm}. \tag{93}$$

Das Produkt $(n_1 \alpha_1)$ wird auch als „Widerstandskonstante" bezeichnet.

Zu den anschließenden Einzelmessungen des Oberflächenwiderstandes wird das Schneidengerät bei geöffneten Schaltern S und HS auf den Prüfkörper gesetzt. Die Ablesung erfolgt jeweils erst 1 min nach dem Anlegen bzw. Einregeln der 1000 V bei geschlossenem Schalter HS, um den Ladestrom abklingen zu lassen. Es ist darauf zu achten, daß vor jeder Messung immer die geringste Empfindlichkeit des Galvanometers (z. B. $1 : n = 1 : 10000$) eingestellt wird, um Überlastungen zu vermeiden. Jede Messung wird fünfmal durchgeführt (vgl. oben Abschnitt b).

Da bei dem Versuch mit Hochspannung gearbeitet wird, ist ein Berühren spannungsführender Teile lebensgefährlich. Am besten schließt man die ganze Schaltung von den Transformatoren an in einen Käfig ein und verriegelt den Hauptschalter S_2 mit dessen Tür. HS wird über eine Isolierstange betätigt. Außerdem ist der Kondensator vor dem Öffnen der Tür durch einen von außen bedienbaren Kurzschließer zu entladen.

f) Auswertung. Aus den 5 Einzelmessungen wird für jede Probe nach Gl. (93) der Widerstand R_0 berechnet. Aus dem Mittelwert erhält man nach Abschnitt b) oben die Vergleichszahl, die angegeben wird.

35 B. Widerstand im Innern nach VDE.

a) Aufgabe. An einem plattenförmigen Prüfling ist der Widerstand im Innern nach VDE 0303, § 16b, Ziffer 1 (Stöpselverfahren) zu bestimmen.

b) Grundlagen. Sowohl das Verfahren nach Versuch 35 A wie dieses erfaßt den Oberflächen- und Innenwiderstand. Während dort der Oberflächenwiderstand mehr in Erscheinung tritt, ist das hier mit dem inneren Widerstand der Fall. § 16b 1 von VDE 0303 heißt:

„Der Widerstand im Innern wird zwischen zwei eingesetzten Elektroden mittels Galvanometer gemessen, wobei die Prüfkörper auf eine isolierende Unterlage zu legen sind; er erfaßt gleichzeitig auch den Oberflächenwiderstand. Meßspannungen sind im allgemeinen 1000 oder 110 V Gleichspannung. Der Galvanometerausschlag ist 1 min nach Anlegen der Spannung abzulesen. In den Fällen, in denen bereits nach kürzerer Zeit der Galvanometerausschlag sich nicht mehr ändert, kann früher abgelesen werden.

1. Stöpselverfahren.

Zur Messung werden in der Regel zwei kegelige Stöpsel nach § 12f), die bei Platten und Rohren 5 mm, jedoch bei Rohren und Rundstäben kleinen Durchmessers 2 mm Durchmesser haben, in entsprechende Bohrungen eingesetzt. Der Mittenabstand der Bohrungen beträgt bei 5 mm-Stöpseln 15 mm, bei 2 mm-Stöpseln 12 mm".

Das in VDE 0303 weiter genannte „Quecksilberverfahren" wird bei harten Stoffen, z. B. Gesteinen benutzt, bei denen ein gutes Anliegen von Meßstöpseln in der Bohrung nicht gewährleistet erscheint.

c) **Schrifttum:** Lit. 2, 4 (Bd. II).

d) **Schaltung und Versuchsanordnung.** Die Messung wird mit 1000 V Gleichspannung[1] in derselben Schaltung wie bei Versuch 35 A durchgeführt. An die Stelle des Schneidengeräts S in Abb. 60 treten die Stöpsel nach § 13f von VDE 0303: kegelige Meßbrückenstöpsel nach DIN 1 (Kegelstifte) von 2 oder 5 mm Durchmesser; die Bohrung ist mit einer Reibahle nach DIN 9 nachzureiben.

Gerätevorschläge für das Studienpraktikum wie Versuch 35 A.

e) **Versuchsdurchführung** wie bei Versuch 35 A, also erst Eichung mit $10^6\,\Omega$ und Bestimmung der Widerstandskonstanten ($n_1\,\alpha_1$), dann bei angeschlossenen Stöpseln Messung von R_i, das man aus den Gl. (92) und (93) erhält. Es braucht hier an einer Probe nur eine Messung durchgeführt zu werden.

f) **Auswertung.** Im Gegensatz zum Oberflächenwiderstand gibt man den Widerstand im Innern mit seinem Ohmwert an.

35 C. Durchgangswiderstand nach VDE.

a) **Aufgabe.** An einem plattenförmigen Prüfling ist der Durchgangswiderstand nach VDE 0303, § 17 zu bestimmen. Hieraus ist die Leitfähigkeit zu ermitteln.

b) **Grundlagen.** Der Durchgangswiderstand R_d und seine Messung sind in VDE 0303, § 17 folgendermaßen festgelegt:

„Der Durchgangswiderstand ist der Isolierwiderstand des Isolierstoffinnern unter Ausschluß des Anteiles der Oberfläche an der Stromleitung.

---

[1] In der Fernmeldetechnik sind 110 V und 20 s zwischen Einschalten und Messen üblich. Der Isolations-, insbesondere der Oberflächenwiderstand ist spannungsabhängig, so daß der Wert stets nur für die Meßspannung gilt.

Als Prüfkörper für die Ermittlung des Durchgangswiderstandes sind ebene quadratische Platten von einigen Millimetern Dicke und etwa 150 oder 300 mm Kantenlänge oder runde Platten mit etwa 150 oder 300 mm Durchmesser geeignet. Falls der Isolationswiderstand der Prüfkörper sehr hoch ist, sollen große Elektrodenflächen auf den Prüfkörper aufgebracht werden. Ströme über die Oberfläche des Isolierstoffes sind, sofern sie nicht vernachlässigbar sind, durch Verwendung von Schutzringelektroden nach § 15 auszuschließen. Die Messung ist bei geerdetem Schutzstreifen mit einem Galvanometer 1 min nach Anlegen der Spannung vorzunehmen. Als Meßspannung ist eine Gleichspannung von 1000 V zu verwenden".

c) Schrifttum: Lit. 2, 8.

d) Schaltung und Versuchsanordnung. Es wird die Schaltung von Abb. 60 benutzt, in der das Schneidengerät S durch die Anordnung nach Abb. 61 ersetzt ist. Die in VDE 0303, § 17 genannten Schutzringelektroden nach § 15 sollen also hier vorgesehen werden. Nach Abb. 61 besteht ihr Wesen darin, daß sie praktisch die gleiche Spannung (Erdpotential) wie die geschützte Elektrode F_2 haben, so daß über den Schutzspalt S praktisch kein Strom fließt, andererseits aber die von R nach F_1 gehenden Ströme, nämlich Oberflächenstrom außen herum und Durchgangsstrom durch die Platte vom Galvanometer nicht mitgemessen werden. Man mißt also den der Elektrode F_2 entsprechenden Strom, so daß hier allein der innere Isolationswiderstand bestimmt wird.

VDE 0303 bestimmt in § 15, daß der Schutzspalt S etwa 1 mm breit, der Schutzring R doppelt so breit wie die Dicke der Platte (jedoch nicht unter 5 mm), die geschützte Meßbelegung $F_2 \gtrless 35\ \text{cm}^2$ sein und die ungeschützte Meßbelegung mindestens den Außenabmessungen des Schutzringes entsprechen soll. Die Elektroden bestehen aus Blattmetall, das durch Anreiben oder mittels eines Hauchs von Paraffinöl oder ähnlichem Haftmittel aufgebracht wird, oder sie werden durch das SCHOOPsche Metallspritzverfahren hergestellt (weitere Verfahren vgl. § 12 und 13 von VDE 0303).

Gerätevorschläge für das Studienpraktikum wie Versuch 35 A.

e) Versuchsdurchführung wie bei Versuch 35 A, also erst Eichung mit $10^6\,\Omega$ und Bestimmung der Widerstandskonstanten $(n_1\,\alpha_1)$, dann bei angeschlossenem Schutzringkondensator nach Abb. 61 die Messung von R_d, das man aus den Gl. (92) und (93) erhält. Es braucht hier an einer Probe nur 1 Messung durchgeführt zu werden.

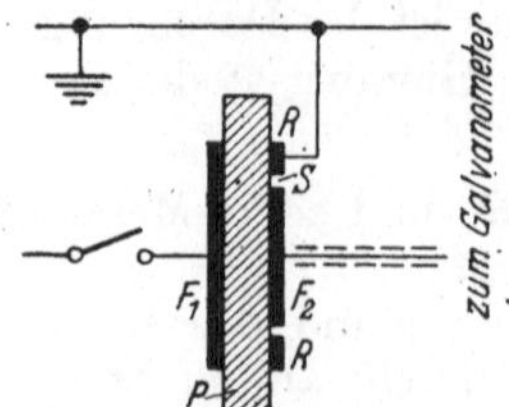

Abb. 61. Anschlußschaltung für Prüfling mit Schutzringelektroden an Stelle des Schneidengeräts in Abb. 60. F_1 ungeschützte, F_2 geschützte Meßelektrode, P Prüfling, R Schutzringelektrode, S Schutzspalt.

f) Auswertung. Den Durchgangswiderstand R_d gibt man in Ω oder $M\Omega$ an. Mit h als Abstand der Belegungen (Plattendicke) und F_2 als Fläche der geschützten Elektrode nach Abb. 61 ergibt sich die Leitfähigkeit zu

$$\varkappa = \frac{h}{R_d\ F_2} \tag{94}$$

und zwar in S/cm, wenn h in cm, F_2 in cm² und R_d in Ω eingesetzt werden.

35 D. Isolationsmessungen im Netz.

a) Aufgabe. Die Isolationswiderstände der beiden Leiter eines unter Spannung stehenden Gleichstromnetzes sind mittels stromverbrauchenden Spannungsmessers (Drehspulgerät) zu messen (Verfahren von FRISCH).

b) Grundlagen. Jede Anlage hat einen endlichen Isolationswiderstand zwischen den Leitern und zwischen jedem Leiter und Erde. Für diesen sind im abgeschalteten Zustand einzelner Anlagenteile bestimmte Mindestwerte festgelegt (vgl. VDE 0100, § 5). Für ganze in Betrieb befindliche Anlagen lassen sich wegen der außerordentlichen Vielgestaltigkeit und der verschiedenartigen Maschinen, Geräte und Leitungen bestimmte Werte nicht einfach vorschreiben. Man muß hier davon ausgehen, daß auch im ungünstigsten Fall (z. B. feuchte Anlage) der über den Isolationswiderstand fließende Strom keine merklichen Fehlerströme über Meß- oder Regeleinrichtungen oder gar zusätzliche Erwärmungen oder nennenswerte Energieverluste verursacht. Empfindliche Meß- und Regeleinrichtungen können schon durch Ströme von weniger als 1 mA zum fehlerhaften Ansprechen gebracht werden. In Starkstromnetzen ohne derartige Einrichtungen muß man in großen Anlagen oft viele Ampere gesamten Isolationsstromes zulassen, so daß der Isolationswiderstand der ganzen Anlage nur von der Größenordnung von 100 Ω ist.

Isolationsmessungen sollten jedenfalls mit der Betriebsspannung durchgeführt werden, da der Isolationswiderstand spannungsabhängig ist.

c) Schrifttum: Messung während des Betriebes in Gleichstromnetzen: Lit. 1 (Abschnitt V 35193), 2, 4 (Bd. II), 5, 26; dgl. in Wechselstromnetzen: Lit. 2, 4 (Bd. II), 5, 26; Messung in der spannungslosen Anlage mit Isolationsmesser oder ähnl.: Lit. 1 (Abschnitt V 3513, 35193), 2, 4 (Bd. II), 5, 8, 10, 26 und allgemein: KÖGLER, Isolationsmessungen und Fehlerortbestimmungen, Leipzig 1926.

d) Schaltung und Versuchsanordnung. Gemessen werden außer der Betriebsspannung U die beiden Spannungen U_1 und U_2 zwischen jedem der beiden Leiter und Erde. Mit R_1 und R_2 als den beiden Isolationswiderständen und R_V als Widerstand des für alle Messungen verwendeten Spannungsmessers ergeben sich für die Messungen von U_1 und U_2 die Schaltungen nach Abb. 62a und 62b. Der Spannungsmesser ist immer mit einem der beiden Isolationswiderstände parallel geschaltet. Die Stromsummen liefern die beiden Gleichungen

$$\frac{U_1}{R_V} + \frac{U_1}{R_1} = \frac{U - U_1}{R_2} \quad \text{und} \quad \frac{U_2}{R_V} + \frac{U_2}{R_2} = \frac{U - U_2}{R_1}.$$

Hieraus erhält man durch Auflösen der beiden Gleichungen

$$R_1 = R_V \frac{U - U_1 - U_2}{U_2} \quad \text{und} \quad R_2 = R_V \frac{U - U_1 - U_2}{U_1}, \tag{95}$$

mit denen die Isolationswiderstände aus den 3 Spannungen und dem Spannungsmesserwiderstand berechnet werden können. Die Schaltung für die Durchführung der Messung zeigt Abb. 62c.

Sind $U_1 + U_2 \approx U$, so wird das Ergebnis wegen der dann kleinen Differenz im Zähler (vgl. Abschnitt 4, Fehlerfortpflanzung) nur **wenig genau**. Man muß dann einen Spannungsmesser mit kleinerem Eigenwiderstand R_V verwenden. Andererseits empfiehlt es sich bei **kleinen** U_1 und U_2, ein Meßgerät größeren Eigenwiderstandes zu verwenden, da kleine U_1 und U_2 an dem für die Betriebsspannung zu bemessenden Meßgerät nur ungenau abgelesen werden können. Die günstigsten Werte erhält man etwa, wenn U_1 und U_2 je etwa $^1/_3$ von U betragen, also wenn $R_V \approx R_1$ bzw. R_2 ist. Das ist aber bei hohen Isolations-

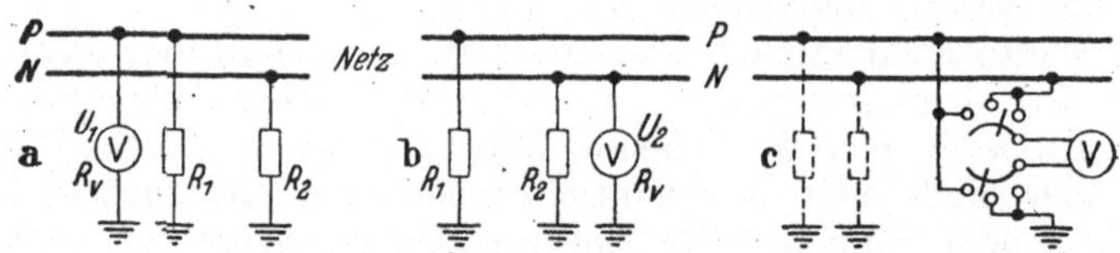

Abb. 62. Messung des Isolationswiderstandes im Netz während des Betriebes (a und b: Ersatzschaltungen, c: Meßschaltung).

widerständen von $> 1\,\mathrm{M}\Omega$ schlecht zu verwirklichen, da Spannungsmesser mit derartig hohen Widerständen zu teuer oder ihrerseits zu ungenau werden. ($1\,\mathrm{M}\Omega$ entspricht bei 220 V rund 2 mA, was die untere Grenze des Stromverbrauchs bei Endausschlag darstellt). Es ist auch zu beachten, daß es gerade bei Isolationsmessungen oft weniger auf die Genauigkeit an sich als vielmehr darauf ankommt, festzustellen, ob ein bestimmter Mindestwiderstand eingehalten ist (Isolations-„Prüfung").

e) Versuchsdurchführung. Man mißt in der Schaltung nach Abb. 62c) nacheinander U, U_1 und U_2. Wegen möglicher Schwankung der Netzspannung wird die Messung von U am Schluß nochmal wiederholt und aus beiden Werten U der Mittelwert gebildet. Jedenfalls sind die Messungen schnell hintereinander durchzuführen, auch schon deswegen, weil sich besonders in einem größeren Netz wegen Änderungen des Schaltzustandes auch der Isolationswiderstand schnell ändern kann.

f) Auswertung. Die beiden Isolationswiderstände R_1 und R_2 werden aus den 3 gemessenen Spannungen und dem Eigenwiderstand R_V des Meßgeräts nach Gl. (95) berechnet.

36. Messung von Kontaktwiderständen.

a) Aufgabe. An einem Klemm- oder Steckkontakt ist der Kontaktwiderstand aus Stromstärke und Spannungsabfall für verschiedene Stromstärken zwischen $^1/_{10}$ Nennstrom und Nennstrom zu messen.

b) Grundlagen. In den Übergangsflächen von Klemm-, Schleif-, Steck- und ähnlichen Kontakten erfolgt der Stromübergang nur an einigen Punkten. Die Stromfäden erfahren also Einschnürungen, die eine Widerstandserhöhung an der Kontaktstelle zur Folge haben (sog. Engewiderstand). Außerdem ist bei metallischen Oberflächen stets mit dem Vorhandensein einer schlechter leitenden Oxydhaut zu rechnen (sog. Übergangswiderstand). Beide Erscheinungen zusammen ergeben den Kontaktwiderstand R_k des betreffenden Kontaktes, der im allgemeinen von der Größe der Stromstärke abhängig ist und sich auch mit dem Zustand der Kontaktoberflächen ändert. Brückenschaltungen mit ihren kleinen Stromstärken können daher hier nicht verwendet werden.

c) Schrifttum: Lit. 1 (Abschn. 3516). Für Schleifkontakte vgl. die Messung von Bürstenübergangswiderständen in Lit. 26 und anderen.

d) Schaltung und Versuchsanordnung. Der Versuch stellt eine unmittelbare Anwendung der Widerstandsmessung aus Strom und Spannung dar. Da es sich stets um sehr kleine Widerstände handelt, ist die Schaltung nach Abb. 30a mit Spannungsmesser unmittelbar am Prüfling anzuwenden. Die Anschlußstellen des Spannungsmessers (am besten angelötet) sind so dicht an die Kontaktstelle zu legen, daß der Spannungsabfall in den beiden Kontaktstücken selbst vernachlässigt werden kann, daß aber andererseits der Engewiderstand noch voll erfaßt wird.

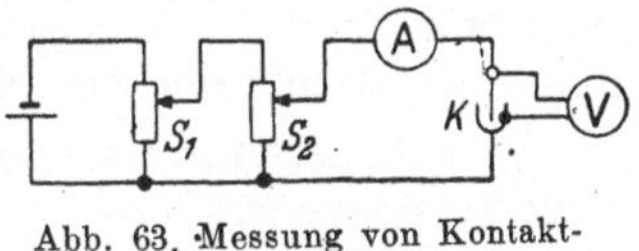

Abb. 63. Messung von Kontaktwiderständen. K Kontakt, S Spannungsteiler.

Da nur sehr kleine Spannungen zu messen sind, müssen empfindliche Spannungsmesser verwendet werden, die bei jedem Öffnen des Kontaktes unter Strom unbedingt gefährdet sind. Es empfiehlt sich daher, mit einer Stromquelle kleiner Spannung (z. B. 2 V-Zelle) zu arbeiten und eine doppelte Spannungsteilerschaltung nach Abb. 63 vorzusehen. Dabei soll der 2. Spannungsteiler S_2 so bemessen sein, daß durch seinen, dem Kontakt parallel liegenden Teil etwa derselbe Strom wie durch den Kontakt fließt. Dann ist der Spannungsanstieg am Kontakt bei dessen Öffnen nur mäßig.

Gerätevorschläge für das Studienpraktikum. Prüfling: Steckkontakt für kleine Stromstärken, z. B. Lichtstecker; Nennstrom 10 A, also zwischen 1 und 10 A messen; dementsprechend Meßbereich des Strommessers; die Spannungsanschlüsse werden an die Buchse und am oberen Ende des Steckerstiftes angelötet; Meßbereich des Spannungsmessers hängt sehr von der Oberfläche der Kontakte, also dem Kontaktwiderstand ab; Stecker mit Federkontakten (also Starkstrom- und Bananenstecker) haben meist Widerstände zwischen 0,1 und 10 mΩ, kegelige Meßstöpsel und Klemmkontakte zeigen niedrigere Werte; Spannungsmeßbereiche daher bei 10 A um etwa 1 mV erforderlich; daher meist Meßgeräte mit Massezeiger und Spitzenlagerung nicht ausreichend, sondern Geräte mit Bändchenaufhängung oder Lichtzeiger (z. B. Lichtmarkengeräte) notwendig; Batterie 2 V; Spannungsteiler S_1 etwa 0,2 Ω, 25 A, S_2 etwa 0,1 Ω, 20 A.

e) Versuchsdurchführung. Man überzeugt sich zunächst, ob der Kontakt so fest sitzt, daß ein selbsttätiges Öffnen und damit eine Gefährdung des Spannungsmessers ausgeschlossen ist. Dann wird mit der

Spannung Null am Spannungsteiler beginnend sehr vorsichtig heraufgeregelt, um festzustellen, ob der Meßbereich des Spannungsmessers passend gewählt war. Darauf kann mit der Durchführung der Versuche begonnen werden. Wegen der starken Streuung aller Kontaktwiderstände ist jede mit steigender Stromstärke zu fahrende Meßreihe fünfmal vorzunehmen. Zu jeder Meßreihe wird der Strom neu ein- und ausgeschaltet. Während der Messungen darf der Kontakt keinesfalls geöffnet werden, da sonst eine Beschädigung des Spannungsmessers eintreten kann.

f) Auswertung. Die Einzelwiderstände berechnet man aus Stromstärke und Spannung nach dem Ohmschen Gesetz und bildet aus den je 5 Ergebnissen den Durchschnitt nach Gl. (5). Der Kontaktwiderstand wird abhängig von der Stromstärke aufgetragen.

37. Widerstandserhöhung durch Stromverdrängung.

a) Aufgabe. An einem 1 m langen, geraden und kreiszylindrischen Kupferdraht von einigen mm Durchmesser soll die Abhängigkeit des Wechselstrom-Wirkwiderstandes, also der Einfluß der Stromverdrängung, von der Frequenz gemessen werden. Die gemessene Widerstandszunahme ist mit der berechneten zu vergleichen.

b) Grundlagen. Die Größe der Stromverdrängung und damit der Widerstandsvergrößerung bei Wechselstrom steigender Frequenz ist abhängig von dem dimensionslosen Parameter (Zahlenwertgleichung!):

$$k = 0{,}495 \cdot 10^{-3}\, d \sqrt{f \cdot \mu \cdot \varkappa}, \tag{96}$$

wo d der Drahtdurchmesser in mm, f die Frequenz in Hz, μ die relative Permeabilität und $\varkappa$ die Leitfähigkeit in S m/mm² ist, für Kupfer also $\mu = 1$ und $\varkappa = 56$ bei 20° C:

$$k = 0{,}0037 \cdot d \sqrt{f}. \tag{96a}$$

In dem hier in Frage kommenden Näherungsbereich $k < 1$ gilt nun für das Verhältnis von ohmschen Wechselstromwiderstand R_w zum Gleichstromwiderstand R_0, also für den Stromverdrängungsfaktor

$$\zeta = \frac{R_w}{R_0} = 1 + \frac{k^4}{3} \tag{97}$$

(Grenzen des Gültigkeitsbereichs für $k = 1$, also $\zeta = 1{,}33$ vgl. Tabelle 10, S. 119).

c) Schrifttum: Lit. 2; Stromverdrängung in einem Leiter vgl. z. B. Lit. 43, 44, 45, 47, 50.

d) Schaltung und Versuchsanordnung. Die Messung der Widerstände soll aus Stromstärke und Spannung erfolgen (vgl. Versuch 31). Da es sich um relativ kleine Widerstände handelt, ist Schaltung Abb. 30a zu benutzen, bei der der Spannungsmesser unmittelbar an den Prüfling, hier also an die Enden des zu untersuchenden Kupferdrahtes anzuschließen ist. Wie bei allen Messungen von Wechselspannungen am gestreckten Leiter muß man durch Führung der Meßleitungen dicht am

Prüfling dafür sorgen, daß eine Spannungsinduktion in der aus Prüfling, Meßleitungen und Spannungsmesser bestehenden Schleife durch den magnetischen Fluß des Leiters vermieden bzw. hinreichend klein gehalten wird. Man verlegt die dünn isolierten Meßleitungen hierzu unmittelbar auf die Oberfläche des Prüflings etwa dadurch, daß man sie durch umwickeltes Band befestigt und kröpft sie dann z. B. in der Mitte des Prüflings zum Spannungsmesser hin ab, wobei die Leitungen verdrillt weiterzuführen sind (vgl. Abb. 64).

Die beschriebene Anordnung ermöglicht eine hinreichend genaue Messung nur, wenn die zusätzliche Induktionsspannung in der Meßleitungsschleife vernachlässigt werden kann. Diese Spannung ist der Frequenz proportional, während der Wirkspannungsabfall im Leiter sich bei gleicher Stromstärke und fallender Frequenz gemäß Gl. (97) einem konstanten Wert nähert. Der Verlauf der gemessenen Frequenzabhängigkeit bei kleinen Frequenzen läßt also erkennen, inwieweit die Führung der Meßleitungen einwandfrei war. Außerdem muß der bei kleinen Frequenzen gemessene Spannungs- bzw. Widerstandswert mit dem mit Gleichstrom gemessenen entsprechenden Wert im Rahmen der Meßgenauigkeit der verwendeten Meßgeräte übereinstimmen. Dieses ist nachzuprüfen.

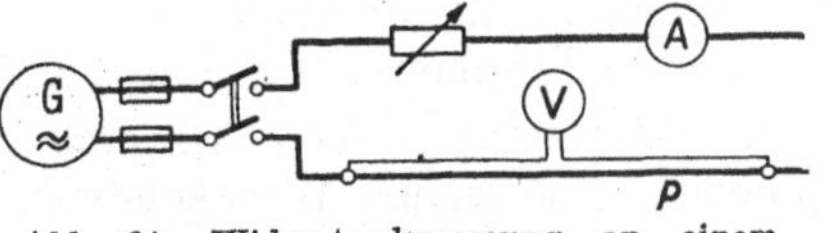

Abb. 64. Widerstandsmessung an einem gestreckten Leiter P bei Wechselspannung.

Die Spannungsabfälle sind am Prüfling nur gering. Zur Spannungsmessung muß daher bei Wechselspannung im allgemeinen ein Röhrenvoltmeter verwendet werden. Als Stromerzeuger benutzt man zweckmäßig eine Tonfrequenzmaschine entsprechender Regelbarkeit, z. B. in LEONARDschaltung des Antriebsmotors. Die Frequenz wird aus der Messung der Drehzahl n und der Polpaarzahl p des Wechselstromgenerators bestimmt:

$$f = \frac{p \cdot n}{60} \tag{98}$$

(mit n in Uml/m und f in Hz). Meßsender oder ähnliche Röhrengeneratoren zur Erzeugung der Tonfrequenz sind wegen der benötigten Stromstärken von mehreren Ampere weniger geeignet.

Tabelle 10. Frequenzbereiche, Stromstärke und Spannung zu Versuch 37 für Kupferleiter.

Drahtdurchmesser	2	3	4	5	mm
Frequenz für $\zeta = 1{,}01$	3150	1400	790	505	Hz
Frequenz für $\zeta = 1{,}10$	9950	4440	2500	1590	Hz
Frequenz für $\zeta = 1{,}33$	18200	8130	4570	2920	Hz
Meßstromstärke	6	10	15	20	A
Wirkspannungsabfall	34	25,5	21,5	18,2	mV/m

Gerätevorschläge für das Studienpraktikum. Die Meßstromstärke muß hinreichend niedrig sein, daß keine merkliche Erwärmung auftritt; die in Tabelle 10 angegebenen Stromstärken ergeben bei freier horizontaler Aufhängung etwa 1 ··· 2° C Übertemperatur; für den dann notwendigen Meßbereich des Spannungsmessers vgl. ebenfalls Tabelle 10; die angegebenen Zahlen gelten für den Gleichstromwiderstand von Kupfer bei 20° C; Wahl des Frequenzbereichs nach verfügbarer Tonfrequenzmaschine und zwischen Frequenzen für $\zeta = 1{,}01 \cdots 1{,}33$ nach Tabelle 10; für die Feststellung der Konstanz von ζ bei kleinen Frequenzen Ausweitung des Bereichs nach unten bis etwa $^1/_3$ der Frequenz für $\zeta = 1{,}01$.

e) Versuchsdurchführung. Man mißt zunächst den Gleichstromwiderstand zweckmäßig mit derselben Stromstärke, die für die Wechselstromversuche vorgesehen ist, um nahezu dieselben Erwärmungsverhältnisse zu bekommen (Schaltung wie Abb. 64, jedoch Gleichstromquelle und Gleichstrom-Spannungsmesser). Anschließend wird eine Wechselstrommessung bei niedriger Frequenz (kleiner als der Frequenz für $\zeta = 1{,}01$ nach Tabelle 10) gemacht, um die Übereinstimmung zu prüfen. Unsicherheiten von einigen Prozent müssen schon wegen der geringen Genauigkeit der Röhrenvoltmeter in Kauf genommen werden.

Für die Einzelmessungen wählt man Frequenzen, die etwa um den Faktor 1,2 auseinanderliegen (also z. B. 200, 240, 290 usw.). Die Stromstärke hält man bei allen Versuchen einer Meßreihe konstant, um etwa gleichmäßige Erwärmung zu haben (streng genommen sollte I^2 bei steigender Frequenz im gleichen Maße abnehmen, in dem R_w zunimmt).

f) Auswertung. Die Abweichung des bei genügend kleinen Frequenzen gemessenen Wechselstrom-Widerstandes von dem mit Gleichstrom gemessenen ist ein Maß für die Zuverlässigkeit der Wechselstrom-Messungen. Zunächst trägt man dann die einzelnen Ergebnisse für R_w über der Frequenz f auf, legt die Kurve hindurch und extrapoliert diese bis $f = 0$: Wert R_0. Dann bildet man für alle Meßpunkte $\zeta = R_w : R_0$ und trägt diese zusammen mit der aus k nach Gl. (97) berechneten ζ-Kurve auf, so daß gemessene und theoretische Werte miteinander verglichen werden. Falls der Frequenzbereich nach oben über einen Wert entsprechend $k = 1$ bzw. $\zeta = 1{,}33$ ausgedehnt wurde, ist zu beachten, daß die Näherung Gl. (97) hier nicht mehr gilt.

4. Magnetische Messungen.

40. Allgemeines.

Im Entwicklungslaboratorium, im Prüffeld und in der Fertigungskontrolle handelt es sich bei magnetischen Messungen in der Hauptsache darum, magnetische Felder in ihrem Verlauf auszumessen (Versuch 41) oder Eisen für magnetische Zwecke zu untersuchen (Versuche 42, 46).

Bei der Ausmessung von Feldern kommt es hauptsächlich darauf an, die Größe von Feldstärke $\mathfrak{H}$ oder Induktion $\mathfrak{B}$ an bestimmten Stellen (z. B. in den Luftspalten von Maschinen oder Magneten) oder auch den Gesamtverlauf des Feldes nach Größe und Richtung zu ermitteln, um z. B. Streu- und Nutzfluß trennen zu können. Die Eisenuntersuchung erstreckt sich auf die Aufnahme der Magnetisierungslinie oder Hystereseschleife, auf die Bestimmung der Eisenverluste und (bei harten Eisensorten) auf die Messung von Koerzitivkraft und Remanenz.

a) Magnetische Feldstärke und Induktion sind daher die Größen, die am meisten gemessen werden müssen. Ihre meßtechnische Definition geht von dem Induktionsgesetz aus und legt zunächst die Induktion $\mathfrak{B}$ bzw. den Fluß Φ durch die bei seinem Verschwinden erzeugte Spannung u bzw. davon bewegte Elektrizitätsmenge Q im Meßstromkreis vom Widerstand R fest. Man mißt Induktionen also mit Prüfspulen (Induktionsspulen) so geringer Abmessungen, daß der sie durchsetzende Fluß praktisch homogen ist. Dann gilt

$$\Phi = \mathfrak{B} \cdot \mathfrak{F}, \tag{99}$$

wo $\mathfrak{F}$ die (mittlere) Fläche der Prüfspule ist[1]. Streng ist diese Fläche nur für einen einzelnen Drahtring (eine Windung) definiert. Bei Spulen arbeitet man praktisch mit der „mittleren Windungsfläche" aller Windungen. Wird die Spule aus dem zu messenden Feld herausgezogen oder in dieses hineingestoßen (oder auch das Feld selbst zum Verschwinden gebracht oder erzeugt), so entsteht die Spannung $u = -w\, d\Phi : dt$, die im Meßkreis den Strom $i = u : R$ hervorruft; es ist also

$$i = -\frac{w}{R}\frac{d\Phi}{dt} \quad \text{oder} \quad i\,dt = -\frac{w}{R}\,d\Phi.$$

Integriert man beiderseits über die Meßzeit, so erhält man links die in Bewegung gesetzte Elektrizitätsmenge $Q = \int i\,dt$. Berücksichtigt man noch Gl. (99), so kommt unter Vernachlässigung des Vorzeichens

$$Q = \frac{w\mathfrak{F}}{R} \cdot \mathfrak{B} \quad \text{oder} \quad \mathfrak{B} = \frac{R}{w\mathfrak{F}} \cdot Q \tag{100}$$

als Definitionsgleichung für die Messung von $\mathfrak{B}$ aus der bewegten Elektrizitätsmenge Q. Hierauf beruhen die ballistischen Meßverfahren (vgl. Abschnitt 40d).

Ist $\mathfrak{B}$ in einem Medium (z. B. Eisen) zu messen, so kann man die Prüfspule in enge scheibenförmige Schlitze senkrecht zur Induktionsrichtung bringen (nach Aufgabe 51 des AEF in ETZ 1941, S. 765) und so die Induktion messen, da ihre Normalkomponente ja beim Durchgang durch eine Trennfläche zwischen verschiedenen Medien unverändert bleibt.

Für die magnetische Feldstärke $\mathfrak{H}$ gilt der Durchflutungssatz

$$\oint \mathfrak{H}\, d\mathfrak{l} = \Theta \tag{101}$$

mit Θ als der die Feldstärke verursachenden elektrischen Durchflutung. Da das magnetische Feld meist durch Spulen von w Windungen erzeugt wird, in denen der Strom I fließt, ist dann $\Theta = wI$. Kann $\mathfrak{H}$ längs einer Linie $\mathfrak{l}$ als konstant angesehen werden, so wird

$$\mathfrak{H} = \frac{wI}{\mathfrak{l}}. \tag{102}$$

Diese Gleichung sucht man bei allen Feldstärkemessungen zu benutzen (vgl. Abschnitt 40c).

---

[1] $\mathfrak{B}\,\mathfrak{F}$ ist das skalare Produkt von 2 Vektoren. Stehen $\mathfrak{B}$ und $\mathfrak{F}$ senkrecht aufeinander, so stimmt es mit dem gewöhnlichen algebraischen Produkt überein; bilden $\mathfrak{B}$ und die Flächennormale von $\mathfrak{F}$ den Winkel α miteinander, so ist $\mathfrak{B} \cdot \mathfrak{F} = |\mathfrak{B}| \cdot |\mathfrak{F}| \cos\alpha$. Das Produkt $\mathfrak{B} \cdot \mathfrak{F}$ kann also auch durch Multiplikation der Fläche mit der $\mathfrak{B}$-Komponente in Richtung der Flächennormalen berechnet werden.

Die strenge meßtechnische Definition der Feldstärke geht über die Induktionskonstante μ_0 und die Induktion im Vakuum:

$$\mathfrak{H} = \frac{\mathfrak{B}}{\mu_0}, \tag{103}$$

wo nach den gegenwärtig zuverlässigsten Messungen $\mu_0 = 1{,}25606 \cdot 10^{-8}$ H/cm (gemäß DIN 1348) oder 1,25606 Gcm/A ist. Innerhalb eines Mediums (z. B. Eisen) kann man $\mathfrak{H}$ dann in einem engen, fadenförmigen Kanal, dessen Richtung mit der der Induktion zusammenfällt, aus dieser Induktion $\mathfrak{B}$ nach Gl. (103) messen (vgl. Aufgabe 51 des AEF in ETZ 1941, S. 765), da die Tangentialkomponente der Feldstärke zu beiden Seiten einer Trennfläche zwischen verschiedenen Medien stets gleich ist.

b) Magnetische Einheiten. Für die Größe und die Umrechnung vom absoluten in das praktische Maßsystem vgl. Anhang 1. Die absolute Feldstärkeneinheit Oerstedt wird in der praktischen Elektrotechnik nicht benutzt. Dagegen verwendet man seiner bequemen Größe wegen immer noch vorwiegend die absolute Einheit Gauß (G) für die Induktion. Bei gleichzeitiger Verwendung des A/cm für die Feldstärke empfiehlt es sich, die Induktionen erst in der praktischen Einheit Vs/cm² zu berechnen und dann in Gauß umzurechnen: $1\ \text{G} = 10^{-8}\ \text{Vs/cm}^2$ bzw. $1\ \text{Vs/cm}^2 = 10^8\ \text{G}$. Entsprechend gilt für den magnetischen Fluß Φ dann: 1 M (Maxwell) $= 10^{-8}$ Vs und 1 Vs $= 10^8$ M.

c) Messung der Feldstärke. Die einfache Gl. (102) führt die Messung der magnetischen Feldstärke auf eine Strommessung zurück, vorausgesetzt, daß $\mathfrak{H}$ längs $\mathfrak{l}$ konstant ist. Streng genommen trifft das nur in einer geraden, unendlich langen Spule, sehr angenähert in einer Kreisringspule (Toroidspule) oder in einer gleichmäßig bewickelten *geraden Spule* zu, deren Länge groß gegen den Durchmesser ist, da bei dieser der magnetische Spannungsbetrag $\int \mathfrak{H}\, d\mathfrak{l}$ außerhalb gegen jenen innerhalb der Spule vernachlässigbar ist (vgl. Versuch 41 D). Im Mittelpunkt der langen Spule ist die wahre Feldstärke von der aus Gl. (102) berechneten nur um 1% bzw. 1‰ verschieden, wenn das Verhältnis Länge l zu Durchmesser d der Spule mindestens 7,1 bzw. 22,4 ist. Ist die Spule kürzer oder der Fehler noch zu groß, so setzt man in Gl. (102) an Stelle der Spulenlänge l die Diagonale des Spulenlängsschnittes ein bzw. rechnet mit der Gleichung

$$\mathfrak{H} = \frac{wI}{l} \cdot \frac{1}{\sqrt{1 + (d/l)^2}}. \tag{104}$$

Mit Rücksicht auf die Feldstärkemessung wählt man Eisenproben für exakte Messungen gern in Ringform (vgl. Versuch 42B) oder setzt einen Ring zusammen (vgl. Versuche 42C und 42D), wobei dann aber von wI die zur Magnetisierung der Luftspalte erforderlichen Anteile in Abzug gebracht werden müssen (vgl. Abschnitt 42A mit Abb. 69).

Für die Messung eines beliebigen Feldstärkeverlaufs bzw. von magnetischen Spannungen vgl. Abschnitt 43.

d) Messung der Induktion. Das meist einfachste und daher auch praktisch wichtigste Verfahren ist das der Messung aus der in einer Prüfspule induzierten Spannung bzw. bewegten Elektrizitätsmenge nach Abschnitt 40a). Die Messung von *Wechselfeldern* kann unmittelbar aus dem Induktionsgesetz durch Spannungsmessung erfolgen. Es ist der Höchstwert der Induktion in der Prüfspule bei Sinusverlauf:

$$\mathfrak{B}_m = \frac{U}{4{,}44 \cdot w \cdot f \cdot \mathfrak{F}}, \tag{105}$$

wo U der Effektivwert der induzierten Spannung, w die Windungszahl der Prüfspule, f die Frequenz und $\mathfrak{F}$ die (mittlere) Spulenfläche bzw. deren Projektion auf die Normalebene zu $\mathfrak{B}_m$ ist. Voraussetzung für die $\mathfrak{B}$-Messung ist wie oben in Abschnitt 40a), daß $\mathfrak{B}_m$ innerhalb der Spulenfläche praktisch konstant, die Prüfspule also klein genug ist. Für die Spannungsmessung müssen hochohmige Geräte verwendet werden, damit die gemessene Klemmenspannung U_k mit der induzierten Spannung U genügend übereinstimmt. Gegebenenfalls sind Prüfspule und Spannungsmesser zusammen zu eichen (z. B. in einer langen Spule nach Abschnitt 40c, vgl. Versuch 41B), so daß unmittelbar $\mathfrak{B}_m = f(U_k)$ erhalten wird und sich eine Berechnung nach Gl. (105) erübrigt.

Bei der Messung der Induktion von Gleichfeldern kann man denselben Weg der Spannungsmessung einschlagen, indem man die Prüfspule im zu messenden Feld rotieren oder schwingen läßt. Die Schwierigkeiten dieser Anordnungen liegen bei der Drehspule in der Notwendigkeit der Abnahme der kleinen Spannungen über Schleifringe und Bürsten, ferner in der Einwirkung von Thermospannungen und in der erforderlichen genauen Drehzahlmessung, bei der Schwingspule in der Herstellung gleich bleibender und genau definierter Schwingungen. Neben der direkten Spannungsmessung wird die mittelbare Messung im Kompensationsverfahren angewandt.

Meist einfacher ist bei Gleichfeldern die ballistische Messung der Elektrizitätsmenge Q und daraus die Berechnung von $\mathfrak{B}$ nach Gl. (100). Man benutzt zur Messung von Q ballistische Galvanometer (vgl. Versuch 13 C), bei denen der erste Ausschlag bis zum Umkehrpunkt der Elektrizitätsmenge proportional ist, oder aber stark gedämpfte sog. Kriechgalvanometer oder Fluxmeter, die sich schnell einstellen, aber nur sehr langsam zurückkriechen, so daß das System durch einen entgegengesetzten Stromstoß zurückgeführt werden muß, um das Gerät schnell für eine neue Messung bereit zu halten.

Außer durch die induktiven Verfahren werden Gleichfelder noch durch die Kraftwirkungen auf stromdurchflossene Leiter (z. B. beim Koepselapparat nach Versuch 42 D) oder auf Eisenteile (vgl. Versuch 41 A) oder auch durch Wismutspiralen gemessen, deren elektrischer Widerstand von der magnetischen Induktion abhängt.

41. Aufnahme von Feldbildern.

Je nachdem, ob der Feldverlauf nur qualitativ oder auch quantitativ ermittelt werden soll und ob es sich um Gleich- oder Wechselfelder handelt, sind verschiedene Verfahren gebräuchlich, von denen einige im folgenden berücksichtigt werden.

41 A. Aufnahme von Gleichfeldern mit Eisenfeilspänen.

a) Aufgabe. Es sollen die magnetischen Felder folgender Anordnungen aufgenommen werden (bei solchen mit Eisen nur die Feldverläufe in Luft):

1. Felder stromdurchflossener Leiter, und zwar 1 gerader Leiter, 2 parallele gerade Leiter mit gleicher und entgegengesetzter Stromrichtung, stromdurchflossene Spule, ferner stromdurchflossener Leiter und stromdurchflossene Spule im annähernd homogenen äußeren Felde,

2. Felder permanenter Magnete, und zwar Stabmagnet, Hufeisenmagnet, ferner 2 Stabmagnete mit gleichen und ungleichen Polen in Gegenüberstellung,

3. Felder von Weicheisenstücken (quader- oder zylinderförmig) im annähernd homogenen Feld und teilweise in eine Spule hineinragend. Die Eisenfeilspanbilder sind in Feldlinienbilder üblicher Art zu übertragen.

b) Grundlagen. Jedes magnetische Feld enthält Energie, deren Größe von $\mathfrak{B}$ und $\mathfrak{H}$ abhängt. Befindet sich in ihm ein magnetisch wirksamer Körper, z. B. Eisen, und kann der Energieinhalt am Orte des Körpers durch eine Lagenänderung von ihm verringert werden, so wirkt auf den Körper eine mechanische Kraft. Ist der Körper beweglich, so kommt die Lageänderung dadurch zustande, daß der Differenzbetrag der magnetischen Energie in mechanische Energie umgesetzt wird.

Bei einem gestreckten Eisenkörper (z. B. Stab, Magnetnadel, Eisenfeilspan) ist das Energieminimum dann vorhanden, wenn die Längsachse des Körpers die Richtung der Feldlinien hat, da die Feldstärke bei gleicher Induktion in Eisen sehr viel kleiner als in Luft ist. Daher drehen sich Stäbe, Magnetnadeln und Eisenfeilspäne in die Richtung der Feldlinien und geben dadurch deren Richtung an, was bei den Eisenfeilspanbildern ausgenutzt wird.

c) Versuchsanordnung. In der Ebene der Eisenteile bzw. senkrecht zur Richtung der stromdurchflossenen Leiter wird ein waagerecht liegendes Blatt von glattem, ebenem Karton angeordnet. Die Leiter werden mit einem Strom solcher Größe beschickt, daß sich die Eisenfeilspäne leicht einstellen (durch Vorversuch feststellen!).

d) Versuchsdurchführung. Man bestreut das Kartonblatt möglichst gleichmäßig und nicht zu dicht mit feinen Eisenfeilspänen, am besten aus einer Streubüchse mit durchlöchertem Deckel. Dann klopft man leicht an den Karton, um die Reibung der Späne zu vermindern. Die Stöße dürfen nur so stark sein, daß sich die Späne wohl drehen, nicht aber auf dem Karton fortbewegen können. Finden solche Wanderungen statt, die eine gleichmäßige Belegung des Feldes mit Spänen stören, so wiederhole man den Versuch mit neuem Bestreuen.

e) Auswertung. Beim Abzeichnen des Feldbildes ist zu beachten, daß alle Feldlinien stets geschlossen sind (wo sie im Bilde scheinbar an der Eisenoberfläche enden, verlaufen sie innerhalb des Eisens weiter).

Es dürfen im Luftraum also keine Feldlinien frei beginnen. Für das Aufzeichnen des Verlaufs halte man sich an die in jedem Grundlagenbuch der Elektrotechnik oder Physik wiedergegebenen Feldlinienbilder. Ein gutes Hilfsmittel, einen richtigen Feldlinienverlauf zu erhalten, besteht darin, daß man Äquipotentiallinien einträgt, die überall senkrecht auf den Feldlinien stehen müssen und quer durch das ganze Feld auch durchgehend zu zeichnen sind.

41 B. Aufnahme eines Wechselfeldes mit einer Prüfspule.

a) Aufgabe. Für eine Flachspule von etwa 30 cm Durchmesser ist die Verteilung des magnetischen Feldes nach Größe und Richtung in einer Meridianebene der Spule zu bestimmen. Aus der punktweisen Aufnahme sind einige Feldlinien zu zeichnen, die in der Ebene der Flachspule gleiche Abstände voneinander haben. Außerdem sollen einige Linien eingezeichnet werden, längs deren die Induktion konstant ist (also „Äqui-Induktions-Linien", nicht Äquipotentiallinien!).

b) Grundlagen. Da das Feld in Luft, also einem einheitlichen Medium von $\mu \approx 1$ zu messen ist, sind $\mathfrak{H}$ und $\mathfrak{B}$ proportional. Man hat also nur die Induktion $\mathfrak{B}$ gemäß Abschnitt 40d) zu messen, wobei $\mathfrak{B}$ aus Gl. (105) berechnet oder der nach Versuch 41 D gewonnenen Eichung entnommen wird.

c) Schrifttum: Lit. 1 (Abschn. V 39), 3.

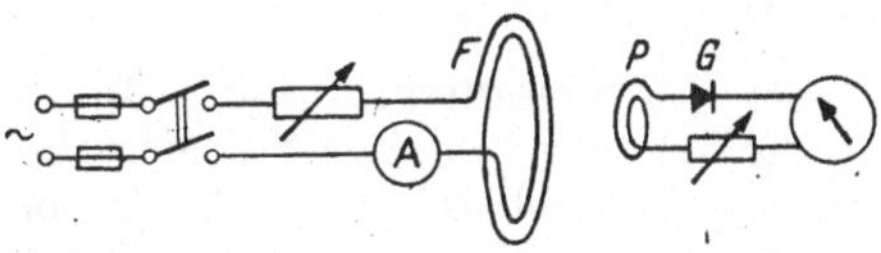

Abb. 65. Ausmessung eines Wechselfeldes. *F* Flachspule, *G* Gleichrichter, *P* Prüfspule.

d) Schaltung und Versuchsanordnung. Die auszumessende Flachspule wird mit einer möglichst hohen Stromstärke gespeist, um in der Prüfspule nicht zu kleine Spannungen zu erhalten. Je nach ihrer Größe ist die Auswahl des Spannungsmessers zu treffen. Bis etwa 30 mV Meßbereich herab stehen handelsübliche Drehspulgeräte mit Gleichrichter und Thermoumformer zur Verfügung, bei denen jedoch der Innenwiderstand nur gering ist, so daß Prüfspule und Meßgerät zusammen geeicht werden müssen. Die hochohmigen Röhrenvoltmeter gestatten Messungen bis zu weniger als 0,1 mV herab. Im Bedarfsfall können hochempfindliche Drehspulgeräte (Spiegelgalvanometer oder Lichtmarkengeräte) mit vorgeschaltetem Gleichrichter Verwendung finden, was in der hier beigegebenen Schaltung Abb. 65 angenommen ist.

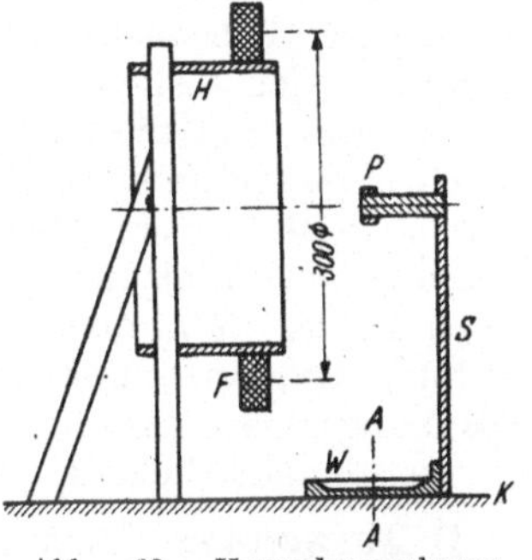

Abb. 66. Versuchsanordnung zur Ausmessung von Feldern mit einer Prüfspule. *A*—*A* Drehachse der Prüfspule, *F* Flachspule, *H* Hartpapierrohr, *K* Grundplatte mit Koordinatennetz. *P* Prüfspule, *S* Stativ, *W* Winkelteilung 360°.

Um die punktweise Ausmessung des Feldes nach Größe und Richtung zu ermöglichen, bringt man die Prüfspule P nach Abb. 66 zweckmäßig auf einem Stativ S an, das um eine Achse A—A drehbar ist. Dazu stellt man die Ebene der zu untersuchenden Flachspule F senkrecht, so daß die Meßebene waagerecht liegt. Das Stativ stellt man auf eine mit Koordinatennetz versehene Unterlage K, ferner sieht man eine Winkelskala W vor, so daß Ort und Winkel leicht abgelesen werden können. Abb. 66 gibt einen geeigneten Aufbau schematisch wieder. Zu beachten ist, daß alle Konstruktionsteile zur Vermeidung von Wirbelstrombildung und Feldverzerrungen aus nichtmetallischen Werkstoffen hergestellt werden müssen (z. B. Hartpapier). Es ist weiter darauf zu sehen, daß sich besonders Eisenteile auch sonst nicht in der Nähe befinden. Endlich sind die Zuleitungen zur Prüfspule gut zu verdrillen, damit durch sie keine neue Windung entsteht.

Gerätevorschläge für das Studienpraktikum. Felderregende Flachspule aus rund 1000 Windungen von Kupferdraht 0,8 ··· 1,0 mm Durchmesser, Stromstärke einige A, erforderliche Erregerspannung etwa 100 V; Induktion in Spulenmitte dann um 100 Gauß; Prüfspule $w = 500$ Windungen aus Draht von 0,4 mm Durchmesser, mittlerer Windungsdurchmesser 20 mm, also Wirkwiderstand 4,5 Ω, induzierte Spannung bei 50 Hz und Prüfspule in Mitte der Flachspule etwa 0,5 V, in 15 ··· 20 cm Abstand von der Mitte nur noch etwa 1/10 davon; damit der Spannungsmesser praktisch die induzierte Spannung mißt, muß er also mindestens etwa 500 Ω Eigenwiderstand haben, sonst ist Eichung nach Versuch 41 D erforderlich; im vorliegenden Fall empfiehlt sich die Verwendung eines Lichtmarkengerätes von etwa 10^{-5} V/Skalenteil Ausschlag bei rund 1000 Ω und vorgeschaltetem Trockengleichrichter und Vorwiderstand von etwa 1000 Ω zur Einstellung der Empfindlichkeit.

e) Versuchsdurchführung. In Vorversuchen wird festgestellt 1. die dauernd zulässige Stromstärke in der Flachspule, die während der ganzen Versuchsreihe sorgfältig konstant gehalten werden muß, und 2. die notwendige Empfindlichkeit des Spannungsmessers. Außerdem ist der aus Prüfspule und Spannungsmesser bestehende Meßkreis gegebenenfalls vorher nach Versuch 41 D zu eichen[1].

In den Meßreihen selbst braucht aus Symmetriegründen nur ein Quadrant der Meßebene durchgemessen zu werden; zum Fehlerausgleich kann man die Ausmessung über 2 Quadranten erstrecken. Bei 30 cm Spulendurchmesser genügt die Aufnahme eines Punktfeldes, dessen Punkte 5 cm Abstand voneinander haben. Bei jeder Einzelmessung bestimmt man zunächst den Richtungswinkel des magnetischen Feldes (Minimums- oder Maximumspeilung!), dann wird in der Stellung des Spannungsmaximums die Größe der Induktion aus der Spannungsmesser-Anzeige bestimmt. Winkel und Betrag schreibt man in eine übersichtliche Tabelle ein.

f) Auswertung. Richtungen und Größe der Induktion trägt man in einem passenden Maßstab (1 cm = x Gauß) in ein Blatt karierten oder Millimeterpapieres in 1 : 2 verkleinert ein. Dann zeichnet man etwa 6 Feldlinien auf die halbe Spulenbreite und bestimmt die in der Aufgabe geforderten Äqui-Induktionslinien, die ein Bild darüber vermitteln, wie stark das Feld in den einzelnen Richtungen abnimmt.

---

[1] Eine Eichung empfiehlt sich auch bei Spannungsmessern mit großem Widerstand schon deshalb, weil die mittlere Windungsfläche der Prüfspule nicht mit der wirksamen übereinzustimmen braucht.

41 C. Ballistisches Verfahren der Feldmessung.

a) Aufgabe. Der Verlauf der magnetischen Induktion ist im Luftspalt einer Gleichstrommaschine über eine doppelte Polteilung zu messen.

b) Grundlagen. Das magnetische Feld ist unter dem Polschuh im wesentlichen konstant. An den Polspitzen und im Bereich des Wendepoles ändert sich die Größe der Induktion jedoch sehr stark. Man muß also schmale Prüfspulen verwenden, damit die Konstanz von $\mathfrak{B}$ innerhalb der Spulenfläche wenigstens einigermaßen gewährleistet ist.

Die Messung der Induktion erfolgt nach Abschnitt 40d) ballistisch unter Berechnung von $\mathfrak{B}$ aus Q nach Gl. (100) oder besser auf Grund der Eichung der Prüfspule mit Galvanometer nach Versuch 41 D.

c) Schrifttum: Feldausmessung: Lit. 2, 4 (Bd. II); ballistisches Galvanometer: Lit. 1 (Abschnitt J 727) 2, 3, 5, 8, 9, 10, 11, 40.

d) Schaltung und Versuchsanordnung. Die schmale Prüfspule wird über hinreichend lange, gut verdrillte Leitungen an den Vor- und Nebenwiderstand des Galvanometers nach Abb. 67 angeschlossen. Das Galvanometer stellt man in genügender Entfernung von der Maschine auf, so daß deren magnetisches Störfeld unbedeutend ist. Im übrigen vgl. für die Aufstellung Abschnitt d) von Versuch 13 A.

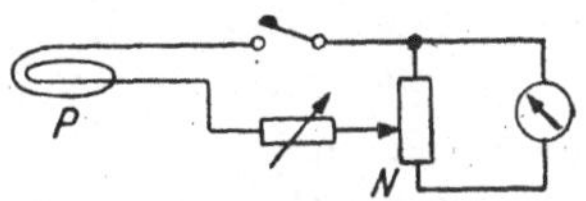

Abb. 67. Meßkreis zur ballistischen Messung. N Nebenwiderstand, P schmale Prüfspule.

Gerätevorschläge für das Studienpraktikum. Zur Untersuchung eignet sich jede nicht zu kleine, offene Gleichstrommaschine, deren Luftspalt zugänglich ist; die Prüfspule erhält bei einigen mm Breite eine Windungsfläche von etwa 1 cm²; Windungszahl etwa 100, gewickelt aus Kupferdraht von etwa 0,2 mm Durchmesser; Widerstand dann rund 5 Ω; Vor- und Nebenwiderstand des Galvanometers so bemessen, daß der resultierende Gesamtwiderstand beider und der Prüfspule dem aperiodischen Grenzwiderstand des Galvanometers etwa entspricht; ballistische Konstante des Galvanometers (vgl. Versuch 13 C) mindestens etwe $10^{-8} \cdots 10^{-9}$ C/mm, damit für Felder von 1000 Gauß noch Ausschläge von einigen cm entstehen.

e) Versuchsdurchführung. Sofern für die gewählte Einstellung des Vor- und Nebenwiderstandes zum Galvanometer keine Eichkurve vorliegt, ist diese nach Versuch 41 D aufzunehmen. Die erforderlichen Empfindlichkeiten berechnet man überschläglich nach Gl. (100) und Gl. (18) auf Grund der ballistischen Konstanten des Galvanometers und der Widerstände, oder man bestimmt sie durch Vorversuche.

Die zu untersuchende Maschine wird normal erregt (aber Achtung, daß sich die Erregerwicklung nicht zu stark erwärmt, da die Kühlung im Stillstand schlechter ist). Dann bringt man die Prüfspule in das Feld an der jeweils zu messenden Stelle hinein. Dabei ist es zweckmäßig, den Meßkreis zunächst noch offen zu lassen, damit das Galvanometer in Ruhe bleibt. Nun wird der Meßkreis geschlossen und die Prüfspule schnell so weit herausgezogen, daß sie sich im praktisch feldfreien Raum befindet. Der ballistische Ausschlag wird abgelesen.

f) Auswertung. Zu den einzelnen ballistischen Ausschlägen wird die zugehörige Induktion $\mathfrak{B}$ der Eichkurve entnommen. Die Meßpunkte trägt man über die Polteilung auf und legt die Kurve.

41 D. Eichung von Prüfspulen.

a) Aufgabe. Der Meßkreis nach Abb. 65 ist im Wechselfeld, der Meßkreis nach Abb. 67 im Gleichfeld einer langen Zylinderspule zu eichen.

b) Grundlagen. Wie in Abschnitt 40c) dargestellt, kann man als Eichspulen hinreichend lange, gerade Zylinderspulen zur Erzeugung eines Feldes benutzen, dessen Größe aus den Spulenabmessungen und der (durch Strommesser zu messenden) Stromstärke genügend genau berechnet werden kann. Man erhält die Feldstärke $\mathfrak{H}$ im Innern der Spule aus Gl. (104). Besteht das Feld in Luft, so ist $\mu = 1{,}0 + 3 \cdot 10^{-7}$, also ≈ 1, mithin ergibt sich für $\mathfrak{B}$ in Gauß, I in A, d und l in cm die Zahlenwertgleichung

$$\mathfrak{B} = 1{,}256 \frac{w I}{l} \cdot \frac{1}{\sqrt{1 + (d/l)^2}} \tag{106}$$

in Spulenmitte mit l als Wickellänge der w Windungen vom Durchmesser d.

c) Schrifttum: Lit. 1 (Abschn. Z 60), 2.

d) Schaltung und Versuchsanordnung. Die Eichspule wird ähnlich der Flachspule in Abb. 65 an ein passendes Gleich- bzw. Wechselstromnetz angeschlossen. Von der Genauigkeit der Strommessung und der Bestimmung der Abmessungen l und d hängt die Meßgenauigkeit ab. Man verwendet daher meist Feinmeßgeräte. Die Länge l wird von Mitte der ersten bis Mitte der letzten Windung gemessen, wobei darauf zu achten ist, daß die Spule eine ganze Windungszahl erhält und die Strom-zu- und -abführung parallel zur Spulenachse erfolgt. Der Durchmesser braucht bei einigermaßen langen Spulen nur ungefähr gemessen zu werden. Man wickelt die Spule einlagig z. B. auf ein Hartpapierrohr. Die Verwendung von Eisen (bei Wechselfeldern auch von anderen Metallen) muß an der Eichspule und in ihrer Umgebung peinlich vermieden werden. Die Prüfspule wird koaxial in der Mitte der Eichspule angebracht.

Gerätevorschläge für das Studienpraktikum. Daten einer Prüfspule vgl. Versuch 41 B; dazu passende Eichspule erhält 30 ⋯ 50 mm Durchmesser; bei 10facher Wickellänge $l = 300 \cdots 500$ mm bringt der 2. Bruch in Gl. (106) eine Korrektur von nur 0,5%, so daß er oft vernachlässigt werden kann; Spule selbst aus dünn isoliertem Kupferdraht von 0,5 ⋯ 1,0 mm Durchmesser; letzte Windungen durch Ankleben oder Anbinden gut festlegen.

e) Versuchsdurchführung. Es soll der Ausschlag α des Meßgeräts — Wechselstrom-Spannungsmesser nach Abb. 65 rechts oder ballistisches Galvanometer nach Abb. 67 (oder Kriechgalvanometer) — in Abhängigkeit von der in Mitte der Eichspule herrschenden Induktion bestimmt werden. Dazu stellt man in dem gewünschten $\mathfrak{B}$-Bereich etwa 10 ⋯ 20 Induktionen bzw. Erregerstromstärken ein und mißt zu jeder den Ausschlag. Bei Wechselfeldmessung erhält man diesen unmittelbar, bei der ballistischen Messung eines Gleichfeldes ist die Eichspule zu jeder Messung ein- oder auszuschalten oder auch umzuschalten; im letzteren Fall erhalt man doppelte Ausschläge.

f) Auswertung. Die Eichwerte sind aufzutragen und durch eine ausgleichende Kurve $\alpha = f(\mathfrak{B})$ zu verbinden. Jede Eichkurve gilt nur für die Daten des Meßkreises (Größe der Widerstände!), mit denen sie aufgenommen wurde.

42. Aufnahme von Magnetisierungslinien und Hystereseschleifen.

42 A. Allgemeines.

Bei ferromagnetischen Werkstoffen sind 𝔅 und 𝔥 nicht proportional, die Permeabilität μ ist also keine Konstante. Da ein mathematischer Ausdruck für die Abhängigkeiten von 𝔥 bisher fehlt, ist man stets auf die experimentelle Aufnahme der Funktion 𝔅 = f (𝔥) angewiesen, woraus dann auch μ errechnet werden kann. Je nach Meßverfahren und nach Anwendungszweck sind grundsätzlich die folgenden 5 „Magnetisierungslinien" zu unterscheiden:

1. Die Neukurve N nach Abb. 68a, gemessen im Gleichfeld durch stufenweise Steigerung dieses Feldes, beginnend im völlig unmagnetischen (entmagnetisierten) Zustand des Werkstoffs,

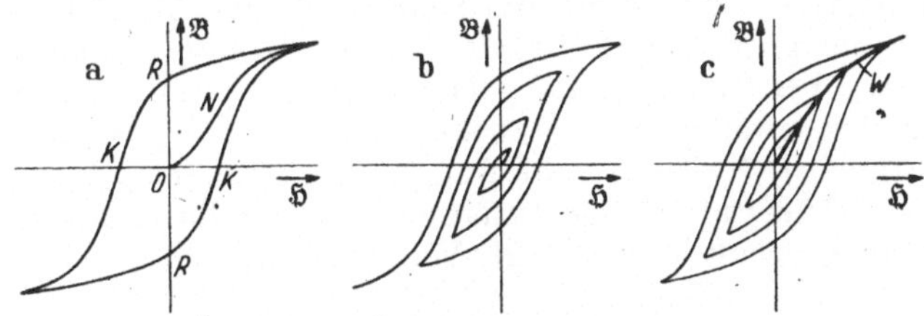

Abb. 68. Magnetisierungslinien.
a Neukurve und Hystereseschleife, b Kommutierungslinie, c Wechselstromschleifen, W Linie der Höchstwerte.

2. Die Hystereseschleife durch die Punkte R und K in Abb. 68a, gemessen im Gleichfeld durch stufenweise Änderung dieses Feldes nach beiden Richtungen, beginnend mit einer bestimmten Magnetisierung (Feldstärke) $𝔥_m$,

3. Die Kommutierungslinie, gemessen im mehrfach kommutierten Gleichfeld, wobei die Stromstärke bzw. Feldstärke nach Abb. 68b bei jeder Stromumkehr gesteigert wird,

4. Die Schleifen einer Wechselstrommagnetisierung, gemessen im ansteigenden Wechselfeld, wobei Kurven nach Abb. 68 c entstehen,

5. Mittlere Magnetisierungslinien, gewonnen aus den Umkehrpunkten der vorgenannten, wie sie z. B. für die Berechnung des magnetischen Kreises von elektrischen Maschinen und Magneten benutzt werden; die Linie W in Abb. 68c gibt für ein Wechselfeld den Zusammenhang zwischen den jeweiligen Höchstwerten von 𝔥 und 𝔅 an.

Zur Aufnahme der Kurven sind 𝔅 und 𝔥 zu messen. Die Induktion bestimmt man aus einer unmittelbar um die Eisenprobe gewickelten Prüfspule. Bei Wechselfeldern kann 𝔅 unmittelbar aus der induzierten Spannung, bei Gleichfeldern im ballistischen Verfahren erhalten werden (vgl. Abschnitt 40 d).

Die Messung der Feldstärke nimmt man über die Strommessung der magnetisierenden Spule vor. Damit der magnetische Fluß ganz in dem zu untersuchenden Eisen verläuft, müssen Ringanordnungen benutzt werden (vgl. Abschnitt 40 c). Bei dem einfachen Ringverfahren erhält die Probe selbst Ringform; besteht sie aus geschlossenen Eisenringen, so ist $\mathfrak{H}$ in der ganzen Länge der Feldlinien und über den ganzen Querschnitt in hohem Maße konstant (vgl. Versuch 42 B), so daß $\mathfrak{H}$ aus Gl. (102) berechnet werden kann. Wird der Ring wie im Epsteinapparat (vgl. Versuch 42 C) oder bei den Jochmethoden (vgl. Versuch 42 D) aus mehreren Teilen zusammengesetzt, so wird ein Teil der magnetisierenden Durchflutung wI für die Erzeugung der hohen Feldstärke in den nie ganz vermeidbaren Luftspalten gebraucht („entmagnetisierende" Wirkung der Luftspalte). Statt der wahren Hystereseschleife H des Eisens mißt man höhere Feldstärken und damit die Schleife H′ der Abb. 69, da zu der für die Eisenmagnetisierung erforderliche Feldstärke $\mathfrak{H}_E$ noch die für die Luftspalte benötigte $\mathfrak{H}_L$ auf gebracht werden muß. Die Gerade S, die die für das jeweilige $\mathfrak{B}$ gebrauchte Feldstärke $\mathfrak{H}_E$ bestimmt, heißt „Scherungslinie". Die Durchflutung muß naturgemäß $\mathfrak{H}_E + \mathfrak{H}_L$ aufbringen, so daß die wahre Magnetisierungslinie erst durch eine Scherungskorrektur an $\mathfrak{H}$ erhalten wird (vgl. Versuche 42 D und 43 B).

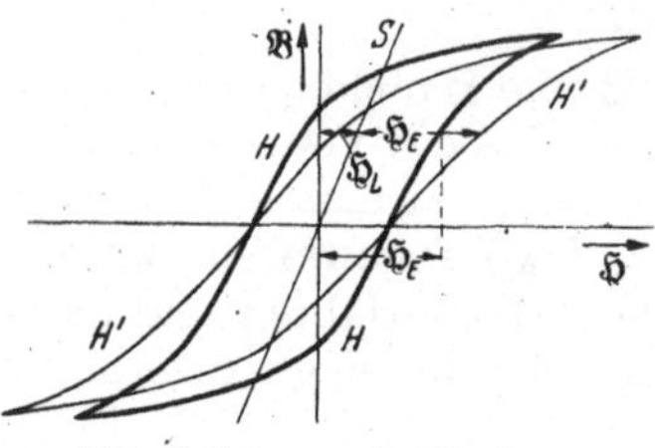

Abb. 69. Scherung der Hystereseschleife.

42 B. Ballistische Messung an der Ringprobe.

a) Aufgabe. Neukurve und Hystereseschleife sind mit dem ballistischen Verfahren an einer Ringprobe aus massivem, magnetisch weichem Eisen oder aus Eisenblechringen aufzunehmen.

b) Grundlagen. Bei zweckmäßiger Bemessung (vgl. Abschnitt d) ermöglicht die massive oder aus Blechringen geschichtete Ringprobe die genaueste Aufnahme der Magnetisierungslinien. Nachteilig ist bei ihr besonders, daß die Spulen bei jeder einzelnen Probe von Hand aufgewickelt werden müssen, wenn man nicht Steckspulen verwendet, die aus 2 Hälften je mit Halbwindungen bestehen (z. B. ATM, Blatt J 60—3); da jede Windung 2 Steckkontakte erfordert, ist die Windungszahl begrenzt.

Zur Messung der Induktion wird die Prüfspule unmittelbar auf den Ring gewickelt. Die notwendige Isolation zwischen Eisenprobe und Spule und die Dicke der Drähte bewirken, daß außer dem Fluß im Eisen (der die Eiseninduktion ergibt) auch noch ein Fluß in Luft mitgemessen wird. Eine Luftfeldkorrektion braucht aber nur bei kleinen Permeabilitäten, also hohen Sättigungen, vorgenommen zu werden, da sich ja die Induktionen in Luft und Eisen wie die Permeabilitäten verhalten.

Zur Aufnahme der Neukurve und Hystereseschleife nach Abb. 68a wird die magnetisierende Stromstärke I in kleinen Sprüngen ΔI verändert, so daß auch $\mathfrak{H}$ und $\mathfrak{B}$ in Stufen $\Delta\mathfrak{H}$ und $\Delta\mathfrak{B}$ steigen und fallen. Dann ergibt sich die gesuchte Eiseninduktion unmittelbar aus der ballistisch gemessenen Elektrizitätsmenge nach Gl. (100), wo R der gesamte Widerstand des Meßkreises, $\mathfrak{F}$ der Querschnitt der Eisenprobe und w_2 die Windungszahl der Prüfspule ist. Die zu einer Induktionsänderung $\Delta\mathfrak{B}$ gehörende Elektrizitätsmenge Q erhält man aus der ballistischen Konstanten c und dem Ausschlag b des ballistischen Galvanometers, so daß mit Gl. (100) und (18):

$$\Delta\mathfrak{B} = \frac{R}{w_2 \mathfrak{F}} \cdot c\, b \tag{107}$$

ist (mit R in Ω, $\mathfrak{F}$ in cm², c in C/mm und b in mm erhält man $\mathfrak{B}$ in Vs/cm²!). Die Schaltung des ballistischen Galvanometers (einschl. Nebenwiderstand und eventuellem Vorwiderstand) muß bei der Benutzung dieselbe wie bei der Bestimmung der ballistischen Konstante c sein (vgl. Versuch 13 C, wobei das Galvanometer in der beabsichtigten Schaltung, also nicht offen wie dort, zu verwenden ist).

Die Feldstärke ergibt sich aus der magnetisierenden Stromstärke I und Windungszahl w_1 nach Gl. (102). Drückt man die (mittlere) Feldlinienlänge durch den mittleren Ringradius r_m aus, so wird der zu jedem ΔI gehörende Feldstärkensprung

$$\Delta\,\mathfrak{H} = \frac{w_1 \cdot \Delta I}{2\pi\, r_m}. \tag{108}$$

Sind r_a und r_i äußerer und innerer Ringradius, so ist bei symmetrischem Querschnitt

$$r_m = \frac{1}{2}(r_a + r_i). \tag{109}$$

Es sollen sich r_a und r_i nur wenig unterscheiden, da sonst durch die über den Querschnitt ungleichen Induktionen Fehler im Verlauf der gemessenen Kurve entstehen, die ja für eine über den Querschnitt konstante Induktion und Feldstärke gelten soll.

Grundsätzlich gleich der sprungweisen Aufnahme von Neukurve und Hystereschleife ist die Ermittlung der Kommutierungskurve nach Abb. 68b. Die Sprünge $\Delta\mathfrak{B}$ und $\Delta\mathfrak{H}$ erstrecken sich dann nur von jeweils einem $\mathfrak{B}'$ und $\mathfrak{H}'$ zu einem entgegengesetzten, dem Betrage nach größeren oder kleineren $\mathfrak{B}''$ und $\mathfrak{H}''$, so daß dann $\Delta\mathfrak{B} = |\mathfrak{B}'| + |\mathfrak{B}''|$ und $\Delta\mathfrak{H} = |\mathfrak{H}'| + |\mathfrak{H}''|$ sind.

c) Schrifttum: Ringmethode: Lit. 1 (Abschn. J 60), 2, 3, 4 (Bd. II), 5; ballistisches Galvanometer: Lit. 1 (Abschn. J 727), 2, 3, 5, 8, 9, 10, 40.

d) Schaltung und Versuchsanordnung. Die Ringprobe wird, sofern es sich um einen massiven Werkstoff handelt, aus diesem herausgedreht; Querschnitt kreisförmig oder — um den Radienunterschied außen gegen innen klein zu halten — elliptisch oder rechteckig mit abgerundeten Ecken. Die Querschnittsbestimmung erfolgt durch Ausmessen an mehreren Stellen. Drähte und Bänder werden kreisförmig zu entsprechendem Querschnitt aufgewickelt. Von Blechen fertigt man Ringschnitte an und schichtet sie aufeinander. Die Querschnittsbestimmung erfolgt hier aus den Radien und dem spezifischen und absoluten Gewicht. Den Radienunterschied außen gegen innen soll man im Interesse der Feldhomogenität mindestens $(r_a - r_i) < 0{,}2\, r_a$, bei genaueren Messungen aber $< 0{,}1\, r_a$ oder noch kleiner machen (Linker empfiehlt $< 0{,}04\, r_a$).

Die Prüfspule (Sekundärwindungen w_2) wird möglichst dicht auf den Ring aufgebracht. Darüber legt man gleichmäßig auf die ganze

Ringlänge verteilt die magnetisierenden Primärwindungen w_1. Um höhere Induktionen zu erreichen, müssen etwa 100 AW/cm vorgesehen werden.

Für die Messungen wählt man dann eine Schaltung nach Abb. 70. Der Stufenwiderstand R_s wird so abgestuft, daß man mit ihm durch jeweils eine Schalthandlung die Sprünge ΔI herstellen kann. Zur Magnetisierung in beiden Richtungen ist ein Umschalter vorgesehen. Die Klasse des Strommessers ist je nach der erforderlichen Genauigkeit zu wählen. Für die Aufstellung von Spiegelgalvanometern vgl. Abschnitt d) von Versuch 13 A.

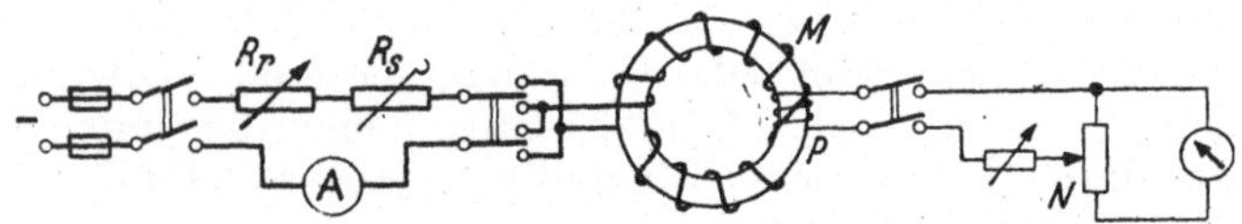

Abb. 70. Ballistische Messung an einer Ringprobe. M Magnetisierungs-Spule, N Nebenwiderstand, P Prüfspule zur B-Messung, R Regelwiderstände.

Gerätevorschläge für das Studienpraktikum. Wegen der Ungleichmäßigkeit von Eisen wähle man nicht zu kleine Proben; Keinath empfiehlt bei Blechringen $r_i \approx 90$ mm, $r_a \approx 108$ mm bei 15 mm Stärke des Blechpakets, also $(r_a - r_i) = 18$ mm $= 0{,}167\,r_a$, ferner Querschnitt $F \approx 2{,}5$ cm² (bei 0,92 Füllfaktor) und etwa 1,2 kg Gewicht; Windungszahlen $w_1 = w_2 = 200$ bei 0,1 bis 0,2 mm Draht-Durchmesser in der Induktionsspule und etwa 2 mm Durchmesser in der Magnetisierungsspule; bei einer Höchstbelastung von 4 A/mm² erreicht man dann magnetisierende Stromstärken bis etwa 12 A, also eine Durchflutung $\Theta = 200 \cdot 12 = 2400$ AW und rund 40 AW/cm Feldstärke, was bei Dynomablech für Magnetisierungen bis rund 16000 Gauß ausreicht; Widerstand der Primärspule $R_1 \approx 0{,}1\,\Omega$; um bis zu einer Feldstärke von 1 A/cm herunterregeln zu können, muß ein Strombereich $0{,}3 \cdots 12$ A eingestellt werden können, entsprechend $R_1 + R_r + R_s \approx 13{,}3 \cdots 0{,}3\,\Omega$ bei 4 V Netzspannung, also $R_r + R_s \approx 0{,}2$ bis $13{,}2\,\Omega$, wobei R_r zur Einstellung des gewünschten Höchstwertes je nach dem vorkommenden niedrigsten Wert von R_s zu bemessen ist. Der Widerstand R_s enthält dann etwa 20 solche Stufen, daß jede etwa einen Sprung von 1/20 der Höchstfeldstärke ermöglicht; Ausführung von R_s am besten als Kurbelwiderstand, um kurze eindeutige Sprünge schalten zu können.

Ballistisches Galvanometer wie bei Versuch 41 C; bei $R = 2000\,\Omega$ des ganzen Meßkreises, $w_2 = 200$, $F = 2{,}5$ cm², $c = 10^{-8}$ C/mm entspricht einem Ausschlag von $b = 1$ mm (ohne Nebenwiderstand) nach Gl. (107) eine Induktion von 4 Gauß, so daß die Empfindlichkeit fast immer durch den Nebenwiderstand geschwächt werden muß, bei einer Empfindlichkeit von 1/10 erhält man für $\mathfrak{B} = 16000$ Gauß beispielsweise $b = 400$ mm Ausschlag.

e) Versuchsdurchführung. Bei geöffnetem Meßkreis wird die Probe zunächst dadurch entmagnetisiert, daß man bei ständiger Verkleinerung des Stromes (Heraufregeln von R_r und R_s) mittels des Umschalters hin und her magnetisiert, also die Kommutierungskurve Abb. 68b zu immer kleineren Werten fährt, so daß möglichst vollständig der Punkt $\mathfrak{H} = 0$, $\mathfrak{B} = 0$ erreicht wird. Man kann das Entmagnetisieren auch mit einem langsam bis Null heruntergeregelten Wechselstrom vornehmen.

Dann stellt man R_r auf den der gewünschten Höchstmagnetisierung entsprechenden Wert (notwendige Größe von R_r vor dem Entmagnetisieren feststellen). Nun werden durch Fortschalten des Stufenwiderstandes R_s um je 1 Stufe die Stromsprünge durchgeführt und jedesmal der zugehörige ballistische Ausschlag b festgestellt. Ebenso sind alle Stromstufen abzulesen, damit die $\Delta I = I_n - I_{n-1}$ ermittelt werden können. Ist der Höchstwert erreicht, so werden die Stromschritte rückwärts gemacht bis zum kleinsten Strom; darauf schaltet man ab und beginnt in entgegengesetzter Richtung von neuem. Man nimmt in dieser Weise die ganze Schleife auf. Zu beachten ist, daß bei einem etwaigen Fehler, z. B. versehentlichem Weiterschalten um 2 Stufen, nicht wieder zurückgeregelt werden darf. Gegebenenfalls muß der ganze Versuch einschließlich des Entmagnetisierens von vorn begonnen werden.

f) Auswertung. Aus den ΔI und zugehörigen Ausschlägen b ermittelt man nach den Gl. (107) und (108) die $\Delta\mathfrak{B}$ und $\Delta\mathfrak{H}$. Gegebenenfalls ist an den $\mathfrak{B}$-Werten die Luftfeldkorrektion anzubringen (vgl. oben Abschnitt b). Um die Neukurve zu erhalten, addiert man von Null beginnend jeweils zu der bereits vorliegenden Summe. Vom Umkehrpunkt an wird dann subtrahiert. Schließlich werden die Ergebnisse im Koordinatensystem $\mathfrak{B}/\mathfrak{H}$ aufgetragen. Fehler können sich dahingehend auswirken, daß die Schleife sich trotz vollen Durchfahrens von $I = 0$ bis $+ I_{\max}$ bis $- I_{\max}$ und wieder bis $+ I_{\max}$ nicht ganz schließt. Durch Mitteln des Verlaufs beider Äste erhält man leicht einen Ausgleich der Fehler.

42 C. Differentialverfahren an Epsteinproben.

a) Aufgabe. An einer 10 kg-Probe Dynamo- oder Transformatorenblech ist die Magnetisierungslinie (Kommutierungslinie nach Abschnitt 42 A) bis zu einer Feldstärke von 300 AW/cm nach der Differentialmethode durch Vergleich mit einer Normalprobe aufzunehmen und der Verlauf der Permeabilität zu bestimmen.

b) Grundlagen. Im Epsteinapparat wird eine Ringprobe bestehend aus 4 Blechbündeln benutzt. Die Streifen haben eine Größe von 500 mal 30 mm und werden so gebündelt, daß 4 Bündel von je 2,5 kg entstehen, die nach Abb. 71 zu einem Quadrat zusammengesetzt werden. Es entstehen also 4 Stoßstellen, so daß eine Scherung nach Abb. 69 auftritt, deren Bestimmung nach Versuch 43 B erfolgen kann. Ferner ist im Vergleich zur Ringprobe nicht der Eisenweg gleichmäßig von der Magnetisierungswicklung M bedeckt, so daß die Meßergebnisse nur wenig genau werden. Für die Zwecke der Fertigungsüberwachung genügt das Verfahren aber, so daß man es hier viel verwendet, zumal die gleiche Anordnung zur Messung der Eisenverluste benutzt wird (vgl. Versuche 46).

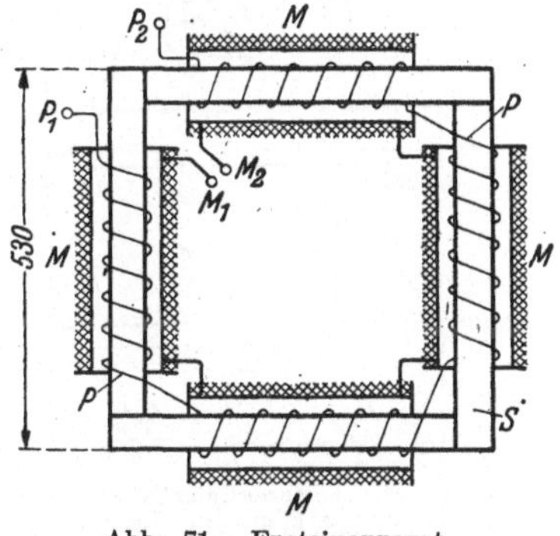

Abb. 71. Epsteinapparat.
M Magnetisierungsspulen, *P* Prüfspulen zur B-Messung, *S* Blechbündel.

Für die Messung der Feldstärke geht man unter Außerachtlassung der Scherung von Gl. (102) aus, wo in einer von Siemens & Halske hergestellten Bauform $w_1 = 4 \cdot 500 = 2000$ Windungen und $l = 4 \cdot 50 = 200$ cm, also $\mathfrak{H} = 10 \cdot I$ mit I in A und $\mathfrak{H}$ in AW/cm ist.

Bei dem anzuwendenden Differentialverfahren werden beide Epsteinapparate mit der zu untersuchenden und der Normalprobe primär und sekundär in Reihe geschaltet (Abb. 72). Dann werden beide Proben mit dem gleichen Strom und der gleichen Feldstärke magnetisiert. In der sekundären Brückenschaltung werden R_N und R_X so eingestellt, daß das Galvanometer Null zeigt. Da die in $P_1 P_2$ beider Apparate erzeugten Spannungen sich wegen der gleichen Bauart der Epsteinapparate wie die Eiseninduktionen $\mathfrak{B}_N$ und $\mathfrak{B}_X$ verhalten, ist bei Stromlosigkeit des Galvanometers

$$\mathfrak{B}_X = \mathfrak{B}_N \frac{R_X}{R_N}. \tag{110}$$

Aus der zum jeweiligen $\mathfrak{H}$ gehörenden bekannten Induktion $\mathfrak{B}_N$ der Normalprobe erhält man also aus den Einstellungen von R_N und R_X sofort die gesuchte Induktion.

Meist wird die Messung nur bei den 4 Feldstärken

25 — 50 — 100 — 300 AW/cm

gemacht, so daß also die magnetisierenden Stromstärken

2,5 — 5,0 — 10,0 — 30,0 A

einzustellen sind. Gehören hierzu auf Grund des Prüfscheins der Normalprobe beispielsweise die Induktionen

15180 — 16150 — 17330 — 19780 Gauß,

so wählt man zweckmäßig Widerstände R_N von

15180 — 16150 — 17330 — 19780 Ω,

so daß sich nach Gl. (110) $\mathfrak{B}_X$ in Gauß zahlenmäßig gleich R_X in Ohm ergibt.

Bei derartig großen Widerständen ist dann der Widerstand der Sekundärspulen P gegen R_H und R_N zu vernachlässigen.

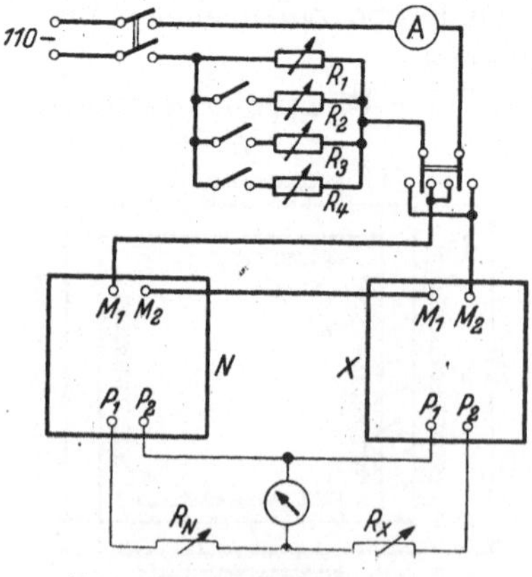

c) Schrifttum: Lit. 2, 3, 4 (Bd. II), 10.

d) Schaltung und Versuchsanordnung. Zur Regelung der Stromstärke bis zu 30 A herauf benutzt man wegen des großen zu erfassenden Strombereichs nach Abb. 72 zweckmäßig mehrere parallel liegende Widerstände R_1 bis R_4, davon R_1 für die kleinsten Stromstärken mit größtem Ohmwert. Wird beim Heraufregeln die Nennstromstärke des vorhergehenden Widerstandes erreicht, so schaltet man den nächsten dazu. Als Strommesser verwendet man zweckmäßig einen solchen mit getrennten Nebenwiderständen, die auszuwechseln oder umzuschalten sind. Der Umschalter soll ein Moment-

Abb. 72. Differentialschaltung von 2 Epsteinapparaten zur Bestimmung der Magnetisierbarkeit.

M Magnetisierungswicklungen, N Normalprobe, P Sekundärwicklungen.

schalter sein, um schnell umpolen zu können. Die beiden Epsteinapparate ordnet man meist in einem Gestell horizontal liegend übereinander an, so daß die Orientierung im Erdfeld bei beiden gleich ist.

Gerätevorschläge für das Studienpraktikum. Netzspannung etwa 100 bis 120 V Gleichstrom; Regelwiderstände zum Einstellen der 4 Magnetisierungsströme 2,5, 5, 10 und 30 A für etwa $R_1 = R_2 = 55\,\Omega$, 2,5 A; $R_3 = 30\,\Omega$, 5 A und $R_4 = 5\,\Omega$, 20 A, wobei die vorhergehenden je mit ihrem für den vorhergehenden Strom eingestellten Widerstandswert stehen bleiben, so daß bei Einschaltung aller 4 Widerstände fließen je 2,5 A in R_1 und R_2, ferner 5 A in R_3 und 20 A in R_4; Strommesser mit Nebenwiderständen für 3 A, 7,5 A, 15 A und 30 A (Siemens-Stufung), um immer in der oberen Hälfte der Skala ablesen zu können; Widerstände R_N und R_X zweckmäßig Kurbelwiderstände gleicher Ausführung mit $2 \cdot 10000\,\Omega + 9\,(1000 + 100 + 10)\,\Omega$; Galvanometer etwa 10^{-7} A je mm Skalenausschlag.

e) Versuchsdurchführung. Zum Einlegen der Probe schiebt man die Bündel so in die 4 Spulen, daß sie die aus Abb. 71 hervorgehende Lage haben, wobei die Ebene der Einzelbleche der Ebene des Epsteinquadrates parallel ist. Dann werden die Bündel durch seitliche Druckschrauben gegeneinandergepreßt und endlich durch die oberen Schrauben festgelegt, die stets auf beiden an der Ecke zusammenstoßenden Blechbündeln aufliegen sollen.

Man beginnt mit der kleinsten Stromstärke 2,5 A, läßt hierzu R_2 bis R_4 ausgeschaltet und stellt R_N und R_X auf den der Induktion bei 2,5 A entsprechenden Wert der Normalprobe (im Beispiel der Normalprobe von Abschnitt b) oben also auf $R_N = R_X = 15180\,\Omega$). R_N und R_X dürfen nie ausgeschaltet werden, da sonst das Galvanometer gefährdet wird. Aus dem gleichen Grunde sind die Leitungsverbindungen innerhalb der Brücke gut herzustellen, damit keine versehentliche Unterbrechung eintritt.

Nun können Hauptschalter und Umschalter eingelegt werden. Zeigt das Galvanometer einen großen Ausschlag, so muß eines der Sekundärklemmenpaare $P_1\,P_2$ umgepolt werden, damit die Spannungsstöße in Summenreihenschaltung liegen. Nun wird mit dem Umschalter ständig umgepolt und dabei R_X solange verändert, bis der Ausschlag am Galvanometer verschwindet. Ist die Messung mit 2,5 A beendet, so wechselt man den Nebenschluß des Strommessers aus, schaltet R_2 dazu und regelt mit diesem Widerstand auf 5 A Gesamtstrom ein. Dann wird wieder R_X unter ständigem Umschalten abgeglichen. In gleicher Weise verfährt man bei 10 und 30 A, wobei man R_3 bzw. R_4 dazuschaltet und die vorhergehenden Widerstände in ihrer alten Stellung beläßt. Gegebenenfalls kann R_1 zum Feinregeln wenig verändert werden. Bei 30 A ist zu beachten, daß die Einrichtung nicht für Dauereinschaltung dieser Stromstärke bemessen ist, so daß man stets sofort wieder ausschalten muß.

f) Auswertung. Beim Einstellen von R_N in der empfohlenen Weise ist $\mathfrak{B}_X$ gemäß Gl. (110) zahlenmäßig gleich dem Widerstand R_X. Soll die Magnetisierungslinie graphisch aufgetragen werden, so interpoliert man sie zwischen den 4 gemessenen Punkten und $\mathfrak{H} = 0$, $\mathfrak{B}_X = 0$. Endlich berechnet man die Permeabilität μ für eine Anzahl von Punkten und trägt auch die Kurve $\mu = f(\mathfrak{H})$ ein.

42 D. Koepselapparat.

a) Aufgabe. Die Hystereseschleife ist mit dem Koepselapparat an einem Eisenstab aufzunehmen.

b) Grundlagen. Das Eisenprüfgerät von KOEPSEL ist ein Jochverfahren nach Abschnitt 42 A und verwendet zur Anzeige der Induktion nach Abb. 73 eine im Joch eingebaute Drehspule, deren Drehmoment und damit Ausschlagwinkel durch die Größe der Induktion bestimmt ist, wenn ein bekannter Strom die Drehspule durchfließt[1]. Zur Messung von $\mathfrak{B}$ wird also nicht die Erzeugung einer Spannung, sondern das Entstehen eines mechanischen Drehmomentes benutzt. Der Vorteil ist, daß die Induktion im Gegensatz zu den anderen Verfahren „direkt" durch Zeigerausschlag gemessen wird. Demgegenüber kann man aber

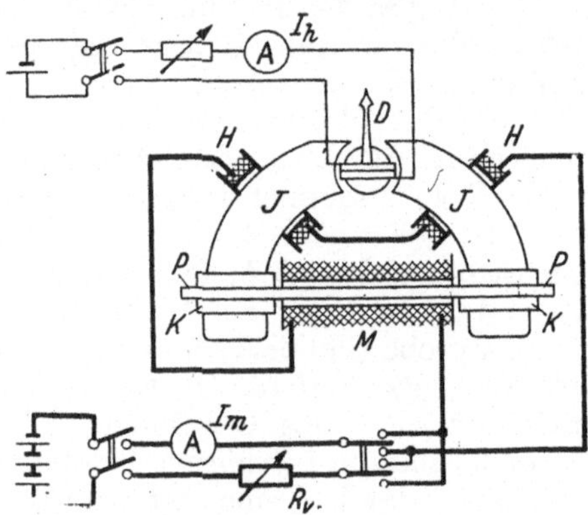

Abb. 73. Koepselapparat mit Außenschaltung. *D* Drehspule mit Zeiger, *H* Hilfsspulen, *J* Joch, *K* Klemmbacken, *M* Magnetisierungsspule, *P* Probestab.

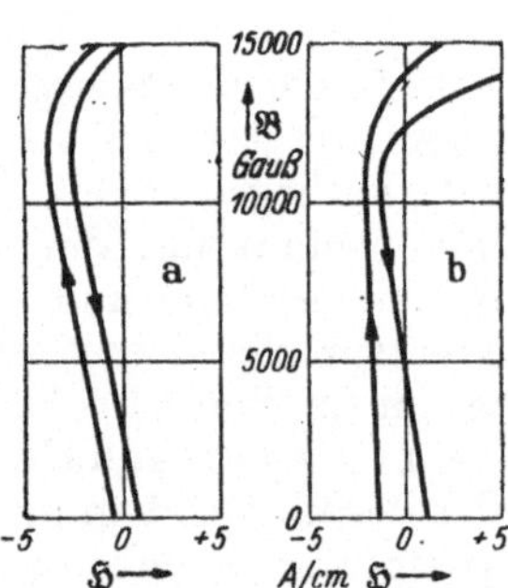

Abb. 74. Scherungslinien zum Koepselapparat (a: für weiches Eisen, b: für ungehärteten Stahl).

die Feldstärke nicht unmittelbar angeben. Die Luftspalte im Drehspulenraum und an den Einspannstellen der Probe im Joch, ferner auch die für das Joch selbst benötigten AW bewirken eine merkliche Scherung nach Abb. 69, die wegen der großen Luft- und Jochquerschnitte (Joch etwa 40 cm² gegen 0,2 · · · 0,3 cm² Probenquerschnitt) nur einen mäßigen Fehler verursacht und bei höheren Induktionen vernachlässigt werden kann.

Bei genaueren Messungen ist die Scherung jedoch zu berücksichtigen. Ihre Größe hängt mit von den magnetischen Eigenschaften der Probe ab. Sie wird genau nur durch Absolutmessungen gewonnen, auf die hier nicht eingegangen werden kann (vgl. Lit. 2, 3 und Versuch 43B). Man arbeitet daher mit Scherungslinien für bestimmte Materialgruppen, wenn man auf die Scherung nicht ganz verzichtet. Abb. 74 zeigt die (nicht geradlinigen) Kurven für magnetisch weiches und hartes Eisen, wie sie beim Koepselapparat Verwendung finden und jedem Gerät beigegeben werden. Die aus den Kurven für bestimmte $\mathfrak{B}$ entnommenen Scherungs-Beträge $\mathfrak{H}$ sind dem gemessenen $\mathfrak{H}$ unter Berücksichtigung des Vorzeichens hinzuzufügen, wobei die linke Kurve für Aufwärts-, die rechte für Ab-

[1] Ähnlich gebaut ist der Magnetstahlprüfapparat von HARTMANN & BRAUN (Lit. 1, Blatt J 66—1 und V 956—1), ferner Lit. 2.

wärts-Magnetisierung gilt. Die Kurven lassen erkennen, daß die bei Vernachlässigung der Scherung gemachten Fehler nur einige A/cm betragen, bei höheren Feldstärken und Induktionen also leicht unberücksichtigt bleiben können.

Der Ausschlagwinkel α der Drehspule ist der Hilfsstromstärke I_h in der Drehspule und der Induktion im Luftspalt proportional. Diese wird aber durch den Fluß $\mathfrak{B} \cdot F$ im Probestab bestimmt. Man erhält also die Induktion zu

$$\mathfrak{B} \sim \frac{\alpha}{I_h \cdot F}. \tag{111}$$

Die Skala des Drehspulgerätes wird direkt in Gauß oder μVs/cm² (= 10² G) geeicht, so daß $\alpha : \mathfrak{B}$ festliegt und man je nach dem Probenquerschnitt F die Stromstärke I_h so einstellt, daß

$$I_h = \frac{k'}{F}, \tag{111a}$$

wo k' eine Apparatkonstante ist. Bei den neueren Geräten von Siemens & Halske ist $k' = 5\,\text{mA}\cdot\text{cm}^2$; die Skala geht von $-$ 20000 bis + 20000 Gauß mit Nullpunkt in der Mitte.

Abgesehen von dem durch die Scherung zu berücksichtigenden geringen AW-Bedarf in Joch und Luftspalten wird die magnetisierende Durchflutung für die Erzeugung der Feldstärke im Probestab benötigt. Man kann dann von Gl. (102) ausgehen und die Feldstärke bei gegebenem Apparat mit bekannter Windungszahl w der magnetisierenden Spule M und bekannter Länge l der Proben direkt aus der magnetisierenden Stromstärke I_m berechnen:

$$\mathfrak{H} = k'' \cdot I_m. \tag{112}$$

Die Apparatkonstante hat bei der Ausführung von Siemens & Halske den Wert $k'' = 100$ Oerstedt/A ≈ 80 (A/cm)/A = 80 cm⁻¹. Mit 4,5 A Höchststromstärke (6 A kurzzeitig) kann man also 450 (600) Oerstedt oder 360 (480) A/cm erreichen. Außer der magnetisierenden Spule M sind noch 2 Hilfsspulen H am Joch vorgesehen (Abb. 73). Sie kompensieren die von M herrührenden Streulinien für das Joch, so daß nur die Induktion des Probestabes allein angezeigt wird.

c) Schrifttum: Lit. 1 (Abschn. J 63), 2, 3, 4 (Bd. II), 5, 8, 10.

d) Schaltung und Versuchsanordnung. Der Koepselapparat wird nach Abb. 73 an die beiden Stromquellen für den Magnetisierungsstrom und den Drehspulen-Hilfsstrom angeschlossen. Für die Magnetisierung braucht man etwa 6 V (12 V), wenn bis 240 A/cm (480 A/cm) magnetisiert werden soll; als Hilfsstromquelle ist 4 V vorzusehen.

Als Probestäbe werden bei Massivmaterial normal Rundstäbe von 6 mm Durchmesser und 250 mm Länge vorgesehen. Bei Verwendung besonderer Klemmbacken können auch 10 mm-Stäbe benutzt werden. Blechmaterial wird in Streifen von 5 mm Breite geschnitten und zu einem Bündel von 5 mm Dicke geschichtet.

Im Aufbau der Schaltung müssen Fremdfelder sorgfältig vom Koepselapparat ferngehalten werden. Man vermeide das Vorbeiführen größerer Ströme in der Nähe, stelle die Drehspulstrommesser mit ihren Dauermagneten 70 · · · 100 cm entfernt auf und halte Abstand von größeren Eisenmassen. Zum Erdfeld wird der Koepselapparat so orientiert, daß der magnetische Meridian senkrecht zum Probestab verläuft. Freiheit von Störfeldern prüft man durch Einschalten des Hilfsstromes, bevor der Stab eingeführt ist; der Zeiger muß dabei in seiner Nullage stehen bleiben.

Gerätevorschläge für das Studienpraktikum. Kreis des Magnetisierungsstromes für 0,3 ··· 4,5 A (24 ··· 360 A/cm): Stromquelle Batterie von 10 ··· 12 V, Vorschaltwiderstand R_V etwa 40 Ω, 4,5 A (Magnetisierungswicklung hat etwa 1,8 Ω); Strommesser zweckmäßig mit Nebenwiderständen für 0,75, 1,5, 3,0 und 7,5 A (Siemens-Stufung), um immer in der oberen Hälfte der Skala ablesen zu können; Kreis des Hilfsstromes: bei Verwendung von Normalproben von 6 mm Durchmesser ist der Querschnitt $F = 0{,}283$ cm², also nach Gl. (111a) erforderlicher Hilfsstrom 5 : 0,283 ≈ 17,6 mA, hierfür Vorschaltwiderstand von etwa 250 Ω (bei 4 V-Batterie als Stromquelle).

e) Versuchsdurchführung. Zunächst bestimmt man den Probenquerschnitt F mittels einer Mikrometerschraube, indem man bei jedem Stab an mehreren gleichmäßig über die Stablänge verteilten Querschnitten Messungen macht. Für die Berechnung des Hilfsstromes nach Gl. (111a) benutzt man den Mittelwert aus diesen Messungen. Dann setzt man den Probestab in den Apparat ein und spannt ihn an den Klemmbacken fest ein. Wenn, wie in der Aufgabe verlangt, nur die Hystereseschleife aufzunehmen ist, braucht man die Probe nicht zu entmagnetisieren wie in Versuch 42 B. Man stellt alsbald die Höchstmagnetisierung ein, bis zu der man zu gehen wünscht (z. B. 360 A/cm entsprechend 4,5 A) und durchfährt dann durch Hin- und Herschalten des Umschalters mehrmals die Hysteresekurve noch ohne Ablesungen, um die zur Höchstfeldstärke gehörende Höchstinduktion zu erhalten. Darauf wird der Hilfsstrom I_h auf den nach Gl. (111a) notwendigen Wert gestellt und auf diesem während der ganzen Messung sorgfältig konstant gehalten.

Die Einrichtung ist nun für die Aufnahme der Hystereseschleife bereit. Man muß hierbei beachten, daß I_m immer nur in einer Richtung geändert werden darf. Hat man versehentlich zu große Sprünge gemacht, so darf nicht wieder zurückgeregelt werden. Gegebenenfalls ist der Versuch neu zu beginnen.

Die Messung beginnt mit dem bereits eingestellten Höchstwert von I_m bzw. $\mathfrak{H}$. Man schaltet nun den Regelwiderstand R_v in Abb. 73 immer in kleinen Stufen ein, so daß I_m und $\mathfrak{H}$ abnehmen. Jedesmal werden I_m und $\mathfrak{B}$ abgelesen. Ist der kleinste Feldstärkenwert erreicht, so schaltet man den Magnetisierungsstrom ab ($\mathfrak{H} = 0$) und legt den Umschalter um. Es wird nun durch wieder stufenweises Vermindern von R_v die Feldstärke in entgegengesetzter Richtung gesteigert, bis der Höchstwert von $\mathfrak{H}$ wieder erreicht ist. Dann wird die andere Hälfte der Hystereseschleife in gleicher Weise aufgenommen.

f) Auswertung. Die Feldstärken $\mathfrak{H}$ ergeben sich aus Gl. (112). Gegebenenfalls ist die Scherungskorrektur anzubringen. Aus dem aufgetragenen $\mathfrak{B}/\mathfrak{H}$-Verlauf liest man dann noch die Größe der Remanenz (OR in Abb. 68a) und Koerzitivkraft (OK in Abb. 68a) ab. Jedoch kommt OK bei weichen Eisensorten (mit schmaler Hystereschleife) nur dann einigermaßen genau heraus, wenn die Scherung berücksichtigt ist. Die sonst enthaltenen Fehler kann man durch Mitteln des Verlaufs beider Schleifenäste noch etwas ausgleichen.

42 E. Aufnahme mit dem Elektronenstrahl-Oszillographen.

a) Aufgabe. Die Hystereseschleife verschiedener Eisensorten soll mit dem Elektronenstrahl-Oszillographen unmittelbar für Wechselstrommagnetisierung geschrieben werden. Die Bilder sind auf durchscheinendes Papier zu pausen; die aus der Eichung gewonnenen Maßstäbe sind einzutragen.

b) Grundlagen. Für die Beschreibung, Schaltung und Verwendung der Braunschen Röhre als Oszillograph vgl. Abschnitt 16 A. Soll die

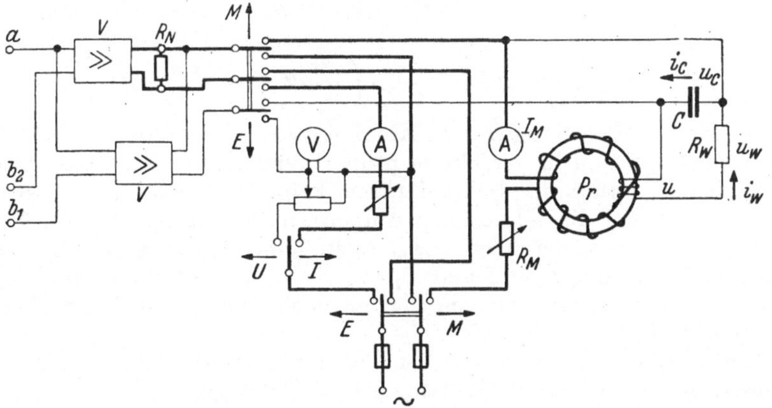

Abb. 75. Anschlußschaltung mit Eichschaltung zur Aufnahme von Hystereseschleifen an Ringproben (Anschluß in Abb. 22 mit den Klemmen a, b_1, b_2).

C Meßkondensator, I_M Magnetisierungsstrom, $P_1 P_2$ Plattenpaare, *Pr* Eisenprobe, R_M Widerstand für Regelung von I_M, R_N Nebenwiderstand f. Strommessung, R_W Meßwiderstand, *V* Verstärker; Schalterstellungen: *E* Eichen, *M* Messen, *I*, *U* Eichung der Strom- und Spannungs-Meßplatten.

Hystereseschleife aufgenommen werden, so ist dem einen Plattenpaar eine der Feldstärke bzw. magnetisierenden Stromstärke und dem anderen Plattenpaar eine der Induktion proportionale Spannung zuzuführen. Dabei ist erforderlich, daß beide Größen phasengleich übertragen werden. Das wäre nicht der Fall, wenn man die in der Induktionsspule nach Gl. (105) induzierte Spannung *U* direkt auf die Platten gäbe, denn wegen

$$u = -w_2 \frac{d\Phi}{dt} = -w_2 F \frac{d\mathfrak{B}}{dt} \qquad (113)$$

sind ja u und Φ bzw. $\mathfrak{B}$ um 90° phasenverschoben.

Man verwendet daher eine Kunstschaltung nach Abb. 75 (rechts im Bilde). Benutzt wird zur Aufnahme der Hystereseschleife eine Ringprobe nach Versuch 42 B. Die in der Sekundärspule zur Messung der I n d u k t i o n (vgl. Abschnitt 40d) erzeugte Spannung u wird einer Reihenschaltung eines Kondensators *C* und eines induktionsfreien Widerstandes

R_W zugeführt, wobei C und R_W so groß gemacht werden, daß

$$\frac{1}{\omega C} \ll R_W \tag{114}$$

ist. Dann gilt auch für die zugehörigen Spannungen $u_C < u_W$ und es ist $u \approx u_W$. Diese Spannungen und die Ströme i_W und i_C (vgl. Abb. 75 rechts) sind dann auch praktisch phasengleich. Nun ist aber

$$u_C = \frac{1}{C}\int i_C\, dt, \tag{115}$$

so daß u_C gegen i_C, i_W, u, u_W um 90° phasenverschoben, jedoch mit Φ und $\mathfrak{B}$ nach Gl. (113) phasengleich (oder um 180° verschoben) sind. Es gelten nacheinander Gl. (115), ferner

$$i_C \approx i_W = \frac{u_W}{R_W} \approx \frac{u}{R_W}$$

und Gl. (113), so daß

$$u_C = \frac{1}{C R_W}\int u\, dt = -\frac{w_2 F}{C R_W}\int \frac{d\mathfrak{B}}{dt}\, dt = -\frac{w_2 F}{C R_W}\cdot \mathfrak{B}. \tag{116}$$

Mithin ist die Spannung u_C am Kondensator C der in der Probe herrschenden Induktion in der Größe proportional und in der Phase praktisch gleich. Damit der Sekundärkreis keine nennenswerte Belastung darstellt, müssen die sekundären Amperewindungen $w_2 I_W$ im Verhältnis zu den magnetisierenden $w_1 I_M$ klein sein. Da außerdem die vorstehende Näherung große C und R_W voraussetzt, sind immer nur kleine u_C zu erwarten, so daß vor die Platten nach Abb. 75 ein Verstärker V zu schalten ist.

Die Feldstärke wird wie bei Versuch 42 B aus dem Magnetisierungsstrom I_M berechnet. Analog zu Gl. (108) gilt

$$\mathfrak{H} = \frac{w_1 \cdot I_M}{2\pi r_m} \tag{117}$$

mit w_1 als magnetisierender (Primär-)Windungszahl und r_m als mittlerem Ringdurchmesser nach Gl. (109).

c) Schrifttum: Lit. 1 (Blatt J 834–16).

d) Schaltung und Versuchsanordnung. Die Messung der Stromstärke I_M erfolgt wie bei den Versuchen 16 B mit Abb. 25 über einen induktionsfreien Nebenwiderstand R_N (Abb. 75). Beide Spannungen werden den Ablenkplatten über Verstärker zugeführt. $\mathfrak{H}$ und $\mathfrak{B}$ sind nach Gl. (116) und (117) Strom und Spannung proportional und aus diesen berechenbar, so daß die Eichung nach Strom und Spannung mit der im mittleren Teil von Abb. 75 dargestellten Schaltung vorzunehmen ist. Hierbei muß darauf geachtet werden, daß Strom- und Spannungszeiger die Effektivwerte messen, während der Oszillograph Zeitwerte schreibt. Der Höchstwert einer Sinuslinie ist also das $\sqrt{2}$-fache der Zeigerangabe am Meßgerät.

Gerätevorschläge für das Studienpraktikum. Oszillograph Philips Type GM 3156 mit Empfindlichkeiten von 0,8 mm/V für die Strommeßplatten und von 1,0 mm/V für die Spannungsmeßplatten einschl. Verstärker; Ringprobe nach Versuch 42 B „Gerätevorschläge“: $r_m = 9{,}9$ cm, $F = 2{,}5$ cm², $w_1 = w_2 = 200$, I_M bis 12 A und $\mathfrak{H} = (3{,}22\ \text{cm}^{-1})\ I_M$; da $wI_2 I_W \ll w_1 I_M$ sein soll, ist I_W auf etwa 50 mA zu begrenzen; bei $\mathfrak{B} = 20000$ Gauß $= 2 \cdot 10^{-4}$ Vs/cm² und $f = 50$ Hz erhält man nach Gl. (105) eine Sekundärspannung von $U \approx 20$ V; wegen der Vorbedingung Gl. (114) ist aber $U \approx U_W$ und daher $R_W = U_W : I_W$ mindestens zu etwa 400 Ω zu wählen; dann folgt aus Gl. (114), daß $C \gg 1 : (\omega R_W)$, also $C \approx 200 \cdots 500\ \mu$F sein muß; u_C nach Gl. (116) kommt dann bei 20000 Gauß in die Größenordnung von 1 V.

Zur notwendigen Größe der Netzspannung: die Ringspule braucht (bei $I_M =$ 12 A) etwa 25 V, an R_N sollen etwa 100 V auftreten, um einen ausreichenden Ausschlag am Leuchtschirm des Elektronenstrahl-Oszillographen von etwa 30 mm entsprechend dem Höchstwert) zu bekommen; als Netzspannung können also 200 V gewählt werden; dementsprechend sind R_M und die Widerstände und Meßgeräte in der Eichschaltung zu wählen.

e) Versuchsdurchführung. Um beurteilen zu können, welche Meßwerte bei der gewählten Probe etwa vorkommen, empfiehlt sich zunächst eine Beobachtung der Hystereseschleife. Nach dem Einschalten und Einstellen des Oszillographen gemäß Abschnitt 16 Ad) und des Verstärkers (beide gut einbrennen lassen!) schaltet man R_M voll ein, bringt V auf niedrigste Verstärkung und legt die Umschalter in Abb. 75 auf M. Darauf wird unter Beobachtung des Strommessers I_M und des Leuchtschirmes durch Verkleinern von R_M und Heraufregeln des Verstärkers die gewünschte Form der Hystereseschleife hergestellt. Nun bringt man die Widerstände der Eichschaltung auf kleinste Spannung und Stromstärke, schaltet auf E um und stellt mittels des U-I-Umschalters nacheinander passende Eichwerte ein, die an den Meßgeräten abgelesen und am Leuchtschirm ausgemessen werden (vgl. hierzu Abschnitt 16 Ae). Dann schaltet man wieder auf M um, stellt gegebenenfalls auf die gewünschte Form der Schleife nach und paust das Kurvenbild durch. Um die Lage der Koordinatenachsen zu erhalten, trennt man das eine Plattenpaar bei b_1 bzw. b_2, schließt es kurz und läßt nur das andere Plattenpaar schreiben; man erhält jeweils die eine Achse, da die Spannung an den kurzgeschlossenen Platten Null ist. Nach Beendigung der Aufnahme empfiehlt sich eine Wiederholung der Eichung.

f) Auswertung. Das gepauste Kurvenbild wird mit einem Liniennetz entsprechend der Eichung versehen, wobei man zweckmäßig die Spannung und Stromstärke nach Gl. (116) und (117) alsbald in $\mathfrak{B}$ und $\mathfrak{H}$ umrechnet und die Eichgeraden für diese einträgt. Gegebenenfalls überträgt man das Bild in geeignetem Maßstab auf Millimeterpapier.

43. Messungen mit dem magnetischen Spannungsmesser.

43 A. Der magnetische Spannungsmesser.

1. Magnetische Spannung. Für die Feldstärke $\mathfrak{H}$ eines von einer Durchflutung Θ erzeugten magnetischen Feldes gilt für eine geschlossene, die Durchflutung umschlingende Linie $\mathfrak{l}$ der Durchflutungssatz[1]

$$\oint \mathfrak{H}\, d\mathfrak{l} = \Theta. \tag{118}$$

[1] $\mathfrak{H}\, d\mathfrak{l}$ ist das skalare Vektorprodukt. Sind $\mathfrak{H}$ und $d\mathfrak{l}$ gleichgerichtet, so stimmt es mit dem gewöhnlichen, algebraischen Produkt überein; bilden beide aber den Winkel α miteinander, so ist $\mathfrak{H}\, d\mathfrak{l} = |\mathfrak{H}| \cdot |d\mathfrak{l}| \cdot \cos\alpha$. Das Produkt $\mathfrak{H}\, d\mathfrak{l}$ kann also auch durch Multiplikation von $d\mathfrak{l}$ mit der $\mathfrak{H}$-Komponente in Richtung $d\mathfrak{l}$ berechnet werden.

Dabei ist die Lage von $\mathfrak{l}$ innerhalb des Feldes völlig beliebig, wenn sie nur mit Θ einfach verkettet ist. Die beiden Wege A und B in Abb. 76 sind daher gleichwertig. Entsprechend gilt für Teilbeträge des Integrals (118), daß deren Größe $\int_1^2 \mathfrak{H}\, d\mathfrak{l}$ zwischen beliebigen Punkten 1 und 2 des Feldes von Lage, Form und Länge des Weges $\mathfrak{l}$ völlig unabhängig ist, sofern nur bei einer Änderung des Weges keine elektrische Strömung durchschnitten, also die Lage der Durchflutung zu $\mathfrak{l}$ nicht geändert wird. So sind C und D wieder gleichwertig. Die Größe des als „magnetische Spannung" (Einheit A) bezeichneten Integrals

$$V = \int_1^2 \mathfrak{H}\, d\mathfrak{l} \tag{118a}$$

ist dann eindeutig durch die Endpunkte 1 und 2 von $\mathfrak{l}$ bestimmt. Der magnetischen Spannung V kommen also im magnetischen Felde gleiche Eigenschaften wie der elektrischen U im elektrischen Felde zu. Die Spannung ist eine skalare Ortsfunktion des Feldes bezogen auf einen an sich beliebigen Bezugspunkt, von dem aus die Spannung gerechnet wird. Für das magnetische Feld gilt dieses wie für alle Wirbelfelder mit der Einschränkung, daß die Durchflutung bei der Bildung des Weges $\int d\mathfrak{l}$ höchstens einmal umfahren werden darf. So ist (Abb. 76) $\int_3^4 \mathfrak{H}\, d\mathfrak{l}$ über den Weg E um Θ größer als über den Weg F, da $\left(\int_3^4 \mathfrak{H}\, d\mathfrak{l}\right)_E = \Theta + \left(\int_3^4 \mathfrak{H}\, d\mathfrak{l}\right)_F$.

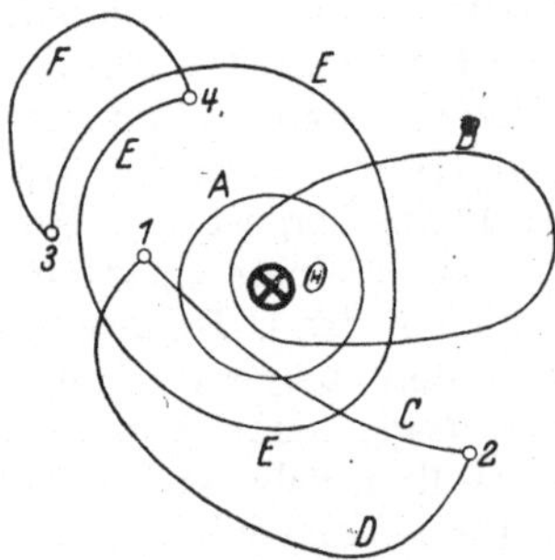

Abb. 76. Magnetische Spannungen.

In Luft und anderen, nicht ferromagnetischen Medien ist nun $\mathfrak{B} \sim \mathfrak{H}$, so daß die magnetische Spannung V sich auch aus $\int \mathfrak{B}\, d\mathfrak{l}$ ergibt. Dieses Integral mißt man mit dem „magnetischen Spannungsmesser", einer Spule kleiner Querabmessungen, in der jede Windung $\mathfrak{B}$ bzw. Φ induktiv mißt. Die hintereinander liegenden Windungen ergeben dann eine dem $\int \mathfrak{H}\, d\mathfrak{l}$ entsprechende induzierte Summenspannung. Hat die Spule w Windungen von der Windungsfläche F, und ist die Spulenlänge l, so besteht bei einem sinusförmigen Wechselfeld von der Frequenz f zwischen der in der Spule induzierten Spannung U und der magnetischen Spannung V die Beziehung

$$U = 4{,}44 \cdot \mu_0 \cdot \frac{w}{l} \cdot f \cdot F \cdot V, \tag{119}$$

so daß V aus U berechnet werden kann. Mißt man die magnetische Induktion $\mathfrak{B}$ ballistisch (vgl. Abschnitt 40a und d), so ist nach Gl. (100) mit (18) der ballistische Ausschlag b bei Entstehen oder Verschwinden des Feldes mit der Spannung V

$$b = \frac{\mu_0 F}{c R} \cdot \frac{w}{l} \cdot V, \tag{120}$$

wo F, w und l wie vorher die Daten des magnetischen Spannungsmessers, c die ballistische Konstante des Galvanometers und R der Gesamtwiderstand des Meßkreises sind (Widerstand von magnetischem Spannungsmesser, Galvanometer und eventueller Vorschalt-Widerstände). Wegen der Unsicherheit besonders der Windungsfläche F zieht man die Eichung der magnetischen Spannungsmesser (vgl. Abschnitt 3) einer Berechnung nach Gl. (119) bzw. (120) vor.

2. Aufbau und Herstellung. Alle Windungen müssen magnetisch und elektrisch gleichwertig sein. Man wickelt sie daher bei biegsamen Geräten auf Bänder aus Leder, Cellon, Zelluloid oder Preßspan sehr gleichmäßigen Querschnitts. Auch die Ganghöhe der Windungen muß sehr gleichmäßig sein. Die Bewicklung muß weiter völlig bis zu den Enden geführt werden, damit beim Zusammenlegen beider Enden (Messung der vollen Umlaufspannung) keine Windungslücke entsteht. Gegebenenfalls sieht man zur Kompensation eines unvermeidbaren Abstandes Zusatzwindungen vor. Isolation der letzten Windung durch Lacküberzug oder aufgeklebtes Glimmerblättchen. Die fertige Spule umwickelt man mit Cellonband oder ähnlichem, an den Enden sieht man aufgekittete Schutzstreifen aus Holz oder Cellon vor, mit denen man auch einen Verschluß zum Zusammenstecken der Enden für Messungen der vollen Umlaufspannung verbinden kann. Die Drahtenden der Bewicklung legt man meist in die Mitte und bringt hier dicht nebeneinander die Anschlußklemmen an. Daten einiger magnetischer Spannungsmesser enthält Tabelle 11.

Tabelle 11.

Einige biegsame magnetische Spannungsmesser mit Windungen in 2 Lagen und Spulenenden in der Mitte (nach Angaben von Rogowski und Steinhaus, Alberti und Vieweg, Siemens & Halske).

Nr.	Gesamtwindungen etwa w	Band- Breite mm	Band- Dicke mm	Drahtdurchm. mm	Widerstand etwa Ω	U bei 50 Hz für $V = 1$ A etwa mV	Band-Länge cm
1	4500	25	1,0	0,2	140	0,1	60
2	6000	14	1,0	0,1	425	0,2	60
3	4800	26	2,0	0,2	150	0,2	60
4			4,0				100

Die Güte des Geräts kann man prüfen, indem es für Fälle angewendet wird, wo die magnetische Spannung V = 0 ist, also in der Nähe stromdurchflossener Leiter oder magnetischer Eisenteile: der geschlossene Spannungsmesser darf, sofern er keine Durchflutung umschließt, auch keine magnetische Spannung anzeigen, im offenen Zustand darf sich die angezeigte magnetische Spannung nicht ändern, wenn der Spannungsmesser bei festgehaltenen Enden beliebig hin und her bewegt wird.

3. Eichung. Am einfachsten ist, den Spannungsmesser mit einer Spule von der Durchflutung $\Theta = w_M I_M$ zu verketten. Für Gleichfeld- und Wechselfeld-Messung erhält man dann die Schaltungen nach Abb. 77. Es ist sehr darauf zu achten, daß die Stirnflächen des Spannungsmessers hart aufeinander liegen. Der Umschalter ist in Abb. 77a nur erforderlich, wenn für ein Umschalten des Feldes geeicht werden soll (doppelter Ausschlag!). Die Empfindlichkeitseinstellung erfolgt für das ballistische Galvanometer durch den Widerstand N, für den Spannungsmesser durch R_S. Wegen der hier vorgesehenen einfachen Gleichrichterschaltung ist das Wechselstromverfahren nicht sehr genau. Für höhere Ansprüche benutzt man Kompensationsverfahren (vgl. Arch. f. Elektrotechn. Bd. 11, 1922, S. 198).

Zur Eichung erzeugt man in E Durchflutungen etwa gleicher Größe wie bei den anschließend vorgesehenen Messungen magnetischer Spannungen zu erwarten sind. Man bestimmt einige Wertepaare von $V = \Theta$ und Meßgerätausschlag und berechnet hieraus die mittlere Empfindlichkeit in Skalenteilen bzw. mm je A magnetischer Spannung. Dann erhält man V jeweils durch Multiplikation des Ausschlages mit dem reziproken Wert der Empfindlichkeit.

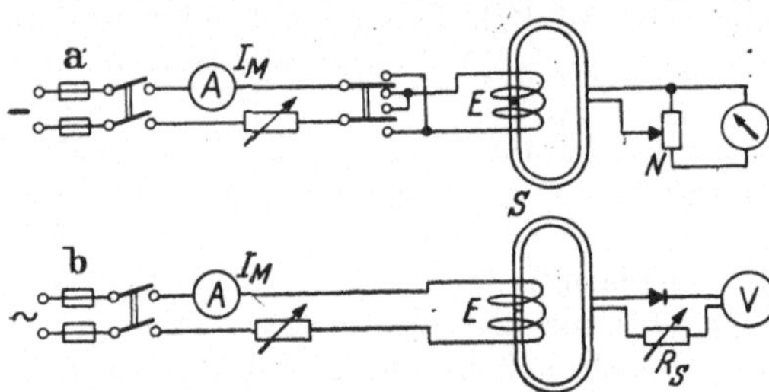

Abb. 77. Eichschaltungen für den magnetischen Spannungsmesser im Gleichfeld (a) und Wechselfeld (b). E Eichspule, N Nebenwiderstand, R_S Widerstand zur Empfindlichkeitsregelung, S magn. Spannungsmesser.

4. Verwendung. In geschlossener Form (also das ganze Umlaufsintegral $\oint \mathfrak{H}\, d\mathfrak{l}$ erfassend) verwendet man den magnetischen Spannungsmesser zunächst zur Messung von unbekannten Durchflutungen, z. B. resultierenden Durchflutungen mehrerer Wicklungen, wie sie bei Transformatoren und anderen elektrischen Maschinen vorkommen. Dann kann der magnetische Spannungsmesser auch direkt zur Strommessung an solchen Stromkreisen benutzt werden, deren Art eine Auftrennung zwecks Einschaltung eines Meßgeräts nicht ermöglicht, also z. B. bei Kurzschlußringen (Abb. 78a), im Läuferkäfig von Asynchronmotoren und ähnlichen. Eine weitere Anwendung besteht darin, daß Windungszahlen von Spulen aus der mit dem magnetischen Spannungsmesser bestimmten Durchflutung wI und der Spulenstromstärke I gemessen werden.

Noch häufiger ist die Verwendung des magnetischen Spannungsmessers in offener Form, also zur Messung von Teilspannungen $\int_1^2 \mathfrak{H}\, d\mathfrak{l}$ zwischen den Punkten 1 und 2 eines Feldes. Der magnetische Spannungsmesser mißt dabei die Spannung zwischen den Schnittpunkten seiner Achse mit den beiden Stirnflächen. So kann man nach Abb. 78b das Durchflutungsdiagramm einer Maschinenwicklung aufnehmen, indem man gegen einen bestimmten, beliebig gewählten Bezugspunkt am Umfang die magnetische Spannung von Zahn zu Zahn mißt (vgl. Lit. 7). Ähnlich kann die magnetische Spannung von Permanentmagneten gemessen werden, indem man die Enden des Spannungsmessers auf die Polschuhe aufsetzt. Ein wichtiges Anwendungsgebiet ist weiter das Durchmessen der magnetischen Spannungsverteilung in magnetischen Kreisen mit Eisen, wie sie in Elektromagneten, Transformatoren, umlaufenden Maschinen und ähnlichen, ferner auch bei magnetischen Meßgeräten wie dem Epstein- und Koepselapparat vorkommen (vgl. Versuch 43 B). Man mißt nach Abb. 78c und 78d Abschnitt für Abschnitt und erhält dabei, wie sich die gesamten Amperewindungen ($wI = V$) auf Eisen- und Luftabschnitte verteilen. Besonders wichtig ist dabei meist das Verhalten von Stoßfugen (Abb. 78c). Das Verfahren entspricht im Magnetischen vollkommen dem Durchmessen der Spannungsverteilung in einem elektrischen Stromkreis mit dem elektrischen Spannungsmesser.

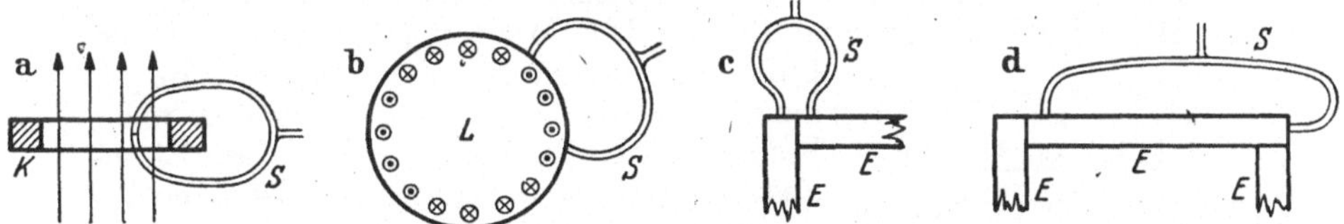

Abb. 78. Einige Anwendungen des magnetischen Spannungsmessers S.
a) Strommessung in einem Kurzschlußring K, b) Aufnahme des Durchflutungsdiagramms an einem Läufer L, c) Spannungsmessung an einer Stoßfuge, d) Spannungsmessung an einem Eisenabschnitt E.

43 B. Spannungsverteilung in magnetischen Kreisen.

a) Aufgabe. An magnetischen Kreisen einer Maschine, eines Elektromagneten, Koepsel- oder Epsteinapparates ist die Aufteilung der magnetischen Spannung (der Amperewindungszahl) auf die einzelnen Eisen- und Luftabschnitte mit dem magnetischen Spannungsmesser zu bestimmen. Die erhaltenen Werte sind mit denen der Berechnung der Maschine usw. zu vergleichen, sofern solche vorliegen.

Im folgenden wird der Versuch für den Epsteinapparat nach Abb. 71 beschrieben. Für andere Anordnungen ist er sinngemäß durchzuführen.

b) Grundlagen. In jedem magnetischen Kreis ist der Fluß konstant. Er verläuft zum Teil auf den beabsichtigten Eisen- und Luftwegen („Nutzfluß"), zum Teil streut er durch Lufträume und fremde Eisenteile („Streufluß"). Aus der Tatsache der Flußkonstanz und der Größe der einzelnen Querschnitte ergibt sich die Induktion $\mathfrak{B}$ in jedem Luft- und Eisenabschnitt der Anordnung. Je nach der Größe der Permeabilität, die zwischen praktisch 1 in Luft und einigen 1000 in schwach gesättigten Eisenteilen betragen kann, gehören zu den $\mathfrak{B}$ sehr verschiedene magnetische Feldstärken $\mathfrak{H}$. Die zum Erzeugen des ganzen Flusses erforderliche elektrische Durchflutung (Amperewindungszahl) hängt von diesen $\mathfrak{H}$ und den Längen $\mathfrak{l}$ ab, über die sie bestehen müssen, so daß alle in Reihe liegenden Produktgrößen $\mathfrak{H}\,\mathfrak{l}$ bzw. $\int \mathfrak{H}\,d\mathfrak{l}$ („magnetische Spannungen" nach Abschnitt 43 A 1) die erforderliche Gesamtdurchflutung bestimmen. Da die Berechnung von magnetischen Kreisen nur unter der sehr angenäherten Annahme von streckenweise homogenen Feldteilen möglich ist, haftet dem Entwurf der magnetischen Kreise stets eine gewisse Unsicherheit an, zu deren Behebung eine wenigstens nachträgliche experimentelle Bestimmung der Spannungsverteilung oft erwünscht ist.

Für Prinzip, Aufbau und Verwendung des magnetischen Spannungsmessers vgl. Abschnitt 43 A. An spulenfreien (durchflutungsfreien) Abschnitten des magnetischen Kreises setzt man den Spannungsmesser S nach Abb. 78c und d an. In der Nähe der Durchflutung Θ muß auf die richtige Lage des Spannungsmessers geachtet werden. Unabhängigkeit vom Wege besteht nur, solange beim Übergang vom einen zum anderen Weg keine elektrische Strömung durchschnitten wird. Man mißt also in der Lage S′ von Abb. 79 die Spannung V' im Eisen, in der Lage S″ hingegen die Spannung V''! Soll also V' gemessen werden, so ist der magnetische Spannungsmesser zwischen Spule und Eisen hindurchzuführen, was aus räumlichen Gründen oft nicht möglich ist. Meist interessieren aber für die Durchmessung hauptsächlich die Luftspalte und Stoßfugen, an denen die genannte Schwierigkeit im allgemeinen nicht besteht, da die Spulen in der Regel auf Eisenabschnitte gewickelt sind. Das ist auch bei dem hier zu untersuchenden Eisenring des Epsteinapparates der Fall, wo es nach dem 1. Absatz von Abschnitt 42 C b) darauf ankommt, die Größe der Scherung im Vergleich zur Gesamtdurchflutung bzw. Eisenfeldstärke beurteilen zu können.

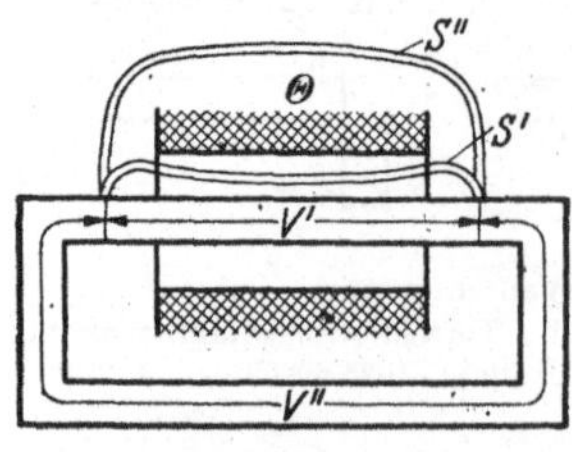

Abb. 79. Spannungsmessung an magnetischen Kreisen.

c) Schrifttum über den magnetischen Spannungsmesser: Lit. 1 (Abschnitt J 64), 2, 3, 45, 50, 51.

d) Schaltung und Versuchsanordnung. Der Prüfling ist ein Epsteinring nach Abb. 71. Zur Erzeugung des Feldes wird er mit seiner Magnetisierungswicklung (Klemmen M_1, M_2) über Strommesser und Regelwiderstand an ein Wechsel- oder Gleichstromnetz angeschlossen, je nachdem, ob man die Untersuchung im Wechsel- oder Gleichfeld durchführen will. Die ganze magnetische Spannung in dem Ring herum ist dann gleich der Gesamtdurchflutung der 4 Spulen (also bei den in Versuch 42 C angegebenen Daten $w I = 2000\, I$).

Die Gesamtschaltung für die Durchführung der Versuche entspricht der in Abb. 77 wiedergegebenen Eichschaltung. Zur Eichung kann auch eine Spule des Epsteinapparates benutzt werden, aus der man dazu das Streifenbündel entfernt. Für die Aufstellung von Spiegelgalvanometern vgl. Abschnitt d) von Versuch 13 A.

Gerätevorschläge für das Studienpraktikum. Da nur die magnetischen Spannungen der Stoßfugen gemessen zu werden brauchen (vgl. den folgenden Abschnitt „Versuchsdurchführung"), stellt man die Empfindlichkeit entsprechend der hier zu erwartenden Spannung ein; bei 15000 G Induktion (vgl. Versuch 42 C, Abschnitt b) beträgt diese Spannung etwa $V = 100 \cdots 1000$ A je Stoßfuge; mit dem magnetischen Spannungsmesser Nr. 2 oder 3 von Tabelle 11 sind im Wechselfeld bei 50 Hz also $20 \cdots 200$ mV elektrischer Spannung zu erwarten, während derselbe magnetische Spannungsmesser bei der Gleichfeldmessung für etwa 100 mm Ausschlag am Galvanometer nach Gl. (120) eine Galvanometerkonstante von mindestens $c = 10^{-7} \cdots 10^{-8}$ C/mm verlangt (bei etwa $50 \cdots 100\,\Omega$ Eigenwiderstand des Galvanometers einschl. Empfindlichkeitsregler); um bei derselben Empfindlichkeit eichen zu können, wählt man den Eichstrom so groß, daß die mit dem Spannungsmesser verkettete Spule auch nur 100 ... 1000 AW aufweist

(Achtung auf Freiheit von Fremdfeldern! Bei Gleichstrom Spule quer zum erdmagnetischen Meridian stellen!)

e) Versuchsdurchführung. Man baut den Epsteinring zunächst nach Abschnitt e) von Versuch 42 C zusammen und spannt die Blechbündel gut fest. Dann regelt man N bzw. R_S von Abb. 77 auf geringste Empfindlichkeit, schaltet in der Magnetisierungswicklung des Epsteinapparates eine Stromstärke von z. B. 10 A (entsprechend $\mathfrak{H}$ = 100 A/cm nach Abschnitt b) von Versuch 42 C ein und setzt nun den magnetischen Spannungsmesser nach Abb. 78c an einer Stoßfuge auf. Dann regelt man die Empfindlichkeit an N bzw. R_S soweit herauf, daß sich ein gut meßbarer Ausschlag ergibt. Mit dieser Empfindlichkeit wird dann erst die Eichung nach Abschnitt 43 A 3 durchgeführt. Man nimmt dazu ein Blechbündel heraus und schlingt den magnetischen Spannungsmesser wie in Abb. 77 hindurch, daß er geschlossen mit der Epsteinspule verkettet ist. Dann wird bei gleicher Empfindlichkeit des Meßgeräts mit einem Magnetisierungsstrom entsprechender Stärke geeicht. Nachdem das Blechbündel wieder eingesetzt und der Rahmen verspannt ist, schließen sich die Messungen an den Stoßfugen nach Abb. 78c an. Man setze die Enden des Spannungsmessers jeweils dicht neben den Stoßfugen auf und mache die Messung an jeder Ecke sowohl an den Stirn- wie Oberseiten der Blechbündel. Bei der Benutzung des magnetischen Spannungsmessers ist darauf zu achten, daß seine Zuführungsdrähte verdrillt sind, damit in einer von ihnen gebildeten Schleife keine zusätzliche Spannung induziert wird.

f) Auswertung. Die Summe V_s der 4 Spannungen an den Stoßfugen (Ecken) des Epsteinringes ergibt die Scherung (vgl. Abschnitt 42 A mit Abb. 69). Üblicherweise wird diese bei Messungen mit dem Epsteinapparat nicht berücksichtigt, so daß V_s als Fehler bei der Feldstärkemessung nach Abschnitt b) von Versuch 42 C auftritt. Ist die ganze magnetische Spannung $V_g = w\,I = 2000\,I$ (bei $I = 10$ A beispielsweise $V_g = 20000$ A), so sind $V_e = V_g - V_s$ die tatsächlich auf das Eisen entfallenden und damit für die Feldstärke maßgebenden Amperewindungen. Der durch die Stoßfugen entstehende Fehler in der Feldstärkemessung nach Abschnitt 40c) ist also $V_s : V_e$ und wird in Prozenten angegeben.

Ein Vergleich mit der Berechnung ist beim Epsteinapparat nicht möglich, da sich Stoßfugen ihrer ganz unsicheren (mittleren) Länge in Feldrichtung wegen magnetisch nicht vorausberechnen lassen.

44. Messung der magnetischen Streuung.

a) Aufgabe. An einem Eisenkreis mit und ohne Luftspalten ist die Größe der Joch- und Ankerstreuung abhängig von der Größe des Luftspaltes (bei einer mittleren Induktion) und von der Größe der Induktion (bei einem mittleren Luftspalt) aufzunehmen. Die Versuche sind mit Wechselstrom 50 Hz durchzuführen.

b) Grundlagen. Der in einer stromdurchflossenen Spule erzeugte magnetische Fluß verteilt sich im Feldraum nach Maßgabe der vorhandenen magnetischen Widerstände. Liegt ein vollständig oder im wesentlichen aus Eisenteilen bestehender magnetischer Kreis vor, so verläuft der größte Teil des Flusses im Eisen. Da aber auch die umgebende Luft einen zwar viel größeren, aber nicht unendlichen magnetischen Widerstand hat, „streut“ auch ein Teil des Flusses in die Luft. Das ist um so mehr der Fall, je höher die Sättigung des Eisen (je kleiner also seine Permeabilität) ist, und je größer etwaige Luftspalte im Eisenkreis sind.

Die Größe der Streuung gibt man durch das Verhältnis des (parallelen) Luftflusses zum Gesamtfluß oder größten Fluß in einem Eisenteil an. Dieser herrscht dort, wo die Erregerspulen sitzen; Joch- und Anker-

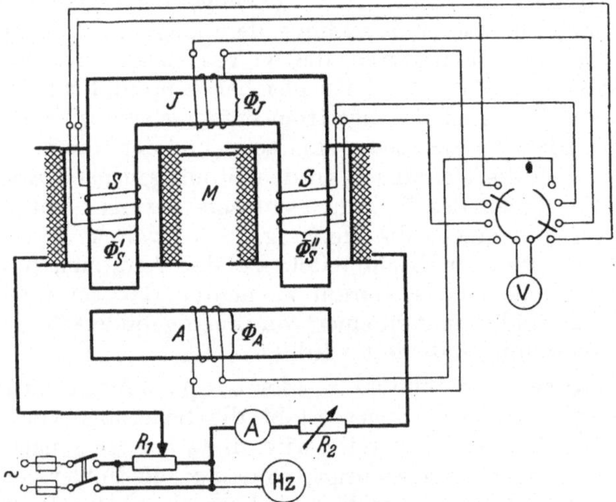

Abb. 80. Streuungsmessung an einem Eisenkreis.
A Anker, *J* Joch, *M* Magnetisierungsspulen, *S* Schenkel, Φ Flüsse.

streuung bei dem Eisenkern nach Abb. 80 sind mit den dort gegebenen Bezeichnungen der Flüsse[1]:

$$\sigma_J = \frac{\Phi_S - \Phi_J}{\Phi_S} \quad \text{und} \quad \sigma_A = \frac{\Phi_S - \Phi_A}{\Phi_S}, \tag{121}$$

da die neben Joch- und Ankereisen vorbeistreuenden Flüsse die Beträge $\Phi_S - \Phi_J$ und $\Phi_S - \Phi_A$ haben. Die Streuungen sind am kleinsten bei dem Luftspalt Null, da dann der magnetische Widerstand des Eisenweges den geringsten Wert hat, der Fluß Φ_A im Anker also relativ groß wird. Auf die Jochstreuung ist die Größe des Luftspaltes praktisch ohne Einfluß. Verändert man die Induktion $\mathfrak{B}$, so findet man kleine Streuungen bei niedrigen Induktionen, da hier die Permeabilität groß ist, also der Widerstand im Eisen klein ist. Je höher die Sättigung wird, desto mehr Fluß verläuft auf Streuwegen.

[1] Wir benutzen für die magnetische Streuung denselben Buchstaben σ wie für die durch Gl. (6a) definierte Streuung von Meßergebnissen. Beide Größen haben jedoch begrifflich verschiedene Bedeutungen.

Für die Messung der im Eisen verlaufenden Flüsse wird in der Mitte jedes Eisenabschnittes eine Induktionsspule vorgesehen: A, J und S in Abb. 80. Die Spulen sind dicht auf die Eisenoberfläche gewickelt, so daß sie praktisch nur den Fluß im Eisen erfassen. Hat dieser bei Wechselstrom den zeitlichen Höchstwert Φ_m, so ist mit f als der Freqenz und w als Windungzahl der Spule die in dieser bei Sinusform des Feldes induzierte effektive Spannung

$$U = 4{,}44\, w \cdot f \cdot \Phi_m, \tag{122}$$

die mit einem Spannungsmesser direkt gemessen werden kann. Der von den Spulen S erfaßte Fluß ist nicht mit dem Spulenfluß der Magnetisierungswicklung M identisch, sondern unterscheidet sich von ihm durch den Luftfluß innerhalb von M (die Luftstreuung). Die durch Gl. (121) festgelegten Streufaktoren σ beziehen sich ebenfalls auf den Eisenfluß Φ_S und nicht auf den Gesamtfluß von M.

c) Schrifttum: Lit. 1 (Abschn. V 393), 5, 7, 12.

d) Schaltung und Versuchsanordnung. Um eindeutig definierte Verhältnisse zu bekommen, sind weitere Eisenteile und auch sonstige größere Metallteile in der Nähe des Prüflings zu vermeiden. Der mechanische Aufbau des Magneten muß eine leichte Einstellbarkeit des Luftspaltes ermöglichen. Die Eisenteile sind des Wechselfeldes wegen geblättert ausgeführt. Die Induktionsspulen bestehen aus dünnem Draht und sind nur unter Zwischenlage einer dünnen Isolierschicht (Lackleinen, Cellonband oder ähnlichen) unmittelbar auf die Eisenkerne aufgebracht. Um die Luftstreuung gering zu halten, ist das Spiel zwischen Magnetisierungsspule M und Prüfspule nur klein.

Die im Magnetisierungsstromkreis nach Abb. 80 liegenden Widerstände R_1 und R_2 dienen der Einstellung der magnetischen Induktion $\mathfrak{B}$. Da ein großer Regelbereich erforderlich ist, sind Spannungsteiler (oder Regeltransformator) und Vorschaltwiderstand vorgesehen, letzterer zur Feinregelung. Die Induktion ergibt sich aus dem jeweiligen Fluß Φ und Eisenquerschnitt $\mathfrak{F}$ zu

$$\mathfrak{B} = \Phi : \mathfrak{F}, \tag{123}$$

da $\mathfrak{B}$ über den Querschnitt praktisch als konstant angesehen werden kann (vgl. Abschnitt 40d). Die 4 Spannungen nach Gl. (122) werden über den Spannungsmesser-Umschalter von Abb. 80 gemessen. Die von den Prüfspulen kommenden Meßleitungen sind zu verdrillen.

Gerätevorschläge für das Studienpraktikum. Der Versuch kann mit der folgenden, räumlich relativ kleinen Anordnung durchgeführt werden: Eisenquerschnitt aller Teile F = 40 · 40 mm² = 16 cm² aus Blech von 0,5 mm Stärke, Fensterbreite 70 mm, Schenkellänge 90 mm; 2 Magnetisierungsspulen je 500 Windungen von Draht 0,8 · · · 1,0 mm Durchmesser, zusammen etwa 5 Ω Widerstand, belastbar bis etwa 3,0 A kurzzeitig bis etwa 4,0 A, Anschluß an 220 V für Stromstärken über etwa 2,5 A an 380 V Wechselspannung; Regelwiderstand für etwa 0,05 · · · 3,0 A, also mehrere Widerstände parallel oder Grobregelung über Spannungsteiler, Feinregelung durch Vorschaltwiderstand; Prüfspulen auf den Eisenkernen je 100 Windungen aus Draht von 0,2 mm Durchmesser, Widerstand je etwa 10 Ω; um den inneren Spannungsabfall vernachlässigen zu können, muß der Spannungsmesser mindestens 500 Ω Eigenwiderstand haben bei 30 · · · 40 V Meßbereich; gegebenenfalls ist ein Gleichrichter-Gerät mit Drehspul-Meßwerk zu verwenden.

e) Versuchsdurchführung. Man mache zunächst einen Vorversuch zur Bestimmung des notwendigen Meßbereichs des Spannungsmessers, indem man auf großen Magnetisierungsstrom stellt und die von den Spulen S erzeugte Spannung feststellt; dieses ist die größte vorkommende Spannung.

Zur Aufnahme der Streuungen nach Gl. (121) abhängig vom Luftspalt wird zunächst die Induktion $\mathfrak{B}$ bestimmt, die bei größtem Magnetisierungsstrom und größtem Luftspalt noch erreichbar ist. Man nimmt die Abhängigkeit dann bei einer etwas kleineren Induktion auf und beginnt mit dem Luftspalt Null (kleinster Magnetisierungsstrom). Die Induktionen werden über Gl. (122) und (123) aus den gemessenen Spannungen berechnet. Bei jedem Luftspalt werden die 4 Flüsse Φ'_S, Φ''_S, Φ_J und Φ_A gemessen. Um nach jeder Luftspaltänderung immer wieder dieselbe Induktion zu bekommen, muß jedesmal die Magnetisierungsstromstärke nachgestellt werden, so daß die Spulen S stets dieselbe Spannung erzeugen.

Zur Aufnahme der Funktion $\sigma = f(\mathfrak{B}_S)$, also abhängig von der Induktion, wird ein kleiner Luftspalt (von $1 \cdots 2$ mm) eingestellt. Man mißt dann mit kleinen Magnetisierungsströmen (entsprechend kleinen Feldstärken von etwa 1 A/cm) beginnend wieder jedesmal die zusammengehörenden Werte Φ'_S, Φ''_S, Φ_J, Φ_A bzw. Spannungen U'_S, U''_S, U_J, U''_A bei steigendem Magnetisierungsstrom.

f) Auswertung. Man berechnet für jede Wertegruppe der 4 Spannungen die zugehörigen Flüsse nach Gl. (122), nimmt aus Φ'_S und Φ''_S den Mittelwert Φ_S und berechnet die Streuungen σ nach Gl. (121). Außerdem ist für jeden Versuch die Schenkelinduktion $\mathfrak{B}_S = \Phi_S : \mathfrak{F}$ zu ermitteln. Die Abhängigkeiten der σ vom Luftspalt und von $\mathfrak{B}_S$ werden in Kurvenform dargestellt. Man diskutiere den Kurvenverlauf an Hand der in Abschnitt b) gemachten Angaben.

45. Zugkraft eines Elektromagneten.

a) Aufgabe. An einem Elektromagneten sind Anzugskraft und Haltekraft in Abhängigkeit von der erregenden Stromstärke bei verschiedenen Luftspalten zu bestimmen. Die Meßergebnisse sind mit den berechneten Kräften zu vergleichen.

b) Grundlagen. Die zwischen den Polen eines Elektromagneten und seinem Anker auftretende Zugkraft entsteht aus der Fähigkeit des magnetischen Feldes, bei einer Verringerung des Luftspaltes magnetische Feldenergie in mechanische Energie umzusetzen. Der magnetische Energieinhalt des Luftspaltraumes wird also bei einer Anziehung verringert. Ist das Feld hier homogen, was bei im Vergleich zur Fläche kleinen Luftspalten mit guter Näherung zutrifft, so ist der Energieinhalt des Raumes von der Querschnittsfläche F (für den ganzen Magnet also gleich beiden Polflächen zusammen) und der Länge l (in Feldlinienrichtung):

$$W = F\,l \cdot \frac{1}{2}\,\mathfrak{B}\,\mathfrak{H}, \tag{124}$$

wo $\mathfrak{B}$ und $\mathfrak{H}$ magnetische Induktion und Feldstärke innerhalb des Volumens $F\,l$ sind. In Luft ist zur Erzeugung einer bestimmten Induktion $\mathfrak{B}$ eine große Feldstärke $\mathfrak{H}$ erforderlich; findet eine Anziehung statt, so herrscht (bei gleichen $\mathfrak{B}$) nachher nur mehr eine der hohen Permeabilität des Eisens entsprechende sehr kleine Feldstärke, so daß fast die ganze Feldenergie in mechanische Arbeit umgesetzt wird. Da in Luft $\mathfrak{H} = \mathfrak{B} : \mu_0$ ist, wird die verfügbare Energie also sehr angenähert

$$W = F\,l \cdot \frac{\mathfrak{B}^2}{2\mu_0}. \qquad (124\text{a})$$

Diese Energie ist dann also gleich der über l geleisteten mechanischen Arbeit $P\,l$, so daß die „Anziehungskraft"

$$P = F\,\frac{\mathfrak{B}^2}{2\mu_0} \qquad (125)$$

wird. Hierbei ist angenommen, daß $\mathfrak{B}$ während der Arbeitsleistung konstant ist. Bei genügend kleinen Wegen l trifft das auch bei gleichbleibender Magnetisierung des Elektromagneten zu, so daß die über einen bestimmten Luftspalt wirkende Kraft durch Gl. (125) jedenfalls richtig wiedergegeben wird. Um P in kg zu erhalten, schreibt man Gl. (125) oft in Form der Zahlenwertgleichung

$$P = F\left(\frac{\mathfrak{B}}{5000}\right)^2, \qquad (125\text{a})$$

wo F in cm^2 und $\mathfrak{B}$ in Gauß einzusetzen sind. Hier ist F wie vorher die Querschnittsfläche beider Pole zusammen, die bei kleinen Luftspalten praktisch mit der geometrischen Polfläche übereinstimmt.

Die mechanische Kraft hängt also von der Größe der Induktion $\mathfrak{B}$ ab. Wegen der Hystereseschleife des Eisens gehört zu einem bestimmten $\mathfrak{B}$ und P aber eine verschiedene Magnetisierungsstromstärke I bzw. Feldstärke $\mathfrak{H}$ je nachdem, ob I gesteigert oder vermindert wird. Mißt man bei abnehmender Stromstärke, wann bestimmte Kräfte erreicht werden, die den Anker gerade noch halten, so wird dadurch die Haltekraft ermittelt. Umgekehrt ergibt sich bei zunehmender Stromstärke die Anzugskraft, mit der der Anker angezogen werden kann.

c) Schrifttum: Lit. 5, 7.

d) Schaltung und Versuchsanordnung. Man verwendet einen Elektromagneten von Hufeisen-, Topf- oder ähnlicher Form mit nach unten gerichteten Polflächen. Unter diesen ist die Ankerplatte von solcher Größe angebracht, daß sie den Polflächen gleichgroße Flächen gegenüberstellt. In einem geeigneten, eisenfreien Gestell ist die Ankerplatte so gelagert, daß Luftspalte von 0 bis einige mm entstehen. Auswechselbare Abstandsstücke (z. B. aus Preßspan) über und unter der Ankerplatte ermöglichen die Einstellung aller gewünschten Abstände (Luftspalte). Bei den Versuchen zur Bestimmung der Haltekraft werden Abstandsstücke über der Ankerplatte, also zwischen dieser und den Polflächen (im „Luftspalt") eingelegt, bei der Bestimmung der Anzugskraft liegen die Abstandsstücke unter der Ankerplatte. Die mechanische Kraft wird durch das Gewicht der Ankerplatte mit darangehängter Gewichtsschale und durch Gewichte auf dieser dargestellt.

Die Schaltung des Magneten ist dieselbe wie bei Versuch 44 in Abb. 80. Grob- und Feinregler sind jedenfalls erforderlich, um die Stromstärke genügend langsam regeln zu können.

Gerätevorschläge für das Studienpraktikum. Zu dem Versuch eignet sich derselbe Magnet wie in Versuch 44. Vernachlässigt man die magnetische Spannung im Eisen (die für das Eisen notwendigen Amperewindungen), was um so mehr zulässig ist, je größer der Luftspalt und je kleiner die Induktion ist, so gilt die Abhängigkeit der Zugkraft je cm^2 Fläche von der magnetisierenden Durchflutung nach Abb. 81. Hieraus kann man also für jeden Magneten überschläglich die auftretenden Zugkräfte P je cm^2 bei gegebener Amperewindungszahl Θ der erregenden Wicklung berechnen. Am rechten Rande von Abb. 81 sind noch die zu den P nach Gl. (125a) gehörenden Induktionen $\mathfrak{B}$ angegeben. Für den in Versuch 44 genannten Magneten mit $w = 2 \cdot 500$ Windungen, 3,0 A, also 3000 AW, hat man bei 2 mm Luftspalt mit $\mathfrak{B} \approx 9000$ G und $P \approx 3$ kg/cm² zu rechnen; da der Magnet $2 \cdot 16$ cm² Polfläche hat, werden bei 2 mm Luftspalt etwa 100 kg Zugkraft auftreten. Man bemesse hierfür die Gewichtsschale und messe bei 2, 4 und 6 mm Luftspalt und bei Strömen zwischen 0,5 und 3,0 A.

e) Versuchsdurchführung. Es wird bei jedem gewünschten Luftspalt je eine Versuchsreihe zur Bestimmung der Halte- und Anzugskräfte durchgeführt. Bei allen Versuchsreihen wird zunächst der Luftspalt eingestellt, dann die Gewichtsbelastung angebracht und der Strom verändert. Durch Vorversuche bestimmt man zweckmäßig zunächst die ungefähren Stromstärken, bei denen Abreißen oder Anziehen erfolgt, damit man die Stromstärken dort langsam verändern kann, um genaue Ergebnisse zu erhalten. Als kleinsten Luftspalt wähle man etwa 0,5 mm.

1. Haltekraft. Nach Vorlegen der Abstandsstücke für den gewünschten Luftspalt zwischen Polflächen und Ankerplatte schaltet man den Magnet ein und erregt auf volle Stromstärke. Dann werden Gewichte aufgelegt, so daß diese zusammen mit Gewichtsschale und Ankerplatte die größte Kraft darstellen, bis zu der die Abhängigkeit aufgenommen werden kann oder soll. Nun verringert man die Stromstärke langsam und liest sie im Augenblick des Abfallens des Ankers ab. Bei den weiteren Einzelmessungen der Reihe geht man in gleicher Weise vor, wobei jedesmal ein kleineres Gewicht aufgelegt wird. Beim letzten Versuch der Reihe besteht die Belastung allein aus der Ankerplatte und leeren Gewichtsschale.

2. Anzugskraft. Man stellt den Luftspalt jetzt durch Abstandsstücke unter der Ankerplatte ein, steigert die Stromstärke langsam (wieder erst Vorversuche machen) jedesmal bis Anziehen erfolgt; hierbei wird die Stromstärke abgelesen. Der Versuch wird wieder bei verschiedenen Gewichtsbelastungen wiederholt, so daß der Bereich von leerer Gewichtsschale bis zum höchsten, bei praktisch voller Stromstärke noch angezogenen Gewicht erfaßt wird.

f) Auswertung. Die verlangte Abhängigkeit der Halte- und Anzugskraft von der erregenden Stromstärke ergibt sich unmittelbar aus den Meßergebnissen. Man trägt die Meßwerte auf und zeichnet die Kurven, die denen der Abb. 81 ähnlich sind. Um die Größe der Kräfte beim Luftspalt Null zu ermitteln, entnimmt man aus den Kurven die P für bestimmte Stromstärken I und Luftspalte l und trägt getrennt die Funktionen $P = f(l)$ bei dem Parameter I auf und extrapoliert zum Luftspalt $l = 0$.

Der in der Aufgabe noch verlangte Vergleich der gemessenen mit den berechneten Kräften kann nur durchgeführt werden, wenn die Berechnungsdaten des Magneten bekannt sind oder durch Nachrechnung des magnetischen Kreises erhalten werden können. Abweichungen zwischen Messung und Rechnung entstehen besonders durch die vereinfachenden Annahmen bei der Berechnung, insbesondere Schätzung der Streuung, Gleichsetzen des wirksamen Luftspaltquerschnitts mit dem geometrischen und Ungleichmäßigkeiten des Luftspaltes besonders bei kleinen Luftspalten.

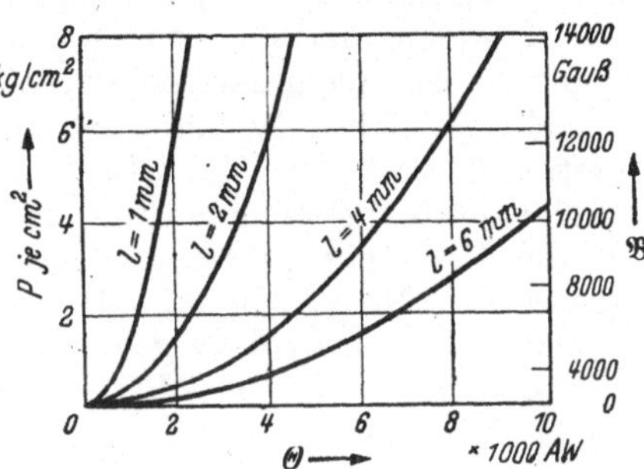

Abb. 81. Spezifische Zugkraft und Luftspaltinduktion abhängig von der magnetisierenden Durchflutung bei verschiedenen Luftspalten l (Eisen-AW vernachlässigt).

46. Eisenverlustmessung mit dem Epsteinapparat.

Bei der Ummagnetisierung von Eisen treten Wirkverluste durch die Hystereseerscheinung (sog. Hystereseverluste) und durch Wirbelstrombildung auf (sog. Wirbelstromverluste). Beide zusammen werden als „Eisenverluste" bezeichnet. Um die Wirbelstromverluste klein zu halten, wird das Eisen bei Maschinen usw. für Wechselstrom aus Blechen aufgeschichtet, so daß die Kenntnis der Eisenverluste besonders für Dynamo- und Transformatorenblech wichtig ist. Die Messung erfolgt fast stets im Epsteinapparat, der 4 Blechbündel enthält, die nach Abb. 71 im Quadrat angeordnet und von je einer Magnetisierungsspule M und einer Prüfspule P (zur Messung der Induktion 𝔅) umgeben sind. Die Probe selbst soll 10 kg wiegen (also 2,5 kg je Bündel) und aus zur Hälfte längs, zur Hälfte quer zur Walzrichtung geschnittenen Blechstreifen von 30 · 500 mm Größe bestehen. Die 4 Bündel werden in die Spulen eingeschoben und durch Druckschrauben festgelegt.

Die Verlustmessung kann direkt mit einem Leistungsmesser oder durch Vergleich mit einer Eisenprobe bekannter Verluste erfolgen. Bei den Messungen bestimmt man die spezifischen Verluste in W/kg (sog. Verlustziffer).

46 A. Direktes Verfahren.

a) Aufgabe. An einer Epsteinprobe ist durch direkte Leistungsmessun die Eisenverlustziffer abhängig von der Induktion 𝔅 = 6000 bis 16000 Gauß aufzunehmen (Frequenz 50 Hz).

b) Grundlagen. Die Messung der Induktion 𝔅 erfolgt aus der in P induzierten Spannung mittels Spannungsmessers gemäß Abschnitt 40d mit Gl. (105). Wegen der bei höheren Induktionen eintretenden Verzerrung der Kurvenform darf der Formfaktor nur bis etwa 9000 G mit $\chi = 1{,}11$ eingesetzt werden, so daß wir an Stelle von Gl. (105) hier für den Höchstwert der Induktion benutzen

$$\mathfrak{B}_m = \frac{U}{4\chi \cdot w \cdot f \cdot \mathfrak{F}} \tag{126}$$

mit U als induzierter Spannung, w als Windungszahl aller 4 Spulen P, f als Frequenz und $\mathfrak{F}$ als wirksamer Querschnittsfläche, die aus dem Gesamtgewicht, der gesamten Paketlänge und dem spezifischen Gewicht (im Mittel 7,7 bei Dynamoblech und 7,5 bei legiertem Blech) der Probe bestimmt wird. Der Formfaktor kann bei $\mathfrak{B} = 10000/12000/14000/16000$ Gauß angenommen werden zu $\chi = 1{,}115/1{,}125/1{,}14/1{,}16$. Da bei den Epsteinapparaten üblicher Ausführung für Eisenverlustmessungen $w = 4 \cdot 150 = 600$ ist (Bauart Siemens & Halske) und $\mathfrak{F}$ zu etwa 6,5 cm² erhalten wird, so gehören bei $f = 50$ Hz nach Gl. (126) folgende Wertepaare von $\mathfrak{B}_m$ und U zusammen

$\mathfrak{B}_m =$	6	8	10	12	14	16	10^3 G
$U =$	52,0	69,3	86,9	105,3	124,5	145	V

Die von der Magnetisierungswicklung aufgenommene Wirkleistung enthält außer den Eisenverlusten noch die Stromwärmeverluste und den Eigenverbrauch der an die Prüfspulen P angeschlossenen Meßgeräte. Bei der im folgenden beschriebenen Schaltung geht von diesen aber nur der Eigenverbrauch im Spannungspfad des Leistungsmessers ein.

c) Schrifttum: Lit. 2, 3, 4 (Bd. II), 5, 8, 9 (Bd. II), 10, ferner DIN VDE 6400.

d) Schaltung und Versuchsanordnung. Der Magnetisierungsstrom wird nach Abb. 82 über Strommesser (zur Überwachung der Strombelastung von Leistungsmesser und Epsteinapparat) und Leistungsmesser (zur Verlustmessung) geführt. Der Spannungspfad des Leistungsmessers ist an die Sekundärwicklung P gleicher Windungszahl wie primär $(4 \cdot 150 = 600)$ angeschlossen, so daß die Kupferverluste in der Magnetisierungswicklung nicht mitgemessen werden.

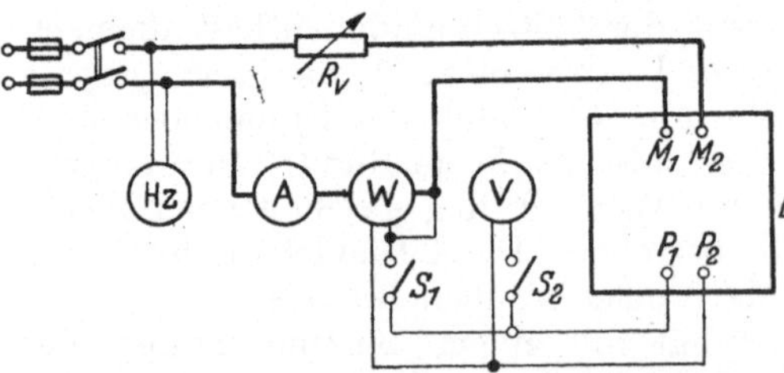

Abb. 82. Eisenverlustmessung nach dem direkten Verfahren.
E Epsteinapparat, $M_1 M_2$ Magnetisierungswicklungen, $P_1 P_2$ Sekundärwicklungen, R_v Vorschaltwiderstand, $S_1 S_2$ Spannungs-Schalter.

Da der für die Induktionsmessung nach Gl. (126) erforderliche Spannungsmesser während der Leistungsmessung abgeschaltet ist, wird nur der Verlust im Spannungspfad des Leistungsmessers mitgemessen. Hat dieser den Widerstand R_L und zeigt das Meßgerät eine Leistung N_L an, so sind die Eisenverluste also

$$N_e = N_L - \frac{U^2}{R_L} \quad . \tag{127}$$

wo U die vorher oder nachher mit dem Spannungsmesser gemessene Spannung ist. Die Eisenverlustziffer v erhält man dann aus N_e durch Division durch das Gewicht der ganzen Probe von etwa 10 kg. Im Interesse genauer Messungen sollen die Widerstände der Spannungspfade sehr viel größer als der Widerstand der Sekundärwicklung sein. Als Leistungsmesser verwendet man zweckmäßig ein Gerät, das seinen Vollausschlag bereits bei $\cos\varphi = 0{,}5$ hat, um nicht zu kleine Ausschläge zu bekommen (der $\cos\varphi$ des Magnetisierungsstromes ist oft $<0{,}05$). Um im Leistungsmesser keine großen Spannungen innerhalb des Meßwerks zu erhalten, sind eine Strom- und Spannungsklemme miteinander zu verbinden (ist ein getrennter Vorwiderstand vorhanden, so muß die Verbindung an der anderen Klemme erfolgen).

Gerätevorschläge für das Studienpraktikum. Epsteinapparat der Ausführung Siemens & Halske mit je 600 Gesamtwindungen primär und sekundär; Regelwiderstände R_v bis 5 A oder 10 A (je nach AW-Bedarf der Probe bei 16000 G) nach den Gerätevorschlägen bei Versuch 42 C, dabei Schaltung wie R_1 bis R_4 in Abb. 72; Leistungsmesser möglichst für Meßbereiche von etwa 2,5, 5 und 10 A, mit überlastbarem Spannungspfad, so daß trotz niedrigen $\cos\varphi$ große Ausschläge erhalten werden; Spannungsmesser auswechselbar oder umschaltbar für etwa 50, 100 und 150 V.

e) Versuchsdurchführung. Zunächst mißt man das Gewicht der Probe zur Querschnittsberechnung. Dann erfolgt das Einlegen der Probe nach Abschnitt e) von Versuch 42 C. Bei jeder Messung sind nun nacheinander die folgenden Einstellungen und Ablesungen vorzunehmen (Abb. 82): Magnetisierungsstrom so einstellen, daß am Spannungsmesser die zu der gewünschten Induktion $\mathfrak{B}_m$ gehörende Spannung U angezeigt wird, dann Spannung und Frequenz ablesen, darauf S_2 aus, S_1 ein, Messen der Leistung und zur Kontrolle, daß U sich nicht geändert hat, nochmal S_1 aus, S_2 ein und Spannung ablesen. Gegebenenfalls ist der Mittelwert aus beiden Spannungsanzeigen zu bilden oder der Versuch zu wiederholen, wenn eine Spannungsschwankung angenommen werden kann.

f) Auswertung. Induktion $\mathfrak{B}_m$ und Eisenverlust N_e wird nach Gl. (126) und (127) für jeden Einzelversuch berechnet. Aus N_e bestimmt man dann die Verlustziffern durch Division durch das Gewicht und trägt sie abhängig von der Induktion auf. Man entnimmt aus der Kurve noch die Verlustziffern v_{10} und v_{15}, d. h. bei 10000 und 15000 Gauß, die zur Kennzeichnung der Eisensorten gemäß VDE anzugeben sind.

46 B. Vergleichsverfahren.

a) Aufgabe. Durch Vergleich mit einer Normalprobe gleichen Gewichts und bekannter Verlustziffern sollen an einer Eisenblechprobe nach Epstein die Eisenverlustziffern v_{10} und v_{15} für 10000 und 15000 Gauß Induktion bestimmt werden. Die Untersuchung ist über einen Frequenzbereich von 15 · · · 60 Hz zu erstrecken. Durch Extrapolation zur Frequenz Null sind die Hysterese- und Wirbelstromverluste zu trennen.

b) Grundlagen. Prinzip und Aufbau des Epsteinapparates sind im Versuch 42 C mit Abb. 71 dargestellt; für die Verlustmessung vgl. außerdem den Einleitungsabsatz von Abschnitt 46, S. 153.

Die Messung der Induktion $\mathfrak{B}$ erfolgt wie bei Versuch 46 A aus der induzierten Spannung und wird nach Gl. (126) berechnet. Wegen des sehr kleinen Wirkspannungsabfalls kann diese Spannung hinreichend genau auch auf der Primärseite gemessen werden. Bei $w = 600$, $f = 50$ Hz und $\mathfrak{F} = 6{,}5\ \mathrm{cm}^2$ gehören zusammen:

$$\mathfrak{B}_m = 10000; \quad \chi = 1{,}115; \qquad U = 86{,}9\ \mathrm{V}$$
$$\mathfrak{B}_m = 15000; \quad \chi = 1{,}15; \qquad U = 135{,}5\ \mathrm{V}.$$

Für andere Frequenzen ist proportional umzurechnen.

c) Schrifttum: Lit. 2, 4 (Bd. II), 9 (Bd. II), 10; Trennung der Eisenverluste: Lit. 2, 5.

d) Schaltung und Versuchsanordnung. Das Vergleichsverfahren ermöglicht eine genauere Messung der Verluste als die Schaltung mit direkter Leistungsmessung nach Versuch 46 A. In der Schaltung nach Abb. 83 ist DL ein Differential-Leistungsmesser. Dieser enthält 2 übereinanderliegende dynamometrische Systeme, die miteinander mechanisch gekuppelt sind (ähnlich wie bei Drehstromleistungsmessern für ungleiche Belastung). Die Systeme werden so geschaltet, daß ihre Drehmomente entgegengesetzte Richtung haben. N und X sind 2 möglichst gleiche Epsteinapparate, deren einer die Normalprobe N und deren anderer die zu untersuchende Eisenprobe enthält. Beide Epsteinapparate werden in einem gemeinsamen Holzgestell etwa 70 cm übereinander angeordnet und nach Abb. 83 geschaltet.

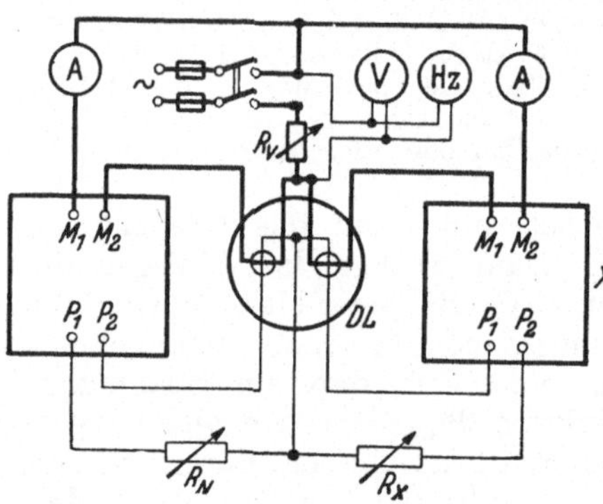

Abb. 83. Eisenverlustmessung durch Vergleich mit einer Normalprobe (Differentialverfahren). *DL* Differential-Leistungsmesser, $M_1 M_2$ Magnetisierungsentwicklungen, *N* Epsteinapparat mit Normalprobe, $P_1 P_2$ Sekundärwicklungen, *X* Epsteinapparat mit zu untersuchender Probe.

Schließt man den Differential-Leistungsmesser richtig an, so arbeiten seine beiden miteinander gekuppelten Systeme gegeneinander. Sind also die Seiten N und X gleich, so zeigt DL den Ausschlag Null. Wenn die beiden Proben verschiedene Verlustziffern haben, was in der Regel der Fall ist, so bleibt ein Ausschlag, der durch entsprechende Einstellung von R_N und R_X zum Verschwinden gebracht wird. Die Meßmethode ist also ein Nullverfahren. Vernachlässigt man den Eigenverbrauch in den Spannungskreisen der Leistungsmeßwerke, was hier zulässig ist, so verhalten sich bei Nullausschlag des Instrumentes die Verluste V wie die Widerstände R, wobei die Widerstände der Spannungspfade des Leistungsmessers gegebenenfalls in R_N und R_X einzuschließen sind. Da bei gleichem Gewicht beider Proben auch die Verlustziffern (spezifische Verluste v) den Verlusten V entsprechen, gilt für die Verlustziffer der zu untersuchenden Probe:

$$v_X = v_N \frac{R_X}{R_N} \tag{128}$$

mit v_N als (bekannter) Verlustziffer der Normalprobe, da die Drehmomente den Verlusten direkt, den Widerständen umgekehrt proportional sind. Wird R_N als dekadisches Vielfaches der Verlustziffer gewählt (z. B. $R_N = 23600\,\Omega$ bei $v_{10} = 2{,}36$ W/kg), so ist die Auswertung zahlenmäßig einfach.

Die beiden vorgesehenen Strommesser gestatten die Überwachung von Epsteinspulen und Leistungsmessern auf ihre zulässige Strombelastung. Mit Rücksicht auf die Streuflüsse der Epsteinringe ist der Leistungsmesser in genügendem Abstand von diesen aufzustellen.

Gerätevorschläge für das Studienpraktikum. Epsteinapparate der Ausführung Siemens & Halske mit je 600 Gesamtwindungen primär und sekundär; Stromquelle in der Frequenz und Spannung im gewünschten Bereich regelbar (z. B. 15 · · · 60 Hz und Spannung bis 162 V bei $\mathfrak{B} = 15000$ G und 60 Hz); Regelwiderstände R_v bis 10 oder 20 A (je nach dem AW-Bedarf der beiden Proben bei 15000 G) nach den Gerätevorschlägen bei Versuch 42 C, dabei Schaltung wie R_1 bis R_4 in Abb. 72; Spannungsmesser auswechselbar oder umschaltbar für 50, 100 und 170 V; Differentialgerät Sonderkonstruktion für den vorliegenden Versuch; R_N und R_X je nach Verlustziffern für etwa 30 · · · 50 kΩ.

e) Versuchsdurchführung. Zunächst mißt man das Gewicht der Probe, das jenem der Normalprobe gleich sein soll. Dann erfolgt das Einlegen der Proben nach Abschnitt e) von Versuch 42 C. Weiterhin wird der richtige Anschluß des Leistungsmessers kontrolliert; schlägt er bei kleinem Magnetisierungsstrom und voll eingeschalteten Widerständen stark aus, so muß ein Klemmenpaar an einem Epsteinring vertauscht werden.

Darauf beginnen die Versuche. Man stellt zunächst R_N (und zunächst auch R_X) auf den zur Eisenverlustziffer der Normalprobe gehörigen (zahlenmäßige 10^4-fachen) Wert ein und regelt Frequenz und Spannung auf die entsprechenden Beträge. Nun wird der Ausschlag am Leistungsmesser durch Verändern von R_X zum Verschwinden gebracht. Man mißt v_{10} und v_{15} bei Frequenzen in Abständen von etwa 5 Hz.

f) Auswertung. Die zusammengehörigen Wertepaare der Frequenzen und der Verlustziffern v_{10} und v_{15} werden aufgetragen. Zur Kontrolle des Kurvenverlaufs kann die Tatsache dienen, daß die Hystereseverluste v_h linear mit der Frequenz f, die Wirbelstromverluste v_w aber quadratisch ansteigen:

$$v = v_h + v_w = k_h f + k_w f^2\,, \tag{129}$$

wo die Konstanten k Werkstoffeigenschaften und die Induktion enthalten.

Zur Trennung der Eisenverluste kann man die folgende Konstruktion verwenden. Man bildet für jeden Meßwert

$$\frac{v}{f} = k_h + k_w f, \tag{129a}$$

trägt v/f über der Frequenz auf und legt durch die Punkte eine Gerade. Diese schneidet auf der Ordinatenachse k_h ab und hat die Neigung k_w. Mit den so erhaltenen Konstanten k kann dann der Einzelverlauf von v_h und v_w nach Gl. (129) angegeben werden. Auf Grund der Verlusttrennung können die gemessenen Eisenverlsutziffern auf genauen Wert der Maximalinduktion und auf die Normaltemperatur von 20° C korrigiert werden (vgl. Lit. 2, 5).

47. Aufnahme einer Wechselstrom-Magnetisierungslinie mit dem Schwinggleichrichter.

a) Aufgabe. An einer kleinen Eisen-Ringprobe soll mit Hilfe von Schwinggleichrichter und empfindlichem Drehspulmeßgerät geringen Eigenverbrauchs die Magnetisierungslinie bei Wechselstrom aufgenommen werden.

b) Grundlagen. Einer der Nachteile des Epsteinapparates (vgl. Versuche 42 C und 46) ist das große für ihn verlangte Eisengewicht der Probe von 10 kg. Man braucht dieses dort unter anderem, damit der entstehende Verlsut groß gegenüber dem Eigenverbrauch der Meßgeräte ist. Will man zu kleineren Proben bis herab zu rund 100 g Eisengewicht kommen, so müssen Meßeinrichtungen für Strom und Spannung verwendet werden, die den kleinen Eigenverbrauch und die hohe Empfindlichkeit von Drehspulmeßgeräten haben. Voraussetzung ist dafür bei Wechselstrom, daß vor dem Drehspulgerät ein Gleichrichter liegt, der in der Durchlaßrichtung einen extrem kleinen und in der Sperrichtung einen extrem hohen Widerstand hat, was beispielsweise bei Trockengleichrichtern und kleinen Spannungen nicht der Fall ist. Man verwendet daher hier den mechanischen Schwinggleichrichter, der nach dem Prinzip des polarisierten Relais arbeitet und im Takte des gleichzurichtenden Wechselstromes arbeitend bei guten Ausführungen auf weniger als 1° genau schaltet. Dann können z. B. Lichtmarkengeräte mit unter 0,1 μW Eigenverbrauch Verwendung finden.

c) Schrifttum: Schwinggleichrichter: Lit. 1 (Abschnitt V 362, Z 540); Eisenmeßgerät mit Schwinggleichrichter („Ferrometer"): Lit. 1 (Abschnitt J 60, V 951).

d) Schaltung und Versuchsanordnung. Die magnetisierende Primärwicklung wird nach Abb. 84a über einen Regeltransformator T angeschlossen, der die erforderliche niedrige Spannung hinreichend feinstufig zu regeln gestattet. Den Magnetisierungsstrom I_M mißt man über Meßwiderstände R_S und R_E. Für die Feldstärke gilt Gl. (117). Zur Eichung ist im Primärkreis der Strommesser A vorgesehen.

Auf der Sekundärseite muß der Gesamtwiderstand des Kreises aus R_E und G so groß sein, daß der innere Widerstand der nur aus wenigen Windungen bestehenden Sekundärwicklung demgegenüber vernachlässigbar ist. Der Spannungsmesser V darf nur zur Eichung eingeschaltet sein und wird zur Induktionsmessung abgeschaltet. Diese erfolgt nach Abschnitt 40d). Die Induktion erhält man aus Gl. (105).

Der Phasenregler Ph muß die zur Erregung des Schwinggleichrichters erforderliche Spannung erzeugen. Er muß eine Regelung der Phasenlage um 180° gestatten und eine Einstellung des Phasenwinkels auf mindestens 0,5° genau ermöglichen. Da der Phasenwinkel des Magnetisierungsstromes gegen die Netzspannung einen unbekannten Wert von weniger als 90° hat, und da auch die Phase der Sekundärspannung von der primären Netzspannung abweicht, ist durch Verstellen des Phasenreglers jene Schaltphase des Schwinggleichrichters aufzusuchen, bei der gerade eine volle Halbwelle geschaltet wird (Abb. 84b). Ist die Schaltphase um 90° verschoben (Abb. 84c), so erhält das Drehspulgerät abwechselnd gleich große positive und negative Stromstöße, so daß es nichts anzeigen kann.

e) Versuchsdurchführung. Zur Entmagnetisierung der Probe (vgl. Abschnitt e von Versuch 42 B) wird T langsam bis zum Magnetisierungsstrom Null heruntergeregelt. Darauf stellt man nacheinander zunehmende Erregungen ein und mißt hintereinander den Magnetisierungsstrom I_M und die Sekundärspannung U. Um die jeweils richtige Stellung des Phasenreglers mit einer Schaltphase nach Abb. 84b) zu erhalten, kann man mittels des Phasenreglers auf Höchstausschlag des Galvanometers einstellen. Da das Maximum jedoch ziemlich flach ist, stellt man besser auf Null ein (Schaltphase nach Abb. 84c) und dreht den Phasenregler dann um 90° nach der Seite, die einen positiven Ausschlag des Galvanometers ergibt.

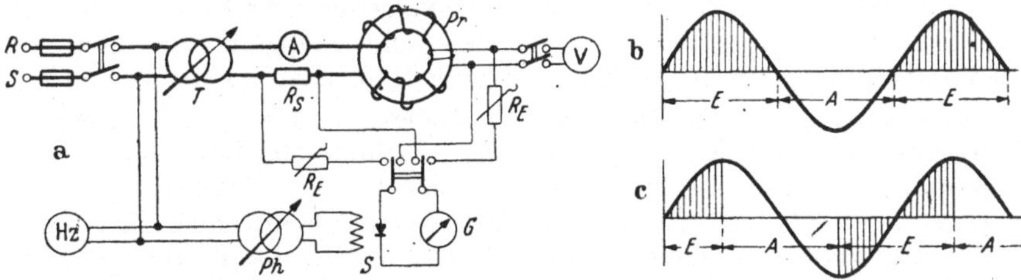

Abb. 84. Schaltung (a) und Stromverlauf bei verschiedenen Schaltphasen (b, c) bei der Aufnahme von Magnetisierungslinien mit dem Schwinggleichrichter.

f) Auswertung. Die am Galvanometer erhaltenen Ausschläge werden auf Grund der Eichung in den Magnetisierungsstrom und die Sekundärspannung umgerechnet. Feldstärke und Induktion erhält man dann aus Gl. (117) und (105).

Bemerkung. Im Ferrometer (vgl. ATM-Blatt J 60-2 und J 60-3) oder Vektormesser (vgl. ATM-Blatt J 94-3) sind Schwinggleichrichter, Lichtmarkengeräte, Phasenschieber und Meßbereichwähler passender Größen zusammengebaut. Der Anschluß der Eisenprobe und die Bedienung der Geräte nimmt man nach den beigegebenen Anweisungen vor.

5. Elektrische Temperaturmessung und Elektrowärme.

50. Eichung eines Thermoelementes.

Die elektrische Temperaturmessung mit Thermoelementen beruht auf der Entstehung eingeprägter Spannungen (EMKe) an den Übergangsstellen („Lötstellen") zwischen verschiedenen Metallen. Mit Thermoelementen mißt man stets Temperaturdifferenzen (Übertemperaturen) zwischen den beiden Übergangsstellen in dem Meßstromkreis. Alle Messungen und Eichungen erfordern also stets die Überwachung auch der zweiten Lötstelle, die meist auf Raumtemperatur oder auch auf der Temperatur schmelzenden Eises (0° C) gehalten wird.

Die Größe der zu den einzelnen Übertemperaturen gehörenden Spannungen hängt von der Zusammensetzung der beiden Metalle ab. Im Mittel findet man in der Nähe der Raumtemperatur bei Thermoelementen aus

Kupfer-Konstantan etwa 4 mV/100° C (Verwendung bis etwa 500° C)
Eisen-Konstantan etwa 5 mV/100° C (bis etwa 700° C)
Nickel-Nickelchrom etwa 4 mV/100° C (bis etwa 1000° C)
Platin-Platinrhodium etwa 0,7 mV/100° C (bis etwa 1600° C).

Nach höheren Temperaturen hin steigen die Werte etwas an. Abweichungen ergeben sich je nach Reinheit bzw. Zusammensetzung der Metalle (die zulässigen Abweichungen liegen nach DIN 43710 meist zwischen etwa 0,3 und 0,5 mV), so daß jedes Thermoelement geeicht werden muß.

50 A. Eichung mit empfindlichem Spannungsmesser.

a) Aufgabe. Ein Thermoelement ist in Betriebsschaltung zusammen mit dem vorgesehenen Spannungsmesser (Zeigermeßgerät) in einem Ölbad zwischen Raumtemperatur und etwa 100° C zu eichen.

b) Grundlagen. Für die von Thermoelementen gemessene Temperatur vgl. die vorstehende Einleitung zu Abschnitt 50. Da die erzeugten Thermospannungen nur bis zu etwa 50 mV betragen, sind für die Anzeige stets empfindliche Spannungsmesser erforderlich, die zudem noch einen hohen Eigenwiderstand haben sollen, damit die vom Instrument gemessene Klemmenspannung des Thermoelementes möglichst wenig von seiner EMK abweicht. Man sollte daher nur Geräte von einigen 100 Ω Eigenwiderstand verwenden. Das bedeutet, daß der Strommeßbereich fast stets unter 1 mA liegt. Für genauere Messungen besonders kleinerer Temperaturen sind daher spitzengelagerte Meßgeräte mit Massezeiger nicht mehr brauchbar. Man verwendet Drehspulgeräte mit Bandaufhängung oder auch mit Lichtzeiger. Wo das (z. B. zur Anzeige an Schalttafeln) nicht möglich ist, muß man meist einen merkbaren Spannungsabfall im Thermoelement in Kauf nehmen. Die Eichung gilt dann auch nur bei bestimmter Drahtlänge bzw. bestimmtem Widerstand des Thermoelementes mit seinen beiden Drähten.

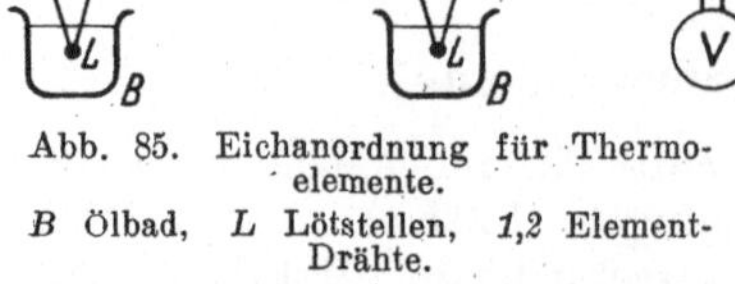

Abb. 85. Eichanordnung für Thermoelemente. *B* Ölbad, *L* Lötstellen, *1,2* Element-Drähte.

c) Schrifttum: Für Thermoelemente: Lit. 1 (Abschn. J 241), 3, 8, 27, 28, 47; Eichung der Thermoelemente: Lit. 3, 5, 28.

d) Schaltung und Versuchsanordnung. Thermoelement („warme" Lötstelle), Vergleichslötstelle („kalte" Lötstelle) und Anzeigegerät werden mit den für den späteren Betrieb vorgesehenen Verbindungsleitungen zusammengeschaltet. Jede Lötstelle wird nach Abb. 85 in ein nicht zu kleines Ölbad gebracht (Inhalt etwa 500 cm^3) und in dessen Mitte an dem Meßfühler eines Normalthermometers befestigt. Für die warme Lötstelle wird ein Ölbad in Wärmeisolierungsgefäß verwendet, das bis 110° C heizbar sein muß (am besten durch eingehängte elektrische Heizkörper). Das andere (kalte) Ölbad bleibt auf Raumtemperatur, so daß die Eichung gegen diese erfolgt[1].

Gerätevorschläge für das Studienpraktikum. Kupfer-Konstantan-Thermoelement mit Drähten von 1 m Länge und 0,5 ··· 1,0 mm Durchmesser (Konstantandraht von Ölbad zu Ölbad, Kupferdrähte von den Ölbädern zum Anzeigegerät); Drehspulmeßgerät mit 4 ··· 5 mV Meßbereich oder auch empfindlicher, dann entsprechenden Vorwiderstand vorsehen, daß Vollausschlag etwa bei 100° C entsprechend 4 mV.

e) **Versuchsdurchführung.** Vor Versuchsbeginn heizt man das für die warme Lötstelle bestimmte Ölbad auf etwa 110° C und bringt die Lötstellen und Normalthermometer alsbald in dieses und das andere Ölbad hinein. Nach etwa 15 min ist der Temperaturausgleich so vollkommen, daß jede Lötstelle mit ihrem Normalthermometer bis auf Bruchteile eines Grad gleiche Temperatur hat. Dann können in Zeitabständen von etwa 10 ··· 15 min jeweils die Spannung (bzw. die Skalenteile) am Anzeigegerät und die Temperaturen ϑ_w und ϑ_k der Normalthermometer abgelesen werden, bis der Temperaturunterschied $\vartheta_w - \vartheta_k$ nur mehr etwa 10° C beträgt. Mindestens am Anfang und Ende der Versuchsreihe ist die Raumtemperatur abzulesen.

f) **Auswertung.** Die Temperaturdifferenzen $\Theta = \vartheta_w - \vartheta_k$ werden abhängig von den Skalenanzeigen des Meßgerätes aufgetragen und durch eine Kurve verbunden. Da bei den meisten Thermoelementen annähernd Linearität zwischen Θ und der EMK besteht, ist eine Extrapolation über die Grenzen des durchmessenen Bereichs hinaus in gewissem Umfang möglich.

50 B. Eichung mit dem technischen Kompensator.

a) **Aufgabe.** Die EMK eines Thermoelementes soll mit dem technischen Kompensator im Bereich bis etwa 100° C bestimmt werden.

b) **Grundlagen.** Für die gemessene EMK (entsprechend der Temperaturdifferenz zwischen den beiden Lötstellen) vgl. die Einleitung zu Abschnitt 50. Das Kompensationsverfahren gestattet die unmittelbare Messung der EMK, da beim Abgleich kein Strom im Thermoelement fließt. Im Hinblick auf die hier nur erforderlichen Genauigkeiten kann der technische Kompensator verwendet werden, bei dem man den Hilfsstrom nicht durch Kompensation gegen ein Normalelement einstellt, sondern nach Abb. 12, S. 30, unmittelbar mit einem Fein-Strommesser (möglichst der Klasse 0,2) mißt. Bei mindestens gleicher Genauigkeit der verwendeten Widerstände und hinreichender Empfindlichkeit des Nullgalvanometers liegt die Unsicherheit für die Messung ebenfalls bei einigen Promille.

c) **Schrifttum:** Für Thermoelemente: Lit. 1 (Abschn. J 241), 3, 8, 27, 28, 47; Eichung: Lit. 1 (Abschnitt J 931), 30.

[1] Wo ein Thermostat zur Verfügung steht, bringt man die kalte Lötstelle mit Vorteil in diesen hinein. Höhere Ansprüche an die Temperatur im Ölbad lassen sich durch Umrühren des Öles befriedigen (vgl. z. B. KNOBLAUCH-HENCKY, Anleitung zu genauen techn. Temperaturmessungen, München 1926).

d) Schaltung und Versuchsanordnung. Anordnung der Lötstellen in Ölbädern wie bei Versuch 50 A. Wegen der kleinen Thermospannungen kann die Kompensation allein mit Schleifdraht S nach Abb. 86 durchgeführt werden, zumal mit Rücksicht auf den Feinstrommesser $I_H = 10$ mA Hilfsstrom gewählt werden sollte. R_f und R_g sind Fein- und Grobregler zum Einstellen von I_H.

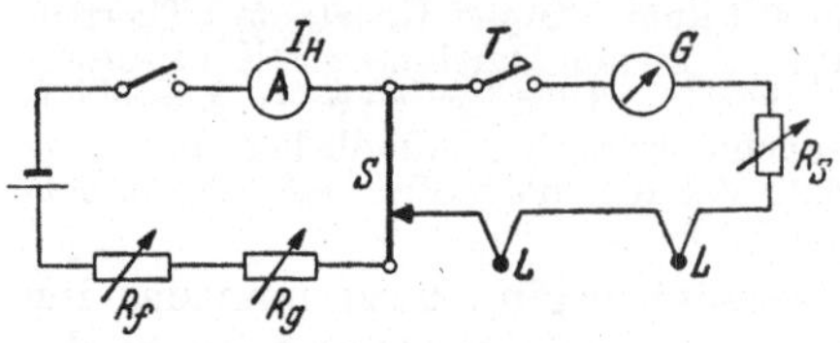

Abb. 86. Kompensationsschaltung zur Eichung von Thermoelementen.

G Galvanometer, I_H Strommesser für den Hilfsstrom, *L* Lötstellen, R_f, R_g Regelwiderstände, R_S Schutzwiderstand, *S* Schleifdraht, *T* Taster.

Gerätevorschläge für das Studienpraktikum. Thermoelement wie bei Versuch 50 A. Schleifdraht etwa 0,5 Ω, um bis $10 \cdot 0{,}5 = 5$ mV messen zu können; Hilfsstromquelle: Sammlerzelle 2 V, Regelwiderstände $R_g = 250\,\Omega$, $R_f = 10$ bis $20\,\Omega$, Schutzwiderstand R_S etwa $10^4\,\Omega$.

e) Versuchsdurchführung sinngemäß wie bei Versuch 50 A. Zu jeder Einzelmessung wird zunächst der Hilfsstrom kontrolliert bzw. nachgestellt und dann am Schleifdraht auf Nullstellung des Galvanometers kompensiert. Jedesmal ist vorher ein ausreichender Teil des Schutzwiderstandes einzuschalten.

f) Auswertung. Die erhaltenen Thermospannungen werden über den Temperaturdifferenzen der warmen gegen die kalte Lötstelle aufgetragen und durch eine Kurve verbunden.

51. Eichung eines Widerstandsthermometers.

a) Aufgabe. An einem Widerstandsthermometer ist die Abhängigkeit des Widerstandes von der Temperatur in der WHEATSTONEschen Brückenschaltung zu bestimmen.

b) Grundlagen. Bei den meisten metallischen Werkstoffen nimmt der Widerstand mit der Temperatur zu. Gehören zu den Temperaturen ϑ_k und ϑ_w die Widerstände R_k und R_w, so gilt für die Temperaturdifferenz (Übertemperatur)

$$\Theta = \vartheta_w - \vartheta_k = \frac{R_w - R_k}{R_k}(\gamma + \vartheta_k) = \frac{\Delta R}{R_k}(\gamma + \vartheta_k), \tag{130}$$

wo γ ein auch in größeren Temperaturbereichen praktisch konstanter Beiwert ist, der bei den meisten reinen Metallen zwischen 230 und 260° C liegt. Bezogen auf $\vartheta_k = 0$, 100, 200 bzw. 500° C beträgt die Widerstandszunahme $\Delta R : R_k$ also rund 4; 3; 2,2 bzw. 1,3‰ je Grad; die als Versuchsergebnis verlangte Abhängigkeit zwischen ϑ_w bzw. Θ und R_w ist also im wesentlichen linear:

$$\Theta = (\gamma + \vartheta_k)\left(\frac{R_w}{R_k} - 1\right); \qquad \vartheta_w = \frac{\gamma + \vartheta_k}{R_k} \cdot R_w - \gamma \tag{130a}$$

$$R_w = \frac{R_k}{\gamma + \vartheta_k}\,\Theta + R_k; \qquad R_w = \frac{R_k}{\gamma + \vartheta_k}(\vartheta_w + \gamma). \tag{130b}$$

Nur bei größeren Temperaturbereichen, für die $\gamma \neq$ const. wird, ergeben sich Abweichungen hiervon.

Widerstandsthermometer bestehen meist aus Platin- oder Nickeldraht, der auf geeigneten isolierenden Trägern in Schutzhüllen von einer dem Anwendungszweck angepaßten Form untergebracht ist. Zur Messung niedriger Temperaturen, bei denen noch keine Korrosionsgefahr besteht, können auch Kupfer- oder andere unedle Metalle Verwendung finden. Die Widerstandsmessung erfolgt in Brückenschaltungen (Null- oder Ausschlagsbrücken) oder durch Kreuzspul-Ohmmeter. Bei der sehr häufig vorkommenden Temperaturmessung von Wicklungen aus ihrer Widerstandszunahme ist die Wicklung selbst das Widerstandsthermometer; den Widerstand bestimmt man bei Gleichstrom aus Klemmenspannung und heizendem Strom selbst.

c) Schrifttum: Widerstandsthermometer: Lit. 1 (Abschn. V 212, J 22), 3, 8, 28; Eichung: Lit. 3, 28.

d) Schaltung und Versuchsanordnung. Je nach den Genauigkeitsansprüchen verwendet man die Schleifdraht- oder Stöpselbrücke nach Abb. 50 oder 51, wo R_X das Widerstandsthermometer ist. Der Strom muß so klein sein, daß das Thermometer durch ihn nicht merklich erwärmt wird. Für die Brücke selbst vgl. im übrigen Versuch 32 A bzw. 32 B.

Die Messung der Temperatur erfolgt für die Eichung in einem Flüssigkeitsbad (Öl, Wasser) mittels Normalthermometer, das unmittelbar an dem Widerstandsthermometer befestigt wird. Das Flüssigkeitsbad muß heizbar bis dicht unter den Siedepunkt sein (am besten durch eingehängte elektrische Heizkörper). Statt Messungen bei einer größeren Zahl von Temperaturen durchzuführen, kann man für den Bereich von $0 \cdots 100°$ C auch R_k bei $\vartheta_k = 0°$ C und R_w bei ϑ_w von kochendem Wasser messen, indem man das Widerstandsthermometer einmal in Eiswasser mit schmelzendem Eis und dann in kochendes Wasser bringt. Die Siedetemperatur ϑ_S des Wassers ist in der Nähe des normalen Atmosphärendrucks:

$\vartheta_S =$	98,50	98,87	99,25	99,62	100,00	100,37	100,74° C
bei	720	730	740	750	760	770	780 mm Hg (Torr)
bzw.	0,979	0,993	1,007	1,020	1,033	1,048	1,060 kg/cm² (at)

Im Zwischenbereich kann geradlinig interpoliert werden.

Gerätevorschläge für das Studienpraktikum. Zur Verwendung bei Temperaturen bis 100° C eignet sich eine Kupferdrahtspirale aus isoliertem Draht von 0,1 mm Durchmesser, aufgewickelt in einer Lage auf ein Zylinderstäbchen von 5 mm Durchmesser; bei 200 Windungen sind Wicklungslänge etwa 50 mm und Widerstand etwa 7,5 Ω bei 20° C (bei Nickel oder Platin erreicht man bei sonst gleichen Daten etwa den 5-fachen Wert); die Drahtwicklung wird in einem geeigneten Metallrohr untergebracht, das beiderseits wasserdicht verschlossen sein soll. Für die Brückenschaltung vgl. Versuche 32 A und 32 B.

e) Versuchsdurchführung. Soll eine größere Anzahl von Meßpunkten bei Temperaturmessungen mit einem Normalthermometer aufgenommen werden, so verwendet man das oben genannte Flüssigkeitsbad, das man bei eingebrachten Thermometern bis dicht unter den Siedepunkt erhitzt. Die weitere Durchführung des Versuchs erfolgt nach Abschnitt e) von Versuch 50 A, die Widerstandsmessungen nimmt man nach Abschnitt e) von Versuch 32 A bzw. 32 B vor.

f) Auswertung. Für die Messung des Widerstandes vgl. ebenfalls die Versuche 32 A und 32 B. Die Temperaturangaben des Normalthermometers werden über den zugehörigen Widerständen im Kurvenblatt aufgetragen.

52. Unsicherheit von Temperaturmessungen aus dem elektrischen Widerstand.

a) Aufgabe. An einem Widerstandsthermometer ist bei mehreren Temperaturen in je 3 Einzelmessungen der Widerstand aus Stromstärke und Spannung zu messen. Für jeden Versuch soll die Unsicherheit nach Gl. (6b) bestimmt und mit dem aus dem Fehlerfortpflanzungsgesetz berechneten theoretisch möglichen größten Fehler verglichen werden.

b) Grundlagen. Das Widerstandsthermometer mißt die Temperatur nach Gl. (130) aus der Differenz ΔR von 2 Widerstandsmessungen. Die Meßfehler bzw. Meß-Unsicherheiten τ erhalten damit nach Abschnitt 4, Beispiel 2 ein um so größeres Gewicht, je kleiner die Temperatur- und Widerstandsdifferenzen sind. Da die in Abschnitt 4 verwendete Konstante $k = \gamma + \vartheta_k$ ist, wie ein Vergleich mit Gl. (130) zeigt, ergibt sich die Unsicherheit der gemessenen Temperaturdifferenz nach Gl. (13) zu

$$\Theta_\tau = \pm 4\,\tau\,(\gamma + \vartheta_k)\,\frac{R'_w}{R'_k}, \qquad (131)$$

wo R_w und R'_k die aus den Anzeigen von Strom- und Spannungsmesser errechneten Widerstände warm und kalt sind. Es bedeuten in Gl. (131) nach früherem weiter τ die Unsicherheit der Meßgeräte (z. B. 0,2% = 0,002 bei Feinmeßgeräten der Klasse 0,2), γ den Temperaturbeiwert nach Abschnitt b) von Versuch 51 und ϑ_k die kalte (Ausgangs-)Temperatur in °C.

d) Schaltung und Versuchsanordnung. Die Schaltung entspricht Abb. 30a) oder 30b), je nachdem ob der Widerstand des Thermometers als „klein" oder „groß" anzusehen ist. (Vgl. Abschnitt b von Versuch 31 A; gegebenenfalls ist der Meßgerät-Eigenverbrauch zu berücksichtigen). Einbau in ein Flüssigkeitsbad nach Abschnitt d) von Versuch 51. Die beiden Meßgeräte wähle man von gleicher Genauigkeitsklasse.

e) Versuchsdurchführung. Die in der Aufgabe verlangten 3 Einzelmessungen werden jeweils bei verschiedenen Stromstärken und Spannungsabfällen im gleichen Meßbereich der Meßgeräte durchgeführt. Der Bereich der Werte soll etwa 1 : 2 umfassen und so gelegt werden, daß die Anzeigen in den oberen $^2/_3$ der Skalen liegen. Dabei muß die Stromstärke so klein sein, daß sie keine Eigenerwärmung des Widerstandsthermometers hervorruft.

f) Auswertung. Die einzelnen Meßwertpaare U', I' ergeben die Widerstände $R' = U' : I'$. Aus den je 3 zusammengehörenden der Messungen im kalten (ϑ_k) und in jedem warmen Zustand werden Durchschnitt D und Unsicherheit τ nach Gl. (5) und (6b) berechnet. Die zu jeder warmen Temperaturmessung gehörende Gesamt-Unsicherheit ist dann die Summe der τ bei der betr. warmen und der kalten Widerstandsmessung.

Der vergleichsweise zu ermittelnde größte theoretische Fehler ergibt sich aus Gl. (131), wo τ die Unsicherheit der Meßgeräte ist und wo γ bzw. $(\gamma + \vartheta_k)$ aus der Eichung des Widerstandsthermometers (gegebenenfalls nach Versuch 51 durchzuführen) erhalten wird.

53. Aufnahme einer Erwärmungskurve.

a) Aufgabe. An der Spule eines Magneten oder ähnlichem ist der Verlauf der mittleren Erwärmung Θ abhängig von der Zeit t durch Widerstandsmessung aus dem Heizstrom und dessen Spannungsabfall zu ermitteln und die thermische Zeitkonstante T zu bestimmen.

b) Grundlagen. Die Übertemperatur (Erwärmung) Θ ergibt sich in jedem Zeitpunkt aus Gl. (130), wo R_w und R_k die aus U und I gemessenen Widerstände sind. Nach der Bestimmung VDE 0530 „Regeln für die Bewertung und Prüfung elektrischer Maschinen (REM)" kann für Kupferwicklungen $\gamma = 235$, für Aluminiumwicklungen $\gamma = 245°$ C gesetzt werden. ϑ_k ist die etwa mit einem Quecksilberthermometer gemessene Temperatur des umgebenden Raumes, sofern die Wicklung bei Anfang des Versuchs Raumtemperatur hatte; ändert sich diese während des Versuchs von ϑ_{k_0} auf ϑ_{k_1}, so ist von dem nach Gl. (130) errechneten Θ bei jeder Messung $\vartheta_{k_1} - \vartheta_{k_0}$ abzuziehen.

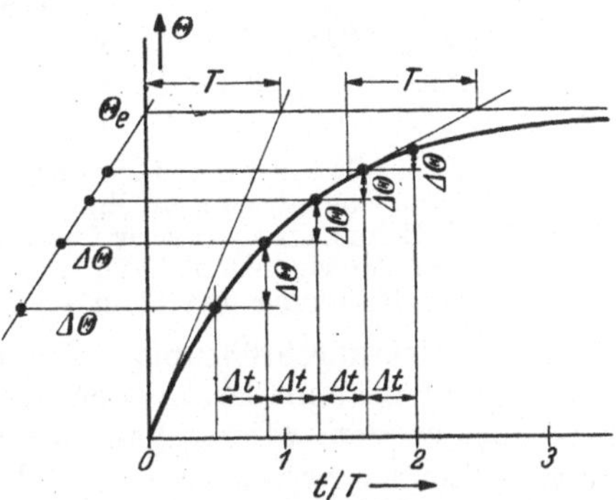

Abb. 87. Erwärmungskurve und graphische Konstruktion der Enderwärmung Θ_e.

Bei der Erwärmung eines Körpers wird die zugeführte (Verlust-) wärme teils aufgespeichert und teils von der Oberfläche an die kühlere Umgebung abgeführt. Da diese Kühlung mit der Temperaturzunahme, also mit steigender Wärmeaufspeicherung immer größer wird, bleibt immer weniger Wärme für die Speicherung und Temperaturerhöhung verfügbar. Die Übertemperatur steigt also zunächst schnell, dann immer langsamer und nähert sich schließlich einem Endwert, der „Enderwärmung" Θ_e asymptotisch. Wenn dieser Wert praktisch erreicht ist, wird auf Grund der jetzt vorhandenen Temperatur alle Verlustwärme durch die Kühlung abgeführt. Unter der Voraussetzung konstanter Verlustleistung, spezifischer Wärme und spezifischer Kühlung hat die Erwärmung den in Abb. 87 dargestellten Verlauf

$$\Theta = \Theta_e \left(1 - e^{-\frac{t}{T}}\right), \qquad (132)$$

wo T die durch Wärmespeicherung und Wärmeabgabe bestimmte „thermische Zeitkonstante" ist. Da die Subtangente der Exponentialfunktion eine Konstante ist, hat auch T unter den gemachten Annahmen zu allen Zeiten denselben Wert (vgl. Abb. 87).

Für einen Dauerbetrieb interessiert es immer, die Enderwärmung zu wissen. Wegen des asymptotischen Auslaufs der Kurve müßte man recht lange Versuche fahren, um einen zuverlässigen Wert Θ_e zu bekommen. Wegen der unvermeidlichen Schwankungen in der Verlustleistung und der Kühlmitteltemperatur kann man zur Ermittelung von Θ_e aus einem abgekürzten Versuch ein graphisches Verfahren verwenden, dessen

„Genauigkeit mindestens so groß wie die des fortgesetzten Erwärmungsversuchs ist“ (REM). Hierzu teilt man nach Abb. 87 die Abszisse in gleiche Abschnitte Δt, greift die zugehörigen $\Delta\Theta$ ab und trägt sie nach links (zweckmäßig in vergrößertem Maßstab) auf. Eine durch die Enden dieser Strecken gelegte Grade schneidet an der Ordinatenachse die Enderwärmung Θ_e ab.

c) Schrifttum: Lit. 2, 26, 33, 52.

d) Schaltung und Versuchsanordnung. Die Schaltung Abb. 88 ist wieder die der Widerstandsmessung, in Abb. 88 unter der Annahme, daß der Spannungsmesser-Widerstand sehr groß gegenüber dem Widerstand des Prüflings ist. Der Regelwiderstand dient der Einstellung des Heizstromes. Wegen der relativ großen Ungenauigkeit der Temperaturmessung aus der Widerstandszunahme (vgl. Versuch 52) empfiehlt es sich, als Meßgeräte solche der Klasse 0,2 oder wenigstens 0,5 zu verwenden.

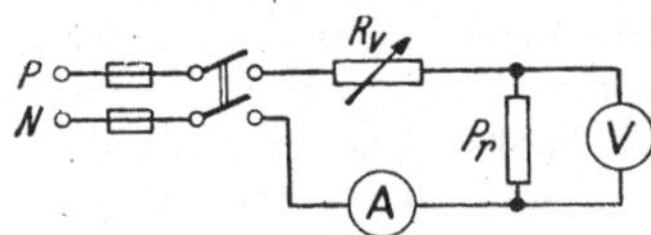

Abb. 88. Schaltung zum Erwärmungsversuch. *Pr* Prüfling, R_v Vorschaltwiderstand.

Gerätevorschläge für das Studienpraktikum. Am bequemsten sind Magnetspulen oder ähnliche mit einigen Ohm Widerstand bei einigen Ampere Belastungsfähigkeit; die Zeitkonstante solcher Anordnungen ist dann nur mäßig hoch (weniger als 1 h), so daß der Versuch nicht zu lange dauert. Meßgeräte und Vorschaltwiderstand je nach Spannung und Stromstärke.

e) Versuchsdurchführung. Wenn die zulässige Belastungsstromstärke nicht bekannt ist, müssen die zulässigen Verluste überschläglich berechnet werden. Hierzu kann als Anhalt dienen, daß ein frei in Luft aufgestellter Körper von 5 — 10 — 20 cm mittlerem Durchmesser durch 5 — 20 — 70 W auf etwa 50 · · · 60 Grad Enderwärmung gebracht wird. Gegebenenfalls stellt man die zulässige Belastung durch einen Vorversuch fest.

Vor Versuchsbeginn soll der Prüfling ausreichend lange (möglichst einige Stunden) in dem Meßraum konstanter Temperatur gestanden haben, damit der Prüfling diese einwandfrei angenommen hat. Dann mißt man den „kalten“ Widerstand entweder mit einem kleinen Strom, so daß sich die Spule dabei noch nicht merklich erwärmt, oder man liest nach dem Einschalten des Betriebsstromes sehr schnell ab. Bei einiger Übung ergibt dieses einen ebenso zuverlässigen Wert, da das Arbeiten mit zunächst kleinem Strom und daher auch kleinerem Meßbereich der Geräte meist einen zusätzlichen Fehler durch den Meßbereichwechsel hineinbringt. Die kalte Temperatur ϑ_k des Raumes wird durch Quecksilberthermometer gemessen.

Während des Erwärmungsversuchs bleiben Strom und Spannung wegen der Widerstandszunahme nicht konstant. Meist ändern sich beide. Gl. (132) und die Konstruktion der Enderwärmung Θ_e nach Abb. 87 gelten streng nur, wenn die Leistungsaufnahme $N = U \cdot I$ (und auch die Abkühlung) konstant bleiben. Da die spezifische Wärmeabgabe an Luft ohnehin mit der Temperatur steigt, nimmt man oft auch Leistungsänderungen in Kauf und fährt mit konstantem Strom. Durch die dann nicht mehr auf einer Geraden liegenden Punkte links in Abb. 87 legt man eine mittlere Gerade hindurch. Die Ablesungen macht man am Anfang häufiger (alle 3 · · · 5 min), nachher seltener (alle 5 · · · 10 min oder bei großen Zeitkonstanten auch 15 · · · 30 min). Wichtig ist besonders am Anfang, daß Strom und Spannung jeweils gleichzeitig abgelesen werden (also durch 2 Beobachter).

f) Auswertung. Zu jedem warmen Widerstand R_w ermittelt man nach Gl. (130) die Erwärmung Θ (Berechnung in einer Tabelle!). Diese Werte werden nach Abb. 87 zur Bestimmung der Enderwärmung möglichst schon während des Versuchs aufgetragen. Bei Erreichen der 2,5- bis 3-fachen Zeitkonstante kann man den Versuch abbrechen. Die Zeitkonstante wird an der Erwärmungskurve an 3 Stellen konstruiert (Tangentenkonstruktion!). Hiervon bildet man den Mittelwert.

54. Temperaturverlauf in einer Spule.

a) Aufgabe. An einer entsprechend hergerichteten Spule ist der örtliche Temperaturverlauf von Lage zu Lage zu ermitteln.

b) Grundlagen. Innerhalb eines geheizten Körpers verläuft die Wärmeströmung von innen nach außen auf Grund eines Temperaturgefälles. Die heißeste Stelle befindet sich also innerhalb der Spule an unzugänglicher Stelle. Auch kann die Lage (z. B. Tiefe unter der Oberfläche) nicht ohne weiteres angegeben werden. Bei einer Spule hängt sie von der Kühlung außen (z. B. an Luft) und an der Innenwandung der Spule (z. B. dem darin steckenden Eisenkern) ab. Da aufgelegte Thermometer nur die Oberflächentemperatur bestimmen, und man aus einer Widerstandsmessung an der ganzen Spule nach Versuch 53 nur die mittlere Erwärmung erhält, ist für eine Ermittelung der Höchsttemperatur erforderlich, daß innen Temperaturmessungen erfolgen.

Hierfür kann zwischen je 2 Lagen je ein Thermoelement eingebaut werden. Eine andere Möglichkeit besteht darin, daß jede Lage (für besonders genaue Untersuchungen auch jede Windung) mit Spannungsabgriffen versehen wird, so daß jede Lage (bzw. Windung) ein Widerstandsthermometer ist, an dem die Messung der Erwärmung in einer Versuch 53 ganz analogen Weise durchgeführt wird. Bei starken Spulen mit vielen Lagen genügt es zur Ermittlung des Temperaturverlaufs auch, Thermoelemente bzw. Spannungsabgriffe an nur einigen (mindestens etwa 7) Lagen, gleichmäßig verteilt über das ganze Leitungspaket anzubringen.

d) Schaltung und Versuchsanordnung. Das Einlegen der Thermoelemente bzw. Anbringen der Spannungsabgriffe muß alsbald beim Wickeln der Spule erfolgen. Man sorge dabei für eindeutige Bezeichnung der Drahtenden, da ein nachträgliches Identifizieren oft schwierig ist. Die Enden der Meßleitungen werden nach Abb. 89a oder b zu einem Kurbelumschalter (Spannungsmesser-Vielfachumschalter) oder auch zu einem Stöpselumschalter geführt. Bei den Thermoelementen wird eine gemeinsame kalte Lötstelle K geschaffen.

Die Thermoelemente sollen aus gleichem Material bestehen und in ihren Schenkeln gleich lang sein, damit sie die gleiche Eichkurve haben. Sie sollen ferner dünndrähtig sein, damit der Aufbau der Spule nur unmerklich verändert wird. Die blanke Lötstelle wird z. B. in Ölseide eingehüllt. Man legt die Thermoelemente in die Mitte der Lagenbreite etwa übereinander. Damit die kalte Lötstelle genügenden Abstand von der geheizten Spule hat, macht man die Elementdrähte 1 · · · 2 m lang.

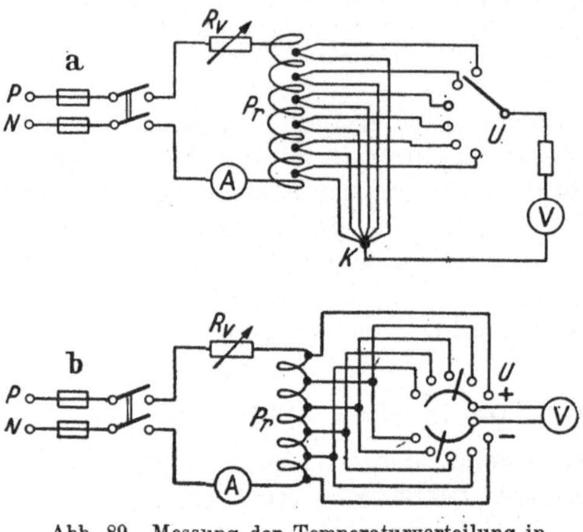

Abb. 89. Messung der Temperaturverteilung in einer Spule mittels Thermoelementen (a) bezw. Spannungsabgriffen (b).
K Kalte Lötstelle, *Pr* Prüfling, R_v Vorschaltwiderstand, *U* Vielfach-Umschalter.

Die Spannungsabgriffe werden an den Lagenenden angebracht, hier angelötet und etwa mit Ölseide oder dünnem Lackpapier umhüllt. Man führt sie jeweils zu den einen Klemmen des Umschalters und macht an diesem die Verbindung zu den anderen Klemmen.

Gerätevorschläge für das Studienpraktikum. Die Spule wird zweckmäßig aus Draht von etwa 0,5 mm Durchmesser hergestellt; Windungsdurchmesser und Spulenlänge je etwa 5 cm; dann liegt der Lagenwiderstand bei etwa 1 Ω, so daß die Spule bei 7 Lagen auch etwa 7 Ω hat. Die zulässige Stromstärke ist dann etwa 1 A (ausprobieren!), der Spannungsabfall je Lage etwa 1 V; die Drahtwiderstände der Zuleitungen von den Spannungsabgriffen zum Umschalter und zum Spannungsmesser können vernachlässigt werden. Für den Versuch mit Thermoelementen verwende man Drähte von etwa 0,2 mm Durchmesser, 2 m Länge.

e) Versuchsdurchführung. Die Thermoelemente sind erforderlichenfalls vorher zusammen mit dem Spannungsmesser zu eichen (Versuch 50 A). Die Gleichheit der „kalten" Temperatur in der Spule und an der kalten Lötstelle wird durch Einschalten aller Thermoelemente vor Versuchsbeginn überprüft. Bei der Temperaturmessung aus der Widerstandszunahme geht man nach Versuch 53 vor. Es müssen auch die kalten Widerstände aller Lagen gemessen werden, da sie sich wegen der verschiedenen mittleren Windungslänge und anderer Ungleichmäßigkeiten unterscheiden. Die kalten Widerstände werden hier mit verkleinerter Stromstärke gemessen. Um die Enderwärmungen nach Abb. 87 in Versuch 53 konstruieren zu können, werden während des Versuchs laufend Ablesungen gemacht (zunächst alle 3 · · · 5, dann alle 5 · · · 10 min). Da das Durchmessen der Meßstellen nacheinander erfolgt, ist auf die Zeitpunkte zu achten, damit man die Meßpunkte richtig eintragen kann.

f) Auswertung. Für jede Meßstelle bestimmt man die Enderwärmung Θ_e nach Abb. 87. Um einen Überblick über den Temperaturverlauf im Spuleninneren zu erhalten und den Temperatur-Höchstwert zu bekommen, werden die Θ_e maßstäblich über der Spulendicke aufgetragen und durch eine Kurve verbunden.

55. Abschmelzversuche.

Im allgemeinen ist die Belastungsfähigkeit einer Leitung durch die höchstzulässige Erwärmung des umgebenden Isolierstoffs bestimmt. Bei hitzebeständigen Isolierstoffen, z. B. Keramiken, sollen die Leiter jedoch oft auch höher, gegebenenfalls bis in die Nähe ihres Schmelzpunktes belastet werden. Die zulässige Stromstärke hängt wie immer auch in diesem Fall von der Einschaltdauer ab, da die Temperatur ja nach Abb. 87 nur allmählich mit der Zeit steigt. Bei sehr kurzem Einschalten (z. B. Schmelzsicherung im Kurzschluß) wird praktisch alle Wärme aufgespeichert, während mit zunehmender Einschaltdauer immer mehr Wärme durch Kühlung abgeführt wird. Da der Berechnung immer Unsicherheiten anhaften, wird die Zeit bis zum Abschmelzen für bestimmte Drähte und Ströme oft experimentell bestimmt.

55 A. Abschmelzen eines blanken Drahtes.

a) Aufgabe. An waagerecht ausgespannten Drähten von etwa 20 cm Länge sollen für verschiedene Stromstärken I die Zeiten t bestimmt werden, nach denen das Abschmelzen eintritt. Zum Vergleich mit den tatsächlichen Abschmelzkurven ist noch jene Kurve $t = f(I)$ zu ermitteln, die entstehen würde, wenn alle erzeugte Wärme aufgespeichert, also keine Kühlung durch Strahlung und Konvektion erfolgen würde.

b) Grundlagen. Solange keine merkliche Kühlung vorhanden ist (bei dünnen Drähten etwa innerhalb der 1. Sekunde), wird alle erzeugte Wärme I^2Rt aufgespeichert. Dann gilt

$$I^2Rt = c\gamma\, V\,(\vartheta_S - \vartheta_R) \tag{133}$$

mit R, c, γ und V als Widerstand, spez. Wärme, spez. Gewicht und Volumen des Drahtmaterials und ϑ_S und ϑ_R als Schmelz- und Raumtemperatur. Sind noch q der Drahtquerschnitt und $\varkappa$ seine Leitfähigkeit, so ist die Abschmelzzeit

$$t = c \cdot \gamma \cdot \varkappa \cdot q^2\,(\vartheta_S - \vartheta_R) \cdot \frac{1}{I^2}. \tag{134}$$

Da die Werkstoffbeiwerte von der Temperatur abhängen, werde näherungsweise mit deren Mittelwerten bei $^1/_3\,\vartheta_S$ gerechnet. Dann können die Werkstoffbeiwerte von Tabelle 12 benutzt werden. (Dabei ist q in Gl. (134) in cm² einzusetzen!).

Tabelle 12. Werkstoffbeiwerte zum Abschmelzversuch

bei	Kupfer	Aluminium	Eisen	Konstantan	
$c =$	0,42	1,00	0,63	0,46	Ws/g grd.
$\gamma =$	8,9	2,7	7,8	8,9	g/cm³
$\varkappa =$	$23 \cdot 10^4$	$19 \cdot 10^4$	$2 \cdot 10^4$	$2 \cdot 10^4$	S/cm
$\vartheta_S =$	1085	660	1530	1250	°C

Sobald die Kühlung merklich wird, steigt die Temperatur langsamer (vgl. Abb. 87). Es sind also zum Erreichen der Abschmelztemperatur relativ größere Stromstärken erforderlich. Hieraus ergibt sich der Charakter der aufzunehmenden Kurven der Abschmelzzeit $t = f(I)$.

c) Schrifttum: Lit. 7.

d) Schaltung und Versuchsanordnung. Die Schmelzdrähte werden in einer geeigneten Vorrichtung horizontal eingespannt und nach Abb. 90 geschaltet. Der Versuch kann auch mit Wechselstrom durchgeführt werden.

Gerätevorschläge für das Studienpraktikum. Um mit mäßigen Stromstärken auszukommen, wähle man dünne Drähte von etwa 0,2 ··· 0,4 mm Durchmesser; dann werden bei den in Tabelle 12 angegebenen Werkstoffen Stromstärken bis etwa 10 ··· 20 A benötigt (entsprechend etwa 1 s Abschmelzzeit); man gehe mit der Stromstärke soweit herunter, bis die Abschmelzzeit etwa 20 s erreicht oder übersteigt.

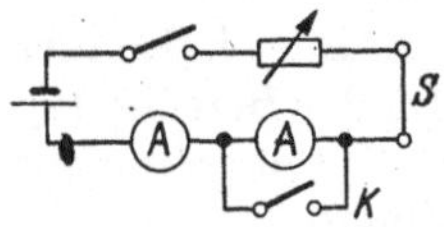

Abb. 90. Schaltung zum Abschmelzversuch. *K* Kurzschließer für Strommesser eines kleineren Meßbereichs, *S* Schmelzdraht.

e) Versuchsdurchführung. In Vorversuchen werden zunächst die bei dem gewählten Drahtmaterial etwa benötigten Stromstärken festgestellt. Dann beginne man mit kleinen Strömen (entsprechend großen Abschmelzzeiten) und steigere die Stromstärke bei jeder nächsten Messung so, daß man für jede Kurve etwa 8 ··· 10 Meßpunkte erhält. Soll die Zeitmessung mit einer der üblichen Hand-Stoppuhren erfolgen, so kann man nur bis zu etwa 2 ··· 3 s Abschmelzzeit heruntergehen, wenn man einige Genauigkeit erwartet. Elektrische Stoppuhren gestatten die Messung noch kürzerer Zeiten. Um eindeutige Ergebnisse zu haben, sollte die Stromstärke während jedes Versuches konstant sein. Bei langen Zeiten kann man während der Messung nachregeln, bei kurzen Zeiten muß man sich mit der Angabe der mittleren Stromstärke (aus der Stromänderung geschätzt) begnügen. Damit die Stromstärke sich nicht zu sehr ändert, ist es zweckmäßig, verhältnismäßig hohe Netzspannung und großen Vorschaltwiderstand R_v zu wählen. Dann spielt die Widerstandszunahme des Schmelzdrahtes während des Versuches nur mehr eine kleinere Rolle.

f) Auswertung. Die erhaltenen Werte werden für jede Drahtart zu einer Kurve $t = f(I)$ aufgetragen. Zweckmäßig verwendet man hierfür Koordinatenpapier mit logarithmischer Teilung in der t-Achse oder in beiden Achsen. Außerdem werden die Zeiten nach Gl. (134) für kleine t bis etwa 1 s berechnet. Die Meßkurve muß sich dieser asymptotisch nähern. Anderenfalls treffen die angenommenen Festwerte (Tabelle 12) für das Drahtmaterial nicht zu.

55 B. Untersuchung von Schmelzsicherungen.

a) Aufgabe. Die Abschmelzzeit von Sicherungspatronen (Schmelzeinsätzen) bestimmter Nennstromstärken I_n ist für Stromstärken bis etwa 2,5 I_n zu ermitteln. Es ist weiter festzustellen, ob die geprüften Schmelzeinsätze den VDE-Vorschriften bezüglich Abschmelzstromstärke genügen.

b) Grundlagen. Da die Patronen Schmelzdrähte enthalten, gilt für sie grundsätzlich das bei Versuch 55 A Gesagte. Für die Prüfströme enthält § 15 von VDE 0635 „Vorschriften für Leitungsschutzsicherungen mit geschlossenem Schmelzeinsatz 500 V bis 200 A" folgende Angaben:

„a) Zur Prüfung ist der Schmelzeinsatz in einen Sicherungssockel mit rückseitigem Anschluß einzuschrauben, der in Gebrauchslage auf einer Holzwand von etwa 15 mm Dicke befestigt ist.

Temperaturbeeinflussungen sind zu vermeiden.

Die Zuleitungen müssen den dem Sicherungssockel zugeordneten Querschnitten entsprechen.

b) Der Schmelzeinsatz muß bei einem Nennstrom bis 60 A mindestens 1 h, bei einem Nennstrom über 60 A mindestens 2 h den kleinsten Prüfstrom nach Tabelle IV aushalten. Der so geprüfte Schmelzeinsatz ist zu weiteren Prüfungen nicht zu verwenden.

Tabelle IV.

1 Nennstrom I_n A	2 kleinster Prüfstrom	3 größter Prüfstrom	4 Prüfdauer h
6 bis 10	$1{,}5 \cdot I_n$	$1{,}9 \cdot I_n$	1
15 bis 25	$1{,}4 \cdot I_n$	$1{,}75 \cdot I_n$	1
35 bis 60	$1{,}3 \cdot I_n$	$1{,}6 \cdot I_n$	1
80 bis 200	$1{,}3 \cdot I_n$	$1{,}6 \cdot I_n$	2

c) Der Schmelzeinsatz muß bei Belastung mit dem größten Prüfstrom nach Tabelle IV bei einem Nennstrom bis 60 A innerhalb von 1 h, bei einem Nennstrom über 60 A innerhalb von 2 h abschmelzen."

Außerdem ist für Schmelzeinsätze nach DIN 49360, Blatt 2, eine Prüfung der Überstromsicherheit mit Gleichstromleistung durchzuführen. Sie soll bei 1,1-facher Nennspannung vom kalten Zustand der Schmelzeinsätze aus erfolgen. Tabelle 13 gibt einen Auszug aus VDE 0635 für die Grenzzeiten, zwischen denen die Abschaltzeit liegen muß, bei Schmelzeinsätzen mit erhöhter Verzögerung (sog. „träge" Sicherungen). Bei den normalen, sog. „flinken" Sicherungen sind die Grenzzeiten so kurz, daß sie im normalen Zeitmeßverfahren durch Abstoppen von Hand nicht einwandfrei genug bestimmt werden können. Auf die Untersuchung wird daher hier verzichtet. Vorgeschrieben ist die Prüfung der Überstromsicherheit bis zum 10-fachen Nennstrom (vgl. VDE 0635).

Tabelle 13. Abschmelzzeiten für Schmelzeinsätze mit erhöhter Verzögerung (Auszug aus Tabelle VI von VDE 0635).

Nenn- strom I_n A	Abschaltzeit bei 2,5 I_n mindest	 höchst s	 3,0 I_n mindest s	 höchst s
6	15	120	3,0	20
10	16	120	3,5	23
15	17	120	4	25
20	19	130	6	28
25	22	140	8	34
35	25	150	8	34
50	25	150	10	40
60	25	150	10	40

d) Schaltung und Versuchsanordnung. Wegen der großen vorgesehenen Prüfzeiten sieht man zweckmäßig eine Schaltung nach Abb. 91 vor, bei der je einer oder mehrere Schmelzeinsätze gleichzeitig bei dem kleinsten und größten Prüfstrom nach der oben zitierten Tabelle IV in § 15 von VDE 0635 geprüft werden können. Um die Vorschrift der 1,1-fachen Nennspannung einhalten zu können, ist gegebenenfalls noch ein Spannungsmesser vorzusehen. Der Aufbau und Anschluß des Sicherungssockels ist nach Abschnitt a) des § 15 von VDE 0635 vorzunehmen. Regelwiderstand und Meßgeräte sind entsprechend der Nennstromstärke I_n für Stromstärken zwischen I_n und $2\,I_n$ — bzw. wenn die Überstromsicherheit auch geprüft werden soll — zwischen I_n und $3\,I_n$ vorzusehen. Werden bei der Prüfung mit kleinstem und größtem Prüfstrom gleichzeitig mehrere Schmelzeinsätze in Reihe geschaltet, so ist für jeden Schmelzeinsatz ein Überbrückungsschalter vorzusehen, der beim Abschmelzen des betr. Einsatzes sofort kurzzuschließen ist, damit die Prüfung der anderen Einsätze fortgesetzt werden kann. (Dabei Achtung, daß die Stromstärke dann nicht größer wird; hierzu hinreichend große Vorschaltwiderstände vorsehen!)

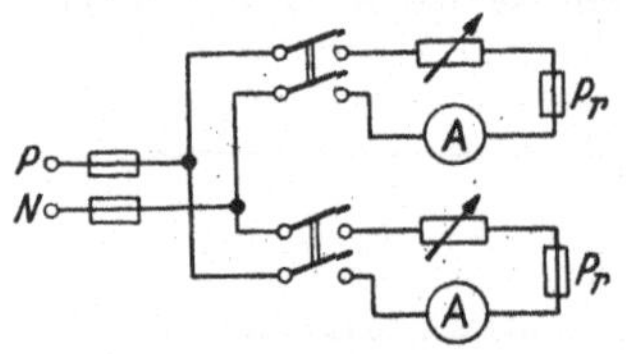

Abb. 91. Schaltung zur Prüfung von Schmelzeinsätzen. *Pr* ein oder mehrere in Reihe liegende Prüflinge gleicher Nennstromstärke.

e) Versuchsdurchführung. Man beginnt zweckmäßig mit der 1 h- bzw. 2 h-Prüfung mit kleinstem und größtem Prüfstrom nach obiger Tabelle IV, um zunächst festzustellen, ob die verlangte Eingrenzung bei der vorliegenden Sorte von Schmelzeinsätzen gegeben ist (alle zu einer Versuchsreihe benutzten Schmelzeinsätze gleicher Nennstromstärke sollen derselben Lieferung entstammen!). Die Zeit, nach der die Sicherung beim größten Prüfstrom abschmilzt, wird gemessen und ergibt alsbald den ersten Meßpunkt der zu ermittelnden Abhängigkeit $t = f(I)$. Diese wird bestimmt, indem man den Versuch mit neuen Schmelzeinsätzen in einigen Stromstufen wiederholt und jedesmal die Abschmelzzeit abstoppt (z. B. bei 6 A-Sicherungen mit Strömen von 2,0-, 2,1-, 2,2-, 2,3-, 2,4- und 2,5-fachem Nennstrom).

Zur Bestimmung der Überstromsicherheit bei trägen Sicherungen wird dem Prüfling ein Kurzschlußschalter parallel geschaltet und über diesen zunächst die vorgeschriebene Stromstärke $2{,}5\,I_n$ bzw. $3{,}0\,I_n$ eingestellt. Beim Öffnen des Schalters wird die Stoppuhr betätigt und die Stromstärke gegebenenfalls schnell nachgeregelt. Beim Abschmelzen stoppt man wieder und stellt fest, ob die Zeit zwischen den in Tabelle 13 angegebenen Grenzen liegt (nur für „träge" Sicherungen, vgl. oben).

f) Auswertung. Man trägt die erhaltenen Werte $t = f(I)$ in einer Kurve auf und markiert in dieser auch den kleinsten und größten Prüfstrom. Durch Extrapolation der Kurve bis zu der Zeit $t = 1$ h kann besonders bei Verwendung von Koordinatenpapier mit logarithmischer Teilung noch einigermaßen zuverlässig die Stromstärke bestimmt werden, bei der die Patronen gerade 1 h Abschmelzzeit haben. Gegebenenfalls kann man mit der so extrapolierten Stromstärke noch einen Kontrollversuch machen.

56. Untersuchung eines elektrischen Wasserkochers.

a) Aufgabe. Siedezeit, Anheizwirkungsgrad und Verdampfungswirkungsgrad eines Wasserkochers sind zu bestimmen.

b) Grundlagen. Die Siedezeit eines Kochgerätes ist jene Zeit, in der der Nenninhalt Wasser von 20° C auf die Temperatur von 95° C gebracht wird. Als Anheizwirkungsgrad wird das Verhältnis der während der Siedezeit von Wasser aufgenommenen Wärmemenge W_s zu der in der gleichen Zeit zugeführten elektrischen Arbeitsmenge A_s bezeichnet:

$$\eta_s = \frac{W_s}{A_s} = 5210 \frac{G}{t_s \cdot N}. \tag{135}$$

Hierin sind W_s und A_s, beide in Wh (Zahlenwertgleichungen!) für eine Erwärmung um 95—20 = 75 ° C:

$$W_s = 87\ G; \qquad A_s = \frac{t_s \cdot N}{60} \tag{136}$$

mit dem Gewicht G des Wassers in kg, der Siedezeit t_s in min und der Leistungsaufnahme N in W.

Der Verdampfungswirkungsgrad gibt das Verhältnis der zum Verdampfen verbrauchten Wärmemenge zur elektrisch aufgewandten an. Hier ist (Zahlenwertgleichungen!)

$$\eta_v = \frac{W_v}{A_v} = 37300 \frac{G_1 - G_2}{t_v \cdot N} \text{ mit } W_v = 621\ (G_1 - G_2)$$

$$\text{und } A_v = \frac{t_v \cdot N}{60} \tag{137}$$

mit G_1 und G_2 als Wassergewicht in kg zu Anfang und Ende der Verdampfungszeit t in min und N als elektrischer Leistung in W, da die Verdampfungswärme des Wassers 621 Wh/kg bei 100° C beträgt.

c) Schrifttum: Lit. 5, 11.

d) Schaltung und Versuchsanordnung. Durch Mischen von kaltem und warmem Wasser stellt man einen Wasservorrat von möglichst genau 20° C her. (Messung durch eingebrachtes Quecksilberthermometer). Dann füllt man den Nenninhalt in den Kocher und wartet etwa $^1/_4$ h, bis Wärmegleichgewicht besteht und Kocher mit Inhalt etwa 20° C haben. Darauf wird dieses Wasser ausgegossen und möglichst schnell von dem Wasservorrat erneut der Nenninhalt eingefüllt, so daß dann Kocher und Inhalt sehr nahe eine Temperatur von 20° C haben.

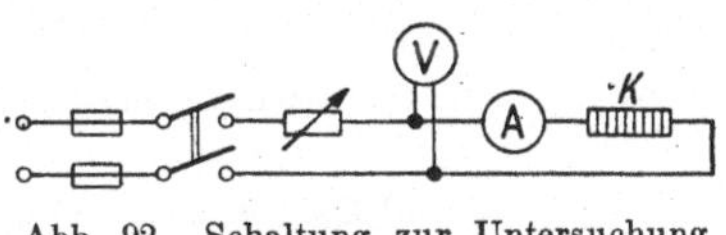

Abb. 92. Schaltung zur Untersuchung eines Wasserkochers K.

Geschaltet wird nach Abb. 92. Steht ein geeigneter Leistungsmesser zur Verfügung, so verwendet man diesen an stelle von Strom- und Spannungsmesser, da die Leistung konstant zu halten ist.

Gerätevorschläge für das Studienpraktikum. Sehr geeignet ist für den Versuch ein 1 l-Kocher mit 500 W Nennaufnahme, bei dem die Siedezeit eine knappe

Viertelstunde ist; läßt sich die Nennleistung wegen zu niedriger Netzspannung nicht erreichen, so führt man den Versuch mit einer kleineren Leistung durch; die Ergebnisse gelten dann für diese.

e) Versuchsdurchführung. Zum Anheizversuch wird der Kocher auf eine geeignete Unterlage gestellt; nach gutem Umrühren die Anfangstemperatur abgelesen und eingeschaltet. Zur Kontrolle liest man die Temperatur etwa alle Minuten ab und stoppt die Zeit t_s, in der sich das Wasser um 75° C über Anfangstemperatur erwärmt. Während dieser Zeit wird die zugeführte Leistung N_s gegebenenfalls durch Nachregeln konstant gehalten. Bei Verwendung von Strom- und Spannungsmesser ist das Produkt $U \cdot I$ also laufend zu verfolgen.

Wenn man Siedezeit und Anheizwirkungsgrad bei warmem Gerät auch bestimmen will, so gießt man nach Erreichen von 95° C das heiße Wasser aus und füllt den Nenninhalt Wasser von 20° C schnell nach und schaltet sofort wieder ein. Der Versuch wird dann wie vorher durchgeführt.

Für die Bestimmung des Verdampfungswirkungsgrades stellt man den Kocher auf eine Waage und bestimmt während einer nicht zu kurzen Zeit t_v durch Wägung die verdampfte Menge $G_1 - G_2$. Das Wasser muß während der ganzen Versuchszeit gut kochen. Hat der Kocher einen Deckel, so ist dieser während des Verdampfungsversuchs abzunehmen (den Anheizversuch macht man mit Deckel; Einführung des Thermometers durch die Ausgußtülle).

f) Auswertung. Aus den gemessenen Größen N, t_s, t_v und $(G_1 - G_2)$ werden die beiden Wirkungsgrade η_s und η_v nach den Gl. (135) bis (137) berechnet.

6. Untersuchungen an verschiedenen Geräten.

60. Messungen an elektrochemischen Stromquellen.

Bei jeder Stromquelle interessieren besonders die Spannung und die Ergiebigkeit bezüglich Leistung oder Energiemenge. Bei einem Generator (Dynamomaschine) können beide in den betrieblich erwünschten Grenzen geregelt werden. Elektrochemische Stromquellen gestatten das nicht, so daß man bei ihnen auf die vorgegebene Größe der Spannung angewiesen ist, die zudem noch von der Höhe der Belastung abhängt. Der Spannungsverlauf ist daher bei Akkumulatoren und galvanischen Elementen von besonderer Bedeutung. Daneben interessiert bei den Sammlern noch deren Kapazität.

60 A. Ladung und Entladung von Sammlern.

a) Aufgabe. An einem Bleisammler für einstündige Entladung sind der Verlauf der Lade- und Entladespannung bei normaler (vorgeschriebener) Stromstärke aufzunehmen. Hieraus sollen der Gütegrad (Ah-Verhältnis) und Wirkungsgrad (Wh-Verhältnis) bestimmt werden.

b) Grundlagen. Lade- und Entladekurve der Spannung verlaufen etwa nach Abb. 93. Die Differenzspannung dient der Deckung des inneren

Spannungsabfalls und der Überwindung anderer Gegenspannungen (besonders gegen Ende der Ladung). Als entladen sieht man eine Bleizelle im allgemeinen an, wenn sie bei normaler Entladestromstärke nur mehr 1,83 V hat, während die Ladespannung bis auf 2,7 ⋯ 2,8 V steigt. Vorausgesetzt ist bei Abb. 93, daß Ladung und Entladung mit derselben Stromstärke stattfinden. Da die Ladezeit dann etwas länger als die Entladezeit dauert, besteht bereits in den Elektrizitätsmengen Q_e und Q_l der Entladung und Ladung (in Ah) ein Unterschied; man bezeichnet

$$\eta_g = \frac{Q_e}{Q_l} = \frac{I \cdot t_e}{I \cdot t_l} = \frac{t_e}{t_l} \tag{138}$$

als „**Gütegrad**" des Sammlers. Wegen des außerdem vorhandenen Unterschiedes in den Spannungen unterscheiden sich die Energiemengen W noch stärker als die Elektrizitätsmengen. Es sind (wieder mit e als Index für Entladung und l als Index für Ladung)

$$W_e = \int_0^{t_e} U_e I \cdot dt \text{ und } W_l = \int_0^{t_l} U_l I \cdot dt \tag{139}$$

und der „**Wirkungsgrad**"

$$\eta_w = \frac{W_e}{W_l} = \frac{\int_0^{t_e} U_e\, dt}{\int_0^{t_l} U_l\, dt}, \tag{140}$$

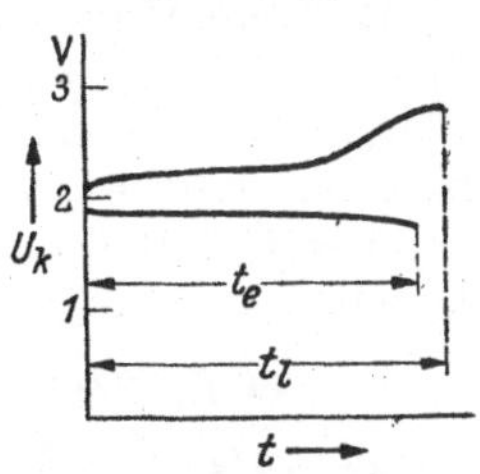

Abb. 93. Klemmenspannung U_k bei Ladung und Entladung eines Bleisammlers. t_e Entladezeit, t_l Ladezeit.

wobei die Integrale aus den aufgenommenen Kurven graphisch ausgewertet werden. Vorausgesetzt ist wieder gleiche und konstante Lade- und Entladestromstärke I.

c) Schrifttum. Lit. 5.

d) Schaltung und Versuchsanordnung. In der Schaltung nach Abb. 94 sind getrennte Lade- und Entladewiderstände vorgesehen, damit

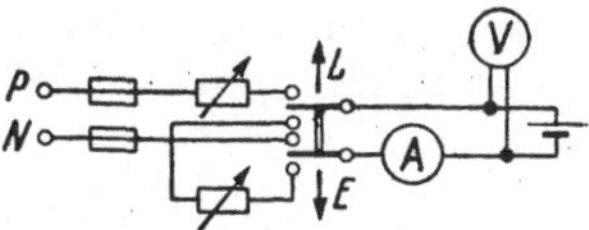

Abb. 94. Schaltung zum Lade- und Entladeversuch eines Sammlers. E Entladen, L Laden.

man unabhängig von der verwendeten Netzspannung ist und die Widerstände vor Versuchsbeginn wenigstens ungefähr einstellen kann. Der Spannungsmesser soll einen möglichst hohen Widerstand haben, so daß sein Stromverbrauch gegenüber dem Lade- und Entladestrom vernachlässigt werden kann. Es empfiehlt sich daher, ein Drehspul-Meßgerät zu verwenden.

Gerätevorschläge für das Studienpraktikum. Als zu untersuchenden Sammler verwende man eine Bleizelle für einstündige Entladung; Spannungsmesser für 3 V, Strommesser und Regelwiderstände je nach Entladestromstärke des Sammlers.

e) Versuchsdurchführung. Die Zelle wird vorher gut voll geladen, zunächst mit dem normalen Strom bis zum Beginn des Gasens und dann noch etwa $^1/_4$ h mit auf etwa $^1/_3$ herabgesetzter Stromstärke. Nun wird der Ladestrom nochmal auf seinen vollen Wert gebracht und die Klemmenspannung abgelesen. Um die noch vorhandene Überspannung, die nach einigen Stunden von selbst verschwinden würde, wegzubringen, entladet man etwa 0,5 min mit Normalstrom und schaltet wieder aus. Nun beginnt der Entladeversuch. Man hält den Strom konstant gleich der normalen Entladestromstärke und liest etwa alle 5 min Spannung und Zeit ab, bis eine Spannung von 1,83 V erreicht ist. Dann kann alsbald der Ladeversuch durchgeführt werden, bei dem man sinngemäß ebenso verfährt. Die Ladung wird fortgesetzt, bis kräftiges Gasen eingetreten und die vorher am Ende der Ladung gemessene Spannung wieder erreicht ist.

f) Auswertung. Lade- und Entladespannung werden ähnlich Abb. 93 über der Zeit aufgetragen. Dann integriert man beide Kurven mit einem Planimeter oder durch Abzählen von Quadraten des Liniennetzes innerhalb der Kurven, so daß die Integrale von Gl. (140) entstehen. Dann ergeben Gl. (138) und (140) den Gütegrad und Wirkungsgrad der Sammlerzelle.

60 B. Bestimmung des inneren Elementenwiderstandes.

a) Aufgabe. Innerer Widerstand und EMK eines galvanischen Elementes sollen nach der Spannungsabfallmethode bei verschiedenen Gleichstrombelastungen bestimmt werden.

b) Grundlagen. Wenn EMK E und innerer Widerstand R_i einer Stromquelle konstant sind, können beide Größen aus 2 Messungen der Klemmenspannung U_1 und U_2 bei verschiedenen Belastungsströmen I_1 und I_2 bestimmt werden:

$$E = U_1 + I_1 R_i \text{ und } E = U_2 + I_2 R_i, \qquad (141)$$

indem man E und R_i aus diesen beiden Gleichungen berechnet. Bei galvanischen Elementen hängen aber sowohl E wie R_i oft von I ab, so daß man nur Ergebnisse erhält, die Mittelwerte aus dem erfaßten Bereich $I_1 \ldots I_2$ darstellen. Löst man Gl. (141) nach R und E auf, so werden

$$R_i = \frac{U_1 - U_2}{I_2 - I_1} \text{ und } E = \frac{U_1 I_2 - U_2 I_1}{I_2 - I_1}. \qquad (142)$$

Macht man den Untreschied zwischen I_2 und I_1 (und damit auch den zwischen U_2 und U_1) klein, so wird wegen der auftretenden Differenzen die Genauigkeit nur gering. Andererseits haben große Unterschiede zur Folge, daß die erhaltenen Mittelwerte von E und R_i für einen großen Bereich gelten, also über die Werte bei einer bestimmten Belastung wenig auszusagen vermögen.

Für die Messung des inneren Widerstandes sind auch Brückenverfahren bekannt geworden; bei Gleichstrom (Verfahren von MANCE) erhält man jedoch nur geringe Empfindlichkeit und Genauigkeit. Mit Wechselstrombrücken kann der innere Widerstand bei unbelastetem Element gemessen werden.

c) Schrifttum: Gleichstrombrücke: Lit. 5, 30; Wechselstrombrücke: Lit. 3, 5, 30; Spannungsabfallmethode: Lit. 11.

d) Schaltung und Versuchsanordnung. Man schaltet nach Abb. 95 den Spannungsmesser unmittelbar an das Element und berücksichtigt besonders bei den kleineren Belastungsstromstärken den Eigenverbrauch des Spannungsmessers, indem man die vom Strommesser angezeigte und die vom Spannungsmesser aufgenommene (aus der Spannungsangabe und dem Eigenwiderstand berechnete) Stromstärke addiert. 2 Belastungswiderstände sind vorgesehen, um einen großen Stromstärkebereich darstellen zu können.

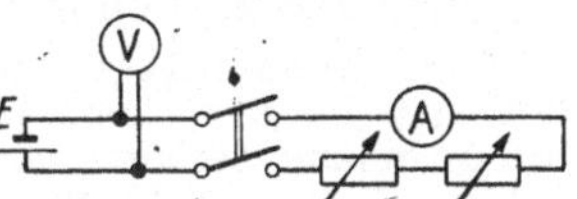

Abb. 95. Bestimmung des inneren Widerstandes eines Elementes E.

Gerätevorschläge für das Studienpraktikum. Als Element wähle man ein mittelgroßes Trockenelement; mit Rücksicht auf die Genauigkeit sollen wegen der Differenzmessungen Feinmeßgeräte verwendet werden; von den beiden Belastungswiderständen (z. B. Schiebewiderstände) wird der größere zweckmäßig etwa vom Ohmwert des Spannungsmessers und der kleinere etwa $^1/_5$ davon gewählt.

e) Versuchsdurchführung. Man beginne mit dem kleinsten Belastungsstrom, der durch den Spannungsmesser allein dargestellt wird (Schalter in Abb. 95 ausgeschaltet), und steigere die Stromstärke von Messung zu Messung auf etwa das 1,3 · · · 1,5-fache bis zu einer Höchststromstärke gleich etwa der halben Kurzschlußstromstärke des Elementes.

f) Auswertung. Aus je 2 aufeinanderfolgenden Wertepaaren U und I berechnet man nach Gl. (142) R_i und E. Beide trägt man über den zugehörigen Mittelwerten $I = {}^1/_2\,(I_1 + I_2)$ der Belastungsstromstärke auf (Eigenverbrauch nicht vergessen) und legt die Kurven hindurch, die durch Extrapolation zur Ordinatenachse die EMK und den inneren Widerstand des unbelasteten Elementes ergeben.

61. Kennlinien von Glühlampen.

a) Aufgabe. Es sind die Widerstandskennlinien $R = f(U)$ von Glühlampen abhängig von der Klemmenspannung U aufzunehmen.

b) Grundlagen. Bei Metallfadenlampen steigt der Widerstand mit der Temperatur, bei Kohle nimmt er ab. Ist R_{20} der Widerstand bei 20° C, so ist der Widerstand bei einer Temperatur ϑ:

$$R = R_{20}\,[1 + \alpha\,(\vartheta - 20) + \beta\,(\vartheta - 20)^2]. \tag{143}$$

wo α und β Konstante sind (bei Wolfram $\alpha \approx 0{,}0041$, $\beta \approx 0{,}6 \cdot 10^{-6}$). Eine Wolframdrahtlampe hat also bei 2200° C Glühtemperatur einen etwa 13-fachen Widerstand gegen Raumtemperatur.

c) Schrifttum: Lit. 11.

d) Schaltung und Versuchsanordnung. Für Glühlampen mäßiger Stromstärke verwendet man die Schaltung nach Abb. 96. Die Widerstandsmessung erfolgt also aus Stromstärke und Spannung, wobei die Schaltung mit Spannungsmesser vor dem Strommesser zu wählen ist, da Glühlampen üblicher Größe und Spannung hohe Widerstände haben.

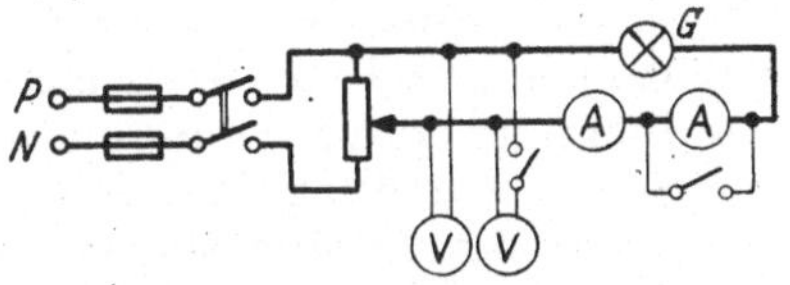

Abb. 96. Zur Aufnahme der Widerstandskennlinie einer Glühlampe G.

Der abschaltbare Spannungsmesser und der kurzschließbare Strommesser sind Geräte kleineren Meßbereichs, um den Widerstand auch bei kleinen Spannungen zu messen und dann auf die Spannung $U \rightarrow 0$ V extrapolieren zu können.

Gerätevorschläge für das Studienpraktikum. Eine Glühlampe 220 V, 40 W hat eine Stromaufnahme bis etwa 0,18 A; da zweckmäßig bis etwa 1% der Nennspannung herunter gemessen wird, verwende man Spannungsmesser von 250 V und 20 ··· 25 V, Strommesser von 0,2 oder 0,25 A und von 0,03 ··· 0,05 A Endwert des Meßbereichs (sämtlich Drehspulgeräte, Messung mit Gleichstrom ausführen!); als Spannungsteiler ist eine Schiebewiderstand von etwa 250 Ω, 1 A geeignet.

e) Versuchsdurchführung. Man beginne mit kleiner Spannung und zwar bei Metallfadenlampen mit etwa 1% und bei Kohlefadenlampen mit etwa 5% der Glühlampen-Nennspannung. Die Spannung wird dann in kleinen Stufen gesteigert, so daß etwa 15 Meßpunkte erhalten werden (Achtung auf rechtzeitiges Abschalten bzw. Kurzschließen der Meßgeräte kleinen Meßbereiches!).

f) Auswertung. Die Widerstände werden in einer Kurve über der Nennspannung aufgetragen. Man extrapoliert über den untersten Meßwert hinaus bis zur Spannung Null und gibt den „kalten" und „warmen" Widerstand (und deren Verhältnis) bei $U = 0$ und bei Nennspannung an. Außerdem wird aus den gemessenen Werten die tatsächliche Leistungsaufnahme bei Nennspannung errechnet.

62. Wechselstrommessungen an Drosselspulen.

Die meisten Wechselstromverbraucher haben wegen der stets vorhandenen magnetischen Felder induktives Verhalten, d. h. der Strom eilt der Spannung um einen gewissen Winkel φ in der Phase nach. Derartige Verbraucher lassen sich durch Spulen allein oder durch Reihen- oder Parallelschaltungen von Spulen und rein oder vorwiegend ohmschen Widerständen im Versuch nachahmen, wovon z. B. zur Untersuchung der Eigenschaften bestimmter Schaltungen Gebrauch gemacht wird.

Außerdem finden Spulen oft Anwendung, um die Phasenverschiebung oder andere Eigenschaften einer Schaltung zu ändern. In diesen Fällen interessiert besonders das Verhalten der Spule selbst.

62 A. Reihenschaltungen von Widerstand und Induktivität.

a) Aufgabe. Für Reihenschaltungen einer Spule mit verschiedenen ohmschen Widerständen (dargestellt durch Parallelschaltungen von Glühlampen) sind aus den gemessenen Spannungsabfällen die zugehörigen Diagramme zu zeichnen und aus diesen die Leistungsfaktoren $\cos \varphi_g$ der ganzen Schaltung und $\cos \varphi_L$ der Spule allein zu bestimmen. Außerdem sind die Leistungsfaktoren aus der Messung von Stromstärke, Spannung und Leistung zu berechnen. Für jeden Versuch ist der Fehler zwischen beiden Bestimmungsverfahren anzugeben. Endlich ist für jeden der Belastungsfälle der Wirkwiderstand der Glühlampen und aus den Mittelwerten der Leistungsfaktoren der Wirk- und Blindwiderstand der Drosselspule zu berechnen.

b) Grundlagen. Bei einer Reihenschaltung ist die graphische Summe der Spannungsabfälle U_L an der Spule und U_R am ohmschen Widerstand gleich der gesamten Spannung U_g. Das Diagramm läßt sich daher aus diesen 3 Spannungen zeichnen, wobei U_R in Phase mit dem fließenden Strom I ist: Abb. 97. Man schlägt um die Enden von U_R Kreise mit den beiden Spannungen U_L und U_g. Von den beiden Schnittpunkten dieser Kreise ist derjenige gültig, bei dem die Stromstärke I der Spannung U_g nacheilt. Zu beachten ist hierbei, daß die Drosselspule außer ihrem Blindwiderstand auch einen Wirkwiderstand hat, daß der Winkel zwischen U_R und U_L also kleiner als 90° ist.

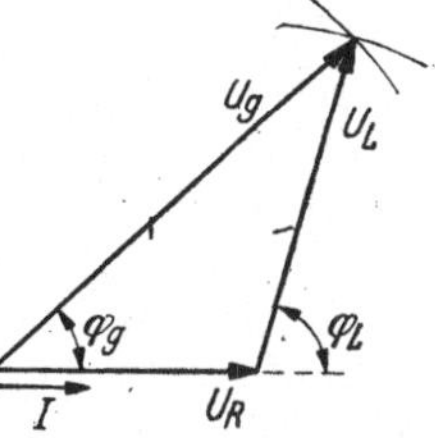

Abb. 97. Diagramm der Reihenschaltung von Ohmschen Widerstand und Drosselspule.

Die Phasenverschiebungen φ_g und φ_L bzw. Leistungsfaktoren $\cos\varphi_g$ und $\cos\varphi_L$ der ganzen Schaltung und der Drosselspule allein kann man aus dem Diagramm entnehmen. Die Leistungsfaktoren lassen sich außerdem aus den Leistungsgleichungen

$$N_g = U_g \cdot I \cdot \cos\varphi_g \quad \text{und} \quad N_L = U_L \cdot I \cdot \cos\varphi_L \tag{144}$$

errechnen, wenn man außer den Spannungen auch die zugehörigen Leistungen N_g und N_L mißt.

Zur Bestimmung von Wirkwiderstand R_L und Blindwiderstand X_L der Spule entnimmt man dem Diagramm

$$R_L = \frac{U_L}{I}\cos\varphi_L \quad \text{und} \quad X_L = \frac{U_L}{I}\sin\varphi_L = \frac{U_L}{I}\sqrt{1-\cos^2\varphi_L} \tag{145}$$

(für eine direkte Berechnung aus den Meßgerätangaben jeder Einzelmessung ohne Verwendung des Diagramms vgl. Versuch 31 B).

d) Schaltung und Versuchsanordnung. Weichen die beiden Teilspannungen U_R und U_L nicht zu sehr voneinander ab, so können die Spannungspfade nach Abb. 98 umschaltbar vorgesehen werden. Andernfalls muß man der Genauigkeit zuliebe getrennte Meßgeräte passender Meßbereiche verwenden. Vor Versuchsbeginn sind die Eigenverbräuche der Spannungspfade abzuschätzen, damit sie gegebenenfalls berücksichtigt werden können (vgl. Abschnitt 20a). Sind die Widerstände groß, so kann man die Stromspulen auch unmittelbar vor den größeren der beiden schalten und die Spannungsabgriffe außerhalb der Stromspulen anschließen.

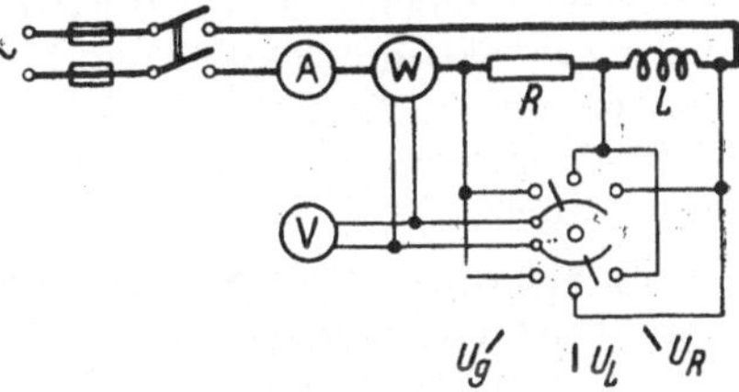

Abb. 98. Aufnahme des Diagramms einer Reihenschaltung von Ohmschen Widerstand R und Spule L.

Gerätevorschläge für das Studienpraktikum. Bei einer Netzspannung von 220 V wähle man eine Spule für ebenfalls 220 V und etwa 5 A Nenndaten; diese ist in einer Reihenschaltung mit R nur mäßig gesättigt, so daß die Induktivität bei verschiedenen Stromstärken einigermaßen gleich bleibt; als Glühlampen kann man ebenfalls solche für 220 V von so großer Leistung bzw. Zahl verwenden, daß

U_R und U_L nicht sehr voneinander abweichen; dann sind Strom- und Leistungsmesser der gebräuchlichsten Nennstromstärke 5 A verwendbar; Spannungspfade für 220 V, gegebenenfalls mit Vorwiderstand.

e) Versuchsdurchführung. Nach der Anpassung der Meßgeräte an Widerstand, Spule und Netzspannung können unmittelbar abgelesen werden: die Stromstärke I, die 3 Spannungen U_R, U_L, U_g und die 3 Leistungen N_R, N_L und N_g, wobei Abweichungen in der Summe $N_g = N_R + N_L$ auf merkliche Eigenverbräuche der Meßgeräte hinweisen. Damit die nacheinander gemessenen Spannungswerte für die Verwendung im Diagramm brauchbar sind, ist auf Konstanz der Netzspannung während der Meßreihe zu achten (gegebenenfalls schalte man einen eigenen Netzspannungsmesser zur Überwachung ein; im allgemeinen ist die Konstanz ausreichend, wenn die Anzeige des Strommessers sich nicht ändert).

f) Auswertung. Aus U_R, U_L und U_g jeder Meßreihe wird das Diagramm nach Abb. 97 gezeichnet und hieraus φ_g und φ_L bzw. $\cos \varphi_g$ und $\cos \varphi_L$ entnommen. Dann berechne man beide nach Gl. (144) und stelle die Abweichungen und die Mittelwerte fest. Mit dem Mittelwert von $\cos \varphi_L$ ergeben sich dann Wirk- und Blindwiderstand der Spule nach Gl. (145), während man R des Glühlampensatzes aus $R = U_R : I$ erhält.

62 B. Induktivität einer Eisendrossel

a) Aufgabe. Die Induktivität L einer Eisendrosselspule soll 1. abhängig von der angelegten Klemmenspannung und 2. bei konstanter Klemmenspannung abhängig von der Größe eines im Weg des Magnetflusses vorgesehenen Luftspaltes aufgenommen werden.

b) Grundlagen. Die Messung von L kann nach Versuch 31 B erfolgen. Bei einer Eisendrossel erhält man nach Spannung U und Stromstärke I veränderliche Werte, da die Induktivität L der bei Eisen veränderlichen Permeabilität μ proportional ist. Bei sehr kleinen Magnetisierungen steigen L und μ zunächst mit U und I, erreichen dann (in der Nähe des Sättigungsknies der Magnetisierungslinie) ein Maximum, um im Gebiete der Sättigung immer mehr abzunehmen. Ebenfalls wegen der Veränderlichkeit der Permeabilität ändert sich L mit dem Luftspalt nicht linear.

d) Schaltung und Versuchsanordnung. Unter der Annahme eines verhältnismäßig kleinen Blindwiderstandes der Drossel ist die Schaltung nach Abb. 99 mit Anschluß der Spannungspfade hinter den Stromspulen gewählt. Da der Wirkverbrauch bei Eisendrosseln jedoch stets verhältnismäßig klein ist, muß der Eigenverbrauch der beiden Spannungspfade berücksichtigt, also von der Anzeige des Leistungsmessers nach Abschnitt 20 a) abgezogen werden, um die Wirkverluste der Spule D allein zu erhalten.

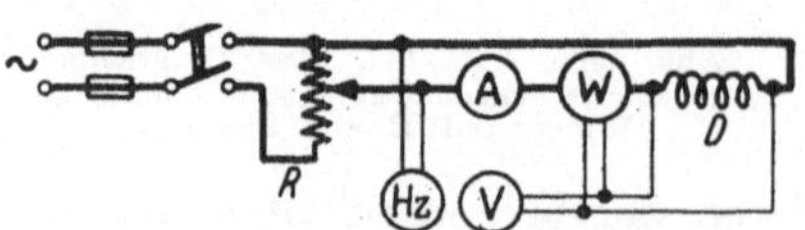

Abb. 99. Induktivitätsmessung an einer Drosselspule D.
R induktiver Regler (Spartransformator).

Gerätevorschläge für das Studienpraktikum. Mit Rücksicht auf den häufigsten Strommeßbereich 5 A der Leistungsmesser ist die Wahl einer Drossel D zweckmäßig, die bei Nennspannung (z. B. 220 V) nicht mehr als 5 A aufnimmt (bzw. 6 A, da Geräte nach VDE im Strom- und Spannungspfad um 20% überlastbar sind); entsprechend der Netzspannung und Stromstärke ist auch der induktive Regler R in Abb. 99 zu bemessen.

e) Versuchsdurchführung. Um das Induktivitätsmaximum zu erreichen und überschreiten, muß man besonders bei hoch gesättigten Drosseln oft bis zu sehr kleinen Spannungen herunter messen. Dabei kann es notwendig werden, Strom- oder Spannungsmesser oder beide gegen solche kleineren Meßbereichs auswechseln zu müssen. Entsprechend wäre auch der Leistungsmesser zu ersetzen, sofern einer mit kleineren Meßbereichen zur Verfügung steht. Wo das nicht der Fall ist, muß der größere Fehler in Kauf genommen werden, was allerdings oft nicht von großem Belang ist, da die Leistung in Gl. (67) nur als Korrekturgröße auftritt.

Bei jeder am Regler R von Abb. 99 eingestellten Spannung werden U, I, N und f abgelesen.

f) Auswertung. Mit Gl. (67) von Versuch 31 B erhält man aus diesen dann X und die Induktivität L, die man über der Spannung U bzw. über dem Luftspalt in Kurvenform aufträgt. Ergibt sich ein spitzes Maximum, so empfiehlt es sich, in dessen Nähe die Dichte der Meßpunkte zu vermehren.

62 C. Untersuchung einer Massekernspule[1].

a) Aufgabe. Zu bestimmen sind die reversible Permeabilität und der Eisenverlustwinkel einer Massekernspule in Abhängigkeit von der Vormagnetisierungsfeldstärke.

b) Grundlagen. Die Dämpfung einer Leitung (vgl. Versuch 85) ist unter anderem der Wurzel aus der Leitungsinduktivität umgekehrt proportional. Man kann die Dämpfung also verringern, indem man die Induktivität vergrößert. Eines der hierzu geeigneten Mittel ist die Einschaltung besonderer Drosselspulen im Zuge der Leitung („Pupinisierung"). Im Interesse einer möglichsten Verzerrungsfreiheit soll die Induktivität solcher Spulen aber weitgehend unabhängig von der Größe des Magnetisierungsstromes und von der Frequenz sein. Diese Forderungen erfüllt die Massekernspule.

Ein Massekern besteht aus einem Gemenge fein pulverisierten Eisens mit einem elektrisch isolierenden und magnetisch indifferenten Bindemittel (z. B. Glasstaub), das unter sehr hohem Druck zu einem mechanisch einheitlichen Mischkörper zusammengepreßt wird. Man bemißt die Wicklung so, daß der Strombelag längs des Kernes außerordentlich klein wird. Im Innern des Massekernes sitzt das Feld zum überwiegenden Teil in den isolierenden Schichten zwischen den Eisenteilchen, so daß diese Teilchen selbst nur sehr schwach magnetisiert werden. Daraus ergibt sich zunächst, daß die Induktivität der Spule in erster Linie von der Stärke der Isolierschicht zwischen benachbarten Eisenteilchen, dem „Luftspalt", abhängt, während die magnetische Leitfähigkeit des Eisens von viel kleinerem Einflusse ist. Hierdurch ist die Unabhängigkeit der Induktivität vom Magnetisierungsstrom innerhalb gewisser Grenzen gewährleistet. Weiterhin folgt aus der

[1] Unter Verwendung von E. Orlich: „Anleitungen", 2. Teil, Versuch 141 (Lit. 7).

beschriebenen Verteilung des Magnetfeldes, daß die Hystereseverluste bei den in der Fernmeldetechnik üblichen Frequenzen sehr klein bleiben. Endlich verhindern die Isolierschichten den Übertritt elektrischer Ströme zwischen benachbarten Eisenteilchen, so daß auch der Wirbelstromverlust überaus niedrig ist. Zu einer Beurteilung der Massekernspule müssen diese Zusammenhänge zahlenmäßig bekannt sein.

Die induktiven Eigenschaften einer Massekernspule werden aus der sogenannten „reversiblen" Permeabilität kleiner Wechselfelder hergeleitet. Verkleinert man nach Abb. 100a) von irgendeinem Punkt A der Neukurve oder Hystereschleife aus die Feldstärke um $\varDelta\mathfrak{H}$, so geht die Induktion nur um $\varDelta\,\mathfrak{B}$ zurück bis zum Punkt A'. Bei Steigerung der Feldstärke auf ihren alten Wert gelangt man genau nach A zurück. Das Stück AA' wird also bei dem Vorgang reversibel durchlaufen, so daß die „reversible" Permeabilität durch

$$\mu_r = \frac{\varDelta\mathfrak{B}}{\mu_0\varDelta\mathfrak{H}} \tag{146}$$

mit μ_0 als Induktionskonstante definiert ist; sie ist proportional der Neigung gegen die Feldstärkeachse; sie kann mit guter Annäherung

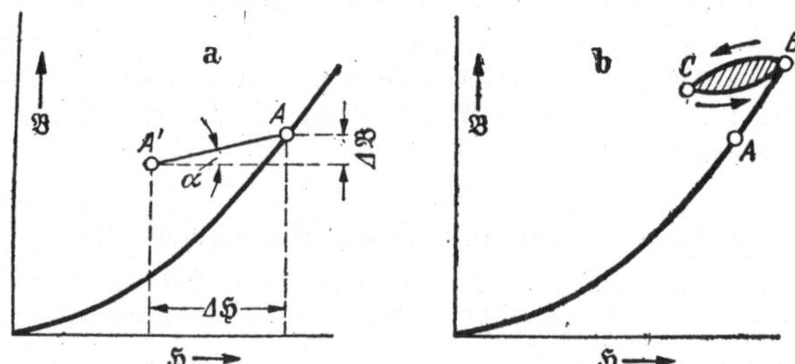

Abb. 100. Ummagnetisierung durch kleine überlagerte Wechselfelder: a zur Definition der reversiblen Permeabilität, b Hysterese bei Vormagnetisierung.

mittels Wechselstrom von möglichst kleiner Amplitude gemessen werden. Man erhält einen Überblick über das Verhalten dieser Permeabilität, wenn man den Bezugspunkt A der reversiblen Permeabilität durch Anwendung geeigneter Gleichstrom-Vormagnetisierungen von Null ausgehend längs der ganzen Hystereseschleife herumführt. Wenn man hierbei, von größeren Vormagnetisierungen herabsteigend, die Vormagnetisierung Null wiederum erreicht, zeigt das Material natürlich eine gewisse Remanenz. Daher weicht die reversible Permeabilität in diesem Arbeitspunkte von der reversiblen Anfangspermeabilität ab.

In Wahrheit sind nun die Magnetisierungsvorgänge bei überlagertem Wechselstrom nicht streng reversibel. Es sei in Abb. 100b Punkt A der Vormagnetisierungspunkt. Steigt der überlagerte Wechselstrom von Null aus stetig an, so folgt der Arbeitspunkt der Magnetisierungslinie bis zum Punkte B, in welchem die resultierende Feldstärke ihren Höchstwert erreicht. Bei abnehmendem Wechselstrom wandert der Arbeitspunkt nach dem Punkte C, der der kleinsten Gesamtfeldstärke entspricht. Wenn jetzt der Wechselstrom wiederum ansteigt, kehrt der Arbeitspunkt nach B zurück. Man erhält also bei einem vollen

Magnetisierungszyklus des überlagerten Stromes die Schleife BCB. Nach RALEIGH kann man diese Schleife für hinreichend kleine Wechselfeldstärken sehr genau aus zwei Parabelbögen zusammensetzen. Daher treten Hystereseverluste auf, welche dem Inhalt dieser RALEIGH-Schleife proportional sind. Hierzu treten Wirbelstromverluste, die teilweise auf die Einzelteilchen des Massekernes entfallen, teilweise der JOULEschen Stromwärme der von Teilchen zu Teilchen infolge ungenügender Isolation übertretenden Ströme entsprechen. Endlich beobachtet man noch eine dritte Gruppe von Verlusten, die sogenannten Nachwirkung.

Es ist üblich, diese Verluste durch Angabe eines zum Spulenwiderwiderstand R zusätzlichen Wirkwiderstandes R_z zu erfassen; beide zusammen ergeben dann den wirksamen Widerstand R_w. Da R_z bei üblichen Sprechfrequenzen klein gegen den Blindwiderstand ωL der Spule ist, gibt man den Verlustwinkel δ_e des Massekernes an durch

$$\operatorname{tg} \delta_e = \frac{R_z}{\omega L}. \tag{147}$$

Da die Hysterese-, Wirbelstrom- und Nachwirkungsverluste in verschiedener Weise von der Frequenz und der Wechselfeldstärke abhängen, kann man die einzelnen Verlustposten durch Aufnahme verschiedener Meßreihen trennen. Bei den folgenden Untersuchungen handelt es sich jedoch nur um die Beurteilung des gesamten Massekernes, so daß man sich mit der summarischen Messung der Eisenverluste begnügt.

Die Massekernspulen haben Ringform. Mit l als mittlerer Länge des Ringes (der Feldlinien), F als Fläche des Ringquerschnitts und w als Windungszahl der auf den Ring gewickelten Spule ergibt sich die Permeabilität aus der Definitionsformel für die Induktivität L zu

$$\mu = \frac{l \cdot L}{w^2 \mu_0 F}. \tag{148}$$

Weiter erhält man für die mittlere Feldstärke in der Ringspule ebenfalls einen sehr einfachen Ausdruck, nämlich

$$\mathfrak{H} = \frac{w \cdot I}{l}, \tag{149}$$

wo noch I die Stromstärke in den Windungen ist.

d) Schaltung und Versuchsanordnung. Zur Messung der Spuleninduktivität und des Spulenwiderstandes wird eine für Gleich- und Wechselstrom geeignete Brückenschaltung nach Abb. 101 benutzt. Links sind die beiden Stromquellen (Wechselstrom 500 Hz und 2 V-Sammlerzelle) mit induktivem Spannungsteiler R_r bzw. Vorwiderstand R_v zum Einstellen des Brückenstromes.

Die eigentliche Brückenschaltung ist in Abb. 101 durch stärkere Linien hervorgehoben. Es ist eine WHEATSTONE-Schaltung mit 2 gleichen Wirkwiderständen R_A, mit den zu messenden gleichen und in Reihe geschalteten Massekernspulen M und einer Vergleichsdrossel L_0, R_0. Der 2. Abgleich wird durch den Zusatzwiderstand R_M zur Drossel durchgeführt. Außer den in der Brücke liegenden Wicklungen trägt jede Massekernspule noch eine 2. Wicklung zur Gleichstrom-Vormagnetisierung.

Diese Wicklungen sind gegeneinander geschaltet und über Umschalter U_4, Vorwiderstand R_v und Spannungsteiler Sp so an eine Gleichstromquelle geschaltet, daß die Entnahme veränderlicher Spannungen zur Vormagnetisierung und zur Entmagnetisierung möglich ist. Durch diese Schaltung der Spulenwicklungen erreicht man, daß der Vormagnetisierungskreis gegen die Meßbrücke völlig entkoppelt ist. Selbstverständlich mißt man bei dieser Schaltung immer die Widerstände und Induktivitäten beider in Reihe geschalteten Spulen, so daß die Meßwerte, die Gleichheit der Spulen vorausgesetzt, zur Auswertung der Meßergebnisse zu halbieren sind.

Vorgesehen ist noch der zu $R_A - R_A$ parallele Hilfszweig $R_W - R_W$ nach Wagner mit geerdeter Mitte, um Fehler durch Nebenkapazitäten zu vermeiden. Der Galvanometerzweig besitzt dann keine Spannung

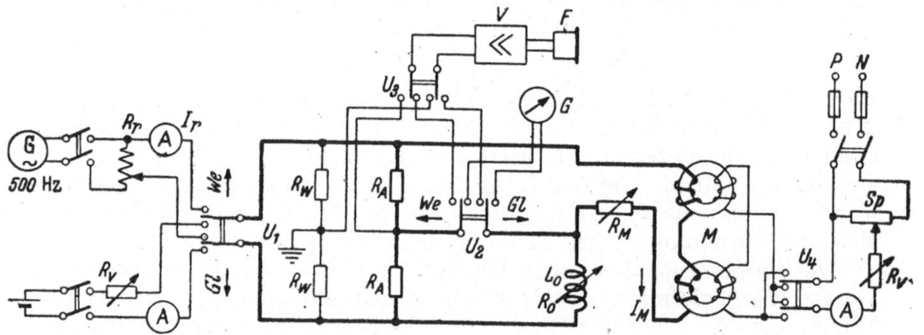

Abb. 101. Brückenschaltung zur Untersuchung von Massekernspulen.
F Fernhörer, G Galvanometer f. Gleichstrom, Gl Schalterstellung für Gleichstrommessung, L_0 Vergleichsinduktivität, M Massekernspulen, R_0 Wirkwiderstand von L_0, R_A Brückenwiderstände, R_M Abgleichwiderstand, R_r Induktiver Regler, R_v Vorschaltwiderstände R_w Widerstände des Wagnerzweiges, Sp Spannungsteiler, U Umschalter, V Verstärker, We Schalterstellung f. Wechselstrommessung.

gegen Erde, ohne selbst mit Erde verbunden zu sein (Kontrolle durch Anschluß des Fernhörers mittels Umschalter an die Stoßstellen zwischen den beiden R_A und R_W).

Als Nullinstrument dient bei der Messung mit Gleichstrom ein empfindliches Galvanometer G, welches durch einen Umschalter U_2 in den Nullzweig der Hauptbrücke angeschlossen werden kann. Wird die Brücke mit Wechselstrom betrieben, so schließt man den Nullzweig der Hauptbrücke mittels dieses Umschalters an einen weiteren Umschalter U_3, den man auch in den Nullzweig der Wagnerschen Hilfsbrücke legen kann. Als Nullinstrument dient ein Telephon F, das zur Erhöhung der Meßgenauigkeit über einen Verstärker V angeschlossen ist.

Gerätevorschläge für das Studienpraktikum (nach Orlich). Stromquellen: Tonfrequenzmaschine 30 V, 500 Hz, induktiver Regler für 0,2 A, Tonfrequenz-Strommesser (z. B. Gleichtrichtergerät) bis 15 mA Meßbereich, Gleichstromquelle 2 V, Regelwiderstand $R_v \approx 400\,\Omega$, Strommesser bis 4,5 mA Meßbereich; in der Brücke Widerstände R_A, R_W und R_M je $100\,\Omega$ (in induktionsarmer Ausführung für Tonfrequenz) als Stöpsel- oder Kurbelwiderstände, davon bei den Meßreihen fest eingestellt $R_A = 80\,\Omega$ und $R_W = 40\,\Omega$, L_0 Variometer, der Induktivität der Massekernspulen angepaßt; Ausführungsbeispiel von Massekernspulen: Ring von rechteckigem Querschnitt mit 5,2 cm Innen-, 8,2 cm Außen-Durchmesser und 2,8 cm Höhe, bewickelt mit je 2 Wicklungen von w = 620 Windungen Kupferdraht 0,8 mm Durchmesser (bei l = 21 cm mittlerer Feldlinienlänge und F = 4,2 cm² Querschnitt ist nach Gl. (148) für diese Spulen μ = 1,04 L mit L in mH); im Vormagnetisierungskreis Strommesser bis 2 A Meßbereich, Spannungsteiler Sp und Vorwiderstand R_v je nach verfügbarer Gleichspannung (mindestens 60 V).

e) Versuchsdurchführung. Vor Beginn der Messung werden die Spulen gründlich entmagnetisiert. Dann folgen die Gleichstrom- und Wechselstrommessungen in der Brücke. Da die beiden Widerstände R_A gleich sind, erhält man im Gleichstrom-Abgleich mit R_M bei Nullausschlag des Galvanometers G den Gleichstromwiderstand einer Wicklung der Massekernspulen zu

$$R_g = \frac{1}{2}(R_0 - R_{Mg}), \tag{150}$$

wo R_{Mg} der an R_M zum Abgleich erforderliche Wert ist.

Bei Wechselstrom-Abgleich (Umschalter U_1 und U_2 auf We) wird zunächst eine bestimmte Stromstärke I_M in den Massekernspulen eingestellt; man mißt dazu den der Brücke zugeführten 500 Hz-Strom I_r und berechnet

$$I_M = I_r \frac{R_A R_W}{\sqrt{[R_0 (R_A + R_W) + R_A R_W]^2 + \omega^2 L_0^2 (R_A + R_W)^2}} \tag{151}$$

(bei einer Anordnung der obigen „Gerätevorschläge" stellt man auf I_r = 4 mA). Die in Gl. (151) noch vorkommende Frequenz ω bzw. f bestimmt man aus der Drehzahl n des Tonfrequenzgenerators nach Gl. (98). Beim Abgleich sind in Gl. (151) alle Größen außer L_0 bekannt. Man kann daher mittels der Eichkurve des Variators den Strom I_r ausrechnen, den man bei einer bestimmten Variatorstellung einregeln muß, damit I_M den anfänglich eingestellten Wert dauernd beibehält. Man gleicht nun gleichzeitig die Hauptbrücke und die Wagnersche Hilfsbrücke ab. Hierzu gehört ein bestimmtes Wertepaar von R_M und L_0, das R_{Mf} und L_{0f} genannt sei. Dann sind Induktivität L und Wirkwiderstand R_w jeder Massekernspule

$$L = \frac{1}{2} L_{0f} \tag{152a}$$

$$R_w = \frac{1}{2}(R_0 - R_{Mf}). \tag{152b}$$

Der für die Berechnung des Verlustwinkels nach Gl. (147) erforderliche Zusatzwiderstand R_z der Eisenverluste ergibt sich nun aus

$$R_z = R_w - R_g = \frac{1}{2}(R_{Mg} - R_{Mf}) \tag{153}$$

wo Gl. (150) und (152b) berücksichtigt sind.

Gleichstrom- und Wechselstrom-Abgleich führt man zuerst für die Vormagnetisierung Null bei völlig entmagnetisierten Spulen durch. Dann steigert man die Vormagnetisierung in Stufen von etwa 1,5 ... 2,0 A/cm bis zu einer Höchstfeldstärke von etwa 60 A/cm (was bei Spulen nach den „Gerätevorschlägen" gemäß Gl. (149) etwa einer

Stromstärke von 2 A entspricht). Dann geht man mit der Vormagnetisierung wieder in gleichen Stufen rückwärts bis auf die Vormagnetiung Null.

f) Auswertung. Zu jeder Vormagnetisierung entsprechend Gl. (149) werden die aus Gleichstrom- und Wechselstrom-Abgleich erhaltenen R_g, R_w und L einer Massekernspule nach den Gl. (150) und (152) bzw. R_z und L nach Gl. (153) und (152a) berechnet. Hiermit erhält man den Eisenverlustfaktor tg δ_e und die reversible Permeabilität μ_r aus den Gl. (147) und (148), wobei zur Kennzeichnung die in der Massekernspule fließende Wechselstromstärke nach Gl. (151) anzugeben ist. Man trage schließlich tg δ_e und μ_r abhängig von der Vormagnetisierungsfeldstärke $\mathfrak{H}$ auf.

63. Abnahme von Kondensatoren.

a) Aufgabe. Eine vorhandene größere Anzahl gleicher Kondensatoren für Rundfunkzwecke aus derselben Lieferung sollen bezüglich Einhaltung des Kapazitäts-Nennwertes und Isolierfestigkeit nach VDE 0870 „Leitsätze für Kondensatoren der Rundfunk- und Entstörungstechnik" geprüft werden.

b) Grundlagen. Angenommen sei, daß es sich um normale Kondensatoren, nicht aber um Berührungsschutz-Kondensatoren handelt, für die schärfere Spannungsprüfungen gelten[1]. Dann gelten die folgenden Bestimmungen.

Bezüglich der Übereinstimmung des tatsächlichen Kapazitätswertes mit dem Nennwert bestimmt § 5 von VDE 0870/IX. 38:

„Die Abweichungen vom Nennwert sollen bei Kapazitäten unter 0,1 μF nicht mehr als $\pm$ 20%, bei Kapazitäten von 0,1 μF und darüber nicht mehr als $\pm$ 10% betragen."

Zur Prüfung der Isolierfestigkeit besagt § 7 derselben Leitsätze das Folgende:

„Die Isolierung der Kondensatoren soll folgenden Prüfungen verschiedener Dauer mit Spannungen verschiedener Höhe unterworfen werden:

I. 1 s-Prüfung.

a) zwischen Belag und Belag,
b) zwischen Belägen und Außenseite.

Diese Prüfung erfolgt bei allen Kondensatoren in trockenem und sauberem Zustande als Stückprüfung. Bei Kondensatoren mit Isoliergehäuse wird die Prüfung nach b) als Stichprüfung ausgeführt (siehe § 12).

Hat der Kondensator ein mit einem Belag dauernd verbundenes Metallgehäuse, so kommt die Prüfung unter b) in Fortfall. Ist kein Metallgehäuse vorhanden, so wird der Kondensator zur Prüfung unter b) mit Metallfolie fest umwickelt und die Prüfspannung zwischen den Belägen und der Metallfolie angelegt

II. 1 min-Prüfung.

Die 1 min-Prüfung ist nur zwischen Belag und Belag auszuführen; sie erfolgt als Stichprüfung."

[1] Berührungsschutz-Kondensatoren haben die Aufgabe, bei der Berührung zugänglicher Teile gefährliche Ströme durch den menschlichen Körper zu verhindern.

Der hierin zitierte § 12 definiert die „Stichprüfung“:

„Die Stichprüfungen sind an 0,4% der Liefermenge, mindestem aber an 5 Stück gleicher Art durchzuführen.

Treten Ausfälle auf, so ist die Prüfung mit weiteren 5 Stück — nötigenfalls 2-mal — zu wiederholen. Sind bei der zuletzt wiederholten Prüfung noch immer Ausfälle vorhanden, so ist die Liefermenge, aus der diese Stücke zur Stichprüfung entnommen sind, als den Leitsätzen nicht entsprechend zu bezeichnen.“

Bei der Auswahl der Prüfspannungshöhe geht man von der Nennspannung U_n aus. Tabelle 14 gibt für Gleich- und Wechselspannungskondensatoren (wieder außer Berührungskondensatoren) die vorgeschriebene Höhe und Stromart der Prüfspannung an. Bei Kondensatoren mit einer Nennwechselspannung ist in Tabelle 14 zur Ermittlung der Prüf-Gleichspannung für U_n der Betrag der effektiven Nenn-Wechselspannung einzusetzen. Ergeben sich bei der 1 min-Prüfung bei der Durchführung mit Wechselspannung Schwierigkeiten, die in der Prüfanlage begründet sind, so kann an die Stelle der Wechselspannungsprüfung eine Gleichspannungsprüfung mit dem 1,5-fachen Betrage der Prüf-Wechselspannung treten.

Tabelle 14. Werte der Prüfspannungen für Kondensatoren nach VDE 0870 (— Gleichspannung, ∼ Wechselspannung).

Art der Prüfung	Art der Betriebsspannung	Höhe u. Art d. Prüfspannung	
		Belag gegen Belag	Beläge gegen Außenseite
1 sec	—	$3\ U_n$ —	$4\ U_n$ —+)
	∼	$4{,}5\ U_n$ —	$4\ U_n$∼+)
1 min	—	$2\ U_n$ —	
	∼	$2\ U_n$ ∼	

+) mindestens 1,5 kV.

d) Schaltung und Versuchsanordnung. Die Kapazitätsmessung kann man am einfachsten mit einem anzeigenden C-Messer vornehmen, sofern ein solcher verfügbar ist. Sonst ist das Brückenverfahren nach Versuch 31 B, Gl. (65) geeignet. Sind große Serien zu prüfen, so ergibt die letztgenannte Gl. (65) eine einfache und schnelle Ablesemöglichkeit: man wähle ω und U so, daß I und C sich nur um eine Zehnerpotenz unterscheiden (z. B. $f = 500$ Hz, $\omega = 3140\ s^{-1}$, $U = 31{,}9$ V, dann ist $C = 10^{-5}\ I$, d. h. 1 μF entspricht 0,1 A); dann kann sowohl die Größe von C als auch das Einhalten der Toleranz nach § 5 von VDE 0870 leicht bestimmt werden. Um das ständige An- und Abklemmen der Kondensatoren zu vermeiden, läßt man die Anschlußleitungen in Kontaktfedern münden, an die die Kondensatoren mit ihren Klemmen gedrückt werden.

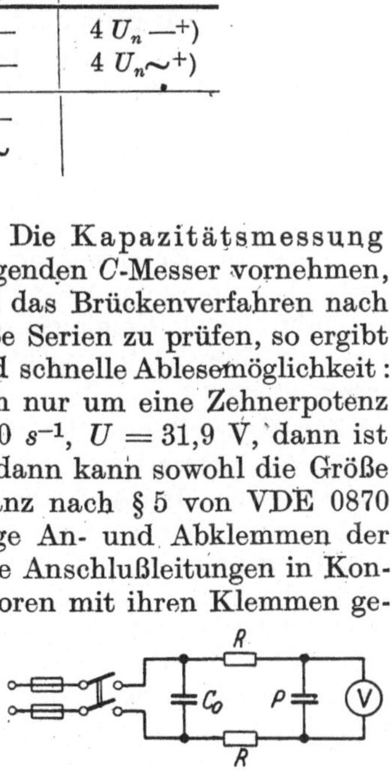

Abb. 102. Spannungsprüfung für Kondensatoren nach VDE 0870. C_0 Kondensator von 1 µF, P Prüfling, R Widerstände je etwa 1500.

Für die Spannungsprüfung schreibt VDE 0870 die Schaltung nach Abb. 102 vor, wo C_0 etwa 1 μF und R etwa 1500 Ω sein soll.

In der 1 sec-Prüfung soll der Prüfling eine Temperatur zwischen 10 und 35° C haben. Die 1 min-Prüfung erfolgt jedoch bei einer Temperatur von 50° C, nachdem der Kondensator genügend lange Zeit in einem Raum von dieser Temperatur gewesen ist. Bei Kondensatoren, auf denen eine höhere Temperatur angegeben ist, wird die Prüfung bei dieser höheren Temperatur vorgenommen. Zur VDE-gerechten Durchführung der 1 min-Spannungsprüfung ist also ein Wärmekasten oder ähnliches erforderlich.

Wenn die Prüfspannung größer als 250 V gegen Erde ist, sind die Hochspannungsvorschriften zu beachten! Am besten schließt man die ganze Schaltung in einen Käfig ein und verriegelt den Hauptschalter mit dessen Tür oder sonstigem Verschluß. Der Prüfling wird von außen angesetzt, und besondere Klinken sorgen dafür, daß diese erst Kontakt machen, wenn der Prüfling angeschlossen und die Spannung dadurch für den Bedienenden abgedeckt ist.

e) Versuchsdurchführung. Für die Kapazitätsmessung vgl. Versuch 32 C bzw. 31 B; gegebenenfalls ist die Berücksichtigung der Wirkverluste erforderlich, wenn auf genaue Messungen Wert gelegt wird. Für die Auswertung werden die gemessenen Kapazitätswerte aller geprüften Kondensatoren notiert.

Bei der 1 sec-Spannungsprüfung soll die Prüfdauer mindestens 1 sec betragen. Die Prüfdauer wird vom Augenblick des Erreichens der vollen Prüfspannung an gerechnet. Bei der 1 min-Prüfung beträgt die Prüfdauer 1 min. Man beachte den oben zitierten § 7 von VDE 0870, wonach die 1 sec-Prüfung zwischen Belag und Belag stets als Stückprüfung (also an allen Stücken der Serie), die 1 min-Prüfung aber nur als Stichprüfung gemäß § 12 auszuführen ist.

f) Auswertung. Die Spannungsprüfungen gelten als bestanden, wenn weder Durchschlag noch Überschlag eintritt und keine Veränderungen am Kondensator bemerkbar sind. Ein einwandfreies Aushalten besonders der 1 sec-Prüfspannungen kann streng genommen nur von fabrikneuen Kondensatoren verlangt werden. Gegebenenfalls wird man bei einer späteren Überprüfung also die Prüfspannungen herabsetzen müssen.

Zur Beurteilung der Abweichungen vom Nennwert C_n der Kapazität interessieren 3 Größen: 1. Der Durchschnitt D aller Kondensatoren nach Gl. (5), 2. die Streuung σ nach Gl. (6a) und schließlich 3. wieviel Kondensatoren Kapazitätswerte außerhalb der vorgeschriebenen Toleranz von $\pm$ 20 bzw. $\pm$ 10% aufweisen. Einen guten gemeinsamen Überblick über diese drei erhält man, indem man alle Einzelwerte statistisch in einer Häufigkeitskurve aufträgt. Dazu ordnet man alle Meßwerte in Gruppen, z. B. von 2 zu 2% Abweichung vom Nennwert C_n und trägt die in jeder Gruppe vorliegende Häufigkeit in Ordinatenrichtung auf, wie Abb. 103 für 41 Einzelmessungen an Kondensatoren mit $\pm$ 10% Soll-Toleranz als Beispiel zeigt. Der Durchschnitt (Mittelwert) D ergibt sich zu $+$ 0,6%, d. h. also, daß die untersuchte Kondensatorserie im Mittel einen um 0,6% zu hohen Kapazitätswert hat. Die mittlere Abweichung von diesem Wert (Streuung um diesen Wert) beträgt nach Gl. (6a) $\sigma = \pm 4,4\%$, also nicht ganz die Hälfte der zulässigen Toleranz, was vermuten läßt, daß der eine oder andere Kondensator schon außerhalb der Toleranz liegen wird; bei der hier ausgewerteten Meßreihe traf das auch tatsächlich für einen Prüfling mit zwischen + 10 und + 12% Abweichung zu.

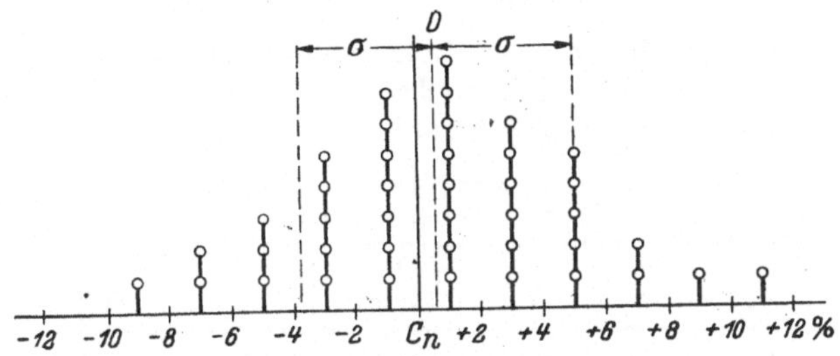

Abb. 103. Beispiel einer statistischen Verteilung von Meßwerten (C_n Nennkapazität der untersuchten Kondensatoren).

64. Lichtbogen-Kennlinien.

Die stromstarke Gasentladung des Lichtbogens hat eine „fallende" Charakteristik, d. h. größere Ströme benötigen nur kleinere Spannungen als niedrigere Ströme. Die Ursache hierfür ergibt sich daraus, daß der (scheinbare) Leitwert schneller als die Stromstärke steigt. Ein stabiles Brennen des Lichtbogens ist daher an einer Stromquelle konstanter Spannung nur wegen des Spannungsabfalls an den stets außerdem im Stromkreis vorhandenen Widerständen möglich.

Lichtbögen brennen nie ganz ruhig, sondern zeigen stets kleine Schwankungen, die durch die Vorgänge in der Gasstrecke und an den Elektrodenoberflächen bedingt sind. Auf die gleichen Ursachen ist es zurückzuführen, daß bei Stromänderungen nicht immer wieder gleiche Wertepaare von Strom und Spannung auftreten, sondern daß sich hystereseähnliche Erscheinungen zeigen. Der „statische" Gleichstromlichtbogen unterscheidet sich in seiner Charakteristik also von der eines „dynamischen" Bogens etwa einer Wechselstromentladung.

Lichtbögen kommen in der technischen Praxis gewollt bei Bogenlampen, Lichtbogenöfen, Quecksilberdampf-Stromrichtern und anderem vor. Außerdem treten sie bei allen Abschaltungen oberhalb gewisser Werte (z. B. etwa 0,5 A und 12 V bei Silberelektroden) an Schaltern und sonst auch zwischen beliebigen Leitern im Gefolge von Überschlägen auf. Besonders im letzteren Falle können bei ergiebigen Stromquellen sehr hohe Ströme vorkommen, wenn die übrigen Widerstände des Stromkreises gering sind („Kurzschlußlichtbögen").

64 A. Statische Kennlinie.

a) Aufgabe. Es sind Strom-Spannungs-Kennlinien eines mit Gleichstrom betriebenen Lichtbogens zwischen 2 Kohleelektroden verschiedenen Abstands aufzunehmen. Hieraus sind die Grenzwiderstände zu bestimmen, bei denen der Lichtbogen gerade noch brennt, bzw. verlischt.

b) Grundlagen. Die Bogenspannung U_b fällt mit zunehmender Stromstärke I etwa hyperbolisch und kann im statischen Fall durch die empirisch gefundene AYRTONsche Gleichung angegeben werden:

$$U_b = U_0 + E\,l + \frac{N + M\,l}{I}, \tag{154}$$

wo l die Lichtbogenlänge (der Elektrodenabstand) und U_0, E, N, M Konstante sind, für die etwa die in Tabelle 15 angegebenen Werte gelten, die aber nur einen ungefähren Anhalt geben können.

Tabelle 15. Kennwerte statischer Lichtbögen in Luft von Atmosphärendruck.

Elektrodenwerkstoff	U_0 V	E V/cm	N W	M W/cm
Kohle . . .	20	21	12	100
Kupfer . . .	13	30	10	150
Silber . . .	12	35	10	200
Platin . . .	16	50	0	200

Auf den Lichtbogen und seinen Vorwiderstand R verteilt sich nun die Netzspannung $U_N = U_b + I\,R$, so daß für den Vorwiderstand und damit für die Stabilität des Lichtbogens

$$R = \frac{U_N - U_b}{I} \tag{155}$$

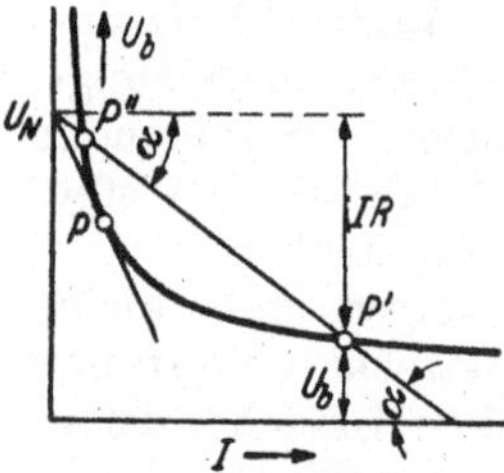

Abb. 104. Widerstandsgeraden an einer Lichtbogenkennlinie ($R \sim \operatorname{tg} \alpha$).

gilt. Abb. 104 zeigt eine statische Kennlinie. Als Verhältnis einer Spannung zu einer Stromstärke entspricht R in dieser Kurvendarstellung der Neigung $\operatorname{tg} \alpha$ einer sogenannten „Widerstandsgeraden"; es ist also $\operatorname{tg} \alpha \sim R$. Tangiert diese Gerade die Kennlinie, so gibt es gerade einen möglichen Betriebspunkt P. Bei größerem Widerstand (größerem α) kommt kein Lichtbogen zustande, da es kein Wertepaar U/I gibt, das Gl. (155) genügt. Ist R aber kleiner als der Grenzwert, so hat man 2 Schnittpunkte P′ und P″, d. h. das Ohmsche Gesetz und die Lichtbogenkennlinie können in 2 Betriebspunkten beide befriedigt werden. Stabil ist von diesen Punkten aber nur der untere, denn zwischen beiden wird für den Lichtbogen weniger Spannung U_b gebraucht, als der Widerstandsgeraden entspricht. Die überflüssige Restspannung, wirkt stromvergrößernd, bis der stabile Betriebspunkt P′ erreicht wird, in dem der Lichtbogen also brennt. Denn bei einem zufälligen Ansteigen des Stromes würde zu wenig Spannung, bei einem Absinken aber zuviel zur Verfügung stehen, so daß der Strom also immer auf den Punkt P′ zurückgeführt wird.

c) Schrifttum: Lit. 45, 50. Einige Spezialliteratur: SEELIGER, R., Einführung in die Physik des Gasentladungen, Verlag A. Barth, 1927; A. v. ENGEL u. M. STEENBECK, Elektr. Gasentladungen (2 Bd.), Julius

Springer, Berlin 1934; R. HOLM, Physik und Technik elektrischer Kontakte, Julius Springer Berlin 1941.

d) Schaltung und Versuchsanordnung. Für die Lichtbogenkohlen sehe man eine Halterung vor, mit der einerseits ein leichtes Nachstellen, andererseits aber auch ein bequemes Ablesen des jeweiligen Kohlenabstandes möglich ist. Die Schaltung führt man nach Abb. 105 aus.

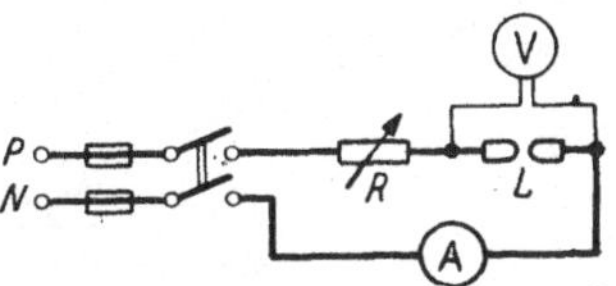

Abb. 105. Aufnahme statischer Lichtbogen-Kennlinien. *L* Lichtbogen, *R* Vorwiderstand.

Gerätevorschläge für das Studienpraktikum. Man wähle Kohlen von mindestens $1\cdots 3$ cm Durchmesser, damit der Abbrand während der Aufnahme jeder Kennlinie vernachlässigbar klein ist; wegen des bei Gleichstrom ungleichen Abbrandes beider Kohlen verwendet man als positive Kohle eine im Querschnitt etwa doppelt so starke; mit Vorwiderständen zwischen 20 und 200 Ω kann man dann die Kennlinien an $U_N = 220$ V Netzspannung zwischen 0,5 und 5 A bei Elektrodenabständen bis etwa 1,5 cm aufnehmen; die Lichtbogenspannung U_b steigt dabei bis etwa 100 V; danach können Strom- und Spannungsmesser bemessen werden.

e) Versuchsdurchführung. Zunächst wird die Abstandsanzeige der Kohlen so eingestellt, daß nach dem Zünden ein schnelles Beginnen der Ablesungen möglich ist. Dann wird in R der größte Widerstand vorgeschaltet, gezündet und auf den gewünschten Abstand eingestellt. Jetzt muß die Meßreihe bei stufenweiser Verkleinerung des Widerstandes R schnell aufgenommen werden, damit die Kohlen nicht merklich abbrennen. Ist der höchste Strom gefahren, so geht man durch Wieder-Vergrößerung des Widerstandes R zur Kontrolle nochmal zurück. Bei jeder Einzelmessung werden U_N, U_b und I abgelesen. Dabei ist die Netzspannung U_N eine Überwachungsmessung, denn die Kennlinien $U_b = f(I)$ sind von U_N und R unabhängig.

Beim Übergang auf die nächste Meßreihe (auf den nächsten Elektrodenabstand) ist neu zu zünden und einzustellen, um Fehler durch den Abbrand auszuschalten.

f) Auswertung. Die Kennlinien $U_b = f(I)$ für verschiedene Elektrodenabstände l werden aufgetragen. Dann konstruiert man ausgehend vom Punkt $U = U_N$, $I = 0$ nach Abb. 104 die Tangenten an alle Kennlinien. Aus der Neigung tg $\alpha \sim R$ ergeben sich dann nach Gl. (155) die zu der gewählten Netzspannung U_N gehörenden Grenzwiderstände R, bei denen der Lichtbogen verlischt.

64 B. Abschaltlichtbogen eines Schalters.

a) Aufgabe. Für verschiedene Abschaltstromstärken zwischen etwa 0,5- und 1,2-fachem Schalternennstrom sind Strom- und Spannungsverlauf während des Abschaltens oszillographisch aufzunehmen. Hieraus sind zu ermitteln die während des Abschaltens durch den Lichtbogen geflossene Elektrizitätsmenge Q, die Anfangsspannung beim Öffnen der Kontakte, die Lichtbogenleistung $N = u_b \cdot i$ abhängig von der Zeit und die sich hieraus ergebende Arbeit, die im Lichtbogen frei wurde.

b) Grundlagen. Die während des Abschaltens veränderliche Lichtbogenstromstärke i und Lichtbogenspannung u_b haben für jeden Schalter charakteristische Verläufe, die bei den meisten kleineren Schaltern denen von Abb. 106 ähneln. Die Spannung springt im entstehenden Bogen zunächst schnell auf den Anfangswert an, der sich aus Gl. (154) für $l = 0$ errechnen ließe, im Oszillogramm aber leicht durch Extrapolation des etwa horizontal bzw. quadratisch anlaufenden Teiles der Spannungskurve nach $t = 0$ erhalten werden kann. Die Stromstärke i nimmt zunächst allmählich ab und geht gegen Ende etwa bei Erreichen der „Mindeststromstärke", die zum Aufrechterhalten eines Lichtbogens notwendig ist, schnell zu Null.

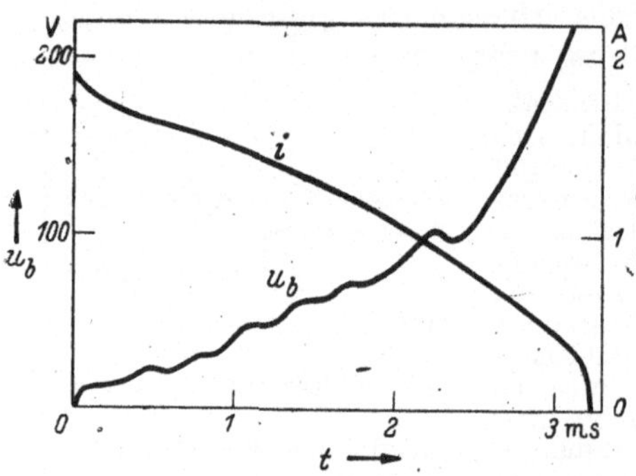

Abb. 106. Verlauf von Strom und Spannung beim Abschalten eines Selbstschalters mit den Nenndaten 220 V, 25 A. Abschaltzeit $t_a = 3{,}2$ ms.

Die während des Abschaltens durch den Lichtbogen geflossene Elektrizitätsmenge Q ist unter anderem für die Größe des Abbrandes maßgebend. Man erhält sie durch Integration über die Abschaltzeit t_a; entsprechend ergibt sich die Energie W durch Integration der Leistungskurve:

$$Q = \int_0^{t_a} i\,dt \text{ und } W = \int_0^{t_a} u_b \cdot i\,dt. \tag{156}$$

Die Energie bestimmt in erster Linie die Erwärmung der Schalterkontakte und damit die thermische Beanspruchung des Gerätes.

c) Schrifttum: Vgl. Versuch 64 A, ferner als Spezialliteratur noch: W. Burstyn, Elektr. Kontakte und Schaltvorgänge, Springer Verlag, Berlin 1942.

d) Schaltung und Versuchsanordnung. Für den Schleifenoszillographen vgl. Abschnitt 15 A. Strom- und Spannungsschleife werden nach Abb. 107 geschaltet. Strom- und Spannungsmesser sind für die Eichung erforderlich. Da es sich meist um kurze Abschaltzeiten handelt, müssen große Papiergeschwindigkeiten (bis 10 m/s) verwendet werden. Im Interesse eines sparsamen Papierverbrauchs benutzt man die Trommelkassette des Oszillographen. Dann ist aber eine Steuerung des Schaltvorganges nötig, die am einfachsten mit einer besonderen Schaltvorrichtung am Oszillographen bewirkt wird. Bei dieser wird mit der Betätigung der Kassette bzw. des Verschlusses auch der Auslöseimpuls

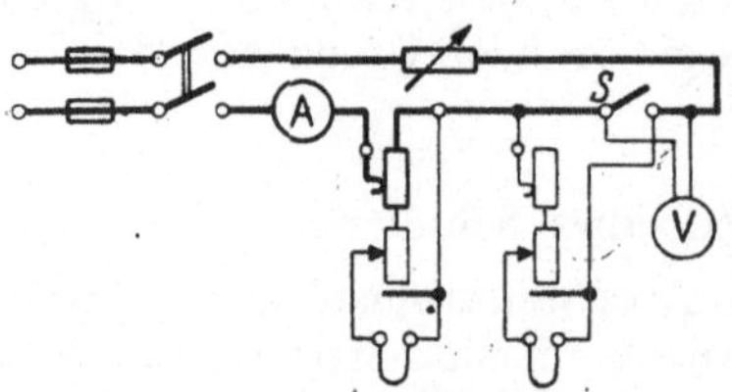

Abb. 107. Oszillographische Aufnahme der Strom- und Spannungskennlinien eines Schalters S.

für den Schalter gegeben (vgl. im einzelnen die Bedienungsanweisung für den Oszillographen). Für den Zeitmaßstab läßt man einen Zeitschreiber mitlaufen.

Gerätevorschläge für das Studienpraktikum. Man wähle einen Selbstschalter mäßiger Spannung und Stromstärke, z. B. 220 V, 25 A (vgl. Abb. 106). Diese Daten bestimmen auch Meßbereich bzw. Größe der Meßgeräte und des Vorschaltwiderstandes.

e) Versuchsdurchführung. Für die Bedienung des Schleifenoszillographen vgl. Abschnitt 15 A d). Bei kurzgeschlossenen Schleifen und offenem Schalter wird zunächst die Spannungsschleife etwa auf Vollausschlag eingestellt. Dann schließt man den Schalter, regelt den gewünschten Strom und endlich die Stromschleife ebenfalls auf etwa Vollausschlag ein. Darauf kann der Versuch gefahren werden. Man liest unmittelbar vor dem Betätigen des Schalters S bzw. Ingangbringen des Oszillographen den Strom zur Gewinnung des Strommaßstabes ab. Entsprechend wird unmittelbar nach dem Ablaufen der Kassette die Spannung am Spannungsmesser abgelesen. Die Eichung ergibt sich für Strom und Spannung aus diesen Ablesungen und der horizontalen Anfangslinie der Stromschleife und Schlußlinie der Spannungsschleife.

f) Auswertung. Die Integration der Stromkurve (durch Planimetrieren oder Auszählen der Quadrate) ergibt nach Gl. (156) unmittelbar die Elektrizitätsmenge Q. Um die Energie zu erhalten, bestimmt man zu den beiden oszillographischen Kurven durch punktweise Multiplikation $u_b \cdot i$ die Leistungskurve und integriert diese. Die Anfangsspannung wird bei Verwendung der üblichen Schleifen wegen deren zu niedriger Eigenschwingungszahl meist nicht unmittelbar erhalten, da die Anfangsspannung schneller anspringt und die Schleife nachhinkt. Man extrapoliert daher den ersten, etwa horizontalen Verlauf der Spannungslinie zur Zeit $t = 0$ hin und liest hier den (wahrscheinlichen) Wert der Anfangsspannung ab. Exakter kann man ihn bei Verwendung eines Elektronenstrahl-Oszillographen erhalten.

65. Auslösekurven eines Überstrom-Zeitrelais.

a) Aufgabe. Bei einem zeitabhängigen Überstromrelais sind die Auslösezeiten abhängig von der fließenden Auslösestromstärke bei verschiedenen Zeiteinstellungen zu bestimmen und kurvenmäßig aufzutragen.

b) Grundlagen. Als Relais bezeichnet man jede Einrichtung, die bei Erreichen des eingestellten Wertes einen Stromkreis schließt (Arbeitsstromschaltung) oder öffnet (Ruhestromschaltung). Nach der Art des das Ansprechen bewirkenden Wertes kennt man Überstrom-, Spannungs-, Leistungs- und andere Relais.

Das betriebsmäßige Verhalten eines Überstrom-Relais ist durch die Abhängigkeit der Auslösezeit vom Überstrom gegeben. Je nach der Art dieser Abhängigkeit werden unterschieden:

1. Schnellauslösung, bei der das Relais sofort nach Erreichen des eingestellten Auslösestromes ohne Zeitverzögerung anspricht,

2. Unabhängige Zeitauslösung, bei der das Relais bei Erreichen des Auslösestromes erst nach einer bestimmten, ebenfalls einstellbaren Zeit anspricht, und

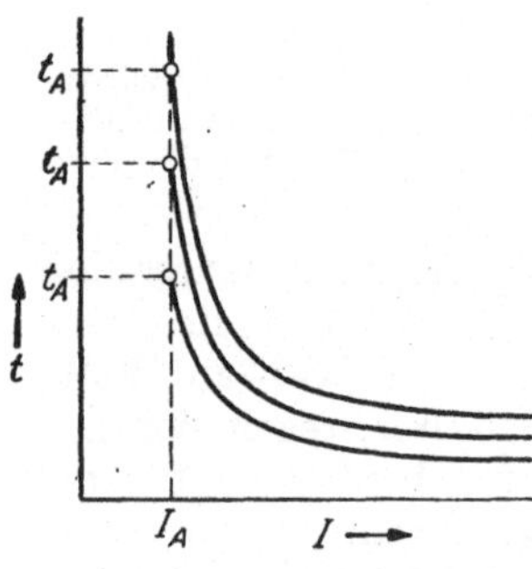

Abb. 108. Abhängigkeit der Auslösezeit t vom Auslösestrom I bei 3 verschiedenen Einstellungen.
I_A Anlaufstrom, t_A Anlaufzeit.

3. Abhängige Zeitauslösung, bei der die Ablaufzeit im Gegensatz zur unabhängigen Zeitauslösung noch von der Größe des Überstromes abhängig ist.

Der geringste Strom, bei dem das Laufwerk mit Sicherheit anläuft, heißt Anlaufstrom, und die Zeit, nach der das Relais unter der Wirkung dieses Stromes Kontakt gibt, nennt man Anlaufzeit, wie Abb. 108 zeigt. Meist können sowohl der Auslösestrom als die Auslösezeit eingestellt werden, so daß sich entsprechend viele Kurven ergeben.

c) Schrifttum. Lit. 10. Und Spezialliteratur: WALTER, M., Relaisbuch, Franckhsche Verlagshandlung, Berlin 1940.

d) Schaltung und Versuchsanordnung. Die Anpassung des Auslösestromes an das vorhandene Wechselstromnetz erfolgt am einfachsten durch einen induktiven Regler (Spartransformator) R nach Abb. 109 oder auch durch einen anderen Transformator. Die Führung des Primärstromes über die Relaiskontakte (gegebenenfalls über Zwischenrelais, wenn die Schaltleistung nicht ausreicht) ist erforderlich, um eine Beschädigung des Relais durch Dauereinschalten eines hohen Auslösestromes zu vermeiden. Voraussetzung ist bei dieser Schaltung, daß das Relais so gebaut ist, daß es beim Abfallen nicht wieder einschaltet; sonst würde die Schaltung „pumpen", d. h. das Relais in schneller Folge ein- und ausschalten. Hat das zu untersuchende Relais die genannte Ausklinkung nicht, so verzichtet man für den Zweck dieses Versuches am einfachsten ganz auf die Leitungsführung über die Relaiskontakte und achtet bei der Bedienung der Schaltung darauf, daß nach dem Anziehen des Relais jeweils sofort der Hauptschalter herausgenommen wird.

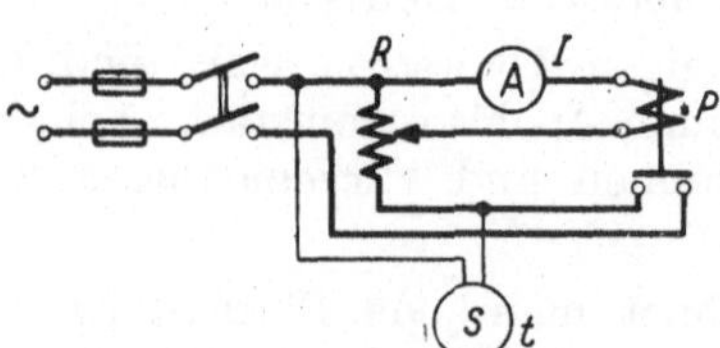

Abb. 109. Relaisprüfung mit elektrischem Zeitmesser t.
P Prüfling, R induktiver Regler.

Der in Abb. 109 dargestellte elektrische Zeitmesser mißt die Zeit, während der er an Spannung liegt. Derartige Geräte besitzen beispielsweise einen sehr schnell (innerhalb 0,03 ··· 0,05 s) an- und auslaufenden Synchronmotor oder sie kuppeln und entkuppeln eine Zeitanzeige mit einer beliebigen Uhr. Wird der Transformatorstrom im Gegensatz zur Schaltung von Abb. 109 nicht über die Relaiskontakte geführt, so benutzt man diese zum Unterbrechen des Stromkreises zum Zeitmesser.

Wenn kein elektrischer Zeitmesser zur Verfügung steht, kann man den Versuch mit geringerer Genauigkeit durchführen, indem man die am Strommesser erkennbare Einschaltzeit mit einer Handstoppuhr mißt.

e) Versuchsdurchführung. Vor jeder Meßreihe werden die gewünschten Einstellungen an der Strom- und der Zeitskala vorgenommen, wodurch Anlaufstrom und Anlaufzeit gewählt werden. Dann beginnt man mit kleinen Stromstärken, bis das Relais anläuft und damit der Anlaufstrom erreicht ist. Der Strom wird bei den nächsten Einzelmessungen in kleinen Stufen gesteigert. Vor jedem Wiedereinschalten muß das Relais ganz in seine Nullstellung zurückgegangen sein (besonders wichtig bei Relais oder Auslösern auf thermischer Basis, z. B. mit Bimetallstreifen, da die Abkühlung mindestens einige Minuten dauert).

f) Auswertung. Die zusammengehörigen Wertepaare des Auslösestromes und der Auslösezeit werden nach Abb. 108 für jede durchgeführte Versuchsreihe aufgetragen.

66. Messungen an Elektronenröhren.

Der Entladungsstrom in einer Elektronenröhre wird durch die Emissionsfähigkeit der Kathode und durch die Spannungsverhältnisse im Raumladungsfeld um die Kathode, also durch die Anodenspannung U_a und etwaige Gitterspannungen U_g bestimmt. Für die Emission gilt, daß ein höchster Strom, sogenannter „Sättigungsstrom“ I_s, möglich ist, der von dem Kathodenwerkstoff (Konstante k_1 und k_2), von der Oberfläche F des Glühdrahtes und besonders von der absoluten Temperatur T der Kathode abhängt:

$$I_s = k_1 F T^2 e^{-\frac{k_2}{T}}. \tag{157}$$

Für Wolfram sind beispielsweise $k_1 = 60{,}2$ A/cm² °K² und $k_2 = 5{,}26 \cdot 10^4$ °K, so daß bei $T = 2400$ °K höchstens $I_s \approx 0{,}1$ A je cm² emittiert werden können (bei Thorium von 1600 °K rund 0,5 A/cm², bei Barium von 1000 °K rund 2 A/cm²). Die meisten heutigen Röhren arbeiten erheblich unterhalb des Sättigungsstromes.

Der Sättigungsstrom fließt nur, wenn die Anodenspannung so groß ist, daß sie alle emittierten Elektronen wirklich nach der Anode ziehen kann. Ist U_a kleiner, so hat der „Anodenstrom“ (Raumladungsstrom) den Wert

$$I_a = k \cdot U_a^{3/2}, \tag{158}$$

wo die „Raumladungskonstante“ k bei einer Zylinderanordnung mit der axialen Länge l, dem Radius r des (äußeren) Anodenzylinders und vernachlässigbar kleinem Radius der inneren (glühenden) Kathode die Größe

$$k = 1{,}47 \cdot 10^{-5} \frac{l}{r} \tag{158a}$$

(l und r in gleicher Einheit; k in A/V^{3/2}), und bei einer Plattenanordnung von der Plattenfläche F und dem Plattenabstand h die Größe

$$k = 2{,}33 \cdot 10^{-6} \frac{F}{h^2} \tag{158b}$$

hat (F und h^2 gleiche Einheit; k in $\mathrm{A/V^{3/2}}$). Ist nun außer der Anodenspannung noch eine Gitterspannung U_g vorhanden, so bewirkt diese im Falle negativer Gitterspannung gegen die Kathode eine Verringerung von I_a bis zu dessen völliger Verhinderung im Grenzfall; ist die Gitterspannung von gleicher Polarität wie die Anode (also positive Gitterspannung gegen die Kathode), so wird der Anodenstrom verstärkt, jedoch nicht über den Sättigungsstrom hinaus. Die Abb. 110 zeigen die Kennlinien einer Gitter-(Dreipol-)Röhre. Der Sättigungsstrom liegt beträchtlich über den dargestellten Stromwerten; er kann experimentell nicht bestimmt werden, da er die Emissionsschicht der Kathode zerstören würde.

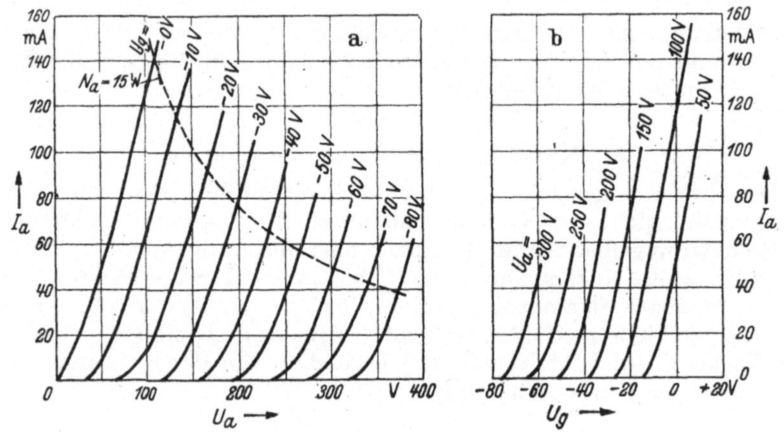

Abb. 110. Kennlinien der Dreipolröhre AD 1 (Endröhre). Die Kurve $N_a = 15$ W gibt die höchstzulässige Belastung der Röhre an.
Kenndaten bei $U_a = 250$ V, $I_a = 60$ mA : $D = 0{,}25$, $R_i = 670\ \Omega$, $S = 6$ mA/V.

Schrifttum zur Elektronenentladung: Lit. 37, ferner BARKHAUSEN, H., Lehrbuch der Elektronenröhren, S. Hirzel, Leipzig 1945; ENGEL, A. v. u. M. STEENBECK, Elektr. Gasentladungen, Bd. 1, Julius Springer, Berlin 1932; SEELIGER, R., Physik der Gasentladungen, Joh. Ambr. Barth, Leipzig 1934.

66 A. Aufnahme von Kennlinien.

a) Aufgabe. An einer Dreipolröhre sind die Kennlinien $I_a = f(U_a)$ bei verschiedenen U_g und $I_a = f(U_g)$ bei verschiedenen U_a jeweils bis zur zulässigen Höchbeslastung $N = U_a I_a$ aufzunehmen. Die Größen von Durchgriff, innerem Widerstand und Steilheit sind für einige Arbeitspunkte zu bestimmen.

b) Grundlagen. Für die Kennzeichnung der Röhre, z. B. bez. ihres Verstärkungsgrades, ferner für die Auswahl der Schaltglieder beim Einbau der Röhre sind besonders Durchgriff D, innerer Widerstand R_i und Steilheit S maßgebend.

Das elektrische Feld zwischen Anode und Kathode wird durch das Vorhandensein des Gitters verändert. Da die Gitterspannung U_g normalerweise kleiner als die Anodenspannung U_a ist, werden die von der Anode ausgehenden Feldlinien teilweise vom Gitter abgefangen. Das Anodenfeld „greift" nur zum Teil durch das Gitter bis zur Kathode „hindurch". Dieser Durchgriff ist um so geringer, je kleinere Gitterspannungsänderungen notwendig sind, um eine Anodenspannungsänderung auszugleichen, so daß der Anodenstrom konstant bleibt. Da Spannungsänderungen verschiedenen Vorzeichens zusammen gehören, ist der Durchgriff

$$D = -\frac{\partial U_g}{\partial U_a} \text{ bei } I_a = \text{const}, \tag{159}$$

dessen reziproker Wert auch als „Verstärkungsfaktor" bezeichnet wird, weil er die bei Leerlauf maximal mögliche Spannungsverstärkung angibt.

Außer dem Durchgriff sind nun noch die Änderungen des Anodenstromes, bewirkt durch Gitter- und Anodenspannung von Wichtigkeit. Man nennt in Anlehnung an die Kennlinien nach Abb. 110b

$$S = \frac{\partial I_a}{\partial U_g} \text{ bei } U_a = \text{const} \tag{160}$$

die „Steilheit" der Röhre, da sie die Neigung oder Steilheit der genannten Kennlinien angibt. Für die Abhängigkeit des Anodenstromes von der Anodenspannung pflegt man den Kehrwert

$$R_i = \frac{\partial U_a}{\partial I_a} \text{ bei } U_g = \text{const} \tag{161}$$

anzugeben und als „inneren Widerstand" zu bezeichnen, da sich die Röhre für die überlagerten Wechselströme gerade so verhält, als ob sie einen inneren Widerstand R_i besäße.

Alle 3 Größen sind wegen der Krümmung der Kennlinien (Abb. 110) innerhalb des Kennlinienfeldes veränderlich und gelten daher stets nur für einen bestimmten Arbeitspunkt (z. B. den des „normalen" Betriebes). Durch Multiplikation der Gl. (159) bis (161) erhält man sofort

$$D \cdot S \cdot R_i = -1 \tag{162}$$

(Röhrengleichung von BARKHAUSEN).

c) Schrifttum: Lit. 1 (Abschn. J 833), 29, 37; ferner BARKHAUSEN, H., Lehrbuch der Elektronenröhren, S. Hirzel, Leipzig 1945; ROTHE, H. und W. KLEEN, Grundlagen und Kennlinien der Elektronenröhren, Akad. Verlagsgesellschaft, Leipzig 1940; STRUTT, M. J. O., Moderne Mehrgitterröhren, Springer Verlag, Berlin 1940[1].

d) Schaltung und Versuchsanordnung. Die Meßschaltung nach Abb. 111 besteht aus 3 Stromkreisen: denen für den Andodenstrom, für die Heizung und für die Gitterspannung. Um eindeutige Potentiale der 3 Kreise gegeneinander zu haben, ist die negative Seite der Anodenbatterie mit der positiven Seite der Gitterbatterie zu verbinden (bei

[1] Für weitere Messungen an Elektronenröhren vgl. Lit. 37: Isolationswiderstand des Gitters (S. 21), Messung kleiner Gitterströme (S. 18), der Spannungsverstärkung (S. 37); ferner in Lit. 1 (Abschn. J 8332) und bei BARKHAUSEN, Bd. 1: Messungen mit Wechselstrom.

negativer Gitterspannung). Außerdem ist auch je nach Röhrentype bei indirekt geheizter Kathode wie in Abb. 111 eine Verbindung zum einen Pol der Heizbatterie erforderlich, um größere Spannungen innerhalb der dünnen Isolation zwischen Heizdraht und emittierender Schicht zu vermeiden. Beim Anschluß an die Röhre achte man darauf, daß keine Klemmen verwechselt werden (z. B. die Anodenspannung an die Heizung angeschlossen wird). Man vergleiche das Sockelschaltbild! Für Gitter und Anode kann auch eine Batterie mit Anzapfung für die Kathode an geeigneter Stelle verwendet werden. Die Benutzung einer Batterie ohne Anzapfung mit in Reihe geschalteten Spannungsteilern für U_a und U_g empfiehlt sich wegen der gegenseitigen Beeinflussungsmöglichkeit der Spannungen weniger.

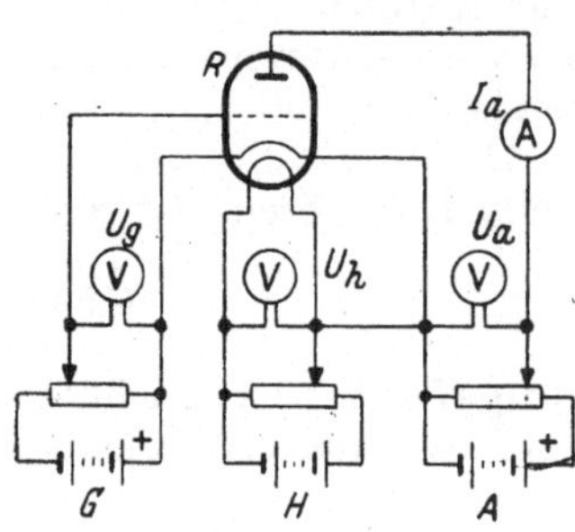

Abb. 111. Aufnahme der Kennlinie einer Dreipolröhre mit indirekter Heizung (für negative Gitterspannungen). *A* Anodenbatterie, *G* Gitterbatterie, *H* Heizbatterie, *R* Röhre.

Gerätevorschläge für das Studienpraktikum. Die Daten der Batterien, Regelwiderstände und Meßgeräte richten sich nach der zu untersuchenden Röhre. Im Falle der viel gebrauchten AD 1 (Abb. 110) sind zur Aufnahme bis zur normalerweise höchsten Betriebsspannung von 250 V erforderlich: U_g bis 50 V, U_h bis 4 V (Strom etwa 1 A), U_a bis 250 V, I_a bis 150 mA.

Die Meßgeräte-Industrie liefert „Röhrenprüfgeräte", in denen die hier erforderliche Schaltung mit anderen zur Röhrenuntersuchung erforderlichen einschließlich der notwendigen Meß- und Regelgeräte fertig geschaltet zusammengebaut ist.

e) Versuchsdurchführung. Zunächst berechnet man aus der für die betr. Röhre zulässigen höchsten Anodenverlustleistung $N_a = U_a \cdot I_a$ bei den vorzusehenden Anodenspannungen U_a die höchsten Anodenströme, die nicht überschritten werden sollen. Vor dem Anschließen der Batterien stellt man alle 3 Spannungsteiler auf die Spannung Null. Als nächstes wird nun die Heizung auf ihren Sollwert (z. B. 4 V oder 100 mA) gebracht, der bei allen Versuchsreihen einzuhalten ist. Besonders im Anfang ist eine Überwachung erforderlich, bis der Faden eingebrannt ist. Bei indirekt geheizten Kathoden wartet man nun etwa 1 min, bis die Emissionsschicht aufgeheizt ist und emittieren kann. Dann wird eine kleine Gitterspannung eingeschaltet und schließlich die Anodenspannung auf den Wert der zuerst aufzunehmenden Kennlinie gebracht; dabei aber Achtung, daß der vorher berechnete höchstzulässige Anodenstrom nicht überschritten wird. Nun steigert man U_g so weit ins Negative hinein, bis $I_a = 0$ geworden ist. Durch stufenweises Herabsetzen von U_g kann die Kennlinie $I_a = f(U_g)$ bei $U_a = \text{const}$ dann aufgenommen werden. Man achte darauf, daß U_a sich während der Meßreihe nicht ändert.

Man messe etwa 5 Kennlinien durch mit je etwa $8 \cdots 10$ einzelnen Meßpunkten, z. B. bei $U_a = 50$, 100, 150, 200, 250 V. Dann kann die zweite geforderte Kennlinienschar $I_a = f(U_a)$ bei konstantem U_g aus der ersten konstruiert werden. Eine Ausdehnung der Versuche in das Gebiet positiver Gitterspannungen ist bei neueren Röhren im allgemeinen nicht erforderlich, da diese Röhren zur Vermeidung von Gitterströmen nur für ein Arbeiten mit negativen Gitterspannungen vorgesehen sind.

f) Auswertung. Die Kennlinien $I_a = f(U_g)$ werden aufgetragen. Aus diesen konstruiert man die weiteren Kennlinien $I_a = f(U_a)$, in die man die Grenzkurve der Anodenleistung N_a einträgt, vgl. Abb. 110. Durchgriff, innerer Widerstand und Steilheit können innerhalb des meist nur interessierenden, praktisch geradlinigen Kennlinienverlaufs folgendermaßen näherungsweise konstruiert werden. Man zeichnet in der Nähe des gewünschten Arbeitspunktes oder um diesen herum nach Abb. 112 das „charakteristische Dreieck" mit den Katheten ΔU_g und ΔI_a zwischen 2 Kennlinien für U_{a1} und U_{a2}. Dann können in den Gl. (159) bis (161) die Differenzen Δ an die Stelle der Differentiale ∂ gesetzt werden und es sind

$$D = \frac{\Delta U_g}{U_{a1} - U_{a2}}; \quad R_i = \frac{U_{a1} - U_{a2}}{\Delta I_g}; \quad S = \frac{\Delta I_a}{\Delta U_g} = \operatorname{tg}\alpha. \tag{163}$$

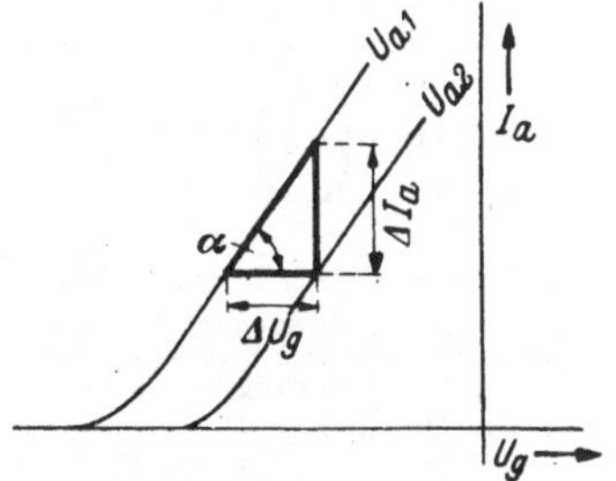

Abb. 112. Charakteristisches Dreieck zur Berechnung von D, R_i und S im geradlinigen Teil des Kennlinienfeldes.

Einer der 3 Werte kann auch aus den beiden anderen mittels Gl. (162) berechnet werden. Man gibt im allgemeinen alle 3 Differenzen und auch D, R_i und S mit ihren Beträgen an, so daß dann in Gl. (163) rechts $+1$ steht. Beim Einsetzen in Gl. (163) ist noch darauf zu achten, daß alle Spannungen in V und Ströme in A eingesetzt werden; dann erhält man R_i in Ω, während D meist in % und S in mA/V angegeben werden.

66 B. Eichung eines Röhrenvoltmeters.

a) Aufgabe. Ein empfindliches Röhrenvoltmeter ist mit Hilfe einer Eichleitung nachzueichen.

b) Grundlagen. Röhrenvoltmeter sind Röhrengleichrichter, bei denen die zu messende Wechselspannung durch entsprechende Wahl des Arbeitspunktes der Röhre im Kennlinienknick gleichgerichtet wird (Anodengleichrichtung), oder bei denen die Gleichrichtung durch ein Dioden-Ventil oder in einer Audionschaltung erfolgt. Meist sind dann noch Verstärkerstufen vorgesehen. Alle Stufen müssen sehr konstant sein. Im Anodenstromkreis der letzten Röhre liegt ein Drehspul-Meßgerät, dessen Skala die am Eingang des Gerätes angelegte Spannung anzeigt. Die Röhrenvoltmeter werden besonders zur Messung kleiner Wechselspannungen im Ton- und Hochfrequenzgebiet benutzt. (Spannungs- und Frequenzbereich ausgeführter Geräte vgl. Anhang 3 und

Tabelle 16). Je nach Schaltung, Größe der Gittervorspannung, der Kennlinienform und der Kennlinienaussteuerung der Röhren wird der Effektivwert, der arithmetische Mittelwert oder der Scheitelwert gemessen.

c) Schrifttum zum Röhrenvoltmeter. Lit. 1 (Abschn. J 8335), 2, 9 (Tl. 2), 29, 37, 41; für ausgeführte Geräte: Meßeinrichtungen für die Fernmeldetechnik, Siemens & Halske AG., 1940.

d) Schaltung und Versuchsanordnung. Die Innenschaltung der heute meist gebrauchten Industriegeräte ist sehr verschieden wie die Leistungen der Geräte. Tabelle 16 enthält eine Auswahl. Für weitere Einzelheiten wird auf die Angaben der Hersteller verwiesen. Die Prinzipschaltung eines Gerätes ist in Abb. 113 dargestellt. Die zu messende Eingangsspannung wird über einen Kondensator zugeführt, um Gleichspannungskomponenten fernzuhalten. Das Gitter ist negativ vorgespannt; damit das Meßgerät bei fehlender Eingangsspannung Null

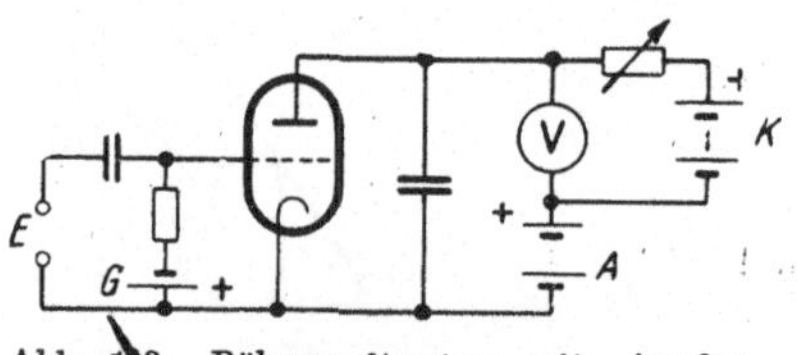

Abb. 113. Röhrenvoltmeter mit Anodengleichrichtung und Kompensation des Ruhestromes (Heizung unberücksichtigt). *A* Anodenbatterie, *E* Eingang, *G* Gitterbatterie, *K* Kompensationsbatterie.

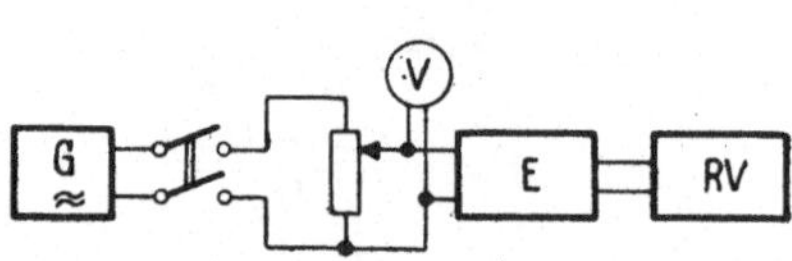

Abb. 114. Eichung eines Röhrenvoltmeters *RV* über eine Eichleitung *E* aus einem Röhrengenerator *G*.

zeigt, ist besonders bei empfindlichen Geräten die in Abb. 113 noch vorgesehene Kompensation erforderlich.

Die in der Aufgabe geforderte Eichung wird mit der in Abb. 114 angegebenen Eichschaltung bei Ton- oder mäßiger Hochfrequenz durchgeführt. Die hier zu verwendende sogenannte „Eichleitung" *E* (ein passiver Vierpol, vgl. Abschnitt 68) ist einem einfachen Spannungsteiler vorzuziehen, da das Verhältnis von Eingangs- zu Ausgangsspannung unabhängiger von der Frequenz ist. Dieses Verhältnis v wird als Dämpfung in Np (Neper) angegeben, wobei die Angabe in Np gleich dem natürlichen Logarithmus von v ist: $A = \ln v$. Also entsprechen $A =$ 2,3; 4,6; 6,9 $\cdots$ Np Dämpfungen $v = 10$; 100; 1000 ... bzw. dem Reziproken davon. Wird also am Eingang der Eichleitung eine Spannung U_e gemessen (vgl. Abb. 114), so herrschen am Ausgang

$$U_a = U_e \cdot e^{-A}. \tag{164}$$

Tabelle 17 gibt einen Auszug. Zur Berechnung von Zwischenwerten gilt, daß zu einer Addition bzw. Subtraktion von Neper-Angaben eine Multiplikation bzw. Divison der Verhältnisse v gehört.

Als Spannungsmesser ist ein möglichst genaues Gerät zu verwenden, das für die betreffende Frequenz geeignet ist.

e) Versuchsdurchführung. Wesentliche Voraussetzung für die Brauchbarkeit eines Röhrenvoltmeters und die Richtigkeit seiner An-

Tabelle 16. Daten einiger Röhrenvoltmeter für Wechselspannung (Hersteller bei Nr. 1, 2, 5: Siemens & Halske AG., bei 3, 4, 6, 7: Rohde & Schwarz).

Nr.	1	2	3[4]	4	5	6	7
Meßbereich[1]	5 mV, 10V	30 μV, 3V	10V, 250V	2kV, 50kV	5 V, 250 V	150mV, 2V	2V, 50 V
Unsicherheit[2]	± 3%	± 3%	± 5%	± 3%	± 3 ··· 5%	± 2,5%	± 5%
bei kHz	800 Hz	800 Hz	—	—	allen	<100000	<500000
Frequenzbereich	30 Hz bis 20 kHz	30 Hz bis 100 kHz	20 Hz bis 30 MHz	50 kHz bis 30 MHz	50 Hz bis 200 MHz	10 kHz bis 300 MHz	1 MHz bis 1000 MHz
Eingangskapaz.	—	—	8 pF	4 pF	1,5 pF	5 pF	1,0 pF
Eingangs-Scheinwiderstand bei	≥ 40 kΩ	25 kΩ	—	—	≈ 60kΩ	—	—
kHz	0,03 ··· 10	100	—	—	niedrig	—	—
Stromquelle[3]	N 110 bis 240 V	N 110 bis 240 V	N 220 V	N 220 V	4,5 V	N 220 V	N 220 V

[1] Obere Grenzen des Meßbereichs (Vollausschlag des Gerätes) des niedrigsten und höchsten Meßbereichs.
[2] bei Vollausschlag.
[3] N = Netzanschluß (Wechselstrom).
[4] Auch zur Messung von Gleichspannungen. Unsicherheit einschließlich Röhrenwechsel.

zeige ist, daß alle Röhren die richtigen Spannungen (Anoden-, Heiz-, Gitter-) haben und daß die Heizfäden auf den normalen Temperaturen sind. Heutige Industriegeräte für den Anschluß an Netzspannung sind meist so vollkommen stabilisiert, daß die üblichen Netzspannungsschwankungen nur Fehler im Rahmen der angegebenen Meßunsicherheit verursachen. Vielfach ist auch eine Netzspannungsüberwachung bzw. Eichregelung vorgesehen. Jedenfalls muß man das Gerät rechtzeitig vor Versuchsbeginn einschalten, damit die Röhrenheizung ihren stationären Zustand erreicht hat.

Zur Eichung selbst wird zunächst der Röhrengenerator auf die gewünschte Frequenz gebracht. Dann regelt man im Interesse der Genauigkeit auf einen großen Ausschlag des Spannungsmessers ein (z. B. Vollausschlag) und stellt sich die Eingangsspannungen zum Röhrenvoltmeter mittels der Eichleitung her.

f) Auswertung. Aus den eingestellten Dämpfungen und der vom Vergleichs-Spannungsmesser angezeigten Eingangsspannung U_e der Eichleitung berechnet man mit Gl. (164) die Ausgangsspannung U_a der Eichleitung (= Eingangsspannung des Röhrenvoltmeters). Dann trägt man diese über den Meßgerätanzeigen des Röhrenvoltmeters auf.

Tabelle 17. Umrechnung von Dämpfungen.

$A =$	0,1	0,2	0,3	0,4	0,5	0,6	0,7	0,8	0,9	Np
$e^A =$	1,105	1,221	1,350	1,493	1,649	1,822	2,01	2,23	2,46	
$A =$	1,0	2,0	3,0	4,0	5,0	6,0	7,0	8,0	9,0	Np
$e^A =$	2,72	7,40	20,1	54,5	147,9	403	1086	2960	8050	

67. Untersuchung einer lichtelektrischen Zelle.[1]

a) Aufgabe. An einer Photozelle ist der von ihr erzeugte, verstärkte Strom in Abhängigkeit von der Beleuchtungsstärke auf der Photozelle aufzunehmen.

b) Grundlagen. Lichtelektrische Zellen (Photozellen) sind Anordnungen, die im Dunkeln eine auf ihren Elektroden befindliche Ladung halten bzw. einen sehr großen Widerstand darstellen, und die sich bei Belichtung entladen bzw. einen kleineren Widerstand aufweisen. Bei den auf dem äußeren lichtelektrischen Effekt beruhenden Zellen befinden sich 2 Elektroden in einem Vakuum oder einer Gasfüllung. Bei Bestrahlung der negativ geladenen Elektrode treten aus dieser Elektronen aus, die unter der Wirkung einer angelegten Spannung zur Anode wandern und so einen Photostrom hervorrufen, dessen Größenordnung bei 10^{-8} A liegt. Der innere lichtelektrische Effekt tritt in „Sperrschichtzellen" und „Widerstandszellen" auf. Bei beiden ergibt die Lichtbestrahlung ebenso wie bei den Vakuum- und Gaszellen eine Herabsetzung des Widerstandes.

Bei dem Austritt aus dem Metall haben die Elektronen eine gewisse Austrittsarbeit zu überwinden, deren Größe vom Material abhängig ist. So beträgt diese Austrittsarbeit, gemessen in Volt, bei auf dem äußeren lichtelektrischen Effekt beruhenden Zellen z. B. bei Wolfram in kaltem Zustande $E_A = 4{,}5$ Volt; d. h. die Energie der Austrittsarbeit entspricht einer Energie, die den freien Elektronen eine Spannung von 4,5 Volt erteilen würde. Bei Natrium ist die Austrittsarbeit nur 2,05 Volt, bei Kalium 1,9 Volt. Wird nun ein Material von Lichtstrahlen getroffen, so erhält es eine Energie E_λ, die umgekehrt proportional zur Wellenlänge ist und bei rotem Licht etwa 1,8 Volt, bei blauem Licht 2,7 Volt beträgt. Der photoelektrische Effekt tritt ein, wenn die aufgebrachte Strahlenenergie E_λ größer als die Austrittsarbeit E_A wird. Na, Ka und einige andere Stoffe emittieren daher schon bei Bestrahlung mit gewöhnlichem Licht, Wolfram dagegen erst bei kürzeren Wellen. Die Menge der frei werdenden Elektronen und damit der entstehende Elektronenstrom ist proportional der auf die Zelle treffenden Lichtmenge. Dabei ist Voraussetzung, daß das Licht dieselbe Wellenlänge oder wenigstens die gleiche Zusammensetzung hat.

Die ausgelösten Elektronen werden von der positiven Anodenspannung angezogen wie in jeder Elektronenröhre. Der Photostrom erreicht daher in Vakuumzellen in Abhängigkeit von der Spannung eine Sättigung, während bei den mit Edelgas gefüllten Zellen die Wirkung der Ionisation hinzukommt. Dadurch wird den Strom erheblich größer als bei den gleichartigen Vakuumzellen, bleibt aber bis zu einer gewissen Spannungsgrenze abhängig von der auftreffenden Lichtmenge. Bei weiterem Steigern der Spannung tritt schließlich Glimmentladung ein, der Strom steigert sich selbständig weiter, ist also nicht mehr proportional der Lichtmenge und führt schließlich zum Zerstören der Zelle.

---

[1] Unter Verwendung von E. Orlich, „Anleitungen", 2. Teil, Versuch 152 (Lit. 7.)

Bei den gasgefüllten Zellen muß daher die Anodenspannung immer unter der Glimmspannung bleiben, die bei etwa 120 Volt liegt.

c) Schrifttum über Photozellen: Lit. 1 (Abschn. J 39); ferner H. SIMON und R. SUHRMANN, Lichtelektrische Zellen und ihre Anwendung, Julius Springer, Berlin 1932; H. GEFFCKEN, H. RICHTER u. J. WECKELMANN, Die lichtempfindliche Zelle als technisches Steuerorgan, Deutsch-literarisches Institut J. Schneider, Berlin-Tempelhof 1933.

d) Schaltung und Versuchsanordnung. Die Untersuchung kann mit einem Gleichstromverstärker bzw. Gleichstrom-Röhrenvoltmeter hinreichend großen Eingangswiderstandes und großer Empfindlichkeit durchgeführt werden. Eine sonst geeignete Schaltung ist die in Abb. 115 dargestellte. Die (negative) Gitterspannung ist so groß, daß der Arbeitspunkt der Röhre bei stromloser Zelle im unteren Kennlinienknick liegt, also den Anodenstrom sperrt. Wird die Zelle durch Bestrahlung geöffnet, so treibt die Anodenbatterie außer dem Anodenstrom I_a noch den Strom I_z durch die Photozelle. Dieser ruft am Gitterwiderstand R_g einen Spannungsabfall hervor, wodurch der Arbeitspunkt der Röhre so verschoben wird, daß der Anodenstrom entsteht und damit ein Maß für die Emission in der Photozelle wird. Die Stromverstärkung der Schaltung $\Delta I_a : \Delta I_z$ ist gleich dem Produkt Röhrensteilheit S mal Gitterwiderstand R_g, so daß man bei $S = 1$ mA/V und $R_g = 10^7\,\Omega$ eine Verstärkung von 10^4 erhält.

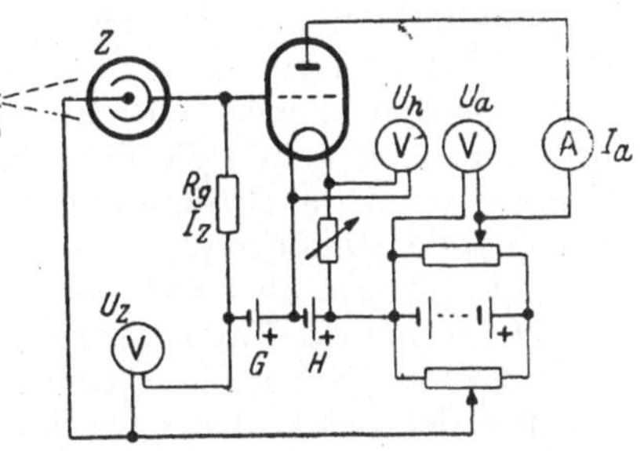

Abb. 115. Photozelle mit Verstärkerstufe. A Anodenbatterie, G Gitterbatterie, H Heizbatterie, L Lichtquelle, R_g Gitterwiderstand, Z Photozelle.

Die Bestrahlung der Zelle erfolgt am einfachsten durch eine Lichtquelle bekannter Lichtstärke J aus verschiedenen Abständen r (z. B. durch Verschieben der Lichtquelle auf einer Photometerbank). Dann ist die Beleuchtungsstärke

$$E = \frac{J}{r^2} \tag{165}$$

(J in HK, r in m, E in Lux). Damit kein Nebenlicht und kein reflektiertes Licht auf die Zelle fällt, muß die ganze (optische) Apparatur durch einen schwarzen Kasten abgedeckt werden.

Gerätevorschläge für das Studienpraktikum. Zu untersuchende Photozelle mit $10^{-8} \cdots 10^{-9}$ A, dann bei Röhre von $S = 1$ mA/V Steilheit und Gitterwiderstand $R_g = 10^7\,\Omega$ Verstärkung 10^4-fach, so daß $I_a = 10^{-4} \cdots 10^{-5}$ A also empfindliche Drehspul-Strommesser mit $0 \cdots 0{,}1$ mA Meßbereich; $U_z = 80 \cdots 100$ V; U_a, U_h und Gitterspannung je nach Röhre.

e) Versuchsdurchführung. Besonders zu achten ist auf gutes Einbrennen der Röhrenheizung und auf Konstanz aller Spannungen. Man fährt die Schaltung an, indem man zunächst U_a auf Null stellt und anheizt. Dann wird bei gut beleuchteter Photozelle auf die Photozellenspannung und auf die nach den Kennlinien der Röhre in Frage kommende Anodenspannung gefahren (dabei Achtung darauf, daß der Meßbereich des Strommessers ausreicht!). Man kontrolliert nun durch Ausschalten der Beleuchtung, ob die Strommesseranzeige auf Null zurückgeht (der Arbeitspunkt muß jetzt gerade im unteren Kennlinienknick liegen). Nun kann die Versuchsreihe gefahren werden.

f) Auswertung. Die Stromstärke I_a wird abhängig von der aus Gl. (165) berechneten Beleuchtungsstärke aufgetragen. Die erhaltene Charakteristik gilt nur für die eingestellten Werte der Anoden-, Heiz-, Gitter und Zellenspannung. Wenn Steilheit S und Gitterwiderstand R_g zuverlässig genug bekannt sind, kann man I_a nach den Angaben unter d) auf I_z umrechnen.

68. Messungen an Vierpolen.

Als „Vierpol" bezeichnet man jede Schaltung mit 2 Eingangs- und 2 Ausgangsklemmen. Enthält er keine Energiequelle, so ist er passiv, sonst aktiv. „Symmetrisch" heißt ein Vierpol, dessen Übertragungseigenschaften in beiden Richtungen (von der Eingangs- zur Ausgangsseite und umgekehrt) gleich sind. Schließlich nennt man einen Vierpol linear, wenn die Ströme und Spannungen nach linearen Gleichungen voneinander abhängen.

Schrifttum über Vierpole und Kettenleiter: Lit. 1 (Abschnitt Z 14), 45, 50; ferner R. Feldtkeller, Einführung in die Vierpoltheorie der elektrischen Nachrichtentechnik, Leipzig 1942; Julius Wallot, Theorie der Schwachstromtechnik, Springer Verlag, Berlin 1944.

68 A. Widerstände eines Vierpols.

a) Aufgabe. An einem symmetrischen oder unsymmetrischen, passiven und linearen Vierpol sollen die Grundkonstanten aus Leerlauf- und Kurzschlußversuchen bestimmt werden.

b) Grundlagen. Stellt man für einen bestimmten Vierpol die sich aus den beiden Kirchhoffschen Gesetzen ergebenden Knotenpunkts- und Maschengleichungen auf, und eliminiert man aus diesen alle inneren Spannungen und Ströme, so bleiben schließlich 2 Gesetzmäßigkeiten übrig, die außer Widerstandsgrößen nur die äußeren Spannungen $\mathfrak{U}_1$, $\mathfrak{U}_2$ und Ströme $\mathfrak{J}_1$, $\mathfrak{J}_2$ nach Abb. 116 enthalten:

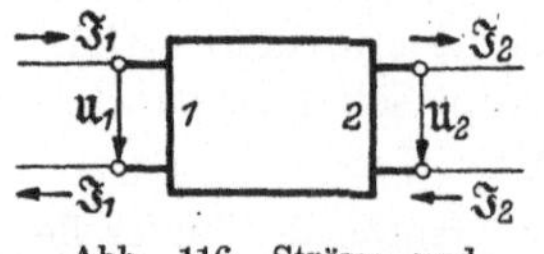

Abb. 116. Ströme und Spannungen am Vierpol.

$$\mathfrak{U}_1 = \mathfrak{A}_0 \mathfrak{U}_2 + \mathfrak{B} \mathfrak{J}_2 \tag{166a}$$

$$\mathfrak{J}_1 = \mathfrak{A}_k \mathfrak{J}_2 + \mathfrak{C} \mathfrak{U}_2. \tag{166b}$$

Die Vorgänge an der Eingangs- und Ausgangsseite sind dadurch also in Beziehung gebracht. Maßgebend hierfür sind 4 im allgemeinen komplexe Operatoren, von denen $\mathfrak{A}_0$ und $\mathfrak{A}_k$ dimensionslos sind, während $\mathfrak{B}$ bzw. $\mathfrak{C}$ die Dimension eines Widerstandes bzw. Leitwertes hat. Ist die Schaltung des Vierpoles im einzelnen bekannt, so können $\mathfrak{A}_0$, $\mathfrak{A}_k$, $\mathfrak{B}$ und $\mathfrak{C}$ berechnet werden. Einfacher ist aber oft die Messung aus Leerlauf- und Kurzschlußversuchen.

Speist man den Vierpol von der Seite 1, so ist bei

$$\text{Leerlauf } \mathfrak{J}_2 = 0,\text{ also } \mathfrak{U}_{10} = \mathfrak{A}_0\, \mathfrak{U}_{20} \text{ oder } \mathfrak{A}_0 = \frac{\mathfrak{U}_{10}}{\mathfrak{U}_{20}}. \qquad (167\text{a})$$

$$\text{Kurzschluß } \mathfrak{U}_2 = 0,\text{ also } \mathfrak{J}_{1k} = \mathfrak{A}_k\, \mathfrak{J}_{2k} \text{ oder } \mathfrak{A}_k = \frac{\mathfrak{J}_{1k}}{\mathfrak{J}_{2k}} \qquad (167\text{b})$$

Die Größen $\mathfrak{A}_0$ und $\mathfrak{A}_k$ sind also die Leerlauf- und Kurzschluß-Übersetzungsverhältnisse, betrachtet von der Seite 1 her.

Um $\mathfrak{B}$ und $\mathfrak{C}$ zu bestimmen, hat man nun verschiedene Möglichkeiten, aus denen man je nach den verfügbaren Meßmitteln auswählen kann. So mißt man beispielsweise beim Leerlaufversuch außer den Spannungen auch den Leerlaufstrom $\mathfrak{J}_{10}$, für den dann nach Gl. (166b)

$$\mathfrak{J}_{10} = \mathfrak{C}\, \mathfrak{U}_{20} \text{ ist, also } \mathfrak{C} = \frac{\mathfrak{J}_{10}}{\mathfrak{U}_{20}} \qquad (168\text{a})$$

oder beim Kurzschlußversuch außer den Strömen auch die primäre Kurzschlußspannung $\mathfrak{U}_{1k}$, für die dann nach Gl. (166a) wegen $\mathfrak{U}_2 = 0$

$$\mathfrak{U}_{1k} = \mathfrak{B}\, \mathfrak{J}_{2k} \text{ ist, also } \mathfrak{B} = \frac{\mathfrak{U}_{1k}}{\mathfrak{J}_{2k}}. \qquad (168\text{b})$$

Beide zu messen ist nicht erforderlich, da zwischen den 4 Grundkonstanten des Vierpoles die Gleichung

$$\mathfrak{A}_0\, \mathfrak{A}_k - \mathfrak{B}\,\mathfrak{C} = 1 \qquad (169)$$

besteht, aus der sich eine Größe berechnen läßt, wenn die anderen 3 bekannt sind. Man kann aber auch alle 4 Messungen machen und Gl. (169) dann zur Kontrolle der Meßgenauigkeit verwenden.

Eine andere Möglichkeit zur Bestimmung von $\mathfrak{B}$ oder $\mathfrak{C}$ besteht darin, daß man von den beiden Seiten her Leerlauf- und Kurzschlußversuche macht. Aus dem Quotienten $\mathfrak{U} : \mathfrak{J}$ erhält man dann Widerstandsausdrücke, mit denen sich die 4 Grundkonstanten berechnen lassen (vgl. z. B. Lit. 45, 50).

Zu beachten ist bei allen Messungen, daß die Operatoren $\mathfrak{A}$, $\mathfrak{B}$, $\mathfrak{C}$ komplex sein können, d. h. also, daß die Spannungen und Ströme im allgemeinen phasenverschoben sind. Ferner muß sich bei einem symmetrischen Vierpol $\mathfrak{A}_0 = \mathfrak{A}_k$ ergeben.

c) Schrifttum vgl. oben vor Abschn. 68 A.

d) Schaltung und Versuchsanordnung. Die Messung des Betrages von Strömen und Spannungen bietet bei nicht zu kleinen Werten und bei mäßigen Frequenzen keine besondere Schwierigkeit. Nicht so einfach ist aber die Messung der Phasenverschiebung, also des Wirk- und Blindanteils in den Grundkonstanten $\mathfrak{A}$, $\mathfrak{B}$, $\mathfrak{C}$. Stehen Leistungsmesser mit geeigneten Meßbereichen zur Verfügung, so ergibt sich der Phasenwinkel φ aus jeweils zusammengehörigen Ablesungen N, U und I am Leistungs-, Spannungs- und Strommesser einfach nach der Leistungsformel

$$\cos\varphi = \frac{N}{U \cdot I}. \qquad (170)$$

Sind wie beim Leerlauf- und Kurzschlußversuch Spannungen und Ströme untereinander zu vergleichen, so kann man mit 2 Leistungsmessern arbeiten und die Differenz der sich aus den beiden Ablesungsgruppen ergebenden Phasenwinkel bilden. Die Abb. 117 geben die Schaltungen und Berechnungsformeln an, mit denen die 4 Konstanten gemäß den Gl. (167) und (168) nach Betrag und Phase bestimmt werden können.

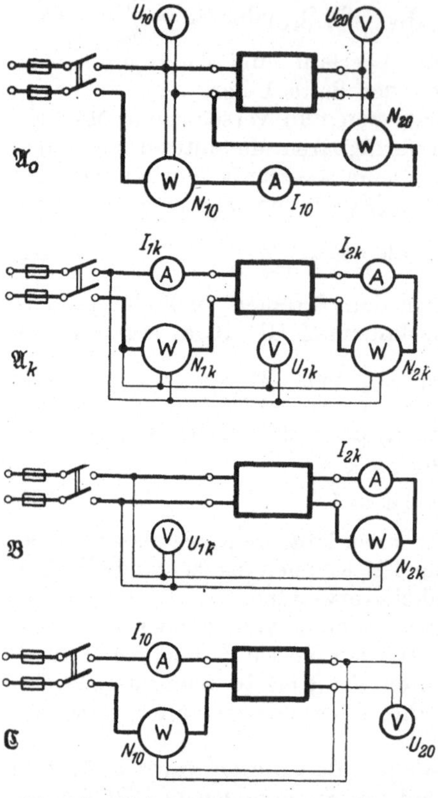

Abb. 117. Meßschaltungen zur Bestimmung der Grundkonstanten des Vierpoles aus Leerlauf- und Kurzschlußversuchen. Bestimmung des Phasenwinkels der Grundkonstanten mit Hilfe von Leistungsmessern.

Schaltungsaufbau und Auswertung werden einfacher, wenn man für die Bestimmung von Größe und Phase der jeweils 2 Wechselstromgrößen einen Vektormesser verwenden kann (Hersteller: Siemens & Halske). Auch ist man dann von den Meßbereichen unabhängiger. Das Gerät beruht darauf, daß um 90° phasenverschobene Kurvenabschnitte aus dem Wechselstromverlauf durch Schwinggleichrichter herausgeschnitten werden. Diese Komponenten können durch einen Phasenregler auf einen beliebigen Bezugsvektor eingestellt werden, so daß sie gegen diesen die phasengleiche Wirk- und 90° verschobene Blind-Komponente angeben. Näheres Lit. 1 (Blatt J 94—3).

Auch mit jedem anderen Phasenregler, an dem man die eingestellte Phase ablesen kann, kann die Phasenbestimmung der Grundkonstanten durchgeführt werden, indem man beide Größen über geeignete Regel- und Umsetzglieder gegeneinander kompensiert.

Gerätevorschläge für das Studienpraktikum. Um die Leistungsmesserschaltungen leicht verwirklichen zu können, empfiehlt sich das Arbeiten mit 50 Hz; den Vierpol stellt man aus spannungsunabhängigen R-, C- und L-Gliedern (bei

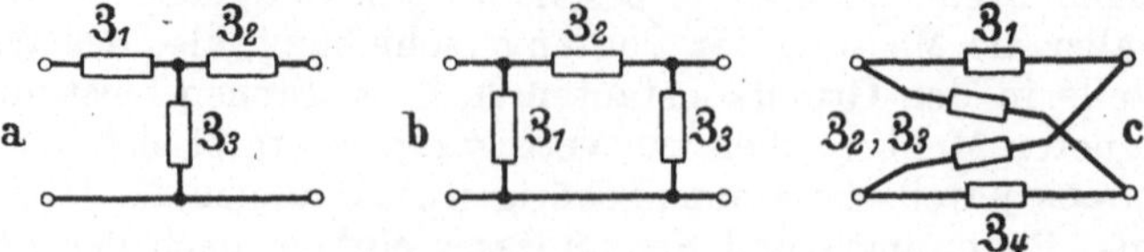

Abb. 118. Die 3 wichtigsten Ersatzschaltungen für Vierpole: a T- oder Sternschaltung; b Π- oder Dreieckschaltung; c X-Schaltung.

letzteren Luftdrosseln!) so zusammen, daß die Spannungen, Ströme und Leistungen zu den vorhandenen Meßgeräten passen. Bei 220 V, 5 A Meßbereichen kann man ein symmetrisches T-Glied (vgl. Abb. 118a) mit $\mathfrak{Z}_1 = \mathfrak{Z}_2 \approx 40\,\Omega$

Wirkwiderstand (z. B. Schiebewiderstände 40 Ω, 5 A) als Längswiderstände und mit einem Kondensator von etwa 70 μF als Querglied $\mathfrak{Z}_3 = 1 : j\omega C$; bei dieser Wahl der Schaltglieder können auch die Eigenverbräuche der Meßgeräte unberücksichtigt bleiben. Ferner kommt man auf beiden Seiten mit demselben Meßbereich aus, so daß bei Geräteknappheit nur 1 Strom-, Spannungs- und Leistungsmesser genügt, der bei den beiden ersten Schaltungen von Abb. 117 umschaltbar eingebaut wird.

e) Versuchsdurchführung. Nach Fertigstellung der jeweiligen Schaltung kann unmittelbar eingeschaltet und abgelesen werden. Zur Erhöhung der Genauigkeit kann man die Eingangsspannung durch einen dann vorzusehenden Regler verändern und bei jeder Schaltung mehrere Ablesungen machen und den Mittelwert bilden. Während der Ablesung zusammengehöriger Meßwerte achte man darauf, daß etwaige Spannungsschwankungen des Netzes keine zusätzlichen Fehler verursachen.

f) Auswertung. Nach den Angaben in Abb. 117 können die 4 Grundkonstanten leicht ermittelt werden. Man achte auf Vor- und Nacheilung (kapazitiven oder induktiven Charakter). Sind $\mathfrak{A}_0$, $\mathfrak{A}_k$, $\mathfrak{B}$ und $\mathfrak{C}$ aus den 4 Messungen ermittelt, so kontrolliere man sie mit Gl. (169).

68 B. Dämpfung eines Vierpols.

a) Aufgabe. Die Dämpfung eines Vierpols soll durch Vergleich mit der Dämpfung einer Eichleitung abhängig von der Frequenz bestimmt werden.

b) Grundlagen. Wenn nur die Dämpfung, nicht aber der Phasenwinkel bestimmt werden soll, geht man am einfachsten so vor, daß man die beiden Ausgangsspannungen von Vierpol und Eichleitung mit einem Röhrenvoltmeter dadurch vergleicht, daß man durch Verändern der Eichleitung auf gleichen Ausschlag des Röhrenvoltmeters einstellt. Da es hier nicht auf den Absolutwert der Ausgangsspannungen, sondern nur auf deren Gleichheit ankommt („Vergleichsverfahren"), kann man auch einen beliebigen Meßverstärker mit angeschlossenem empfindlichem Galvanometer verwenden.

c) Schrifttum vgl. oben vor Abschn. 68 A.

d) Schaltung und Versuchsanordnung. Man schaltet nach Abb. 119, wobei zur Schaffung gleicher Ausgangsverhältnisse auf beiden Seiten gleiche und symmetrische Ausgangsübertrager vorgesehen sind. Bei Frequenzen von einigen hundert Hertz aufwärts sollten alle Leitungen geschirmt, untereinander abgebunden und geerdet sein, um störende Wirkungen verschieden großer Erdkapazitäten auszuschließen. Man vermeidet dann auch offene Umschalter und benutzt abgeschirmte Steckvorrichtungen, die umgesteckt werden.

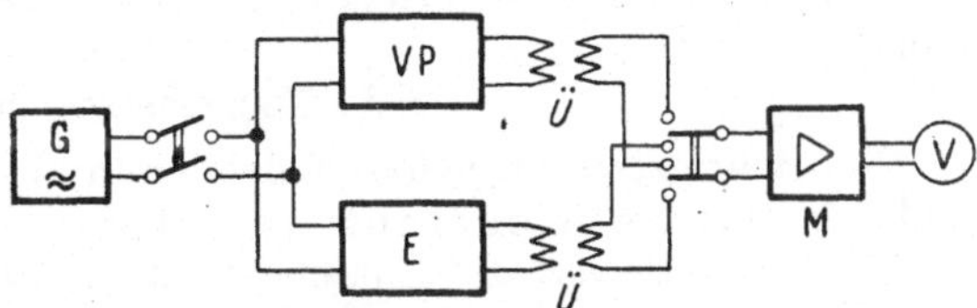

Abb. 119. Dämpfungsmessung in der Vergleichsschaltung. *E* Eichleitung, *G* Röhrengenerator, *M* Meßverstärker oder Röhrenvoltmeter, *Ü* Übertrager, *VP* Vierpol (Prüfling).

Für Eichleitung und Röhrenvoltmeter vgl. Versuch 66 B.

e) Versuchsdurchführung. Röhrengenerator und Röhrenvoltmeter sollen wie alle Röhrengeräte vor Versuchsbeginn gut eingebrannt sein, so daß Frequenz und Verstärkung konstant sind. Man macht zunächst einen Vorversuch über den Prüfling VP, wobei der Generator auf eine geeignete Spannung und das Röhrenvoltmeter auf eine geeignete Meßstufe bzw. der Meßverstärker auf eine geeignete Verstärkung gestellt werden. Bezüglich der Frequenz beginnt man an der unteren Grenze des gewünschten Bereichs. Dann wird auf die Eichleitung gegangen und durch Verändern an dieser auf denselben Ausschlag des Röhrenvoltmeters wie vorher eingestellt. Bei den ersten Versuchen kontrolliere man durch mehrfaches Umschalten auf VP und E, ob die Anordnung bereits konstant genug arbeitet.

f) Auswertung. Die Dämpfungsangaben der Eichleitung in Neper sind unmittelbar die Dämpfungen des Prüflings. Man trage sie abhängig von der Frequenz in einer Kurve auf. Für die Umrechnung der Dämpfungen in Np in Spannungsverhältnisse vgl. Gl. (164) und Tabelle 17, S. 201.

69. Regelung in der Meßtechnik

Fast jede Aufgabe der elektrischen Meßtechnik erfordert die Einstellung gewisser Werte. Hierfür werden Regelorgane, insbesondere für Stromstärke und Spannung, oft aber auch für andere Größen wie den Phasenwinkel benötigt. Dafür gehören Kenntnis und Untersuchung der Regelglieder und ihrer Schaltungen mit zu den Voraussetzungen für ein meßtechnisches Arbeiten. Unter der Vielzahl der Widerstände und ähnlichen Einrichtungen sind speziell in der Feinmeßtechnik jene von besonderer Bedeutung, deren Widerstandswerte mit mehr oder minder großem Fehler bekannt und konstant sind; man bezeichnet diese als „Meßwiderstände". Auch von anderen, in Meßschaltungen verwendeten Widerständen verlangt man bestimmte Widerstandswerte, jedoch werden hier besondere Genauigkeitsansprüche nicht gestellt. Fast alle Widerstände werden zu Regelzwecken gebraucht und müssen daher veränderlich sein. Eine Ausnahme machen z. B. die „Normal"-Widerstände, die hier unberücksichtigt bleiben sollen (vgl. für diese z. B. Lit. 1, Abschnitt Z 111; Lit. 3; 4, Bd. 1; 9). Ferner sind hier nicht behandelt die Sonderausführungen für Hochfrequenz, Hochspannung und Stoßspannung.

69 A. Meßwiderstände.

Die wichtigsten, an jeden Meßwiderstand zu stellenden Forderungen sind: zeitliche Konstanz und Temperatur-Unabhängigkeit des Widerstandswertes. Entscheidend ist also zunächst die Auswahl des Widerstandswerkstoffes (z. B. Manganin, Konstantan, gegebenenfalls künstlich gealtert). In allen Gleichstromschaltungen verlangt man weiter Freiheit von Thermospannungen, so daß also solche Werkstoffe günstiger sind, die mit dem meist gebrauchten Leiter Kupfer zusammen geringe Thermospannungen ergeben (z. B. Manganin gegenüber Konstantan). In Wechselstromschaltungen ist von (ohmschen) Widerständen weiter zu verlangen, daß die Eigenkapazität, die

Kapazität gegen Erde, Selbstinduktivität und die Empfindlichkeit gegen äußere Streufelder gering sind.

a) Aufbau der Widerstandsspulen. Die Führung des Widerstandsdrahtes auf dem meist rollenförmigen Spulenkörper kann unifilar oder bifilar sein. Auch Kombinationen beider kommen vor, indem entweder Bifilarspulen in Reihe geschaltet oder Unifilarspulen bifilar aneinandergesetzt werden. Die Unifilarwicklung hat große Induktivität bei kleinerer Kapazität, während bei der Bifilarwicklung nur ein kleines Magnetfeld auftritt, die Induktivität also klein, die Kapazität zwischen den beiden bifilaren Leitersträngen aber relativ groß ist.

Eine besondere Bedeutung hat besonders für Widerstände, die im Starkstrom- und Ton-Frequenzbereich verwendet werden sollen, die Wicklung nach CHAPERON erlangt. Hier wird innerhalb jeder Lage unifilar gewickelt, dann aber beim Übergang zur nächsten Lage der Wicklungssinn umgekehrt. Bei gerader Lagenzahl und gleicher Windungszahl je Lage heben sich also die Durchflutungen beider Richtungen auf, es bleiben nur kleine magnetische Streufelder übrig. Auch ist die Eigenkapazität geringer als bei bifilarer Wicklung, da sich nicht einzelne Leiter, sondern nur Lagen gegenüberstehen. Man kann die Kapazität noch weiter herabsetzen, indem man nur einzelne schmale CHAPERON-Spulen ausführt, auf Metallzylinder legt und nach WAGNER und WERTHEIMER auf Isolierringen und Isolierzylindern anordnet, wie Abb. 120 zeigt.

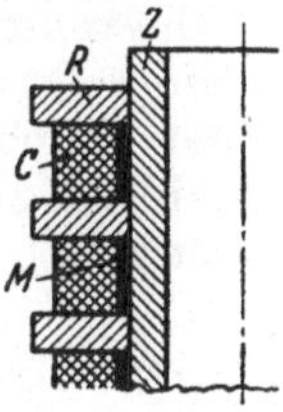

Abb. 120. Chaperonspule nach WAGNER und WERTHEIMER. *C* Chaperonspule, *M* Metallzylinder, *R* Isolierringe, *Z* Isolierzylinder.

Die Zeitkonstante

$$T = \frac{L}{R} - R\,C \tag{171}$$

(mit R, L und C als Wirkwiderstand, Induktivität und Kapazität) ist bei derartigen Spulen geringer als 10^{-7} s. Für den Fehlwinkel δ des Widerstandes gilt bei der Frequenz ω dann $\operatorname{tg}\delta \approx \omega\,T$, also für $\omega = 1000\,\text{s}^{-1}$, $f = 319$ Hz ein $\operatorname{tg}\delta < 10^{-4}$.

Schrifttum: Lit. 1 (Abschn. Z 111), 3, 4, 30.

b) Schaltung von Widerstandssätzen (Widerstandskästen). Die Widerstandssätze bestehen aus Reihenschaltungen einzelner justierter Widerstandsrollen von runden Ohmwerten. Fast alle Ausführungen ermöglichen die feinstufige Einstellung über große Bereiche, z. B. von $0{,}1 \cdots 1000\,\Omega$ und zwar von 0,1 zu $0{,}1\,\Omega$. Die Lösung dieser Aufgabe wird weit überwiegend durch Stöpsel-Reihenwiderstände oder Kurbel-Dekadenwiderstände erreicht.

Bei den Stöpsel-Widerständen kann jede zu den Kontaktklötzen nach Abb. 121a geführte Widerstandsrolle einzeln eingeschaltet (Stöpsel gezogen) oder durch Kurzschließen abgeschaltet werden (Stöpsel eingesteckt). Um innerhalb jeder Zehnerpotenz alle 10 Stufen darstellen zu können, sind 4 Widerstände der Beträge 1, 2, 3, 4 (oder seltener auch 1, 2, 2, 5) vorhanden. So hat man bei gestecktem $2\,\Omega$-Stöpsel

(Abb. 121) in dieser Zehnerpotenz $1 + 3 + 4 = 8\,\Omega$. Mit dem Widerstandssatz nach Abb. 122 können $0{,}1 \cdots 1111{,}0\,\Omega$ von 0,1 zu $0{,}1\,\Omega$ eingestellt werden. Der Nachteil solcher Reihen-Stöpselwiderstände ist einmal die Notwendigkeit der Betätigung vieler Stöpsel und zum anderen die Tatsache, daß die Übergangswiderstände aller gesteckten Stöpsel in Reihe liegen. Jeder Übergangswiderstand hat aber einen unsicheren, stets schwankenden Widerstandswert, der bei gut eingeschliffenen, kegeligen Stöpselkontakten bei etwa $0{,}5 \cdots 1 \cdot 10^{-4}\,\Omega$ liegt, also rund $1\,‰$ von der üblicherweise kleinsten Widerstandsstufe $0{,}1\,\Omega$ beträgt. Die Vielzahl der zu bedienenden Stöpsel erschwert also nicht nur die Benutzung, sondern bringt auch nicht ganz kleine Meßunsicherheiten hinein. Bei dem Satz nach Abb. 122 liegen bei Überbrückung aller Widerstände 17 Kontaktstellen mit zusammen rund $0{,}002\,\Omega$ in Reihe, die durch einen Kontakt bei K überbrückt werden können.

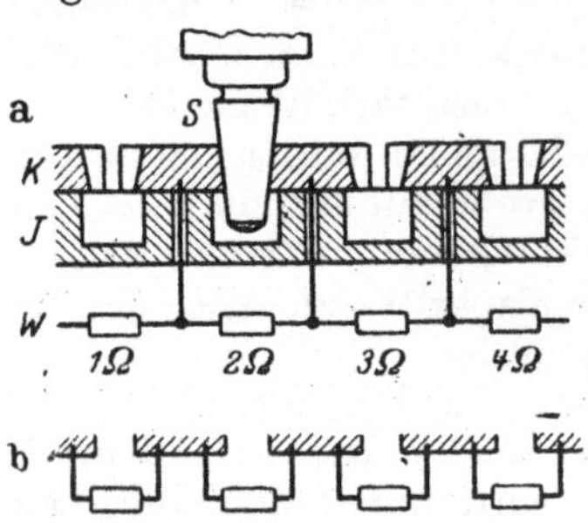

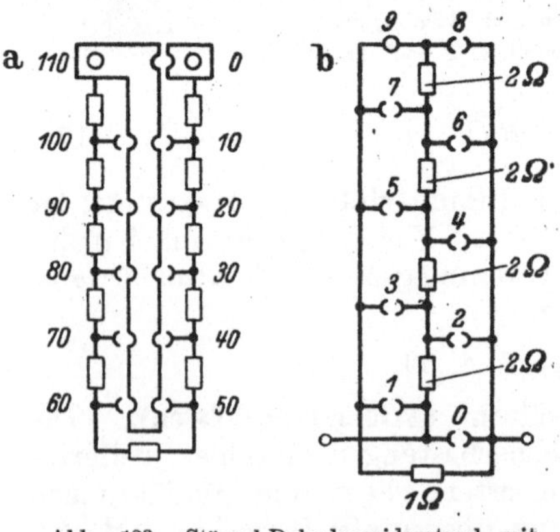

Abb. 121. Anordnung der Stöpselschalter und Schaltung der Widerstandsrollen.
J Isolierplatte, *K* Kontaktklötze, *S* Stöpsel, *W* Widerstandsrollen.

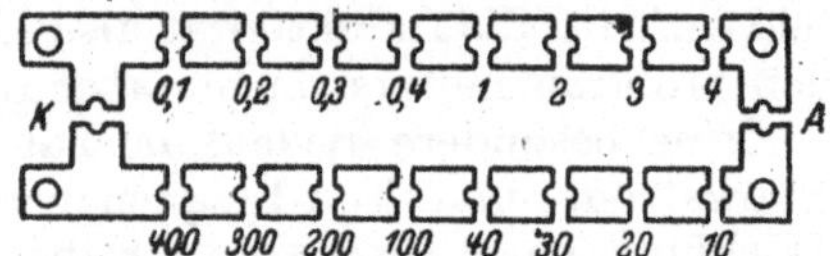

Abb. 122. Widerstandssatz mit Stöpselschaltung $0{,}1 \ldots 1111{,}0\,\Omega$, mit 4 Klemmen und Möglichkeit zum Kurzschließen des ganzen Widerstandes bei *K* und Aufteilen *A*.

Um die Zahl der Stöpsel und Kontaktstellen herabzusetzen, baut man Stöpselwiderstände auch in Dekadenstufung, wo je 10 Einzelstufen von 1, 10, $100\,\Omega$ usw. vorhanden sind, die man nach Abb. 123 je Dekade mit einem Stöpsel schaltet. Dabei sind in der einfachsten Ausführung entsprechend viele Widerstandsrollen der Einheit vorgesehen (Abb. 123a), oder man sieht die Sparschaltung nach Abb. 123b vor, bei der die Zahl der abzugleichenden Einzelwiderstände geringer ist. Dadurch, daß bei „9“ nicht unterbrochen ist, sind alle Einheiten eingeschaltet, auch wenn kein Stöpsel steckt.

Abb. 123. Stöpsel-Dekadenwiderstand mit Einzelwerten (a) und in Sparschaltung (b).

Ein einfacheres und rascheres Arbeiten ermöglichen die Kurbel-Widerstände (Drehschalter-Widerstände), bei denen die einzelnen Dekaden durch Kurbeln geschaltet werden. Der Hauptnachteil ist für

Meßzwecke, daß die Übergangswiderstände etwa 3 bis 10 mal so groß sind (bis $10^{-3}\,\Omega$ herauf) und daß die Kontakte eine größere Pflege erfordern. Die Schaltung von 2 Dekaden zeigt Abb. 124, die der Abb. 123a für Stöpselschalter entspricht. Auch hier läßt sich eine Sparschaltung ähnlich Abb. 123b vorsehen (vgl. z. B. Lit. 1, Blatt Z 116—2). Eine besondere Anordnung stellen bei den Drehschalter-Widerständen noch die Doppelkurbelwiderstände dar, die bei konstantem Gesamt-Widerstandswert einen Abgriff an beliebiger Stelle des ganzen Stufungsbereichs ermöglichen. Sie finden sich besonders bei Kompensatoren und Brücken. Die Schaltung zeigte Abb. 11 (S. 30) des FEUSSNER-Kompensators.

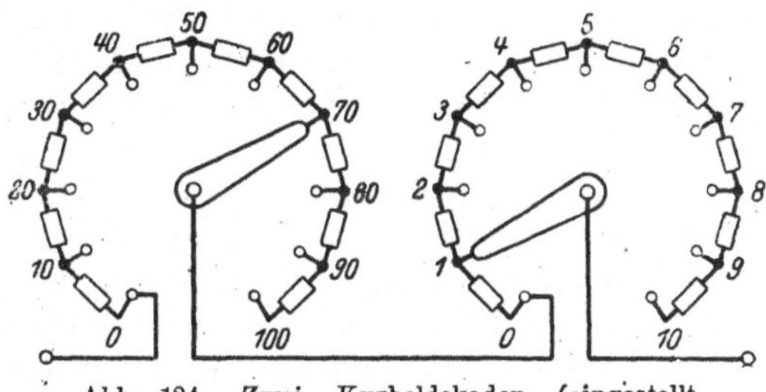

Abb. 124. Zwei Kurbeldekaden (eingestellt auf 71 Ω).

Die Unsicherheit von Meßwiderstandssätzen ist im allgemeinen < 0,02% bei Widerstandsstufen von 1 und mehr Ohm, jedoch bis 0,1% bei den Stufen 0,1 Ω. Mindere Ausführungen zeigen auch größere Fehler. Die Belastbarkeit der einzelnen Stufen liegt meist bei 0,5 · · · 1,0 W je Stufe (Widerstandsrolle), so daß

eine Stufe von	0,1	1,0	10	100	1000 Ω
bis etwa	2 · · · 3	0,7 · · · 1 A	200 · · · 300	70 · · · 100	20 · · · 30 mA
	0,2 · · · 0,3	0,7 · · · 1	2 · · · 3	7 · · · 10	20 · · · 30 V

belastet werden kann. Nach Möglichkeit gehe man im Dauerbetrieb nicht bis an die obere Grenze.

Schrifttum: Lit. 1 (Abschn. Z 116), 2, 3, 4, 8, 9, 10.

69 B. Regel- und Belastungswiderstände.

Hier berücksichtigen wir jene Widerstände, an die keine besonderen Forderungen hinsichtlich des Einhaltens gewisser Fehlergrenzen gestellt werden. Besonders für Regelungen genügt es bei der Auswahl meist, den Widerstandswert auf 5, 10 oder auch nur 20% genau zu wissen. Die Einstellung erfolgt dann ebenfalls nicht nach bestimmten Ohmwerten, sondern beispielsweise nach dem Ausschlag eines Strommessers.

a) Schiebewiderstände (Gleitwiderstände) sind wohl in allen Laboratorien und Prüffeldern ihrer großen Handlichkeit wegen die am meisten gebrauchten Regler, und zwar besonders als Vorschaltwiderstände und Spannungsteiler. Sie werden von kleinen Abmessungen an im allgemeinen bis zu Längen von etwa 500 mm und Rohrdurchmessern von 60 mm gebaut (Sonderausführungen auch größer, z. B. 1500 mm lang und 150 mm Durchmesser). Die Belastbarkeit hängt von der Oberfläche ab und kann für übliche Ausführungen bei waagerechter Rohrlage zur Verwendung auf Holztischen mit etwa 0,5 · · · 0,6 W/cm² Oberfläche des Drahtbelages angenommen werden. Dabei nimmt der Drahtbelag bereits Temperaturen von 250 ··· 300° C über Raum an. Unter Einhaltung dieser Belastungsgrenze ergibt sich also, daß dem genannten Rohr 500 mm/60 mm etwa 500 W zugemutet werden können. Andernfalls werden besonders die Bedienungsgriffe für den Schiebekontakt und auch die Unterlagen (z. B. Tischplatte) zu heiß (vgl. ETZ 1935, S. 1143).

Eine andere Grenze ist die für Schiebekontakte zulässige Stromstärke. Bei den üblichen und bewährten Konstruktionen geht man nicht über 25 A je Doppelkontakt hinaus, so daß damit auch die obere Stromgrenze für Schiebewiderstände gegeben ist. Unterhalb beider Grenzen (500 W Verlustleistung und 25 A Strom) liegt aber die große Masse aller Regelaufgaben, die im Laboratorium und Prüffeld vorkommen.

b) Andere Widerstände. Besonders als Belastungswiderstände zur Abführung größerer elektrischer Leistungen kommen verschiedene Widerstandsformen vor. Sehr geeignet sind auch hier die bei Schiebewiderständen gebräuchlichen Keramikrohre mit Drahtbelag, die in entsprechender Zahl und Anordnung zusammengestellt werden. Weiter findet man frei gespannte Widerstandsdrähte, z. B. in Lockenform oder auch gußeiserne Widerstände. Sehr eingeführt und gut bewährt sind die SCHNIEWINDT-Gitter, bei denen die Widerstandsdrähte mit Asbestgewebe verflochten sind. Bei mittleren Leistungen haben sich auch Lampenwiderstände als sehr bequem erwiesen (besonders mit Kohlefadenlampen).

Alle diese Widerstände gestatten keine kontinuierliche Regelung (oder wenigstens so feinstufig wie bei Schiebewiderständen). Wird diese verlangt, so benutzt man oft Wasserwiderstände, bei denen Metallfahnen (als Elektroden) mehr oder weniger tief in ein Flüssigkeitsbad oder fließendes Wasser eingetaucht werden.

Näheres vgl. Lit. 2, 18, 19.

69 C. Regelschaltungen.

Von fast allen Regeleinrichtungen strebt man insbesondere die 3 folgenden Eigenschaften an:

1. Großer Regelbereich
2. Geringe Regelverluste
3. Lineare Regelkurve (in Sonderfällen auch bestimmte andere Kennlinien).

Alle 3 Forderungen lassen sich selten gut vereinigen. So schließen sich 1. und 2. meist schon z. T. aus. Je nach den vorliegenden Verhältnissen wird man also verschiedene Schaltungen wählen, unter denen Vorschaltwiderständen und Spannungsteiler die wichtigsten sind.

a) Vorschaltwiderstände (Reihenwiderstände) benutzt man hauptsächlich, wo es auf eine Stromregelung ankommt. Ist der verlangte Regelbereich klein, so kommt man mit einem Vorschaltwiderstand R entsprechender Größe aus: Abb. 125a. Wird besondere Feinstufigkeit der Regelung verlangt, so kann es zweckmäßig sein, außer dem Hauptregler R_1 nach Abb. 125b noch einen zweiten wesentlich geringerer

Ohmzahl vorzusehen. Ist der Regelbereich groß, so muß man oft mehrere Widerstände in Reihe schalten: Abb. 125c. Die kleinen Stromstärken werden mit dem hochohmigen Widerstand R_1 geregelt, wobei R_2 voll eingeschaltet ist; wenn dann mit dem niedrigohmigen Widerstand R_2 bei großen Stromstärken geregelt werden soll, schließt man R_1 kurz, um Überlastungen der Kontakte zu vermeiden. Gegebenenfalls sieht man noch weitere kurzschließbare Widerstände vor. Endlich ist in Abb. 125d noch eine vierte Schaltung vorgesehen, die ebenfalls für große Regelbereiche verwendet wird und besonders dort vorkommt, wo hohe Ströme zu regeln sind. Diese verteilen sich auf die parallel geschalteten Widerstände nach Maßgabe der eingestellten Ohmwerte. Während bei den kleineren, höher belastbaren Widerständen meist stufige Einstellbarkeit genügt, sieht man als letzten Widerstand meist einen Schiebewiderstand oder gar den völlig stetig regelbaren Schleifdraht vor. Bei der Einstellung muß darauf geachtet werden, daß kein Widerstand überlastet wird. Gegebenenfalls sieht man vor einzelnen der parallel liegenden Widerstände feste Stufen vor. Ein Anwendungsbeispiel der Schaltung 125d mit 4 parallelen Widerständen war in Abb. 72 enthalten.

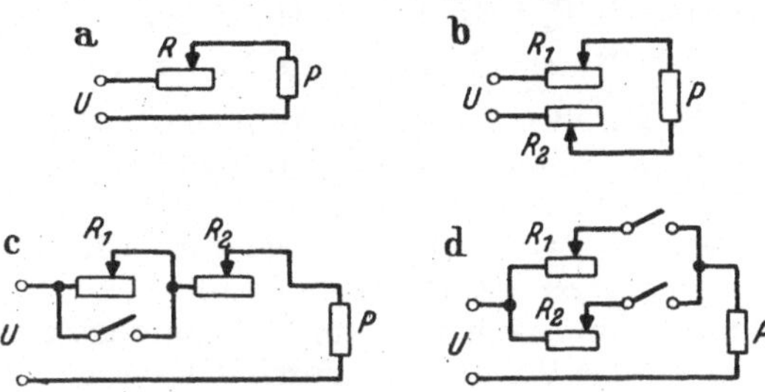

Abb. 125. Schaltungen von Vorwiderständen zur Stromregelung.
R Regelwiderstände, U Netzspannung, P Prüfling (Verbraucher).

Der grundsätzliche Nachteil aller Vorwiderstände ist, daß der Strom nicht auf Null heruntergeregelt werden kann. Abb. 126 zeigt den grundsätzlichen Verlauf aller Regelkurven mit Vorwiderstand. Bei mehr als einem Widerstand besteht der ganze Regelverlauf aus entsprechend vielen Kurvenstücken. Sind U_N die Netzspannung, R_r der jeweils eingestellte Regelwiderstand, U_P und R_P Spannung und Widerstand des Prüflings (bei Vernachlässigung der übrigen Kreiswiderstände), ferner I die fließende Stromstärke und I_0 der Strom bei $R_r = 0$, so gilt

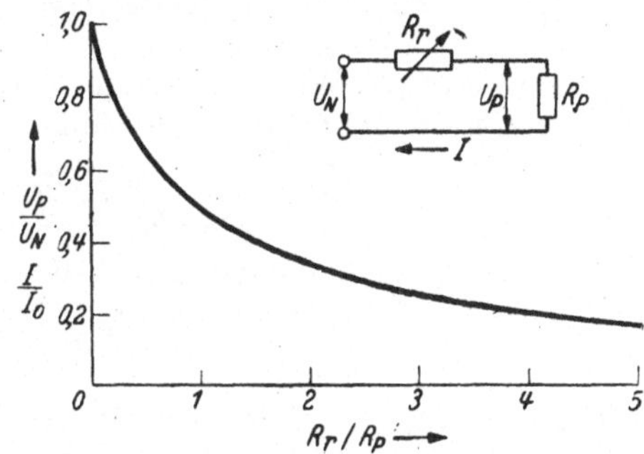

Abb. 126. Regelkurve eines Vorwiderstandes.
$I_0 = U_N : R_P$, Strom bei $R_r = 0$.

$$\frac{U_P}{U_N} = \frac{I}{I_0} = \frac{1}{1 + R_r/R_P}. \tag{172}$$

Innerhalb kleinerer Bereiche ist die Regelkurve wenigstens näherungsweise linear. Während der Regelbereich durch entsprechende

Auswahl aus den Schaltungen von Abb. 125 beliebig groß gemacht werden kann, sind die Regelverluste nur bei kleinen Regelungen unter die Netzspannung gering. Sie steigen mit $U_N - U_P$. Das Verhältnis der Verluste im Regler zu der Nutzleistung im Verbraucher ist unmittelbar gleich $R_r : R_P$, bei großen Regelbereichen also beträchtlich.

Schrifttum: Lit. 2, 9, 10, 14, 18, 19.

b) Parallelwiderstände werden zur Regelung verhältnismäßig selten benutzt. An einer ergiebigen Spannungsquelle ist eine Regelung durch Parallelwiderstand gar nicht möglich. Die Wirksamkeit hängt daher davon ab, wie groß ein etwa vor Prüfling und Regler liegender Vorschaltwiderstand R_V ist. Damit bekommt die Regelschaltung aber große Ähnlichkeit mit einem Spannungsteiler. Der einzige Unterschied ist, daß der Widerstand, durch den der ganze Strom fließt, hier konstant wäre, beim wirklichen Spannungsteiler aber veränderlich ist.

c) Spannungsteiler sind die Spannungsregler, wie Vorschaltwiderstände die Stromregler sind. Im einfachsten Fall besteht der Spannungsteiler aus einem Widerstand mit Abgriff nach Abb. 127a. Das Verhältnis der Spannungen am Prüfling (U_P) und Netz (U_N) beträgt

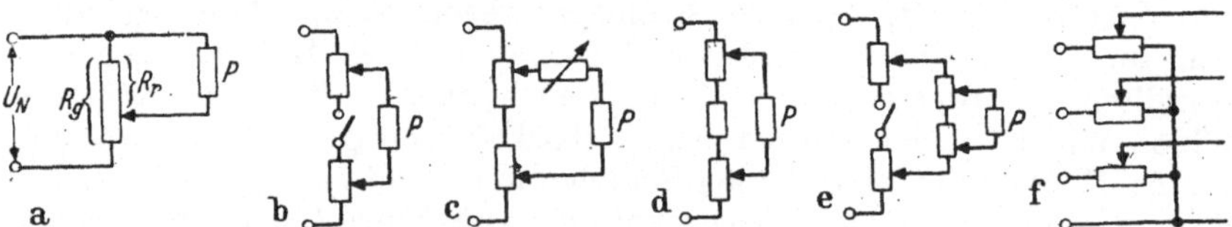

Abb. 127. Schaltungen von Spannungsteilern. P Prüfling, U_N Netzspannung.

$$\frac{U_P}{U_N} = \frac{(R_p : R_g) \cdot (R_r : R_g)}{(R_p : R_g) + (R_r : R_g)(1 - R_r : R_g)} \tag{173}$$

Ist $R_P \gg R_r$, so kann das 2. Glied im Nenner vernachlässigt werden und man erhält

$$\frac{U_P}{U_N} \approx \frac{R_r}{R_g}. \tag{173a}$$

Die Spannung entspricht also linear dem abgegriffenen Widerstandsstück R_r; es gilt die Gerade in Abb. 128 für $R_P : R_g = \infty$.

Indem man den Spannungsteiler nach Abb. 127b aus 2 Einzelwiderständen sehr verschiedenen Ohmwertes zusammensetzt, wird die eine Seite die Grob-, die andere die Feinregelung. Für Spannungsteilerbetrieb muß der Schalter eingeschaltet sein; im ausgeschalteten Zustand hat man den Vorschaltwiderstand nach Abb. 125b, so daß durch den Schalter mit denselben Widerständen Vorwiderstands- oder Spannungsteilerschaltung gewählt werden kann. In der Schaltung nach Abb. 127c ist die Regelmöglichkeit dadurch erweitert, daß vor dem Prüfling noch eine regelbarer Vorwiderstand liegt. Die Schaltung nach Abb. 127d ist dort geeignet, wo nur in einem verhältnismäßig kleinen Bereich unterhalb der vollen Spannung zu regeln ist, man hier aber große Feinstufigkeit verlangt (dasselbe Ergebnis läßt sich meist auch durch einen einfachen Vorschaltwiderstand erreichen, jedoch gibt Schaltung 127d eine stabilere Spannung bei kleinen Widerstandsänderungen des Prüflings). Ist bis zu sehr kleinen Teilspannungen herab sehr feinstufig zu regeln, so wählt man den doppelten Spannungsteiler nach Abb. 127e. Gegebenenfalls kann noch eine dritte Stufe vorgesehen werden. Abb. 127f stellt schließlich die Spannungsteilerschaltung für Drehstrom dar.

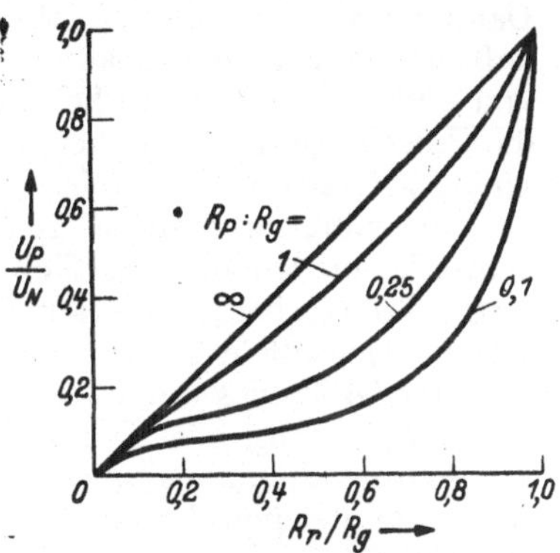

Abb. 128. Regelkurven eines Spannungsteilers.

Von den eingangs aufgestellten Forderungen erfüllt der Spannungsteiler die eines großen Regelbereichs praktisch vollständig, da man zwischen der Spannung Null und voller Netzspannung regeln kann. Auch eine lineare Regelkurve läßt sich annähernd erreichen, und zwar um so besser, je kleiner der Spannungsteilerwiderstand R_g im Verhältnis zum Widerstand des zu regelnden Prüflings ist. Dann steigen aber im gleichen Maße auch die Verluste. Den guten Regeleigenschaften steht also ein verhältnismäßig großer Regelverlust gegenüber: lineare Regelkurve und kleiner Regelverlust schließen einander aus, so daß der Spannungsteiler eigentlich nur für Prüflinge geringen Eigenverbrauchs benutzt wird, hier aber fast ausschließlich Anwendung findet.

Schrifttum: Lit. 9, 14, 18, 38.

d) Regeltransformatoren. Alle Wirkwiderstände haben den Nachteil, daß sie besonders bei größeren Regelbereichen nennenswerte Verluste verursachen. Dieser Mangel kann bei Wechselstrom durch Verwendung von „induktiven" Reglern, die also in der Hauptsache Blindleistung brauchen, weitgehend behoben werden. Je nach Schaltung, Spannungen und Verwendungszweck benutzt man normale Transformatoren mit 2 Wicklungen oder aber Spartransformatoren, die dann als induktive Spannungsteiler wirken, in der Schaltung also mit Abb. 127a übereinstimmen. An der Stelle von R_g liegt die Spule mit Eisenkern, oft auch als Ringspule auf einen geschlossenen Eisenring gewickelt. Zur Regelung gleitet ähnlich wie bei Schiebewiderständen ein Kontakt auf einem blank gemachten Streifen.

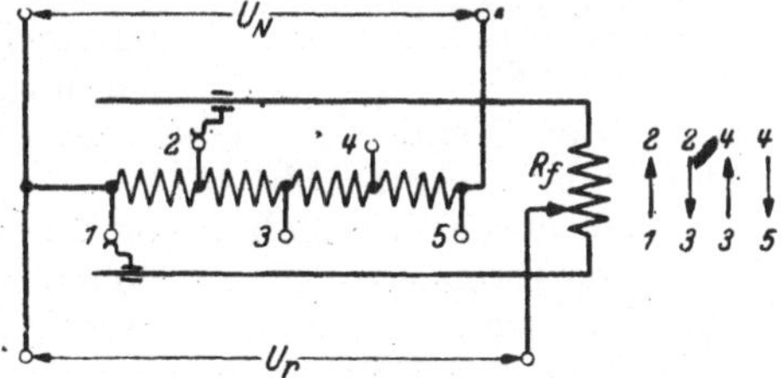

Abb. 129. Induktiver Regler für stetige Feinregelung.
1 · · · 5 induktiver Stufenregler, R_f induktiver Feinregler, U_N Netzspannung, U_r geregelte Spannung.

Um feinstufige Regelungen zu erhalten, können alle in Abb. 127 dargestellten Kombinationen auch induktiv ausgeführt werden. Eine feinstufige Regelung über große Bereiche ist mit der in Abb. 129 dargestellten Schaltung möglich. Der Hauptregler besteht aus einer Anzahl (bis zu etwa 20) Grobstufen 1, 2, 3 · · ·, denen ein Feinregler R_f parallel geschaltet wird. Aus der (gezeichneten) Anfangsstellung an den Abgriffen 1 und 2 wird der Feinregler von unten nach oben geregelt. Dann kann der untere Kontakt von 1 nach 3 umgeschaltet werden, ohne daß sich dabei an den Spannungen etwas ändert. Nun regelt man weiter von 2 nach 3, indem der Feinregler nach unten gefahren wird. Es folgt die Umschaltung an der oberen Kontaktleiste von 2 nach 4 und Regelung an R_f aufwärts von 3 nach 4 und so fort.

Für völlig stufenlose Regelungen kann man Einphasen-Drehtransformatoren oder Schubtransformatoren verwenden. Die erstgenannten beruhen darauf, daß eine Sekundärspule in einem magnetischen Wechselfeld in verschiedene Stellungen gebracht werden kann. Von der Größe des umfaßten Teilflusses hängt dann die sekundär induzierte Spannung ab. Durch Verändern der Winkelstellung wird die abgegebene Spannung also geregelt. Auch beim Schubtransformator wird zum gleichen Zweck die Magnetflußverkettung geändert (für beide vgl. Lit. 2).

Schrifttum. Lit. 2, 10, 19, 38.

e) Phasenschieber. Zur Herstellung einer bestimmten Phasenverschiebung werden wohl am meisten die Drehtransformatoren gebraucht; das sind ihrem Aufbau nach Asynchronmotoren mit festgebremstem, aber verstellbarem Läufer, dessen räumliche Lage zum Ständer die zeitliche Phase der in ihm durch das Ständerdrehfeld erzeugten Spannung bestimmt (vgl. Abb. 38). Besonders in der Praxis der Zählereichung benutzt man für die Herstellung eines bestimmten Phasenwinkels zwischen Stromstärke und Spannung gern besondere Generatoren und macht den Ständer des einen verdrehbar (sog. Eichumformer, vgl. Abschnitt 22 g mit Abb. 43).

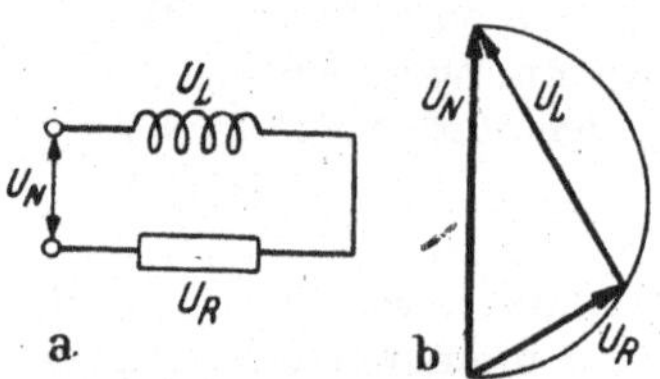

Abb. 130. Phasenverschiebung durch Vorschalten von Drosselspule bezw. Ohmschem Widerstand.

Auch durch Vorschalten von Drosselspulen vor Wirkverbraucher bzw. von Ohmschen Widerständen vor Blindverbraucher lassen sich Phasenverschiebungen in für bestimmte Zwecke ausreichender Weise herstellen. Abb. 130 zeigt das zugehörige Diagramm. Da die Spannungen an L und R um 90° gegeneinander verschoben sind, ist der geometrische Ort des Strahlendiagramms ein Halbkreis. Durch Regelung der Drossel, also von U_L (bzw. des Widerstandes, also von U_R) ist die Phasenverschiebung des jeweils anderen Schaltgliedes in gewissen Grenzen gegen die Netzspannung U_N veränderbar. Regelbare Drosseln erhält man am einfachsten durch einen mechanisch einstellbaren Luftspalt, wenn stetige Regelbarkeit verlangt wird. Für stufige Regelung genügen Spulen mit anzapfbarer Wicklung. Durch mäßige Sättigung vermeidet man Verzerrungen der Stromkurve.

Gewissermaßen Fortentwicklungen der einfachen Schaltung nach Abb. 130 sind Kunstschaltungen, die besonders bei nur kleinen benötigten Leistungen sehr bequem und leistungsfähig sind. Abb. 131 zeigt ein Beispiel, dessen Wirkungsweise aus dem beigegebenen Diagramm hervorgeht: U_R und U_C stehen senkrecht aufeinander, sofern sie vom gleichen Strom durchflossen werden, der den Prüfling P durchfließende Strom also verhältnismäßig klein ist. Unter der gleichen Voraussetzung gilt auch, daß U_P in allen durch R_3 bewirkten Regelstellungen denselben Wert hat. Der Bereich der einstellbaren Phasenverschiebung umfaßt nicht viel weniger als 180°. Weitere ähnliche Schaltungen vgl. Lit. 26.

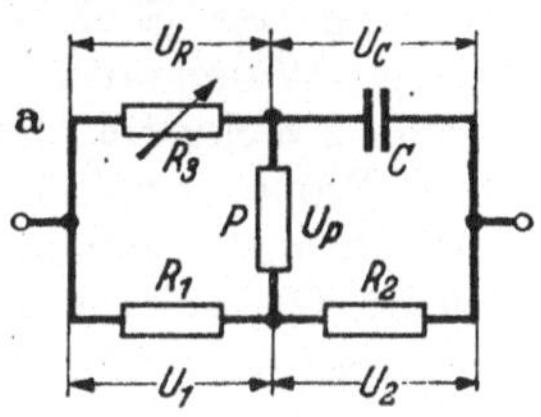

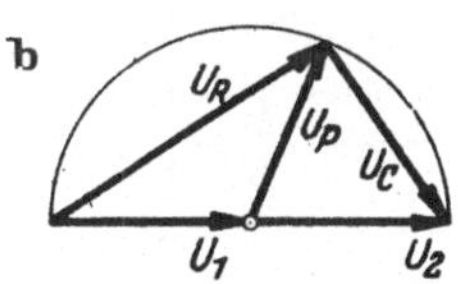

Abb. 131. Schaltung zur Regelung der Phasenverschiebung.

Eine sehr einfache und auch bei größeren Leistungen verwendbare Anordnung ist die an Drehstrom angeschlossene Kreisringspule nach Abb. 132. Je nach der Stellung der beiden Abgriffe kann jede Phasenlage zu einer der zugeführten Spannungen abgegriffen werden. Steht kein Drehstromnetz, aber ein Drehstrommotor zur Verfügung, so kann man diesen als Phasenschieber in der Schaltung Abb. 133 verwenden. Der Motor läuft einphasig weiter, wenn er über den Anlaßkondensator und die als Hilfsphase wirkende Wicklung W angelassen ist. Durch die Rückwirkung des rotierenden Läufers besteht ein Drehfeld, so daß in den Endlagen der Abgriffe an R_1 und R_2 die 3 um je 120° verschobenen Phasenspannungen eingestellt werden können (UV : Abgriffe außen, VW : Abgriffe oben, WU : Abgriffe unten); in Zwischenstellungen ergeben sich entsprechend dazwischen liegende Phasenwinkel gegen die Netzspannung UV.

Schrifttum. Lit. 2, 10, 14, 18, 19, 26, 33; ferner Versuch 94.

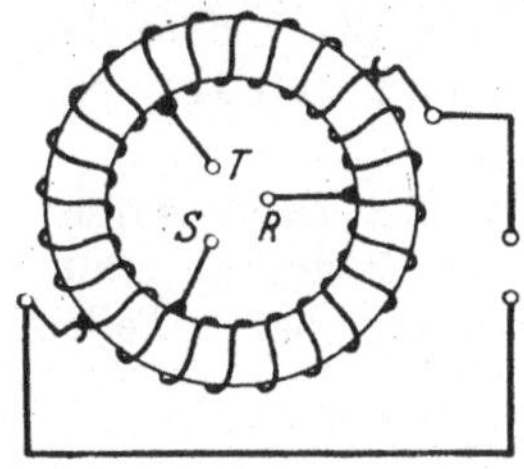

Abb. 132. Kreisringspule am Drehstromnetz (*R, S, T*) zur Phasenregelung (Ringregler).

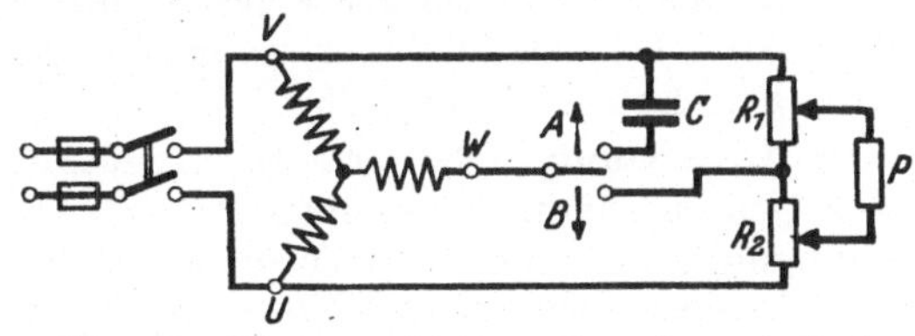

Abb. 133. Phasenverschiebung über einen einphasig laufenden Asynchronmotor mit Drehstrom-Ständerwicklung U, V, W.
A Anlaufstellung, *B* Betriebsstellung, *C* Anlauf-Kondensator, *P* Prüfling.

69 D. Aufnahme von Regelkurven.

a) Aufgabe. Die in den Abb. 126 und 128 dargestellten Regelkurven sind an einem Vorwiderstand und einem Spannungsteiler für verschiedene Prüflingswiderstände R_P bei Gleichstrom aufzunehmen.

b) Grundlagen. Vgl. Abschn. 69 Ca) und 69 Cc).

c) Schrifttum. Lit. 2, 9, 10, 14, 18, 19, 38.

d) Schaltung und Versuchsanordnung. An der schon oben angegebenen Schaltung ist noch der Spannungsmesser umschaltbar auf Netz-

und Regelspannung vorzusehen: Abb. 134. Bei Gleichstrom verwendet man Drehspulgeräte, um weit herunter regeln zu können. Bei Meßgeräten mit ungleich geteilter Skala ist der Spannungsmesser im unteren Bereich gegebenenfalls auszuwechseln.

Um die Abhängigkeiten von R_r angeben zu können, muß an der Stellung des Schiebers oder sonstigen Regelgliedes erkennbar sein, wieviel Widerstand R_r jeweils abgegriffen wird. Man verwendet deswegen zweckmäßig Stöpselwiderstände. Bei Schiebewiderständen kann man Proportionalität zwischen dem Widerstand und der Länge des Drahtbelages annehmen, so daß sich leicht eine entsprechend geteilte, lineare Ohm-Skala anbringen läßt.

Gerätevorschläge für das Studienpraktikum. Anschluß an 220 V-Gleichstromnetz; Spannungsmesser für 250 V (möglichst elektrostatisches Gerät); als Prüflinge verwendet man Geräte mit spannungsunabhängigem Widerstand bekannten Ohmwertes, also z. B. $R_p \approx 12\ \text{k}\Omega$, $I_p = 20\ \text{mA}$; der Vorschaltwiderstand R_r muß den vollen Prüflingsstrom aushalten, aber auch das 3- bis 4-fache von R_p betragen, also $R_r = 50\ \text{k}\Omega$ für 20 mA (gegebenenfalls für R_r die Schaltung 125 c verwenden); bei der Spannungsteilerschaltung können folgende Zahlen in Schiebewiderständen gewählt werden: $R_g = 15\ \text{k}\Omega$, $R_p = 1{,}5$, 4, 15 und 50 kΩ.

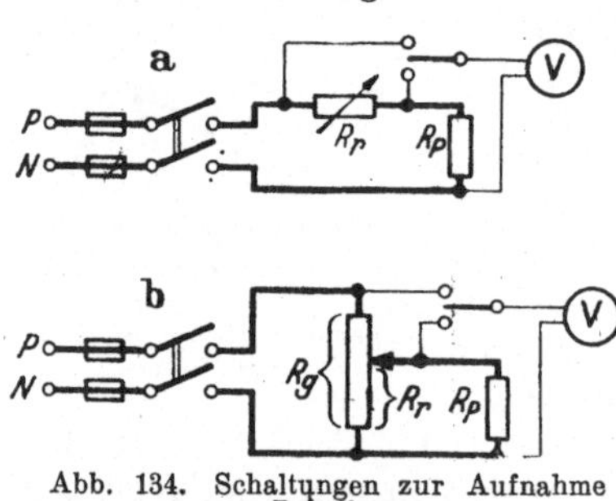

Abb. 134. Schaltungen zur Aufnahme von Regelkurven.

e) Versuchsdurchführung. Um eine eindeutige Regelkurve zu erhalten, muß überwacht werden, daß die Netzspannung U_N während der Versuchsreihe konstant ist. Gegebenenfalls sehe man vor der Versuchsschaltung noch einen Spannungsteiler zur Konstanthaltung von U_N vor. Bei der Aufnahme der Kurven empfiehlt es sich, die Dichte der Meßpunkte bei kleinen R_r etwas größer zu machen (vgl. den Kurvenverlauf in Abb. 126 und 128).

f) Auswertung. Die erhaltenen Kurven geben bei bestimmten, praktisch verlangten Regelbereichen (z. B. 30 ··· 80% der Gesamtspannung) Aufschluß über die notwendige Größe des regelbaren Teiles und etwaiger konstanter Widerstandsstufen.

7. Maschinenuntersuchungen.

Bei dem großen Gebiet der Messungen an elektrischen Maschinen müssen wir uns mehr noch als in den anderen Kapiteln auf die Berücksichtigung der wichtigsten und typischen Messungen beschränken. Von den Maschinenarten stehen Gleichstrommaschine, asynchroner Drehstrommotor und Transformator im Vordergrund, ganz unberücksichtigt bleiben die Wechselstrom-Kommutatormaschinen (außer dem Universalmotor) und Umformer. Auch bei den Kennlinien usw. lassen wir alle speziellen Verfahren hier aus, so die Aufnahme von Kurzschlußkennlinien und V-Kurven der Synchronmaschine, den Leerlauf- und Kurzschlußversuch des Asynchronmotors, ferner die Bestimmung von Momenten-Kennlinien, von Kippmoment, Anzugsmoment und sonstigen Anlaufbedingungen. Ebenso gehen wir auf die zahlreichen allgemeinen Prüfungen in elektrischer, mechanischer, magnetischer und akustischer Beziehung nicht ein, die heute entweder durch die

VDE-Bestimmungen (insbesondere VDE 0530, 532, 535) vorgeschrieben sind wie Kontrolle der Kurvenform, der Erwärmung, der Überlastung, der Kommutierung, des Anlaufs, Prüfung auf Isolierfestigkeit (Spannungsproben), Schleuderprüfung, oder Prüfungen, die in gewissen Fällen üblich geworden sind oder bei wichtigen Einheiten oder bei der Entwicklung neuer Typen besonders durchgeführt werden wie die Aufnahme von Feldkurven, Untersuchung der Streuung, der Ankerrückwirkung, weiter der Geräuschmessung, der Proben auf Windungskurzschlüsse, auf Lagerströme und anderes mehr. Für die meisten dieser Untersuchungen vgl. Lit. 2, 26, 33, für Ankerprüfeinrichtungen auch Lit. 10.

70. Allgemeines.

a) Wirkungsweise der umlaufenden elektrischen Maschinen. Das Kennzeichen aller elektrischen Maschinen ist die Verkettung von zwei elektrischen Kreisen mit einem magnetischen[1]. Der Zweck dieser Verkettung ist beim Generator die Erzeugung elektrischer Spannungen und damit die Umwandlung mechanischer Energie (eines Drehmomentes) in elektrische Energie, der Zweck ist beim Motor die Erzeugung mechanischer Drehmomente und damit mechanischer Energie aus elektrischer. Da mithin in allen Maschinen magnetische Flüsse Φ und elektrische Ströme I vorhanden sind, entstehen stets mechanische Kräfte und Drehmomente M, für die grundsätzlich die Abhängigkeit

$$M \sim \Phi \cdot I \tag{174}$$

gilt. Je nach dem Aufbau der Maschine sind die entsprechenden Größen von Φ und I einzusetzen, bei der Gleichstrommaschine Luftspaltfluß Φ_l und Ankerstrom I_A. Nach Berücksichtigung der Verlustmomente ist dieses Moment das im Motorbetrieb an der Welle abgegebene, bei Generatorbetrieb das an der Welle aufgenommene.

Die Verkettung der elektrischen und magnetischen Kreise hat zusammen mit der Tatsache der Rotation, also einer Relativbewegung zwischen beiden Arten von Kreisen weiter zur Folge, daß nach dem Induktionsgesetz elektrische Spannungen (EMKe) erzeugt werden, für die

$$E \sim \Phi \cdot n \tag{175}$$

gilt, wenn n die Drehzahl ist, mit der sich die induzierten Leiter zum Fluß Φ bewegen, also bei der Gleichstrommaschine Ankerdrehzahl n der Ankerleiter gegen das magnetische Luftspaltfeld Φ_l. Die so entstehende Spannung ist im Generatorfall die den Strom treibende und damit die elektrische Energie bewirkende EMK; sie ist im Motorfall die Gegen-EMK. Wegen des stets notwendigen Spannungsgleichgewichtes gilt bei der Gleichstrommaschine für die Klemmenspannung U

$$\text{im Generatorfall} \quad U = E - I_A R_i \tag{176a}$$

$$\text{im Motorfall} \quad U = E + I_A R_i , \tag{176b}$$

wo I_A der Ankerstrom und R_i der innere Widerstand der Hauptstromwicklungen ist.

[1] In diesem Sinne ist auch der Transformator (Umspanner) den Maschinen zuzurechnen, während die Stromrichter danach nicht zu den Maschinen gehören. Da sie aber Energie umsetzen, ist der Sprachgebrauch schwankend.

Die Gl. (174) bis (176) stellen die Grundgleichungen dar, aus denen sich fast alle Betriebszustände und Kennlinien ergeben. Für Wechselstrommaschinen gelten analoge Beziehungen. Hierfür, ferner für den Aufbau der Maschinen, für Einzelheiten ihrer Wirkungsweise und ihres Betriebes muß auf das Schrifttum verwiesen werden: Lit. 42, 46, 48, 52, 54.

b) Meßschaltungen und Klemmenbezeichnungen. Für die Aufnahme von Kennlinien und dergleichen werden bei jeder Maschinenart im allgemeinen ähnliche Meßschaltungen verwendet, von denen einige hier vorweg zusammengestellt werden sollen. Um sowohl in Schaltbildern wie an den Klemmbrettern der Maschine Bezeichnungen zu haben, die

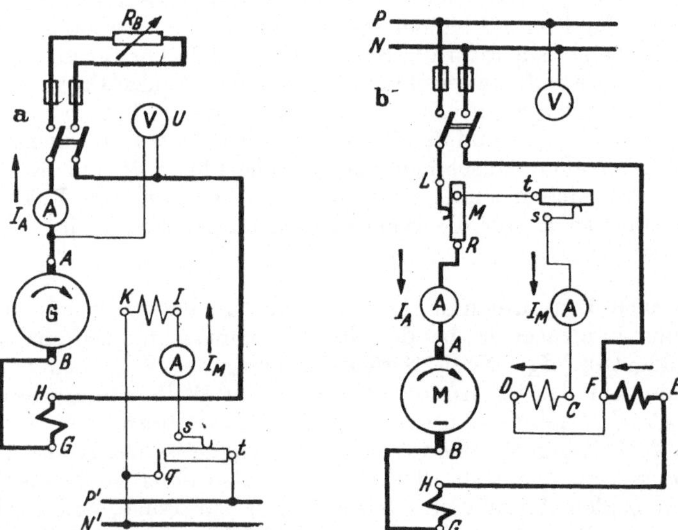

Abb. 135. Schaltbilder von Gleichstrommaschinen: a) fremderregter Generator, b) nebenschlußerregter Doppelschlußmotor, beide mit Wendepolen (und gegebenenfalls Kompensationswicklung).

A—B Anker, *C—D* Nebenschluß-Erreger-Wicklung, *E—F* Reihenschluß-Erreger-Wicklung, *G—H* Wendepol- u. Kompensations-Wicklung, *I—K* Fremderregte Erreger-Wicklung, *L—M—R* Anlasser (*L* an Netz, *M* an Feldwicklung, *R* an Anker), *P—N* Netz, *s—t—q* Feldregler, und zwar *s* an Feldwicklung, *t* an Netz, *q* Endkontakt zum Kurzschluß der Feldwicklung (nur bei Generatoren), R_B Belastungswiderstand.

die verschiedenen Arten von Wicklungen eindeutig festlegen, benutzt man die nach VDE 0570 genormten „Klemmenbezeichnungen". Für Gleichstrom- und Drehstrommaschinen sind die wichtigtsen bei den Abb. 135 und 136 angegeben.

Die beiden Schaltbilder von Gleichstrommaschinen stellen bestimmte Fälle dar, wie unter Abb. 135 angegeben. VDE 0570 enthält eine vollständige Sammlung von Schaltbildern für Generatoren und Motoren mit und ohne Wendepolen, für Rechtslauf und Linkslauf, mit Nebenschluß-, Reihenschluß- und Doppelschlußwicklung. Die in diesem Buche wiedergegebenen Maschinenschaltbilder 135ff. gelten für Rechtslauf. Zum Übergang auf Linkslauf werden die Anschlüsse (die Stromrichtungen) in A—B und H—G vertauscht. Bezüglich der eingebauten Meßgeräte vgl. die folgenden Versuche. Die zu den einzelnen Maschinen gehörenden Schaltkurzzeichen und Schaltzeichen sind im Normblatt DIN VDE 715 zusammengestellt (vgl. die spätere Abb. 152).

c) Inbetriebnahme von Motoren. Vor dem Einschalten eines Motors sind Anlasser und Feldregler in die Anfangsstellung zu bringen: Anlaßwiderstand ganz vorgeschaltet (sofern vorhanden auf Ausschaltkontakt), Feldregler ausgeschaltet (Kurbel an Kontakt t). Dann geht man zur Inbetriebnahme folgendermaßen vor:

1. Überzeugen, daß Netzspannung vorhanden,
2. Hauptschalter einschalten,
3. Anlasser langsam völlig ausschalten (dabei Strommesser beachten, daß zulässiger Anlaßstrom nicht überschritten wird, bei Vollast-Anfahren etwa gleich dem 1,5-fachen Nennstrom bei Motoren zwischen 1,5 und 100 kW),
4. Einstellen der gewünschten Drehzahl durch den Feldregler,
5. Motor belasten und Drehzahl nachregeln.

Läßt sich die Drehzahl mit dem zum Motor gehörenden Regler nicht hinreichend genau einstellen, so schaltet man parallel zu den Reglerklemmen s—t einen größeren Widerstand (z. B. Schiebewiderstand) zur Feinregelung.

Beim Außerbetriebsetzen des Motors kann man umgekehrt vorgehen. Meist schaltet man aber den Hauptschalter alsbald nach dem Entlasten ab. Dann darf man aber die Zurücknahme des Anlassers und auch des Feldreglers nicht vergessen.

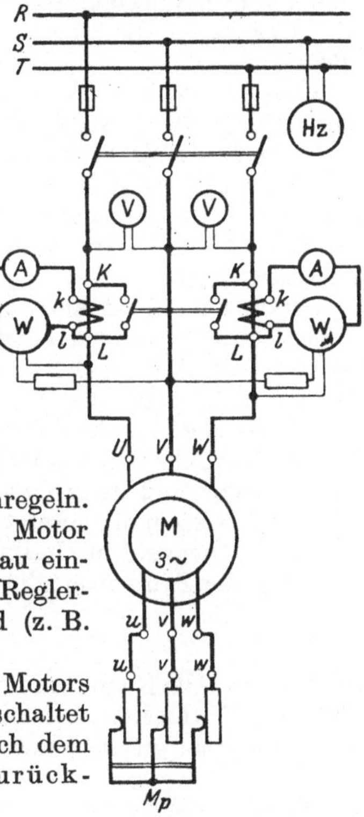

Abb. 136. Meßschaltung eines Drehstrom-Asynchronmotors mit Schleifring-Läufer. R—S—T Netz, Dreileiter-Drehstrom, U—V—W Primäranker (Ständer), u—v—w Sekundäranker (Läufer), auch Anlasser, U—X, V—Y, W—Z bezw. u—x, v—y, w—z für Primär- und Sekundäranker bei offener Wicklung, Mp Mittelpunkt, Sternpunkt, K—L Primärseite der Stromwandler, k—l Sekundärseite der Stromwandler.

71. Belastungsversuche an Motoren.

Für das Verhalten eines Motors im Betrieb sind in erster Linie seine Eigenschaften bei Belastung maßgebend. Man braucht zu deren Beurteilung meist die Drehzahl, den Wirkungsgrad, die Stromstärke und bei Wechselstrommotoren auch den Leistungsfaktor in Abhängigkeit von der abgegebenen mechanischen Leistung oder dem Drehmoment an der Welle. Während Drehzahl, Strom, Leistungsfaktor und elektrisch aufgenommene Leistung unmittelbar gemessen werden können, bedarf die Messung der mechanischen Abgabe und damit auch des Wirkungsgrades meist eines größeren Aufwandes.

71 A. Messung der mechanischen Leistung.

Zur Wirkungsgradbestimmung kann man entweder die aufgenommene und abgegebene Leistung N_1 und N_2 messen („direkte" Verfahren) oder man ermittelt die Verluste und eine der beiden Leistungen („indirekte" Verfahren, vgl. Versuch 72). Für den direkt gemessenen Wirkungsgrad von elektrischen Maschinen unterscheiden die „Regeln für die Bewertung und Prüfung elektrischer Maschinen" (REM)

1. das Leistungsmeßverfahren, bei dem N_1 und N_2 mit elektrischen Meßgeräten festgestellt werden (z. B. bei Umformern),
2. das Bremsverfahren, bei dem die elektrische Leistung elektrisch, die mechanische mit Bremse oder Dynamometer gemessen wird,
3. das Belastungsverfahren, bei dem die elektrische Leistung ebenfalls elektrisch, die mechanische mit einer geeichten Hilfsmaschine gemessen wird.

Bei 2. und 3. ist also die mechanische Leistung zu messen. Bei Bremse und Dynamometer geschieht das über die Messung von Drehmoment und Drehzahl. Dabei vernichtet die Bremse die mechanische Energie bzw. setzt sie unmittelbar (durch Reibung) oder mittelbar (z. B. über elektrische Wirbelstromenergie) in Wärme um, während das mechanische Drehmoment durch ein Dynamometer ungeändert hindurchgeht und dann erst in weiteren Gliedern (z. B. einem elektrischen Generator) umgesetzt wird. Ist M das Drehmoment in mkg und n die Drehzahl in Uml/min, so gilt für die zugehörige mechanische Leistung die Zahlenwertgleichung

$$N = \frac{n}{975} \cdot M \tag{177}$$

für N in kW. Alle Bremsen sind nur an Motoren verwendbar. Generatoren muß man also im Motorbetrieb laufen lassen und so belasten, daß ihre Verluste möglichst gleich denen im Generatorbetrieb sind. Man untersucht daher Generatoren besser mit dem Dynamometer, der Eichmaschine oder durch indirekte Verfahren.

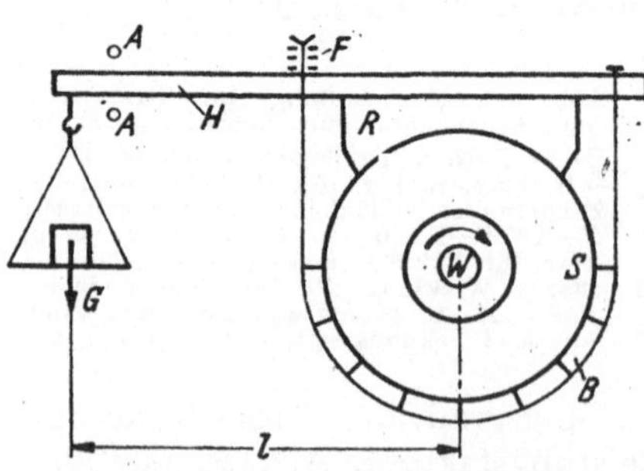

Abb. 137. Schematische Anordnung der Backenbremse.
A Anschläge, B Bremsbelag, F Spannfeder, G Gewicht, H Hebel (Waagebalken), R Bremsbacke, S Bremsscheibe, W Welle.

a) Backen-Bremse (Pronyscher Bremszaum). Diese einfache und betriebssichere Bremsvorrichtung wird besonders bei mittleren Leistungen bis etwa 20 kW angewendet. Nach Abb. 137 wird das zwischen Bremsbelag B und Gegenbacke R einerseits und der Seilscheibe S andererseits erzeugte Drehmoment des Motors durch das Gewicht G im Gleichgewicht gehalten:

$$M = G \cdot l \tag{178}$$

(in mkg, wenn G in kg und l in m gemessen wird), wenn entsprechend große Gewichte G aufgelegt werden. Mitunter sieht man an Stelle von G

auch eine Feder- oder Brückenwaage vor. Nicht ausgeglichene Konstruktionsgewichte (z. B. der Waageschale) sind bei der Berechnung von G zu berücksichtigen. Die Reibung stellt man durch die federnd gelagerte Spannmutter F ein. Um Schwankungen der Reibung auszugleichen, ruhigen Lauf und sauberes Einspielen des Waagebalkens zu erreichen, schmiert man die Seilscheibe und sieht besondere elastistische Glieder vor (selbstregelnde Bremsen).

Da die Bremse auf der Umsetzung der mechanischen Leistung in Wärmeenergie beruht, muß diese Wärme abgeführt werden. Nur bei kleinen Leistungen genügt die Wärmeabgabe durch Strahlung und Konvektion an die umgebende Luft. Im allgemeinen muß man die Wärme durch zusätzliche Wasserkühlung abführen, z. B. durch Einlaufen von Wasser in das Innere der hohlen Bremsscheibe S. Das erwärmte und mit der Scheibe umlaufende Wasser wird durch eine trichterförmige Schöpfvorrichtung wieder aufgenommen und abgeführt, oder man läßt es bis zur Verdampfung erwärmen und ersetzt nur den Dampfverlust.

b) Band- und Seilbremsen sind wie die Backenbremsen Reibungsbremsen. Sie finden besonders bei kleineren Leistungen Verwendung. Ein Band oder Seil wird um eine mit seitlichen Wulsten versehene Scheibe geschlungen. Entweder wird das Seil an beiden Enden mit Gewichten belastet oder man sieht am einen Ende eine Federwaage vor (Abb. 138). Die Größe der Reibung hängt von dem angehängten Gewicht ab. Mit d als Seilscheibendurchmesser und d' als Seil- oder Banddicke ist das Drehmoment (Abb. 138)

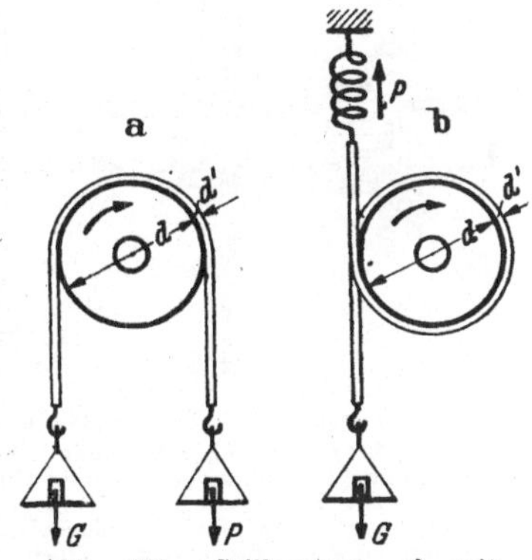

Abb. 138. Seilbremsen. a) mit 2 Gewichten, b) mit Gewicht und Federwaage.

$$M = (G - P)\frac{d + d'}{2}. \qquad (179)$$

Auch hier sind außer den eigentlichen Gewichten die der Armaturen (Seil, Gewichtsschalen) zu berücksichtigen.

Das Drehmoment ist von der Drehzahl praktisch unabhängig, da es nur durch die Reibung bestimmt wird. Wenn die natürliche Luftkühlung nicht ausreicht, ist wie bei der Backenbremse Wasserkühlung vorzusehen.

c) Wirbelbremsen. Am häufigsten kommen bei mäßigen Leistungen Wirbelstrombremsen, bei größeren Leistungen Wasserwirbelbremsen vor. Daneben werden auch Luftwirbelbremsen verwendet. Gemeinsam ist allen Wirbelbremsen, daß das Drehmoment mit der Drehzahl n ansteigt, und zwar mit der 1. bis 2. Potenz von n. Jede Bremse muß also geeicht sein, oder man hängt die nicht rotierenden Teile der Bremse pendelnd auf und mißt das Drehmoment durch Ausbalancieren mit einem Gewicht oder ähnlichem.

Elektrische Wirbelstrombremsen finden sich in Scheiben- und Trommelausführung. Bei der erstgenannten, der Zählerscheibe ähnlichen Anordnung rotiert eine Kupfer- oder Aluminiumscheibe entsprechender Größe zwischen den Polen eines oder mehrerer Elektromagnete. Demgegenüber entsteht die Wirbelströmung bei den Trommelbremsen in der Zylinderfläche des schwungradartigen Rotationskörpers. Die erregenden Magnete stehen der Zylinderfläche gegenüber. In beiden Anordnungen erfahren die Stromfäden in dem sie erzeugenden Magnetfeld Kräfte, die das bremsende Drehmoment bilden. Das gewünschte Moment stellt man durch entsprechende Wahl der Erregung ein. Für genaue Messungen und höhere Drehzahlen muß das Moment der Luftreibung der Bremsscheibe berücksichtigt werden (Messung durch einen besonderen Leerlaufversuch). Bremsen-Ausführungen vgl. Lit. 26.

Flüssigkeitsbremsen (z. B. Wasserwirbelbremsen) finden besonders für größere Leistungen und Drehzahlen Verwendung. Durch schaufelartige Taschen oder ähnliche Mittel werden energieverzehrende Wirbelungen hervorgerufen. Auf dem gleichen Prinzip beruhen Luftwirbelbremsen mit einem festen oder verstellbaren Propeller oder „Bremsklatsche".

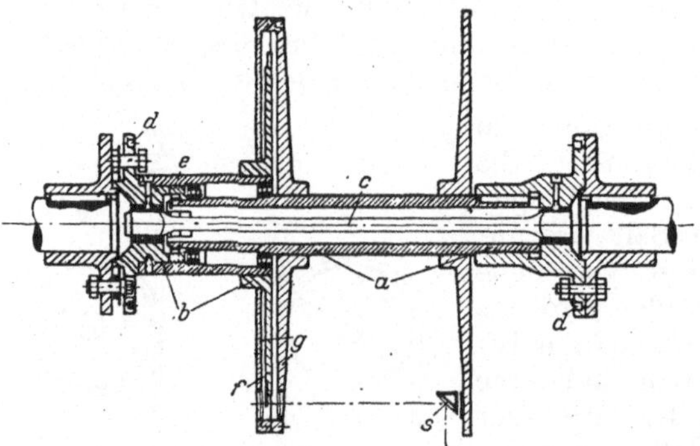

Abb. 139. Optisches Torsionsdynamometer nach Vieweg. *a*, *b* rechter und linker Geräteteil, beide verbunden durch *c* Meßstab (Torsionsstab), *d* Nuten für Balancesteine, *e* Anschläge zur Begrenzung der Verdrehung von *c*, *f* Skalenscheibe, *g* Indexscheibe, *s* Planspiegel. (Entnommen aus „Brion-Vieweg, Starkstrommeßtechnik", Springer-Verlag 1933, S. 277, Abb. 315.)

d) Dynamometer sind Drehmomentmesser, bei denen das hindurchgehende Drehmoment bestimmte Ausschläge oder andere Veränderungen verursacht. Am gebräuchlichsten sind die optischen Torsionsdynanometer nach Abb. 139. Am Motor und Generator sind je ein Geräteteil (a und b) angeflanscht, die in 2 Kugellagern gegeneinander gelagert sind. Das Drehmoment wird durch den aus hochelastischem Federstahl bestehenden Torsionstab c übertragen. Da mithin innerhalb der Grenzen des Meßbereiches Proportionalität zwischen dem Drehmoment und dem Torsionswinkel besteht, ist der gegenseitige Verdrehungswinkel von g und f ein Maß für das Moment. Mittels der Optik wird bei jeder Umdrehung einmal die Lage der Marke an g zur Skala an f beobachtbar. Die Genauigkeit dieser Dynamometer liegt bei etwa 1 · · · 2%.

e) Pendelgeneratoren, auch als Bremsdynamo oder elektrodynamische Leistungswaagen bezeichnet, sind Generatoren, deren Ständer in Kugellagern drehbar („pendelnd") gelagert ist. Mit Ausnahme der Luftreibung, die meist klein ist und außerdem gemessen werden kann, wird das ganze, dem Anker zugeführte Moment auf den Ständer übertragen und kann an diesem ausgewogen oder aber auf eine Neigungswaage übertragen werden.

Als Generatoren wählt man meist Gleichstrommaschinen, jedoch ist bei größeren Leistungen auf die Möglichkeit einer Energie-Rückgewinnung Rücksicht zu nehmen (wichtig bei Dauerprüfungen!). Die Genauigkeit der Leistungsmessung kann ähnlich hoch wie bei den Torsions-Dynamometern sein.

f) Drehzahlmessung. Bei mäßigen Genauigkeitsansprüchen von 0,5 · · · 1,0% genügen die einfachen, betriebssicheren und unmittelbar ablesbaren Hand-Drehzahlmesser oder Tachometer, die die Umdr./min. unmittelbar angeben. Für höhere Ansprüche mißt man getrennt mit einem Zählwerk die Anzahl der Umdrehungen (Stichdrehzähler) und mit einer Uhr die Zeit, wenn hinreichende Konstanz der Drehzahl vorausgesetzt werden kann. Genauer als die Tachometer sind im allgemeinen auch die Tourendynamos, kleine Generatoren mit Permanentmagneten (oder auch sorgfältig eingestellten Elektromagneten), deren EMK der Drehzahl direkt proportional ist. Bei der Eichung wird auch der innere Spannungsabfall alsbald mitberücksichtigt. Den Vorteil einer Drehzahlmessung ohne Eigenverbrauch hat das stroboskopische Verfahren, bei dem der zu untersuchende Motor eine weiße Scheibe mit schwarzen Segmenten und ein Hilfsmotor eine Scheibe mit entsprechenden Ausschnitten hat. Man regelt den Hilfsmotor mit Hilfe dieser Scheibenanordnung in völligen Synchronismus und mißt dann seine Drehzahl mit beliebigem Verfahren.

g) Eichmaschinen gestatten im Gegensatz zu den vorher beschriebenen Einrichtungen die unmittelbare Messung der mechanischen Leistung (Belastungsverfahren nach REM, vgl. die Einleitung zu Abschnitt 71 A). Sie sind für die Untersuchung von Motoren und Generatoren gleich gut geignet. Man mißt ihre elektrische (aufgenommene oder abgegebene) Leistung und entnimmt den Eichkurven die zur eingestellten Drehzahl und Erregung bzw Spannung gehörenden Verlustbeträge, die den Unterschied der mechanischen Leistung zur elektrischen ausmachen. Die Eichung der Maschinen geschieht durch die Verlustbestimmung nach dem Einzelverlustverfahren (indirekte Methode, vgl. Versuch 72). Die vom Generator abgegebene Leistung vernichtet man bei kleineren Leistungen meist in Belastungswiderständen (vgl. Abschnitt 69 B), während man bei größeren Energiemengen Rückarbeiten auf ein Netz anstrebt.

Schrifttum über Bremsen usw.: Lit. 1 (Abschn. V 161), 2, 5, 26, 33, 39.

71 B. Belastungsversuch an einem Gleichstrom-Nebenschluß-Motor.

a) Aufgabe. Die Kennlinien der Drehzahl n, des Wirkungsgrades η und der Strom-Aufnahme I sind an einem Gleichstrom-Nebenschlußmotor ohne Feldregler bei Nenn-Spannung in Abhängigkeit von der abgegebenen (mechanischen) Leistung zwischen etwa Leerlauf und $^5/_4$Last aufzunehmen. Die Messung der mechanischen Leistung soll mit Eichgenerator im Belastungsverfahren erfolgen.

b) Grundlagen. Bei einem Nebenschlußmotor ist — konstante Netzspannung U vorausgesetzt — der Erregerstrom unabhängig von der

Belastung; das Magnetfeld ändert sich also nur durch die Ankerrückwirkung, die bei kompensierten Maschinen nur gering ist. Mit steigender Belastung wird der wirksame Maschinenfluß daher mehr oder weniger abnehmen. Außerdem geht bei zunehmender Ankerstromstärke I_A der innere Spannungsabfall $I_A R_i$ herauf, so daß die EMK E nach Gl. (176b) abnimmt, wenn U konstant ist. Für die Drehzahl hat das nach Gl. (175) zur Folge, daß die Maschine verhältnismäßig starr ist: die drehzahlsteigernde Wirkung des abnehmenden Flusses Φ und die vermindernde Wirkung der fallenden EMK heben sich teilweise auf. Um die Maschine „weicher" (in der Drehzahl nachgiebiger) zu machen, sieht man in der Erregung oft eine Hilfsreihenschlußwicklung vor, die den Fluß bei zunehmender Belastung verstärkt. Dann ergeben sich Drehzahl-Kennlinien wie in Abb. 140.

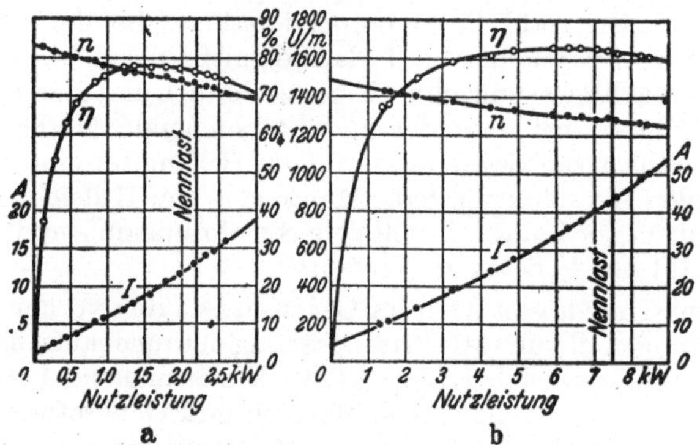

Abb. 140. Kennlinien von Gleichstrom-Nebenschlußmotoren mit Hilfsreihenschlußwicklung für 2,2 kW und 7,5 kW Nennleistung, 220 V Nennspannung.
I Aufgenommener Gesamtstrom in A, n Drehzahl in U/m, η Wirkungsgrad in %.

Für das Zustandekommen der Kennlinie des Wirkungsgrades η ist maßgebend, daß ein Teil der Verluste (insbesondere die Reibungs- und Eisenverluste) nur von Erregung und Drehzahl abhängen, beim Nebenschlußmotor also praktisch unabhängig von der Belastung sind, während die Lastverluste (insbesondere Stromwärmeverluste I^2R) vom Quadrat der Stromstärke abhängen. Bei kleineren Belastungen steigt also der Wirkungsgrad, während er beim Überwiegen von I^2R unter den Verlusten wieder abnimmt. Das Maximum von η liegt etwa vor, wenn die konstanten und die mit I^2 steigenden Verluste gleich sind. Näheres über die einzelnen Verluste und über die Eichkurven des Eichgenerators vgl. bei Versuch 72. Der Wirkungsgrad η ergibt sich aus der Leistungsaufnahme N_1 und Leistungsabgabe N_2 der Maschine zu

$$\eta = \frac{N_2}{N_1}. \tag{180}$$

Alle Ungenauigkeiten bei der Messung von N_1 und N_2 gehen in entsprechender Weise in den Wirkungsgrad ein, machen sich also relativ um so mehr bemerkbar, je höher η ist: „Bei Generatoren und Motoren mit mehr als 85% und bei Umformern mit mehr als 90% Wirkungsgrad ist die direkte Messung unzweckmäßig, weil die wahrscheinlichen Meßfehler dann größer als die Ungenauigkeiten der indirekten Messung sind" (REM).

c) Schrifttum: Lit. 2, 5, 26, 33, 39.

d) Schaltung und Versuchsanordnung. Die früher in Abb. 135b angegebene Schaltung kann hier vereinfacht werden; der Versuchsmotor wird nach Abb. 141 geschaltet. Bei stärker schwankender Netzspannung kann man einen kleinen regelbaren Vorschaltwiderstand vorsehen, sofern ein solcher für die Maschinenstromstärke verfügbar ist. Die Schaltung des Eichgenerators gibt Abb. 135a an.

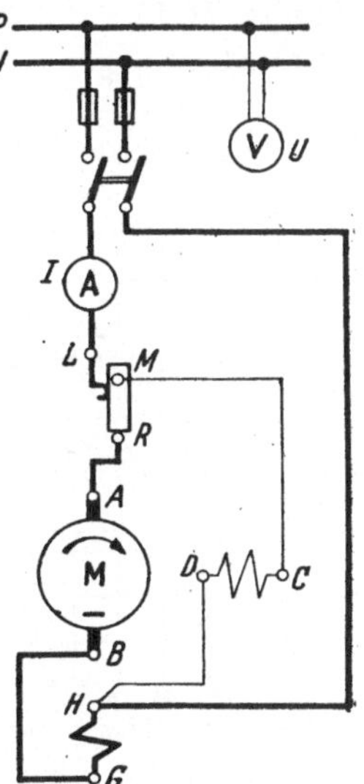

Abb. 141. Nebenschlußmotor für Rechtslauf mit Wendepolen, ohne Feldregler. (Für die Klemmenbezeichnungen vgl. Abb. 135).

e) Versuchsdurchführung. Für das Anlassen vgl. Abschn. 70c). Da Drehzahl und Verluste von den Wicklungstemperaturen abhängen (der warme Motor läuft schneller, die warmen Wicklungen haben höhere Verluste), muß man die Maschine vor Beginn der Messungen hinreichend lange unter Last laufen lassen; bei kleinen Maschinen genügt etwa $^1/_2$ bis 1 h, bei großen Einheiten dauert es mehrere Stunden, bis die Enderwärmung erreicht ist.

Die verschiedenen Belastungsstufen werden durch den Widerstand eingestellt, auf den der Eichgenerator arbeitet. Die unterste Belastungsstufe fährt man mit abgeschaltetem Widerstand, also mit dem Ankerstrom Null des Eichgenerators. Dann ist der Motor nur mit den Leerlaufverlusten des Eichgenerators belastet. Vor jeder Ablesung überzeugt man sich, daß die Netzspannung eingehalten ist und daß der Maschinensatz ruhig läuft. Abgelesen werden jedesmal die Drehzahl n und ferner: am Versuchsmotor Spannung U und Stromstärke I, am Eichgenerator die abgegebene Ankerstromstärke I'_A, die Ankerspannung U' und der Erregerstrom I'_M.

f) Auswertung. Die Ströme und Spannungen ergeben die vom Motor aufgenommene Leistung $N_1 = U\,I$ und die am Eichgenerator abgegebene $N' = U'\,I'_A$. Dann entnimmt man zu jeder Einzelmessung die Größe der Verluste V des Eichgenerators aus dessen Eichkurven (vgl. Versuch 72, Abschnitt f 5). Die vom Motor abgegebene mechanische Leistung ist dann $N_2 = N' + V$. Hieraus und aus N_1 erhält man den Wirkungsgrad η dann nach Gl. (180). Dieser wird zusammen mit der Drehzahl n und dem Strom I nach Art der Abb. 140 aufgetragen.

71 C. Belastungsversuch an einem Drehstrommotor.

a) Aufgabe. Die Kennlinien der Drehzahl n, der Stromaufnahme I, des Wirkungsgrades η und Leistungsfaktors $\cos\varphi$ sind an einem Drehstrom-Asynchronmotor mit Kurzschluß- oder Schleifringläufer bei Nennspannung in Abhängigkeit von der abgegebenen (mechanischen) Leistung zwischen Leerlauf und $^5/_4$ Last aufzunehmen. Als mechanische Belastung ist hier ein Bremszaum, eine Pendelmaschine oder ein Torsionsdynamometer mit beliebigem Belastungsgenerator vorgesehen, so daß also das abgegebene Drehmoment gemessen wird (vgl. Abschnitt 71 A).

b) Grundlagen. Auch das Betriebsverhalten von Drehstrom-Induktionsmotoren kann wenigstens teilweise aus den Gl. (174) und (175) hergeleitet werden. Es sind wieder Φ der Maschinenfluß (des Drehfeldes),

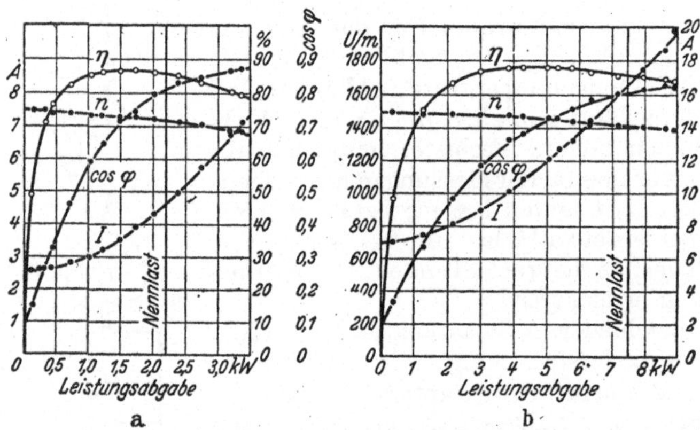

Abb. 142. Kennlinien von Asynchronmotoren:
a) Kurzschlußläufer-Motor für 2,2 kW, 380 V, 1425 U/m und b) Schleifringläufer-Motor für 7,5 kW, 380 V, 1410 U/m Nenndaten. I Aufgenommener Ständerstrom in A, n Drehzahl in U/m, η Wirkungsgrad in %, $\cos\varphi$ Leistungsfaktor.

M das Moment, E und I induzierte EMK und Stromstärke im Läufer. Die Größe n in Gl. (175) ist aber nicht die Maschinendrehzahl, sondern in sinngemäßer Übertragung die Relativdrehzahl des Läufers gegen das hier ebenfalls rotierende (synchron umlaufende) Magnetfeld Φ. Ein steigendes Drehmoment M bremst den Motor und vergrößert daher die als „Schlupfdrehzahl" bezeichnete Relativdrehzahl Läufer gegen Drehfeld, während der Fluß Φ etwa konstant bleibt. Mithin nimmt nach Gl. (175) die im Läufer induzierte EMK E ungefähr proportional mit dem Schlupf zu. Entsprechend steigt auch der Läuferstrom I_2 ($\sim E$), bis das vergrößerte Drehmoment nach Gl. (174) geliefert werden kann. Durch transformatorische Wirkung geht mit dem Läuferstrom dann auch der Ständerstrom I_1 herauf (vgl. die Ähnlichkeit zwischen Transformatordiagramm und Heylandkreis). Bezüglich der Drehzahl ist das Ergebnis also, daß die Maschinendrehzahl n im Gültigkeitsbereich der vorstehenden Betrachtung etwa geradlinig mit dem Drehmoment M bzw. der mechanisch abgegebenen Leistung N_2 abnimmt, wie

Abb. 142 zeigt. Das Kippmoment liegt erst bei höheren Werten oberhalb des dargestellten Bereichs.

Die Kennlinie des Wirkungsgrades hat ebenfalls ähnlichen Verlauf wie beim Gleichstrommotor. Die Begründung dafür entspricht der in Abschnitt b) von Versuch 71 B gegebenen.

Der Leistungsfaktor beginnt bei Leerlauf mit dem niedrigen Wert von etwa 0,1, da der aufgenommene Strom hier überwiegend zur Deckung der Magnetisierung, also für eine Blindleistung gebraucht wird. Mit zunehmender Wirkleistung und damit Wirkkomponente steigt $\cos \varphi$ dann bis zu einem Maximum, das aber meist oberhalb der Nennlast liegt.

c) Schrifttum: Lit. 2, 5, 26, 33, 39.

d) Schaltung und Versuchsanordnung. Der Asynchronmotor wird nach Abb. 136 geschaltet. Handelt es sich um einen Kurzschlußläufer, so bleibt der (unten gezeichnete) Anlaßteil weg. Bei bescheideneren Genauigkeitsansprüchen oder nur orientierenden Messungen kann man sich mit einphasiger Leistungs-, Strom- und Spannungsmessung begnügen (vgl. Abb. 32 und 33). Soll doch zweiphasig gemessen werden und steht nur 1 Gerätesatz zur Verfügung, so schaltet man diesen nach Abb. 35b) um. Dabei ist sehr auf Konstanz aller Meßgrößen, insbesondere der Netzspannung zu achten.

Die Drehzahl kann mit Tachometer oder ähnlichem gemessen werden. Ein besonders genaues und dabei einfaches Verfahren ist hier das stroboskopische, das unmittelbar den Schlupf mißt. Man bringt dazu auf der Motorwelle eine Scheibe mit ebensoviel weißen und schwarzen Sektoren an, als die Polzahl $2p$ des Motors beträgt. Die Scheibe wird dann von einer Lampe (möglichst Glimmlampe) beleuchtet, die an derselben Netzfrequenz liegt, aus der der Motor gespeist wird. Die (scheinbare) Drehung der Sektoren auf der Scheibe gibt dann unmittelbar die Schlupfdrehzahl n_s als Differenz. Bei nicht zu großen Belastungen und nicht zu kleinen Maschinen kann man die Schlupfumdrehungen u_s mit dem bloßen Auge zählen. Stoppt man die zugehörige Zeit t_s, so ist die Schlupfdrehzahl (Zahlenwertgleichung!)

$$n_s = \frac{u_s}{t_s} \cdot 60 \tag{181}$$

in U/min mit t_s in sec. Hieraus und aus der synchronen Drehfelddrehzahl

$$n_0 = \frac{60\,f}{p} \tag{182}$$

(in U/min mit f in Hz und p als Zahl der Polpaare) ergibt sich die Läuferdrehzahl zu

$$n = n_0 - n_s \tag{183}$$

mit relativ hoher Genauigkeit, sofern die Netzfrequenz f sicher genug bekannt ist.

Für die zur Messung des Drehmomentes zu benutzende Bremse, Pendelmaschine oder Torsionsdynamometer vgl. Abschnitt 71 A.

e) Versuchsdurchführung. Für das Anlassen vgl. Abschn. 70c). Zunächst muß der Motor warm laufen, da Verluste und Schlupf von der

Wicklungstemperatur abhängen. Dann stellt man verschiedene Belastungen ein: bei der Reibungsbremse durch entsprechendes Anziehen der Bremsbacken bzw. des Bremsbelages, bei Pendelgenerator und Torsionsdynamometer durch Belastung des Generators.

Vor jeder Ablesung überzeugt man sich, daß die Netzspannung eingehalten ist und daß der Maschinensatz (besonders die Reibungsbremse!) ruhig läuft. Abgelesen werden dann jeweils die elektrischen Meßgeräte des Drehstrommotors; gleichzeitig wird die Bremse bzw. Pendelmaschine ausgewogen oder das Torsionsdynamometer abgelesen. Bei Drehzahlmessung über Schlupfmessung soll man die Umdrehungen u_s etwa 1,5 bis 2 min lang zählen. Jede Einzelmessung erfordert also eine längere Zeit, so daß auf Konstanz von Netzspannung und Netzfrequenz während der Meßzeit besonders zu achten ist.

f) Auswertung. Aus den abgelesenen Spannungen U', U'', Strömen I', I'', Leistungen N', N'' in den beiden Phasen des Drehstrommotors ergeben sich

die mittlere Maschinenstromstärke $I = \frac{1}{2}(I' + I'')$

und der Leistungsfaktor $\cos\varphi = \frac{N' + N''}{U \cdot I \cdot \sqrt{3}}$,

wo $U = \frac{1}{2}(U' + U'')$ ist. Für die Summe $N' + N''$ vgl. Abschnitt 20e). Aus der Schlupfdrehzahl n_s nach Gl. (181) und der Frequenz ergibt sich nach Gl. (182) und (183) die Drehzahl n. Mit dieser und dem ausgewogenen Drehmoment M nach Gl. (178) erhält man nach Gl. (177) die mechanische Leistung N_2 und schließlich aus dieser und aus $N_1 = N' + N''$ mit Gl. (180) den Wirkungsgrad.

71 D. Belastungsversuch an einem Universalmotor.

a) Aufgabe. Die Kennlinien der Drehzahl n, der Stromaufnahme I, der abgegebenen mechanischen Leistung N_2, des Wirkungsgrades η und bei Wechselstrom des $\cos\varphi$ sind an einem Universalmotor bei Nennspannung und Gleich- und Wechselstrom in Abhängigkeit vom abgegebenen Drehmoment aufzunehmen. Für die Messung der mechanischen Leistung soll eine Seil- oder Bandbremse nach Abb. 138 verwendet werden.

b) Grundlagen. Die Universalmotoren sind kleine Reihenschlußmotoren, die an Gleich- und Wechselstrom betrieben werden können und die hohe Leerlaufdrehzahl mechanisch noch aushalten. Ihr Drehzahlverhalten zeigt im Gegensatz zum Gleichstrom-Nebenschluß- und Drehstrom-Asynchron-Motor eine starke Abnahme mit der Belastung. Das rührt daher, daß das Hauptfeld vom Ankerstrom erzeugt wird. Bremst also ein größer werdendes Moment den Motor ab, so hat das wie beim Gleichstrom-Nebenschlußmotor (Versuch 71 B) nach Gl. (175) eine Abnahme von E, damit nach Gl. (176b) ein starkes Ansteigen von I_A und Φ, also nach Gl. (174) eine nahezu quadratische Momentenzunahme zur Folge. Da mit Φ nach Gl. (175) aber E wieder steigt, bleibt die Drehzahl n stark herabgesetzt: nachgiebiges Reihenschlußverhalten des Motors, wie es in den beiden Drehzahlkennlinien der Abb. 143 auch zu erkennen ist. Wegen des zusätzlichen induktiven Widerstandes nimmt die Drehzahl bei Wechselstrom stärker als bei Gleichstrom ab, so daß die abgegebene Leistung N nach großen Momenten hin nicht nur nicht mehr steigt, sondern wieder abnimmt. Das überhaupt mögliche Leistungsmaximum ist in Abb. 143b) nur gut 50% größer als die Nennleistung, während die abgegebene Leistung bei Gleichstrom zunächst noch weiter steigt.

Der Wirkungsgrad der kleinen Universalmotoren ist niedrig, im Beispiel der Abb. 143 liegt das Maximum bei nur 30%. Die Begründung für den Verlauf ist dieselbe wie beim Nebenschlußmotor (vgl. Versuch 71 B).

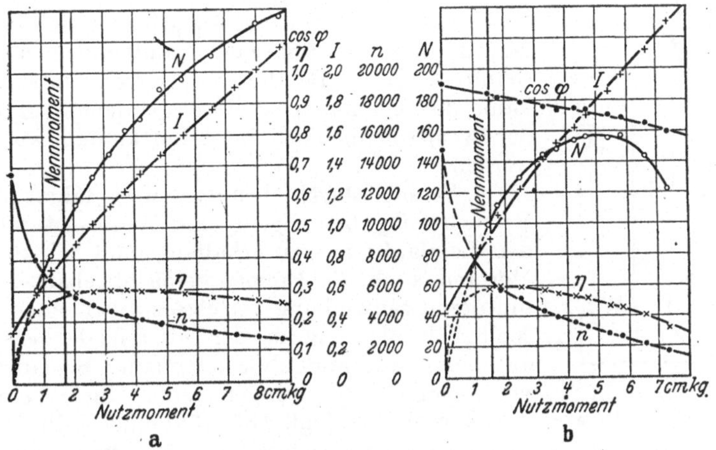

Abb. 143. Kennlinien eines Universalmotors bei Gleichstrom (a) und Wechselstrom (b) für 100 W, 220 V, 0,8/0,9 A, 6000 U/m.
I Aufgenommener Strom in A, N Leistungsabgabe in W, n Drehzahl in U/m, η Wirkungsgrad in %, $\cos\varphi$ Leistungsfaktor.

Der Leistungsfaktor ist verhältnismäßig hoch und nimmt erst bei größeren Belastungen langsam ab.

c) **Schrifttum:** Lit. 2, 5, 26, 33, 39.

d) **Schaltung und Versuchsanordnung.** Wegen der kleinen Leistung der Universalmotoren können sie an Gleich- und Wechselstrom meist ohne Anlasser eingeschaltet werden. Es ergibt sich die einfache Schaltung nach Abb. 144. Den Anschluß der Spannungspfade macht man vor den Strom-Meßspulen, da dann der Fehler durch den Eigenverbrauch der Meßgeräte kleiner ist (vgl. z. B. die Motordaten bei Abb. 143). Bei sehr kleinen Motoren muß man diesen Eigenverbrauch berücksichtigen.

Steht bei Kleinstmotoren kein Leistungsmesser hinreichend kleinen Meßbereichs zur Verfügung, so kann man für die Wechselstrommessungen mit „Aufwärts"-Stromwandlern, z. B. $^1/_5$ A, arbeiten, sofern solche vorhanden oder beschaffbar sind. Je kleiner im übrigen die Maschinenstromstärke und damit die Strommeßbereiche werden, desto größer ist der Spannungsabfall in den Stromspulen, so daß sich die am Motor liegende Klemmenspannung von der des Netzes und bei der Schaltung nach Abb. 144 auch von der gemessenen merklich unterscheidet. Man muß dieses im Hinblick darauf berücksichtigen, daß die Klemmenspannung des Motors möglichst (!) gleich der Nennspannung sein soll.

Die Drehzahlmessung kann bei Kleinstmotoren auch zu Fehlern führen, wenn man Tachometer oder ähnliches benutzt, die einen dann nicht mehr vernachlässigbaren Eigenverbrauch haben. Ist dieser bekannt, so läßt er sich als Zusatz-Drehmoment zum Bremsmoment berücksichtigen. Sonst wählt man z. B. das stroboskopische Meßverfahren, das keinen Eigenverbrauch hat (vgl. Abschnitt 71 Af).

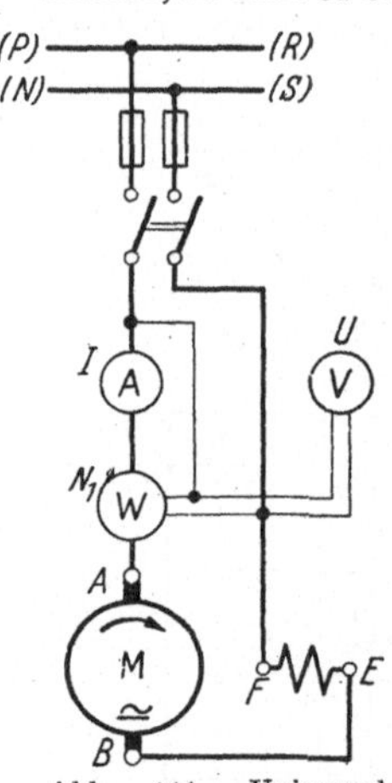

Abb. 144. Universalmotor (Reihenschlußmotor) ohne Wendepole für Gleich- und Wechselstrom in Schaltung für Rechtslauf. (Für die Klemmenbezeichnungen vgl. die Abb. 135 und 136.)

Zur Drehmomentmessung eignet sich bei kleinen Motoren die Seil- oder Bandbremse nach Abschnitt 71 A b). Bei Leistungen von einigen 10 W kann die Bremswärme durch einfaches Anblasen der Bremsscheibe, also durch Luftkühlung abgeführt werden.

e) Versuchsdurchführung. Man fährt je eine Versuchsreihe bei Gleich- und Wechselstrom. Um den Leerlaufpunkt zu erhalten, muß bei kleineren Motoren auch die Bremsscheibe abgebaut werden, um deren Luftreibungsverluste zu vermeiden (überschlägliche Messung aus der Differenz der Leistungsaufnahme mit und ohne angebaute Scheibe). Die verschiedenen Belastungen werden durch Verändern des Gewichts G (vgl. Abb. 138) eingestellt.

Vor den Versuchsreihen läßt man den Motor unter Last warm laufen (etwa $^1/_4 \cdots {}^1/_2$ h). Durch Vorversuche bestimmt man, ob der Meßgeräteigenverbrauch berücksichtigt werden muß und ob die Nennspannung an den Motorklemmen vorhanden ist. Vor jeder Einzelablesung ist außerdem der mechanische Lauf von Motor und Bremse zu kontrollieren. Abgelesen werden bei jeder Messung Strom und Spannung (Leistung nur bei Wechselstrom), ferner Drehzahl und die Gewichte bzw. Kräfte G und P (vgl. Abb. 138). Bei schwankender Netzspannung ist besonders darauf zu achten, daß alle Ablesungen gleichzeitig gemacht werden (gegebenenfalls durch 2 Beobachter).

f) Auswertung. Stromstärke, Drehzahl und bei Wechselstrom auch die Leistung sind unmittelbar abgelesen, müssen nur gegebenenfalls um den Eigenverbrauch der Meßgeräte korrigiert werden. Bei Gleichstrom ergibt sich die elektrische Leistung zu $N_1 = U\,I$, bei Wechselstrom der Leistungsfaktor zu $\cos\varphi = N_1 : (U\,I)$. Den Wirkungsgrad η erhält man endlich aus Gl. (180) mit der mechanisch abgegebenen Leistung N_2 aus Gl. (177) mit (179). Alle Größen werden nach Art der Abb. 143 über dem Drehmoment M aufgetragen.

72. Einzelverlustverfahren zur Wirkungsgradbestimmung.

a) Aufgabe. Verluste und Wirkungsgrad eines Gleichstrom-Nebenschluß-Generators sind im Einzelverlustverfahren für $^1/_4$, $^2/_4$, $^3/_4$, $^4/_4$ und $^5/_4$ Last zu bestimmen. Die Verluste sind außerdem in einer für die Verwendung der Maschine als Eichgenerator geeigneten Form kurvenmäßig darzustellen.

b) Grundlagen. Das Einzelverlustverfahren ist sehr eingehend behandelt in VDE 0530 „Regeln für die Bewertung und Prüfung von elektrischen Maschinen" (REM). Hiernach unterscheidet man bei den Verlusten einer Gleichstrommaschine:

I. Leerverluste V_l, und zwar

α) Verluste im Eisen, in anderen Metallteilen und in der Isolierung bei Leerlauf (sog. Eisenverluste V_e),

β) Verluste durch Lüftung, Lager- und Bürstenreibung (Reibungsverluste V_r),

II. Erregungsverluste, und zwar

γ) Stromwärmeverluste V_m in Nebenschluß- und fremderregten Erregerkreisen,

III. Lastverluste V_b, und zwar

δ) Stromwärmeverluste V_w in Anker- und Reihenschlußwicklungen,

ε) Bürstenübergangsverluste $V_ü$ am Kommutator,

η) Zusatzverluste V_z, d. s. alle oben nicht genannten Verluste.

Der Verlust bei Leerlauf ist immer größer als der Leerverlust V_l.

Der Betriebszustand einer Gleichstrom-Nebenschluß-Maschine wird bestimmt durch den Erregerstrom I_M, die Drehzahl n und den Ankerstrom I_A. Von diesen 3 Größen hängen auch die Verluste ab und zwar

$$V_e = f(I_M, n);\quad V_r = f(n);\ \text{also}\ V_l = f(I_M, n)$$
$$V_M = f(I_M) \tag{184}$$
$$V_w = f(I_A);\quad V_ü = f(I_A);\quad V_z = f(I_A);\ \text{also auch}\ V_b = f(I_A)$$

Streng genommen hängen V_e und V_l vom Magnetfluß ab, der wegen der Ankerrückwirkung nicht allein von I_M bestimmt ist. Auch ist V_z mit durch Fluß und Drehzahl bestimmt. Im Hinblick auf die überhaupt nur erreichbare Genauigkeit sind die betrieblich bequemen Ausdrücke (184) aber ausreichend.

Bestimmung der Leerverluste. Von den in den REM vorgesehenen Verfahren benutzen wir das Motorverfahren, bei dem die Maschine leerlaufend als Motor betrieben wird. Für die Messung der Leerverluste bei Nennbetrieb schließt man an eine Spannung an, die bei einem Generator gleich Nennspannung zuzüglich, einem Motor gleich Nennspannung abzüglich des Ohmschen Spannungsabfalls ist und erregt so, daß die Nenndrehzahl erreicht wird.

2. Bestimmung der Erregungsverluste. Nach den REM werden „die Stromwärmeverluste im Erregerstromkreis entweder als

Produkt aus Erregerspannung und Erregerstrom oder aus dem mit Gleichstrom gemessenen Widerstand berechnet". Dieser ist in den betriebswarmen Zustand umzurechnen; das ist nach REM „die Temperatur, die die Maschine am Ende des Probelaufes bei Nennbetrieb annimmt, wenn während seiner Dauer die mittlere Raum- oder Kühlmitteltemperatur 20° C betragen hat. Wird die Endtemperatur nicht unmittelbar durch Messung festgestellt, so ist sie für die Umrechnung mit 75° C einzusetzen".

3. Bestimmung der Lastverluste. Die Stromwärmeverluste V_W werden wie die Erregungsverluste aus den mit Gleichstrom gemessenen Widerständen errechnet (betriebswarm! Gegebenenfalls auf 75° C umrechnen!). Auch die Bürstenübergangsverluste V_b werden berechnet, und zwar mit einem Spannungsabfall unter einer Bürstenpolarität von 1,0 V bei Kohle- und Graphitbürsten und von 0,3 V bei metallhaltigen Bürsten. Für die Zusatzverluste nehmen die REM in ausreichender Genauigkeit an, daß sie „proportional dem Quadrat der Stromstärke sind" und bei Vollast und bei kompensierten Gleichstrommaschinen 0,5%, bei nichtkompensierten mit oder ohne Wendepolen 1% von der elektrischen Nenn-Leistung betragen (also von der Abgabe bei Generatoren, und von der Aufnahme bei Motoren). Nach den REM verzichtet man also ganz auf eine Messung der Bürstenübergangs- und Zusatzve luste, sondern schätzt sie.

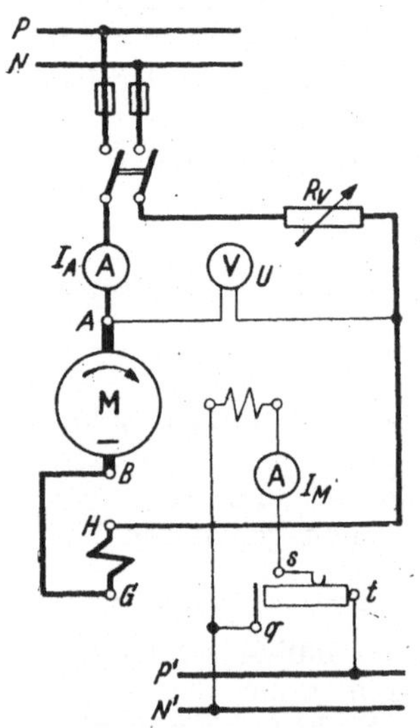

Abb. 145. Schaltung zur Messung der Leerverluste. (Für die Klemmbezeichnungen vgl. Abb. 135.)

R_V Regelbarer Vorschaltwiderstand (gleichzeitig Anlasser).

c) Schrifttum: Lit. 2, 5, 26, 33, 46, 48, 52; ferner REM (vgl. oben.)

d) Schaltung und Versuchsanordnung. Zur Bestimmung der Leerverluste wird die Maschine nach Abb. 145 als Motor angeschlossen (auf richtige Drehrichtung achten, vgl. das Schaltbild am Motor!). Um die zugeführte Klemmenspannung regeln zu können, legt man vor die Maschine noch einen ausreichend großen Vorschaltwiderstand R_V oder (bei kleinen Einheiten) auch einen Spannungsteiler. Sind die in Frage kommenden Ströme mit Widerständen nicht zu beherrschen, so empfiehlt sich die Entnahme der Energie aus einem LEONARD-Satz (vgl. Abb. 152).

Die Widerstandsmessungen an Erreger-, Anker- und Reihenschlußwicklungen zur Bestimmung der Stromwärmeverluste unter γ) und δ) von Abschnitt b) macht man aus Stromstärke und Spannung nach Versuch 31 A. Es wird im kalten Zustand gemessen. Der Ankerwiderstand wird nicht an den Bürsten, sondern unmittelbar an den Kommutatorlamellen gemessen, um den Spannungsabfall unter den Bürsten zu vermeiden. Strom- und Spannungsanschlüsse werden durch auf die Lamellen aufgesetzte Spitzen hergestellt, wobei darauf zu achten ist, daß die Spannungsspitzen nach den Stromspitzen aufgesetzt und vor ihnen abgenommen werden.

Der Betriebswiderstand R_A des Ankers ist bei Wellenwicklung gleich dem Widerstand zwischen zwei um eine Polteilung voneinander entfernten Lamellen; bei eingängigen Schleifenwicklungen ist der so gemessene Wert noch mit $1 : (2p - 1)$ zu multiplizieren ($2p$ Polpaarzahl), um den Ankerwiderstand R_A zu erhalten.

e) Versuchsdurchführung. Man beginnt vor Inbetriebnahme der Maschine mit der Messung der kalten Widerstände aus Strom und Spannung nach Versuch 31 A unter Berücksichtigung des eben Gesagten für den Ankerwiderstand R_A. Auch bei den übrigen Widerständen sorge man wegen deren hoher Induktivität dafür, daß die Spannungsmesser beim Aus- und Einschalten des Stromes nicht angeschlossen sind.

Die Bestimmung der Leerverluste in der Schaltung Abb. 145 nimmt man am besten für bestimmte Drehzahlen abhängig vom Erregerstrom I_M vor. Man beginnt mit der Versuchsreihe für Nenndrehzahl und zwar mit einer Klemmenspannung U, die etwa 20% über der Nennspannung liegt. Der Erregerstrom wird dann von Messung zu Messung auf immer kleinere Werte eingestellt; gleichzeitig setzt man die Klemmenspannung U mittels des Vorschaltwiderstandes R_V jedesmal so weit herab, daß die Drehzahl konstant bleibt. Die Meßreihe wird so lange fortgeführt, bis die Stabilitätsgrenze der Maschine erreicht ist.

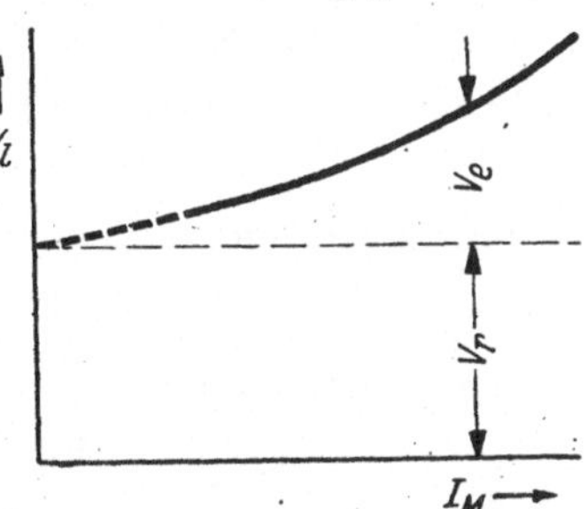

Abb. 146. Eisen- und Reibungsverluste V_e und V_r abhängig vom Erregerstrom I_M bei konstanter Drehzahl.

Dann wird wieder auf vollen Erregerstrom I_M gegangen und U so weit heraufgeregelt, daß die neue Drehzahl, für die man die nächste Kennlinie aufzunehmen wünscht, eingestellt ist. Für diese wird die gleiche Meßreihe durchgeführt, und so fort für verschiedene Drehzahlen n (vgl. Abb. 146). Abgelesen wird jedesmal I_A, U, I_M und die Drehzahl n.

f) Auswertung. Verlangt war die Ermittelung des Wirkungsgrades für $^1/_4 \cdots {^5/_4}$-Last und die Zusammenstellung von Eichkurven.

1. Leerverluste. Die vom Anker aufgenommene Leerlaufleistung $N_0 = U \cdot I_{A_0}$ mit I_{A_0} als gemessenem Leerlaufstrom deckt die Leerverluste $V_l = V_e + V_r$ und die Lastverluste des kleinen Stromes I_{A_0}. Mit R_A als Ankerwiderstand, R_W als Widerstand der Wendepolwicklung (gegebenenfalls einschließlich Kompensationswicklung) und U_b a Bürstenspannungsabfall ist

$$\begin{aligned} V_l &= N_0 - [I_{A_0}^2 (R_A + R_W) + I_{A_0} \cdot U_b] \\ &= I_{A_0} [U - I_{A_0} (R_A + R_W) - U_b]. \end{aligned} \tag{185}$$

Dabei ist für R_A und R_W der Wert im kalten Zustand einzusetzen, da die Wicklungen durch den kleinen Leerlaufstrom I_{A_0} kaum erwärmt werden. Zusatzverluste sind hier vernachlässigbar. U_b ist gleich 2 V (bzw. bei metallhaltigen Bürsten 0,6 V), da ja 2 Polaritäten in Reihe geschaltet sind.

Aus den gemessenen I_{A_0} und U wird für jede Einzelmessung der Leerverlust V_l nach Gl. (185) berechnet und dann in Kurven nach Abb. 146 über dem Erregerstrom I_M aufgetragen. Sind mehrere Meßreihen bei verschiedenen Drehzahlen n durchgeführt, so ergibt sich entsprechend eine Kurvenschar. Abb. 146 zeigt noch, wie die Eisen- und Reibungsverluste getrennt werden können: Da V_r unabhängig von I_M ist, schneidet die nach $I_M = 0$ extrapolierte Kurve $V_l = V_e + V_r$ die Reibungsverluste V_r an der Ordinatenachse ab.

2. Erregungsverluste. Der gemessene kalte Widerstand R_k bei der Temperatur ϑ_k wird auf 75° C umgerechnet. Dann gilt für den Widerstand R_{75} bei 75° C:

$$R_{75} = R_k \frac{\gamma + 75}{\gamma + \vartheta_k}, \tag{186}$$

wo $\gamma = 235°$ bei Kupfer und $\gamma = 245°$ bei Aluminium ist (nach REM). Dann ist der Erregungsverlust bei einem Erregerstrom I_M:

$$V_M = I_M^2 \cdot R_{M_{75}}, \tag{187}$$

wenn R_M der Widerstand der Erregerwicklung ist.

3. Lastverluste. Für die Ermittelung der Stromwärmeverluste sind R_A und R_W ebenfalls nach Gl. (186) auf 75° C umzurechnen. Für einen bestimmten Laststrom I_A ist dann

$$V_W = I_A^2 (R_A + R_W). \tag{188}$$

Der Bürstenübergangsverlust ist bei Kohle- oder Graphitbürsten, die bei Gleichstrommaschinen praktisch ausschließlich verwendet werden,

$$V_ü = 2 \cdot I_A \tag{189}$$

(in W mit I_A in A; Zahlenwertgleichung!). Endlich gilt nach früherem für den Zusatzverlust

$$V_z = (0{,}005 \text{ bzw. } 0{,}01) \cdot \frac{I_A^2}{I_{An}^2} \tag{190}$$

für kompensierte bzw. nichtkompensierte Maschinen (vgl. oben Abschnitt b 3), wenn I_A der jeweilige Ankerstrom und I_{An} der Nennstrom (entsprechend der Nennleistung) ist.

4. Wirkungsgrad. Für jeden der 5 Belastungsfälle $^1/_4$, $^2/_4$, $^3/_4$, $^4/_4$, $^5/_4$ Last bildet man die Verlustsumme

$$\Sigma V = V_l + V_m + V_w + V_ü + V_z \tag{191}$$

aus den Gl. (185) bis (190). Bei V_l wird in Gl. (185) für U die Nennspannung und die zu dieser gehörende Leerlaufstromstärke I_{A_0} bei Nenndrehzahl gesetzt. V_l ist bei allen Belastungen (nahezu) konstant. Für V_m entnimmt man I_M ebenfalls dem entsprechenden Versuch. Soll die kleine, aber merkliche Änderung von I_M mit der Belastung (entsprechend der Änderung der EMK) berücksichtigt werden, so entnimmt man I_M der Leerlaufkennlinie nach Versuch 73 A. Für die Berechnung von V_w, $V_ü$ und V_z wird ein Ankerstrom entsprechend dem Lastbruchteil $^1/_4$ usw. eingesetzt. Aus ΣV und der elektrischen Leistungsabgabe

$$N_2 = U\,(I_A - I_M) \tag{192}$$

des Generators ergibt sich dann der Wirkungsgrad zu

$$\eta = \frac{N_2}{N_1} = \frac{N_2}{N_2 + \Sigma V}\,. \tag{193}$$

Mit den 5 berechneten η-Werten zeichnet man dann die Wirkungsgradkurve abhängig von der abgegebenen Leistung N_2.

5. Eichkurven. Um den Generator als Eichmaschine (etwa in Versuch 71 B) verwenden zu können, braucht man seine Verluste bei den verschiedenen vorkommenden Belastungsverhältnissen. Zunächst eliminiert man die Erregungsverluste dadurch, daß man den Eichgenerator fremd erregt. Dann ist V_e nicht von dem antreibenden Versuchsmotor zu decken. Um die mechanisch aufgenommene Leistung des Eichgenerators zu erhalten, ist von seiner elektrisch abgegebenen Leistung also nur $V_l = V_e + V_r$ und $V_b = V_w + V_ü + V_z$ abzuziehen. Man entnimmt hierfür V_l der schon oben unter f 1) erhaltenen Kurvenschar in Abhängigkeit von I_M und n; für V_b zeichnet man eine Kurve der Summe $V_w + V_ü + V_z$ in Abhängigkeit von I_A. Je nach den am Eichgenerator vorhandenen Werten von I_M, n und I_A sind die Verluste also den Kurven sofort zu entnehmen.

73. Spannungskennlinien von Generatoren.

Die Klemmenspannung U eines Generators ist einmal durch die Größe der induzierten EMK und zum anderen durch den inneren Spannungsabfall bestimmt. Die EMK E hängt nach Gl. (175) von Drehzahl und Magnetfluß ab, wobei dieser durch den Erregerstrom I_M bestimmt ist. Bei konstanter Drehzahl ist die Funktion $E = f\,(I_M)$ die Leerlaufkennlinie der Maschine. Für die Klemmenspannung U gilt beim Gleichstromgenerator dann Gl. (176a): bei gegebener EMK (bzw. Erregung) ist $U = f\,(I)$ die Belastungskennlinie der Maschine, wo I den abgegebenen Maschinenstrom bedeutet.

73 A. Aufnahme von Leerlaufkennlinien.

a) Aufgabe. Die Leerlaufkennlinie $E = f\,(I_M)$, also EMK abhängig vom Erregerstrom, ist an einem Gleichstrom-Nebenschlußgenerator, fremderregten Gleichstrom- oder Wechselstrom-Synchrongenerator aufzunehmen.

b) Grundlagen. Da der magnetische Kreis von elektrischen Maschinen eisengeschlossen ist, besteht keine Proportionalität zwischen magnetischer Feldstärke bzw. Erregerstrom einerseits und magnetischer Induktion, Fluß und EMK andererseits. Die Leerlaufkennlinie $E = f\,(I_M)$ ist gekrümmt und zwar um so mehr, je höher die Sättigung bzw. der Anteil der Eisen-AW an der ganzen Durchflutung ist. Da sich mithin in der Leerlaufkennlinie die Eisenmagnetisierung abbildet, erhält man entsprechend der Hystereseschleife beim Aufwärts-Magnetisieren kleinere

Fluß- und Spannungswerte als beim Abwärts-Magnetisieren. Außerdem ist im allgemeinen auch beim Erregerstrom Null schon eine EMK vorhanden, die „Remanenzspannung“ (Abb. 147). Bei Gleichstrommaschinen ist das Vorhandensein der Remanenzspannung die Voraussetzung für die Möglichkeit der Selbsterregung.

c) Schrifttum: Lit. 2, 5, 26, 33, 39.

d) Schaltung und Versuchsanordnung. Auch beim Nebenschlußgenerator wird die Leerlaufkennlinie in Fremderregungsschaltung aufgenommen. Die Schaltung erfolgt bei Gleichstrommaschinen also nach Abb. 135a), wobei Strommesser I_A, Schalter, Sicherungen und Belastungswiderstand R_B entfallen. Den Spannungsmesser schließt man unmittelbar an die Maschinenklemmen A—B an, sofern diese zugänglich sind. Die Bürsten werden zur Aufnahme der Leerlaufkennlinie in Betriebsstellung gebracht bzw. belassen. Bei Synchrongeneratoren ist die Schaltung des Erregerkreises dieselbe wie in Abb. 135a). Bei dreiphasigen Maschinen sieht man dann 3 Spannungsmesser (oder einen an den 3 Phasen umschaltbaren) vor und bildet den Mittelwert. Als Antriebsmaschine verwendet man einen Gleichstrom-Nebenschlußmotor zum genauen Einstellen und Konstanthalten der Drehzahl mit Nebenschlußregler (vgl. Abb. 135b). Meßgeräte brauchen am Antriebsmotor nicht vorgesehen zu werden.

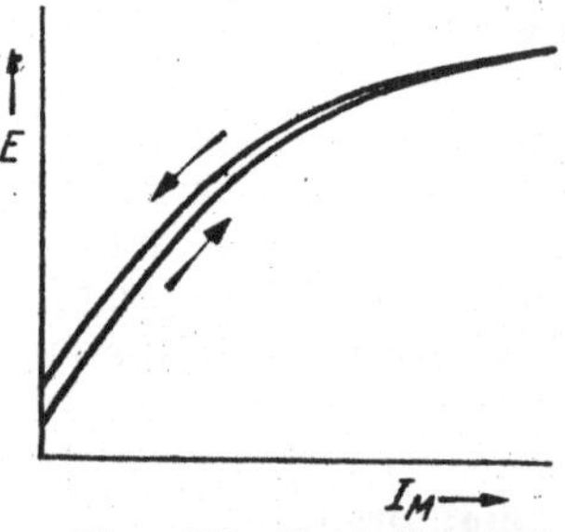

Abb. 147. Leerlaufkennlinie eines fremderregten Gleichstrom-Generators. E EMK, I_M Erregerstrom.

e) Versuchsdurchführung. Man bringt den Maschinensatz zunächst auf Nenndrehzahl (Anlassen des Motors nach Abschnitt 70c). Diese wird während des ganzen Versuchs laufend überwacht und konstant gehalten. Man kontrolliere, ob die Drehrichtung der normalen des Generators entspricht. Dann regelt man zunächst einmal auf vollen Erregerstrom herauf und schaltet den Erregerstrom wieder ab. Nun wird die Remanenzspannung gemessen und dann durch stufenweises Steigern und dann wieder Vermindern des Erregerstromes die Leerlaufkennlinie in beiden Ästen nach Abb. 147 aufgenommen. Dabei setzt man die mit dem Spannungsmesser gemessene Klemmenspannung gleich der EMK, da die inneren Spannungsabfälle bei der geringen Belastung durch den Spannungsmesser vernachlässigt werden können. Die Leerlaufkennlinie soll möglichst bis 10 · · · 20% über Nennspannung der Maschine aufgenommen werden.

f) Auswertung. Die EMK wird nach Abb. 147 abhängig vom Erregerstrom aufgetragen. Bei Gleichstrommaschinen kann man von allen Werten 2 V für den Bürstenspannungsabfall absetzen. Die Remanenzspannung gibt man besonders an (gegebenenfalls mit besonderem Spannungsmesser kleineren Meßbereichs messen!).

73 B. Belastungskennlinien eines Gleichstrom-Doppelschluß-Generators.

a) Aufgabe. Die Abhängigkeit der Klemmenspannung vom Belastungsstrom I ist an einem Gleichstrom-Doppelschluß-Generator aufzunehmen und zwar bei Summen- und Gegenschaltung der Reihenschlußwicklung und ohne diese. Dabei ist die Drehzahl konstant zu halten. Der Regler ist so einzustellen, daß der Generator bei Vollast (Nennlast) ohne Reihenschlußwicklung die Nennspannung als Klemmenspannung abgibt.

b) Grundlagen. Die „Belastungskennlinie", auch „äußere" Kennlinie genannt, ist die Kurve $U = f(I)$. Bei fremderregten oder Nebenschlußmaschinen hat sie fallenden Charakter. Das rührt zunächst von dem inneren Spannungsabfall her, vgl. Gl. (176a). Bei nicht kompensierten Maschinen bewirkt auch die feldvermindernde Ankerrückwirkung eine Abnahme der Klemmenspannung mit dem Ankerstrom. In Nebenschlußgeneratoren ist eine weitere Ursache der Spannungsabnahme, daß der von der Klemmenspannung bestimmte Erregerstrom mit der Belastung heruntergeht. In der Nebenschlußschaltung erhält man also eine stärker fallende Kennlinie, als bei Fremderregung. Die Reihenschlußwicklung wirkt bei Gegenschaltung (entgegengesetzte Durchflutungsrichtung von Reihen- und Nebenschlußwicklung) feldschwächend, also abermals die Spannung herabsetzend, während Doppelschlußmaschinen mit Summenreihenschlußwicklung je nach deren Stärke eine nahezu konstante oder sogar steigende Klemmenspannung haben (vgl. Abb. 148).

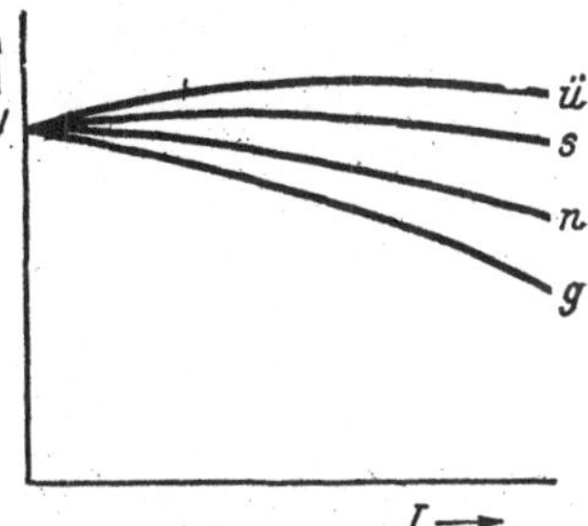

Abb. 148. Belastungskennlinien von Nebenschlußgenerator (n) und Doppelschlußgenerator, und zwar mit Gegen-Reihenschluß (g), mit normalem (s) und überstarkem (ü) Summen-Reihenschluß.

c) Schrifttum: Lit. 2, 5, 26, 33, 39.

d) Schaltung und Versuchsanordnung. Der Generator wird zur Aufnahme der Kennlinie mit Summen-Reihenschlußwicklung nach Abb. 149 geschaltet. Für den Betrieb ohne Reihenschlußwicklung wird diese kurzgeschlossen bzw. die an F liegende Leitung mit an E angeschlossen; zum Aufnehmen der Kennlinie bei Gegen-Reihenschlußwicklung vertauscht man endlich die Anschlüsse an E und F. Als Antriebsmaschine verwendet man

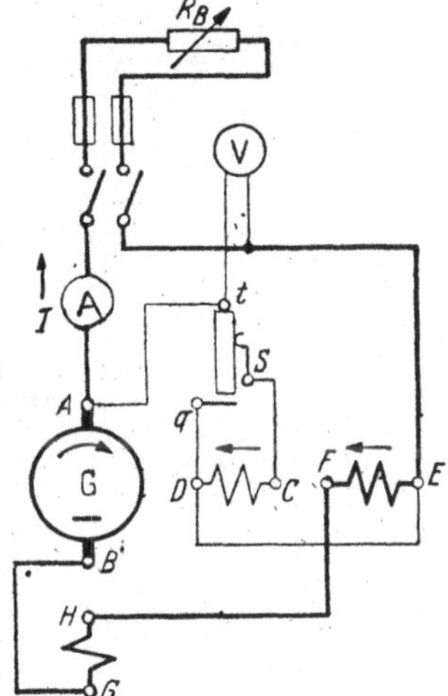

Abb. 149. Doppelschlußgenerator mit Summenreihenschaltung der Erregerwicklungen. Für Gegenreihenschaltung sind die Anschlüsse an E und F zu vertauschen. (Für die Klemmenbezeichnungen vgl. Abb. 135.)

einen Gleichstrommotor hinreichender Leistung mit Nebenschlußregler (etwa nach Abb. 135b) zum Konstanthalten der Drehzahl. Meßgeräte braucht der Motor nicht zu erhalten.

e) Versuchsdurchführung. Man schalte zunächst ohne Reihenschlußwicklung. Der Maschinensatz wird dann auf Nenndrehzahl gefahren (Anlassen vgl. Abschnitt 70c) und während aller Versuchsreihen durch Nachregeln des Motors bei dieser gehalten. Man kontrolliere dann, ob die Drehrichtung stimmt. Nun wird bei zunächst kleiner Generatorerregung die Belastung eingeschaltet und dann Belastung und Generatorregler so verstellt, daß bei Nennstromabgabe die Nennspannung herrscht (vgl. oben Aufgabe). Nun wird die Reglerstellung am Generator während aller 3 Versuchsreihen nicht mehr verändert. Zweckmäßig entlastet man jetzt und geht dann stufenweise mit der Belastung herauf bis etwa $^5/_4$ Nennlast. Dabei stellt man jedesmal die Drehzahl nach. Die beiden anderen Versuchsreihen mit Reihenschlußwicklung werden in gleicher Weise gefahren. Zum Umschalten am Klemmbrett setzt man jedesmal den Maschinensatz still, um die Reglerstellung nicht verändern zu brauchen. Das Umschalten muß schnell gehen, damit sich die Erregerwicklung während der Stillstandszeiten nicht unzulässig erwärmt.

f) Auswertung. Die 3 aufgenommenen Spannungskurven trägt man über dem Belastungsstrom I auf.

74. Drehzahlkennlinie eines Gleichstrom-Reihenschlußmotors[1].

a) Aufgabe. An einem Gleichstrom-Reihenschlußmotor (Kran- oder Bahnmotor) sind die Drehzahl-Kennlinien $n = f(I)$, also abhängig vom Motorstrom, bei verschiedenen Klemmenspannungen aufzunehmen.

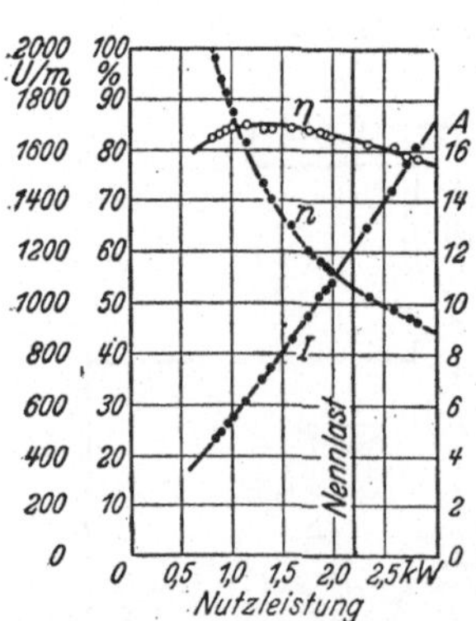

Abb. 150. Kennlinien eines Gleichstrom-Kranmotors mit Reihenschlußwicklung für 220 V und 2,2 kW Aussetzleistung bei 25% Einschaltdauer.

b) Grundlagen. Für das Drehzahlverhalten der Reihenschlußmotoren vgl. Abschnitt b) von Versuch 71 D. Im Gegensatz zu den kleinen Universalmotoren vermögen die größeren Reihenschlußmotoren aber die Leerlaufdrehzahl nicht mehr auszuhalten, so daß bei größeren Klemmenspannungen nur unter Last gefahren werden darf. Abb. 150 zeigt unter anderem diesen starken Anstieg der Drehzahl, der von Nennlast auf Halblast mehr als 50% beträgt.

Schaltet man den Reihenschlußmotor an eine kleinere Spannung, wie das beim Anfahren der Kran- und Bahnmotoren durch den Anlasser oder in der Serien-Parallelschaltung voer 2 gleichen planmäßig und häufig vorkommt, so liegen die zugehörigen Drehzahl-Kennlinien entsprechend niedriger.

c) Schrifttum: Lit. 2, 5, 26, 33, 39.

d) Schaltung und Versuchsanordnung. Im Anschluß an ein vorhandenes Netz oder wenn

[1] Die Aufnahme der Drehzahlkennlinien von Gleichstrom-Nebenschluß-, Asynchron- und Universal-Motoren ist bei den Belastungsversuchen (Versuche 71) mit berücksichtigt.

verschiedene Spannungsstufen etwa aus einer Batterie zur Verfügung stehen, schaltet man den Motor nach Abb. 151. Ist nur eine Netzspannung vorhanden, so kann man die verschiedenen Klemmenspannungen bei kleinen Einheiten durch Regelwiderstände herstellen, während man bei größeren Maschinen am besten die LEONARDschaltung nach Abb. 152 wählt. Nr. 3 ist darin die Versuchsmaschine. An Stelle des Drehstrommotors kann je nach den vorhandenen Netzen auch eine Gleichstrommaschine zum Antrieb benutzt werden.

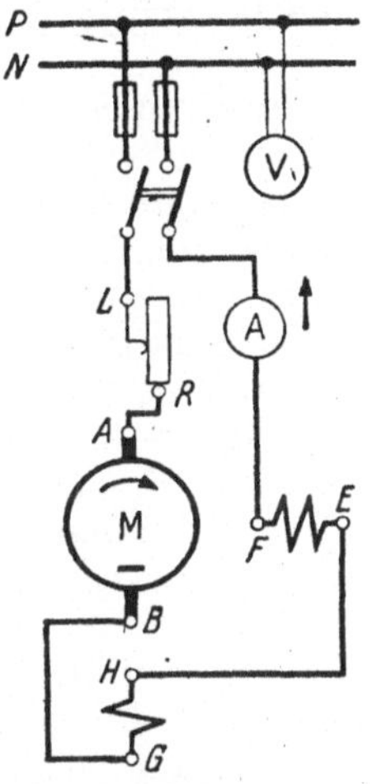

Für die mechanische Belastung des Reihenschlußmotors sind alle Bremsen und Belastungsmaschinen nach Abschnitt 71 A geeignet, die mit der fallenden Drehzahlkennlinie des Motors einen stabilen Betrieb ergeben. Weiter ist Voraussetzung für die Verwendbarkeit, daß sie nicht zufällig und unbeabsichtigt entlastet werden können. So sind Riemenübertragungen ungeeignet. Elektrische Generatoren mit Belastungswiderständen lassen sich verwenden, wenn ein zufälliges Ausschalten oder Entregen sicher vermieden bleibt.

Abb. 151. Reihenschlußmotor mit Wendepolen. (Für die Klemmenbezeichnungen vgl. Abb. 135.)

e) **Versuchsdurchführung.** Zunächst überzeugen, daß die mechanische Belastung des Motors beim Lauf wirksam wird, dann unter Beobachtung der Drehzahl vorsichtig anlassen! Bei LEONARD-Betrieb nach Abb. 152 geht man folgendermaßen vor: Feldregler des Steuergenerators ausschalten; Steuermotor einschalten und gegebenenfalls anlassen (dabei kann der Motor 3 wegen der Remanenzspannung der Maschine 2 schon ein wenig anlaufen); Steuergenerator erregen, dabei Lauf und Belastung des Versuchsmotors (3) beobachten und einstellen. Man beginnt die einzelnen Versuchsreihen bei verschiedenen Klemmenspannungen dann jeweils bei der größten Last (z. B. $^5/_4$ Nennstrom), also kleinsten Drehzahl, und entlastet bis zu der mechanisch zulässigen höchsten Drehzahl hinauf.

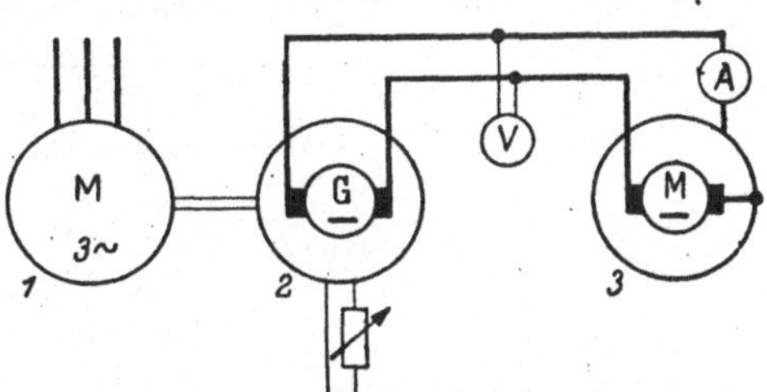

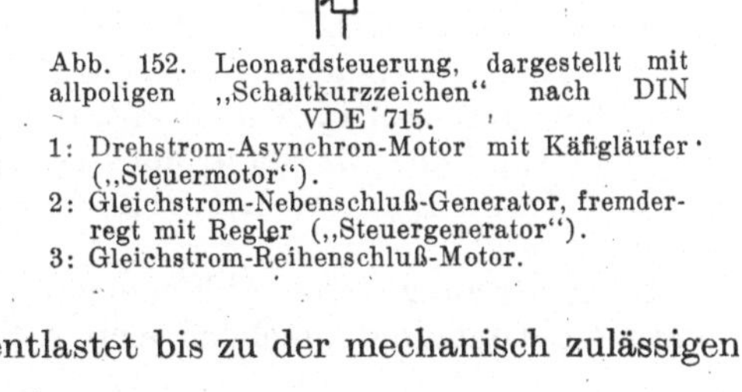

Abb. 152. Leonardsteuerung, dargestellt mit allpoligen „Schaltkurzzeichen" nach DIN VDE 715.
1: Drehstrom-Asynchron-Motor mit Käfigläufer („Steuermotor").
2: Gleichstrom-Nebenschluß-Generator, fremderregt mit Regler („Steuergenerator").
3: Gleichstrom-Reihenschluß-Motor.

f) **Auswertung.** Die Drehzahlkurven für die einzelnen Klemmenspannungen werden über der Maschinenstromstärke aufgetragen.

75. Regelkennlinie eines Gleichstrom-Nebenschlußmotors.

a) Aufgabe. Die Regelkennlinie (Regulierkurve) des Erregerstromes I_M als Funktion des Maschinenstromes I ist für konstante Netzspannung und konstante Drehzahl aufzunehmen: $I_M = f(I)$ bei $U = \text{const}$ und $n = \text{const}$.

b) Grundlagen. Als Regellinien pflegt man Abhängigkeiten einer zu regelnden oder nachzustellenden von einer zweiten Betriebsgröße zu bezeichnen, wenn dadurch eine dritte oder alle weiteren Betriebsgrößen konstant gehalten oder auch in bestimmter, vorgegebener Weise verändert werden. Am bekanntesten und für elektrische Maschinen wichtigsten sind die Nachstellungen des Erregerstromes bei Laständerungen, um die Generatorspannung oder Motordrehzahl konstant zu halten.

Nimmt die Belastung eines Gleichstrom-Nebenschlußmotors zu, so bedeutet das eine Bremsung: die Drehzahl nimmt ab, damit fällt die Gegen-EMK nach Gl. (175) und es steigt der Ankerstrom I_A nach Gl. (176b), bis er das neue Drehmoment nach Gl. (174) liefern kann. Um den Drehzahlabfall rückgängig zu machen bzw. zu verhindern, wird der Fluß Φ so stark geschwächt, daß hierdurch allein die notwendige EMK-Abnahme ermöglicht wird; man regelt die Drehzahl also durch Feldschwächung wieder auf den alten Wert herauf: die Regelkennlinie hat fallenden Charakter. (Beim Generator hätte sie wegen der notwendigen Vergrößerung der EMK steigenden Charakter).

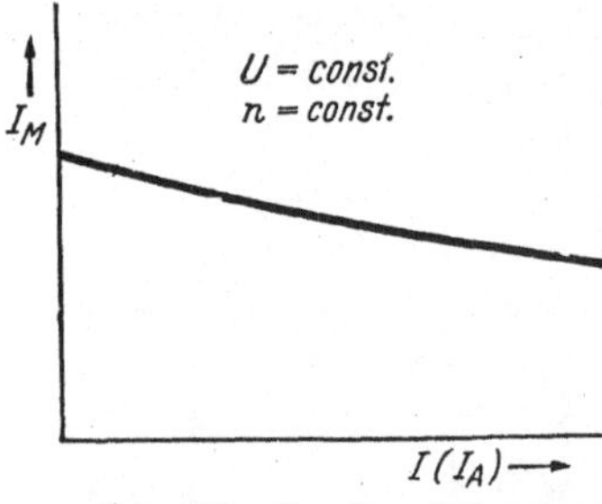

Abb. 153. Regelkennlinie des Erregerstromes bei konstanter Klemmenspannung und Motordrehzahl.

c) Schrifttum: Lit. 26, 33.

d) Schaltung und Versuchsanordnung. Der Motor wird in beliebiger Weise durch Bremse, Generator oder anderes belastet. Man schaltet ihn nach Abb. 135b, wobei die Reihenschlußwicklung E—F gegebenenfalls entfällt. Den Strommesser I_A schaltet man vor den Anlasser, so daß er den ganzen Maschinenstrom $I = I_A + I_M$ mißt.

e) Versuchsdurchführung. Angefahren wird der Motor nach Abschnitt 70c) im zunächst unbelasteten Zustande bis zur Nenndrehzahl. Diese hält man bei der ganzen Versuchsreihe ebenso konstant wie die Nennspannung. Dann belastet man in Stufen und regelt jedesmal die Drehzahl durch Verkleinerung des Erregerstromes I_M nach. Außer den beiden Strömen I_M und I liest man zur Kontrolle auch die Klemmenspannung U und Drehzahl n ab.

f) Auswertung. Die Abhängigkeit $I_M = f(I)$ bei konstantem U und n trägt man entsprechend Abb. 153 in Kurvenform auf.

76. Messungen an Transformatoren.

Gegenüber der umlaufenden Maschine hat der Transformator versuchsmäßig den Vorteil, daß sowohl die zugeführte wie die abgeführte Leistung elektrisch ist und daß seine beiden Seiten im Prinzip ganz gleichwertig sind. Die Untersuchung des Betriebsverhaltens ist daher in vieler Beziehung einfacher und ermöglicht höhere Genauigkeiten als bei den umlaufenden Maschinen.

Auch bei den Transformatoren sollen nur einige wichtigste Untersuchungen, insbesondere die Bestimmung des Wirkungsgrades berücksichtigt werden.

76 A. Leerlauf- und Kurzschlußversuch.

a) Aufgabe. Wirkungsgrad und Spannungsänderung eines Einphasentransformators sind aus Leerlauf- und Kurzschlußversuch für $^1/_4$, $^2/_4$, $^3/_4$, $^4/_4$ und $^5/_4$ Last (bezogen auf die sekundäre Nennstromstärke) für Wirklast ($\cos \varphi_2 = 1$) und induktive Last mit $\cos \varphi_2 = 0{,}8$ nach den RET zu bestimmen.

b) Grundlagen. Die direkte Wirkungsgradbestimmung hat wie bei umlaufenden Maschinen zwei Nachteile: 1. muß die ganze Leistung erzeugt und dann wieder verbraucht werden, und 2. werden die Verluste nur sehr ungenau erhalten, da sie wegen der hohen Wirkungsgrade der Transformatoren nur einen kleinen Differenzbetrag darstellen. Außer bei kleinsten Transformatoren mit niedrigen Wirkungsgraden (vgl. Versuch 76 B) mißt man daher die Verluste V und berechnet den Wirkungsgrad η dann aus diesen und der aufgenommenen bzw. abgegebenen Leistung (N_1 bzw. N_2) zu

$$\eta = \frac{N_2}{N_1} = \frac{N_2}{N_2 + V} = \frac{N_1 - V}{N_1} \qquad (194)$$

(indirekte Wirkungsgradbestimmung).

Die Verluste eines Transformators bestehen zunächst aus den Ummagnetisierungs- (Hysterese-) und den Wirbelstromverlusten in den Blechpaketen, die gemeinsam als „Eisenverluste“ bezeichnet werden. Sie hängen praktisch nur von der Größe des magnetischen Flusses und damit von der Transformatorspannung ab. Hinzu kommen die Stromwärmeverluste in den beiden Wicklungen einschließlich der Zusatzverluste durch Stromverdrängung; man faßt diese als die „Wicklungsverluste“ zusammen, die praktisch nur durch die Größe des Transformatorstromes bestimmt sind. Man hat daher im Leerlauf (stromlose Sekundärseite) praktisch nur Eisenverluste und im Kurzschluß der Sekundärseite fast nur Wicklungsverluste. Hierauf beruht das indirekte Verfahren der Wirkungsgradmessung, über das die Vorschrift VDE 0532, „Regeln für Transformatoren“ (RET) in den §§ 62 bis 64 und anderen folgendes festlegt:

„Der Wirkungsgrad wird aus den nachstehend definierten Verlusten, die als Unterschied von Aufnahme und Abgabe angesehen werden, ermittelt:

1. Leerlaufverlust,
2. Kurzschlußverlust.

Leerlaufverlust V_0 ist die Aufnahme bei Nenn-Primärspannung, Nennfrequenz und offener Sekundärwicklung. Er besteht aus Eisenverlusten, Verlusten im Dielektrikum und Stromwärmeverlusten des Leerlaufstromes. Bei Transformatoren mit Anzapfungen ist die Primärspannung an die zugehörige Anzapfung (die Nennprimärspannung also an die Hauptanzapfung) anzulegen.

Die Messung wird im allgemeinen von der Unterspannungsseite aus vorgenommen.

Kurzschlußverlust V_k ist die gesamte Stromwärmeleistung bei Nennstrom und Nennfrequenz, die in allen Wicklungen und Ablei ungen (also zwischen den Klemmen) in betriebswarmem Zustand verbraucht wird. Wenn der betriebswarme Zustand nicht festgestellt werden kann, sind die gemessenen Verluste auf 75° umzurechnen."

Für die Messung des Kurzschlußverlustes heißt es dann in § 64 weiter:

„Der Kurzschlußverlust wird ermittelt, indem bei kurzgeschlossener Sekundärwicklung der Nennstrom eingestellt wird. Etwa vorhandene zusätzliche Verluste durch Wirbelströme sind hierbei im Kurzschlußverlust enthalten. Die ebenfalls noch darin enthaltenen Eisenverluste können im allgemeinen vernachlässigt werden."

Sonderbestimmungen bestehen dann noch für Transformatoren für landwirtschaftliche Betriebe, für Gleichrichtertransformatoren und für Transformatoren mit Hochstromwicklungen (z. B. für Schweißzwecke).

Für die in den RET genannte Umrechnung auf 75° C ist zu beachten, daß der gemessene Kurzschlußverlust V_k meist um einige Prozent höher als der Stromwärmeverlust ist, den man aus der Stromstärke und dem bei gleicher Temperatur gemessenen Gleichstromwiderstand erhält. Der Unterschied ist im wesentlichen durch die Stromverdrängung bzw. die (zusätzlichen) Wirbelstromverluste bedingt. Mißt man also nicht im betriebswarmen Zustand (etwa im Anschluß an eine Dauerbelastung), sondern be einer kälteren Temperatur ϑ_R, so ist bei Kupferwicklungen folgendermaßen umzurechnen. Es sind V_{kR} der gemessene Kurzschlußverlust bei ϑ_R und bei dem Primärstrom I_{k1}, ferner R_{gR} der Gleichstromwiderstand beider Wicklungen gemessen bei ϑ_R und bezogen auf die Primärseite[1]. Dann ist $I_1^2 R_{gR}$ beim Einphasentransformator der dem Gleichstromwiderstand entsprechende Teil und $(V_{kR} - I_{k1}^2 R_{gR})$ der Wirbelstromanteil. Man rechnet nun den Gleichstromwiderstand auf 75° um:

$$R_{g75} = R_{gR} \frac{310}{235 + \vartheta_R} \tag{195}$$

und erhält dann den Kurzschlußverlust V_k für den betriebswarmen Zustand zu

$$V_k = I_{k1}^2 R_{g75} + (V_{kR} - I_{k1}^2 R_{gR}) = V_{kR} + I_{k1}^2 (R_{g75} - R_{gR}). \tag{196}$$

Für die Spannungsänderung geben die RET in § 20 folgende Definitionen:

$$R_{gR} = R_1 + \left(\frac{w_1}{w_2}\right)^2 \cdot R_2.$$

„Spannungsänderung eines Transformators bei einem anzugebenden Leistungsfaktor ist die Änderung der Sekundärspannung, die bei Übergang von Leerlauf auf Nennbetrieb auftritt, wenn Primärspannung und Frequenz ungeändert bleiben.

[1] Sind R_1 und R_2 die gemessenen Gleichstromwiderstände, ferner w_1 und w_2 die Windungszahlen von Primär- und Sekundärseite, so ist

$$R_{gR} = R_1 + \left(\frac{w_1}{w_2}\right)^2 \cdot R_2.$$

Die Spannungsänderung wird in Prozenten der Nenn-Sekundärspannung ausgedrückt. Die Spannungsänderung u_φ wird ermittelt aus der Nenn-Kurzschlußspannung u_k in Prozenten und der relativen ohmschen Spannung u_r in Prozenten, die dem Kurzschlußverlust (siehe § 64) entspricht."

Unter der Kurzschlußspannung versteht man bei einem Transformator allgemein die an einer Seite erforderliche Spannung, damit bei kurzgeschlossener anderer Seite der Nennstrom fließt; wird also z. B. bei kurzgeschlossener Sekundärseite primär U_{k1} gemessen, wenn der Nennstrom I_{n1} fließt, so ist U_{k1} die Kurzschlußspannung. Als „Nenn"-Kurzschlußspannung u_k definieren die RET nun

$$u_k = \frac{U_{k1}}{U_{n1}} \cdot 100, \tag{197}$$

wo U_{n1} die primäre Nennspannung ist. Mithin ist u_k also nicht eigentlich eine Spannung, sondern ein Spannungsverhältnis. Dasselbe trifft auch auf Spannungsänderung u_φ und relative ohmsche Spannung u_r zu, die ebenfalls auf die primäre Nennspannung bezogen sind. Für u_r gilt noch

$$u_r = u_k \cdot \cos \varphi_k = u_k \frac{V_k}{U_{k1} \cdot I_{k1}}. \tag{198}$$

Zur Berechnung der Spannungsänderung u_φ wird im allgemeinen die Formel

$$u_\varphi = u'_\varphi + 1 - \sqrt{1 - u''^2_\varphi} \approx u'_\varphi + 0{,}5\, u''^2_\varphi \tag{199}$$

benutzt, wo bedeuten

$$u'_\varphi = u_r \cos \varphi_2 + \sqrt{u_k^2 - u_r^2} \sin \varphi_2 \tag{199a}$$

$$u''_\varphi = u_r \sin \varphi_2 - \sqrt{u_k^2 - u_r^2} \cos \varphi_2 \tag{199b}$$

mit $\cos \varphi_2$ als sekundärem Leistungsfaktor. Es ist noch $\sqrt{u_k^2 - u_r^2}$ die Streuspannung. Die Begründung dieser Beziehungen ergibt sich aus dem Transformatordiagramm bzw. dem Kurzschlußdreieck (vgl. das Schrifttum, ferner Lit. 44, 45, 47, 49).

c) Schrifttum: Lit. 2, 5, 26, 33, 39.

d) Schaltung und Versuchsanordnung. Wenn es sich um einen Niederspannungstransformator handelt, können beide Versuche im Interesse einer einfachen Auswertung von der Oberspannungsseite her gefahren werden. Diese ist also Primärseite.

Abgesehen davon, daß die Sekundärseite einmal offen, einmal kurzgeschlossen ist, unterscheiden sich Leerlauf- und Kurzschlußversuch noch durch die Meßbereiche und durch die Schaltung der Meßgeräte. Man braucht in beiden Fällen Strom-, Spannungs- und Leistungsmesser. Beim Leerlaufversuch sind die Spannungen groß, aber die Ströme klein, so daß die Spannungspfade vor den Stromspulen angeschlossen werden, um den kleineren Fehler durch den Eigenverbrauch der Meßgeräte zu haben (vgl. Abschnitt 20a und 31 A). Beim Kurzschlußversuch liegen die Verhältnisse umgekehrt. Es ergeben sich mithin die Schaltungen nach Abb. 154.

Gerätevorschläge für das Studienpraktikum. Am geeignetsten ist ein Niederspannungstransformator für beispielsweise 220/110 V von einigen kVA Größe, damit der Eigenverbrauch der Meßgeräte nicht ins Gewicht fällt; der Strommeßbereich wird dann beim Leerlaufversuch 5 oder 10 A und der Spannungsmeßbereich beim Kurzschlußversuch 20 bis 30 V sein können, so daß gebräuchliche Meßgeräte mit oder ohne Stromwandler bzw. Vorwiderstände verwendet werden können; ist die Oberspannung größer als 250 V, so liegt Hochspannung vor! Steht für den Kurzschlußversuch kein Regler genügender Stromstärke zur Verfügung, so sehe man einen Abwärtstransformator vor und regle ihn auf der Oberspannungs- (Netz-) Seite.

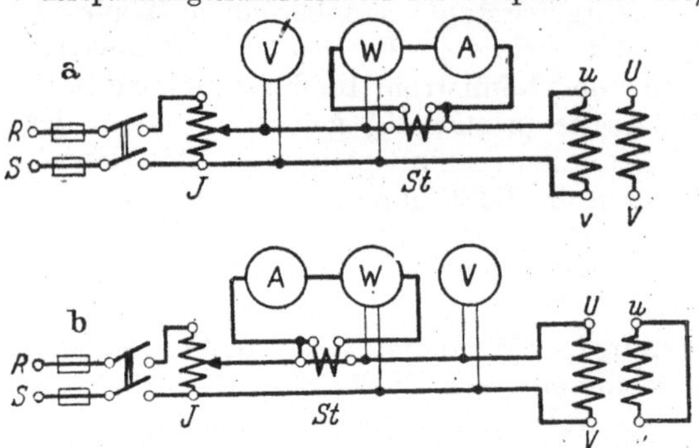

Abb. 154. Schaltungen für den Leerlaufversuch (a) und Kurzschlußversuch (b) an einem Niederspannungs-Einphasen-Transformator.
J Induktiver Regler (Spartransformator), St Stromwandler, R—S Netz, U—V Oberspannungswicklung, u—v Unterspannungswicklung.

e) Versuchsdurchführung. Man nehme die ganze Kennlinie der Leerlaufverluste $V_0 = f(U_1)$ auf. Hierzu verändert man die angelegte Spannung U_1 stufenweise und liest jedesmal die zugehörige Leistung V_0 und auch den Leerlaufstrom I_0 am Strommesser ab.

Entsprechend wird der Kurzschlußverlust V_{kR} (bei der Temperatur ϑ_R der Wicklung, die im allgemeinen die Raumtemperatur sein wird) und die Kurzschlußspannung U_{k1} abhängig vom aufgenommenen (Kurzschluß-) Strom I_{k1} bis $^5/_4$ Nennstrom bestimmt, so daß auch hier jedesmal alle 3 Meßgeräte abzulesen sind.

Den kalten Gleichstromwiderstand beider Wicklungen R_1 und R_2 mißt man in der Brücke oder aus Strom und Spannung (vgl. Versuche 32 A, 32 B, 31 A). Daraus ergibt sich der im Kurzschluß wirksame Widerstand R_{gR} aus der Gleichung in der Fußnote von S. 244.

f) Auswertung. Man trage zunächst Leerlaufverlust und Leerlaufstrom abhängig von U_1 und Kurzschlußverlust und Kurzschlußspannung abhängig von I_1 ($= I_{k1}$) auf: Abb. 155. Dabei wird der gemessene Kurzschlußverlsut V_{kR} alsbald mittels Gl. (196) auf den Verlust V_k bei 75° umgerechnet.

Zur Berechnung des Wirkungsgrades wird gemäß RET (vgl. oben in Abschnitt b) zunächst der Leerlaufverlust V_0 bei der Nennspannung U_{n1} aus der Kurve nach Abb. 155a) entnommen. Hierzu addiert man den Kurzschlußverlust V_k aus der Kurve nach Abb. 155b) zu den Strömen I_1 gleich $^1/_4$, $^2/_4$, $^3/_4$, $^4/_4$ und $^5/_4$ Nennstrom primär und erhält so den Gesamtverlust V bei diesen Belastungen. Die aufgenommene Leistung ergibt sich dann jeweils zu $N_1 = U_{n1} \cdot I_1 \cdot \cos\varphi_1$, wobei $\cos\varphi_1 \approx \cos\varphi_2$ der Leistungsfaktor ist, für den man den Wirkungsgrad zu bestimmen wünscht (z. B. 1,0 und 0,8 lt. Aufgabe). Die Kurve des Wirkungsgrades wird über I_1 aufgetragen und gilt für Nennspannung (und Versuchsfrequenz). Das Maximum von η liegt dort, wo $V_0 = V_k$ ist.

Um die Spannungsänderung gemäß RET („beim Übergang von Leerlauf auf Nennbetrieb") zu ermitteln, entnimmt man der Kurve nach Abb. 155b die Kurzschlußspannung $U_1 = U_{k1}$ beim Nennstrom $I_1 = I_{n1}$ und errechnet mit dieser und der primären Nennspannung U_{n1}

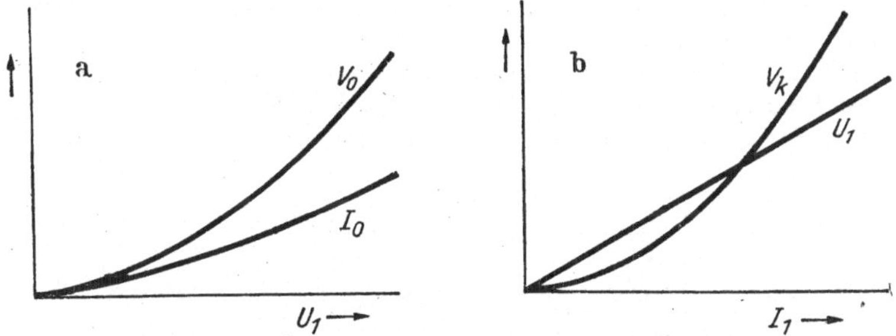

Abb. 155. Leerlaufverluste V_0 und Leerlaufstrom I_0 abhängig von der Primärspannung U_1; Kurzschlußverlust V_k und Kurzschlußspannung U_1 abhängig vom Primärstrom I_1.

nach Gl. (197) zunächst die „Nennkurzschlußspannung" u_k. Daraus erhält man mit $U_1 = U_{k1}$ und $I_1 = I_{k1}$ aus denselben Kurven und Gl. (198) die relative ohmsche Spannung u_r, so daß für den gewünschten Leistungsfaktor $\cos\varphi_2$ die Spannungsänderung u_φ aus den Gl. (199) bis (199b) berechnet werden kann.

76 B. Untersuchung eines Klingeltransformators.

a) Aufgabe. An einem Klingeltransformator sind bei primärer Nennspannung und Nennfrequenz zu bestimmen: der Verlauf der Sekundärspannung (Kleinspannung) U_2, ferner der abgegebenen Leistung N_2, des primären Leistungsfaktors $\cos\varphi_1$ und des Wirkungsgrades η zwischen Leerlauf und Kurzschluß bei induktionsfreier Belastung, sämtlich in Abhängigkeit vom sekundären Belastungsstrom I_2.

b) Grundlagen. Klingeltransformatoren haben als Kleintransformatoren verhältnismäßig hohe Verluste und eine große Spannungsänderung. Der Wirkungsgrad ist niedrig (bis etwa 50%), so daß das direkte Verfahren Anwendung finden kann, zumal die üblichen Meßgeräte, insbesondere Leistungsmesser, bei den hier in Frage kommenden kleinen Stromstärken auch keine sonderliche hohe Genauigkeit ermöglichen. Es wird also die aufgenommene und abgegebene Leistung N_1 und N_2 gemessen und daraus der Quotient $\eta = N_2 : N_1$ gebildet.

Bezüglich der Spannungskennlinie verlangen VDE 0550, „Vorschriften für Bau und Prüfung von Schutz-, Netzfernmelde- und sonstigen Transformatoren für Kleinspannung und Kleinleistung" in § 35:

Klingeltransformatoren sollen so gebaut sein, daß bei der auf dem Leistungsschild angegebenen Nenn-Primärspannung auf der Sekundärseite keine höhere Leerlaufspannung als die 2,5-fache Nenn-Sekundärspannung, jedoch nicht mehr als 42 V, auftritt.

Die Spannungsänderung ist also sehr groß, daher wird der Kurzschlußpunkt mit $U_2 = 0$ auch schon bei einer verhältnismäßig geringen Überlastung erreicht.

d) Schaltung und Versuchsanordnung. Für die Erfüllung der Aufgabe müssen auf beiden Seiten die Ströme, Spannungen und Leistungen bestimmt werden. Da nur Wirkbelastung verlangt ist, kann der Leistungsmesser auf der Sekundärseite entfallen, denn bei $\cos\varphi_2 = 1{,}0$ ist $N_2 = U_2 \cdot I_2$. Man kann die Untersuchung also mit der Schaltung Abb. 156 durchführen[1].

Bei den kleinen hier in Frage kommenden Leistungen ist der Eigenverbrauch von Meßgeräten, soweit er mitgemessen wird, zu berücksichtigen. Auf der Sekundärseite stellt der Spannungsmesser eine zu R_B

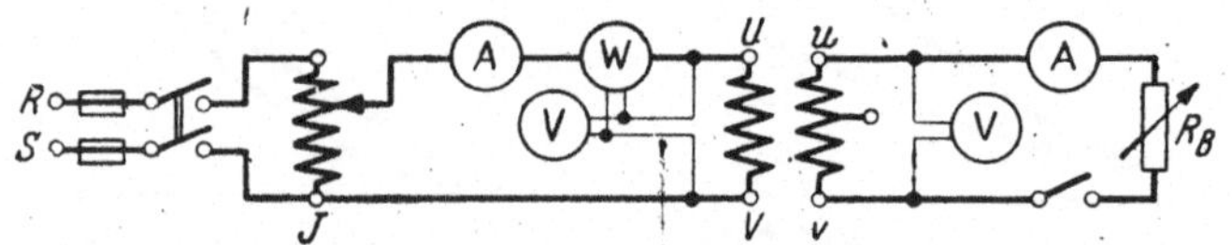

Abb. 156. Belastungsversuch am Klingeltransformator.
J Induktiver Regler. R—S Netz, U—V Oberspannungswicklung, u—v Unterspannungswicklung. R_B Ohmscher Belastungswiderstand.

parallele Belastung dar. Sind U_2' und I_2' die Ablesungen der beiden sekundären Meßgeräte, und ist R_{V2} der Wirkwiderstand des Spannungsmessers, so ist $U_2 = U_2'$, aber der tatsächliche Belastungsstrom I_2 und die abgegebene Wirkleistung N_2 sind

$$I_2 = I_2' + \frac{U_2'}{R_{V2}} \text{ und } N_2 = U_2 \cdot I_2 = U_2' \cdot I_2' + \frac{U_2'^2}{R_{V2}}. \tag{200}$$

Auf der Primärseite mißt der Spannungsmesser wieder richtig: $U_1 = U'_1$. Auch die Spannungsspule des Leistungsmessers bekommt die wahre Primärspannung des Transformators. Die Stromspulen messen jedoch um den Strom in den Spannungspfaden zu viel. Für die wahre Leistungsaufnahme erhält man mit R_{V1} als Ersatzwiderstand der Parallelschaltung beider Spannungspfade

$$N_1 = N_1' - \frac{U_1'^2}{R_{V1}}, \tag{201}$$

wo N_1' wieder die abgelesene Anzeige des Leistungsmessers ist. Der wahre Primärstrom läßt sich nicht so leicht ermitteln, da dieser und der Strom in den Spannungspfaden im allgemeinen eine Phasenverschiebung haben. Man kann $\cos\varphi_1$ (näherungsweise) aus den Meßgerätanzeigen N_1', U_1', I_1' berechnen und dann im Diagramm I_1 durch graphische Subtraktion des Meßgerätstromes ($U_1' : R_{V1}$) von I_1' ermitteln.

Gerätevorschläge für das Studienpraktikum. Vorausgesetzt wird der (genormte) Klingeltransformator für die Nennwerte $U_{1n} = 220$ V (50 Hz), $U_{2n} = 6 - 10 - 16$ V, $I_{2n} = 1{,}0$ A; man führe die Messungen an den Klemmen für $U_{2n} = 16$ V durch und braucht dann sekundär einen Spannungsmesser von etwa 40 V/20 V und einen Strommesser für etwa 1 A/5 A bei kleinen/großen Belastungen (gegebenenfalls Meßgeräte auswechseln); primär ist ein Spannungsmesser für

[1] Wenn R_B bekannt ist, kann man auch den Strommesser entbehren, da dann $I_2 = U_2 : R_B$ ist.

230 ··· 250 V, ein Strommesser für 0,5 ··· 1,0 A und ein Leistungsmesser mit entsprechenden Daten erforderlich; gegebenenfalls verwendet man Aufwärts-Stromwandler 0,5/5 oder 1/5 A, wenn kein Leistungsmesser für kleine Stromstärken verfügbar ist; bei kleinen Belastungen sind die Leistungsmesserausschläge jedenfalls nur gering, da der genannte Klingeltransformator nach VDE 0550 keinen höheren Leerlaufverlust als 1,2 W haben darf.

e) Versuchsdurchführung. Zunächst läßt man die Sekundärklemme ganz offen und mißt dabei den (primär aufgenommenen) Leerlaufverlust. Dann schließt man als 1. Belastungsstufe den sekundären Spannungsmesser an und belastet schließlich in weiteren Stufen mit R_B bis $R_B = 0\,\Omega$. Hierbei ist I_2 sehr groß und U_2 sehr klein. Den Kurzschlußpunkt $I_2 = I_{2max}$ und $U_2 = 0$ kann man nach Aufzeichnen der U_2-Kurve leicht durch Extrapolation bis $U_2 = 0$ erhalten. Bei jeder Einzelmessung werden alle 5 Meßgeräte nach Abb. 156 abgelesen. Es empfiehlt sich, den Transformator vor Versuchsbeginn etwa $^1/_2$ h bei Nennlast warm laufen zu lassen, um Kennlinien für die Verhältnisse bei Dauerbetrieb zu erhalten.

f) Auswertung. I_2, N_2 und N_1 werden nach den Gl. (200) und (201) berechnet und korrigiert. Weiter werden

$$\eta = \frac{N_2}{N_1} \text{ und } \cos\varphi_1 \approx \frac{N_1'}{U_1' \cdot I_1'} \qquad (202)$$

berechnet. Dann trägt man U_2, N_2, $\cos\varphi_1$ und η über I_2 auf und kontrolliert noch, ob die oben in Abschnitt b) für die Spannungskennlinie bzw. Leerlaufspannung angegebene Forderung aus VDE 0550 eingehalten ist.

77. Untersuchungen an Stromrichtern.

Die meisten Stromrichtertypen beruhen auf der Möglichkeit einer gesteuerten oder ungesteuerten Ventilwirkung in Gasentladungsgefäßen. Es gehören hierzu besonders die Quecksilberdampfgefäße mit Lichtbogenfußpunkt auf der Quecksilberoberfläche, ferner die Glühkathodengefäße mit Gasfüllung oder mit Hochvakuum, endlich die Lichtbogenstromrichter mit Lichtbogen in strömender Luft nach Marx. In allen Fällen ist die eine Elektrode glühend, so daß sie Elektronen emittieren kann (vgl. Abschnitt 66, Einleitung) und damit zur Kathode wird. Es ist also nur ein Stromdurchgang in einer Richtung möglich, die Gasentladungsstrecke läßt bei einer angelegten Wechselspannung nur die positiven oder negativen Halbwellen hindurch, so daß eine Gleichrichterwirkung entsteht. Eine weitere Steuermöglichkeit ergibt sich durch den Einbau von Gittern, deren von außen angelegte negative Spannung verhindern kann, daß die von der Kathode emittierten Elektronen zur Anode gelangen. Das Gitter hat also eine Sperrwirkung, die unter anderem auch bei der Umwandlung von Gleichstrom in Wechselstrom, einer „Wechselrichtung“ (vgl. Versuch 77 B) mitwirkt.

77 A. Dreiphasen-Gleichrichter.

a) Aufgabe. An einem dreiphasigen Ventilgleichrichter (auch Quecksilberdampfgleichrichter) sind der Wirkungsgrad, die Gleichspannung, der Leistungsfaktor und Formfaktor zwischen Leerlauf und Nennlast des Gleichrichters zu ermitteln. Die Messungen sollen vor dem Transformator und hinter der Glättungsdrossel durchgeführt werden, so daß die Verluste usw. dieser beiden mit berücksichtigt werden. Die Gleichstrombelastung wird durch einen rein ohmschen Widerstand dargestellt.

Zur Darlegung der Glättungswirkungen von Reihendrossel und Parallelkondensator sind für einen bestimmten Belastungsfall Gleichspannung und Gleichstrom 1. ohne Glättungseinrichtungen, 2. mit Reihendrossel, 3. mit Reihendrossel und Parallelkondensator zu oszillographieren.

b) Grundlagen. Wird nur ein einphasiger Wechselstrom über ein einzelnes Ventil geschickt, so entsteht ein „zerhackter" Gleichstrom, nach Abb. 157a). Auch der bei Ausnutzung beider Halbwellen entstehende Strom nach Abb. 157b) ist noch „intermittierend". Erst bei höherer Phasenzahl erhält man eine Überlappung nach Abb. 157c) oder d). Neben dieser „natürlichen" G l ä t t u n g des Verlaufs von Gleichstrom und Gleichspannung durch Vermehrung der Phasenzahl kann man künstliche Glättungsmittel, nämlich in Reihe geschaltete Drosselspulen oder parallel liegende Kondensatoren anwenden. Die Wirkung ist analog Versuch 15 C, Abschnitt b) am leichtesten einzusehen, wenn man die Verläufe nach Abb. 157 als aus einem Gleichstromglied mit ü b e r l a g e r t e m W e c h s e l g l i e d bestehend ansieht. Dieses findet in der Drossel einen zusätzlichen Widerstand, wird also geschwächt, während es einen Kondensator passieren kann, von diesem also aufgesaugt und damit ebenfalls vom Verbraucher ferngehalten wird, der zwar keinen reinen, aber doch einen mehr oder minder gut g e g l ä t t e t e n G l e i c h s t r o m erhält.

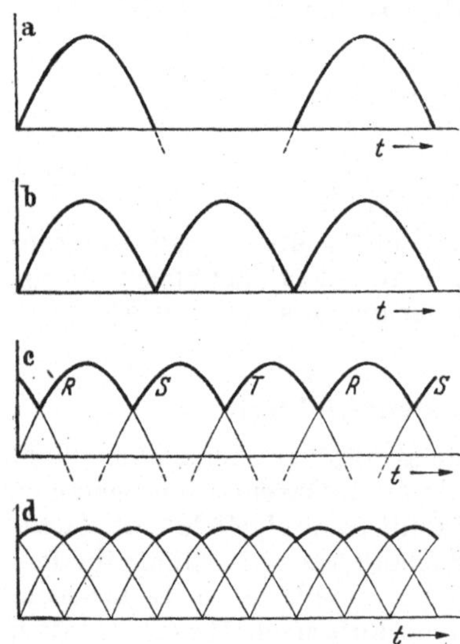

Abb. 157. Stromverlauf auf der Gleichstromseite von Gleichrichtern.
a) Einweg-Gleichrichtung von Einphasenstrom.
b) Zweiweg-Gleichrichtung von Einphasenstrom.
c) Drehstrom-Gleichrichtung.
d) Sechsphasen- oder Doppel-Drehstrom-Gleichrichtung.

Auf der Gleichstromseite fließt also ein M i s c h s t r o m i_2, bestehend aus Gleichstromglied I_g und Wechselstromglied i_w:

$$i_2 = I_g + i_w \tag{203}$$

für dessen E f f e k t i v w e r t nach der Lehre von den mehrwelligen Wechselströmen gilt:

$$I_2 = \sqrt{I_g^2 + i_w^2}\,. \tag{203a}$$

Fragt man nach der Größe der vom Gleichstrom abgegebenen Leistung N_2, so liegt nahe, entsprechend der Wechselstromleistung die Zeitwerte von Strom und Spannung zu multiplizieren, so daß man die Leistung dann als Produkt der Effektivwerte erhält:

$$N_2 = I_2 \cdot U_2 = I_2^2 \cdot R_B = \sqrt{I_g^2 + i_\omega^2} \cdot R_B, \tag{204}$$

wo R_B noch die gleichstromseitige Wirkbelastung ist, die hier allein berücksichtigt werden soll. Diese Leistung N_2 würde sich also etwa bei Messung mit einem dynamometrischen Leistungsmesser ergeben.

Ein anderes Meßverfahren besteht darin, daß man wie auch sonst bei Gleichstrom mit richtungsabhängigem Strom- und Spannungsmesser (z. B. Drehspulmeßgeräten) je für sich den arithmetischen Mittelwert von Strom und Spannung mißt, die also den Gleichstromkomponenten I_g und $U_g = I_g R_B$ des Mischstromes entsprechen, und dann diese beiden Mittelwerte miteinander multipliziert:

$$N_g = I_g U_g = I_g^2 \cdot R_B. \tag{205}$$

Der Unterschied von Gl. (204) und (205) zeigt sofort, daß sich auf beiden Wegen verschiedene Gleichstromleistungen ergeben. Für Erwärmungen (also Heizkörper und Glühlampen) ist die durch Gl. (204) dargestellte „effektive“ Leistung N_2, für „lineare“ Verbraucher wie elektrochemische (z. B. Sammler), ferner Gleichstrommaschinen, die auf dem arithmetischen Mittelwert beruhende N_g maßgebend, die in der Gleichrichtertechnik auch gemeinhin als „Gleichstromleistung“ angesehen wird. Wo jedoch beispielsweise ein Anschluß von Heizöfen vorgesehen ist, wird bei kleiner Phasenzahl auch die wattmetrisch gemessene Leistung N_2 zu berücksichtigen sein, die ja größer als N_g ist. Mißt man nur N_g, so wird die Differenzleistung N_2—N_g der Oberwelle i_w mit in die Verluste eingerechnet. Der Unterschied zwischen beiden ist um so kleiner, je geringer die Welligkeit, also je mehr $i_w \ll I_g$ ist (bei 6 Phasen ergeben beide Messungen keinen erkennbaren Unterschied mehr).

Auch die Wechselstromleistung weicht von der sonst üblichen ab, da der zugeführte Wechselstrom besonders bei gittergesteuerten Gleichrichtern kein reiner Sinusstrom ist, sondern Oberwellen enthält. Wenn man also in der hier stets üblichen Weise wattmetrisch nach einer der Schaltungen von Abschnitt 20d) und e) mißt, werden Fehler in erster Linie durch eine Oberwellen-Abhängigkeit der Meßgeräte (Einfluß der Kurvenform) entstehen können.

Der Formfaktor χ ist in der Wechselstromtechnik definiert als Verhältnis des Effektivwertes I_2 zum arithmetischen Mittelwert I_g:

$$\chi = \frac{I_2}{I_g}. \tag{206}$$

Man erhält I_2 durch Messung mit einem quadratisch zeigenden (Effektiv-) Strommesser, z. B. Dreheisengerät, und I_g durch Messung mit einem linear zeigenden, z. B. Drehspulgerät.

c) **Schrifttum:** Lit. 1 (Blatt V 3443—1), 2, 5, 39; ferner VDE 0555, Regeln für Stromrichter, und (besonders für die Messung der Ströme, Spannungen und Leistungen): K. E. MÜLLER, Der Quecksilberdampf-Gleichrichter, Julius Springer, Berlin 1925.

d) **Schaltung und Versuchsanordnung.** Je nach dem zu untersuchenden Gleichrichter zeigt die Schaltung Abweichungen. In Abb. 158 sind 2 Fälle dargestellt. Weitere Einzelheiten wie zusätzliche Wandler können, soweit erforderlich, leicht hinzugefügt werden. Für die Drehstrom-Leistungsmessung ist die Zweiwattmeterschaltung vorgesehen,

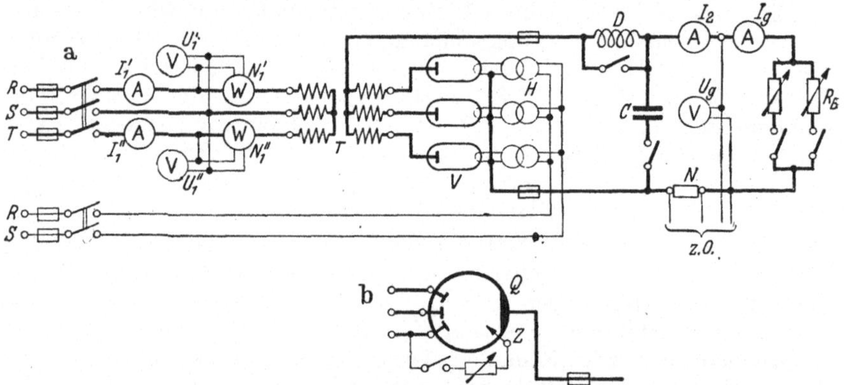

Abb. 158. Meßschaltung für Dreiphasen-Gleichrichter a) mit Einzel-Glühkathodenventilen, b) mit Drehstrom-Quecksilberdampfgefäß.

C Glättungskondensator, *D* Glättungsdrossel, *H* Heiztransformatoren, *N* Nebenschluß, *Q* Quecksilberdampfgefäß, R_B Belastungswiderstand, *T* Gleichrichter-Transformator, *V* Ventile, *Z* Zündanode, *z.O.* zum Oszillographen.

um Ungleichmäßigkeiten in den 3 Phasen zu erfassen. Auch Strom- und Spannungsmesser sind in 2 Phasen vorgesehen; man bildet dann den Mittelwert. Gegebenenfalls verwendet man nur einen Satz Meßgeräte umschaltbar (vgl. Abb. 35b).

Bei der Meßausrüstung der Gleichstromseite in Abb. 158 sind I_g und U_g Drehspulmeßgeräte zur Messung des arithmetischen Mittelwertes, während I_2 der Effektivwertmesser ist (Dreheisengerät oder Dynamometer).

Gerätevorschläge für das Studienpraktikum. Als Glühkathodenventile können z. B. solche für etwa 1 A und 1 kV Sperrspannung verwendet und an 220 V sekundärer Drehstromspannung des Transformators betrieben werden; dann kommt man überall mit einem Strommeßbereich von 5 A aus; Spannungsmesser auf der Gleichstromseite für 250 V, Regelwiderstände R_B bis zu etwa 5 A herauf; Glättungskondensator 20 ··· 30 μF. Steht ein Quecksilberdampf-Gleichrichter mit zugehörigem Transformator zur Verfügung, so richten sich die Meßbereiche naturgemäß danach.

e) **Versuchsdurchführung.** Bei Glühkathodenventilen schaltet man zunächst die Heizung ein und wartet einige Minuten mit dem Anlegen der Anodenspannung bzw. dem Einschalten des Haupttransformators. Quecksilberdampfgleichrichter werden nach dem Einschalten gezündet (bei Glasgefäßen durch Kippen). Dann fährt man zunächst die Versuchsreihe mit Drossel ohne Kondensator bei veränderlicher Belastung R_B; vorher läßt man den Gleichrichter mit Nennlast je nach Größe $^1/_4$ bis $^1/_2$ h laufen, damit die Wicklungen usw. warm werden. Auch für den Betrieb der Gasentladungsgefäße ist diese Zeit erforderlich, damit der betriebsmäßige Dampfdruck erreicht wird. Auf Konstanz der Netzspannung U_1 während der Versuchsreihe ist zu achten. Abgelesen werden jedesmal alle Meßgeräte auf der Drehstrom- und Gleichstromseite.

Nach Beendigung der Versuchsreihe wird eine bestimmte Belastung R_B (z. B. entsprechend der Nennlast) eingestellt; damit fährt man die 3 in der Aufgabe angegebenen Schaltzustände mit Drossel und Kondensator und oszillographiert jedesmal Gleichstrom und Gleichspannung (für die Bedienung des Schleifenoszillographen vgl. Versuche 15).

f) Auswertung. Die abgegebene Gleichstromleistung N_g erhält man aus Gl. (205), die aufgenommene Drehstromleistung ist $N_1 = N_1' + N_1''$ (vgl. Abb. 158). Daraus ergibt sich der Wirkungsgrad $\eta = N_g : N_1$. Der Formfaktor χ wird aus Gl. (206) erhalten, der primäre Leistungsfaktor ist das Verhältnis von aufgenommener Wirkleistung N_1 zur Drehstrom-Scheinleistung $U_1 \cdot I_1 \sqrt{3}$. Die Größen η, U_g, χ und der Leistungsfaktor werden dann abhängig von der Gleichstromleistung N_g oder der Gleichstromstärke I_g zwischen Leerlauf und Nennlast aufgetragen.

77 B. Einphasen-Wechselrichter.

a) Aufgabe. An einem fremdgeführten Wechselrichter mit 2 gittergesteuerten Glühkathodenventilen sind Wirkungsgrad und abgegebene Wechselspannung in Abhängigkeit von der abgegebenen Wechselstromleistung zu messen. Es ist je eine Versuchsreihe mit reiner Wirkbelastung und mit gemischter kapazitiver Last durchzuführen.

b) Grundlagen. Die Wechselrichtung besteht in einer Auflösung eines Gleichstromes in einzelne Wechselstromhalbwellen durch Steuerung von Ventilen. Abb. 159 zeigt die hier verwendete Prinzipschaltung. Der Gleichstrom durchfließt durch rhythmisches Öffnen und Schließen der beiden Ventile V abwechselnd die obere und untere Hälfte der Primärwicklung des Transformators T in den angegebenen Richtungen. Es entsteht mithin im Eisenkern des Transformators ein wechselnder Fluß, der in der Sekundärwicklung eine Wechselspannung erzeugt. R_B wird also von einem Wechselstrom durchflossen, dessen Frequenz durch den Takt der Ventilsteuerung bestimmt ist. Die Drosselspule D bewirkt ein allmähliches Ansteigen und Abnehmen der Gleichstromstöße.

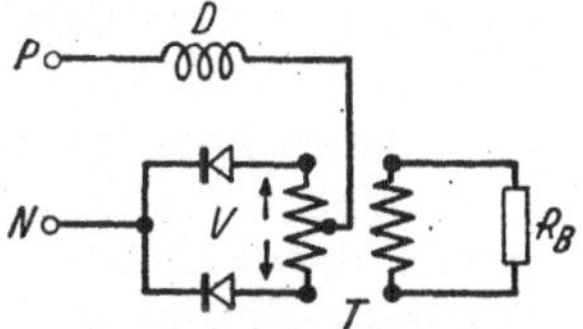

Abb. 159. Prinzipschaltung eines Wechselrichters. D Drosselspule, P—N Gleichstromnetz, R_B Belastungswiderstand (Wechselstromseite), T Transformator, V Ventile.

d) Schaltung und Versuchsanordnung. Als Ventile werden gittergesteuerte Glühkathodenrohre verwendet. Die Steuerung erfolgt aus einem Wechselstromnetz, dessen Halbwellen abwechselnd die Gitter der beiden Rohre öffnen und sperren („Fremdführung“). Zur einwandfreien Löschung des jeweils abzulösenden Rohres ist nach Abb. 160 die negative Gitterspannungs-Batterie B und der Löschkondensator C_L vorgesehen.

Für die Messung der Leistungen auf der Gleich- und Wechselstromseite gilt sinngemäß dasselbe wie in Versuch 77 A (Abschnitt b) für den Gleichrichter. Es wird die Gleichstromleistung aus Strom und Spannung zu $N_g = U_g \cdot I_g$ gemessen; die Wechselstromleistung N_w mißt man wattmetrisch. Soll bei der aufgenommenen Leistung auch die Wechselstromkomponente i_w — vgl. Gl. (203) — berücksichtigt werden, so ist hier ebenfalls ein Leistungsmesser vorzusehen.

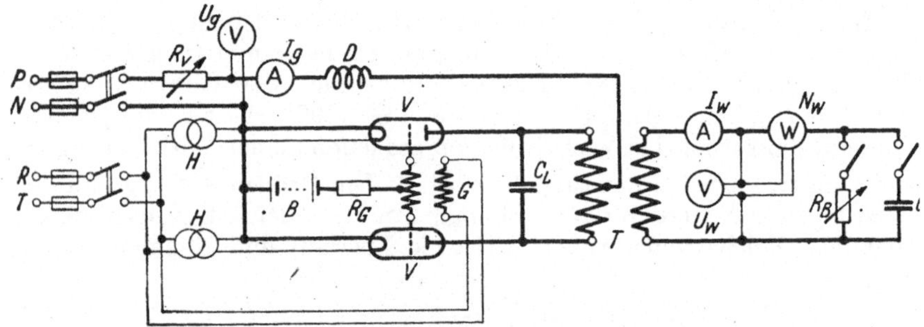

Abb. 160. Meßschaltung für fremdgeführten Einphasen-Wechselrichter. B Gitterspannungsbatterie, C_B Belastungskondensator, C_L Löschkondensator, D Glättungsdrossel, G Gitter-(Steuer-)Transformator, H Heiztransformatoren, R_B Belastungswiderstand, R_G Gitterwiderstand. R_V Vorschaltwiderstand, T Wechselrichter-Transformator, V Ventile.

Gerätevorschläge für das Studienpraktikum. Bei Verwendung von Glühkathodenrohren für etwa 2 A und 1 kV Sperrspannung kommen Strommeßbereiche von 5 A in Frage (Transformator T etwa 1 : 1); als Gleichspannung ist 110 oder 220 V geeignet; man wähle dann etwa $R_V = 200\,\Omega$, $R_G = 10\,\mathrm{k}\Omega$, $C_L = 80\,\mu\mathrm{F}$; R_B und C_B je nach Belastungsstrom und Übersetzung des Transformators T; Batterie B von 50 V. Einen sicheren Betrieb bei allen Belastungen kann man nur erwarten, wenn alle Schaltglieder der Gleichstromseite sorgfältig an die Eigenschaften der Rohre angepaßt sind, was im wesentlichen durch Probieren erreicht werden muß.

e) Versuchsdurchführung. Zunächst schalte man die Heizung ein. Nach einigen Minuten kann dann die Anodenspannung eingeschaltet werden (dabei R_V auf vollen Wert). Man stelle fest, ob auf der Wechselstromseite Spannung U_w vorhanden ist, ob das Gerät also richtig arbeitet. Dann kann der Gleichstrom durch R_V nachgeregelt werden, bis der gewünschte Leerlaufwert von U_w erreicht ist. Dann können die in der Aufgabe verlangten beiden Versuchsreihen gefahren werden.

f) Auswertung. Der Wirkungsgrad ergibt sich als Quotient $\eta = N_w : N_g = N_w : (U_g \cdot I_g)$. Man trägt ihn zusammen mit U_w in Abhängigkeit von N_w auf.

8. Messungen an Leitungen und Netzen.

Wegen ihrer Bedeutung in der Starkstrom- und Fernmeldetechnik ist die Überwachung der Leitungen ein wichtiges Kapitel der elektrischen Meßtechnik. Für die Messung der 4 Leitungskonstanten Widerstand R, Induktivität L, Kapazität C und Ableitung A bzw. Isolationswiderstand werden im wesentlichen die früher in Abschnitt 3 berücksichtigten Meßverfahren benutzt. Überwiegend finden Brückenverfahren Anwendung (für Kabelmeßschaltungen vgl. Lit. 2, 4, 10, 21). In diesem Abschnitt soll eine Reihe von Sondermessungen behandelt werden, deren Notwendigkeit sich besonders aus den betrieblichen Anforderungen an Übertragungssysteme ergibt.

80. Fehlerortbestimmung.

a) Aufgabe. An einer Doppelleitung mit Erdschlußstelle in einer Ader soll die Lage des Fehlerortes (Entfernung vom Leitungsanfang) mittels der WHEATSTONEschen Brücke gemessen werden.

b) Grundlagen. Für die WHEATSTONE-Brücke allgemein vgl. Versuche 32. Das hier anzuwendende Verfahren der Fehlerortbestimmung beruht darauf, daß das Verhältnis des Widerstandes der kranken Ader vom Leitungsanfang bis zur Fehlerstelle zum Widerstand von der Fehlerstelle über das Leitungsende und zurück zum Leitungsanfang gemessen wird. Ist der Widerstand je Längeneinheit und das Leitungsmaterial bei beiden Adern gleich, so entspricht das Widerstandsverhältnis direkt dem Längenverhältnis. Bei bekannten Leitungslängen wird die Lage des Fehlerortes also mit der Genauigkeit der Widerstandsmessung erhalten.

c) Schrifttum: Lit. 1 (Abschn. V 35194), 2, 4 (Bd. II), 5, 8, 10, 30; ferner KÖGLER, Isolationsmessungen und Fehlerortbestimmungen, Leipzig 1926.

d) Schaltung und Versuchsanordnung. Die Enden der kranken und gesunden Ader werden kurz verbunden, so daß eine Leitungsschleife entsteht. Bei Brückengleichgewicht (Nullausschlag des Galvanometers) ist dann mit den in Abb. 161 angegebenen Bezeichnungen

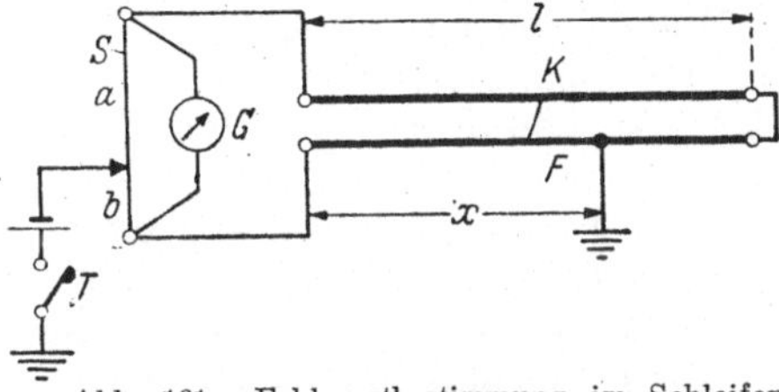

Abb. 161. Fehlerortbestimmung im Schleifenverfahren.
F Fehlerquelle, *G* Galvanometer, *K* Kabel oder andere Leitung, *S* Schleifdraht, *T* Taster.

$$\frac{a}{b} = \frac{2l - x}{x}, \quad \text{also} \qquad x = \frac{2l}{a+b} \cdot b. \tag{207}$$

Sind die Widerstände beider Adern nicht gleich, so muß man das Verhältnis der entsprechenden Widerstände ansetzen.

Ist die zu untersuchende Leitung kurz oder sonst niederohmig, so sind die Verbindungsleitungen aus kurzen, starken Drahtstücken herzustellen. Gegebenenfalls schließt man das Galvanometer auch besser am Kabel statt an den Schleifdrahtenden an. Die Länge der Adern wird entweder mit Bandmaß oder bei genügend bekannten Werten des Leiterquerschnitts und der Leitfähigkeit aus dem Widerstand ermittelt. Von der Genauigkeit, mit der die Gesamtlänge bekannt ist, hängt naturgemäß auch die Sicherheit ab, mit der man die Lage des Fehlerortes erhält.

Gerätevorschläge für das Studienpraktikum. Man wählt eine auf Isolatoren verlegte blanke Doppel-Leitung oder eine zweiadrige isolierte Leitung bzw. ein Kabel, an dessen einer Ader eine Erdungsstelle künstlich hergestellt wird; Leitungslänge etwa 50 ··· 100 m, Querschnitt einige mm²; dann genügt eine Sammlerzelle von 2 V und ein einfaches Zeigergalvanometer.

e) Versuchsdurchführung. Besonders bei kurzen Versuchsstrecken überzeuge man sich vor der Messung davon, daß die Verbindungen an den Anschlußstellen gut festgezogen sind. Dann wird zunächst die Leitungslänge l möglichst sorgfältig ausgemessen oder hinreichend genauen Plänen entnommen. Die Messung selbst erfolgt dann wie bei der Schleifdrahtbrücke nach Versuch 32 A. Man wiederholt die Messung mehrere Male und bildet den Mittelwert.

f) Auswertung. Die Länge x bis zum Fehlerort wird nach Gl. (207) berechnet. Nach dem Aufsuchen der Fehlerstelle kontrolliere man durch Nachmessen der Länge stets, wie genau die elektrische Messung den Fehlerort ergeben hat.

81. Querschnittsbestimmung.

a) Aufgabe. Der unbekannte Querschnitt einer Leitungsader soll aus einer Messung des elektrischen Widerstandes ermittelt werden.

b) Grundlagen. Oft ist es ohne eine unerwünschte Verletzung der Isolation nicht möglich, den Querschnitt einer Leitung zu bestimmen, (z. B. bei verlegten Kabeln, aber auch bei Spulen). Läßt sich die Länge direkt messen oder sonst ermitteln (bei Spulen aus einer induktiven Messung der Windungszahl), und kann der Leiterwerkstoff zuverlässig genug angenommen werden, so kann der Querschnitt aus dem Widerstand mit der Widerstandsformel berechnet werden.

d) Schaltung und Versuchsanordnung. Die Leitung wird an eine beliebige, ihrem Ohmwert angepaßte Widerstandsmeßeinrichtung gelegt, z. B. Brückenschaltung oder Strom- und Spannungsmesser.

e) Versuchsdurchführung wie bei der gewählten Anordnung zur Widerstandsmessung (vgl. Versuche 32).

f) Auswertung. Beim Einsetzen der Leitfähigkeit in die Widerstandsformel ist darauf zu achten, daß der der herrschenden Temperatur entsprechende Wert genommen wird. Bei Freileitungen, Kabeln und isolierten Leitungen mit Normquerschnitt hat man eine Kontrolle der Messung dadurch, daß das Ergebnis zum mindesten in der Nähe eines Normquerschnitts liegen muß.

82. Messung des Wellenwiderstandes.

a) Aufgabe. Der Wellenwiderstand $\mathfrak{W}$ einer Leitung oder Leitungs-Nachbildung ist aus den zu messenden Scheinwiderständen $\mathfrak{W}_0$ und $\mathfrak{W}_k$ im Leerlauf und Kurzschluß für einen Frequenzbereich zu ermitteln.

b) Grundlagen. Längs einer längeren Leitung ändern sich Spannung $\mathfrak{U}$ und Stromstärke $\mathfrak{J}$ nach Größe und Phase, da die Leitung ohmschen Widerstand R, Induktivität L, Kapazität C und Ableitung A hat[1]. Versteht man diese 4 Großen in diesem Versuch je Längeneinheit, z. B. km (Einheiten von R, L, C, A, also Ω/km, H/km, F/km, S/km), bezeichnet man weiter mit ω die Kreisfrequenz, mit j die imaginäre Einheit und mit x die Leitungslänge, gerechnet vom Leitungsanfang, so gilt für Strom und Spannung einer Doppelleitung die Differentialgleichung

$$\frac{d^2\mathfrak{J}}{dx^2} = \mathfrak{g}^2\,\mathfrak{J} \text{ bzw. } \frac{d^2\mathfrak{U}}{dx^2} = \mathfrak{g}^2\,\mathfrak{U} \tag{208}$$

mit der sogenannten Fortpflanzungskonstanten

$$\mathfrak{g} = \sqrt{(R + j\omega L)(A + j\omega C)} = \beta + j\alpha, \tag{208'}$$

wo β das Dämpfungsmaß und α das Winkelmaß ist. Als Lösung der Differentialgleichung (208) ergibt sich für den Verlauf von Spannung und Stromstärke längs der Leitung:

$$\mathfrak{U} = \mathfrak{U}_1 \cdot \mathfrak{Cof}\,\mathfrak{g}\,x - \mathfrak{W}\,\mathfrak{J}_1 \cdot \mathfrak{Sin}\,\mathfrak{g}\,x \tag{209a}$$

$$\mathfrak{J} = \mathfrak{J}_1 \cdot \mathfrak{Cof}\,\mathfrak{g}\,x - \frac{\mathfrak{U}_1}{\mathfrak{W}} \cdot \mathfrak{Sin}\,\mathfrak{g}\,x, \tag{209b}$$

wo $\mathfrak{U}_1$ und $\mathfrak{J}_1$ Strom und Spannung am Leitungsanfang (also bei $x = 0$) sind und noch

$$\mathfrak{W} = \sqrt{\frac{R + j\omega L}{A + j\omega C}} \tag{210}$$

der sog. Wellenwiderstand ist, der im vorliegenden Versuch gemessen werden soll. Führt man für x die Leitungslänge l ein, so erhält man aus Gl. (209) die Werte $\mathfrak{U}_2$ und $\mathfrak{J}_2$ am Leitungsende:

$$\mathfrak{U}_2 = \mathfrak{U}_1\,\mathfrak{Cof}\,\mathfrak{g}\,l - \mathfrak{W}\,\mathfrak{J}_1 \cdot \mathfrak{Sin}\,\mathfrak{g}\,l \tag{211a}$$

$$\mathfrak{J}_2 = \mathfrak{J}_1\,\mathfrak{Cof}\,\mathfrak{g}\,l - \frac{\mathfrak{U}_1}{\mathfrak{W}} \cdot \mathfrak{Sin}\,\mathfrak{g}\,l. \tag{211b}$$

Im Kurzschluß ist nun $\mathfrak{U}_2 = 0$ und $\mathfrak{U}_1 = \mathfrak{U}_k$ und $\mathfrak{J}_1 = \mathfrak{J}_k$ sind Kurzschlußspannung und Kurzschlußstrom; im Leerlauf ist $\mathfrak{J}_2 = 0$ und $\mathfrak{U}_1 = \mathfrak{U}_0$ und $\mathfrak{J}_1 = \mathfrak{J}_0$ sind Leerlaufspannung und Leerlaufstrom am Leitungsanfang. Setzt man diese Werte in Gl. (211) ein, so kommt

$$\mathfrak{U}_k \cdot \mathfrak{Cof}\,\mathfrak{g}\,l = \mathfrak{W}\,\mathfrak{J}_k \cdot \mathfrak{Sin}\,\mathfrak{g}\,l$$

$$\mathfrak{J}_0 \cdot \mathfrak{Cof}\,\mathfrak{g}\,l = \frac{\mathfrak{U}_0}{\mathfrak{W}} \cdot \mathfrak{Sin}\,\mathfrak{g}\,l.$$

Hieraus ergeben sich die im Kurzschluß- und Leerlauffall am Anfang der Leitung gemessenen Scheinwiderstände

$$\mathfrak{Z}_k = \frac{\mathfrak{U}_k}{\mathfrak{J}_k} = \mathfrak{W} \cdot \mathfrak{Tg}\,\mathfrak{g}\,l \qquad \mathfrak{Z}_0 = \frac{\mathfrak{U}_0}{\mathfrak{J}_0} = \mathfrak{W} \cdot \mathfrak{Ctg}\,\mathfrak{g}\,l. \tag{212}$$

[1] Die „Ableitung" A ist das Reziproke des Isolationswiderstandes; ihre Einheit ist im praktischen Maßsystem also das Siemens (1 S = 1 A : 1 V).

Da $\mathfrak{Tg}\, \mathfrak{g}\, l \cdot \mathfrak{Ctg}\, \mathfrak{g}\, l = 1$ ist, erhält man durch Multiplikation beider Gleichungen

$$\mathfrak{W} = \sqrt{\mathfrak{Z}_0 \cdot \mathfrak{Z}_k} \tag{213}$$

als Berechnungsgleichung für den Wellenwiderstand aus den beiden gemessenen Scheinwiderständen im Leerlauf und Kurzschluß.

c) Schrifttum: Lit. 44, 45.

d) Schaltung und Versuchsanordnung. Man verwendet zur Widerstandsmessung die einfache Wechselstrombrücke in der Schaltung nach Abb. 162, gespeist aus einem Tonfrequenzgenerator niedrigen Klirrfaktors. Da die Scheinwiderstände induktiv oder kapazitiv sein können,

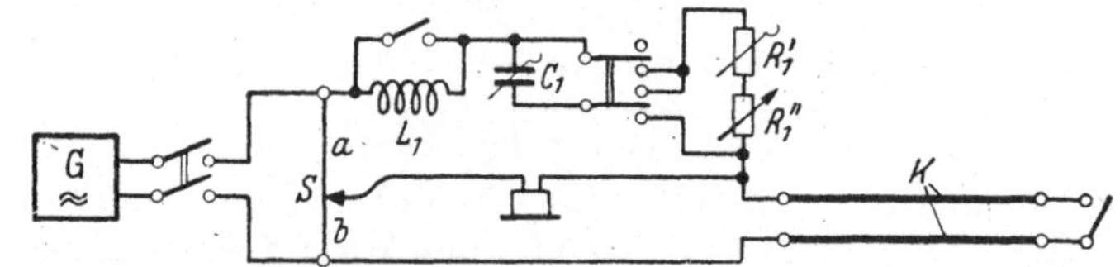

Abb. 162. Brückenschaltung zur Messung des Wellenwiderstandes von Leitungen. *F* Fernhörer, *G* Röhrengenerator, *K* Kabel oder andere Leitung, *S* Schleifdraht.

müssen im Vergleichszweig $L_1 - C_1 - R_1' - R_1''$ für den Phasenabgleich auch Widerstände beider Arten zur Verfügung stehen. Dabei ist L_1 ein einstufiges Induktivitätsnormal, C_1 und R_1' in Stufen schaltbar, R_1'' fein regulierbar. Um eine gute Anpassung zu haben, können C_1 und die beiden R_1 parallel oder in Reihe geschaltet werden.

Aus der Abgleichbedingung für Wechselstrombrücken Gl. (74) ergibt sich für den zu messenden komplexen Widerstand $\mathfrak{Z}_x$ (entweder $\mathfrak{Z}_k$ oder $\mathfrak{Z}_0$)

$$\mathfrak{Z}_x = \mathfrak{Z}_1 \frac{b}{a}, \tag{214}$$

wo $\mathfrak{Z}_1$ je nach Schaltung ist bei

$$C_1,\ R_1',\ R_1'' \text{ in Reihe: } \mathfrak{Z}_1 = R_1' + R_1'' + j\left(\omega L_1 - \frac{1}{\omega C_1}\right) \tag{214a}$$

$$C_1 \text{ mit } R_1'\ R_1'' \text{ parallel: } \mathfrak{Z}_1 = \frac{R_1' + R_1''}{1 + j\,\omega\, C_1\,(R_1' + R_1'')} + j\,\omega\, L_1. \tag{214b}$$

Die Ausrechnung von Gl. (214) mit (214a) oder (214b) ergibt dann auf Grund der eingestellten Werte die $\mathfrak{Z}_0$ und $\mathfrak{Z}_k$ nach Betrag und Phase.

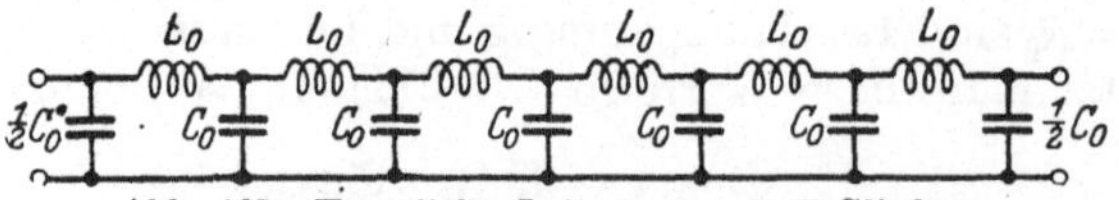

Abb. 163. Künstliche Leitung aus 6 Π-Gliedern.

Gerätevorschläge für das Studienpraktikum[1]. Frequenzbereich 250 bis 1200 Hz; als Prüfling wird eine künstliche Leitung nach Abb. 163 benutzt, bestehend aus 6 Vierpolen je $L_0 = 10$ mH, $C_0 = 2\,\mu$F; in dem Vergleichszweig liegen: $L_1 = 0{,}01$ H (bei 6 Ω), C_1 mit 5 Stufen je 1 μF und 10 Stufen je 0,1 μF, ferner R_1' mit 10 Stufen je 250 Ω und 10 Stufen je 25 Ω, endlich R_1'' Stöpselkasten von mindestens 25 Ω; Orlich sieht hinter dem Röhrengenerator noch eine zweigliedrige Drosselkette mit je 0,1 H Längsinduktivität und $1 \cdots 4\,\mu$F Querkapazität zur Drosselung der Oberwellen vor.

[1] Nach E. Orlich „Anleitungen", Teil 2, Versuch 138 (Lit. 7).

e) Versuchsdurchführung. Nach dem Einstellen und Einschalten des Tonfrequenz-Erzeugers stellt man den Schleifdrahtschieber zunächst etwa in die Mitte und gleicht den Vergleichszweig so ab, daß man im Fernhörer F ein Tonminimum erhält. Darauf stellt man am Schleifdraht nach, verbessert wieder im Vergleichszweig usf., bis kein Ton mehr im Fernhörer festzustellen ist. Man achte darauf, daß bei jedem zusammengehörigen Meßpaar $\mathfrak{Z}_0$ und $\mathfrak{Z}_k$ genau gleiche Frequenz herrscht, da schon kleine Frequenzabweichungen große Widerstandsänderungen bedingen können. Es ist also zweckmäßig, daß mit jeder eingestellten Frequenz die beiden Messungen sofort hintereinander gemacht werden, zumal zum Übergang von $\mathfrak{Z}_0$ auf $\mathfrak{Z}_k$ nur der Schalter am Leitungsende einzuschalten ist.

f) Auswertung. Aus den Einstellungen a, b, L_1, C_1, R_1'; R_1'' jeder Messung ergibt sich $\mathfrak{Z}_0$ bzw. $\mathfrak{Z}_k$ nach den Gl. (214). Daraus kann man sofort den gesuchten Wellenwiderstand $\mathfrak{W}$ nach Gl. (213) berechnen. Wird er in der Form $\mathfrak{W} = W_1 + j\,W_2$ erhalten, so formt man diesen Ausdruck in $\mathfrak{W} = |\mathfrak{W}| \cdot e^{j\varphi}$ um und trägt dann Betrag $|\mathfrak{W}|$ und Phasenwinkel φ über der Frequenz auf.

83. Untersuchung der Erdschlußlöschung.

a) Aufgabe. Der Erdschlußstrom eines leerlaufenden Dreiphasennetzes soll in Abhängigkeit von der Induktivität L der PETERSEN-spule aufgenommen und in Kurvenform dargestellt werden. Der zum Stromminimum gehörige Wert von L ist mit dem nach Gl. (216) errechneten günstigsten Wert von L zu vergleichen. Es ist weiter anzugeben, auf wieviel Prozent des Erdschlußstromes im unkompensierten Netz der Erdschlußstrom I_C durch Einbau der PETERSEN-Spule sinkt. Endlich soll das Strom- und Spannungsdiagramm des Netzes mit Erdschlußspule bei einphasigem Erdschluß für den Fall größter Kompensation aufgezeichnet werden.

b) Grundlagen. Im Drehstromnetz hat jeder Leiter eine Kapazität gegen Erde (C_R, C_S, C_T in Abb. 164). Tritt nun in einer Phase ein Erd-

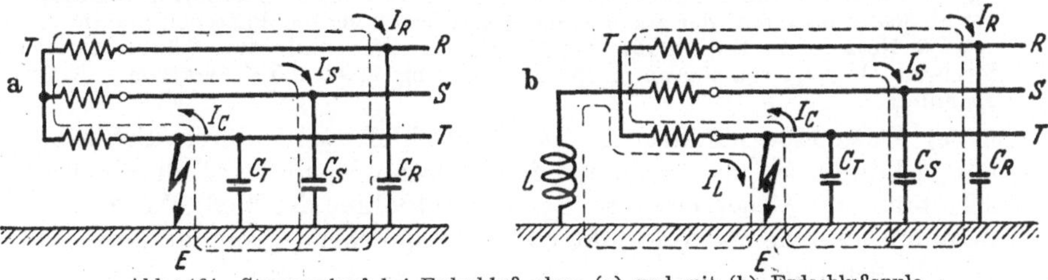

Abb. 164. Stromverlauf bei Erdschluß ohne (a) und mit (b) Erdschlußspule. E Erdschlußstelle, I_E Erdschlußstrom, I_L Löschstrom, L Erdschlußspule (Löschdrossel).

schluß ein, so wird dadurch die Erdkapazität des btr. Leiters (C_T in Abb. 164a) kurzgeschlossen, und es fließt über die Erdschlußstelle und die beiden Kapazitäten C_R und C_S ein kapazitiver Erdschlußstrom

$$I_C = U \cdot \sqrt{3} \cdot \omega \cdot C \tag{215}$$

mit U als Drehstrom-Netzspannung und $C = C_R = C_S$.

Um diesen Erschlußstrom zu kompensieren, sieht man zwischen dem Sternpunkt des Systems und Erde oft die von PETERSEN angegebene Erdschlußspule L nach Abb. 164b) vor. Bei richtiger Wahl der Induktivität L heben sich die Ströme I_C und I_L an der Erdschlußstelle gerade auf, wenn nämlich I_C und I_L gleich groß und in Gegenphase sind, wenn also $I_C = I_L$ oder

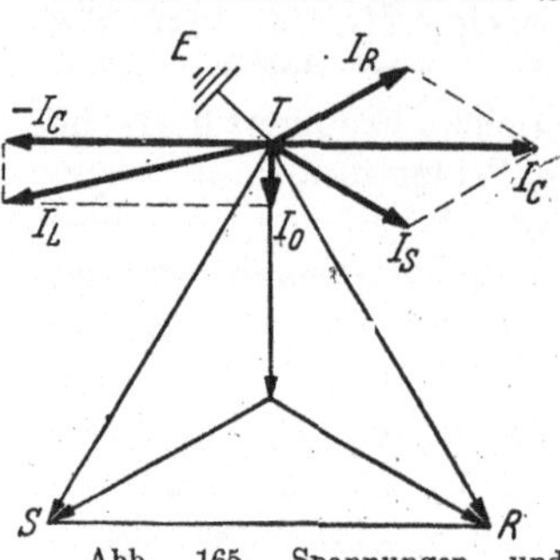

Abb. 165. Spannungen und Ströme bei einphasigem Erdschluß in der Phase T. I_E Erdschlußstrom (über die Erdschlußstelle), I_R Stromkomponente in Phase R, I_S Stromkomponente in Phase S, I_L Löschstrom über Erdschlußspule, $I_0 = I_E \dotplus I_L$ Reststrom.

$$U\sqrt{3}\cdot\omega C = \frac{U}{\sqrt{3}\,\omega L}$$

ist, man mithin eine Induktivität

$$L = \frac{1}{3\,\omega^2 C} \tag{216}$$

wählt. Ein Erdschlußstrom kommt dann also zum Verlöschen. Praktisch bleibt nach dem Diagramm in Abb. 165 ein (kleiner) Reststrom I_0 bestehen, da die Erdschlußspule verlustbehaftet ist und nur die Grundwelle, nicht aber etwaige Oberwellen kompensiert werden können. Oberwellen würden nach Gl. (216) eine andere Größe von L erfordern.

c) Schrifttum: Lit. 10, 32.

d) Schaltung und Versuchsanordnung. Der Versuch wird an einer Modellanlage nach Abb. 166 durchgeführt, bei der die 3 Netzkapazitäten durch Kondensatoren C_R, C_S, C_T gebildet sind. Als Erdschlußspule wird eine Drosselspule mit veränderlichem Luftspalt verwendet, so daß ihre Induktivität L eingestellt werden kann. Von den jeweils 2 in Reihe liegenden Strommessern hat der des kleineren Meßbereichs einen Überbrückungsschalter. Der Spannungsmesser (rechts im Bild) wird über einen Vielfachumschalter an die angegebenen Stellen angeschlossen.

Gerätevorschläge für das Studienpraktikum. Netzkapazitäten $C_R = C_S = C_T = 16\,\mu$F, Netzfrequenz 50 Hz, Drosselspule einstellbar zwischen etwa 0,1 ··· 0,5 H (Stromminimum bei etwa 0,2 H); Meßbereich der kurzschließbaren Strommesser bis 0,5 A, der anderen bis 3 A; Einstellung der Phasenströme im gesunden Netz (ohne Erdschluß, also Schalter S_C offen) auf etwa 0,35 A; Transformator als Regeltransformator für sekundär bis etwa 125 V verketteter Netzspannung.

e) Versuchsdurchführung. Der Erdschluß wird durch Schließen des Schalters S_C nachgeahmt, die Erdschlußspule wird durch Einschalten von S_L zugeschaltet. Bei der Aufnahme der Meßreihe beginnt man mit der kleinsten Induktivität (entsprechend größtem Luftspalt der Drosselspule).

Die 7 Spannungen (vgl. Abb. 166 rechts) und alle Ströme werden bei jedem Einzelversuch mitgemessen. Die zur Erfüllung der Aufgabe erforderlichen Versuche macht man zweckmäßig in der folgenden Reihenfolge:

α) Netz ohne Erdschluß und ohne Spule (Schalter S_C und S_L offen),
β) Erdschluß in Phase T ohne Spule (S_C geschlossen, S_L offen),
γ) Erdschluß mit PETERSEN-Spule (S_C und S_L geschlossen),

dabei sind α) und β) Einzelversuche, während die Meßreihe γ) sich über mehrere Einstellungen von L beiderseits der günstigsten Kompensation erstrecken soll.

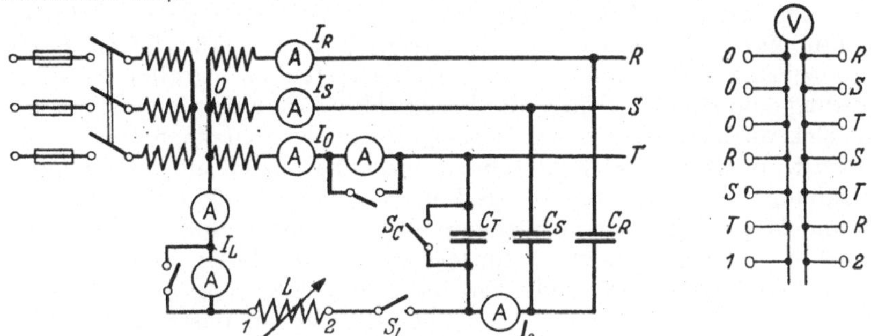

Abb. 166. Versuchsschaltung an Modellanlage mit Löschdrossel L. (Bedeutung der Ströme wie bei Abb. 165.)

f) Auswertung. Mit den Ergebnissen des Versuchs unter α) wird das Spannungsdiagramm der Netz- und Phasenspannungen und das Stromdiagramm der 3 Ströme I_R, I_S und I_T gezeichnet, wobei I_T der von den Strommessern I_C und I_0 angezeigte Strom ist. Beide Diagramme müssen sich schließen. Lücken im Spannungsdiagramm beruhen auf Meßfehlern. Unsymmetrien der Diagramme können ebenfalls Meßfehler, aber auch Unsymmetrien im Transformator oder Kondensatorensatz als Ursache haben.

Versuch β) und Versuchsreihe γ) dienen zur Beantwortung der in der Aufgabe gestellten Fragen. Als Kurve stellt man aus Versuchsreihe γ) dar $I_0 = f(L)$. Hierzu wird die Induktivität L bei jeder Messung aus

$$L = \frac{U_{12}}{\omega I_L} \tag{217}$$

berechnet, wo U_{12} die zwischen 1 und 2 gemessene Spannung ist (Abb. 166). Bei dieser Gleichung ist angenommen, daß der Wirkwiderstand der Spule gegen ihren Blindwiderstand ωL vernachlässigbar ist, was bei größeren Eisendrosseln mit kleinem Luftspalt zutrifft.

Für die weiter in der Aufgabe gestellten Fragen wird das günstigste L aus Gl. (216) berechnet und das Diagramm entsprechend Abb. 165 maßstäblich für jenen Versuch gezeichnet, bei dem die Erdschlußkompensation am besten war.

84. Untersuchung der Leitungskopplung durch Erdströme[1].

a) Aufgabe. Die vom Erschlußstrom einer Starkstromleitung hervorgerufene Störfeldstärke am Ort einer Fernmeldeleitung ist theoretisch zu berechnen und im Versuch an einer Modellanlage experimentell nachzuprüfen.

---

[1] Nach E. Orlich, „Anleitungen", Teil 2, Versuch 142 (Lit. [7]), und F. Ollendorff, Erdströme, Julius Springer, Berlin 1928.

b) Grundlagen. Eine vom Wechselstrom durchflossene Starkstromleitung erfahre an einer Stelle einen gewollten oder ungewollten Erdschluß, durch den sich der Wechselstrom in das homogen gedachte Erdreich ergießt; die Erde soll also die Rückleitung bilden, die Stromdichte dieser Strömung mag als parallel der ursprünglichen Starkstromleitung vorausgesetzt werden. Verläuft nun parallel zu dieser Leitung eine zweite Leitung, die Fernmeldezwecken dient, so wird durch die elektromagnetische Beeinflussung der ersten Schleife, bestehend aus Starkstromleitung und Erdströmen, in der Fernmeldeleitung eine „Störspannung" induziert, die so groß werden kann, daß der Betrieb der Fernmeldeleitung nicht aufrecht erhalten werden kann.

Man erhält ein praktisch hinreichendes Bild dieser Erscheinungen, wenn man sich die störende und die gestörte Leitung nach Abb. 167 unmittelbar auf das Erdreich gelegt denkt, wobei sich zwischen Leitung und Erde eine sehr dünne isolierende Schicht befindet. Fließt in der Hauptleitung ein Strom I, so wird sich aus Symmetriegründen im Erdreich eine magnetische Zylinderwelle ausbilden, die von der Starkstromleitung aus strahlenförmig ins Innere des Erdreichs vordringt.

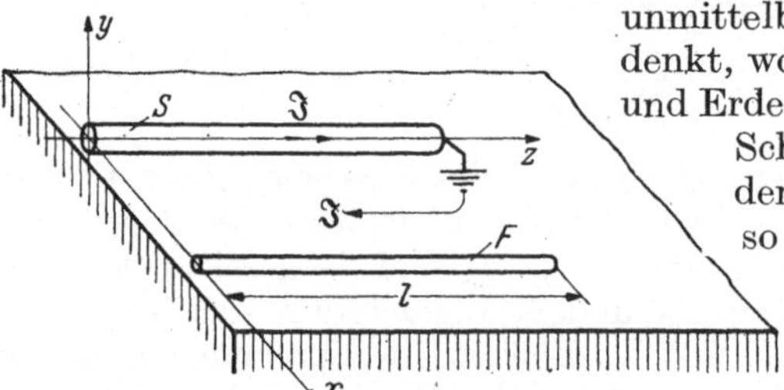

Abb. 167. Fernmeldeleitung F im Störfeld des Stromes $\mathfrak{J}$ einer Starkstromleitung S.

Hierbei entwickeln die harmonisch pulsierenden magnetischen Induktionslinien in der Erde Wirbelströme, deren Gesamtheit den Rückstrom ergibt. Das elektromagnetische Wechselfeld erfährt im Erdreich eine „geometrische" Abnahme durch die Ausbreitung der Zylinderwelle über immer größere Flächen hin; hierzu tritt eine elektrodynamische Abdämpfung durch die im Erdreich entwickelte Stromwärme. Diese Erscheinungen können durch die Feldgleichungen des Erdreichs beschrieben werden. Führt man ein rechtwinkliges Koordinatensystem mit z in Richtung der Starkstromleitung ein (Abb. 167), so hat das elektrische Wirbelfeld nur eine Komponente $\mathfrak{E}_z$ der Feldstärke und $\mathfrak{i}_z$ der Stromdichte. Mit $\mathfrak{H}_x$ und $\mathfrak{H}_y$ als magnetischen Feldvektoren in x- und y-Richtung erhält man für ein zeitlich harmonisches Wechselfeld $e^{j\omega t}$ nach den beiden MAXWELLschen Sätzen bei Vernachlässigung des Verschiebungsstromes

$$\mathrm{rot}_z\,\mathfrak{H} = \frac{\partial \mathfrak{H}_y}{\partial x} - \frac{\partial \mathfrak{H}_x}{\partial y} = \mathfrak{i}_z = \varkappa\,\mathfrak{E}_z \tag{218a}$$

$$\frac{\partial \mathfrak{E}_z}{\partial x} = -\frac{\partial(\mu_0\,\mathfrak{H}_y)}{\partial t} = -j\,\mu_0\,\omega\,\mathfrak{H}_y; \quad \frac{\partial \mathfrak{E}_z}{\partial y} = +\frac{\partial(\mu_0\mathfrak{H}_x)}{\partial t} = +j\,\mu_0\,\omega\,\mathfrak{H}_x \tag{218b}$$

wo noch $\varkappa$ die Leitfähigkeit, j die imaginäre Einheit, ω die Kreisfrequenz und μ_0 die Induktionskonstante ist und die Permeabilität μ alsbald gleich eins gesetzt wurde. Die Vereinigung der Gl. (218) ergibt das räumliche Verteilungsgesetz des elektrischen Wirbelfeldes

$$\frac{\partial^2 \mathfrak{E}_z}{\partial x^2} + \frac{\partial^2 \mathfrak{E}_z}{\partial y^2} + j\,\mu_0\,\omega\,\varkappa\,\mathfrak{E}_z = 0. \tag{219}$$

Man erkennt daraus, daß es nicht auf den Absolutwert der Entfernungen x und y ankommt, sondern nur auf die „numerischen Abstände“

$$\xi = x\sqrt{\mu_0\,\omega\,\varkappa} \text{ und } \eta = y\sqrt{\mu_0\,\omega\,\varkappa} \tag{220a}$$

oder als Zahlenwertgleichungen geschrieben

$$\xi = 2{,}81\cdot 10^{-4}\,x\sqrt{f\varkappa} \text{ und } \eta = 2{,}81\cdot 10^{-4} y\sqrt{f\varkappa} \tag{220b}$$

mit f als Frequenz in Hz, $\varkappa$ in S cm^{-1} und x und y in cm. Denn mit diesen Parametern ξ und η geschrieben nimmt das Verteilungsgesetz allgemein für jedes Erdreich dieselbe Form an:

$$\frac{\partial^2 \mathfrak{E}_z}{\partial \xi^2} + \frac{\partial^2 \mathfrak{E}_z}{\partial \eta^2} + j\,\mathfrak{E} = 0. \tag{221}$$

Die Lösung dieser Gleichung führt im vorliegenden Falle im wesentlichen auf die sogenannten HANKELschen Funktionen (BESSELsche Funktionen 3. Art); sie stellen eine nach außen sich ausbreitende Zylinderwelle dar, welche nach Gl. (220) nur von dem numerischen Abstande ξ zwischen der störenden Leitung und dem betrachteten Feldpunkte abhängt. Man zerlegt diese Lösung zweckmäßig in 2 Faktoren, indem man die Störspannung darstellt durch

$$\mathfrak{U}_z = \mathfrak{E}_z\cdot l = \frac{\mathfrak{J}\cdot l}{\pi\,\varkappa\,x^2}\cdot\mathfrak{Y} \tag{222}$$

als Spannung über die Länge l der Fernmeldeleitung, wo $\mathfrak{J}$ die Stromstärke im Starkstromkabel ist. In Gl. (222) ist der Bruch der Verlauf der Störspannung in sehr großer Entfernung von der Starkstromleitung. Dagegen wird der Wellencharakter des Ausbreitungsvorganges, der sich nur in der Nähe der Starkstromleitung bemerkbar macht, durch die „numerische Spannung“ $\mathfrak{Y}$ beschrieben, die eine komplexe Funktion des numerischen Leitungsabstandes ξ ist. Abb. 168 gibt den Betrag $Y = |\mathfrak{Y}|$ an, der für die praktische Berechnung allein von Wichtigkeit ist.

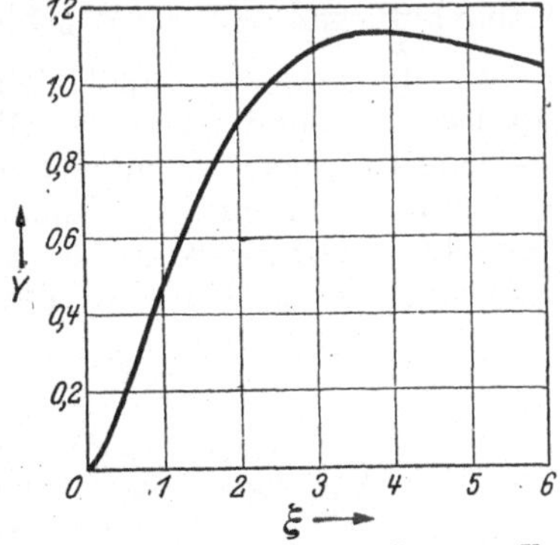

Abb. 168. Numerische Spannung Y abhängig vom numerischen Abstand ξ der Fernmeldeleitung von der Starkstromleitung.

Für einen gegebenen Störstrom $\mathfrak{J}$ hängt die Stärke der Störspannung wesentlich nur von dem numerischen Leitungsabstand nach Gl. (220) und (222) ab, welche somit das Ähnlichkeitsgesetz der Erdströme ausspricht. Dieses Gesetz gibt die Möglichkeit, die experimentelle Untersuchung des Störfeldes an einem Modell durchzuführen; es ist nämlich das Feld am Modell gleich demjenigen im wirklichen Erdreich, wenn der numerische Abstand ξ zwischen störender und gestörter Leitung für die beiden zu vergleichenden Fälle der gleiche ist.

d) Schaltung und Versuchsanordnung. Die Versuche werden an einem „Erdmodell" bestehend aus einem halbzylindrischen Kohlekörper nach Abb. 169 durchgeführt. Um einen guten und gleichmäßigen Übertritt des Stromes in den Kohlekörper zu gewährleisten, sind die beiden achsialen Endflächen der Kohle verkupfert; dort sind starke Messingschellen angebracht, die zusammen mit der Verkupferung den Übertritt des Starkstromes in den Kohlekörper besorgen. Die Starkstromleitung ist längs der Achse des Halbzylinders verlegt. Sie besteht aus einem gut isolierten Kabel von 25 mm² Querschnitt, dessen Kupferseele einseitig an eine der genannten Messingschellen angeschlossen ist. Der Starkstrom wird in das freie Ende des Kabels eingeführt und nach Durchfließen des Kohlezylinders von der zweiten Messingschelle wieder abgenommen.

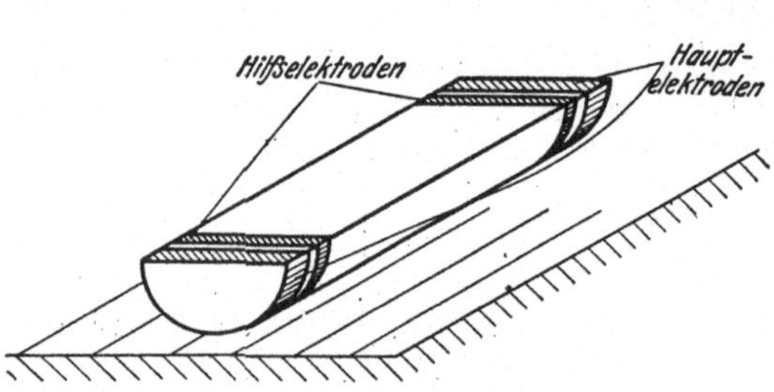

Abb. 169. Kohlemodell zur Messung der Störspannung. (Nach ORLICH.)

An der Grenzfläche Kupfer-Kohle tritt ein merklicher Spannungsabfall auf, der natürlich bei der Ermittlung der Störspannung nicht mitgemessen werden darf. Deshalb sind neben den „Hauptelektroden" des Starkstroms zwei Hilfselektroden angebracht, die unmittelbar auf der Kohle aufliegen und zur Entnahme der Meßspannungen dienen.

Als Modell der Fernmeldeleitungen dient ein Draht, der parallel zur Starkstromleitung längs der Oberfläche des Kohlekörpers verschoben werden kann; er ist an einer Seite mit einer der Hilfselektroden leitend verbunden, während das andere Ende mittels einer Rolle und eines Gewichts straff gespannt ist. Die Meßspannung wird zwischen diesem Ende und der noch freien Hilfselektrode abgenommen.

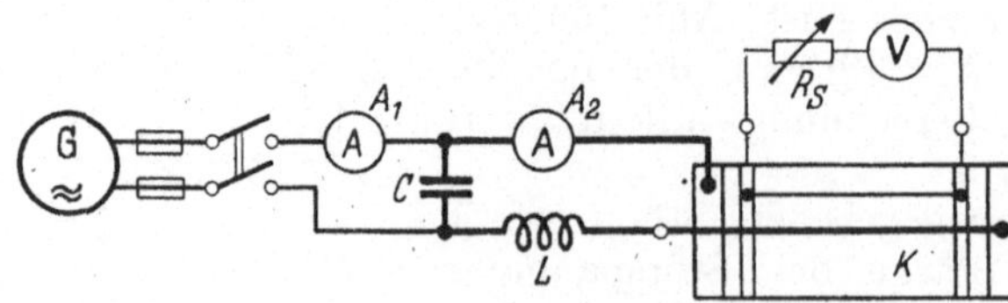

Abb. 170. Meßschaltung zur Leitungskopplung.
C Kondensator, G Tonfrequenz-Generator, K Kohlekörper (Erdmodell), L Drosselspule, R_S Schutzwiderstand.

Bei den Versuchen soll durch Verschieben der „Fernmeldeleitung" der Bereich $\xi = 0$ bis $\xi = 6$ des numerischen Leitungsabstandes überstrichen werden. Dies gelingt auch bei den kleinen absoluten Abmessungen des Modells durch Wahl der Betriebsfrequenz von etwa $f = 10000$

Hertz. Um den erforderlichen Starkstrom von etwa $I = 120$ A zu erhalten, ohne die Stromquelle zu überlasten, ist der Modellkörper in einen Stromresonanzkreis LC nach Abb. 170 eingeschaltet. Der Resonanzkreis hat also zunächst die Aufgabe, den Strom hoch zu transformieren; daneben gelingt es durch diese Anordnung, den Starkstrom von Oberwellen zu reinigen, die sonst das Meßergebnis stark fälschen könnten.

Gerätevorschläge für das Studienpraktikum. Kohlekörper 150 cm lang, Durchmesser 35 cm, mittlere Leitfähigkeit $\varkappa = 270$ S cm^{-1}; Schwingkreis $C \approx 5\,\mu$F, $L \approx 0{,}06$ mH; Strommesser vor dem Schwingkreis mit 25 A, im Schwingkreis mit 150 $\cdots$ 200 A, Spannungsmesser mit etwa 1 V Skalenendwert, alle 3 für 10000 Hz (Thermokreuz-Instrumente).

e) Versuchsdurchführung. Zunächst wird festgestellt, ob der Stromresonanzkreis richtig arbeitet. Hierzu nimmt man bei fester Erregung der Hochfrequenzmaschine die Abhängigkeit des Schwingkreisstroms und des zugeführten Stromes von der Drehzahl der Hochfrequenzmaschine auf. Die Resonanzkurve verläuft ziemlich flach, da der große Widerstand des Modellkörpers im Schwingkreise liegt. Der für die folgenden Versuche zu wählende Betriebspunkt braucht daher nicht genau mit dem Resonanzpunkt zusammenzufallen; jedoch muß während des Hauptversuches die einmal gewählte Frequenz genau konstant gehalten werden. Man arbeitet zweckmäßig mit einem Maschinenstroms von etwa 16 A und einem Schwingkreisstrom von etwa 120 A. Während dieses Vorversuchs wird die Fernmeldeleitung abgelegt oder der Spannungsmesser abgeschaltet.

Nach dieser Vorbereitung kann der Hauptversuch ausgeführt werden. Zur Schonung des Thermospannungsmessers schaltet man zunächst den Schutzwiderstand R_S vor. Nun schaltet man den Hauptstrom ein und bringt den Schwingkreisstrom wie vorher beschrieben auf den vollen Wert. Darauf bringt man den Schutzwiderstand auf 0 Ohm und beginnt die Meßreihe mit großem Abstand x bzw. ξ. Gemessen wird der Schwingkreisstrom $I = |\mathfrak{J}|$, die Maschinendrehzahl (zur Frequenzberechnung) und die Störspannung $U_z = |\mathfrak{U}_z|$ an der Fernmeldeleitung.

f) Auswertung. Die gemessene Störspannung U_z wird in Abhängigkeit von ξ als Kurve dargestellt. Das Ergebnis der Messung ist an Hand der Modelldaten rechnerisch nachzuprüfen. Die Unterschiede zwischen Rechnung und Messung sind zum größten Teil auf die zusätzliche Gegeninduktion durch das magnetische Luftfeld zurückzuführen, welches über dem Modellkörper ausgebreitet ist; dieses Feld macht sich namentlich bei kleinen Abständen zwischen Starkstrom- und Fernmeldeleitung unangenehm bemerkbar, weil es natürlich nicht möglich ist, die Leitungen mit verschwindend kleinem Querschnitt auszustatten und genau in der Grenzebene des Modellkörpers zu verlegen.

85. Untersuchungen am Krarupkabel.[1]

a) Aufgabe. An einem Krarupkabel sind Induktivität und Verlustwiderstand in der Brückenschaltung einmal abhängig vom Strom bei konstanter Frequenz und dann abhängig von der Frequenz bei konstantem Strom zu ermitteln.

b) Grundlagen. Um möglichst große Reichweiten für Fernsprech- und Telegraphenleitungen zu erhalten, muß die Dämpfung herabgesetzt werden. Für diese erhält man bei gewissen, für Kabel in der Regel zulässigen Annäherungen aus Gl. (208′)

$$\beta \approx \frac{1}{2}\left(\frac{R}{W} + AW\right) \quad \text{mit} \quad W = \sqrt{\frac{L}{C}}, \tag{223}$$

wo R, L, C, A Widerstand, Induktivität, Kapazität und Ableitung der Leitung je Längeneinheit sind (vgl. Versuch 82) und W der angenäherte, reelle Wert des Wellenwiderstandes ist, vgl. Gl. (210).

Die Dämpfungskurve setzt sich also in Abhängigkeit vom Wellenwiderstand W aus einer Geraden und einer Hyperbel nach Abb. 171 zusammen. Man erhält ein Minimum an der Stelle B. Bei den praktisch ausgeführten Leitungen befindet man sich ungefähr im Punkt A. Um die Dämpfung zu verringern, den Betriebspunkt also nach B zu verlegen, muß W erhöht werden, was durch Verkleinern der Kapazität oder Vergrößern der Induktivität erreicht werden kann. Da eine Änderung der geometrischen Leiterabmessungen in den praktisch möglichen Grenzen eine zu geringe Änderung von β bewirkt, hat man zwei andere Wege eingeschlagen, um die Induktivität zu erhöhen:

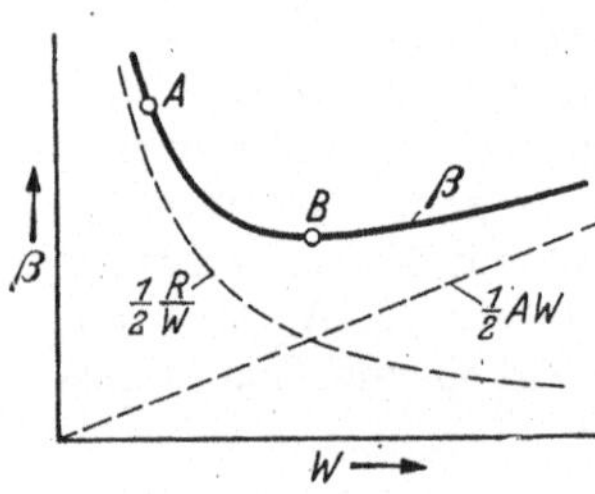

Abb. 171. Dämpfungsmaß β einer Leitung in Abhängigkeit vom Wellenwiderstand nach Gl. (223).

1. Einschaltung von konzentrierten Induktivitäten (Spulen) in gleichmäßigen Abständen (Pupinisierung).

2. Umwicklung des Leiters mit ferromagnetischen Stoffen (Krarupkabel).

Von der Untersuchung von Pupinspulen handelt Versuch 62 C. Mit dem zweiten der beiden Wege beschäftigt sich die vorliegende Aufgabe. Das magnetische Feld des stromdurchflossenen Drahtes umschlingt ihn konzentrisch; bei dichter Bewicklung des Kupferleiters mit dünnen Eisendrähten wird also die magnetische Feldstärke in der Bespinnung im großen und ganzen dieselbe Richtung haben, wie die Achse der eisernen Bespinnungsdrähte. Es wird daher im Eisen eine verhältnismäßig kräftige magnetische Induktion hervorgerufen werden, die eine Erhöhung der Induktivität des Kabels zur Folge hat. Da aber die Permeabilität nicht konstant ist, so ist diese Induktivitätserhöhung von der das Feld erzeugenden Stärke des Stromes und seiner Frequenz abhängig. Das gleiche gilt wegen der Erwärmung des Kabels, ferner

[1] Nach E. Orlich „Anleitungen", Teil 2, Versuch 140 (Lit. 7).

wegen des Einflusses von Hysterese- und Wirbelstrombildung von der Erhöhung seines Wirkwiderstandes. Zahlenmäßig ergibt sich, daß mit wachsender Frequenz der zusätzliche Widerstand steigt, die zusätzliche Induktivität dagegen fällt. Daraus folgt, daß die Krarupbewicklung bei höheren Frequenzen wegen Gl. (223) keine Verringerung, sondern eine Erhöhung der Dämpfung zur Folge haben kann.

c) Schrifttum: Lit. 44, 45, 50.

d) Schaltung und Versuchsanordnung. Die Messung der Induktivität und des Verlustwiderstandes wird in der Brückenanordnung nach Abb. 172 ausgeführt. Als Stromquelle dient ein Röhrengenerator G oder eine durch LEONARDschaltung (vgl. Abb. 152) in der Drehzahl und damit Frequenz regelbare Tonfrequenzmaschine. Die Schaltung ist am empfindlichsten, wenn R_2 klein und R_3 groß ist.

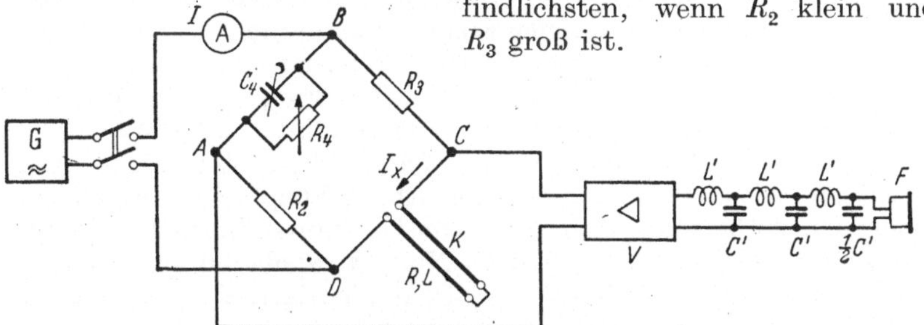

Abb. 172. Messung von Induktivität L und Verlustwiderstand R eines Krarupkabels. A, B, C, D Brückeneckpunkte, F Fernhörer, G Röhrengenerator oder Tonfrequenzmaschine, K Krarupkabel, V Verstärker.

Wenn die Brücke durch Ändern von C_4 und R_4 abgeglichen ist, gelten die Beziehungen

$$L = R_2 R_3 \cdot C \quad \text{und} \quad R = \frac{R_2 R_3}{R_4}. \tag{224}$$

Die zu messenden Zuwächse sind klein; es ist deshalb notwendig, die Brücke sehr sorgfältig aufzubauen, um konstante Fehler zu vermeiden. Die vier Brückenpunkte ABCD lege man in einem kleinen Viereck dicht nebeneinander, so daß man von BD die Leitungen zur Energiequelle und von AC zum Telefonzweig gut bifilar führen kann; ebenso kann man von dort aus bifilare Leitungen zu den in den vier Zweigen eingeschalteten Widerständen usw. führen.

Die Eisenbespinnung des Kabels bewirkt eine Verzerrung der Kurvenform des Stromes, die einen vollkommenen Abgleich der Brücke erschwert. (Aus diesem Grunde kann im Brückenzweig ein fertig zusammengebauter Verstärker und eine dreigliedrige Drosselkette angeordnet werden, deren Grenzfrequenz $\omega_g = 2 : \sqrt{L' C'}$ durch passende Wahl von L' und C' so einzustellen ist, daß die zweite Oberwelle der jeweils zu messenden Frequnez schon sicher abgedrosselt wird).

Der Strom I_x im Kabel wird aus dem mit dem Strommesser gemessenen Gesamtstrom I berechnet. Aus den Brückendaten ergibt sich:

$$I_x = I \sqrt{\left(1 + \frac{R_3}{R_4}\right)^2 + (R_3 \omega C_4)^2}\,. \tag{225}$$

Gerätevorschläge für das Studienpraktikum. Tonfrequenz-Generator bis 6000 Hz. Strommesser für Skalenendwerte 10, 20, 100, 200 mA (Tonfrequenzgerät, z. B. mit Thermokreuz); Krarupkabel 10 m lang vieladrig, wovon 2 Adern benutzt werden, mit Leiterdurchmesser von 1,2 mm, Durchmesser des Eisendrahtes 0,3 mm, mittlere Aderentfernung 4,2 mm, Induktivität ohne Bespinnung 7,64 μH, Wirkwiderstand 0,36 Ω für Hin- und Rückleitung zusammen; $R_2 = 0{,}4\,\Omega$ fest, $R_3 = 1000\,\Omega$ fest, $R_4 \approx 1000\,\Omega$ stufig regelbar, C_4 Stufenkondensator $0 \cdots 1\,\mu$F von 0,01 zu 0,01 μF; Drosselkette L' je 0,1 H oder 0,01 H, C' je 2 μF oder 1 μF. Die Versuchsreihe mit konstanter Frequenz fährt man mit 500 Hz bei steigendem Strom bis $I = 120 \cdots 150$ mA bzw. $I \approx 50$ mA; für die Versuchsreihe mit konstantem Strom wählt man $I_x \approx 10$ mA und f bis zu 5000 Hz herauf.

e) Versuchsdurchführung. Nach dem Anheizen des Röhrengenerators und des Verstärkers kann die Brücke in Betrieb genommen werden. Bei der Versuchsreihe abhängig vom Strom stellt man die gewünschte Frequenz ein und steigert die Stromstärke stufenweise. Bei der anderen Versuchsreihe abhängig von der Frequenz kann nicht so einfach vorgegangen werden. Da die Abgleichung den Strom ändert, verfährt man folgendermaßen: Man stellt die gewünschte Frequenz ein, gleicht die Brücke ungefähr ab, berechnet aus dem gewählten konstanten I_x und den eingestellten Widerständen das erforderliche I, stellt dieses ein und gleicht nun genau ab. Nach erfolgter Abgleichung ist das wirklich vorhandene I_x zu berechnen, das von dem konstanten Wert nur wenig abweichen soll. Um die Kurven nach Null extrapolieren zu können, beginnt man die Meßreihen mit möglichst niedrigen Werten von Strom bzw. Frequenz.

f) Auswertung. Für beide Meßreihen werden L und R nach Gl. (224) jeweils berechnet und in Kurvenform aufgetragen. Dabei ergibt sich I_x nach Gl. (225). Die Kurven werden nach $I_x = 0$ bzw. $f = 0$ extrapoliert. Den Wert von R für $f = 0$ kontrolliere man durch eine Gleichstrommessung des Widerstandes.

86. Untersuchung einer Kondensatordurchführung.

a) Aufgabe. An einer Kondensatordurchführung ist die Spannungsverteilung über die einzelnen Belegungen im unbelasteten Zustand und bei Benutzung der Durchführung als kapazitiver Spannungsteiler mit Belastung durch ein Meßgerät zu untersuchen.

b) Grundlagen. „Kondensatordurchführungen" sind Vielfach-Zylinderkondensatoren, die nach Abb. 173 eine Reihenschaltung mehrerer Kapazitäten darstellen. Dadurch, daß die Zylinderkondensatoren außen bei dem größeren Durchmesser kürzer als innen sind, kann man erreichen, daß alle Einzel-Kapazitäten gleich werden (Länge und Durchmesser werden entsprechend der Formel für Zylinderkondensatoren unter Berücksichtigung der Randeffekte abgestuft). Längs der etwa kegelförmigen Oberfläche erhält man also zwischen Innenbolzen B und Außenflansch F eine Potentialsteuerung, durch die bei Hochspannung die Neigung zur Gleitfunkenbildung vermindert wird. Außerdem stellen derartige Durchführungen (auch als „NAGELsche Klemmen" bezeichnet) einen kapazitiven Spannungsteiler dar, so daß zwischen geerdetem Flansch oder Außenbandage und einer nächsten Belegung ein

Spannungsmesser für eine entsprechend kleinere Spannung geschaltet werden kann. Die Kondensatordurchführung kann daher einen Spannungswandler ersetzen oder ermöglichen, daß man mit einem solchen für eine wesentlich kleinere Oberspannung auskommt. Für Betriebsmessungen genügt die erreichbare Genauigkeit im allgemeinen.

Die einzelnen Isolierzylinder bestehen aus unmittelbar aufgewickelten Hartpapierzylindern, die Belegungen aus eingelegtem Blattmetall. Bei kleineren praktisch ausgeführten Kondensatordurchführungen sind die Isolierzylinder im allgemeinen gleich lang und nur die Blattmetalleinlagen nach Abb. 173 abgestuft. Äußerlich unterscheiden sich diese Kondensatordurchführungen also von gewöhnlichen zylindrischen Hartpapierdurchführungen nicht. Sollen die Blattmetalleinlagen zur

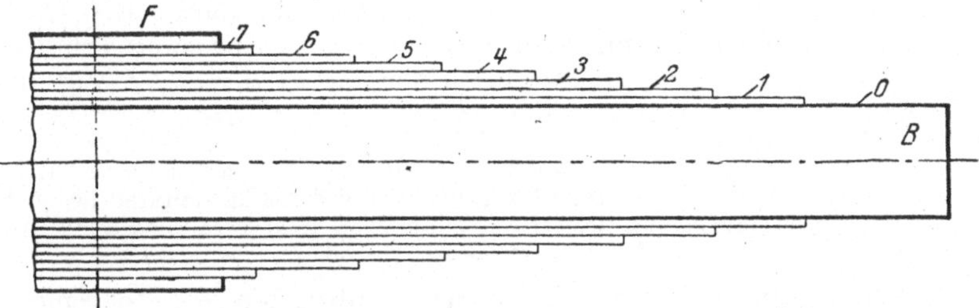

Abb. 173. Kondensatordurchführung (*B* Innenbolzen, *F* Flansch oder Bandage).

Messung zugänglich werden, dreht man die Durchführung nach Abb. 173 ab, so daß die Enden der Belegungen zugänglich werden. Allerdings wird dadurch die Spannungsverteilung beeinflußt, da der Feldverlauf sich an den nun in Luft liegenden Enden wegen der abweichenden Dielektrizitätskonstanten der Luft ändert.

Sind die einzelnen Belegungen unbelastet, sind also keine äußeren Anschlüsse zwischen einigen von ihnen vorhanden, so teilt sich die Gesamtspannung zwischen B und F nach den statischen Einzelkapazitäten der Teilkondensatoren auf, wobei die Teilspannungen den Kapazitäten umgekehrt proportional sind:

$$U_1 : U_2 : \ldots : U_n = \frac{1}{C_1} : \frac{1}{C_2} : \ldots : \frac{1}{C_n}, \tag{226}$$

da die Ladungen (bzw. bei Wechselspannung die Ladeströme) von Kondensator zu Kondenatsor gleich sind ($Q = C \cdot U$ bzw. $I = \omega\, C \cdot U$). Vorausgesetzt sind dabei hinreichend große Isolationswiderstände. Liegt irgendeiner Kapazität ein anderer Kondensator, z. B. ein statisches Meßgerät parallel, so tritt an die Stelle dieses Kondensators die Kapazitätssumme. Ist bei Wechselspannung ein stromverbrauchendes Meßgerät angeschlossen, so verschieben sich die Ströme entsprechend. Jedenfalls sinkt die Teilspannung in der Parallelschaltung ab (Näheres vgl. ATM-Blatt V 333—2).

c) Schrifttum: Lit. 1 (Abschn. V 3333), 4 (Bd. II), 8.

d) Schaltung und Versuchsanordnung. Durch die anzuschließende Meßeinrichtung darf die Spannungsverteilung nicht geändert werden.

Es kommt daher nur ein Meßverfahren in Betracht, bei dem der betr. Anzapfung keine Ladung oder Stromstärke zugeführt oder entnommen wird. Als derartiges Nullverfahren ist die einfache Wechselstrombrücke nach Abb. 174 geeignet. Die Kapazitäten C_1 und C_2 sind geeichte Drehkondensatoren. Bei Brückengleichgewicht ist

$$C_F : C_B = C_1 : C_2. \quad (227)$$

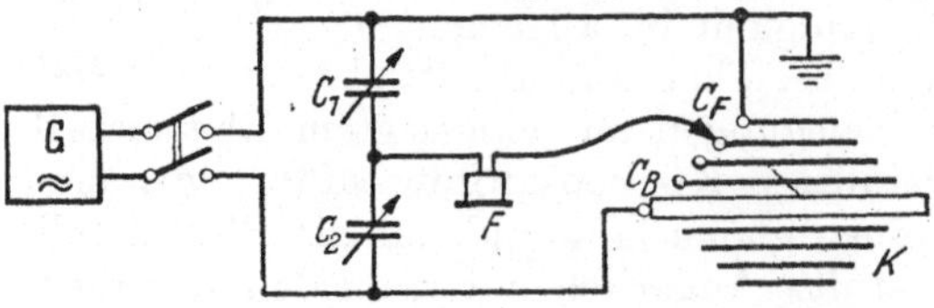

Abb. 174. Brückenschaltung zur Bestimmung der Spannungsverteilung an einer Kondensatorendurchführung K. F Fernhörer, G Tonfrequenz-Generator.

Für jede Einzelmessung erhält man das Spannungsverhältnis dann aus Gl. (226). Die Gesamtkapazität und damit die Größe der Einzelkapazitäten kann man aus einer Zusatzmessung erhalten, bei der die ganze Kondensatordurchführung in den 3. Zweig und ein bekannter Kondensator in den 4. Zweig gelegt wird.

Gerätevorschläge für das Studienpraktikum. Als Frequenz ist eine mittlere Tonfrequenz zwischen 500 und 1000 Hz geeignet; die Einzelkapazitäten liegen bei Kondensatordurchführungen mittlerer Größe um etwa 1000 pF, so daß auch Drehkondensatoren von 1000 ··· 2000 pF zweckmäßig sind.

e) Versuchsdurchführung. Nach dem Einbrennen des Röhrengenerators kann sofort gemessen werden. Man macht an jeder Belegung eine Messung. Auf eine Konstanz der Frequenz braucht nicht geachtet zu werden. Weitere Meßreihen mit kapazitiven oder stromverbrauchenden Zusatzbelastungen werden in genau gleicher Weise gefahren; jedoch ist zu beachten, daß das Ergebnis bei parallel liegenden Wirk- oder induktiven Blindwiderständen (z. B. magnetischen Meßgeräten oder Meßwandlern) frequenzabhängig ist (bei 50 Hz verwende man an Stelle des Fernhörers ein Vibrationsgalvanometer).

f) Auswertung. Die Spannungsverteilungen werden in Kurvenform aufgetragen, wobei die einzelnen Meßpunkte durch gerade Linienstücke zu verbinden sind, da es sich nicht um einen stetigen, sondern sprunghaften Spannungsverlauf handelt.

9. Verschiedene Messungen.

90. Aufnahme von Feldern im Modellverfahren.

Die Ausmessung von elektrischen, magnetischen oder Wärmefeldern ist oft an der betreffenden Originalanordnung nicht oder nur schwer möglich. Teils sind keine genügend kleinen, hinreichend genauen, empfindlichen oder sonstwie gearteten Anzeigemittel für Richtung und Größe des Feldes verfügbar, teils verlaufen die Felder in festen Medien, so daß das Vorhandensein der Materie ein Einbringen von Meßfühlern in das Feld verhindert. Man bedient sich in solchen Fällen der Übertragung des Feldes in eine geeignete Abbildung, ein „Modell", das der Messung leichter zugänglich ist. Besonders geeignet sind hierzu alle

Potentialfelder, die dann wieder durch Potentialfelder anderer Art oder in anderem Medium abgebildet werden. Voraussetzung für die Anwendbarkeit von Modellverfahren ist in erster Linie, daß die Feldgröße analogen Gesetzen unterliegt (z. B. daß es sich bei Original und Modell um quellenfreie Potentialfelder handelt), daß ferner die geometrischen Abmessungen gleich oder ähnlich sind und daß endlich eine zahlenmäßig entsprechende Verteilung der Werkstoffkonstanten möglich ist, sofern der Feldraum mehrere physikalisch verschiedene Medien enthält.

Außer diesen allgemeinen Bedingungen ist erforderlich, daß bei der Abbildung analoge physikalische Größen gegenübergestellt werden. Es sind zwischen allen physikalischen Erscheinungsgebieten verschiedene Analogiesysteme möglich. Eines der einfachsten und naheliegendsten, das bei den Modellaufnahmen fast immer verwendet wird, ist in Tabelle 19 zusammengestellt. Die Übersicht enthält außer den einander entsprechenden Größen auch die sie verbindenden Gleichungen, deren formale Übereinstimmung das Zustandekommen des Analogiesystems bewirkt und das Aufsuchen der analogen Größen ermöglicht. Je nach den Gleichungen, die man in Analogie setzt, ergeben sich verschiedene Analogiesysteme. Von weiteren Gleichungen, die zu den Analogiesystemen der Tabelle 19 gehören, seien noch die Berechnungsformeln für den Widerstand linearer Leiter bzw. Feldmedien im achsenparallelen homogenen Feld genannt:

$$P = \frac{l}{\mu\mu_0 F}; \quad P_e = \frac{l}{\varepsilon\varepsilon_0 F}; \quad R = \frac{l}{\varkappa \cdot q}; \quad P_w = \frac{l}{\lambda \cdot F}, \qquad (227)$$

wo l und F bzw. q wie in Tabelle 19 die Länge (den Weg) und die Querschnittsfläche darstellen.

Bezüglich der Einheiten, die analog sind und beim Übergang vom Original zum Modell oder umgekehrt einzusetzen sind, ist ausreichend, daß sie innerhalb eines Erscheinungsgebietes demselben Maßsystem angehören. Es entsprechen sich also beispielsweise im

Magnetischen Feld	Elektrostatischen Feld	Elektr. Strömungsfeld	Wärmefeld
Amp.	Volt	Volt	Grad
Voltsec.	Amp.-sec.	Amp.	Watt
1 : Henry	1 : Farad	Ohm	Grad/Watt

Weiter entsprechen sich die Abmessungen l und F bzw. q mit ihren Einheiten einander (z. B. cm und cm^2).

Die meisten Verfahren eignen sich nur zur Aufnahme von Feldern begrenzter Abmessungen. Felder, die ins Unendliche verlaufen, lassen sich nur angenähert ermitteln.

90 A. Elektrolytischer Trog.

a) Aufgabe. Ein elektrostatisches oder magnetostatisches, räumliches Feld soll im elektrolytischen Trog abgebildet werden. Der Verlauf einiger Äquipotentialflächen ist zu bestimmen.

b) Grundlagen. Der elektrolytische Trog ist ein Isoliergefäß z. B. aus Glas, das mit einer elektrolytischen Flüssigkeit gefüllt ist, beispielsweise angesäuertem Wasser oder Leitungswasser. Durch entsprechend

Tabelle 19.

Magnetisches Feld		Elektrostatisches Feld	
Magnetische Feldsträrke	$\mathfrak{H}$	Elektrische Feldstärke . .	$\mathfrak{E}$
Permeabilität	$\mu\mu_0$	Elektrische Konstante . .	$\varepsilon\,\varepsilon_0$
Induktion	$\mathfrak{B} = \mu\mu_0\,\mathfrak{H}$	Verschiebung	$\mathfrak{D} = \varepsilon\,\varepsilon_0\,\mathfrak{E}$
Magnetische Spannung .	$V = \int \mathfrak{H}\,d\mathfrak{l}$	Elektrische Spannung . .	$U = \int \mathfrak{E}\,d\mathfrak{l}$
Magnetischer Fluß . . .	$\Phi_m = \int \mathfrak{B}\,d\mathfrak{F}$	Elektrischer Fluß	$\Phi_e = \int \mathfrak{D}\,d\mathfrak{F}$
Magnetischer Widerstand	$P = V : \Phi_m$	Dielektrischer Widerstand	$P_e = U : \Phi_e$
Magnetischer Leitwert	$\Lambda = \Phi_m : V$	Dielektrischer Leitwert .	$\Lambda_e = \Phi_e : U$

geformte Elektroden wird zwischen diesen ein Raum abgegrenzt, der dem zu untersuchenden Feldraum des Originals geometrisch ähnlich ist. Außerdem müssen die Elektroden so geformt bzw. ausgewählt werden, daß sie Äquipotentialflächen im Original entsprechen. Dann ruft eine zwischen den Elektroden liegende elektrische Spannung im Elektrolytraum eine elektrische Strömung und Potentialverteilung ebensolchen Verlaufs wie bei den Feldvektoren und Spannungsflächen (des elektrischen bzw. magnetischen Potentials) im Original hervor. In Tabelle 19 gehören zu den Größen der 1. bzw. 2. Spalte die der 3. Spalte. Entsprechendes gilt für die oben angegebenen Einheitengruppen.

Zunächst eignet sich der elektrolytische Trog für Felder, die gewisse Symmetrieebenen haben, entsprechend der Bodenfläche und Flüssigkeitsoberfläche des Troges. Hat man an einer Seite eine andere Begrenzungsfläche, so bringt man auf dem Boden des Troges einen entsprechend geformten, nichtleitenden Stoff ein, der die Flüssigkeit verdrängt. Die Flüssigkeitsoberfläche wird immer in einer Symmetrieebene liegen müssen. Im einzelnen muß man den Einbau des Feldes der Form des Originals anpassen und gegebenenfalls geeignet aufteilen. Näheres hierzu und zur Abbildung von Feldern in mehr als einem Medium vgl. das Schrifttum.

Das Ausmessen der Spannungsverteilung im Elektrolyten erfolgt durch Sonden. An diese sind 2 Forderungen zu stellen: zunächst muß der die Spannung abtastende Teil möglichst klein sein; man benutzt dünne Drähte (z. B. Wolframdrähte von 0,05 mm Durchmesser) und isoliert diese bis auf eine sehr kurze Spitze. Ferner muß die Isolierhülle (z. B. Glaskapillare) auch sehr dünn sein, damit die dadurch bedingten Verzerrungen des Strömungsbildes im Trog möglichst gering sind.

c) Schrifttum: Lit. 1 (Abschn. V 312).

d) Schaltung und Versuchsanordnung. Um elektrolytische Spannungen im Bad zu vermeiden, die den Potentialverlauf wesentlich verändern können, verwendet man Tonfrequenz von einigen 100 Hz. Weiter sind Stromentnahmen über die Sonde unzulässig, so daß ein Nullverfahren benutzt wird. Abb. 175 zeigt die Schaltung. Sonde und Abgriff am Spannungsteiler werden jeweils so eingestellt, daß der Ton ein Minimum wird. Völliges Verschwinden ist im allgemeinen nicht zu erreichen, da der Trog kapazitive Wirkungen zeigt. Gegebenenfalls kann man das Minimum mit Hilfe von Drehkondensatoren schärfen.

Analogiesysteme.

Elektrisches Strömungsfeld		Wärmefeld	
Elektrische Feldstärke	$\mathfrak{E}$	Temperatur-Gefälle	$\mathfrak{T}$
Leitfähigkeit	$\varkappa$	Wärme-Leitfähigkeit	λ
Stromdichte	$\mathfrak{i} = \varkappa\,\mathfrak{E}$	Stromdichte	$\mathfrak{w} = \lambda\,\mathfrak{T}$
Elektrische Spannung	$U = \int \mathfrak{E}\, d\mathfrak{l}$	Temperatur	$\vartheta = \int \mathfrak{T}\, d\mathfrak{l}$
Stromstärke	$I = \int \mathfrak{i}\, d\mathfrak{q}$	Wärmestrom	$N = \int \mathfrak{w}\, d\mathfrak{F}$
Elektrischer Widerstand	$R = U : I$	Wärme-Widerstand	$P_w = \vartheta : N$
Elektrischer Leitwert	$G = I : U$	Wärme-Leitwert	$\Gamma = N : \vartheta$

Der Spannungsteiler muß auf sein Widerstandsverhältnis geeicht sein; da der Spannungsabgriff stromlos ist, gilt streng, daß an ihm die Widerstände und Spannungen proportional sind. Um genauere Messungen zu ermöglichen, als das mit Schiebewiderständen möglich ist, verwendet man mitunter eine Reihenschaltung von Meßwiderstand (z. B. Stöpselwiderstand) plus Schleifdraht plus Meßwiderstand, wobei man dann mit den beiden Meßwiderständen den rohen Abgleich und dann mit dem Schleifdraht die Feineinstellung vornimmt.

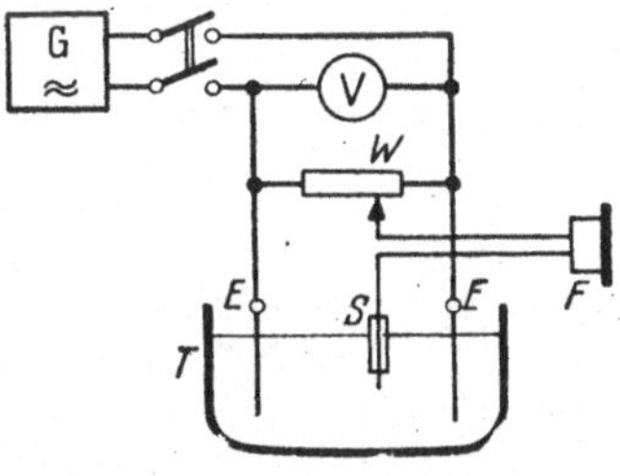

Abb. 175. Elektrolytischer Trog. E Elektroden, F Fernhörer, G Tonfrequenz-Generator, S Sonde, T Trog, W Spannungsteiler.

Zur Orientierung der im Feld abgetasteten Punkte bringt man die Sonde zweckmäßig an einem Koordinatengestell an, an dem man die drei (oder bei parallelebenen Feldern die zwei) Koordinaten ablesen kann. Sind viele Feldbilder aufzunehmen, dann lohnt es, eine optische Abbildung der Sondenstellung auf einem Zeichenblatt vorzusehen oder die Sondenstellungen durch einen Storchschnabel oder ähnliches auf das Zeichenblatt zu übertragen.

e) **Versuchsdurchführung.** Nach dem Anheizen des Röhrengenerators kann alsbald gemessen werden. Zweckmäßig ist, am Spannungsteiler einen bestimmten Wert einzustellen und dann die zugehörige Äquipotentialfläche im Trog abzutasten. Man erspart dann das ständige Neueinstellen am Spannungsteiler, besonders wenn man mit Stöpselwiderständen arbeitet.

f) **Auswertung.** Beim Durchfahren von Potentiallinien werden die Stellungen auf ein Zeichenblatt übertragen. Man erhält so unmittelbar die Spannungsgleichen, zu denen sich die orthogonalen Feldlinien leicht zeichnen lassen. Bei nicht parallelebenen Feldern fertigt man entsprechend der Aufnahme mehrere ebene Bilder an.

90 B. Feldaufnahme mittels Metallfolien.

a) **Aufgabe.** Das parallelebene elektrische Feld zwischen einem System von Leitern verschiedener Potentiale soll im Metallfolienmodell aufgenommen werden.

b) Grundlagen. Für die Modellabbildung allgemein vgl. die Einleitung dieses Abschnittes 90. Das (ebene) Strömungsfeld der Abbildung wird in einer ebenen Metallfolie erzeugt. Die Leiter selbst, in denen das radiale Feld ja Null ist, werden durch beiderseits aufgesetzte Kupferscheiben größerer Stärke (Elektroden) dargestellt. An ihnen wird der Strom zugeführt (vgl. Abb. 176). Stimmen die Spannungen an den Elektroden mit denen des Originals überein oder stehen sie zu diesen in gleichen Verhältnissen, so entspricht das Strömungsfeld im Modell dem statischen Feld des Originals.

Das Metallfoliemodell kann nur für parallelebene, nicht aber für räumlich inhomogene Felder benutzt werden, da die Folie ja gewissermaßen eine dünne, ebene Scheibe des Feldes enthält.

d) Schaltung und Versuchsanordnung. Im Gegensatz zum elektrolytischen Trog (Versuch 90 A) kann man hier mit Gleichstrom und mit direkt anzeigenden Meßgeräten arbeiten, da die Strömungen so groß gemacht werden können, daß die Stromentnahme durch den abtastenden

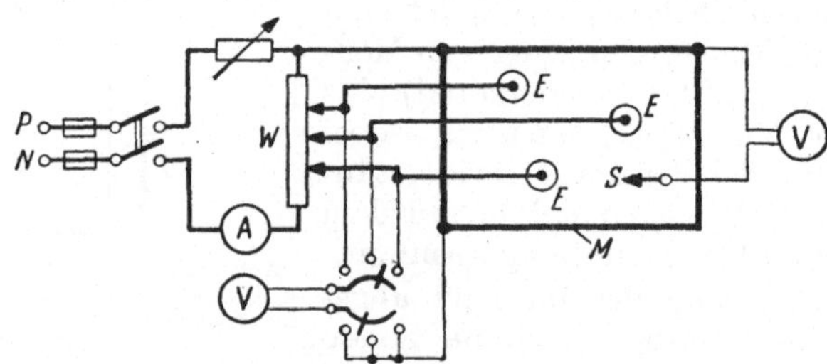

Abb. 176. Messung am Metallfolienmodell.
E Elektroden, *M* Modell, *S* Meßspitze, *W* Spannungsteiler.

Spannungsmesser vernachlässigbar ist. Man erhält daher die einfache Schaltung von Abb. 176. Mit dem Vielfach-Spannungsteiler W (gegebenenfalls mehrere Spannungsteiler in Reihe) oder auch über einzelne Vorschaltwiderstände werden an den Elektroden E die gewünschten Potentiale eingestellt. Das Spannungsfeld wird dann mit der Sonde S, einer Metallspitze mit Handgriff, abgetastet. Der hier liegende Spannungsmesser soll möglichst hochohmig sein, also eine große Stromempfindlichkeit haben. Um die gemessenen Spannungswerte leicht auf ein Zeichenblatt übertragen zu können, zeichnet man auf der Metallfolie ein Koordinatennetz auf.

Die Abmessungen des Modells wähle man so groß, daß man mit Strömen von etwa 0,1 . . . 1 A arbeiten kann, ohne daß an den Elektrodenrändern merkliche Erwärmungen auftreten. Diese müssen vermieden werden, da sonst die örtlichen Leitfähigkeitsänderungen des Blattmetalls Feldverzerrungen verursachen würden.

Gerätevorschläge für das Studienpraktikum. Als Metallfolie eignet sich Blattkupfer von 10 · · · 50 μm Stärke; man verwende ein Blatt von etwa 20 · 20 cm Abmessungen, den Elektroden gebe man einen Durchmesser von etwa 20 mm; die Stromstärken werden auf einige A eingestellt, dann treten zwischen den Elektroden Spannungen von einigen mV auf, so daß Spannungsmesser von etwa gleichem Meßbereich Verwendung finden müssen; stehen keine 2 Geräte zur Verfügung, so kann man auch alle Spannungsmeßstellen an denselben Spannungsmesser legen; als

Stromquelle verwendet man einen 2 V-Sammler, da nur kleine Spannungen benötigt werden.

e) Versuchsdurchführung. Bei der Einstellung der Potentiale beachte man, daß diese sich gegenseitig beeinflussen; man muß also mehrfach nachstellen. Das Feld wird dann punktweise abgetastet, entweder nach dem Koordinatennetz oder längs der Potentiallinien.

f) Auswertung. Die gemessenen Werte überträgt man auf ein Zeichenpapier und gibt die Spannungsgleichen an. Die hierzu orthogonalen Feldlinien lassen sich dann leicht eintragen.

91. Messung verschiedener Wechselstromgrößen.

Die Messung der wichtigsten Wechselstromgrößen, nämlich der Effektivwerte von Spannung und Stromstärke, der Leistung und der Widerstandsgrößen ist in den einschlägigen Kapiteln 1 bis 3 behandelt. Hier sollen noch 2 weitere Messungen und zwar der Frequenz und des Scheitelfaktors einer Spannung berücksichtigt werden.

91 A. Frequenzmessung.

a) Aufgabe. Mit der Meßbrücke nach Wien-Robinson sollen die charakteristischen Kurven eines Vibrationsgalvanometers und zwar die Breite b des Lichtbandes bei konstantem Erregerstrom I_M und veränderlicher Frequenz f bzw. bei $f = \text{const}$ und I_M veränderlich aufgenommen werden.

b) Grundlagen. Zur Messung der Frequenz verwendet man in der Praxis möglichst anzeigende Meßgeräte und zwar Zungen- oder Zeigerfrequenzmesser (vgl. Schrifttum). Aus Gründen der Genauigkeit, des Eigenverbrauchs oder anderen sind mitunter aber Meßbrücken vorzuziehen, von denen hier eine Ausführung behandelt werden soll.

Vibrationsgalvanometer der für diesen Versuch geeigneten Bauformen bestehen aus einer zwischen den Polen eines Elektromagneten schwingenden Saite oder Schleife, deren Eigenschwingungszahl auf die vorgesehene Betriebsfrequenz des Gerätes abgestimmt ist. Das Gerät ist daher für diese Frequenz f sehr empfindlich. Die Eigenschwingungszahl hängt unter anderem von der erregenden Feldstärke, also vom Elektromagnetenstrom I_M ab. Die Breite des schwingenden Fadenbildes wird also durch f und I_M bestimmt.

c) Schrifttum: Zungenfrequenzmesser: Lit. 1 (Abschn. J 841), 2, 3, 4 (Bd. 2), 8, 9 (Bd. 2), 10; Zeigerfrequenzmesser: Lit. 1 (Abschnitt V 3612), 2, 4 (Bd. 2), 8, 9 (Bd. 2), 10; Frequenzbrücken: Lit. 1 (Abschnitt V 36 und J 92), 3, 9 (Bd. 2), 30; Verfahren der Hochfrequenztechnik: Lit. 1: (Abschnitt V 3614), 3, 4 (Bd. 2), 9 (Bd. 2); Vibrationsgalvanometer: Lit. 1 (Abschnitt 852), 2, 3, 4 (Bd. 1), 8, 9, 36.

d) Schaltung und Versuchsanordnung. Die Wien-Robinson-Brücke ist eine Wechselstrombrücke, die je nach Schaltgliedern und Aufbau in dem großen Frequenzbereich von etwa 2 Hz ... 1 MHz verwendet werden kann.

Die Schaltung der Brücke ist im rechten Teil von Abb. 177 enthalten. Aus der allgemeinen Gleichgewichtsbedingung für Nullausschlag des Galvanometers bei Brücken vom WHEATSTONEtyp $\mathfrak{Z}_1 : \mathfrak{Z}_2 = \mathfrak{Z}_3 : \mathfrak{Z}_4$ ergibt sich hier

$$\left(R_1 + \frac{1}{j\,\omega\,C_1}\right) : \frac{R_2 \cdot \frac{1}{j\,\omega\,C_2}}{R_2 + \frac{1}{j\,\omega\,C_2}} = R_3 : R_4. \tag{228}$$

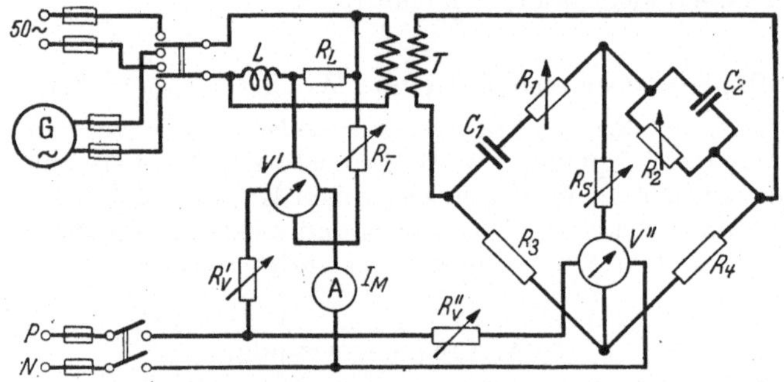

Abb. 177. Untersuchung eines Vibrationsgalvanometers mit der Frequenzbrücke. L Drosselspule, T Transformator, V Vibrations-Galvanometer.

Nach Auflösung erhält man durch Gleichsetzen der reellen und imaginären Teile beider Gleichungsseiten

$$R_1 R_4 C_1 + R_2 R_4 C_2 = R_2 R_3 C_1 \text{ und } \omega^2 R_1 R_2 C_1 C_2 = 1.$$

Macht man nun, was hier üblich ist, $R_1 = R_2$ und $C_1 = C_2$, so erhält man die Bedingungen

$$R_3 = 2\,R_4 \quad \text{und} \quad \omega = \frac{1}{R_1\,C_1}, \tag{229}$$

von denen die zweite unmittelbar die Frequenz $\omega = 2\,\pi\,f$ ergibt. Um die volle Empfindlichkeit der Brücke zu haben, muß deren Nullindikator, das Vibrationsgalvanometer V'' auf größten Ausschlag (größte Bandbreite) abgestimmt sein (durch den Erregerstrom, der mit R''_V geregelt wird).

Das zu untersuchende Vibrationsgalvanometer V' ist über die links oben in Abb. 177 dargestellte Schaltung angeschlossen. Der Erregerstrom I_M wird durch R'_V eingestellt. Sein Schwingsystem regelt man bei günstigstem I_M auf volle Bandbreite durch R_T ein. Der Transformator T dient der Übertragung der Frequenz auf die Brücke. Die Drossel L ist vorgesehen, um dem Wechselstromgenerator G eine starke induktive Belastung zu geben. Da R_L sehr klein gemacht wird und der Blindwiderstand von L mit der Frequenz steigt ($\omega\,L$), aber auch die Spannung von G mit der Frequnz (Drehzahl) zunimmt, bleibt der der Wechselstrommaschine entnommene Strom und damit auch die an R_L abgegriffene Spannung für V' praktisch konstant. Die Umschaltung auf das 50-Hz-Wechselstromnetz ist vorgesehen, um für den Versuch bei veränderlichem Erregerstrom I_M eine möglichst konstante Frequenz zu haben.

Gerätevorschläge für das Studienpraktikum[1]. Frequenzbrücke: Meßwiderstände $R_1 = R_2 = 1000\,\Omega$, $R_3 = 2\,R_4 = 500\,\Omega$, $C_1 = C_2 = 1\,\mu$F, Vibrationsgalvanometer nach SCHERING. Galvanometerschaltung: Strommesser mit etwa 150 mA Endausschlag, $R_V = R_V'' \approx 400\,\Omega$ maximal, 0,15 A, (Schiebewiderstände), $R_T = 100$ kΩ regelbar, $R_L \approx 1\,\Omega$, beide induktionsarm, $L \approx 0{,}3$ H, Transformator mit einem Übersetzungsverhältnis von etwa 30 : 1, Wechselstromgenerator G regelbar zwischen 40 und 60 Hz, Gleichstromquelle 6 V.

e) Versuchsdurchführung. Zunächst schaltet man auf das 50-Hz-Netz und regelt die Vibrationsgalvanometer an R_V' und R_V'' auf Resonanz ein. Ist man der Konstanz der Netzfrequenz nicht sicher, so kontrolliert man während der Versuchsreihe mehrfach. Die maximale Bandbreite in V′ stellt man dann durch R_r ein.

Zur ersten Versuchsreihe mit konstanter Frequenz wird nun zunächst die Frequenz mit der Brücke gemessen. Man macht dazu $C_1 = C_2$, $R_3 = 2\,R_4$ und verändert R_1 und R_2 solange, bis das Galvanometer V″ Null zeigt, wobei stets $R_1 = R_2$ gemacht werden. Vor dem Abgleich ist der Schutzwiderstand R_S voll eingeschaltet, beim Abgleich wird er allmählich auf Null gebracht. Dann wird R_V' so nach oben und unten verändert, daß bei den Endwerten nur geringe Ausschläge am Vibrationsgalvanometer V′ vorhanden sind. Abgelesen werden jeweils Erregerstrom I_m und Bandbreite b.

Zur zweiten Versuchsreihe mit konstantem Erregerstrom I_M wird auf die Wechselstrommaschine geschaltet. Man bringt diese auf 50 Hz (Messung mit der Brücke!) und stellt den Erregerstrom I_M durch R_V' und den Strom des Schwingsystems durch R_T wie vorher so ein, daß der Ausschlag an V′ maximale Bandbreite hat. Nun werden R_V' und R_T bei den Einzelmessungen nicht verändert. Auch die Erregung des Generators bleibt konstant. Jetzt ändert man die Generatordrehzahl in einem Bereich um den Resonanzfall herum zwischen sehr kleinen Ausschlägen an V′. Jedesmal wird die Frequenz mit der Brücke gemessen und die Bandbreite abgelesen. Zu jeder Frequenzmessung muß V″ durch Regelung an R_V'' auf Resonanz neu abgestimmt werden, um die Empfindlichkeit der Brücke bei allen Messungen zu erhalten.

f) Auswertung. Die Brückenmessungen werden nach Gl. (229) ausgewertet. Dann trägt man die beiden erhaltenen Abhängigkeiten $b = f\,(I_M)$ bei $f = \text{const.}$ und $b = f\,(f)$ bei $I_M = \text{const.}$ als Kurve auf. In beiden Fällen ist die Breite von I_M bzw. f anzugeben, bei der b nur die Hälfte seines Maximalwertes hat (Halbwertsbreite).

91 B. Messung des Scheitelfaktors.[2]

a) Aufgabe. Die Verzerrung der Stromkurve in einer stark gesättigten Eisendrossel soll mit einem Scheitelfaktormesser bestimmt werden.

[1] Nach E. ORLICH: „Anleitungen", Teil 2, Versuch 134 (Lit. 7).
[2] Nach E. ORLICH: „Anleitungen", Teil 2, Versuch 151 (Lit. 7).

b) Grundlagen. Für das Zustandekommen der verzerrten Stromkurve vgl. Versuch 15 B mit Abb. 14a. Als Scheitelfaktor ist das Verhältnis der Spannungs- oder Stromspitze zum zugehörigen Effektivwert definiert. Er ist bei Sinusstrom $\sqrt{2} = 1{,}412$, bei der hier vorliegenden spitzen Stromkurve also größer.

Zur Messung von Scheitelspannungen bedient man sich der Schaltung nach Abb. 178 rechts vom Transformator T. Die (zu untersuchende)

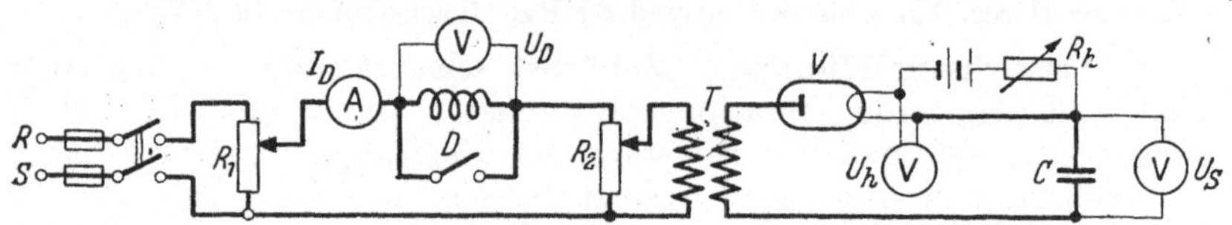

Abb. 178. Scheitelfaktormessung an einer stark gesättigten Drosselspule. C Kondensator, D Drosselspule, R Spannungsteiler, T Transformator, V Ventil.

Sekundärspannung des Transformators arbeitet über ein elektrisches Ventil V auf einen hochisolierenden Kondensator C, dessen Spannung durch ein Elektrometer U_S bestimmt wird. Besonders übersichtliche Verhältnisse ergeben sich, wenn man als Ventil eine Hochvakuum-Elektronenröhre mit zwei Elektroden verwendet. Die Kennlinie einer solchen Röhre ist in Abb. 179 skizziert. Für negatives Anodenpotential sperrt die Röhre praktisch vollkommen; dagegen tritt schon bei kleinen positiven Anodenpotentialen der volle Sättigungsstrom entsprechend der eingestellten Kathodenheizung durch die Röhre hindurch. In der Schaltung nach Abb. 178 kann daher nur dann ein Strom auf den Kondensator fließen, wenn die treibende Spannung größer ist als die gegenwirkende Kondensatorspannung. War der Kondensator anfangs ungeladen, so ergibt sich beim ersten Ansteigen der treibenden Spannung nach Abb. 180 ein nahezu konstanter Ladestrom gleich dem Sättigungs-

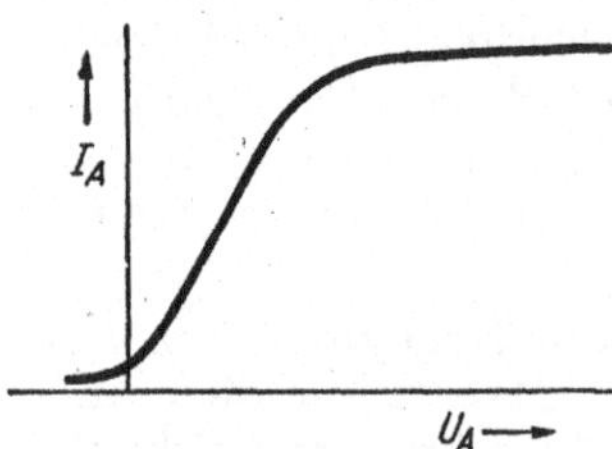

Abb. 179. Kennlinie Anoden-Strom I_A abhängig von der Anodenspannung U_A einer Ventilröhre.

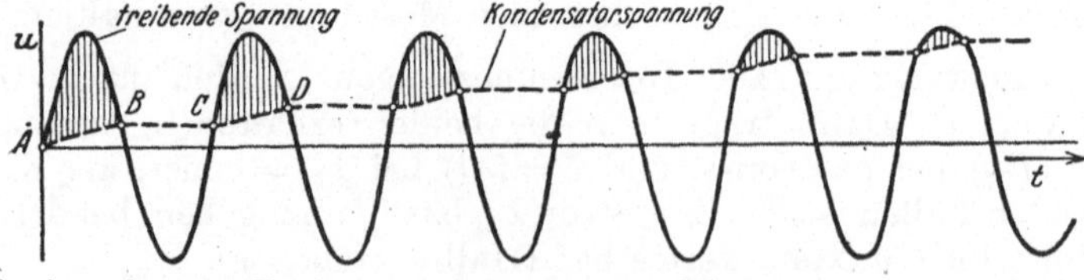

Abb. 180. Anwachsen der Kondensatorspannung bis zum Scheitelwert der treibenden Spannung. (Nach ORLICH.)

strom der Röhre, so daß die Kondensatorspannung $u_c = \frac{1}{C}\int i_s \cdot dt = \frac{i_s t}{C}$ von A aus linear ansteigt. Dieser Vorgang ist beendet, sobald im Punkte B die treibende Spannung unter die Kondensatorspannung sinkt. Das Ventil sperrt jetzt, aber der Kondensator behält die Spannung des

Punktes B bei. Im Zeitpunkt C wird jedoch diese Kondensatorspannung von der wieder ansteigenden Wechselspannung überholt; das Ventil leitet wieder, die Kondensatorspannung steigt bis zum Punkte D gradlinig an. Dieser Vorgang wiederholt sich bei dauernder Verkürzung der Ladezeiten so lange, bis die Kondensatorspannung genau dem Scheitelwert der treibenden Spannung gleicht. Dieser wird mit dem Elektrometer U_S gemessen. An Stelle des Elektrometers kann auch ein elektrostatischer Spannungsmesser benutzt werden.

c) Schrifttum: Lit. 1 (Abschn. V 3621).

d) Schaltung und Versuchsanordnung. Die Gesamtschaltung zeigt Abb. 178. Legt man hiernach an eine Eisendrossel D eine sinusförmige Wechselspannung, deren Größe mit dem Spannungsteiler R_1 langsam gesteigert wird, so wird die Verzerrung der Stromkurve um so mehr zunehmen, je weiter man in das Sättigungsgebiet des Eisens hineinkommt (vgl. Abb. 14a). Zur Messung des Scheitelfaktors legt man in Reihe mit der Drosselspule D einen induktionsfreien Widerstand R_2. Die Klemmenspannung an diesem Widerstand ist in jedem Augenblick proportional dem mit A gemessenen Strom in der Drosselspule; sie wird zunächst durch den Transformator T hinauftransformiert, ohne daß dabei ihre Kurvenform eine merkliche Veränderung erleidet. Die sekundäre Spannung des Transformators speist das beschriebene Meßgerät zur Messung des Scheitelfaktors. An U_S wird eine dem Scheitelwert von I_D proportionale Spannung abgelesen.

Gerätevorschläge für das Studienpraktikum. Netzspannung 220 V; Spannungsteiler $R_1 \approx 1300\,\Omega$, 0,8 A, $R_2 \approx 15\,\Omega$, 4 A (Schiebewiderstände); Strommesser für 1 A, Spannungsmesser U_D für 260 V, Spannungsmesser U_S für 500 V Endausschlag (U_S elektrostatisches Gerät, hochisoliert); Drosselspule D als Eisendrossel für 1 A, Transformator T mit 1 : 100 Übersetzungsverhältnis; Kondensator $C = 0{,}01\,\mu$F (hochisoliert, Glimmerkondensator); Spannungsmesser U_h, Regelwiderstand R_h und Heizbatterie je nach Ventilröhre (wird eine Dreielektrodenröhre benutzt, so ist das Gitter direkt mit der Anode zu verbinden), geeignet z. B. Röhre RE 11.

e) Versuchsdurchführung. Zunächst ist die „Magnetisierungskurve" der Drossel D aufzunehmen. Dazu wird durch Herabregeln des Abgriffs an R_2 das ganze Scheitelmeßgerät außer Betrieb gesetzt. Man steigert nun mittels des Spannungsteilers R_1 allmählich die Spannung U_D an der Drossel D und nimmt den Strom I_D der Drossel als Funktion der Spannung U_D auf. (Korrektur wegen des Stromes in U_D).

Danach regelt man auf Grund der erhaltenen Kurve I_D so ein, daß man sich eben unterhalb des Knies der Magnetisierungskurve befindet und regelt nun den Abgriff an R_2 so weit, daß an U_S ein kleiner, aber gut ablesbarer Ausschlag erscheint. Der so eingestellte Wert an R_2 darf in allen folgenden Versuchen nicht verändert werden.

Nach diesen Vorversuchen ist die Meßanordnung zu eichen. Dazu schließt man die Drosselspule D kurz und legt die Netzspannung, deren Kurvenform als sinusartig anzusehen ist, an die gesamte Meßanordnung. Man kann voraussetzen, daß dann auch der Strom I_D sinusartig wird und sein Scheitelfaktor $\psi = \sqrt{2}$ ist. Vergrößert man jetzt allmählich

R_1 (R_2 darf nicht verändert werden) und liest die zusammen gehörenden Werte von I_D und U_S ab, so kann man schreiben

$$I_D = \sqrt{2} \cdot k \cdot U_S, \tag{230}$$

wo k das Übersetzungsverhältnis der Effektivwerte I_D und der Sekundärspannung des Transformators bedeutet.

Man trägt nun k als Funktion von I_D auf; dann wird der Kurzschluß der Drossel D wieder aufgehoben. Nun steigert man, ausgehend von der oben ermittelten geringsten Stromstärke, die Belastung der Drossel D, bis U_S den größten Wert ereicht. Der gesuchte Scheitelfaktor ψ ergibt sich dann aus

$$\psi = \frac{I_D}{k\, U_S} \tag{231}$$

für jede einzelne Messung.

f) Auswertung. Der Scheitelfaktor wird für jede Einzelmessung aus Gl. (231) berechnet. Dann trägt man ψ und I_D als Funktion der Spannung U_S in Kurven auf.

92. Aufnahme einer Resonanzkurve.

a) Aufgabe. Für die Reihenschaltung einer Spule (Induktivität L und Wirkwiderstand R) mit einer praktisch verlustfreien Kapazität C sollen die Spannungen U_L und U_C an Spule und Kondensator und der Strom I in der Reihenschaltung einmal abhängig von L (bei C = const.) und zum anderen abhängig von C (bei R und L = const.) aufgenommen werden. Konstant zu halten sind dabei die Netzfrequenz und die Gesamtspannung (Netzspannung) $\mathfrak{U} = \mathfrak{U}_L + \mathfrak{U}_C$. Aus den erhaltenen Resonanzpunkten ist die Größe des Wirkwiderstandes R nach Gl. (234) rechnerisch zu bestimmen.

b) Grundlagen. Der Strom in einem Wechselstromkreis hängt außer von der Spannung vom Scheinwiderstand ab, der bei einer Reihenschaltung gleich der Summe von Wirkwiderstand R und Blindwiderständen ωL und $1 : \omega C$ ist. Das ohmsche Gesetz lautet daher hier

$$\mathfrak{J} = \frac{\mathfrak{U}}{R + j\left(\omega L - \frac{1}{\omega C}\right)}. \tag{232}$$

Es ergibt sich dann für die beiden Spannungsabfälle an Drossel R, L und Kondensator C

$$\mathfrak{U}_L = \frac{\mathfrak{U}\,(R + j\,\omega L)}{R + j\left(\omega L - \frac{1}{\omega C}\right)} \text{ und } \mathfrak{U}_C = \frac{\mathfrak{U}}{j\,\omega C\left[R + j\left(\omega L - \frac{1}{\omega C}\right)\right]}. \tag{233}$$

Im Resonanzfall mit $\omega L = 1 : \omega C$ erhält man die Spannungsbeträge

$$U_L = U\frac{\sqrt{R^2 + \omega^2 L^2}}{R} = U\sqrt{1 + \frac{L}{R^2 C}}\,; \quad U_C = \frac{U}{\omega C R} = \frac{U}{R}\sqrt{\frac{L}{C}}, \tag{234}$$

wo U die Netzspannung und

$$\omega = 2\pi f = \frac{1}{\sqrt{LC}} \tag{235}$$

die Resonanzfrequenz ist.

d) Schaltung und Versuchsanordnung. Es wird nach Abb. 181 geschaltet. Mittels des Regeltransformators RT wird U const. gehalten. Um außerhalb der Resonanzlage auch die kleinen Ströme messen zu können, benutzt man den 2. Strommesser kleineren Meßbereichs mit Kurzschlußschalter. Die Drosselspule muß veränderlich sein (z. B. als Eisendrossel mit einstellbarem Luftspalt). Die Drossel soll nur schwach gesättigt sein.

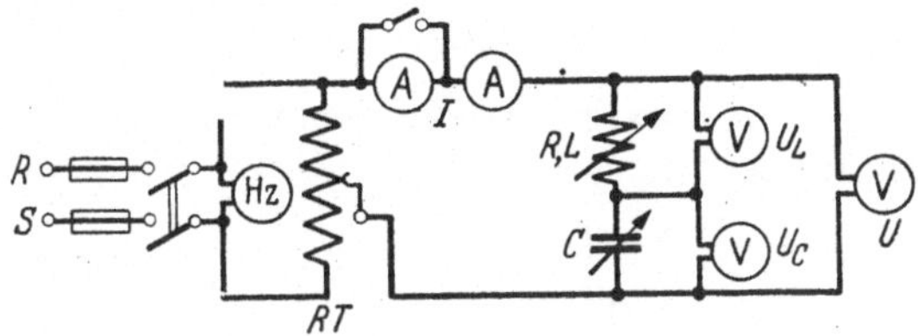

Abb. 181. Schaltung zur Spannungsresonanz. *RT* Regeltransformator (induktiver Spannungsteiler).

Gerätevorschläge für das Studienpraktikum. Regeltransformator RT je nach Netzspannung, es müssen etwa 10 V abgenommen werden; Kondensatoren $C \approx 60\,\mu$F, Drosselspule $L \approx 1{,}0$ H (Eisendrossel); Spannungsmesser für 10 V, Strommesser für 5 A Endausschlag. Resonanz liegt etwa bei $C = 60\,\mu$F und $L = 0{,}17$ H vor.

e) Versuchsdurchführung. Der Versuch wird mit konstanter Frequenz gefahren. Man verändert bei der ersten Versuchsreihe L von so kleinen bis so großen Werten, daß der Strom bei den Grenzwerten nur ein kleiner Bruchteil des Maximums (Resonanzstromes) ist. Entsprechend geht man bei der anderen Versuchsreihe mit veränderlicher Kapazität C vor, die zu diesem Zweck durch eine größere Anzahl kleinerer Kondensatoren in Parallelschaltung dargestellt wird.

f) Auswertung. Die Induktivität L der Drosselspule wird für jeden Versuch aus $\omega L = U_L : I$ und die Kapazität C' aus $\omega C' = I : U'_C$ berechnet, wobei $R^2 \ll \omega^2 L^2$ angenommen ist, was bei üblichen Eisendrosseln mittlerer Größe zutrifft. Dann trägt man aus den beiden Versuchen I, U_L, U'_C in Abhängigkeit von L bzw. von C' als Kurven auf. Endlich berechnet man den Wirkwiderstand nach der Gl. (234) für U_C aus den Werten der Resonanzlagen.

93. Untersuchung des Kippens von Schwingungskreisen mit Eisen.[1]

a) Aufgabe. An einem Schwingungskreis mit Eisendrossel ist die Wechselstromcharakteristik angenähert zu bestimmen und der Kippversuch durchzuführen.

b) Grundlagen. Der zu untersuchende Schwingungskreis besteht aus der Reihenschaltung eines Kondensators von der Kapazität C und einer eisenhaltigen Drosselspule vom Ohmschen Widerstand R. Der Spulenfluß Φ dieser Spule ist mit dem Strome i durch die Magnetisierungskurve $\mathfrak{B} = f(\mathfrak{H})$ bzw. $\Phi = f(i)$ nach Abb. 14a verknüpft.

[1] Nach E. Orlich „Anleitungen", Teil 2, Versuch 113 (Lit. 7).

Legt man an den Schwingungskreis die Spannung u, so lautet die Gleichgewichtsbedingung:

$$u = i \cdot R + \frac{d\Phi}{dt} + \frac{1}{C}\int i \cdot dt. \tag{236}$$

Bei Beschränkung auf den eingeschwungenen Zustand und Annahme einer sinusförmigen Spannungskurve u darf man mit einiger Genauigkeit den Strom als sinusförmig betrachten. Dagegen besitzt die Drosselspannung

$$u_d = \frac{d\Phi}{dt} \tag{237}$$

die in Abb. 182 dargestellte stark verzerrte Kurvenform. Es liegen hier umgekehrte Verhältnisse wie bei dem Anschluß einer Eisendrossel

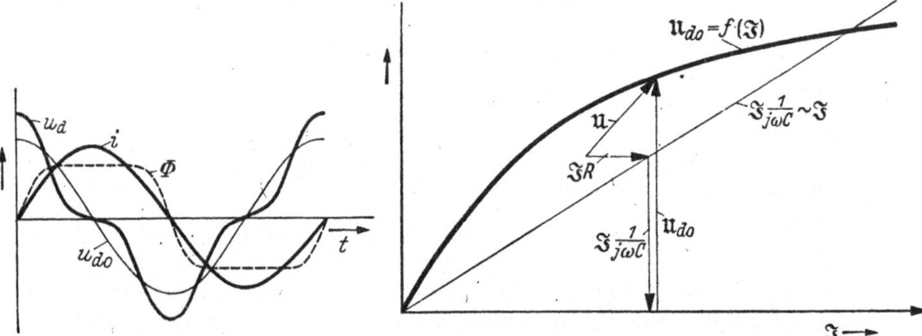

Abb. 182. Spannungs-, Strom- und Flußverlauf im Schwingkreis mit gesättigter Eisendrosselspule. i Schwingkreisstrom, u_d Spannung an der Drosselspule, u_{do} deren Grundwelle, Φ Spulenfluß.

Abb. 183. Wechselstromcharakteristik $\mathfrak{U}_{do} = f(\mathfrak{J})$ nach Gl. (238) und Kondensatorgerade. $\mathfrak{J} : (j\omega C)$ mit Spannungsdiagramm für Eisenspule und Kondensator.

allein an eine sinusförmige Spannung vor (vgl. Versuch 15 B mit Abb. 14a): Durch den in Reihe liegenden Kondensator bleibt der Strom nahezu sinusförmig, so daß sich die abgeflachte Flußkurve Φ nach Abb. 182 ergibt. Dementsprechend hat nach Gl. (237) hier die Spannung u_d an der Drossel den ebenfalls in Abb. 182 angegebenen spitzen Verlauf. Die Grundwelle u_{do} dieser Spannung eilt dem Strom praktisch um 90° voraus; man verknüpft sie mit dem Strom durch die „Wechselstromcharakteristik"

$$U_{do} = f(I), \tag{238}$$

wo U_{do} die Grundwellenamplitude dividiert durch $\sqrt{2}$ und I der Effektivwert des nahezu sinusförmigen Stromes ist. Diese Wechselstromcharakteristik verläuft ähnlich der Magnetisierungslinie.

Bei Beschränkung auf die Grundwelle nach Gl. (238) kann die Spannungsgleichung (236) des Schwingkreises geschrieben werden:

$$\mathfrak{U} = \mathfrak{J} \cdot R + \mathfrak{U}_{do} + \mathfrak{J}\frac{1}{j\,\omega\,C}. \tag{239}$$

Wir untersuchen diese Gleichung für veränderlichen Strom bei fester Frequenz. In das Diagramm der Wechselstromcharakteristik nach Abb. 183 tragen wir die „Kondensatorgerade" $\mathfrak{J}\frac{1}{j\,\omega\,C}$ durch den

Ursprung des Koordinatensystems ein. Legen wir den Vektor $\mathfrak{J}$ in die Abszissenachse, so stellt der Ordinatenabschnitt zwischen der Wechselstromcharakteristik und der Kondensatorgeraden den Vektor

$$\mathfrak{U}_{do} + \frac{\mathfrak{J}}{j\,\omega\,C}$$

nach Größe und Richtung dar. Trägt man an diesen Vektor parallel zur Abszissenachse den Vektor $\mathfrak{J} \cdot R$ an, so liefert die Summe beider Vektoren die Gesamtspannung $\mathfrak{U}$, die den gewählten Strom $\mathfrak{J}$ durch den Schwingungskreis treibt.

Die eigentümlichen Resonanzerscheinungen in solchen Kreisen treten nur dann ein, wenn die Wechselstromcharakteristik im Ursprung steiler

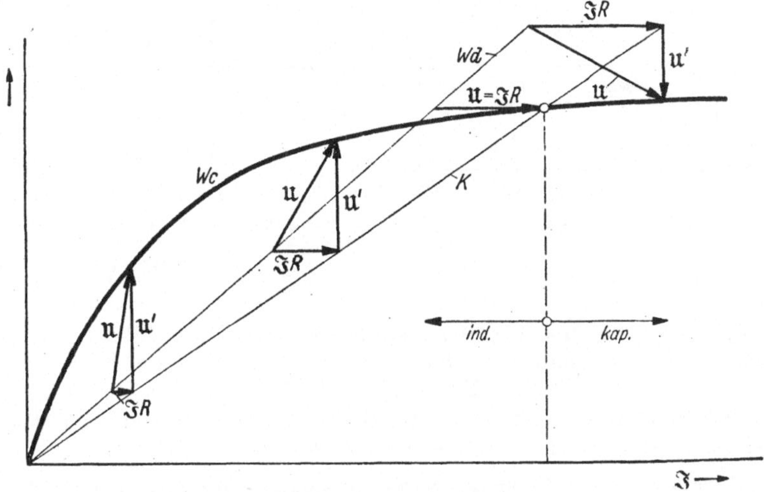

Abb. 184. Entstehen des Kippens.
K Kondensatorgerade $\mathfrak{J} : (j\omega C)$, Wc Wechselstromcharakteristik $\mathfrak{U}_{d\,o} = f\,(\mathfrak{J})$, Wi Widerstandsgerade. $\mathfrak{U}' = \mathfrak{U}_{d\,o} + \mathfrak{J} : (j\omega C)$, $\mathfrak{U}$ Netzspannung, $\mathfrak{J}R$ Wirkspannungsabfall, *ind* = Betrieb induktiv, *kap* = Betrieb kapazitiv.

ansteigt als die Kondensatorgerade, so daß beide Linien sich außerhalb des Ursprunges ein zweites Mal schneiden. Unter dieser Voraussetzung ist das Diagramm in etwas veränderter Darstellung noch einmal in Abb. 184 für verschiedene Betriebszustände gezeichnet worden. Man erkennt hieraus, daß bei schwachem Strom die Spannung dem Strom um fast 90° vorauseilt, der Kreis verhält sich vorwiegend induktiv. Im Schnittpunkt der Wechselstromcharakteristik mit der Kondensatorgeraden liegen Strom und Spannung in Phase, bis bei weiterem Stromanstieg die Spannung dem Strom nacheilt, der Kreis sich also vorwiegend kapazitiv verhält. Aus diesem Diagramm erhält man durch Umzeichnung den Zusammenhang zwischen U und I nach Abb. 185.

Bei allmählich von Null anwachsender Spannung U steigt der Strom auf dem Kurvenzweig AB stetig an. Sobald aber die Spannung den kritischen Wert U_{kr1} überschreitet, springt der Strom unstetig von seinem Wert I_{kr1} nach D auf den Kurvenzweig CD zu dem sehr großen Wert I'_{kr1} über, um bei weiterer Spannungszunahme wiederum stetig auf diesem Kurvenzweig von D an weiter zu wachsen. Wenn man nunmehr die Spannung wieder verringert, so tritt im Punkt D kein Sprung ein. Erst wenn die Spannung den kritischen Wert $U_{kr2} < U_{kr1}$ unterschreitet (Punkt C in Abb. 185), springt der Strom von seinem Wert I_{kr2} zu dem sehr kleinen Wert I'_{kr2} auf dem Kurvenzweig AB, um von da aus stetig nach Null abzunehmen. Man nennt die plötzliche Stromänderung in den beiden kritischen Punkten das „Kippen" des Schwingungskreises. Der Bereich der charakteristischen Kurve zwischen den beiden kritischen Punkten BC (z.B. U', I') ist labil und kann experimentell nicht verwirklicht werden.

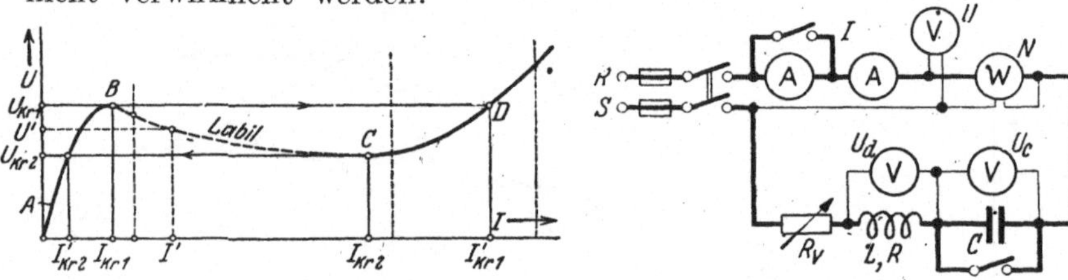

Abb. 185. Kippkurve.

Abb. 186. Schaltung für den Kippversuch. C Kondensator, L, R Eisendrossel, R_V Vorschaltwiderstand.

d) Schaltung und Versuchsanordnung. Zur Durchführung der Versuche verwendet man die Schaltung Abb. 186. Von den beiden Strommessern hat der mit dem Kurzschlußschalter den nach unten anschließenden kleineren Meßbereich, um die Wechselstromcharakteristik von kleinen Stromwerten an aufnehmen zu können.

Gerätevorschläge für das Studienpraktikum. Netzspannung 220 V regelbar; Strommesser bis 5 A und 1 A, Spannungsmesser für U bis 140 V, für U_d bis 260 V, für U_C bis 500 V (elektrostatisches Meßgerät), Leistungsmesser für 5 A, 150 V Endausschlag; Kondensator $C \approx 30\,\mu$F, Regelwiderstand $R_v \approx 50\,\Omega$, 5 A (Schiebewiderstand), Drosselspule $L \approx 1\,H$.

e) Versuchsdurchführung. Zur Aufnahme der Wechselstromcharakteristik nach Abb. 183 und 184 überbrückt man den Kondensator C durch Einlegen seines Kurzschlußschalters und schaltet den Widerstand R aus. Bei langsam zwischen etwa 30 und 230 Volt steigender Spannung U wird der effektive Strom I und die aufgenommene Leistung N beobachtet. Die gleichzeitigen Werte von U und I ergeben in roher Näherung die Wechselstromcharakteristik; die so gewonnene Kurve weicht namentlich bei hohen Sättigungen merklich von der früher definierten Wechselstromcharakteristik ab, weil dort der Strom als sinusförmig und die Spannung als verzerrt angenommen wurde, während hier gerade umgekehrt die Spannung etwa Sinusform besitzt und der Strom stark verzerrt wird. Mittels der aufgenommenen Leistung kann man nach der Formel

$$N = R_w \cdot I^2$$

den wirksamen Eigenwiderstand der Drosselspule bestimmen, der die Ohmschen Verluste und Eisenverluste zusammenfaßt. Dieser wirksame Widerstand hängt im allgemeinen ebenfalls vom effektiven Strome, außerdem in geringerem Maße von seiner Kurvenform ab, so daß auch der wirksame Widerstand beim Kippversuch eine etwas andere Größe annehmen kann.

Dann führt man nach Aufheben des Kurzschlusses des Kondensators den Kippversuch durch. Man bestimme dabei die Abhängigkeit des Stromes I von der angelegten Spannung U, wobei die Spannung U zuerst langsam bis auf etwa 130 Volt gesteigert, dann wieder verringert werden soll. Man überschlage an Hand der vorher aufgenommenen Wechselstromcharakteristik durch Einzeichnung der Kapazitätsgeraden den ungefähren Wert der kritischen Spannung, bei der das Kippen von kleinen zu großen Stromwerten erfolgt, und vergleiche das Resultat mit der Beobachtung; hierbei kann der Wert des eingeschalteten Widerstandes außer Betracht bleiben (warum ?). Ebenso überlege man sich, bei welcher kritischen Spannung das Umspringen von hohen zu niedrigen Stromwerten erfolgt und diskutiere den Einfluß des Widerstandes hierauf.

Danach kontrolliere man den ganzen Versuch durch Vorausbestimmung des Zusammenhanges zwischen U und I. Man bestimmt hierzu durch direkte Beobachtung während des Kippversuchs die Drosselspannung und zeichnet aus ihr, soweit möglich, die wahre Wechselstromcharakteristik, welche oberhalb der vorher aufgenommenen liegt. In dem experimentell nicht realisierbaren Zwischenbereich kann diese Kurve mit einiger Genauigkeit interpoliert werden, wobei man sich an den qualitativen Verlauf der vorher bestimmten angenäherten Charakteristik halten kann. Ferner zeichne man in das Diagramm die wirksame „Widerstandslinie" ein (vgl. Abb. 184), die infolge der Eisenverluste nicht, wie im Bilde, gerade, sondern als schwach gekrümmte Kurve verläuft; hierbei ist natürlich der Wert des beim Kippversuch eingeschalteten Widerstandes R dem wirksamen Eigenwiderstand der Drossel zuzuzählen.

f) Auswertung. Man stelle abschließend die Ergebnisse zusammen und gebe die experimentell erhaltenen Kippwerte des Stromes an.

94. Untersuchung einer Schaltung zur 90°-Verschiebung.

a) Aufgabe. Mit der in Abb. 187 angegebenen Schaltung soll eine 90°-Verschiebung zwischen der Netzspannung $\mathfrak{U}$ und dem Zweigstrom $\mathfrak{J}_2$ erreicht werden. Mit φ als Winkel zwischen $\mathfrak{U}$ und $\mathfrak{J}_2$ sind zu bestimmen:

1. Durch Versuch die Größe von R_1 für $\varphi = 90°$, wenn die übrigen Größen C_0, C_2, R_2 gegeben sind; hierzu ist eine Versuchsreihe $\varphi = f(R_1)$ aufzunehmen und für jede Einzelmessung zur Ermittlung von φ das Diagramm zu zeichnen.

2. Durch Rechnung die erforderliche Größe von R_1 bei $\varphi = 90°$ (Vergleich mit dem Versuchsergebnis nach 1!).

3. Durch Rechnung die Größe von φ bei $R_1 = 1000$ Ohm (Vergleich wie vor).

4. Durch Rechnung für die bei Meßfrequenz erhaltene Größe von R_1 für $\varphi = 90°$, wie sich φ ändert, wenn die Frequenz um 10% erhöht wird (Frequenztätigkeit der Schaltung!).

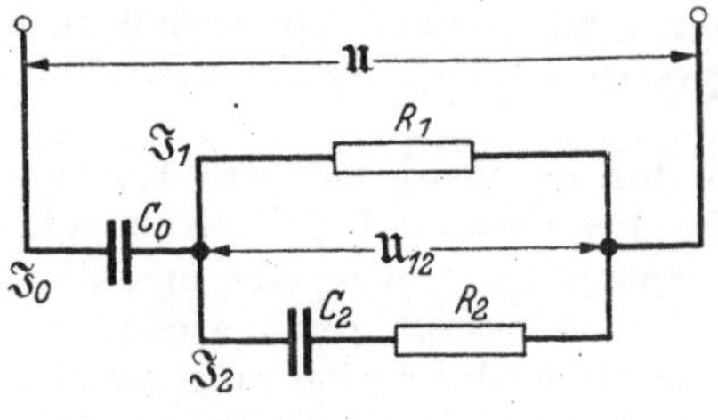

Abb. 187. Prinzipschaltung zur 90°-Verschiebung zwischen $\mathfrak{U}$ und $\mathfrak{J}_2$.

b) Grundlagen. Kunstschaltungen wie die oben angegebene benötigt man für gewisse Meßgeräte wie Leistungsmesser, Zähler und andere, um in Strom- und Spannungspfad genau 90° Phasenverschiebung zu erhalten oder um dem Gerät einen zur Meßspannung um gerade 90° verschobenen Strom zuzuführen. Die praktisch verwendeten Verschiebungsschaltungen sind stets Kombinationen von Wirk- und Blindwiderständen.

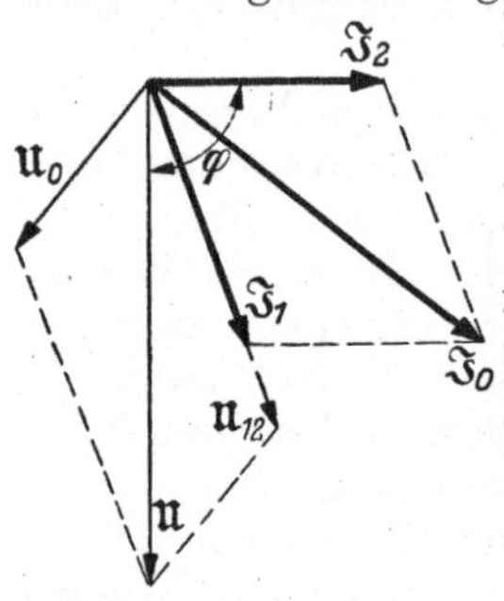

Abb. 188. Diagramm zur 90°-Verschiebung zwischen $\mathfrak{U}$ und $\mathfrak{J}_2$. Spannungen und Ströme nach Abb. 187.)

Zum Aufzeichnen des Diagramms, das in Abb. 188 für einen Fall der 90°-Verschiebung wiedergegeben ist, geht man von den gemessenen Werten $\mathfrak{J}_0$, $\mathfrak{J}_1$, $\mathfrak{J}_2$, $\mathfrak{U}$, $\mathfrak{U}_{12}$ aus und konstruiert nacheinander: das Stromdreieck aus $\mathfrak{J}_0$, $\mathfrak{J}_1$, $\mathfrak{J}_2$, ferner das Spannungsdreieck aus $\mathfrak{U}_{12}$ (parallel $\mathfrak{J}_1$, da $\mathfrak{J}_1$ Wirkstrom), Richtung von $\mathfrak{U}_0$ (senkrecht auf $\mathfrak{J}_0$, da Kondensator C_0 verlustfrei), und Größe von $\mathfrak{U}$; daraus wird $\varphi = \sphericalangle\, \mathfrak{J}_2/\mathfrak{U}$. Man erkennt aus dem Diagramm, daß bei einer Vergrößerung von R_1 und einem dadurch bedingten Abnehmen von $\mathfrak{J}_1$ die Zeiger $\mathfrak{J}_0$ und $\mathfrak{U}_0$ nach rechts wandern, so daß auch $\mathfrak{U}$ in gleicher Richtung verschoben wird: Der Winkel φ nimmt also bei steigendem R_1 ab. Im Grenzfall $R_1 = \infty$ muß ja wegen der dann reinen Reihenschaltung von C_0, C_2 und R_2 jedenfalls $\varphi < 90°$ sein; der Phasenwinkel strebt dem Grenzwert

$$\varphi \to \operatorname{arctg}\left[-\frac{C_0 + C_2}{\omega R_2 C_0 C_2}\right] \tag{240}$$

zu, der stets kleiner als 90° ist.

Um die allgemeine Abhängigkeit $\mathfrak{J}_2$ von $\mathfrak{U}$ zu finden, geht man von $\mathfrak{J}_2$ aus. Mit $\mathfrak{Z}_0$, $\mathfrak{Z}_1$, $\mathfrak{Z}_2$ für die Scheinwiderstände der 3 Zweige ist

$$\mathfrak{U} = \mathfrak{J}_0\left(\mathfrak{Z}_0 + \frac{\mathfrak{Z}_1\,\mathfrak{Z}_2}{\mathfrak{Z}_1 + \mathfrak{Z}_2}\right). \tag{241}$$

Ersetzt man $\mathfrak{J}_0$ durch $\mathfrak{J}_1$ und $\mathfrak{J}_2$, wobei $\mathfrak{J}_1 : \mathfrak{J}_2 = \mathfrak{Z}_2 : \mathfrak{Z}_1$ ist, so kommt

$$\mathfrak{J}_0 = \mathfrak{J}_1 + \mathfrak{J}_2 = \mathfrak{J}_2\left(\frac{\mathfrak{Z}_2}{\mathfrak{Z}_1} + 1\right) \tag{242}$$

und nach Einsetzen in Gl. (241)

$$\mathfrak{U} = \mathfrak{J}_2\left(1 + \frac{\mathfrak{Z}_2}{\mathfrak{Z}_1}\right)\left(\mathfrak{Z}_0 + \frac{\mathfrak{Z}_1\mathfrak{Z}_2}{\mathfrak{Z}_1 + \mathfrak{Z}_2}\right) = \mathfrak{J}_2 \frac{\mathfrak{Z}_0\mathfrak{Z}_1 + \mathfrak{Z}_0\mathfrak{Z}_2 + \mathfrak{Z}_1\mathfrak{Z}_2}{\mathfrak{Z}_1}. \quad (243)$$

Nun werden die Einzelwiderstände

$$\mathfrak{Z}_0 = \frac{1}{j\,\omega\,C_0}, \quad \mathfrak{Z}_1 = R_1 \quad \text{und} \quad \mathfrak{Z}_2 = R_2 + \frac{1}{j\,\omega\,C_2}$$

eingesetzt und man erhält dann

$$\mathfrak{U} = \frac{\mathfrak{J}_2}{R_1}\left[R_1 R_2 - \frac{1}{\omega^2 C_0 C_2} - j\left(\frac{R_1 + R_2}{\omega C_0} + \frac{R_1}{\omega C_2}\right)\right]. \quad (244)$$

Hieraus ergibt sich für den Phasenwinkel

$$\operatorname{tg}\varphi = \frac{\omega R_1 (C_0 + C_2) + \omega R_2 C_2}{1 - \omega^2 R_1 R_2 C_0 C_2}. \quad (245)$$

Im Falle $\varphi = 90°$, $\operatorname{tg}\varphi = \infty$ muß R_1 die Größe

$$R'_1 = \frac{1}{\omega^2 R_2 C_0 C_2} \quad (246)$$

haben (entsprechend rein imaginärem $\mathfrak{J}_2$ bei reellem $\mathfrak{U}$ nach Gl. (243) bzw. (244).

c) Schrifttum: Lit. 1 (Abschn. Z 61).

d) Schaltung und Versuchsanordnung. Zu messen sind die 3 Ströme, die Spannung an der Parallelschaltung und die Gesamtspannung.

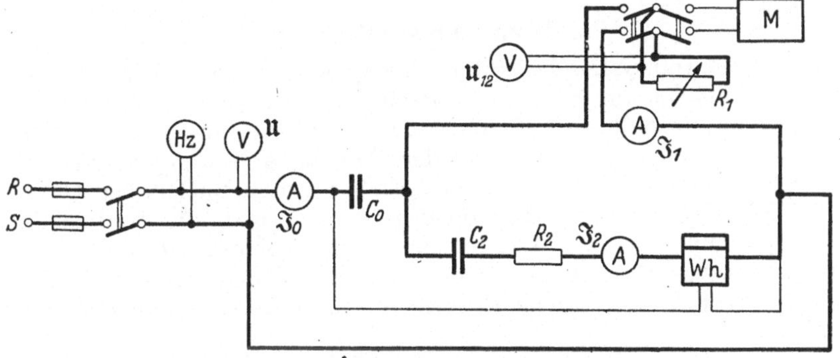

Abb. 189. Meßschaltung zur 90°-Verschiebung. *M* Meßbrücke.

Außerdem wird nach Abb. 189 die Frequenz überwacht. Für R_1 ist in jeder Einzelmessung auch die Messung der Größe des eingestellten Wertes (z. B. an dem Schiebewiderstand) durch eine besondere Meßbrücke *M* vorgesehen. Zur bequemen und relativ genauen Anzeige von $\varphi = 90°$ wird außerdem nach dem anschließenden Schaltbild ein Einphasen-Induktionszähler so eingeschaltet, daß sein Strompfad den Strom $\mathfrak{J}_2$ erhält und sein Spannungspfad an $\mathfrak{U}$ liegt. Da $\mathfrak{U}$ und $\mathfrak{J}_2$

bei $\varphi = 90°$ eine reine Blindleistung ergeben, steht der Zähler in diesem Fall still. Bei $\varphi \gtrless 90°$ läuft er nach der einen oder anderen Seite.

Gerätevorschläge für das Studienpraktikum. Netzanschluß 220 V; Kondensatoren $C_0 \approx 10\,\mu F$, $C_2 \approx 8\,\mu F$, Widerstand $R_2 \approx 150\,\Omega$, 1,0 A; Spannungsmesser $\mathfrak{U}$ für 250 V, $\mathfrak{U}_{12}$ für 140 V, alle Strommesser für 0,5 A Endausschlag, Zähler für 220 V, 1,0 A Nennwerte; Widerstand R_1 und Meßbrücke für einen Bereich von $200 \cdots 5000\,\Omega$.

e) Versuchsdurchführung. Vor Einbau in die Schaltung sind die wirklichen Größen von R_2, C_0 und C_2 zu messen und zwar R_2 in der Meßbrücke und C_0 und C_2 aus Strom, Spannung und Frequenz nach $I = U \cdot \omega C$ (Achtung auf Spannungs- bzw. Strommeßbereiche der Geräte!); demgegenüber muß R_1 während der Versuchsreihe bei jeder Einzelmessung nach der Einstellung mittels Meßbrücke gemessen werden (vgl. Abb. 189).

An Versuchen werden dann je 3 Einzelmessungen bei Rechts- und Linkslauf des Zählers mit verschiedenen Drehzahlen, ferner die Messung bei stillstehendem Zähler und eine Messung bei $R_1 = 1000$ Ohm durchgeführt. Zu jedem dieser 8 Versuche wird das Diagramm gezeichnet, aus dem der Phasenwinkel φ entnommen werden kann.

f) Auswertung. Der Phasenwinkel φ wird abhängig von R_1 als Kurve aufgetragen. Dann ist gemäß Frage 2 und 3 der Aufgabe die prozentuale Abweichung der Meßwerte R_1 bei $\varphi = 90°$ und φ bei $R_1 = 1000$ Ohm von den Ergebnissen der Rechnung anzugeben. Auch die Änderung von φ bei 10% Frequenzerhöhung ist in Prozenten festzulegen (Frage 4 der Aufgabe).

95. Drehstromschaltungen.

Ein Drehstromsystem besteht aus 3 einphasigen Wechselspannungen, die gegeneinander um je 120° elektrisch phasenverschoben sind. Dementsprechend enthalten die Stromerzeuger und -verbraucher für Drehstrom 3 meist gleiche Wicklungs- oder ähnliche Anordnungen, die man „Stränge" nennt und an Anfang und Ende mit den Buchstaben U—X; V—Y; W—Z bezeichnet. Entsprechend wählt man die Indizes der Strangspannungen, auch Phasenspannungen genannt: U_U, U_V, U_W und der Strangströme (Phasenströme): I_U, I_V, I_W. Es bestehen grundsätzlich 2 Schaltungsmöglichkeiten: die Sternschaltung und die Dreiecksschaltung.

Bei der Sternschaltung werden die Enden der drei Stränge nach Abb. 190a) zu einem „Sternpunkt" M zusammengefaßt. Der Sternpunkt kann durch den gegebenenfalls geerdeten Sternpunktleiter M—M mit dem Stromerzeuger verbunden werden Die 3 zu den Klemmen U, V, W führenden Leitungen werden mit R, S, T bezeichnet. Ist die Belastung in den 3 Strängen gleich, so liegt ein symmetrisches, andernfalls ein unsymmetrisches System vor.

Bei der Dreieckschaltung werden die 3 Stränge UX, VY, WZ nach Abb. 190b) zu einem „Dreieck" zusammengeschaltet. Die

3 Strangspannungen U_U, U_V, U_W sind gleich den Leiterspannungen U_{RS}, U_{ST}, U_{TR}. Die 3 Leiterströme I_R, I_S, I_T teilen sich jeweils auf in die Strangströme I_U, I_V, I_W, z. B. $\mathfrak{J}_R = \mathfrak{J}_U + \mathfrak{J}_W$.

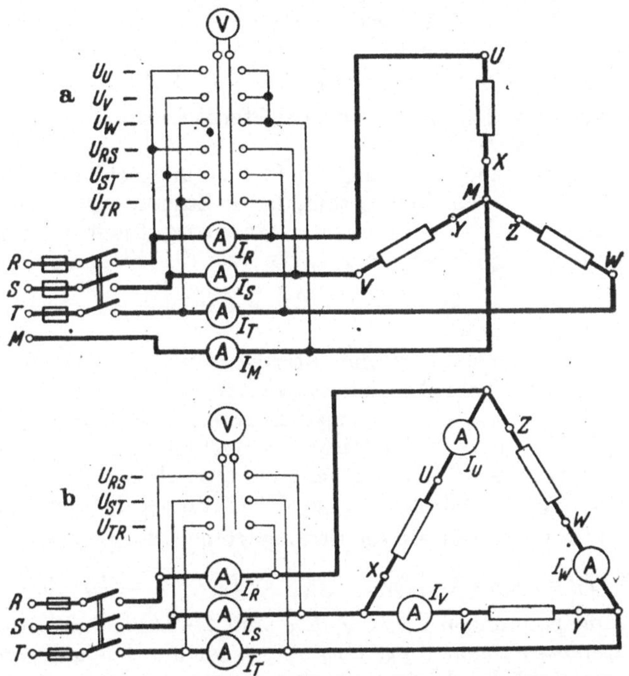

Abb. 190. Sternschaltung (a) und Dreieckschaltung (b) mit den Klemmenbezeichnungen einschl. Meßschaltung für alle Ströme und Spannungen.

95 A. Drehstrom-Wirkbelastung in Stern- und Dreieckschaltung.

a) Aufgabe. Im Anschluß an ein symmetrisches Drehstromnetz (gleiche Leiterspannungen!) sollen durch Glühlampengruppen Belastungen verschiedener Art und Größe hergestellt werden und zwar

1. Sternschaltung mit Sternpunktleiter (Nulleiter),
2. Sternschaltung ohne Sternpunktleiter (Nulleiter),
3. Dreieckschaltung.

Jedesmal sind 3 Einzelversuche zu machen, nämlich

α) praktisch gleiche Belastung aller 3 Stränge,
β) gleiche Belastung nur in 2 Strängen (im 3. abweichend),
γ) verschiedene Belastung in allen 3 Strängen.

Zu messen sind in allen 9 Versuchen die 3 Leiterströme I_R, I_S, I_T und Leiterspannungen U_{RS}, U_{ST}, U_{TR} und außerdem bei den Sternschaltungen die Strangspannungen U_U, U_V, U_W, bei den Dreieckschaltungen die Strangströme I_U, I_V, I_W und schließlich bei Sternschaltung mit Sternpunktsleiter noch dessen Strom I_M (vgl. Abb. 190).

Aus den gemessenen Werten ist für jeden Versuch das Diagramm zu zeichnen, und zwar bei Sternschaltung das Spannungs- und Stromdiagramm und bei Dreieckschaltung das Stromdiagramm.

b) Grundlagen. Bei symmetrischer Belastung in Sternschaltung ist die Spannung zwischen den Leitern R, S, T um den Faktor $\sqrt{3}$ größer als die einzelnen Strangspannungen. Sie heißt Leiterspannung oder verkettete Spannung U_{RS}, U_{ST} und U_{TR}; beispielsweise ist zwischen R und S:

$$U_{RS} = |\mathfrak{U}_{RS}| = |\mathfrak{U}_U - \mathfrak{U}_V| = U_U \cdot \sqrt{3} = U_V \cdot \sqrt{3}. \quad (247)$$

Die 3 Strangströme I_U, I_V, I_W sind bei Sternschaltung gleich den 3 Leiterströmen I_R, I_S, I_T.

Bei symmetrischer Belastung fließt bei angeschlossenem Sternpunktleiter in diesem kein Strom, da die Summe von $\mathfrak{J}_R + \mathfrak{J}_S + \mathfrak{J}_T = 0$ ist. Bei unsymmetrischer Belastung fließt in dem Sternpunktleiter ein Ausgleichstrom I_M, der aus der Stromsumme

$$\mathfrak{J}_R + \mathfrak{J}_S + \mathfrak{J}_T + \mathfrak{J}_M = 0 \quad (248)$$

berechnet werden kann.

Liegt eine unsymmetrische Sternschaltung ohne Sternpunktleiter vor, so kann kein Ausgleichsstrom fließen, es werden daher die Spannungen U_U, U_V, U_W verschieden groß werden, d. h. der Sternpunkt liegt nicht mehr in der Mitte des Systems.

Für die Dreieckschaltung gelten entsprechende Beziehungen für die Ströme. Ist die Belastung symmetrisch, so ist der Leiterstrom um den Faktor $\sqrt{3}$ größer als die Strangströme. Beispielsweise ist in R:

$$I_R = |\mathfrak{J}_R| = |\mathfrak{J}_U + \mathfrak{J}_W| = I_U \cdot \sqrt{3} = I_W \cdot \sqrt{3}. \quad (249)$$

Die 3 Strangspannungen U_U, U_V, U_W sind bei Dreieckschaltung gleich den 3 Leiterspannungen U_{RS}, U_{ST}, U_{TR}. Ist das Drehstromnetz symmetrisch, so sind bei Dreieckschaltung auch alle Spannungen überhaupt symmetrisch.

c) Schrifttum: Lit. 44, 45, 47, 50.

d) Schaltung und Versuchsanordnung. Abb. 190 gibt die vollständigen Meßschaltungen für Stern- und Dreieckschaltung wieder. Sind die Spannungen und Ströme von einiger Größe, so braucht man den Eigenverbrauch der hier zahlreichen Meßgeräte nicht zu berücksichtigen, so daß es auch gleichgültig ist, ob die Spannungsmesseranschlüsse vor oder hinter den Strommessern liegen.

Gerätevorschläge für das Studienpraktikum. Netzspannung 220 V; verwendet man in jeder Phase 2 bis 6 Glühlampen je etwa 100 W, so kann man einheitlich 5 A-Strommesser vorsehen; Spannungsmesser für 220 V.

e) Versuchsdurchführung. Bei der großen Zahl Einzelablesungen, die zu jedem Versuch gehören, ist besonders auf die Konstanz der Netzspannung zu achten. Für die einzelnen Versuche werden entsprechende Lampenzahlen gemäß Aufgabe eingestellt und die ebenfalls in der Aufgabe genannten Ablesungen gemacht.

f) Auswertung. Beim Aufzeichnen der Diagramme ist mit den Leiterwerten zu beginnen (1. Wert horizontal zeichnen, die beiden übrigen mit dem Zirkel darüber auftragen!). Die Kreisbögen der 3 Strangwerte schneiden sich im allgemeinen nicht in einem Punkt, sondern in einem kleinen „Fehlerdreieck". Der Sternpunkt ist der Mittelpunkt dieses Dreiecks. Bei der Sternschaltung ohne Sternpunktleiter muß sich das Stromdiagramm schließen. Bei der Sternschaltung mit Sternpunktleiter stellt der Sternpunktleiterstrom die Schlußlinie des Strompolygons dar. Unstimmigkeiten sind auf Ablesefehler oder Konstruktionsungenauigkeiten bei der Diagrammaufzeichnung zurückzuführen.

95 B. Unsymmetrische Belastung in Sternschaltung mit und ohne Sternpunktleiter.

a) Aufgabe. Für die folgenden 6 Belastungsfälle eines Drehstromsystems sind die Spannungs- und Stromdiagramme zu zeichnen:

1. Sternschaltung mit Sternpunktleiter (Nulleiter) mit
   α) verschiedenen Spulen in den 3 Strängen (Phasen),
   β) verschiedenen Kondensatoren in den 3 Strängen,
   γ) Wirkwiderstand, Spule und Kondensator je in einem Strang.
2. Sternschaltung ohne Sternpunktleiter mit α) — γ) wie vor.

In den 3 Fällen zu 2. ist außerdem jedesmal die von der Schaltung aufgenommene Drehstrom-Wirkleistung N zu messen und aus dieser und der Drehstrom-Scheinleistung der Leistungsfaktor zu bestimmen.

b) Grundlagen. Bei unsymmetrischer Belastung sind — symmetrisches Netz vorausgesetzt — nur die Leiterspannungen (verkettete Spannungen) U_{RS}, U_{ST}, U_{TR} symmetrisch, da sie ja die Netzspannungen sind. Außerdem werden die Strangspannungen (Phasenspannungen) U_U, U_V, U_W bei Sternschaltung mit Sternpunktleiter durch diesen in nahezu gleicher Größe erzwungen, so daß sie etwa symmetrisch sind. Alle Ströme und die Strangspannungen bei der Schaltung ohne Sternpunktleiter sind nicht symmetrisch.

Die Leistung bei Drehstromsystemen setzt sich zusammen aus der Summe der 3 Strangleistungen:

$$N = U_U \cdot I_U \cdot \cos\varphi_U + U_V \cdot I_V \cdot \cos\varphi_V + U_W \cdot I_W \cdot \cos\varphi_W. \quad (250)$$

Bei symmetrischer Schaltung sind die 3 Strangspannungen U, Strangströme I und Phasenverschiebungen φ zwischen zusammengehörigen U und I gleich groß, so daß dann mit U_L und I_L als Leiterspannung und Leiterstrom die bekannte Gleichung

$$N = U_L \cdot I_L \cdot \sqrt{3} \cdot \cos\varphi \quad (251)$$

verwendet werden kann.

Im hier zu betrachtenden Fall ungleicher Strangbelastung muß für die Leistungsmessung eines der in Abschnitt 20e) behandelten Verfahren benutzt werden. Fehlt der Sternpunktleiter (und nur für diesen Fall ist hier die Bestimmung von Leistung und Leistungsfaktor verlangt), so kann die Aronschaltung nach Abb. 35 benutzt werden, wo die gesamte Wirkleistung N_W gleich der Summe der beiden Einzelablesungen N_1 und N_2 gemäß Gl. (52) in Abschnitt 20e) ist. Dann definiert man den Drehstrom-Leistungsfaktor, der bei verschiedenen Phasenverschiebungen in den Strängen keiner Winkelfunktion mehr entspricht, durch

$$k = \frac{N_{W}}{N_S} = \frac{N_1 + N_2}{U_U \cdot I_U + U_V \cdot I_V + U_W \cdot I_W}, \tag{252}$$

wo im Zähler die Wirkleistung und im Nenner die Scheinleistung steht. Die 3 Strangströme I_U, I_V, I_W sind hier bei der Sternschaltung mit den entsprechenden Leiterströmen (Netzströmen) I_R, I_S, I_T identisch.

c) Schrifttum: Lit. 44, 45, 47, 50.

d) Schaltung und Versuchsanordnung. Für die Messungen am System mit Sternpunktleiter kann die Schaltung Abb. 190a) verwendet werden. An die Stelle der 3 Widerstände treten Spulen bzw. Kondensatoren gemäß Aufgabe.

Die Messungen am System ohne Sternpunktleiter führt man mit der Schaltung nach Abb. 191 durch. Sind die Ströme oder Spannungen niedrig, so muß der Eigenberbrauch der Meßgeräte berücksichtigt werden.

Gerätevorschläge für das Studienpraktikum. Um mit dem gebräuchlichsten Strommeßbereich von 5 A Endwert auszukommen, wähle man die Spulen, Kondensatoren und Widerstände so, daß keine größeren Ströme als 5 A vorkommen (bei 220 V Drehstromspannung und 50 Hz also Kondensatoren bis 125 μF, Drosselspulen über 0,08 H, Widerstand über 25 Ω).

e) Versuchsdurchführung. Bei jedem der gemäß Aufgabe im ganzen 6 Einzelversuche werden gemessen die 3 Ströme, 6 Spannungen und beide Leistungen nach Abb. 191. Da jede Ablesungsreihe einige Zeit dauert, ist auf Konstanz der Netzspannung besonders zu achten.

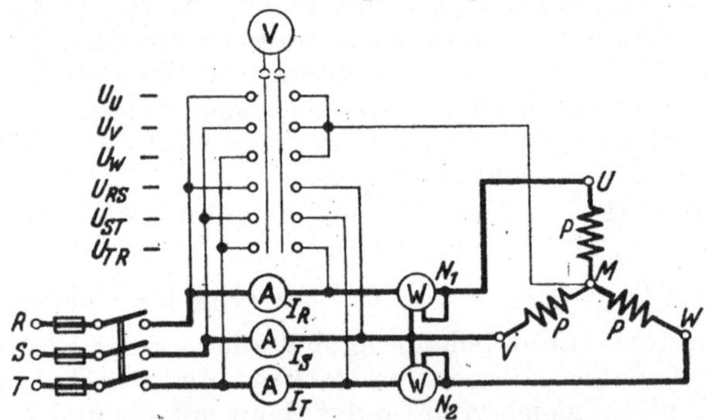

Abb. 191. Sternschaltung ohne Nulleiter mit Leistungsmessung in der Aronschaltung. P Verbraucher (Spule, Kondensator oder Widerstand).

f) Auswertung. Beim Aufzeichnen der Diagramme beginnt man mit den Spannungsdiagrammen. U_{RS} wird waagerecht hingelegt und die Spitze des Dreiecks der Netzspannungen aus U_{ST} und U_{TR} bestimmt. Dann werden (auch bei den Versuchen mit Sternpunktleiter) die 3 Strangspannungen mit dem Zirkel eingetragen; der Mittelpunkt des entstehenden Fehlerdreiecks ist der Sternpunkt des Spannungssystems.

Nun wird das Stromdiagramm eingetragen (zweckmäßig andere Farbe verwenden!), und zwar kann der Strom in Strängen mit Wirkwiderstand phasengleich, in Strängen mit Spulen näherungsweise um

90° nacheilend und in Strängen mit Kondensatoren 90° voreilend gegen die zugehörige Strangspannung eingesetzt werden. Dann wird in jedem Fall graphisch die Stromsumme gebildet (besondere Figur!). In den Diagrammen der Versuche mit Sternpunktleiter ergibt die Schlußlinie des Strompolygons den Sternpunktleiterstrom. Schließt sich das Stromdiagramm bei den Versuchen ohne Sternpunktleiter nicht, so stellt die verbleibende Schlußlinie einen Meßfehler dar, dessen Größe in A anzugeben ist.

96. Kennlinie einer Fernmeßschaltung.

a) Aufgabe. Für Zwecke der Fernmessung wird oft die WHEATSTONEsche Brückenschaltung nach der Ausschlagmethode mit Widerstandsgeber im einen Brückenzweig verwendet. Es ist die Abhängigkeit des Galvanometerausschlages von der Stellung des Abgriffs am Widerstandsgeber experimentell zu bestimmen, also Galvanometeranzeige $A_g = f(l)$ zu ermitteln, wo l der Weg des Abgriffs gerechnet vom Widerstand Null des Widerstandsgebers (z. B. Schiebewiderstand) ist.

b) Grundlagen. Für die WHEATSTONEsche Brückenschaltung (Abb. 49) gilt, daß der Galvanometerstrom bei konstanter Speisespannung U der Brücke den Wert

$$I_g = U \frac{R_1 R_4 - R_2 R_3}{R_g (R_1 + R_2)(R_3 + R_4) + R_1 R_2 R_3 + R_2 R_3 R_4 + R_3 R_4 R_1 + R_4 R_1 R_2} \tag{253}$$

hat, wo R_g der Galvanometerwiderstand und R_1 bis R_4 die 4 Zweigwiderstände sind. Im Fall $I_g = 0$ ergibt der Zähler gleich Null die bekannte Abgleichbedingung der früheren Gl. (70). Da bei Verwendung eines Drehspulgalvanometers und eines gleichmäßig bewickelten Drahtwiderstandes die Proportionalitäten $A_g \sim I_g$ und $l \sim R$ bestehen, gibt Gl. (253) für die Änderung eines der 4 Zweigwiderstände auch den Charakter der verlangten Kennlinie $A_g = f(l)$ an, die hier experimentell ermittelt werden soll.

c) Schrifttum: Lit. 1 (Abschn. V 38), 4 (Bd. 2), 8, 10, 30, 34, 35.

d) Schaltung und Versuchsanordnung. Man verwendet die Schaltung nach Abb. 192, wo Regelwiderstand R_V und Spannungsmesser zum Konstanthalten der Spannung vorgesehen sind. Als Widerstandsgeber wählt man einen Schiebewiderstand oder ähnlichen mit Abgriff. An diesem wird eine Marke, am Gestell des Widerstandes eine Längenskala angebracht, die ihren Nullpunkt bei der Stellung $R_1 = 0$ hat. Man achte darauf, daß der tote Gang zwischen Abgriff und Marke möglichst gering ist. R_2, R_3 und R_4 sind Meßwiderstände.

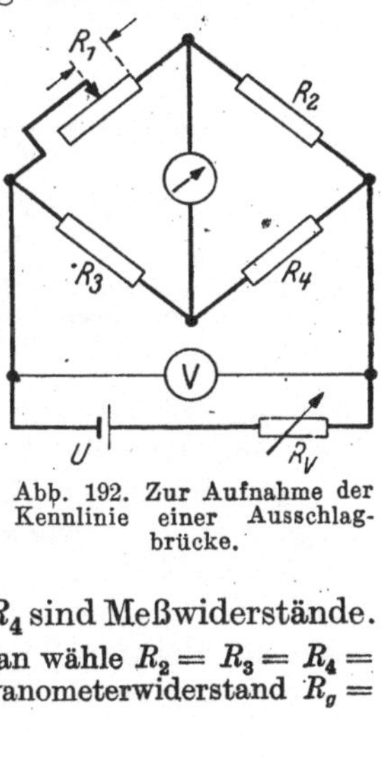

Abb. 192. Zur Aufnahme der Kennlinie einer Ausschlagbrücke.

Gerätevorschläge für das Studienpraktikum. Man wähle $R_2 = R_3 = R_4 = 100\,\Omega$ und $U = 2$ V (Bleisammler). Ist auch der Galvanometerwiderstand $R_g =$

100 Ω, so erhält man nach Gl. (253) für den Galvanometerstrom

$$I_g = \frac{2(R_1' - 100)}{500 R_1 + 30000}.$$

Wird für R_1' ein 200-Ω-Widerstand gewählt, so ändert sich I_g für $R_1 = 0 \cdots 200\,\Omega$ zwischen $I_g = -6{,}67$ mA und $I_g \approx +1{,}5$ mA. Damit ergibt sich die notwendige Galvanometer-Empfindlichkeit je nach dem Längenbereich, den man erfassen will.

e) Versuchsdurchführung. Nach dem Zusammenbau der Schaltung überzeugt man sich, daß die Galvanometerskala für den gewünschten Längenbereich gerade ausgenutzt wird. Wünscht man nur einseitige Ausschläge oder sollen andere Teile dargestellt werden, so verändert man die 3 Festwiderstände entsprechend. Dann werden in kleinen Stufen Galvanometerausschlag A_g und Länge l am Widerstandsgeber R_1 gemessen.

f) Auswertung. Die erhaltenen Wertepaare trägt man zu einer Kurve $A_g = f(l)$ auf.

97. Phasenverbesserung durch Kondensatoren.

a) Aufgabe. Der Leistungsfaktor eines leerlaufenden Drehstrom-Asynchronmotors ist durch parallelgeschaltete Kondensatoren zu verbessern. Es sollen aufgenommene Stromstärke und Leistungsfaktor der ganzen Anordnung abhängig von der parallel liegenden Kapazität ermittelt werden.

b) Grundlagen. Leerlaufende oder unterbelastete Asynchronmotoren haben einen schlechten Leistungsfaktor $\cos\varphi$, der durch parallel geschaltete Kondensatoren vergrößert werden kann, so daß das speisende

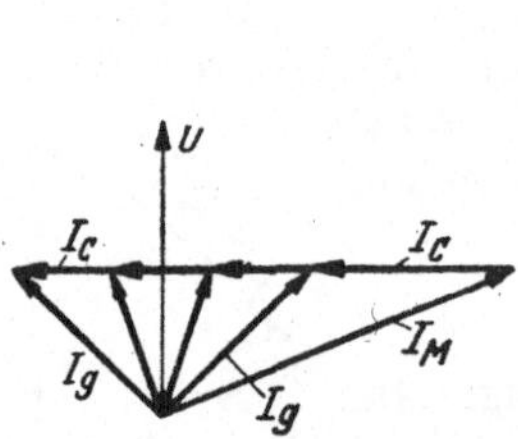

Abb. 193 Diagramm des Motorstromes I_M und der Kondensator- und Gesamtströme bei verschiedenen Kapazitäten.

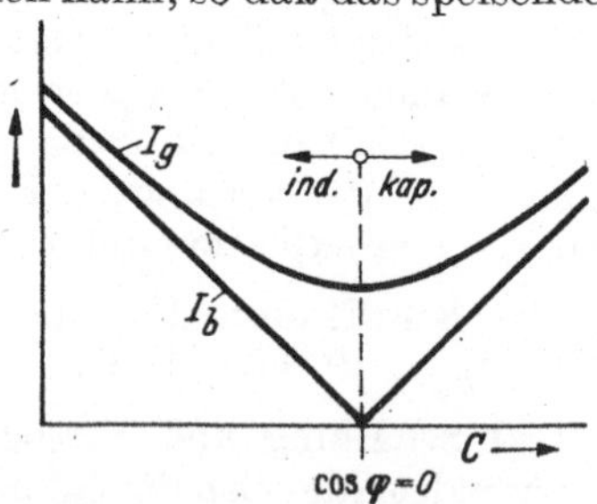

Abb. 194. Gesamtstrom I_g Blindstrom I_b abhängig von der phasenverbessernden Kapazität C.

Netz von Blindstrom entlastet wird. Abb. 193 zeigt das (einphasige) Diagramm bzw. die (horizontale gerade) Ortskurve des Stromvektors I_g bei veränderlicher Kapazität, wobei jedesmal $\mathfrak{J}_g = \mathfrak{J}_M + \mathfrak{J}_C$ ist. Trägt man I_g in Abhängigkeit von der Kapazität C auf, so erhält man die in Abb. 194 dargestellte Kurve; außerdem ist die Blindkomponente I_b des Motorstromes I_M (bis $C = 0$) bzw. des Gesamtstromes I_g angegegeben. Bei $C = 0$ ist $I_g = I_M$. Die Kurve I_g zeigt, daß eine Phasenverbesserung in der Nähe des Minimums nicht viel bringt. Zu große

Kondensatoren würden sogar ein Wiederansteigen des Gesamtstromes und damit eine Wiederverschlechterung des Leistungsfaktors bringen.

d) Schaltung und Versuchsanordnung. Bei der Schaltung nach Abb. 195 ist symmetrische Belastung angenommen, so daß der Leistungsfaktor

$$\cos\varphi = \frac{N}{U \cdot I_g \cdot \sqrt{3}} \qquad (254)$$

ist. Die 3 Größen N (Drehstromleistung), U (Netzspannung) und I_g (Netzstrom) werden mit den angegebenen Meßgeräten gemessen. Zur Auswahl der erforderlichen Kondensatorgrößen überschlage man aus der Messung bei leerlaufendem Motor allein zunächst dessen $\cos\varphi$, berechne daraus den Blindstrom $I_b = I_g \sin\varphi$ und die zu dessen Kompensation erforderliche Kapazität $C = I_b : (\sqrt{3} \cdot \omega \cdot U)$ je Phase.

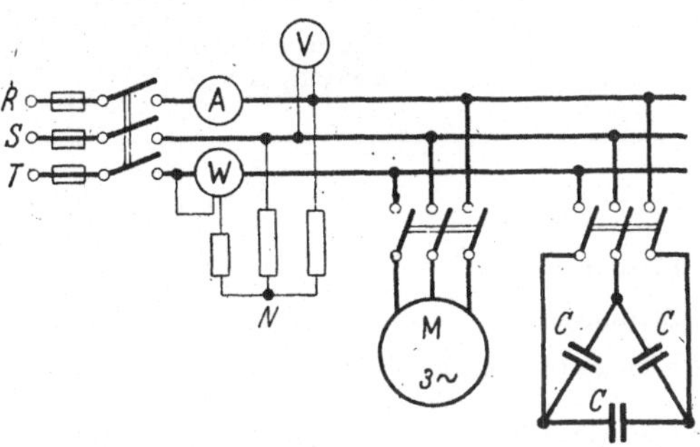

Abb. 195. Phasenverbesserung eines Drehstrommotors M durch Parallelkondensatoren C. N Nullpunktswiderstand nach Abb. 32.

e) Versuchsdurchführung. Ist C_0 die Phasenkapazität, bei der der Motorblindstrom etwa kompensiert ist, so mache man Messungen bei $C = 0$ (Motor allein) und bei etwa $^1/_4$, $^2/_4$, $^3/_4$, $^4/_4$, $^5/_4$, $^6/_4$ von C_0. Beim Leistungsmesser achte man darauf, ob seine Skala die Drehstromleistung oder nur die einphasige Leistung angibt (Multiplikation mit 3!).

f) Auswertung. Aus den Messungen von Strom, Spannung und Leistung werden die Leistungsfaktoren nach Gl. (254) berechnet und zusammen mit dem Strom I_g über C aufgetragen. Aus dem Minimum von I_g (bzw. Maximum von $\cos\varphi$) entnimmt man diejenige Kapazität, bei der Vollkompensation vorliegt. Außerdem ist die zu $\cos\varphi = 0{,}8$ induktiv gehörige Kapazität anzugeben, da meist nur bis zu diesem Leistungsfaktor kompensiert wird.

Anhang.

1. Maßsystemschlüssel.

Formelzeichen	Größe	Prakt. System auf cm, s, V, A	Absolute c. g. s.-Systeme	
			elektromagnetisch	elektrostatisch
U	Spannung	1 V	$= 10^8\ cm^{3/2}\ g^{1/2}\ s^{-2}$	$= \frac{1}{300}\ cm^{1/2}\ g^{1/2}\ s^{-1}$
I	Stromstärke	1 A	$= 0{,}1\ cm^{1/2}\ g^{1/2}\ s^{-1}$	$= 3 \cdot 10^9\ cm^{1/2}\ g^{2/2}\ s^{-2}$
i	Stromdichte	$1\ A/cm^2$	$= 0{,}1\ cm^{-3/2}\ g^{1/2}\ s^{-1}$	$= 3 \cdot 10^9\ cm^{-1/2}\ g^{1/2}\ s^{-2}$
Q	Elektrische Menge	1 C (= As)	$= 0{,}1\ cm^{1/2}\ g^{1/2}$	$= 3 \cdot 10^9\ cm^{3/2}\ g^{1/2}\ s^{-1}$
R	Widerstand	1 Ω (= V/A)	$= 10^9\ cm\ s^{-1}$	$= \frac{1}{9}\ 10^{-11}\ cm^{-1}\ s$
G	Leitwert	1 S (= A/V)	$= 10^{-9}\ cm^{-1}\ s$	$= 9 \cdot 10^{11}\ cm\ s^{-1}$
$\varkappa$	Leitfähigkeit	$1\ S\ \frac{m}{mm^2}$	$= 10^{-5}\ cm^{-2}\ s$	$= 9 \cdot 10^{15}\ c^{-1}$
A	Arbeit	1 J (= VAs)	$= 10^7\ cm^2\ gs^{-2}$ (Erg)	$= 10^7\ cm^2\ gs^{-2}$ (Erg)
N	Leistung	1 W (= VA)	$= 10^7\ cm^2\ gs^{-3}$ (Erg/s)	$= 10^7\ cm^2\ gs^{-3}$ (Erg/s)
L	Induktivität	1 H (= Vs/A)	$= 10^9\ cm$	$= 1 \cdot 10^{-11}\ cm^{-1}\ s^2$
C	Kapazität	1 F (= As/V)	$= 10^{-9}\ cm^{-1}\ s^2$	$= 9 \cdot 10^{11}\ cm$
$\mathfrak{E}$	Elektr. Feldstärke	1 V/cm	—	$= \frac{1}{300}\ cm^{-1/2}\ g^{1/2}\ s^{-1}$
$\mathfrak{D}$	dielektr.ische Verschiebung	$1\ As/cm^2$	—	$= 3 \cdot 10^9\ cm^{-1/2}\ g^{1/2}\ s^{-1}$
Θ_e	Elektrischer Fluß	1 As	—	$= 3 \cdot 10^9\ cm^{3/2}\ g^{1/2}\ s^{-1}$
$\mathfrak{H}$	Magn. Feldstärke	1 A/cm	$= 1{,}256\ cm^{-1/2}\ g^{1/2}\ s^{-1}$ (Oerstedt)	—
V	Magn. Spannung	1 A	$= 1{,}256\ cm^{1/2}\ g^{1/2}\ s^{-1}$ (Gilbert)	—
$\mathfrak{B}$	Magn. Induktion	$1\ Vs/cm^2$	$= 10^8\ cm^{-1/2}\ g^{1/2}\ s^{-1}$ (Gauss)	—
Φ	Magnetischer Fluß	1 Vs (Weber)	$= 10^8\ cm^{3/2}\ g^{1/2}\ s^{-1}$ (Maxwell)	—
P	Magn. Widerstand	$1\ H^{-1}$ (A/Vs)	$= 10^{-9}\ cm^{-1}$	
Λ	Magn. Leitwert	1 H (Vs/A)	$= 10^9\ cm$	
P	Kraft	1 J/cm	= 10,2 kg Kraft[1] = $10^7\ cm\ g\ s^{-2}$ (dyn)	
m	Masse	$1\ Js^2/cm^2$	= 10^7 g Masse = 10^4 kg Masse	

[1] Für die Krafteinheit wird teilweise auch die Bezeichnung Pond (p), bzw. Kilopond (kp) benutzt: 1 kp = 1 kg Kraft.

2. Schaltzeichen nach DIN VDE 705, 710 bis 717 und DIN 40700.

Schaltzeichen sind die zeichnerische Darstellung von Maschinen, Geräten und Leitungen in Schalt- und Leitungsplänen. Man unterscheidet: Schaltkurzzeichen (Kurzdarstellung ohne Innenschaltung) und Schaltzeichen (Darstellung mit vereinfachter Innenschaltung).

Der Schaltplan ist die Darstellung der Schaltung durch Schaltzeichen oder Schaltkurzzeichen als Übersichtsplan (vereinfachte Schaltung ohne Hilfsleitungen), Wirkschaltplan (vollständige Darstellung) oder Stromlaufschaltplan (nach Stromwegen aufgelöste Darstellung).

Der Anschlußplan ist die der räumlichen Anordnung entsprechende Darstellung, der Leitungsplan die Darstellung der Leitungsverlegung und Leitungsverteilung.

Die Kennfarben kennzeichnen Polarität und Phase: Rot (positive Leitung), Blau (negative Leitung), Gelb (Phase R), Grün (Phase S), Veil (Phase T).

—	Gleichstrom allgemein
∼	Wechselstrom allgemein
≂	Gleich- oder Wechselstrom
2 —	Zweileiter-Gleichstrom
1 ∼ $16\frac{2}{3}$	Einphasen-Wechselstrom von $16^2/_3$ Per/s
3 ∼ 50	Drehstrom von 50 Per/s
I	Einphasen-Schaltung
Y	Dreiphasen-Schaltung verkettet in Stern-Schaltung
△	Dreiphasen-Schaltung verkettet in Dreieck-Schaltung
	Leitung allgemein
	3 Leiter in einpoliger Darstellung
	Geschirmte Leitung (ungeerdet)
	Biegsame Leitung
	Kreuzung von Leitungen (z. B. mit je 3 Leitern) ohne Verbindung
	Leitende Verbindung
	Lösbare leitende Verbindung, z. B. Anschlußklemme b. Hilfsleitungen
a, b	Ohmscher Widerstand a) allgemein b) Meßwiderstand
a, b	Induktivität mit ohmschem Widerstand a und b wahlweise
	Induktivität
	Kapazität
	Eisenkern oder Magnetanker
a, b	Ohmscher Widerstand stetig regelbar a Schaltkurzzeichen b Schaltzeichen
	Anlaß- u. Regelwiderstand mit Ausschaltstellung
	Einstellbarkeit
	Stufige Regelbarkeit
	Stetige Regelbarkeit
	Selbsttätige, stetige Regelbarkeit
	Leuchte allgemein
	Mehrfachleuchte
1 kW	Elektrowärme-Gerät (z. B. 1 kW)

Kraftmagnet

Stromsicherung

Spannungssicherung

Überspannungsableiter

Funkenstrecke

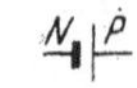

N P Galvanische Zelle oder Batterie

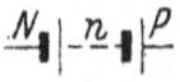

N n P Galvanische Batterie mit Zellenzahl n

Thermoelement

Erde

Masse

Schalter allgemein

Umschalter

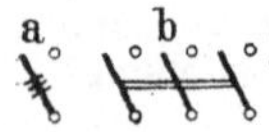

a b Lastschalter
a einpol. Darstellung
b mehrpol. Darstellung

Selbstschalter mit Freiauslösung allgemein, insbesondere durch Fremdstrom u. Fremdspannung

Selbstschalter mit Freiauslösung, durch Überstrom

Trennschalter

Steckkupplung

Vielfachumschalter für Meßgeräte

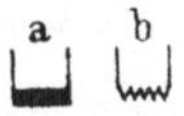

---

a b Drosselspule
a oder b wahlweise

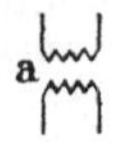

a Umspanner mit 2 getrennten Wicklungen

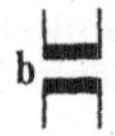

b a und b Schaltzeichen (wahlweise)

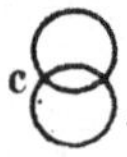

c c Schaltkurzzeichen

M Gleichstrom-Motor allgemein (Schaltkurzzeichen)

G ~ Wechselstrom-Generator, allgemein (Schaltkurzzeichen)

M 3~ Drehstrom-Asynchronmotor mit Käfigläufer (Schaltkurzzeichen, einpolig)

G 3~ Synchron-Generator, dreiphasig in Sternschaltung (Schaltkurzzeichen, einpolig)

M Reihenschluß-Gleichstrom-Motor

G Nebenschluß-Gleichstrom-Generator, selbsterregt

M 3~ Drehstrom-Asynchron-Motor mit Schleifringläufer

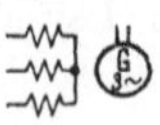

G 3~ Synchron-Generator, dreiphasig in Sternschaltung

Kolben für Röhre allgemein

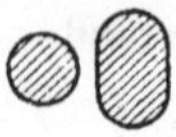

Kolben für gasgefüllte Röhre

Stromrichter allgemein

Glühkathoden-Gleichrichter mit direkter Heizung mit Gitter

Glimmgleichrichter

Quecksilberdampf-Gleichrichter

Kathodenstrahlröhre

Trockengleichrichter. Die Spitze des Dreiecks gibt die Durchlaßrichtung an.

Photozelle allgemein

Piezoelektrische Zelle

Anzeigende Meßgeräte:

V Spannungsmesser (Schaltkurzzeichen)

A Strommesser (Schaltkurzzeichen)

W Leistungsmesser (Schaltkurzzeichen)

Schreibendes Meßgerät:

Per/s Frequenzschreiber (Schaltkurzzeichen)

Zählendes Meßgerät:

Wh Wattstundenzähler (Schaltkurzzeichen)

Messender Auslöser:

<I Überstrom-Auslöser

Weitere eingeschriebene Kurzzeichen für Meßgeräte, Relais und Auslöser:

kW	Ω
MW	$\cos\varphi$
VA	°C
BW	λ
Ah	f

Nichtmessendes Anzeigegerät (Galvanoskop)

Meßschleife für Oszillographen f. Strom- und Spannungsmessungen

Stromwandler für Wechselstrom mit einem Kern

Einphasen-Spannungswandler

Relais

Mikrophon

Fernhörer

Lautsprecher

Wecker

Hupe

Verstärker

Tiefpass

Hochpass

3. Eigenschaften der gebräuchlichsten, handelsüblichen anzeigenden Strom-, Spannungs- und Leistungsmesser.
(Stand 1942 in Deutschland).

Meßwerk	Gemessene Größe	Stromart	Meßbereiche[1]	Bis zu Frequenzen	Fehler[1] %	Überlastbarkeit
Drehspul	I, U	—	M: 0,1 mA · · · 300 A 10 mV · · · 750 V L: 1 · · · 2000 μA 1 · · · 100 mV	0	M: 0,1 · · · 1,5 L: 1,5	mäßig
Dreheisen	I^2, U^2	≂	0,1 · · · 300 A 3 · · · 750 V	100 Hz (selten 1 kHz)	0,2 · · · 3,0	hoch (für 1 s im Strom bis 50-fach)
Elektrostatisch	U^2	≈	20 V · · · 600 kV	6 MHz	1,0 · · · 2,0	gering
Drehspul mit Gleichrichter	Mittelwert von I,U	≂	0,1 · · · 500 mA 0,03 · · · 750 V	10 kHz (selten 1 MHz)	1,0 · · · 3,0	mäßig
Drehspul mit Thermoumformer	I^2, U^2	≂	0,2 mA · · · 20 A 0,01 · · · 450 V	I: 100 MHz U: 6 MHz	1,5 · · · 6,0	gering
Röhrenspannungsmesser	U	~	0,03 mV · · · 50 kV	1000 MHz	2,0 · · · 10,0	mäßig
Eisenloses Dynamometer	N, I^2, U^2	≈	N: 30 · · · 300 V 0,5 · · · 50 A U: 15 · · · 600 V I: 30 mA · · · 10 A	500 Hz	0,2 · · · 1,0	mäßig
Eisengeschlossenes Dynamometer	N	≈	100 V u. 5 A	100 Hz	0,5 · · · 1,5	mäßig

[1] Ohne äußeren Vor-, Nebenwiderstand bzw. Wandler. M = mit Massezeiger; L = mit Lichtzeiger.

4. Schrifttum.

A. Allgemein.

1. Archiv für technisches Messen (ATM), ein Sammelwerk der gesamten Meßtechnik, erscheint seit 1931 jährlich in 12 Lieferungen. R. Oldenbourg, München und Berlin. Begründet von Georg Keinath, herausgegeben von Franz Moeller.
2. Brion, G., u. V. Vieweg, Starkstrommeßtechnik, Springer, Berlin 1933.
3. Jaeger, Wilhelm, Elektrische Meßtechnik, Johann Ambrosius Barth, Leipzig 1928.
4. Keinath, Georg, Die Technik elektrischer Meßgeräte, Bd. 1 und 2, R. Oldenbourg, München und Berlin 1928.
5. Linker, P. B. A., Elektrotechnische Meßkunde. Springer, Berlin 1920.
6. Moeller, Franz, Abriß der allgemeinen elektrischen Meßtechnik, Wolfenbüttler Verlagsanstalt, Wolfenbüttel 1948.
7. Orlich, Ernst, Anleitungen zum Arbeiten im elektrotechnischen Laboratorium, Teil 1, Springer, Berlin 1934, Teil 2, Berlin 1931.
8. Palm, Albert, Elektrische Meßgeräte und Meßeinrichtungen, Springer, Berlin 1948.
9. Schwerdtfeger, W., Elektrische Meßtechnik, Bd. 1 und 2, C. F. Winter, Leipzig 1937, 1939.
10. Skirl, Werner, Elektrische Messungen, Walter de Gruyter, Berlin und Leipzig 1936.
11. Westphal, Wilhelm, H., Physikalisches Praktikum, Friedrich Vieweg & Sohn, Braunschweig 1948.

B. Elektrizitätszähler und Wandler.

12. Goldstein, J., Die Meßwandler, Springer. Berlin 1928.
13. Möllinger, J., A., Wirkungsweise der Motorzähler und Meßwandler, Berlin 1925.
14. Krukowski, W. v., Grundzüge der Zählertechnik, Berlin 1930.
15. Paul, Georg, Die Elektrizitätszähler, Stuttgart 1938.
16. Phys.-Techn. Reichsanstalt, Eichordnung vom 24. 1. 42, Teil XV, §§ 931 · · · 1000. Verlag deutsches Reichsgesetzbuch. Berlin 1942.
17. Phys.-Techn. Reichsanstalt, Prüfordnung für elektr. Meßgeräte v. 1. 1. 1933, Springer, Berlin 1933.
18. Wallmüller, F., Der Elektrizitätszähler in Theorie und Praxis, Berlin 1935.
19. Schmiedel, Karl, die Prüfung der Elektrizitätszähler, Springer, Berlin 1940.

C. Weitere Teilgebiete der Meßtechnik.

20. Alberti, E., Braunsche Kathodenstrahlröhren und ihre Anwendung, Springer, Berlin 1932.
21. Ardenne, Manfred v., Verstärkermeßtechnik, Springer, Berlin 1929.
22. Ardenne, Manfred v., Die Kathodenstrahlröhre, Springer, Berlin 1933.
23. Blechschmidt, Erich, Präzisionsmessungen von Kapazitäten, dielektrischen Verlusten und Dielektrizitätskonstanten, Friedr. Vieweg & Sohn, Braunschweig 1940.
24. Fritsch, Volker, Die Messung von Erderwiderständen. Braunschweig 1942.
25. Fritsch, Volker, Meßverfahren der Funkmutung, R. Oldenbourg, München und Berlin 1943.

26. JAHN, GEORG, Messungen an elektrischen Maschinen, Springer, Berlin 1925.
27. KEINATH, GEORG, Elektrische Temperaturmeßgeräte, R. Oldenbourg, München und Berlin 1923.
28. KNOBLAUCH, O., u. K. HEMKY, Anleitung zu genauen technischen Temperaturmessungen, R. Oldenbourg, München und Berlin 1926.
29. KNOLL, M., Anleitungen zum Arbeiten im Röhrenlaboratorium, Springer, Berlin 1937.
30. KRÖNERT, JOSEF, Meßbrücken und Kompensatoren, Bd. 1, R. Oldenbourg, München und Berlin 1935.
31. LANGBEIN, R., und G. WERKMEISTER, Elektrische Meßgeräte, Genauigkeit und Einflußgrößen, Akademische Verlagsgesellschaft, Leipzig 1943.
32. MARX, ERWIN, Hochspannungs-Praktikum, Springer, Berlin 1941.
33. NÜRNBERG, WERNER, Die Prüfung elektrischer Maschinen, Springer, Berlin 1940.
34. PAUL, GEORG, Apparate für Fernmessung, Summenzählung, Scheinverbrauchsmessung und Registrierung von Belastungsmittelwerten, Hachmeister und Thal, Leipzig.
35. PFLIER, PAUL, M., Elektrische Messung mechanischer Größen, Springer, Berlin 1940.
36. POTTHOFF, KARL, Meßtechnik der hohen Wechselspannungen, Friedr. Vieweg & Sohn, Braunschweig 1941.
37. SCHINTLMEISTER, JOSEF, Die Elektronenröhre als physikalisches Meßgerät, Springer, Wien 1942.
38. SKIRL WERNER, Wechselstrom-Leistungsmessungen, Springer, Berlin 1930.
39. UNGER, FRANZ, Elektromaschinen-Praktikum. Teil I, Wolfenbüttler Verlagsanstalt, Wolfenbüttel 1947.
40. WERNER, OTTO, Empfindliche Galvanometer, W. de Gruyter, Berlin und Leipzig 1928.
41. ZINKE, O., Hochfrequenz-Meßtechnik, S. Hirzel, Leipzig 1938.

D. Andere Bücher.

42. BÖDEFELD, TH., u. H. SEQUENZ, Elektrische Maschinen, Springer, Wien 1942.
43. FISCHER, JOHANNES, Einführung in die klassische Elektrodynamik, Springer, Berlin 1936.
44. FRAENKEL, ALFRED, Theorie der Wechselströme, Springer, Berlin 1930.
45. KÜPFMÜLLER, K., Einführung in die theoretische Elektrotechnik, Springer, Berlin 1941.
46. LIWSCHITZ, MICHAEL, Die elektrischen Maschinen, B. G. Teubner, Leipzig und Berlin, 1931, 1934.
47. MOELLER, FRANZ und FRIEDRICH WOLFF, Leitfaden der Elektrotechnik, Bd. 1, B. G. Teubner, Leipzig und Berlin 1942.
48. MOELLER, FRANZ, Leitfaden der Elektrotechnik, Bd. 2, Teil 1, Die Gleichstrommaschinen, B. G. Teubner, Leipzig 1943.
49. MOELLER, FRANZ und OTTO REPP, Elektromotor und Arbeitsmaschine, Springer, Berlin 1936.
50. OBERDORFER, GÜNTHER, Lehrbuch der Elektrotechnik, Bd. 1, R. Oldenbourg, München und Berlin 1944.
51. POHL, R. W., Einführung in die Elektrizitätslehre, Springer, Berlin.
52. RICHTER, RUDOLF, Elektrische Maschinen, Bd. 1, Springer, Berlin 1924.
53. RÜDENBERG, REINHOLD, Elektrische Schaltvorgänge, Springer, Berlin 1933.
54. WERR, THEODOR, Leitfaden der Elektrotechnik, Heft 4, Die Wechselstrommaschinen, B. G. Teubner, Leipzig 1935.

5. Angaben auf Meßgerätskalen (nach VDE 0410, Regeln für Meßgeräte)

Auf Strom-, Spannungs- und Leistungsmessern sollen insbesondere angegeben sein

1. Ursprungszeichen (z. B.: AEG, H & B, S & H).
2. Fertigungsnummer (außer Klasse 1,0 bis 2,5 für U und I).
3. Einheit der Meßgröße (z. B. mV, A, W).
4. Klassenzeichen (0,2 bis 2,5 nach S. 4).
5. Stromartzeichen: — Gleichstrom, ∼ Wechselstrom, ≂ Gleich- und Wechselstrom, ≋ Drehstrom.
6. Zeichen für die Art des Meßwerks:

Zeichen	Bedeutung	Zeichen	Bedeutung
	Drehspulmeßgerät mit Dauermagnet		Elektrostatisches Meßgerät
	Drehspul-Quotientenmesser		Vibrations-Meßgerät
	Dreheisen-Meßgerät		Thermoumformer, allgemein
	Elektrodynamisches Meßgerät		Desgl. mit Drehspul-Meßgerät
	Desgl. eisengeschlossen		Gleichrichter
	Induktions-Meßgerät		Desgl. mit Drehspul-Meßgerät
	Hitzdraht-Meßgerät	○	Sinnbild für Eisenschirmung

7. Lagezeichen: ⊥ senkrechte, ⊓ waagerechte, ∠ schräge Gebrauchslage (Zahl bei letzterer gibt Neigungswinkel an).

8. Prüfspannungszeichen: schwarzumrandeter Stern mit Zahlen 2, 3, 5, 10, 20, 30, 50 usw. als Prüfspannung in kV. Früher erfolgte die Unterscheidung durch die Sternfarbe: schwarz 0,5, braun 1, rot 2, blau 3, grün 5 kV.

9. Nennfrequenz bzw. Nennfrequenzbereich (wo die Angabe fehlt, ist der Nennfrequenzbereich 15 . . . 60 Hz).

6. Verzeichnis der verwendeten Formelzeichen.

(Nr. sind die Versuchs-Nr.).

A	Anzeige 3, 16 A
A	Arbeit 56
A	Ableitung 82
$\mathfrak{A}$	Vierpolkonstante 68 A
a	Teilstrich-Abstand 12 D
a	Oberwellen-Amplituden 15 B
a	Schleifdraht-Abschnitt 32 A
$\mathfrak{B}$	magnetische Induktion 16 B
$\mathfrak{B}$	Vierpolkonstante 68 A
b	Ballistischer Ausschlag 13 C
b	Oberwellen-Amplituden 15 B
b	Schleifdrahtabschnitt 32 a
C	Kapazität 13 C
$\mathfrak{C}$	Vierpolkonstante 68 A
c	Ballistische Konstante 13 C
c	spec. Wärme 55 A
D	Durchschnitt 3
D	Durchgriff 66 A
d	Differenzen 15 B
d	Durchmesser 37
E	Empfindlichkeit 12 D
E	Beleuchtungsstärke 67
E	EMK 60 B
$\mathfrak{E}$	elektrische Feldstärke 84
e	= 2,718 . . . 15 D
F	Fehler 3
F	Fläche 31 B
f	Frequenz 15 A
G	Gewicht 56
$\mathfrak{g}$	Fortpflanzungskonstante 82
$\mathfrak{H}$	Magnetische Feldstärke 16 B
h	Plattenabstand 16 A
I, $\mathfrak{J}$	Stromstärke 4
I_m	Höchstwert 15 B
i	Zeitwert 15 D
i	Zahl 3
$\mathfrak{i}$	Stromdichte 84
J	Lichtstärke 67
j	imaginäre Einheit 82
K	Korrektur 3
K	Widerstandskapazität 32 E
k	Konstante 4, 22
k	Parameter 37
L	Induktivität 15
l	Verschiebung 12 D
l	Länge 16 A
M	Meßgröße 12 D
M	Drehmoment 70
m	Maßstab 15 A
N	Leistung 4
n	Zahl 3, 15 A
n	Drehzahl 70
P	mechanische Kraft 45
p	prozentischer Fehler 3
p	Zahl der Polpaare 71 C
Q	Elektrizitätsmenge 13 C
q	Querschnitt 32 E
R	Widerstand 4
r	Radius 32 F
S	Strahllänge 16 A
S	Steilheit 66 A
s	Skalenwert 12 D
s	Summen 15 B
T	Zeitkonstante 15 D
T	absolute Temperatur 66
t	Zeit 15 D
U, $\mathfrak{U}$	Spannung 11
U_m	Höchstwert 15 C
u	Zahl der Umdrehungen 22
u	Spannungszeitwert 34
$ü$	Übersetzungsverhältnis 17 A
V	Verlust 20
V	magnetische Spannung 43 A
V	Volumen 55 A
v	Geschwindigkeit 16 A
v	Eisenverlustziffer 46 A
W	Wahrer Wert 3
W	Energie 45
$\mathfrak{W}$	Wellenwiderstand 82
w	Windungszahl 31 B
X	Blindwiderstand 31 B
x	Unabhängige Größe 4
x	Abszisse 15 B
y	Abhängige Größe 4
y	Ordinate 15 B
Z, $\mathfrak{Z}$	Scheinwiderstand 31 B
z	Zeitabszisse 15 A
z	Ordinate 84

α Ausschlagswinkel 13 C
α Temperaturbeiwert 61
α Winkelmaß 82

β Phasenwinkel 17 A
β Temperaturbeiwert 61
β Dämpfungsmaß 82

γ Temperaturbeiwert 51
γ spezifisches Gewicht 55 A

Δ Änderung 14 D
δ Einzelabweichung 03
δ Fehlwinkel 17 A
δ Verlustwinkel 26

ε Relativer Fehler 3
ζ Stromverdrängungsfaktor 37
η Fehler an y 4

η Wirkungsgrad 56
η Numerischer Abstand 84
Θ Übertemperatur 4
Θ Durchflutung 40
ϑ Temperatur 50 A
$\varkappa$ Leitfähigkeit 32 E
Λ Logarithmisches Dekrement 15D
μ Permeabilität 31 B
μ_0 $= 1{,}256 \cdot 10^{-8}$ H/cm: 31 B
ν Grad der Oberwelle 15 B
ν Leistungsfaktor 95 B
ξ Fehler an x 4
ξ Numerischer Abstand 84
ϱ Widerstandsverhältnis 33
σ Streuung 3, 44
τ Unsicherheit 3
Φ Magnetischer Fluß 40
φ Phasenwinkel 20
χ Formfaktor 46 A
ψ Scheitelfaktor 15 B
ω Kreisfrequenz 15 B

Sachverzeichnis.